华 章 图 书

一本打开的书，一扇开启的门，

通向科学殿堂的阶梯，托起一流人才的基石。

微信公众平台开发

从零基础到ThinkPHP5高性能框架实践

方倍工作室◎著

机械工业出版社
China Machine Press

图书在版编目（CIP）数据

微信公众平台开发：从零基础到 ThinkPHP5 高性能框架实践 / 方倍工作室著．—北京：机械工业出版社，2017.6（2021.10 重印）

ISBN 978-7-111-56975-6

I. 微… II. 方… III. 移动终端 – 应用程序 – 程序设计 IV. TN929.53

中国版本图书馆 CIP 数据核字（2017）第 101846 号

微信公众平台开发
从零基础到 ThinkPHP5 高性能框架实践

出版发行：机械工业出版社（北京市西城区百万庄大街 22 号 邮政编码：100037）

责任编辑：佘 洁　　责任校对：殷 虹

印　　刷：北京建宏印刷有限公司　　版　　次：2021 年 10 月第 1 版第 6 次印刷

开　　本：186mm×240mm 1/16　　印　　张：39.25

书　　号：ISBN 978-7-111-56975-6　　定　　价：99.00 元

凡购本书，如有缺页、倒页、脱页，由本社发行部调换

客服热线：（010）88379426 88361066　　投稿热线：（010）88379604

购书热线：（010）68326294 88379649 68995259　　读者信箱：hzjsj@hzbook.com

前　言

出版说明

自从方倍工作室推出微信公众平台开发系列教程后，受到广大微信开发人员及爱好者的热情关注，相关文章的日访问量高达2万人次，而《微信公众平台开发入门教程》的阅读量早已超过130万，博客访问量总计超过1500万，成为微信公众平台开发更新较快、传播较广、受众较多、资料较全的博客。众多博文被很多有影响力的网站转载，并被各大搜索引擎收录且排名靠前，这些是我们始料未及的。

然而更让人高兴的是，很多开发者通过学习我们的教程学会了微信公众平台开发，并且通过微信开发有所收益。2013年10月17日，我们在QQ空间发布新版的《微信公众平台开发入门教程》链接后，网友“我叫不熬夜☺”在空间中回复，他之前通过学习我们的微信开发教程赚到了2000元，而他当时还只是一名学生。这条回复记录至今还保存在方倍工作室的QQ空间中，这给了我们不断前进的动力。

为了推出更好、更有价值的作品，在策划编辑王彬先生的支持下，我们整合已有的教程资源，并从2013～2016年的几百个开发案例中挑选出最受欢迎的功能应用，编写了本书。新教程中全面介绍了微信公众平台包括自定义菜单、网页授权、微信支付、微信红包、模板消息、微信连WiFi、企业号、小程序、微信开放平台、一键关注等在内的所有接口及使用方法，并且辅以30多个功能应用案例及技巧，同时在分析过程中融合相关知识与技术，所有功能的分析讲解都力求使读者不仅“知其然”，而且“知其所以然”，以期为读者奉献一本含金量高的书籍。

阅读指南

本书共分为25章。

第1章　简要介绍了微信及其主要平台：微信公众平台与微信开放平台，重点介绍了微信公众平台后台的各项功能。

第2章　介绍了如何搭建本地开发环境，以及使用PHP作为开发语言时的程序开发基础。

第3章　以性价比较高及方便性最好的新浪云为对象，介绍了申请服务器资源的方法，拥有服务器资源是进行微信公众平台开发的前提。同时介绍了如何启用微信公众平台的开发模式，及启用过程中常见问题的解决方法，最后对微信公众平台自动回复的原理作了分析。读者需要理解开发模式的原理，这是进行后续开发的基础。

第 4 章　介绍了微信公众平台基础接口的 3 个部分，主要包括接收普通消息、发送被动回复消息，以及接收事件推送消息 3 个方面。这些消息类型是微信公众平台与用户交互的基础功能。

第 5 章　介绍了 Access Token 和自定义菜单。Access Token 是微信接口调用的“总管”。自定义菜单是微信界面开发的第一步。

第 6 章　介绍了用户列表与用户基本信息的相关知识，附带了如何制作个性化欢迎语的案例。

第 7 章　介绍了网页授权以及微信官方样式库 WeUI。网页授权是微信网页开发中最重要的功能之一。WeUI 是微信官方推荐的微信网页样式库。

第 8 章　介绍了参数二维码和来源统计。参数二维码是服务号进行线下推广的最重要方式之一。

第 9 章　介绍了客服接口和群发接口。客服接口是维护客户关系的重要方式之一。群发接口是微信内容发布的主要渠道。

第 10 章　介绍了微信小店和模板消息。微信小店是微信公众平台打造的原生电商模式，可帮助商家实现技术“零门槛”的电商接入模式。

第 11 章　介绍了客服管理。多客服功能为需要将公众号接入客服平台的企业提供了一系列接口。

第 12 章　介绍了素材管理。对于有大量素材需要进行批量处理的开发者，使用接口可以减少工作量，加快编辑速度。

第 13 章　介绍了数据统计。通过数据统计接口，可以获取与公众平台官网统计模块类似但更灵活的数据，还可根据需要进行高级处理。

第 14 章　介绍了微信 JS-SDK。微信 JS-SDK 是微信公众平台面向网页开发者提供的基于微信内的网页开发工具包，可以为微信用户提供更优质的网页体验。

第 15 章　介绍了微信门店。微信门店管理接口为商户提供了门店批量导入、查询、修改、删除等主要功能，方便商户快速、高效地进行门店管理和操作。

第 16 章　介绍了微信卡券与会员卡。微信卡券功能是微信为商户提供的一套完整的电子卡券解决方案。

第 17 章　介绍了微信支付和微信红包。微信公众号支付是集成在微信公众号上的支付功能，商户为用户提供产品或服务，用户可以通过微信客户端快速完成支付流程。

第 18 章　介绍了微信连 WiFi。微信连 WiFi 为商家的线下场所提供了一套完整和便捷的微信连WiFi的方案，既可以极大地提升用户体验，又可以帮助商家提供精准的近场服务。

第19章　介绍了微信摇一摇周边。微信摇一摇周边为线下商户提供了近距离连接用户的能力，并支持线下商户向周边用户提供个性化营销、互动及信息推荐等服务。

第20章　介绍了微信企业号和企业微信。微信企业号是微信为企业客户提供的移动应用入口。它可以帮助企业建立员工、上下游供应链与企业IT系统间的连接。企业微信是腾讯公司发布的全平台企业办公工具。

第21章　介绍了微信小程序。微信小程序是一种不需要下载、安装即可使用的应用，它实现了应用"触手可及"的梦想。用户扫一扫或搜一下即可打开小程序，体现了"用完即走"的理念。

第22章　介绍了微信开放平台。微信开放平台是为移动应用、网站应用、公众账号及公众号第三方平台提供服务的平台。

第23章　介绍了一些微信开发的实用技巧。这些功能能在某些特定的方面丰富程序的功能，或者可定制想要的内容。

第24章　介绍了多个最常见应用的开发。这些应用都是非常受用户欢迎的，读者学习完后可以快速移植到自己的微信公众平台，提高粉丝的存在价值。

第25章　介绍了基于ThinkPHP 5开发的微信用户管理系统。ThinkPHP 5是新一代的高性能开发框架，是企业快速、高效开发新项目的首选。

本书的程序案例采用广泛流行的PHP、MySQL、XML、CSS、JS、HTML 5等程序开发语言及数据库实现。将案例和相关知识点融合，所有案例均在书中给出了核心实现代码并进行了讲解。初学者可以在了解PHP和MySQL语法之后，从头至尾地学习，对于其中难以理解的部分可以查阅相关资料，部分功能的开发还需要读者具有一定的JS、CSS等知识。有经验的微信公众平台开发人员可以根据自己的需要，直接切入相应章节。对于其他从业人员，则可以选择自己感兴趣的内容阅读。

由于作者水平及能力有限，加之时间仓促，书中难免出现错误和不妥之处，对于一些依赖第三方功能的实现也难以保证可以永久使用，恳请读者批评指正！

源码下载

本书的源代码可以从方倍工作室的微信公众账号（微信号：fbxxjs）下载，欢迎关注并下载。

读者对象

本书适合以下人群：

- 想了解移动互联网及微信公众平台发展的行业从业人员。
- 想了解微信公众平台产品使用方法、技巧及效果评估的微信营销人员。
- 想提高会员活跃度、提高指标转化率、推进品牌推广的公众平台运营人员。
- 想学习微信公众平台开发的入门、初级、中级、高级开发人员。
- 想使用微信公众平台兼职开发、创业等渴望更成功人。
- 想搭建企业内部强大及实用的微信公众平台的开发团队。

致谢

首先感谢“微信之父”张小龙先生及其微信团队，是他们创造了“微信”这一经典传世之作。

感谢本书策划编辑王彬先生的支持，他促成了本书的出版。

感谢我最亲爱的家人在背后的默默支持与付出。

本书在成书过程中，也得到了诸多同行人员的支持与鼓励，在此一并致谢。

谨以此书献给所有热爱移动互联网和微信及微信公众平台的人们。

方　倍

2017 年 1 月于深圳

目录

第1章　微信公众平台介绍

自从腾讯公司推出微信以后，其发展呈星星火燎原之势。截至2015年第一季度，微信已经覆盖中国90%以上的智能手机，月活跃用户达到5.49亿，用户覆盖200多个国家、超过20种语言。此外，各品牌的微信公众账号总数已经超过800万个，移动应用对接数量超过85 000个，微信支付用户达到4亿左右。

本章主要介绍微信公众平台的注册及使用。

1.1　微信及其平台

微信（英文名：WeChat）是腾讯公司于2011年年初推出的一款可以发送文字、表情、图片、语音、视频、位置、链接，并支持语音实时对讲的手机聊天软件。用户可以通过“添加QQ好友”“添加手机联系人”“摇一摇”“雷达加朋友”“搜号码”“查找公众号”“扫描二维码”等多种方式添加好友或关注微信公众账号，也可以将内容发送给好友以及分享到朋友圈。同时，微信还提供了“微信支付”“理财通”“微信红包”“表情”“游戏”等贴近生活的功能。

微信的官方网站是http://weixin.qq.com/。图1-1所示是微信的图标。

图1-1　微信的图标

2012年8月23日，腾讯公司推出微信公众平台，其宣传口号是“再小的个体，也有自己的品牌”。微信公众平台是微信公众账号所有者（政府、媒体、企业、组织或个人等）进行品牌推广、降低运营成本、提高影响力、与用户互动交流及提供服务的平台，公众账号通过消息、事件、菜单等交互方式为用户提供服务。例如，公众账号“招商银行信用卡中心”为持卡人提供信用卡绑定，查询信用卡账单、额度及积分；快速还款，申请账单分期；微信转接人工服务；信用卡消费，微信免费笔笔提醒等功能，同时还为非持卡人提供微信办卡功能。微信公众平台的官方网址是https://mp.weixin.qq.com/。微信公众平台还有国际版（也称海外版），其官方网址是https://admin.wechat.com/。

除了公众平台以外，主要还有微信开放平台、微信支付及微信硬件平台。

微信开放平台是为移动应用开发者提供的内容分享接口，开发者可以在iOS、Android及Windows Phone 8平台上使用开放平台的SDK开发分享功能，使用户可以在APP上分享内容给微信好友和微信朋友圈。微信开放平台的官方网址是http://open.weixin.qq.com。

微信支付是腾讯公司的支付业务品牌，微信支付提供公众号支付、APP支付、扫码支付、刷卡支付等支付方式。微信支付结合微信公众账号，全面打通O2O生活消费领域，提供专业的互联网+行业解决方案。微信支付支持微信红包和理财通，是人们常用的移动支付工具。微信支付的官方网址是 http://pay.weixin.qq.com。

微信硬件平台是微信继连接人与人、连接企业 / 服务与人之后，推出连接物与人、物与物的 IOT 解决方案。微信硬件平台的官方网址是 http://iot.weixin.qq.com/。

1.2 微信公众账号注册

1.2.1 注册公众账号

要使用微信公众平台，需要先注册一个微信公众平台账号。目前，微信公众平台账号类型包括订阅号、服务号、企业号及小程序。

在浏览器中打开微信公众平台的官方网站，进入后的页面如图 1-2 所示。

可以看到，页面右上角有“第一次使用公众平台？立即注册”字样，单击“立即注册”链接，进入注册页面，如图 1-3 所示。

在“基本信息”页面中填写邮箱、密码、验证码等，并勾选“我同意并遵守《微信公众平台服务协议》”，然后单击“注册”按钮。单击后将进入“邮箱激活”页面，如图 1-4 所示。

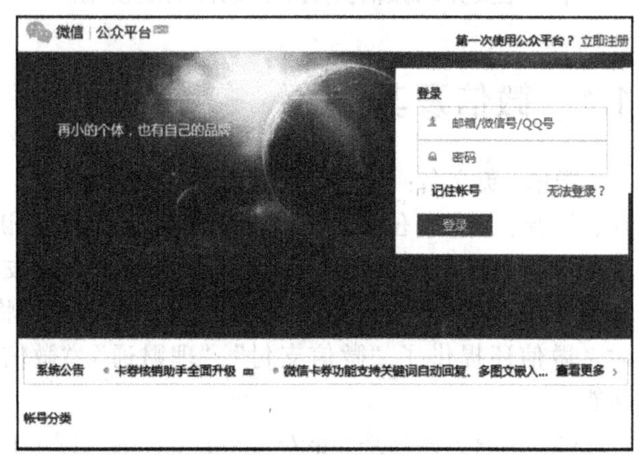

图 1-2 微信公众平台首页

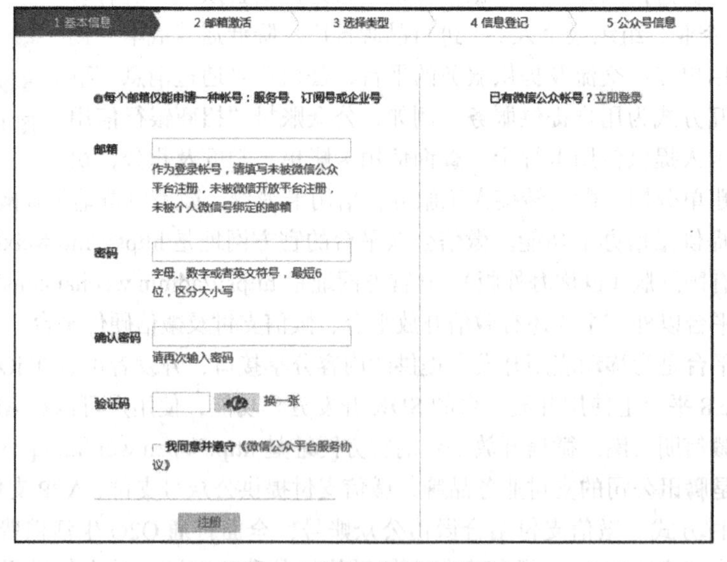

图 1-3 “基本信息”页面

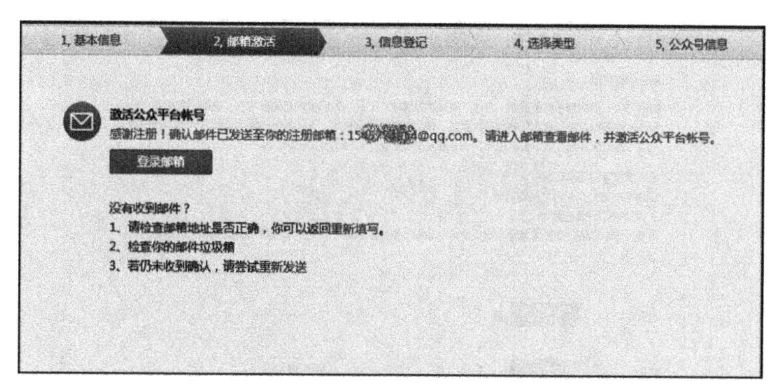

图 1-4 “邮箱激活”页面

同时，相应邮箱中将收到激活微信公众平台账号的确认邮件，如图 1-5 所示。

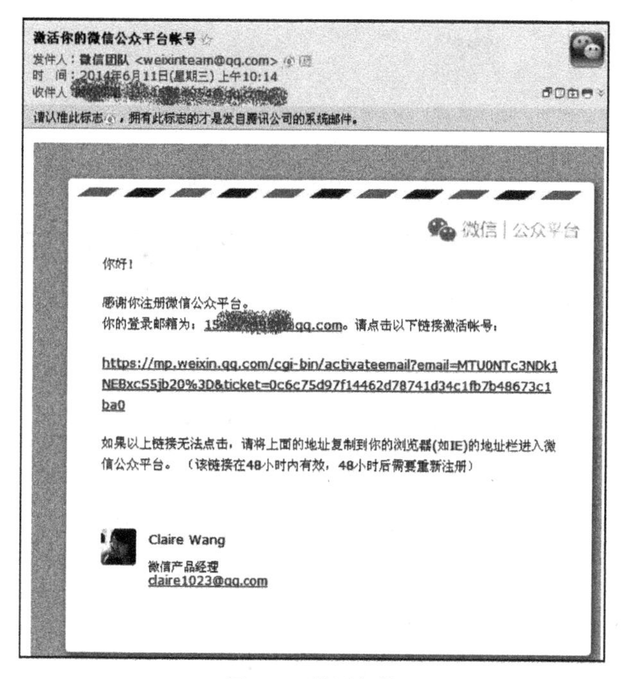

图 1-5 激活邮件

单击邮箱中的链接，成功激活账号之后，注册页面自动跳转到“信息登记”页面，如图 1-6 所示。在该页面中要求选择相应的运营主体是组织还是个人，其中组织类型又细分为政府、媒体、企业、其他组织等。根据运营主体的不同，微信公众平台要求用户提供不同的资质材料及证明。

填写完登记信息后，将进入“选择类型”页面，如图 1-7 所示。公众账号类型可以选择订阅号和服务号。

企业一般选择服务号。媒体及个人一般选择订阅号。

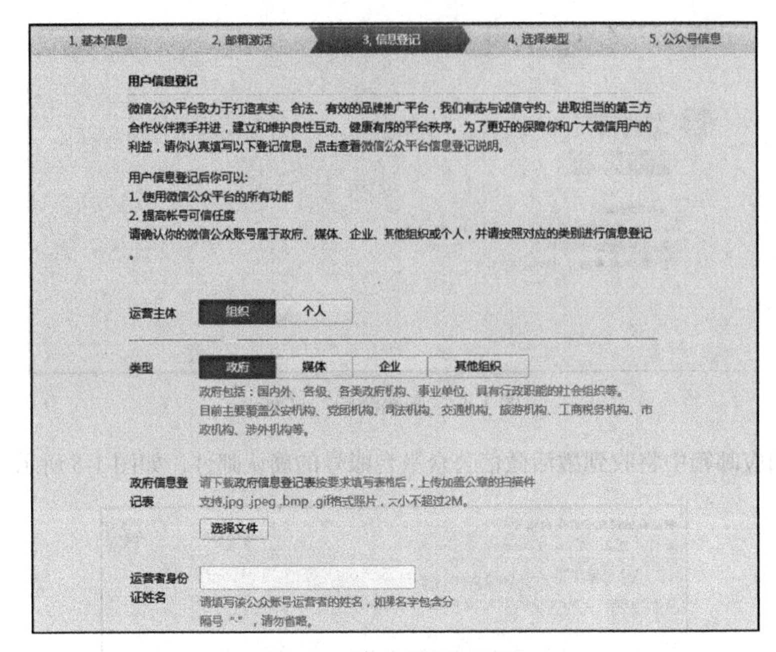

图 1-6 “信息登记”页面

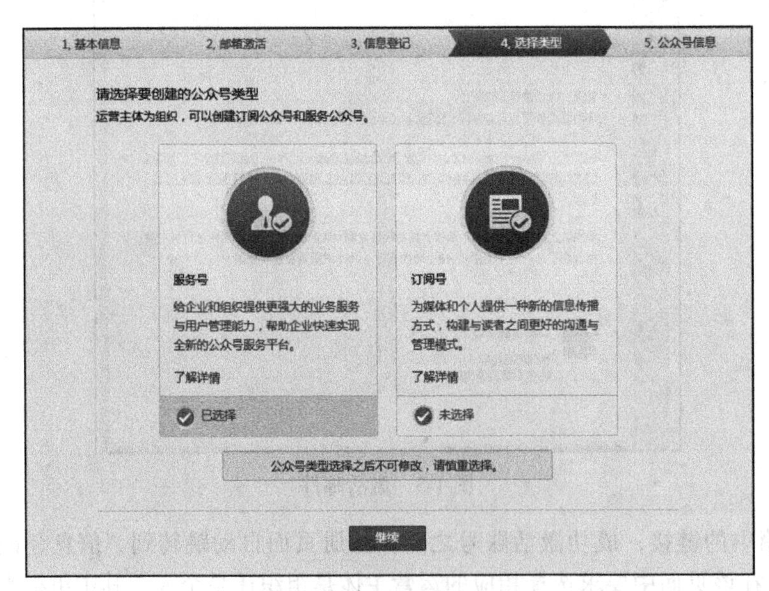

图 1-7 “选择类型”页面

服务号每月可群发 4 条消息给粉丝，群发的消息显示在聊天列表中，下发消息即时通知粉丝，默认可以自动获得自定义菜单，可以申请微信认证获得高级接口权限。服务号旨在为用户提供服务。订阅号每天可群发一条消息给粉丝，群发的消息收至“订阅号”文件夹中，群发的消息不会提示推送，认证后可申请自定义菜单。订阅号主要用于提供信息和资讯。

选择好类型后，单击“继续”按钮，进入“公众号信息”页面，如图 1-8 所示。

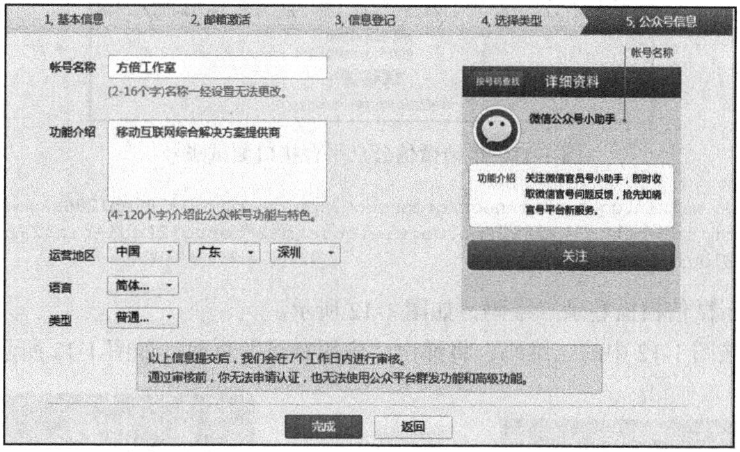

图 1-8　“公众号信息”页面

填写好信息之后，单击“完成”按钮，将提示成功创建了一个公众账号，如图 1-9 所示。

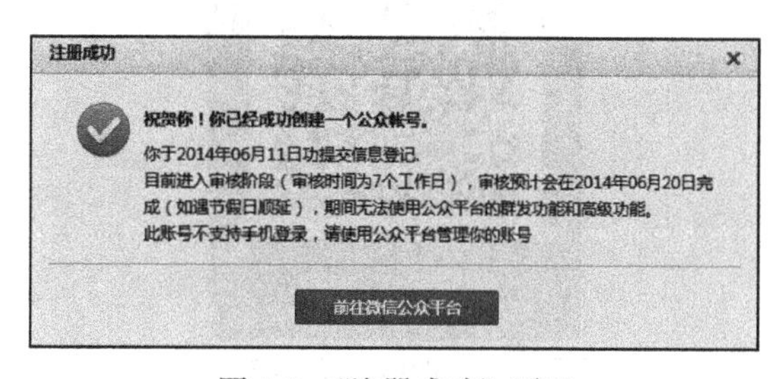

图 1-9　“注册成功”页面

在图 1-9 中，单击“前往微信公众平台”按钮，将进入账号。在“设置”|“公众号设置”中可以查看账号的基本信息，如图 1-10 所示。

1.2.2　注册测试号

除了普通的订阅号及服务号之外，微信公众平台还为开发者提供了测试号。开发者只需要用微信的“扫一扫”功能扫描二维码，即可获得一个使用期限为一年的测试号。该账号不需要认证即可拥有普通账号认证后才具有的权限。

注册微信测试号的地址是 http://mp.weixin.qq.com/debug/cgibin/sandbox?t=sandbox/login。打开该链接后，页面如图 1-11 所示。

单击图 1-11 中的“登录”按钮，将跳转到下述页面。

图 1-10　“公众号设置”页面

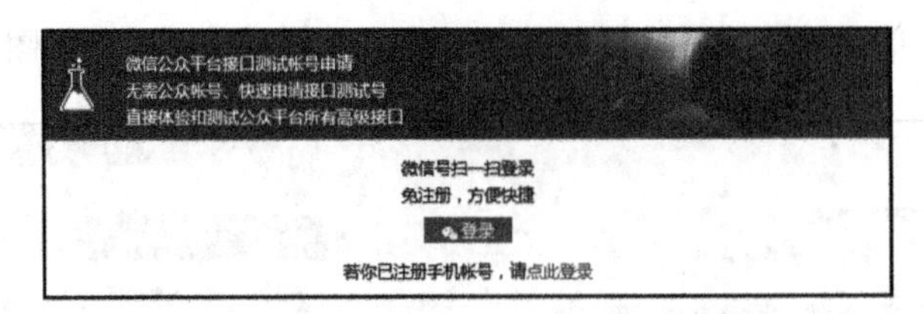

图 1-11 申请微信公众平台接口测试账号

```
https://open.weixin.qq.com/connect/qrconnect?appid=wx39c379788eb1286a&scope=snsapi_log-
in&redirect_uri=http%3A%2F%2Fmp.weixin.qq.com%2Fdebug%2Fcgi-bin%2Fsandbox%3Ft%3D
sandbox%2Flogin
```

其中将显示微信扫描登录二维码，如图 1-12 所示。

用微信扫描图 1-12 中的二维码，将弹出“应用登录”页面，如图 1-13 所示。

图 1-12 微信扫描二维码

图 1-13 应用登录

单击“确认登录”按钮，将得到一个测试账号。该账号拥有 appID 和 appsecret，并且可以对接口进行配置，如图 1-14 所示。

另外，该账号还拥有高级接口的权限，如图 1-15 所示。

图 1-14 管理测试号

体验接口权限表

接口	操作
接收用户消息	
向用户回复消息	
接受事件推送	
会话界面自定义菜单	
语音识别	关闭
客服接口	
OAuth2.0网页授权（仅关注者才能授权）	修改
生成带参数二维码	
获取用户地理位置	关闭
获取用户基本信息	
获取关注者列表	
用户分组接口	
上传下载多媒体文件	
高级群发接口	
设置用户备注名接口	
设备功能接口	关闭

图 1-15 体验接口权限表

1.3　微信公众平台的使用

登录微信公众平台以后，可以看到导航菜单、公众账号类型及名称等基本信息，如图 1-16 所示。

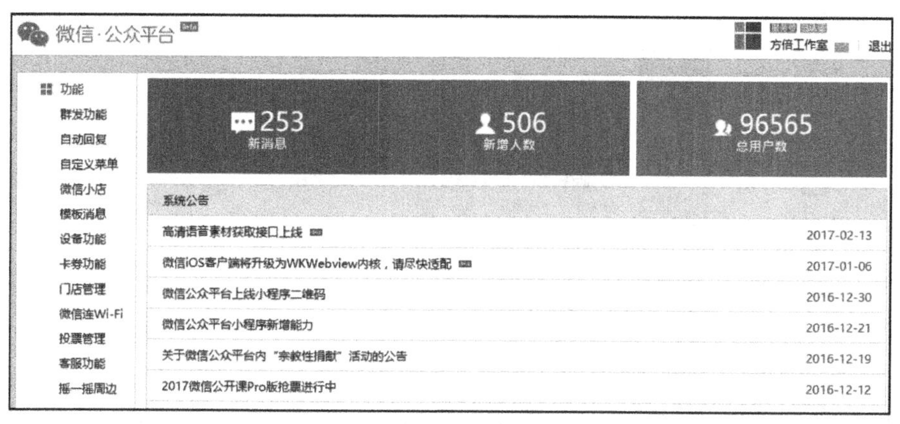

图 1-16　微信公众平台后台

下面以微信公众号“方倍工作室”为例，介绍微信公众平台的各项菜单及使用方法。

1.3.1　功能

1. 群发功能

群发功能是微信公众平台最常用、最重要的功能之一。

根据需要，运营人员填写文字（或图片 / 语音 / 视频 / 图文等，需要先上传素材）内容，设置好群发对象、性别、群发地区后发送即可。获得微信支付权限的公众号还能群发商品信息。

“群发功能”页面如图 1-17 所示。

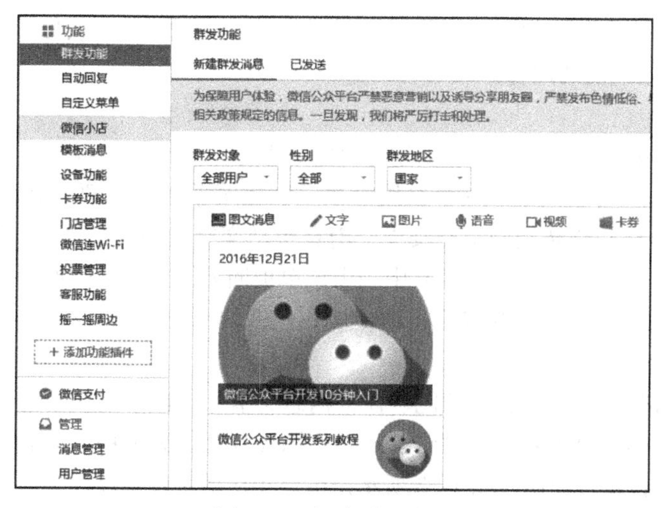

图 1-17　新建群发消息

在“已发送”页面中可以看到已经群发的消息，如图 1-18 所示。

图 1-18　已发送的群发消息

2. 自动回复

在自动回复下，可以设置 3 种类型的自动回复。

- 被添加自动回复：是指当微信用户关注你的微信公众号时自动推送的一条内容，支持文字、图片、语音、视频等类型。
- 消息自动回复：当微信用户发送消息给公众号时，若未设置关键词自动回复或匹配不到相关的关键词，则系统会自动推送该消息给粉丝。该类型消息 1 个小时内回复 1 ~ 2 条。
- 关键词自动回复：如果用户发送的消息中有已设置的关键词，则可把设置在此规则中的回复内容自动发送给用户。图 1-19 所示展示了关键词自动回复的设置方法。

通过设置上面 3 种类型的自动回复，可以完成一个全面的微信公众号的内容回复。图 1-20 所示展示了 3 种自动回复的内容。

3. 自定义菜单

拥有自定义菜单权限的账号，可以创建自定义菜单。每个账号最多可以创建 3 个一级菜单，每个一级菜单下可创建最多 5 个二级菜单。创建菜单后还需要为其设置响应动作。响应动作包括发送消息和跳转到网页。其中，消息包括文字、图片、语音、视频、图文信息。图 1-21 所示展示了自定义菜单设置及其中一个菜单项回复图文消息的设置。

图 1-21 所示的自定义菜单发布后，效果如图 1-22 所示。

4. 其他功能

其他功能还有微信小店、客服功能、模板消息、卡券功能、门店管理、设备功能等。另外，运营者还可以通过添加功能插件将其他功能添加到功能列表中，而微信官方也在不断推出新的功能插件供公众号使用。图 1-23 所示是微信小店的管理页面。

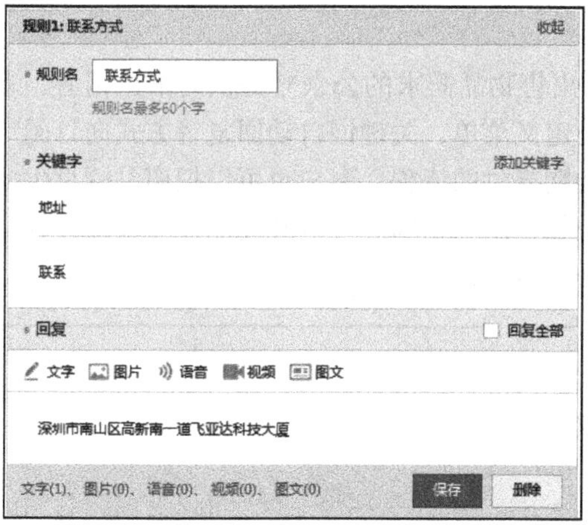

图 1-19 关键词自动回复

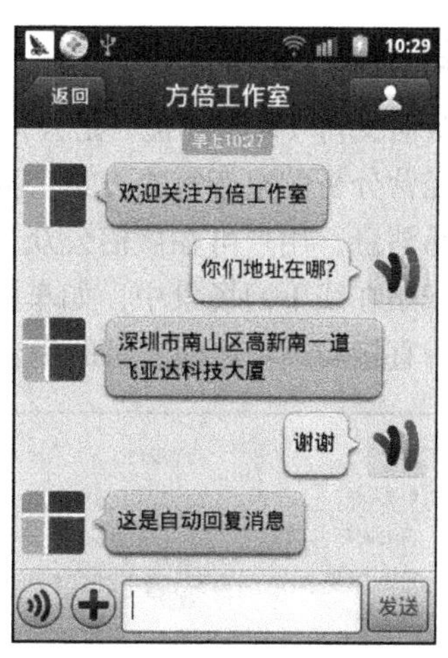

图 1-20 自动回复

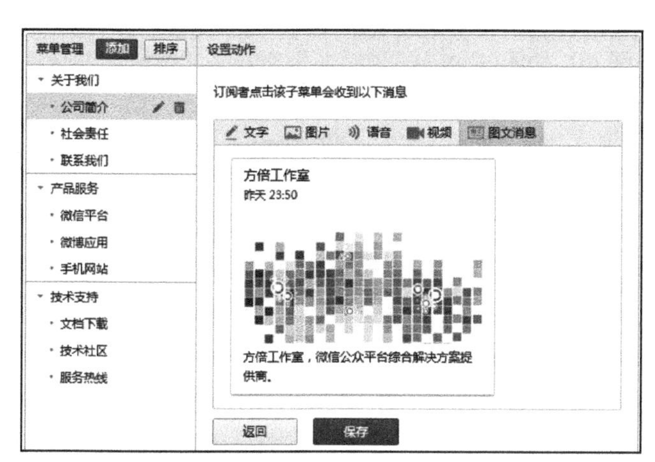

图 1-21 自定义菜单设置

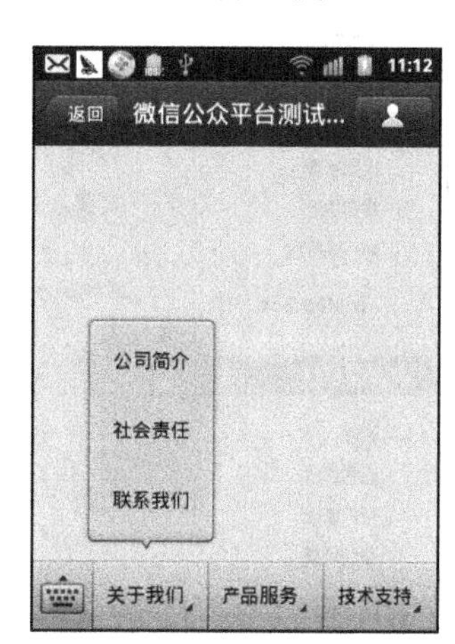

图 1-22 自定义菜单效果图

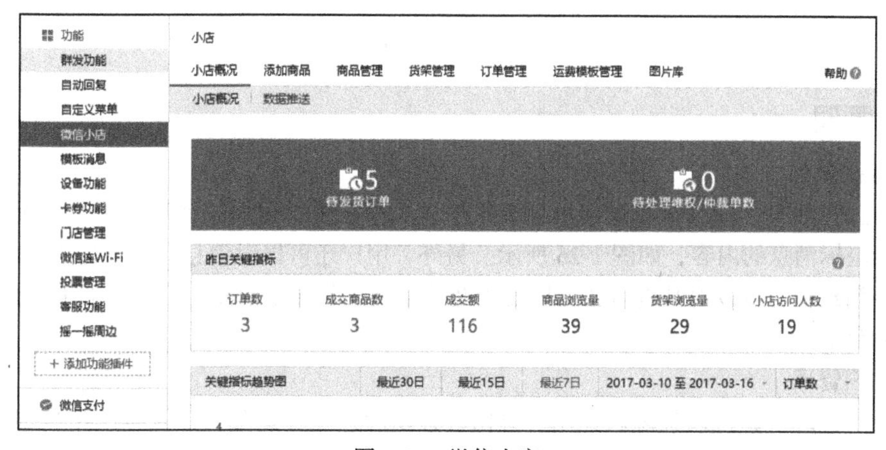

图 1-23 微信小店

1.3.2 微信支付

微信支付（商户功能）是公众平台向有出售物品需求的公众号提供的推广销售、支付收款、经营分析的整套解决方案。商户通过自定义菜单、关键词自动回复等方式向订阅用户推送商品消息，用户可在微信公众号中完成选购支付的流程。商户也可以把商品网页生成二维码，张贴在线下的场景中，如车站和广告海报，用户扫描后可打开商品详情页面，并可以在微信中直接购买。微信支付的后台界面如图 1-24 所示。

图 1-24 微信支付

1.3.3 管理

1. 消息管理

在消息管理中，可以查看全部消息（最近 5 天的消息），也可以查看今天、昨天、前天、更早以及星标消息的内容，如图 1-25 所示。另外，用户还可以对消息内容进行搜索。移动鼠标到某条消息上，可以对其进行快捷回复以及单击星标收藏该消息，收藏后的消息将被永久保存在后台中。

2. 用户管理

在用户管理中，可以实现新建用户分组，移动用户至指定分组以及修改用户备注功能，如图 1-26 所示。将鼠标移至用户头像上可以查看用户性别、地区、签名等信息。另外，被移至黑名单中的用户将不能获得任何回复。

图 1-25　消息管理

图 1-26　用户管理

3. 素材管理

在素材管理中，保存了用户新建的图文消息、图片、语音及视频信息，如图 1-27 所示。这些信息可以用于自动回复，也能用于群发功能。

图文消息包括单图文消息和多图文消息。图文消息包括以下几个部分：标题、封面图片、作者（选填）、摘要（仅单图文消息）、正文、原文链接（选填），如图 1-28 所示。其中，多图文消息最多包含 8 条图文信息。而在开发模式下，多图文消息最多可以包含 10 条图文信息。

图 1-27　素材管理

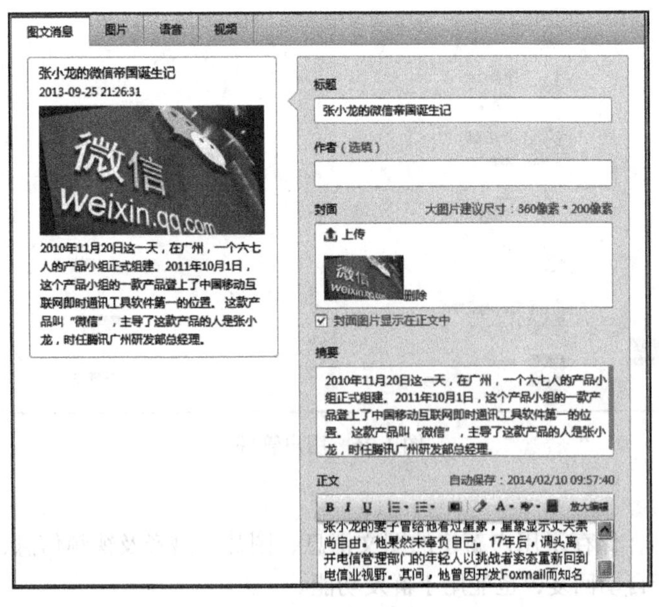

图 1-28　图文消息

1.3.4 推广

微信公众平台的推广功能是微信公众平台官方唯一的广告系统。公众号运营者通过广告主功能可向不同性别、年龄、地区的微信用户精准推广自己的服务，获得潜在用户，也可通过流量主功能自愿将公众号内的指定位置分享给广告主做广告展示，按月获得收入。广告主功能如图 1-29 所示。

图 1-29　广告主功能

1.3.5 统计

1. 用户分析

用户分析主要分为用户增长和用户属性两大模块。用户增长模块按日、周、月显示新关注人数、取消关注人数、净增关注人数、累积关注人数等几项指标，如图 1-30 所示。在用户属性模块中，可以根据性别、省份、城市、语言查看分布情况。

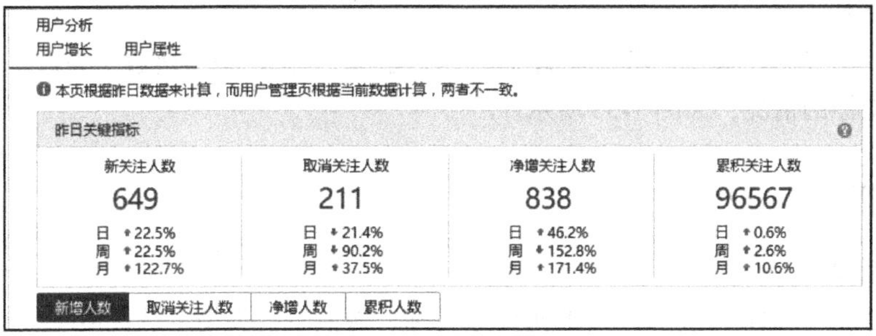

图 1-30　用户分析

2. 图文分析

图文分析主要分为单篇图文统计和全部图文统计两大模块。单篇图文统计模块可以查看图文发出后 7 天内的累计数据，如图 1-31 所示。而全部图文统计模块可以查看昨日关键指标、阅读来源分析，以及趋势图等信息。

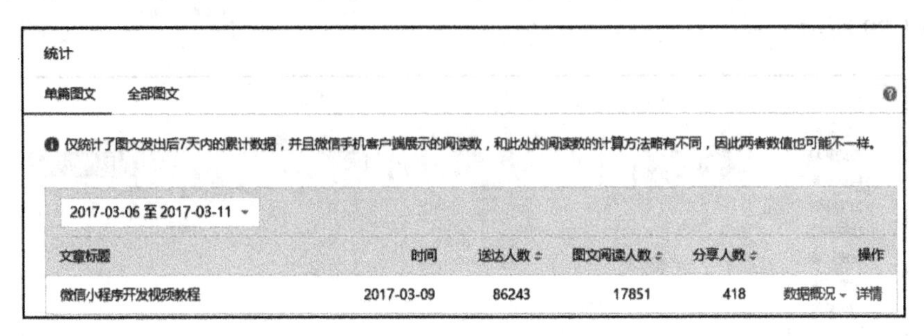

图 1-31　图文分析

3. 消息分析

在消息分析中，可以根据周期（日或小时）查看消息发送人数、消息发送次数、人均发送次数等指标的情况，如图 1-32 所示。

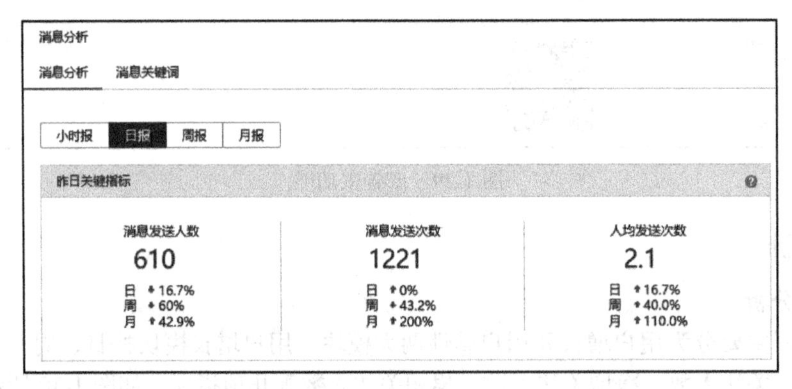

图 1-32　消息分析

4. 接口分析

使用开发模式的公众号，可以根据周期（日或小时）查看调用次数、失败率、平均耗时、最大耗时等指标的情况，如图 1-33 所示。

1.3.6　设置

1. 账号信息

“账号信息”页面显示了公众号的头像、名称、微信号、类型、认证情况、所在地址、二维码等信息。图 1-34 所示显示了账号的部分信息。

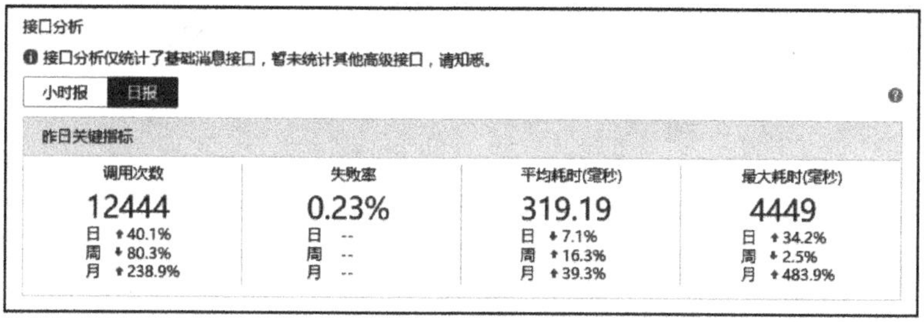

接口分析

接口分析仅统计了基础消息接口，暂未统计其他高级接口，请知悉。

小时报　日报

昨日关键指标

调用次数	失败率	平均耗时(毫秒)	最大耗时(毫秒)
12444	0.23%	319.19	4449
日 ↑40.1%	日 --	日 ↓7.1%	日 ↑34.2%
周 ↓80.3%	周 --	周 ↑16.3%	周 ↓2.5%
月 ↑238.9%	月 --	月 ↑39.3%	月 ↑483.9%

图 1-33　接口分析

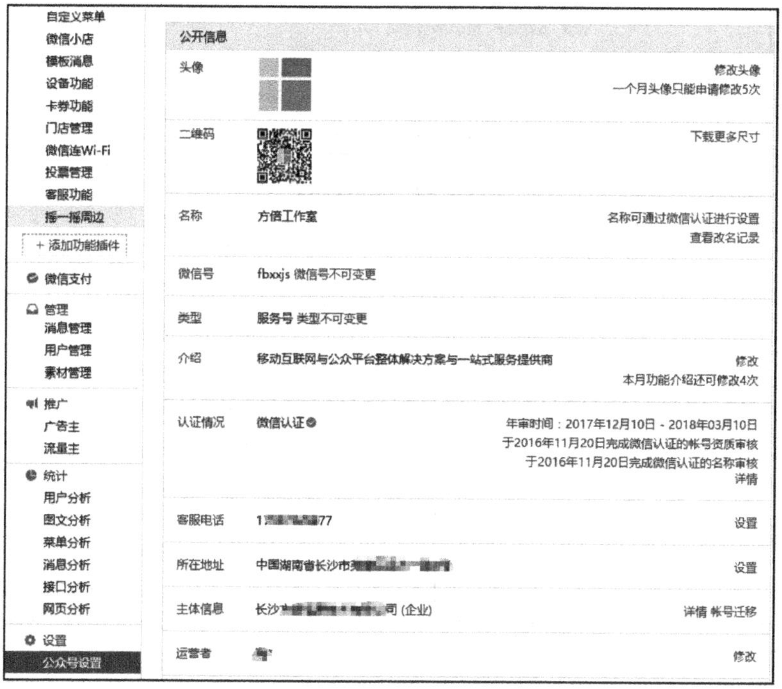

自定义菜单
微信小店
模板消息
设备功能
卡券功能
门店管理
微信连Wi-Fi
投票管理
客服功能
摇一摇周边
+ 添加功能插件
微信支付
管理
消息管理
用户管理
素材管理
推广
广告主
流量主
统计
用户分析
图文分析
菜单分析
消息分析
接口分析
网页分析
设置
公众号设置

公开信息

头像		修改头像 一个月头像只能申请修改5次
二维码		下载更多尺寸
名称	方倍工作室	名称可通过微信认证进行设置 查看改名记录
微信号	fbxxjs 微信号不可变更	
类型	服务号 类型不可变更	
介绍	移动互联网与公众平台整体解决方案与一站式服务提供商	修改 本月功能介绍还可修改4次
认证情况	微信认证	年审时间：2017年12月10日 - 2018年03月10日 于2016年11月20日完成微信认证的帐号资质审核 于2016年11月20日完成微信认证的名称审核 详情
客服电话	1[illegible]77	设置
所在地址	中国湖南省长沙市[illegible]	设置
主体信息	长沙[illegible]司 (企业)	详情 帐号迁移
运营者	[illegible]	修改

图 1-34　账号信息

二维码是用户关注公众号的一个重要入口，也是企业在微信公众平台上对外进行传播推广时的一张重要名片。微信公众平台提供 5 种不同尺寸的二维码供运营者下载。如图 1-35 所示。

图 1-35　方倍工作室的二维码

2. 微信认证

通过微信认证的账号，可以看到微信认证的日期及已获得的权限列表，如图 1-36 所示。

3. 安全中心

安全中心可以开启手机保护功能，开通该功能后，登录时需要输入手机验证码进行验证后才可正常登录。启用手机保护设置的界面如图 1-37 所示。

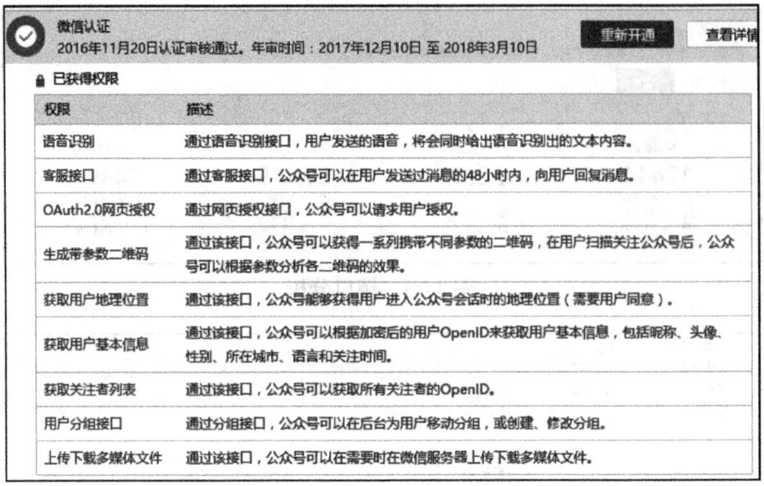

微信认证
2016年11月20日认证审核通过。年审时间：2017年12月10日 至 2018年3月10日
重新开通
查看详情
已获得权限
权限
描述
语音识别
通过语音识别接口，用户发送的语音，将会同时给出语音识别出的文本内容。
客服接口
通过客服接口，公众号可以在用户发送过消息的48小时内，向用户回复消息。
OAuth2.0网页授权
通过网页授权接口，公众号可以请求用户授权。
生成带参数二维码
通过该接口，公众号可以获得一系列携带不同参数的二维码，在用户扫描关注公众号后，公众号可以根据参数分析各二维码的效果。
获取用户地理位置
通过该接口，公众号能够获得用户进入公众号会话时的地理位置（需要用户同意）。
获取用户基本信息
通过该接口，公众号可以根据加密后的用户OpenID来获取用户基本信息，包括昵称、头像、性别、所在城市、语言和关注时间。
获取关注者列表
通过该接口，公众号可以获取所有关注者的OpenID。
用户分组接口
通过分组接口，公众号可以在后台为用户移动分组，或创建、修改分组。
上传下载多媒体文件
通过该接口，公众号可以在需要时在微信服务器上传下载多媒体文件。

图 1-36　微信认证

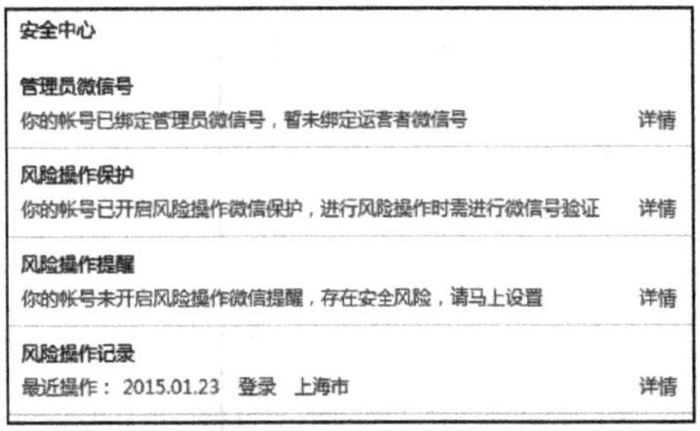

安全中心
管理员微信号
你的帐号已绑定管理员微信号，暂未绑定运营者微信号
详情
风险操作保护
你的帐号已开启风险操作微信保护，进行风险操作时需进行微信号验证
详情
风险操作提醒
你的帐号未开启风险操作微信提醒，存在安全风险，请马上设置
详情
风险操作记录
最近操作：2015.01.23　登录　上海市
详情

图 1-37　安全中心

开发者ID
AppID(应用ID)　wx1b7559b818e3c23e
AppSecret(应用密钥)　重置
扫码关注
接收重要通知
服务器配置(已启用)
修改配置
停用
停用服务器配置后，用户消息和开发者需要的事件推送，将不会被转发到该URL中
URL(服务器地址)
Token(令牌)　weixin
EncodingAESKey(消息加解密密钥)
消息加解密方式　明文模式
微信开放平台帐号绑定
已绑定帐号
解绑

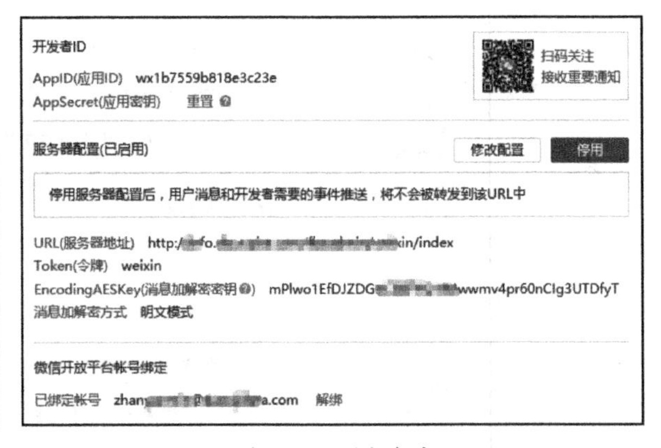

图 1-38　开发者中心

1.3.7　开发者中心

开发者中心提供了开发者 ID，其中包括 AppID（应用 ID）和 AppSecret（应用密钥），用于高级接口及微信支付的开发。同时还可以配置服务器 URL（服务器地址）、Token（令牌）、EncodingAESKey（消息加解密密钥）及消息加解密方式等，如图 1-38 所示。

1.4　本章小结

本章概要介绍了微信及其相关的几大平台，重点且详细介绍了当今最流行、最热门的微信公众号的注册及使用方法。开发人员及运营人员应该掌握这些基本功能并熟悉它们的使用方法，以便为后续的开发运营打下基础。

第 2 章　本地开发环境搭建及程序开发基础

在进行微信公众平台接口程序开发之前，首先要做的是搭建开发环境，学习开发并测试自己编写的程序能否正常运行。对于初学者来说，如果没有开发基础，还需要学习一门程序设计语言的开发及数据库的操作等知识。

本章以 PHP 和 MySQL 为主要讲解对象，介绍 Windows 下开发环境的搭建及 PHP 和 MySQL 的基础知识。

2.1　本地开发环境的搭建

在 Windows 平台上一般使用 WAMP 来搭建开发环境，WAMP 是 Windows + Apache + MySQL + PHP 的首字母缩写。Apache、PHP、MySQL 本身都是各自独立的程序，但因为常被放在一起使用，组成了一个强大的 Web 应用程序平台，经常用来搭建服务器。常用的 WAMP 类软件有 WampServer、phpStudy 及 XAMPP 等，本章以 WampServer 为例。

2.1.1　WampServer 的安装

WampServer 是一款由法国人开发的 Apache Web 服务器、PHP 解释器以及 MySQL 数据库的整合软件包。其官方网站是 http://www.wampserver.com/，安装程序可以从官网下载，也可以从国内其他网站搜索得到地址后下载。

软件下载到本地后，运行安装程序，将弹出欢迎界面，如图 2-1 所示。

欢迎界面显示了该套件中包含的 Apache、MySQL、PHP 的版本信息。现在很多主流程序要求 PHP 的版本在 5.3 及以上，MySQL 的版本在 5.0 及以上，该程序中 PHP 的版本为 5.3.13，MySQL 的版本为 5.5.24。

单击 Next 按钮，进入许可协议界面，如图 2-2 所示。

选择 I accept the agreement，然后单击 Next 按钮，进入安装目录选择界面，如图 2-3 所示。

程序指定了默认的安装路径“c:\wamp”，如果不满意，可以自己指定路径。设置好安装路径后单击 Next 按钮，进入附加任务界面，如图 2-4 所示。

附加任务主要是选择是否创建桌面图标（Create a Desktop icon）和创建快速启动栏图标（Create a Quick Launch icon）。勾选这两个复选框，然后单击 Next 按钮，进入准备安装界面，如图 2-5 所示。

单击 Install 按钮，进入安装进度界面，如图 2-6 所示。

安装过程中会弹出默认浏览器选择对话框，如图 2-7 所示。

选择自己要使用的浏览器，然后单击 Open 按钮。安装程序弹出 PHP 邮箱参数配置界面，如图 2-8 所示。

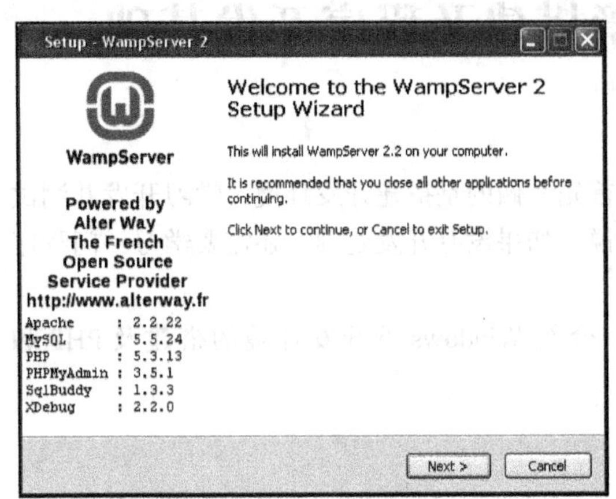

图 2-1　欢迎界面

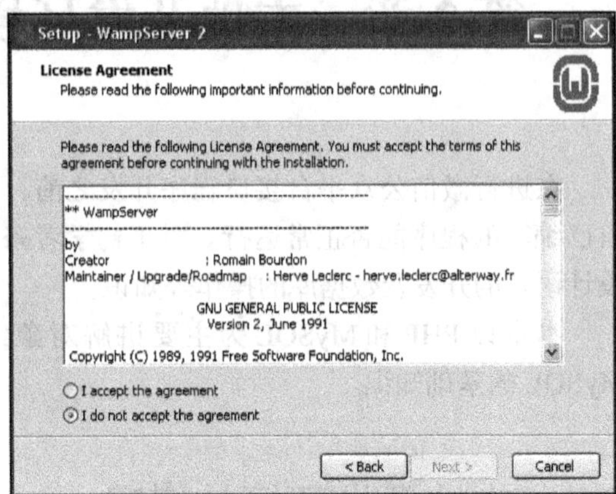

图 2-2　许可协议

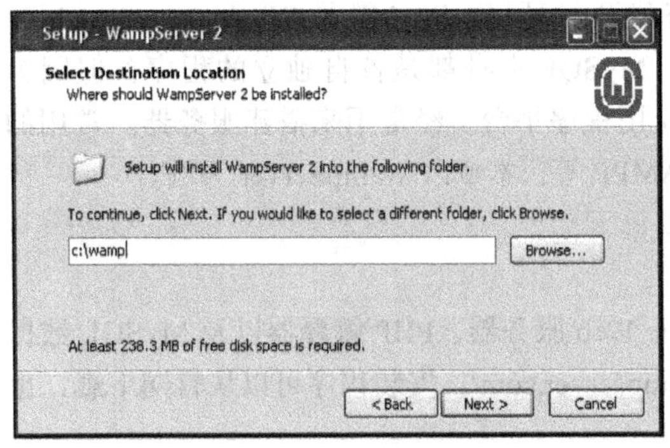

图 2-3　选择安装目录

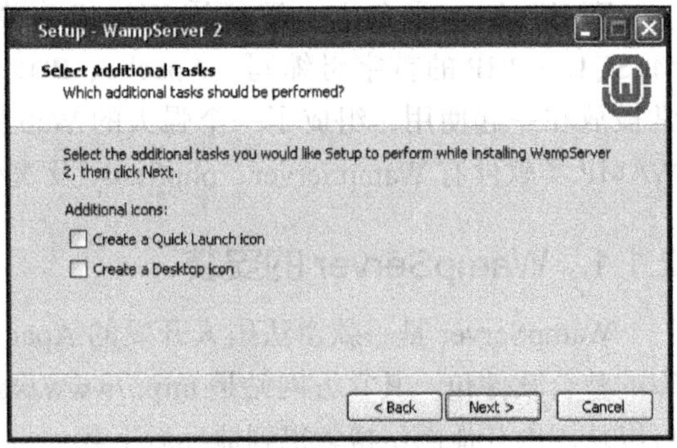

图 2-4　选择附加任务

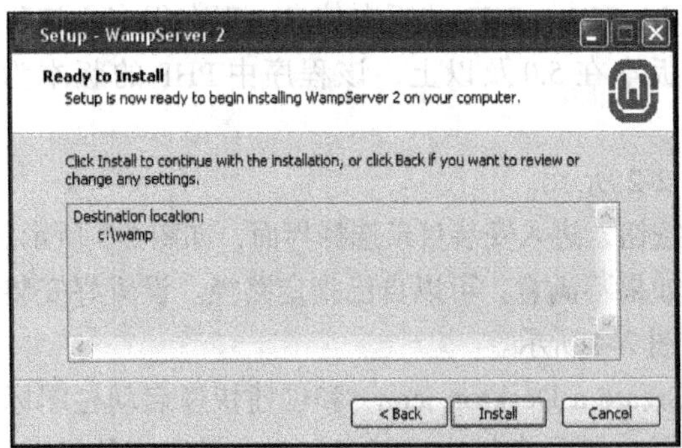

图 2-5　准备安装

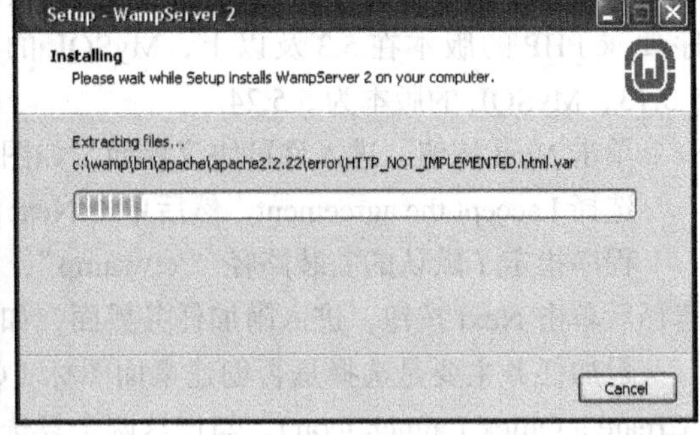

图 2-6　安装进度

其中参数可以不用填写，直接使用默认值。单击 Next 按钮，程序安装完成，如图 2-9 所示。

如果安装过程中勾选了创建桌面图标的复选框，安装完成后，可以在桌面上找到 WampServer 的快捷方式，如图 2-10 所示。

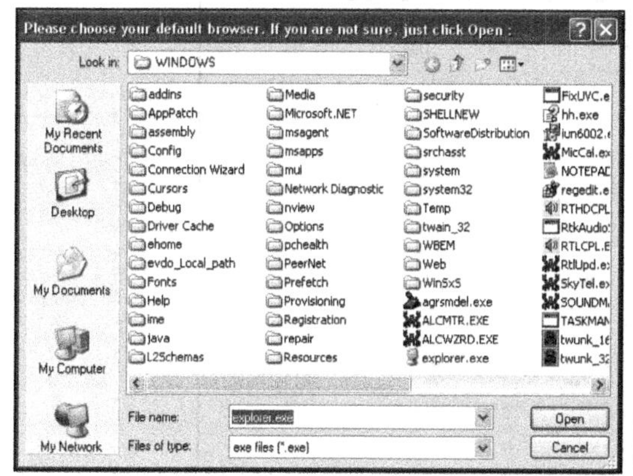

图 2-7　选择默认浏览器

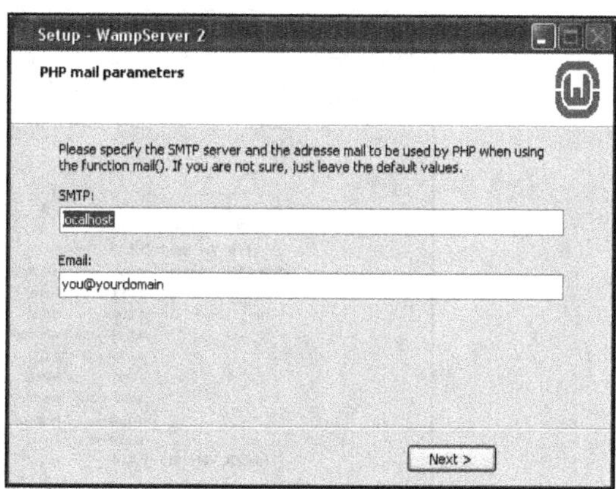

图 2-8　PHP 邮箱参数配置

双击该快捷方式，运行 WampServer，WampServer 将会在桌面的右下角显示图标，并且图标颜色从红色变为黄色，再变为绿色。当变成绿色时，表示 WampServer 启动成功了，如图 2-11 所示。

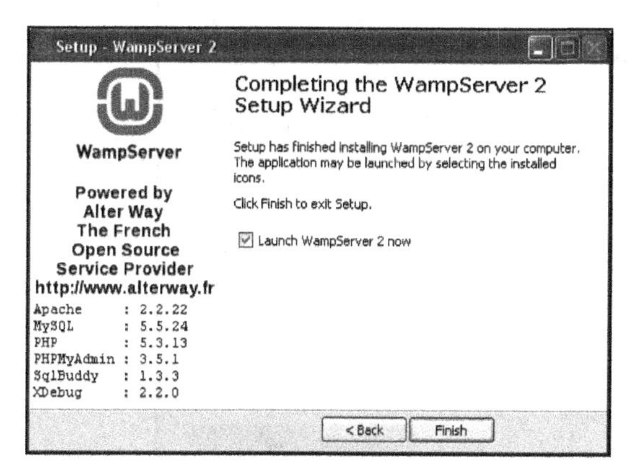

图 2-9　完成安装

图 2-10　WampServer 图标

图 2-11　WampServer 托盘图标

WampServer 启动成功后，在浏览器中输入 http://localhost/，可以打开 WampServer 的首页。它显示了关于服务器环境的一些信息，如图 2-12 所示。

在浏览器中输入 http://localhost/phpMyAdmin/，可以进入 phpMyAdmin 的页面。phpMyAdmin 是一个用 PHP 编写的软件工具，可以通过 Web 方式控制和操作 MySQL 数据库，如建立、复制和删除数据等。图 2-13 所示是 phpMyAdmin 登录后的界面。

2.1.2　其他开发环境套件

除了 WampServer 之外，还有很多支持 PHP 和 MySQL 的开发环境套件，如 phpStudy。

phpStudy 是一个 PHP 调试环境的程序集成包。该程序包集成了最新的 Apache+PHP+MySQL+phpMyAdmin+Zend Optimizer，一次性安装，无须配置即可使用，是非常方便、好用的 PHP 调试环境。图 2-14 所示是 phpStudy 的启动界面。

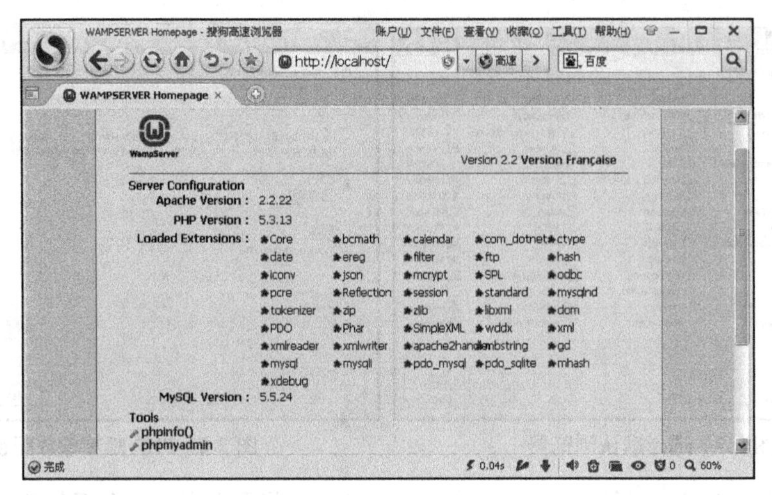

图 2-12　WampServer 的首页

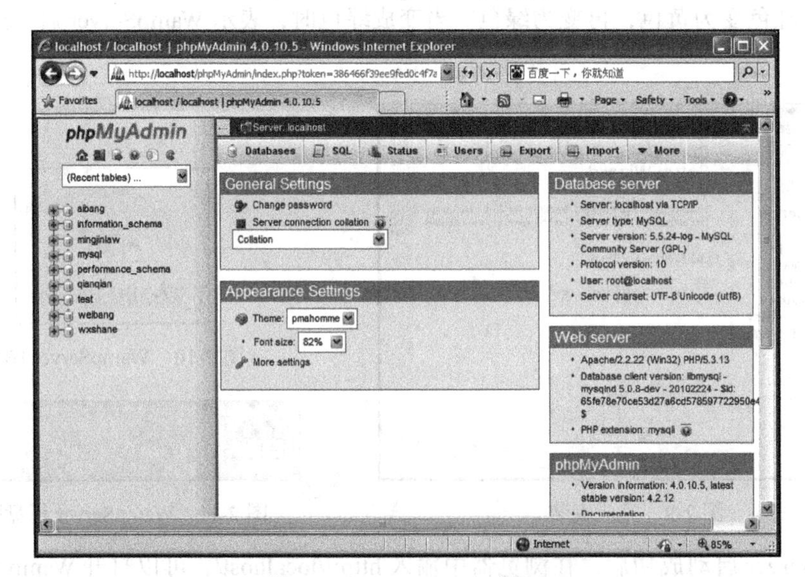

图 2-13　phpMyAdmin 界面

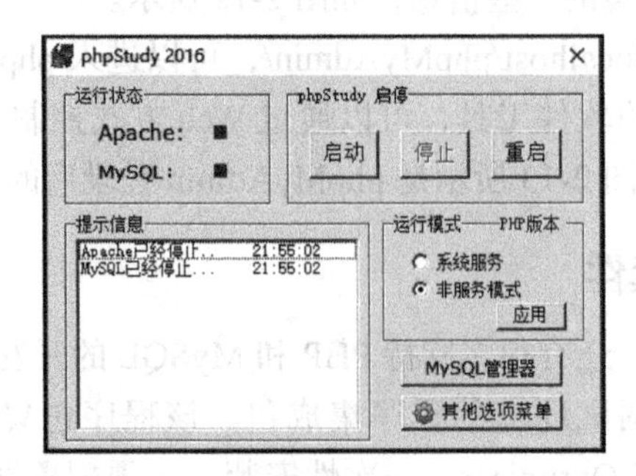

图 2-14　phpStudy

2.2　程序开发基础

PHP（超文本预处理器，Hypertext Preprocessor）于 1994 年由 Rasmus Lerdorf 创建，他也被称为“PHP 之父”。PHP 是一种通用开源脚本语言。其语法吸收了 C 语言、Java 和 Perl 的特点，便于学习，使用广泛，主要适用于 Web 开发领域。PHP 是最受欢迎的 Web 开发语言之一，也是微信公众平台开发使用最广泛的语言。

SQL 是结构化查询语言（Structured Query Language）的简称，它是一种数据库查询和程序设计语言，用于存取数据以及查询、更新和管理关系数据库系统；同时也是数据库脚本文件的扩展名。MySQL 是一个开放源码的小型关系数据库管理系统，开发者为瑞典 MySQL AB 公司，目前属于 Oracle 公司旗下产品。MySQL 被广泛应用在 Internet 上的中小型网站中。由于其体积小、速度快、总体拥有成本低，尤其是开放源码这一特点，许多中小型网站为了降低网站总体拥有成本而选择了 MySQL 作为网站数据库。

PHP+MySQL 是目前最为成熟、稳定、安全的企业级 Web 开发技术。其成熟的架构、稳定的性能、嵌入式开发方式、简洁的语法，使得系统能迅速开发。百度网站前端使用的就是 PHP，你可以在浏览器中输入 http://www.baidu.com/index.php 打开百度的首页。

除了 PHP 和 MySQL 之外，HTML、CSS 样式表和脚本语言 JavaScript 也是 Web 开发的基础，一般使用 HTML 来设计 Web 页面的结构，使用 CSS 样式表来控制 Web 页面的显示效果，使用脚本语言来控制浏览器的特效及表单数据的验证。掌握这些有助于开发者开发出更丰富和更强大的功能。

2.2.1　PHP 语法及使用

PHP 的语法和 C、C++ 等语言的语法很相似，有 C 语言基础的读者，可以非常轻松地掌握 PHP 的基本语法。由于 PHP 的语法比较简单，即使没有任何开发语言基础，也可以快速熟悉它。

1. 第一个程序

打开编辑器 Notepad++，在其中编写如下内容。

```
<?php
    //作者：方倍
    echo "你好，微信！";
?>
```

将上述内容保存为 hello.php，并且存放在 WAMP 的 Web 根目录 c:\wamp\www\ 下，然后在浏览器中输入 http://localhost/hello.php，可以看到浏览器显示出“你好，微信!”，如图 2-15 所示。

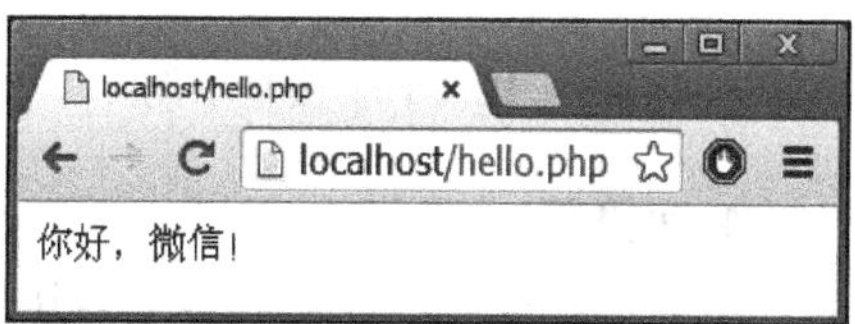

图 2-15　第一个程序

下面对这个程序进行讲解。

所有 PHP 代码都是以“<?php”开头，以“?>”结尾的，PHP 的默认文件扩展名是“.php”。“//”表示该行是注释，它的作用是供代码开发者阅读，不会被程序执行，因此代码中的“作者：方倍”就没有在浏览器中显示。echo 是 PHP 的一个语句，它的作用是将一串字符显示出来，所以在浏览器中看到了“你好，微信！”这一段内容。

2. 变量及类型

变量是指程序中可以改变的数据量，变量需有一个名字，用来代表变量和存放变量的值。PHP 中使用美元符号“$”后跟变量名来表示一个变量，如“$result”。PHP 的变量主要有以下类型：整数类型、浮点类型、字符串类型、布尔类型、数组类型、对象。下面是整型、浮点型、字符串类型的示例代码。

```
<?php
$x = 100;                          //整型
$y = 100.33;                       //浮点型
$hello ="Hello world!";            //字符串类型
echo $x;
echo "<br>";
echo $y;
echo "<br>";
echo $hello;
?>
```

上述代码分别定义了一个整数类型变量和一个浮点类型变量和一个字符串类型变量。它在浏览器中的运行效果如图 2-16 所示。

3. 常量

PHP 中通过 define() 函数定义常量。合法的常量名只能以字母和下划线开始，后面可以跟任意字母、数字或下划线。常量一旦定义就不能再修改或者取消定义。常量定义的示例代码如下。

```
<?php
define("TOKEN", "weixin");
echo TOKEN;
?>
```

上述代码定义名为 TOKEN 的常量，它的值为 weixin，在浏览器中的运行效果如图 2-17 所示。

图 2-16　变量示例

图 2-17　常量示例

4. 运算符

运算符是指通过一个或多个表达式来产生另外一个值的某些符号，如“+”、“%”、“.”等都是运算符。

在 PHP 中，使用符号“=”表示赋值。它的含义是将一个值指定给一个变量。例如，“$a=5”表示将 5 赋给 $a。

PHP 的算术运算符有加 (+)、减 (–)、乘 (*)、除 (/) 和取模 (%)、取反 (–，即取负值)。例如，“$x + $y”表示变量 $x 和变量 $y 的值相加。

PHP 有递增 / 递减运算符。递增运算符是指对当前表达式的值增加 1，递减运算符正相反，对表达式的值减 1。例如，“++$x”表示 $x 加 1 递增，然后返回 $x；“$x--”表示先返回 $x，然后 $x 减 1 递减。

PHP 的字符串运算符只有一个，即字符串的连接运算符“.”。例如，“$x="Hello"；$x .= "weixin!";”表示变量 $x 的末尾加上字符串“weixin!”。这时 $x 的值为“Hello weixin!”。

PHP 的逻辑运算符有与 (and)、或 (or)、异或 (xor)、与 (&&)、或 (||)、非 (!)。

PHP 的比较运算符有等于 (==)、全等 (===)、不等于 (!=)、不等于 (<>)、不全等 (!==)、大于 (>)、小于 (<)、大于或等于 (>=)、小于或等于 (<=)。

除此之外，还有条件运算符“expr1 ? expr2 : expr3”，它的计算规则是：如果表达式 expr1 的值为真，那么整个表达式的值就取 expr2 的值，否则，就取 expr3 的值。

下述代码是常用运算符的示例。

```
<?php
$x=10;
$y=6;
echo ($x + $y);    //输出 16
echo "<br>";
echo ($x - $y);    //输出 4
echo "<br>";
echo ($x * $y);    //输出 60
echo "<br>";
echo ($x / $y);    //输出 1.6666666666667
echo "<br>";
echo ($x % $y);    //输出 4
echo "<br>";
$z=5;
$z *= 6;
echo $z;           //输出 30
echo "<br>";
$x="Hello";
$x .= " weixin!";
echo $x;           //输出 Hello weixin!
echo "<br>";
$i=5;
echo $i--;         //输出 5
echo "<br>";
$a=50;
$b=90;
var_dump($a > $b);

$max = ($a>=$b) ? $a : $b;
echo $max;         //输出 90
?>
```

在浏览器中的运行效果如图 2-18 所示。

5. 流程控制

PHP 程序由语句构成，通常情况下，程序从第一条语句开始执行，按顺序执行到最后一句。但有时因为某些原因，需要改变程序的执行顺序，这就需要对程序的流程进行控制。

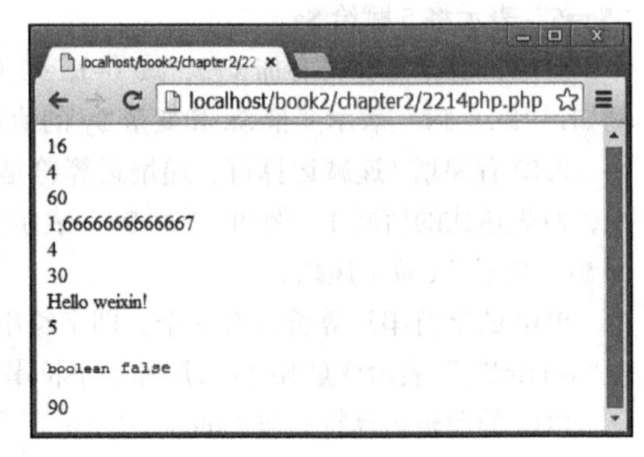

图 2-18　运算符示例

PHP 程序的执行方式有 3 种：顺序执行、选择执行、循环执行。通过使用这 3 种控制结构，可以改变程序的执行顺序，以满足解决问题的需求。顺序结构使程序从第一条语句开始，按顺序执行到最后一句。在选择结构中，程序可以根据某个条件是否成立，选择执行不同的语句。在循环结构中，程序可以根据某种条件和指定的次数，使某些语句执行多次。

（1）if 语句 /if...else 语句 /if...elseif...else 语句

在 PHP 中，可以使用以下条件语句。

- if 语句：如果指定条件为真，则执行代码。
- if...else 语句：如果条件为真，则执行代码；如果条件为假，则执行另一段代码。
- if...elseif...else 语句：选择若干代码块之一执行。

下述代码是 if 语句系列的使用方法。

```
<?php
$t=date("H");

if ($t<"18") {
    echo " 白天 !";
}

if ($t<"18") {
    echo " 白天 !";
} else {
    echo " 晚上 !";
}

if ($t<"12") {
    echo " 上午 !";
} elseif ($t<"18") {
    echo " 下午 !";
} else {
    echo " 晚上 !";
}
?>
```

上述代码的含义解读如下。

在 if 语句中，如果当前时间（HOUR）小于 18，则输出“白天 !”。

在 if...else 语句中，如果当前时间（HOUR）小于 18，则输出“白天 !”，否则输出

“晚上！”。

在 if...elseif...else 语句中，如果当前时间（HOUR）小于 12，则输出“上午！”；如果大于 12 且小于 18，则输出“下午！”；否则输出“晚上！”。

（2）switch 语句

switch 语句首先计算表达式 expr 的值，如果 expr 的值与某个 case 的值匹配，则从该 case 后面的语句开始执行，直到遇到 break 语句或整个 switch 语句结束。

switch 语句的使用示例如下。

```
<?php
switch ($x)
{
    case 1:
        echo "数字 1";
        break;
    case 2:
        echo "数字 2";
        break;
    case 3:
        echo "数字 3";
        break;
    default:
        echo "不是 1 至 3 之间的数字 ";
}
?>
```

在上述代码中，判断变量 $x 的值，将它与 case 的值进行比较。如果存在匹配的 case，则执行与该 case 关联的代码。如果没有 case 为真，则执行 default 中的代码。

（3）for 循环

for 循环执行代码块指定的次数。下面的例子显示了从 0 到 3 的数字。

```
<?php
for ($x=0; $x<=3; $x++) {
    echo "数字是: $x <br>";
}
?>
```

其运行效果如图 2-19 所示。

（4）while 循环

while 循环当指定条件为真时执行代码块。

下面的例子首先把变量 $x 设置为 1（$x=1），然后执行 while 循环（只要 $x 小于或等于 5）。循环每运行一次，$x 将递增 1。

```
<?php
$x=1;
while($x<=5) {
    echo "这个数字是: $x <br>";
    $x++;
}
?>
```

其运行效果如图 2-20 所示。

图 2-19　for 循环示例

图 2-20　while 循环示例

6. 数组

数组能够在一个变量名中存储许多值，并且能够通过引用下标号来访问某个值。

在 PHP 中，创建数组使用 array() 函数。常用的数组类型有索引数组和关联数组。

索引数组的索引是自动分配的（索引从 0 开始）。下面的代码创建了一个索引数组。

```
$office = array('word', 'excel', 'outlook', 'access');
```

该数组的名称为 office，第一个元素的值是 word，第二个元素的值是 excel，第三个元素的值是 outlook，第四个元素的值是 access。

关联数组的创建方法如下。

```
array( [key =>]value , ... )// key 可以是 integer 或者 string; value 可以是任何值
```

下面的代码创建了一个关联数组。

```
$age=array(" 张三 "=>"25"," 李四 "=>"27"," 王五 "=>"33");
```

它定义了 3 个元素，以"张三"、"李四"、"王五"为键名，他们的年龄为各自的值。

实际上，索引数组是一种特殊的关联数组。

下面演示了创建及遍历数组的方法。

```
<?php
$office = array('word', 'excel', 'outlook', 'access');
$arrlength=count($office);
for($x=0;$x<$arrlength;$x++) {
    echo $office[$x];
    echo "<br>";
}
$age=array(" 张三 "=>"25"," 李四 "=>"27"," 王五 "=>"33");
foreach($age as $key=>$value) {
    echo "Key=" . $key . ", Value=" . $value;
    echo "<br>";
}
?>
```

程序执行的效果如图 2-21 所示。

7. 函数

在程序设计中，经常将一些常用的功能模块编写成函数，供程序或其他文件使用。函数

就像一些小程序，用它们可以组成更大的程序。用户定义的函数声明以“function”开头。

这里创建了名为“familyName()”的函数。左花括号“{”表示函数代码的开始，而右花括号“}”表示函数的结束。

下面例子中的函数有两个参数 $name 和 $year。当调用 familyName() 函数时，同时要传递名字（如“三”）和出生年（如 1980），这样会输出姓相同但名不同的姓名，以及出生年。

```
<?php
function familyName($name, $year) {
    echo " 张 $name. 出生于 $year <br>";
}

familyName(" 三 ","1980");
familyName(" 四 ","1982");
familyName(" 五 ","1985");
?>
```

上述程序执行的效果如图 2-22 所示。

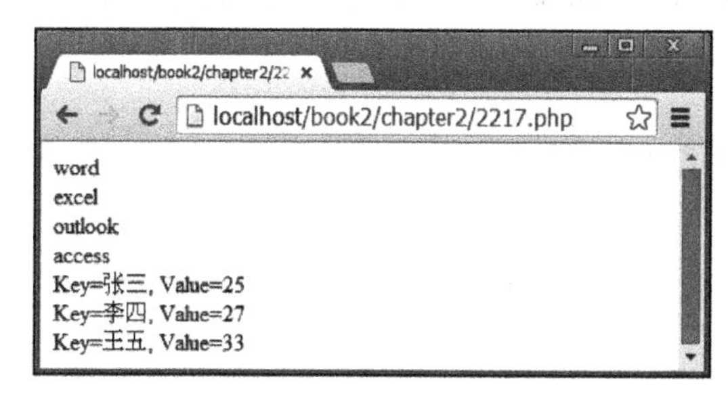

图 2-21　数组示例

图 2-22　函数示例

8. 类

类是变量与作用于这些变量的函数的集合。变量通过 var 定义，函数通过 function 定义，而类通过下面的语法定义。

```
<?php
class Cart {
    var $items;  // 购物车中的物品

    // 将 $num 个 $artnr 物品加入购物车
    function add_item($artnr, $num) {
        $this->items[$artnr] += $num;
    }
}
?>
```

上面的例子定义了一个 Cart 类，这个类由购物车中的商品构成的数组和一个用于向购物车中添加商品的函数组成。

类的用法举例如下。

```
<?php
$cart = new Cart;
```

```
$cart->add_item("手机", 3);
?>
```

上述代码创建了一个 Cart 类的对象 $cart，对象 $cart 的方法 add_item() 被调用时，添加了 3 件“手机”商品。

2.2.2 MySQL 的使用

本小节演示如何使用 SQL 语句及 PHP 程序创建和使用一个简单的数据库表。

表 2-1 所示是一个名为“wx_user”的表。

表 2-1 wx_user 表

id	openid	username	telephone
1	o7Lp5t6n59DeX3U0C7Kric9qEx-Q	方倍	15987654321
2	o7Lp5t6n59De2380C3Kxkc93E2x3	张三	13412341234

wx_user 表含有 4 个列（id、openid、username 及 telephone）和两条记录（每条记录对应一个人）。

1. 创建数据库表

下面是建立一个数据库表“wx_user”的 SQL 脚本。

```
CREATE TABLE IF NOT EXISTS 'wx_user' (
    'id' int(7) NOT NULL AUTO_INCREMENT,
    'openid' varchar(30) NOT NULL,
    'username' varchar(20) NOT NULL,
    'telephone' varchar(16) NOT NULL,
    PRIMARY KEY ('id'),
    UNIQUE KEY 'openid' ('openid')
) ENGINE=MyISAM  DEFAULT CHARSET=utf8 AUTO_INCREMENT=1 ;
```

创建数据库表时使用 CREATE TABLE 命令。命令中间部分的内容是创建条件，包括列名、列的数据类型及长度、是否允许为空、是否有自增属性、是否是唯一 Key、是否为主键等。

在 phpMyAdmin 的 SQL 运行框中，运行上述代码后，将创建一个名为“wx_user”的表，如图 2-23 所示。

#	Name	Type	Collation	Attributes	Null	Default	Extra	Action
1	id	int(7)			No	None	AUTO_INCREMENT	Change Drop Primary Unique
2	openid	varchar(30)	utf8_general_ci		No	None		Change Drop Primary Unique
3	username	varchar(20)	utf8_general_ci		No	None		Change Drop Primary Unique
4	telephone	varchar(16)	utf8_general_ci		No	None		Change Drop Primary Unique

图 2-23 wx_user 表

2. 插入数据

向数据库表插入数据时使用 INSERT INTO 语句。其语法如下。

```
INSERT INTO table_name VALUES (value1, value2,...)
```

在本例中，插入语句可以这样写。

```
INSERT INTO 'wx_user' ('id', 'openid', 'username', 'telephone') VALUES (NULL,
'o7Lp5t6n59DeX3U0C7Kric9qEx-Q', '方倍', '15987654321');
```

下面是使用 PHP 程序进行提交的代码。

```
<?php
$con = mysql_connect("localhost:3306","root","root");
mysql_query("SET NAMES 'UTF8'");
mysql_select_db("book", $con);
mysql_query("INSERT INTO 'wx_user' ('id', 'openid', 'username', 'telephone')
VALUES (NULL, 'o7Lp5t6n59DeX3U0C7Kric9qEx-Q', '方倍', '15987654321');");
mysql_query("INSERT INTO 'wx_user' ('id', 'openid', 'username', 'telephone')
VALUES (NULL, 'o7Lp5t6n59De2380C3Kxkc93E2x3', '李四', '13412341234');");
mysql_close($con);
?>
```

在上述代码中，首先创建到数据库的连接，这是通过 mysql_connect() 函数完成的，连接的主机为“localhost”，端口为“3306”，账号和密码都为“root”。然后通过“SET NAMES 'UTF8'”命令设置字符集为 UTF8，这样就能正常显示中文。之后通过 mysql_select_db() 函数设置要连接的数据库“book”。最后使用 mysql_query() 函数向 wx_user 表中插入两条记录。执行完毕后，使用 mysql_close() 函数关闭 MySQL 连接。

3. 查询数据

从数据库中查询数据时使用 SELECT 语句。其语法如下。

```
SELECT column_name(s) FROM table_name
```

在本例中，查询语句可以这样写。

```
SELECT * FROM 'wx_user' WHERE 'openid' = 'o7Lp5t6n59DeX3U0C7Kric9qEx-Q';
```

下面是使用 PHP 程序进行查询的代码。

```
<?php
$con = mysql_connect("localhost:3306","root","root");
mysql_query("SET NAMES 'UTF8'");
mysql_select_db("book", $con);
$result = mysql_query("SELECT * FROM 'wx_user' WHERE 'openid' = 'o7Lp5t6n59DeX3U
0C7Kric9qEx-Q';");
while($row = mysql_fetch_array($result))
{
    echo $row['username']." ".$row['telephone'];
    echo "<br />";
}
mysql_close($con);
?>
```

上述代码查询 openid 为“o7Lp5t6n59DeX3U0C7Kric9qEx-Q”的数据，并且返回该条记录的 username 和 telephone 字段。执行后，返回的内容如图 2-24 所示。

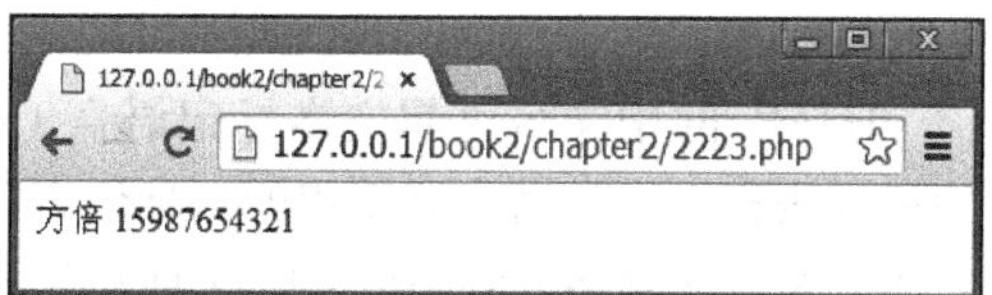

图 2-24　查询数据

4. 修改数据

修改数据库表中的数据时使用 UPDATE 语句。其语法如下。

```
UPDATE table_name SET column_name = new_value WHERE column_name = some_value
```

在本例中，修改语句可以这样写：

```
UPDATE 'wx_user' SET 'telephone' = '15999521234' WHERE 'openid' = 'o7Lp5t6n59DeX3U
0C7Kric9qEx-Q';
```

下面是使用 PHP 程序进行修改的代码。

```
<?php
$con = mysql_connect("localhost:3306","root","root");
mysql_query("SET NAMES 'UTF8'");
mysql_select_db("book", $con);
mysql_query("UPDATE 'wx_user' SET 'telephone' = '15999521234' WHERE 'openid' =
'o7Lp5t6n59DeX3U0C7Kric9qEx-Q';");
mysql_close($con);
?>
```

上述代码执行后，会将 openid 值为“o7Lp5t6n59DeX3U0C7Kric9qEx-Q”的记录中的 telephone 值更改为“15999521234”。

5. 删除数据

从数据库表中删除记录时使用 DELETE FROM 语句。其语法如下。

```
DELETE FROM table_name WHERE column_name = some_value
```

在本例中，删除语句可以这样写。

```
DELETE FROM 'wx_user' WHERE 'openid' = 'o7Lp5t6n59DeX3U0C7Kric9qEx-Q';
```

下面是使用 PHP 程序进行删除的代码。

```
<?php
$con = mysql_connect("localhost:3306","root","root");
mysql_query("SET NAMES 'UTF8'");
mysql_select_db("book", $con);
mysql_query("DELETE FROM 'wx_user' WHERE 'openid' = 'o7Lp5t6n59DeX3U0C7Kric9qEx
-Q';");
mysql_close($con);
?>
```

上述代码执行后，会将 openid 值为“o7Lp5t6n59DeX3U0C7Kric9qEx-Q”的记录删除。

2.2.3 其他常用语言

1. HTML

HTML 的中文名为超文本标记语言（Hypertext Markup Language），它是一种制作页面的标准语言，也是浏览器使用的一种语言，而且它消除了不同计算机之间信息交流的障碍。HTML 是目前网络上应用最为广泛的语言，也是构成网页文档的主要语言。

HTML 文件是由 HTML 命令组成的描述性文本，HTML 命令可以说明文字、图形、动画、声音、表格、链接等。HTML 文件的结构包括头部（Head）和主体（Body）两大部分。其中，头部描述浏览器所需的信息，而主体包含所要说明的具体内容。

下面是一段 HTML 代码，它创建了一个两行三列的表格。

```
<html>
    <head>
        <title>HTML</title>
    </head>
    <body>
    <h4>两行三列：</h4>
    <table border="1">
        <tr>
            <td>100</td>
            <td>200</td>
            <td>300</td>
        </tr>
        <tr>
            <td>400</td>
            <td>500</td>
            <td>600</td>
        </tr>
    </table>
    </body>
</html>
```

上述代码在浏览器中运行后，效果如图 2-25 所示。

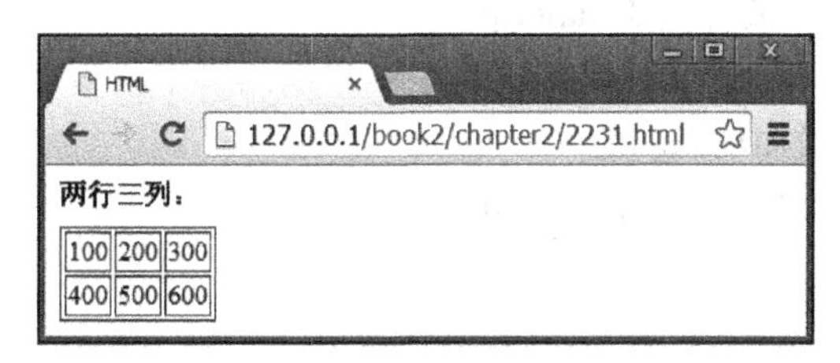

图 2-25　HTML 示例

2. CSS

CSS 指层叠样式表（Cascading Style Sheet），又称串样式列表、层次结构式样式表，它是一种用来为结构化文档（如 HTML 文档或 XML 应用）添加样式（字体、间距和颜色等）的计算机语言，由 W3C 定义和维护。

下面是使用 CSS 构建一个水平导航栏的代码。

```
<html>
    <head>
    <style>
    ul{
        list-style-type:none;
        margin:0;
        padding:0;
        overflow:hidden;
    }
```

```
        li{
            float:left;
        }
        a{
            display:block;
            width:60px;
            background-color:#dddddd;
        }
        </style>
        </head>

        <body>
            <ul>
                <li><a href="#home">Home</a></li>
                <li><a href="#news">News</a></li>
                <li><a href="#contact">Contact</a></li>
                <li><a href="#about">About</a></li>
            </ul>
        </body>
    </html>
```

上述代码运行后，效果如图 2-26 所示。

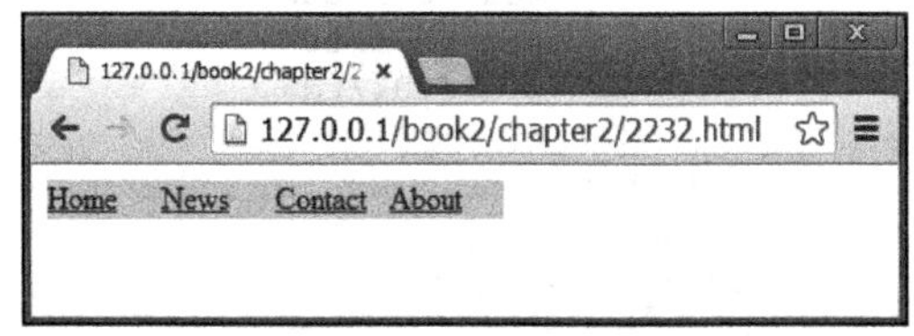

图 2-26　CSS 示例

3. JavaScript

JavaScript 是一种直译式脚本语言，也是一种动态类型、弱类型、基于原型的语言，它内置支持类型。它的解释器被称为 JavaScript 引擎，是浏览器的一部分。JavaScript 是广泛用于客户端的脚本语言，最早在 HTML 网页上使用，用来给 HTML 网页增加动态功能。

下面是单击按钮弹出消息框的 JavaScript 代码。

```
<!DOCTYPE html>
<html>
    <body>
        <p>JavaScript 能够对事件作出反应。比如对按钮的点击：</p>
        <button type="button" onclick="alert('Welcome!')">点击这里</button>
    </body>
</html>
```

上述代码运行后，效果如图 2-27 所示。

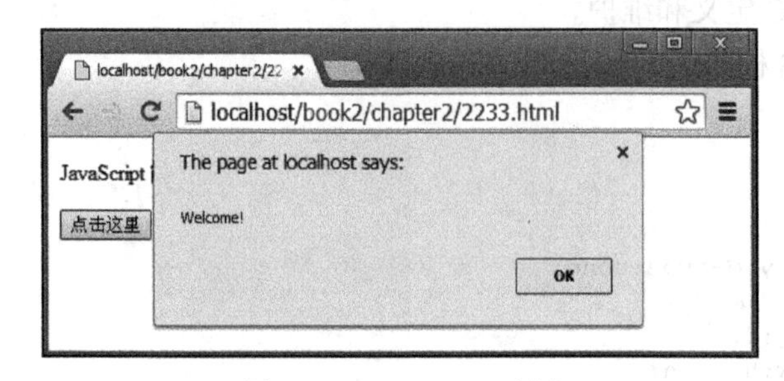

图 2-27　JavaScript 示例

4. XML

XML 的中文名为可扩展标记语言（Extensible Markup Language），它是一种标记语言。XML 应用于 Web 开发的许多方面，常用于简化数据的存储和共享。微信基础消息的接收、发送都是使用 XML 来传输的。读者可以在后面的章节中看到很多 XML 数据的内容。

下面是一个简单的 XML 文件。

```
<xml>
    <to> 张三 </to>
    <from> 李 </from>
    <heading> 提醒 </heading>
    <body> 记得开会 </body>
</xml>
```

5.JSON

JSON（JavaScript Object Notation）是一种轻量级的数据交换格式。它是基于 JavaScript 语法标准的一个子集。JSON 采用完全独立于语言的文本格式，可以很容易地在各种网络、平台和程序之间传输。JSON 的语法很简单，易于阅读和编写，也易于机器解析和生成。

在微信的高级接口中，很多内容都是通过 JSON 来传递的。例如，创建自定义菜单时，就是通过传输一个固定格式的 JSON 内容来实现的。

下面是一段 JSON 内容。它定义了一个 employees 对象，包含两条员工记录（对象）的数组。

```
{
    "employees": [
        {
            "firstName": "Bill",
            "lastName": "Gates"
        },
        {
            "firstName": "George",
            "lastName": "Bush"
        }
    ]
}
```

2.3 本章小结

本章以 WampServer 为例介绍了微信开发环境的搭建。另外，还介绍了 PHP、MySQL 及其他常用语言的基础知识。这些是进行后续微信开发的基础。

第 3 章　服务器资源与消息交互原理

启用微信公众平台开发者中心需要拥有自己的服务器资源，用于存放自己开发的程序文件。服务器可以是一个虚拟空间，也可以是一个云主机或云空间，只要这个空间支持程序的运行并且有域名可以访问。开发好程序之后，需要把程序上传到服务器上，这样才能被微信访问到。

本章以新浪云 SAE 为程序运行环境，介绍如何申请开通自己的 SAE 应用，以及如何将 SAE 和微信公众号进行对接。如果读者已经有自己的空间资源，那么可以忽略服务器资源部分的内容。另外，读者也可以使用其他企业提供的服务器资源，并不一定要与书中的一致。

3.1　服务器资源

3.1.1　新浪云 SAE

SAE（Sina App Engine）是新浪研发中心于 2009 年 8 月开始内部开发，并于 2009 年 11 月 3 日正式推出的第一个 Alpha 版本的国内首个公有云计算平台（http://sae.sina.com.cn）。SAE 是新浪云计算战略的核心组成部分。

SAE 的注册地址为 http://sae.sina.com.cn/?m=user&a=reg，在浏览器中输入该网址，将自动跳转到“SAE 新浪云计算平台”在新浪微博的应用授权页面，如图 3-1 所示。

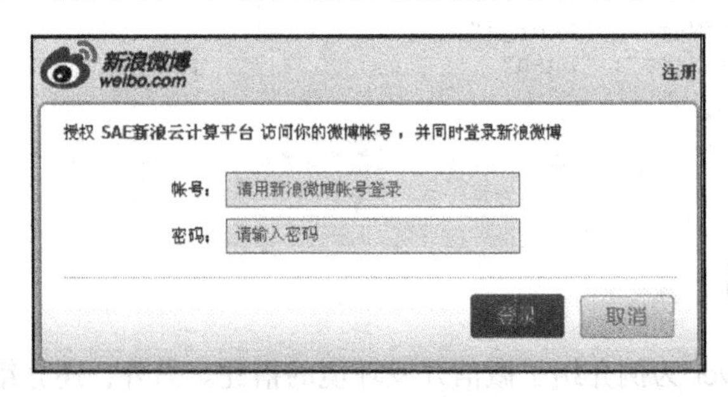

图 3-1　SAE 登录界面

如果你还没有新浪微博账号，需要注册一个。注册新浪微博账号的过程，这里就不介绍了。在图 3-1 中填写新浪微博账号及密码之后，单击“登录”按钮，将跳转到授权确认页面，如图 3-2 所示。

单击“授权”按钮，将跳转到 SAE 用户注册页面，如图 3-3 所示。

填写“真实姓名”“安全邮箱”“安全密码”“确认密码”“绑定手机”及“验证码”之后，单击“下一步”按钮，将跳转到手机号验证页面，如图 3-4 所示。

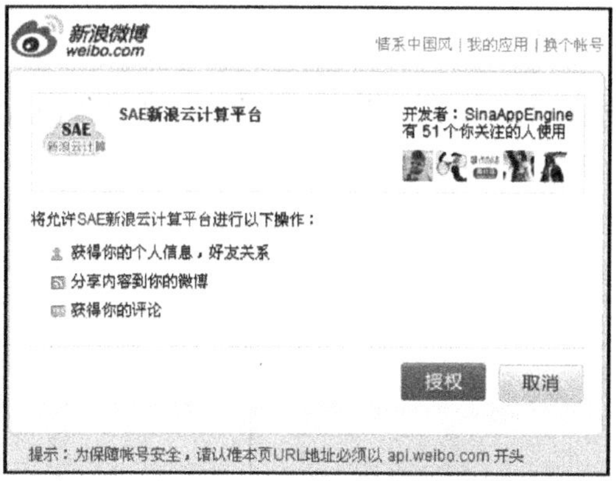

图 3-2　SAE 新浪云计算平台授权确认页面

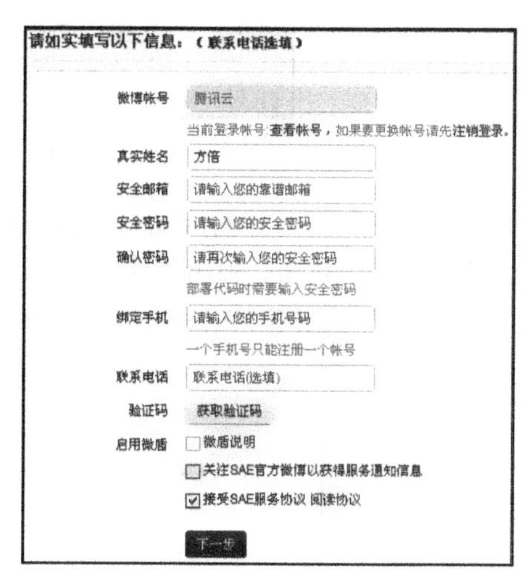

图 3-3　SAE 用户注册页面

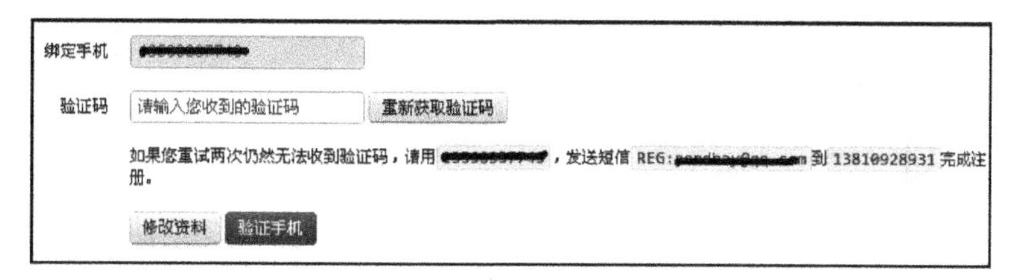

图 3-4　SAE 手机认证页面

填写手机收到的短信验证码后，单击“验证手机”按钮，将提示注册成功。

这样就成功注册了 SAE 账号。使用注册成功的微博账号登录 SAE，登录后的页面如图 3-5 所示。

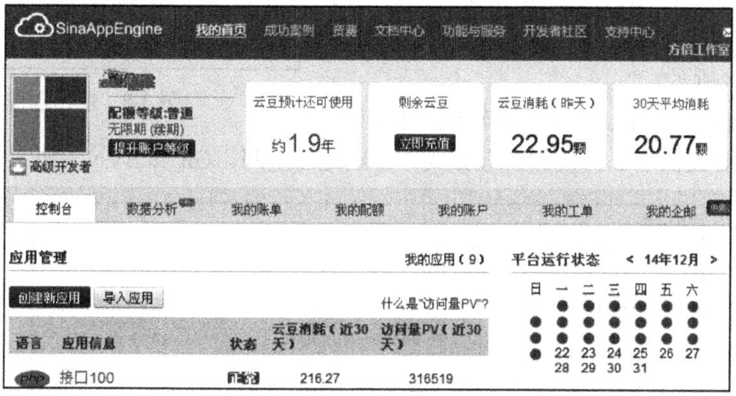

图 3-5　SAE 首页

在最上方右侧的导航列表中，单击“我的应用”链接，再从下拉列表中选择“应用列表”链接，将跳转到“应用列表”页面，如图 3-6 所示。

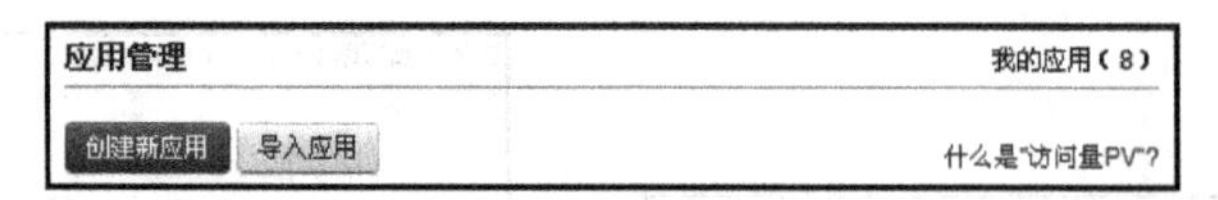

图 3-6 应用列表

单击页面中的“创建新应用”按钮，这时会弹出提示框，提示禁止放置违法违规内容。单击“继续创建”按钮，弹出创建应用页面，如图 3-7 所示。

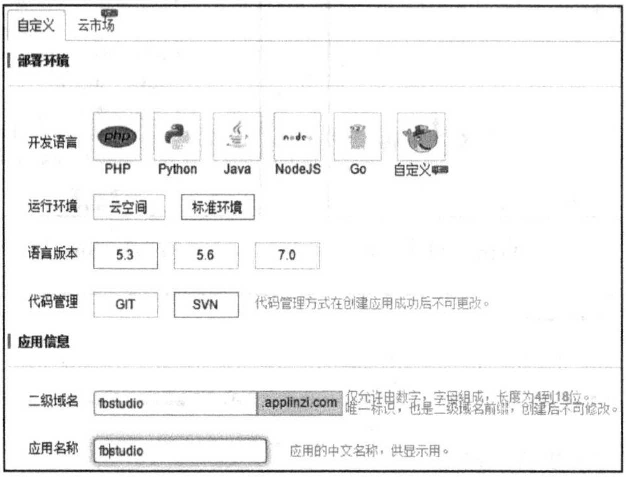

自定义 云市场
部署环境
开发语言 PHP Python Java NodeJS Go 自定义
运行环境 云空间 标准环境
语言版本 5.3 5.6 7.0
代码管理 GIT SVN 代码管理方式在创建应用成功后不可更改。
应用信息
二级域名 fbstudio .applinzi.com 仅允许由数字、字母组成，长度为4到18位。唯一标识，也是二级域名前缀，创建后不可修改。
应用名称 fbstudio 应用的中文名称，供显示用。

图 3-7 创建应用

在创建应用页面中，依次填写二级域名 AppID、“应用名称”、“验证码”，“开发语言”选择 PHP，“运行环境”选择“标准环境”，“语言版本”选择 5.3。如果 AppID 已经被其他人注册过，会提示已经被占用，需要重新填入。填写完毕后，单击“创建应用”按钮，将提示应用创建成功，如图 3-8 所示。

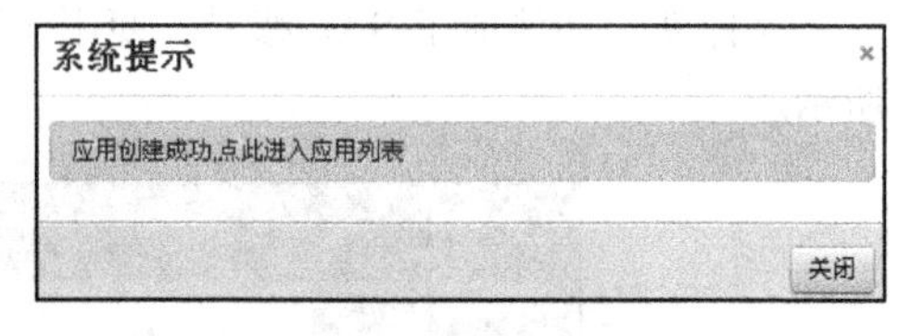

图 3-8 应用创建成功

应用创建成功之后，将自动跳转到“代码管理”页面，SAE 提供了 3 种代码管理方式，分别是云空间、Git 和 SVN，如图 3-9 所示。

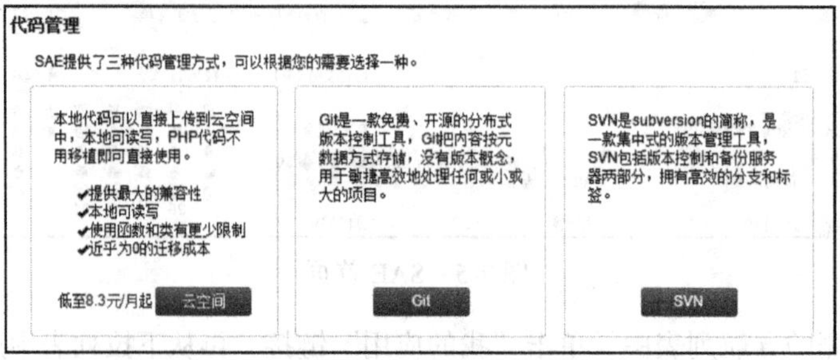

代码管理
SAE提供了三种代码管理方式，可以根据您的需要选择一种。
本地代码可以直接上传到云空间中，本地可读写，PHP代码不用移植即可直接使用。
✔提供最大的兼容性
✔本地可读写
✔使用函数和类有更少限制
✔近乎为0的迁移成本
低至8.3元/月起 云空间
Git是一款免费、开源的分布式版本控制工具，Git把内容按元数据方式存储，没有版本概念，用于敏捷高效地处理任何或小或大的项目。
Git
SVN是subversion的简称，是一款集中式的版本管理工具，SVN包括版本控制和备份服务器两部分，拥有高效的分支和标签。
SVN

图 3-9 代码管理

代码管理方式一旦选定就不能更改了。这里选择 SVN，即单击图 3-9 中的 SVN 按钮。系统将弹出消息框，询问是否确定选定，再单击“确定”按钮即可。这时系统将要求创建版本，如图 3-10 所示。

单击“创建版本”按钮，将弹出创建版本页面，如图 3-11 所示。

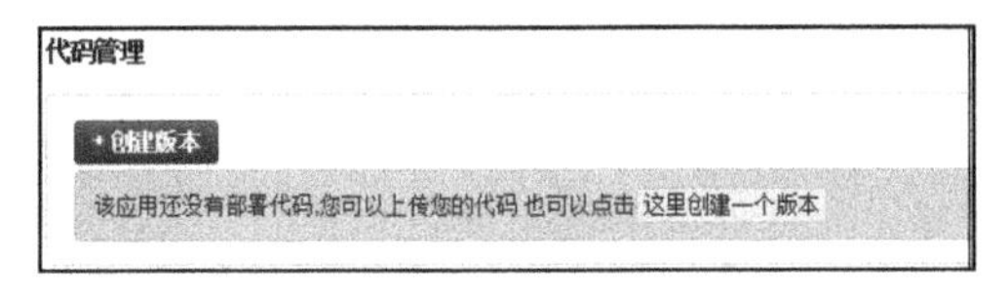

图 3-10　创建版本

图 3-11　开始创建版本

版本号默认为 1，可以不用更改，直接单击“创建”按钮，这时会弹出安全密码输入框。正确输入安全密码之后，应用版本就设置好了，如图 3-12 所示。

图 3-12　创建版本成功

至此，就成功创建了一个域名 URL 为 http://fbstudio.sinaapp.com/ 的 SAE 应用了。这个 URL 将会在后面用到。

另外，系统还有一个带数字版本的域名 http://1.fbstudio.sinaapp.com/。在使用过程中，统一使用 http://fbstudio.sinaapp.com/，而不要使用带数字版本的域名。

下述代码可以启用微信接口。你也可以从本书的配套代码中找到这个文件。

```
<?php
/*
    方倍工作室 http://www.fangbei.org/
    CopyRight 2013 www.doucube.com  All Rights Reserved
*/
header('Content-type:text');
define("TOKEN", "weixin");
$wechatObj = new wechatCallbackapiTest();
if (isset($_GET['echostr'])) {
    $wechatObj->valid();
}else{
    $wechatObj->responseMsg();
}

class wechatCallbackapiTest
{
```

```
    public function valid()
    {
        $echoStr = $_GET["echostr"];
        if($this->checkSignature()){
            echo $echoStr;
            exit;
        }
    }

    private function checkSignature()
    {
        $signature = $_GET["signature"];
        $timestamp = $_GET["timestamp"];
        $nonce = $_GET["nonce"];

        $token = TOKEN;
        $tmpArr = array($token, $timestamp, $nonce);
        sort($tmpArr);
        $tmpStr = implode( $tmpArr );
        $tmpStr = sha1( $tmpStr );

        if( $tmpStr == $signature ){
            return true;
        }else{
            return false;
        }
    }

    public function responseMsg()
    {
        $postStr = $GLOBALS["HTTP_RAW_POST_DATA"];
        if (!empty($postStr)){
            $postObj = simplexml_load_string($postStr, 'SimpleXMLElement', LIBXML_
            NOCDATA);
            $fromUsername = $postObj->FromUserName;
            $toUsername = $postObj->ToUserName;
            $keyword = trim($postObj->Content);
            $time = time();
            $textTpl = "<xml>
                        <ToUserName><![CDATA[%s]]></ToUserName>
                        <FromUserName><![CDATA[%s]]></FromUserName>
                        <CreateTime>%s</CreateTime>
                        <MsgType><![CDATA[%s]]></MsgType>
                        <Content><![CDATA[%s]]></Content>
                        <FuncFlag>0</FuncFlag>
                        </xml>";
            if($keyword == "?" || $keyword == "？")
            {
                $msgType = "text";
                $content = date("Y-m-d H:i:s",time());
                $result = sprintf($textTpl, $fromUsername, $toUsername, $time, $msgType,
                $content);
                echo $result;
            }
        }else{
```

```
                echo "";
                exit;
            }
        }
    }
?>
```

将代码保存为 index.php。请注意，必须使用专业的开发软件来执行保存操作，如 Notepad++，不要使用 Windows 自带的记事本等。保存时需设置格式为“UTF-8 无 BOM 格式”，图 3-13 所示是 Notepad++ 的设置处。

保存后使用压缩软件 WinRAR 将其压缩成 ZIP 格式，如图 3-14 所示。注意不能用 RAR 格式，因为 SAE 不支持 RAR 格式的文件上传。

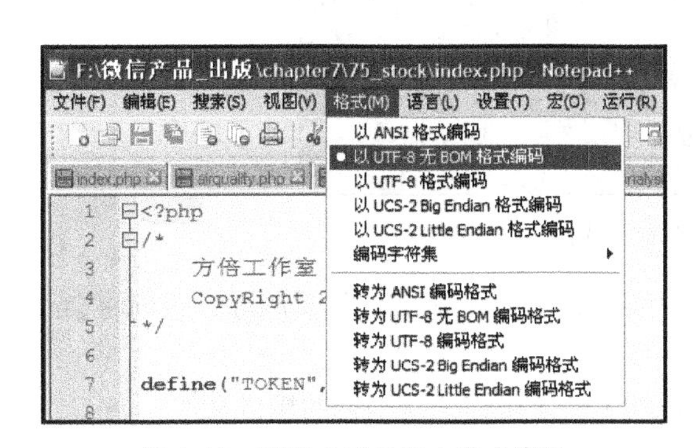

图 3-13　UTF-8 无 BOM 格式编码

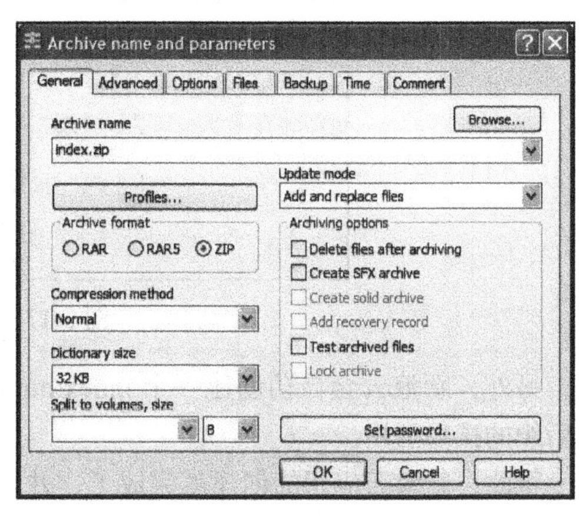

图 3-14　压缩成 ZIP 文件

这样就会生成一个 index.zip 的压缩文件。

返回之前创建的 SAE 应用的“代码管理”页面，单击“上传代码包”链接，如图 3-15 所示。

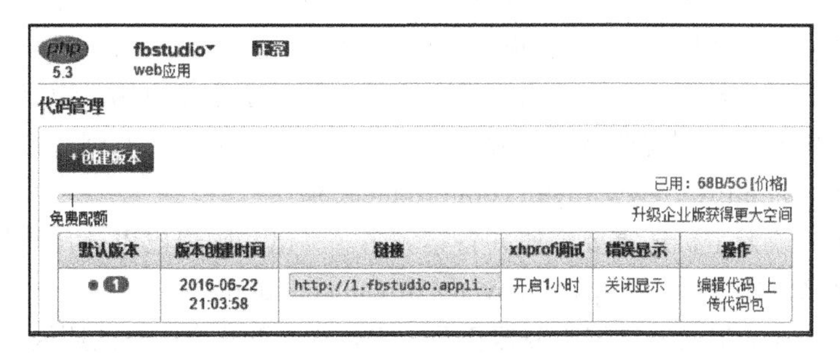

图 3-15　上传代码包

单击“上传代码包”后，将弹出“代码上传”页面，单击“上传文件”按钮，选择刚压缩好的 index.zip 文件，上传文件。上传成功后，进度条的背景色为绿色，如图 3-16 所示。

上传成功后将回到“代码管理”页面，单击“编辑代码”链接，将弹出编辑页面。可以看到index.php已经上传成功，双击该文件可以查看其源代码，如图3-17所示。

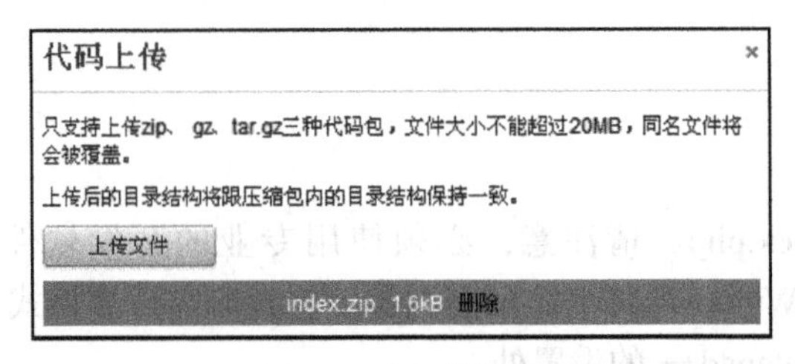

图3-16　上传代码

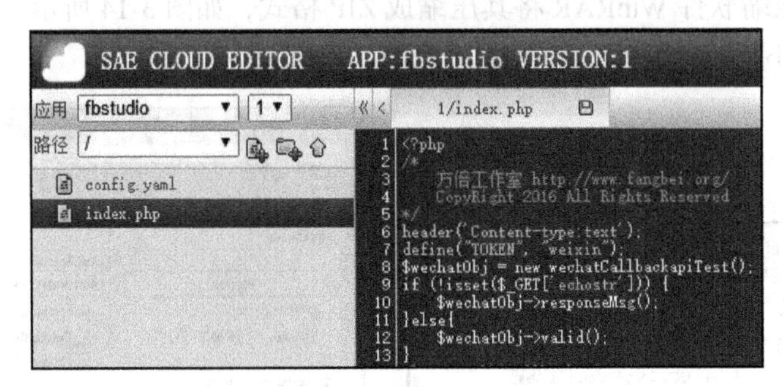

图3-17　查看源代码

另外，新浪云会自动创建一个index.html文件，需要右击该文件将其删除，否则将会干扰后续的接口启用。

至此，新浪云应用的创建就完成了，并且成功上传了微信公众平台的接口文件。

3.1.2　其他服务器资源

除了新浪云SAE之外，提供类似云空间的还有百度云BAE。百度云BAE的申请地址为https://console.bce.baidu.com/bae/。

另外，还可以使用虚拟主机，国内提供虚拟主机的有阿里巴巴、西部数码、新网等公司。例如，阿里云提供多种虚拟主机的购买，其地址为https://wanwang.aliyun.com/hosting/。

虚拟主机的配置比较低，适合个人开发者学习，但对于企业应用来说是远远不够的。如果想使用高性能服务器，则需要购买云服务器。提供云主机的主要有阿里云、腾讯云等。阿里云的云主机地址为https://www.aliyun.com/product/ecs/。

使用虚拟主机或云主机还需要注册并备案域名。腾讯和阿里巴巴公司都提供这方面的服务。阿里云的域名注册主页为https://wanwang.aliyun.com/domain/。

作者之所以选择新浪云来讲解服务器资源，主要有以下几个明显的原因。

1）免备案。申请成功一个新浪云应用之后，SAE提供了一个已备案的二级域名fbstudio.applinzi.com，二级域名是共享一级域名applinzi.com备案的。同样免备案的还有百度云空间。

2）后实名。SAE应用申请之后也要求上传身份证进行实名认证，不进行实名认证将会在输出页面插入代码，生成要求实名的提示框。但申请者可以先使用，觉得有必要的时候再进行实名认证，而不需要等待实名通过后才能使用。

3）后付费。SAE 是使用云豆来进行资源计费的，但开发者可以先使用体验，如果觉得好用或欠费之后再及时补交费用，而不需要先充值才能使用。

3.2　开发工具

毋庸置疑，作为开发人员，需要一个功能强大的 IDE（集成开发环境，Integrated Development Environment）。目前有很多编辑器可以供 PHP 开发使用，它们各有优点，开发人员可以根据自己的需求及使用习惯等进行选择。

Notepad++ 是一套非常有特色的自由软件的纯文字编辑器，有完整的中文接口及支持多国语言编写的功能（UTF-8 技术）。它的功能比 Windows 自带的记事本强大，除了可以用来制作一般的纯文字说明文件之外，也十分适合当作编写计算机程序的编辑器。Notepad++ 不仅有语法高亮度显示，也有语法折叠功能，并且支持宏以及扩充基本功能的外挂模组。Notepad++ 内置支持多达 27 种语法高亮度显示（包括各种常见的源代码、脚本，能够很好地支持 .nfo 文件查看），还支持自定义语言。本书作者使用的编辑器就是它。它的安装程序可以从官方网站（http://www.notepad-plus-plus.org/）下载得到。图 3-18 所示是 Notepad++ 的编辑界面。

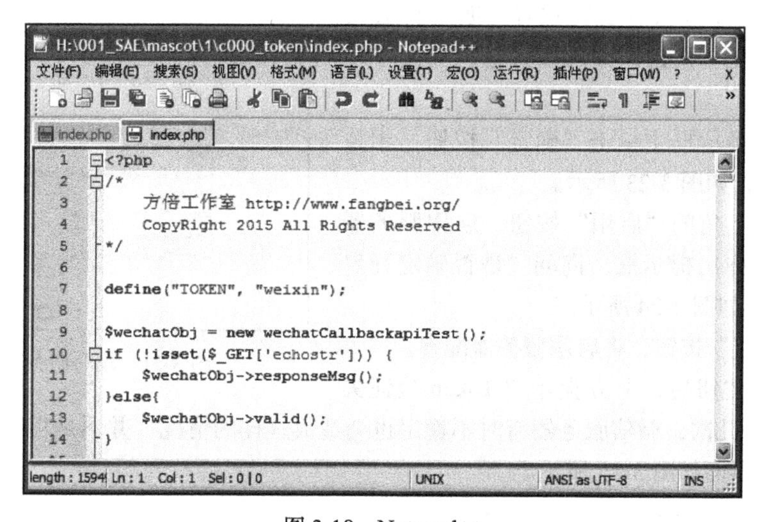

图 3-18　Notepad++

除了 Notepad++ 之外，还有 UltraEdit、Zend Studio 等常用的 PHP 代码编辑器。

3.3　微信开发者中心

3.3.1　配置和启用服务器

登录微信公众平台后台（微信公众平台地址为 https://mp.weixin.qq.com），在左侧列表的最下方找到“基本配置”，如图 3-19 所示。

单击进入配置页面，可以看到当前有服务器配置信息，状态为未启用，如图 3-20 所示。

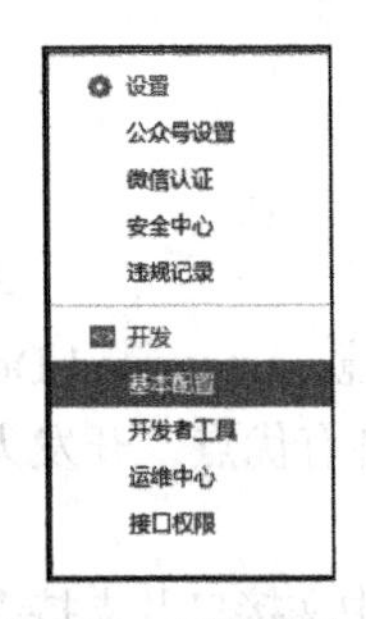

图 3-19　开发者中心

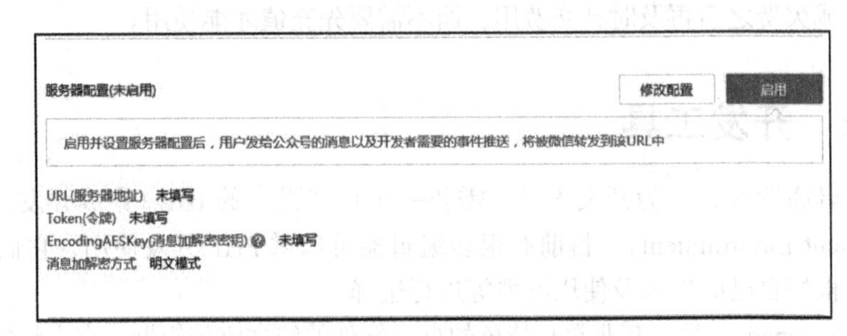

图 3-20　未启用服务器配置

单击“修改配置”按钮，进入修改页面，如图 3-21 所示。

其中，URL 为 3.1.1 节中介绍的云应用的域名，即 http://fbstudio.sinaapp.com，　而 Token 在 index.php 中定义为 weixin，EncodingAESKey 不需要填写，单击“随机生成”按钮，让系统自动生成一个即可，“消息加解密方式”选择“明文模式”，然后单击“提交”按钮，弹出确认框，如图 3-22 所示。

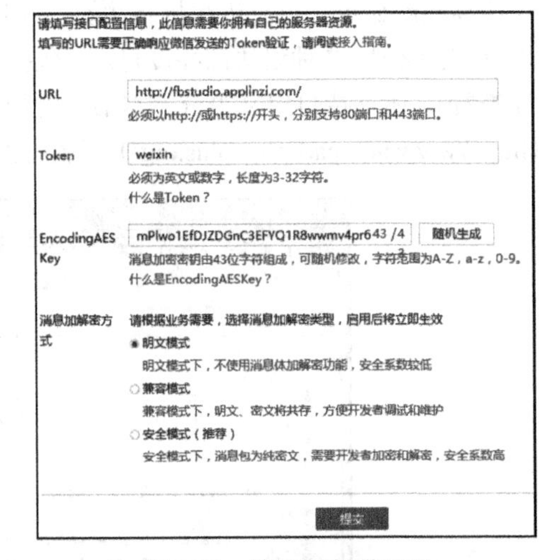

图 3-21　填写服务器配置

在弹出的提示框中单击“确定”按钮，相关参数填写成功，如图 3-23 所示。

再单击右上角的“启用”按钮，启用服务器的配置。系统弹出提示框，询问“是否确定开启服务器配置”，如图 3-24 所示。

单击“确定”按钮，将启用服务器配置。

如果单击按钮后，上方提示“ Token 验证失败”，可以重试几次，微信服务器有时不稳定也会造成这样的情况，并不是程序本身有问题。启用成功后的界面如图 3-25 所示。

图 3-22　确定提交配置

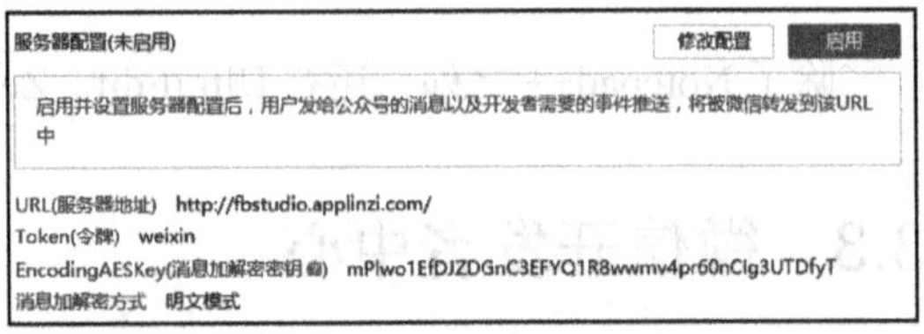

图 3-23　服务器已配置

这样就成功配置并启用了服务器。

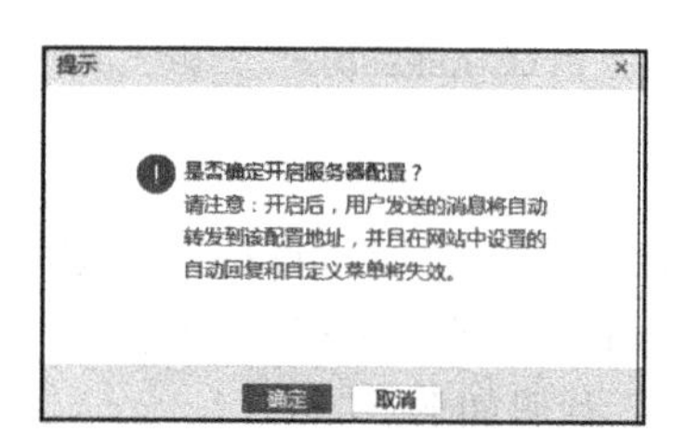

图 3-24 确定开启服务器配置

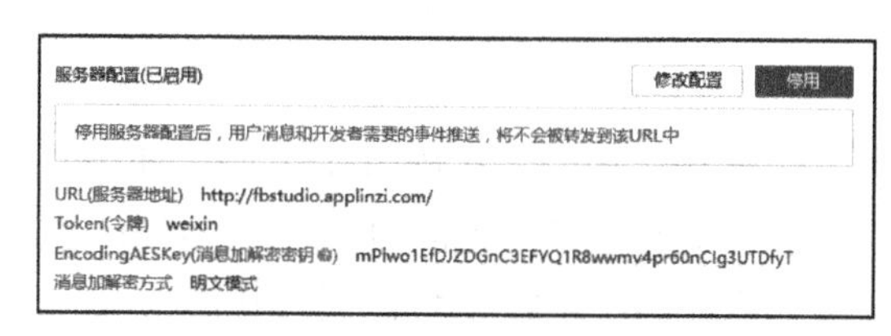

图 3-25 服务器配置已启用

3.3.2 配置失败常见问题与分析

提交 URL 和 Token 的时候，有时会碰到提交不成功的情况，具体有以下几种。

1. 请求 URL 超时

这种情况一般是由于服务器网速或响应速度太慢。此时可以先重试几次或者等一段时间再试，如果还是这样，则需要考虑更换速度更快、性能更好的服务器。

2. 系统发生错误，请稍后重试

这种情况一般是由于微信服务器短时间内的异常引起的，一般重试或者过一段时间尝试即可。

3. Token 验证失败

这种情况需要具体分析验证过程被卡在哪一个环节了。此时可以通过调用变量 $_SERVER 来获取服务器和执行环境信息，以便进行分析。

$_SERVER 是一个包含诸如头信息（Header）、路径（Path）及脚本位置（Script Location）等信息的数组。这个数组中的项目由 Web 服务器创建。若要了解更多关于 $_SERVER 的信息，可访问官方网站 http://www.php.net/manual/zh/reserved.variables.server.php。

这里需要使用以下两个元素。

- $_SERVER['REMOTE_ADDR']：来访者的 IP 地址，此处为微信服务器的 IP 地址。
- $_SERVER['QUERY_STRING']：查询请求字符串，此处为微信服务器发过来的 GET 请求字符串。

将以上两个变量记录到日志中。函数定义如下。

```
function traceHttp()
{
    $content = date('Y-m-d H:i:s')."\nREMOTE_ADDR:".$_SERVER["REMOTE_ADDR"]."\nQUERY_
    STRING:".$_SERVER["QUERY_STRING"]."\n\n";

    if (isset($_SERVER['HTTP_APPNAME'])){    //SAE
        sae_set_display_errors(false);
        sae_debug(trim($content));
        sae_set_display_errors(true);
    }else {
        $max_size = 100000;
        $log_filename = "log.xml";
        if(file_exists($log_filename) and (abs(filesize($log_filename)) > $max_size))
        {unlink($log_filename);}
```

```
        file_put_contents($log_filename, $content, FILE_APPEND);
    }
}
```

上面代码中，当环境为SAE时，使用SAE的调试函数sae_debug()将内容记录到日志中。而在具有读写权限的空间下，使用file_put_contents()函数把字符串写入文件。

然后在程序的数据处理之前调用该函数，记录信息，代码如下。

```
define("TOKEN", "weixin");
traceHttp();
$wechatObj = new wechatCallbackapiTest();
if (isset($_GET['echostr'])) {
    $wechatObj->valid();
}else{
    $wechatObj->responseMsg();
}
```

当提交URL和Token验证的时候，程序目录下应当生成一个log.xml文件。内容类似如下。

```
2016-10-10 11:03:21
REMOTE_ADDR:101.226.61.144
QUERY_STRING:signature=6e35c6f3d3279338781047dbffd09426b9ecdee3&echostr=59794206
53038092664&timestamp=1392001400&nonce=1392192345
```

下面可以得出初步结论。

没有生成日志文件：微信服务器没有访问到你的服务器，需要先检查你的服务器是否可以通过公网访问，以及URL路径是否正确并且可以访问。如果可以通过公网访问，而微信服务器不能访问，那么可能是防火墙拦截了80端口或微信服务器的IP地址，也可能是服务器所在区域与微信服务器通信不畅，需要更换服务器。

已经生成日志文件：查看REMOTE_ADDR和QUERY_STRING的内容是否与上述类似。确认signature、timestamp、nonce、echostr等4个参数都有值。如果这些都没有问题，则检查程序中定义的Token值是否与提交的一致，再检查程序流程及数据处理是否与官方文档描述的一致。

如果确定以上均没有问题，可以使用下面章节中的微信调试器进行测试，它提供了更为宽松的校验方式，并且可以实时输出当前的XML数据供调试时参考。

3.3.3 自动回复当前时间

在上面的例子中，已经嵌入了一个简单的时间查询功能，发送一个问号“?”就能回复当前的时间，如图3-26所示。

这个功能是基于下面的代码实现的。

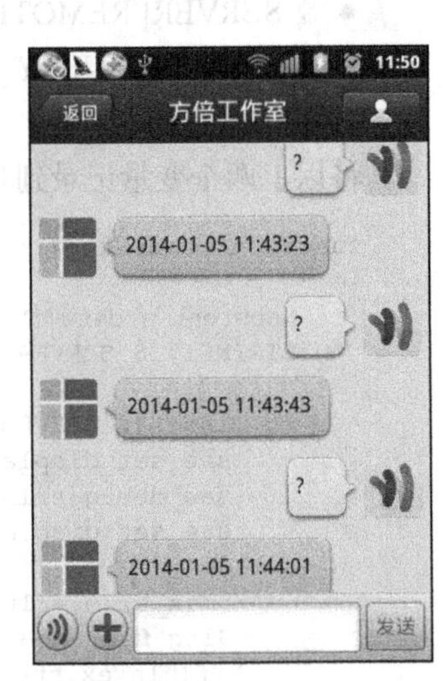

图3-26　自动回复时间

```
if($keyword == "?" || $keyword == "？")
{
    $msgType = "text";
    $content = date("Y-m-d H:i:s",time());
```

```
        $result = sprintf($textTpl, $fromUsername, $toUsername, $time, $msgType, $content);
        echo $result;
    }
```

上述代码在收到消息后，判断消息内容是否为问号（包括英文输入状态下的问号和中文输入状态下的问号），如果包含，则将当前时间（包括年月日时分秒）作为回复内容，构造成一个消息回复给用户。这样公众号就实现了当前时间的自动回复。

3.3.4 消息交互原理分析

下面结合 3.3.3 节的代码来分析微信公众平台的消息交互原理。下面的代码基于微信公众平台官方示例代码修改完善而成。

```
 1 <?php
 2 /*
 3     方倍工作室 http://www.fangbei.org/
 4     CopyRight 2013 www.doucube.com  All Rights Reserved
 5 */
 6
 7 define("TOKEN", "weixin");
 8 $wechatObj = new wechatCallbackapiTest();
 9 if (isset($_GET['echostr'])) {
10     $wechatObj->valid();
11 }else{
12     $wechatObj->responseMsg();
13 }
14
15 class wechatCallbackapiTest
16 {
17     public function valid()
18     {
19         $echoStr = $_GET["echostr"];
20         if($this->checkSignature()){
21             echo $echoStr;
22             exit;
23         }
24     }
25
26     private function checkSignature()
27     {
28         $signature = $_GET["signature"];
29         $timestamp = $_GET["timestamp"];
30         $nonce = $_GET["nonce"];
31
32         $token = TOKEN;
33         $tmpArr = array($token, $timestamp, $nonce);
34         sort($tmpArr);
35         $tmpStr = implode( $tmpArr );
36         $tmpStr = sha1( $tmpStr );
37
38         if( $tmpStr == $signature ){
39             return true;
40         }else{
```

```
41              return false;
42          }
43      }
44
45      public function responseMsg()
46      {
47          $postStr = $GLOBALS["HTTP_RAW_POST_DATA"];
48
49          if (!empty($postStr)){
50              $postObj = simplexml_load_string($postStr, 'SimpleXMLElement', LIBXML_
                NOCDATA);
51              $fromUsername = $postObj->FromUserName;
52              $toUsername = $postObj->ToUserName;
53              $keyword = trim($postObj->Content);
54              $time = time();
55              $textTpl = "<xml>
56                          <ToUserName><![CDATA[%s]]></ToUserName>
57                          <FromUserName><![CDATA[%s]]></FromUserName>
58                          <CreateTime>%s</CreateTime>
59                          <MsgType><![CDATA[%s]]></MsgType>
60                          <Content><![CDATA[%s]]></Content>
61                          <FuncFlag>0</FuncFlag>
62                          </xml>";
63              if($keyword == "?" || $keyword == "？")
64              {
65                  $msgType = "text";
66                  $content = date("Y-m-d H:i:s",time());
67                  $result = sprintf($textTpl, $fromUsername, $toUsername, $time,
                    $msgType, $content);
68                  echo $result;
69              }
70          }else{
71              echo "";
72              exit;
73          }
74      }
75 }
76 ?>
```

首先看一下代码的结构。

第 2 ~ 5 行是注释部分。

第 7 行使用 define() 函数定义常量，常量名称为 TOKEN，常量的值为 weixin，这个值就是在启用开发模式时填写的 Token。

第 15 ~ 75 行定义了一个类 wechatCallbackapiTest，并在类中定义了 3 个方法 valid()、checkSignature() 和 responseMsg()。

第 8 ~ 13 行为程序执行语句。第 8 行实例化了一个类对象。在第 9 行中，判断是否有 GET 请求有 echostr 变量，如果有，则执行 valid() 方法，否则执行 responseMsg() 方法。

下面分析微信消息交互流程。

提交 URL 和 Token 申请验证的时候，微信服务器将发送 GET 请求到填写的 URL 上，并且带上 4 个参数（signature、timestamp、nonce、echostr）。GET 请求类似如下。

```
signature=6e35c6f3d3279338781047dbffd09426b9ecdee3&echostr=5979420653038092664&t
imestamp=1392001400&nonce=1392192345
```

上述请求的参数说明如表 3-1 所示。

表 3-1 请求校验参数说明

参　数	描　述
signature	微信加密签名，signature 结合了开发者填写的 token 参数和请求中的 timestamp、nonce 参数
timestamp	时间戳
nonce	随机数
echostr	随机字符串

这个 GET 请求是包含 echostr 变量的，所以执行 valid() 方法。在该方法中，又调用了校验签名方法 checkSignature()。如果签名校验为真，则原样输出变量 $echoStr 的值。

加密 / 校验流程如下。

1）将 token、timestamp、nonce 等 3 个参数进行字典序排序，见第 33 ~ 34 行。

2）将 3 个参数字符串拼接成一个字符串进行 sha1 加密，见第 35 ~ 36 行。

3）开发者获得加密后的字符串可与 signature 对比，标识该请求来源于微信，见第 38 ~ 42 行。

发送问号的时候，微信服务器也会带上前面 3 个参数（signature、timestamp、nonce）访问开发者设置的 URL，同时还会将消息的 XML 数据包 POST 到 URL 上。XML 格式类似如下。

```
<xml>
    <ToUserName><![CDATA[gh_ba6050bc0be7]]></ToUserName>
    <FromUserName><![CDATA[oDeOAjgSJUX10wvImSRMSwmyQAyA]]></FromUserName>
    <CreateTime>1392043637</CreateTime>
    <MsgType><![CDATA[text]]></MsgType>
    <Content><![CDATA[?]]></Content>
    <MsgId>5978781895719912033</MsgId>
</xml>
```

而消息请求不包含 echostr 变量，所以将执行响应消息方法 responseMsg()。

响应消息方法首先接收上述原始 POST 数据，见第 47 行。

然后它将数据载入对象中，对象名为 SimpleXMLElement，LIBXML_NOCDATA 表示将 CDATA 合并为文本节点，代码中第 50 行实现此功能。

第 51 ~ 54 行取得 XML 类对象的值，并赋给新的变量，注意发送方变为接收方，接收方变为发送方。

第 55 ~ 62 行构造要回复的 XML 数据包。

第 63 行判断发送过来的关键字是不是问号。

第 64 ~ 65 行设置回复的消息类型为 text，内容为当前年月日时分秒。

第 66 ~ 67 行封装回复的 XML 数据包，并且向微信服务器输出。XML 格式如下。

```
<xml>
    <ToUserName><![CDATA[oDeOAjgSJUX10wvImSRMSwmyQAyA]]></ToUserName>
```

```
    <FromUserName><![CDATA[gh_ba6050bc0be7]]></FromUserName>
    <CreateTime>1392043638</CreateTime>
    <MsgType><![CDATA[text]]></MsgType>
    <Content><![CDATA[2014-01-05 11:43:23]]></Content>
</xml>
```

这样用户就会收到回复的消息，效果如图 3-26 所示。

3.3.5 消息体加 / 解密实现

在图 3-21 中，微信公众平台在配置服务器时，提供了 3 种加解密模式供开发者选择，即“明文模式”、“兼容模式”、“安全模式（推荐）”。选择“兼容模式”和“安全模式（推荐）”前，需在开发者中心填写 AES 对称加密算法的消息加解密密钥 EncodingAESKey。公众号用此密钥对收到的密文消息体进行解密，回复消息体也用此密钥加密。

- 明文模式：维持现有模式，没有适配加解密新特性，消息体明文收发，默认设置为明文模式。
- 兼容模式：公众平台发送消息内容将同时包括明文和密文，消息包长度增加到原来的 3 倍左右；公众号回复明文或密文均可，不影响现有消息收发；开发者可在此模式下进行调试。
- 安全模式（推荐）：公众平台发送消息体的内容只含有密文，公众号回复的消息体也为密文，建议开发者在调试成功后使用此模式收发消息。

消息体加解密的实现过程如下。

假设本次的开发配置中 URL 为

```
http://www.fangbei.org/index.php
```

接口程序中需要配置以下 3 个参数。

```
/*
    方倍工作室 http://www.cnblogs.com/txw1958/
    CopyRight 2014 All Rights Reserved
*/
define("TOKEN", "weixin");
define("AppID", "wxbad0b45542aa0b5e");
define("EncodingAESKey", "abcdefghijklmnopqrstuvwxyz0123456789ABCDEFG");
require_once('wxBizMsgCrypt.php');
```

当用户向公众号发送消息时，微信公众号将会在 URL 中带上 signature、timestamp、nonce、encrypt_type、msg_signature 等参数，类似如下。

```
http://www.fangbei.org/index.php?signature=35703636de2f9df2a77a662b68e521ce17c34d
b4&timestamp=1414243737&nonce=1792106704&encrypt_type=aes&msg_signature=61479843
31daf7a1a9eed6e0ec3ba69055256154
```

同时向该接口推送如下 XML 消息，即一个已加密的消息。

```
<xml>
    <ToUserName><![CDATA[gh_680bdefc8c5d]]></ToUserName>
```

```
    <Encrypt><![CDATA[MNn4+jJ/VsFh2gUyKAaOJArwEVYCvVmyN0iXzNarP3O6vXzK62ft1/KG2/
    XPZ4y5bPWU/jfIfQxODRQ7sLkUsrDRqsWimuhIT8Eq+w4E/28m+XDAQKEOjWTQIOp1p6kNsIV1Dd
    C3B+AtcKcKSNAeJDr7x7GHLx5DZYK09qQsYDOjP6R5NqebFjKt/NpEl/GU3gWFwG8LCtRNuIYdK5
    axbFSfmXbh5CZ6Bk5wSwj5fu5aS90cMAgUhGsxrxZTY562QR6c+3ydXxb+GHI5w+qA+eqJjrQqR7
    u5hS+1x5sEsA7vS+bZ5LYAR3+PZ243avQkGl1Q+rg7a6TeSGDxxhvLw+mxxinyk88BNHkJnyK// hM
    1k9PuvuLAASdaud4vzRQlAmnYOslZl8CN7gjCjV41skUTZv3wwGPxvEqtm/nf5fQ=]]></Encrypt>
</xml>
```

这时程序需要从 URL 中获得以下参数。这些参数将用于加解密过程。

```
$timestamp  = $_GET['timestamp'];
$nonce = $_GET["nonce"];
$msg_signature  = $_GET['msg_signature'];
$encrypt_type = $_GET['encrypt_type'];
```

接口程序收到消息后，先进行解密，解密部分代码如下。

```
$postStr = $GLOBALS["HTTP_RAW_POST_DATA"];
if ($encrypt_type == 'aes'){
    $pc = new WXBizMsgCrypt(TOKEN, EncodingAESKey, AppID);
    $this->logger(" D \r\n".$postStr);
    $decryptMsg = "";  //解密后的明文
    $errCode = $pc->DecryptMsg($msg_signature, $timestamp, $nonce, $postStr, $decryptMsg);
    $postStr = $decryptMsg;
}
```

解密完成后，把解密内容又返回给 $postStr，这是为了将消息中解密后的内容和明文模式时的消息统一，方便后续处理。解密后的 XML 如下。

```
<xml>
    <ToUserName><![CDATA[gh_680bdefc8c5d]]></ToUserName>
    <FromUserName><![CDATA[oIDrpjpQ8j8mBuQ8nM26HWzNEZgg]]></FromUserName>
    <CreateTime>1414243737</CreateTime>
    <MsgType><![CDATA[text]]></MsgType>
    <Content><![CDATA[?]]></Content>
    <MsgId>6074130599188426998</MsgId>
</xml>
```

对消息在自己的原有的代码流程中处理，完成之后，一个要回复的文本消息如下。

```
<xml>
    <ToUserName><![CDATA[oIDrpjpQ8j8mBuQ8nM26HWzNEZgg]]></ToUserName>
    <FromUserName><![CDATA[gh_680bdefc8c5d]]></FromUserName>
    <CreateTime>1414243733</CreateTime>
    <MsgType><![CDATA[text]]></MsgType>
    <Content><![CDATA[2014-10-25 21:28:53
    技术支持 方倍工作室
    http://www.fangbei.org/]]></Content>
</xml>
```

把上述消息加密，返回给微信公众号，加密过程如下。

```
//加密
if ($encrypt_type == 'aes'){
    $encryptMsg = ''; //加密后的密文
    $errCode = $pc->encryptMsg($result, $timeStamp, $nonce, $encryptMsg);
```

```
        $result = $encryptMsg;
        $this->logger(" E \r\n".$result);
    }
```

加密后的内容如下。

```
<xml>
    <Encrypt><![CDATA[pE6gp6qvVBMHwCXwnM7illFBrh9LmvlKFlPUDuyQo9EKNunqbUFMd2Kj
    iYoz+3K1B+93JbMWHt+19TI8awdRdyopRS4oUNg5M2jwpwXTmc6TtafkKNjvqlvPXIWmutw0tuMXke
    1hDgsqz0SC8h/QjNLxECuwnczrfCMJlt+APHnX2yMMaq/aYUNcndOH387loQvl2suCGucXpglnbx
    f7frTCz9NQVgKiYrvKOhk6KFiVMnzuxy6WWmoe3GBiUCPTtYf5b1CxzN2IHViEBm28ilV9wWdNOM
    9TPG7BSSAcpgY4pcwdIG5+4KhgYmnVU3bc/ZJkk42TIdidigOfFpJwET4UWVrLB/ldUud4aPexp
    3aPCR3Fe53S2HHcl3tTxh4iRvDftUKP3svYPctt1MlYuYv/BZ4JyzUQV03H+0XrVyDY2tyVjimgC
    rA2clmZMgHttOHTQ6VTnxrMq0GWlRlH0KPQKqtjUpNQzuOH4upQ8boPsEtuY3wDA2RaXQPJrX
    on]]></Encrypt>
    <MsgSignature><![CDATA[6c46904dc1f58b2ddf2dd0399f1c6cf41f33ecb9]]></MsgSignature>
    <TimeStamp>1414243733</TimeStamp>
    <Nonce><![CDATA[1792106704]]></Nonce>
</xml>
```

这样一个安全模式下的加解密消息就完成了。

完整的代码如下。

```
 1 <?php
 2 /*
 3     方倍工作室 http://www.cnblogs.com/txw1958/
 4     CopyRight 2014 All Rights Reserved
 5 */
 6 define("TOKEN", "weixin");
 7 define("AppID", "wxbad0b45542aa0b5e");
 8 define("EncodingAESKey", "abcdefghijklmnopqrstuvwxyz0123456789ABCDEFG");
 9 require_once('wxBizMsgCrypt.php');
10
11 $wechatObj = new wechatCallbackapiTest();
12 if (!isset($_GET['echostr'])) {
13     $wechatObj->responseMsg();
14 }else{
15     $wechatObj->valid();
16 }
17
18 class wechatCallbackapiTest
19 {
20     //验证签名
21     public function valid()
22     {
23         $echoStr = $_GET["echostr"];
24         $signature = $_GET["signature"];
25         $timestamp = $_GET["timestamp"];
26         $nonce = $_GET["nonce"];
27         $tmpArr = array(TOKEN, $timestamp, $nonce);
28         sort($tmpArr);
29         $tmpStr = implode($tmpArr);
30         $tmpStr = sha1($tmpStr);
31         if($tmpStr == $signature){
32             echo $echoStr;
```

```
33                exit;
34            }
35        }
36
37        //响应消息
38        public function responseMsg()
39        {
40            $timestamp  = $_GET['timestamp'];
41            $nonce = $_GET["nonce"];
42            $msg_signature  = $_GET['msg_signature'];
43            $encrypt_type = (isset($_GET['encrypt_type']) && ($_GET['encrypt_type']
              == 'aes')) ? "aes" : "raw";
44
45            $postStr = $GLOBALS["HTTP_RAW_POST_DATA"];
46            if (!empty($postStr)){
47                //解密
48                if ($encrypt_type == 'aes'){
49                    $pc = new WXBizMsgCrypt(TOKEN, EncodingAESKey, AppID);
50                    $this->logger(" D \r\n".$postStr);
51                    $decryptMsg = "";  //解密后的明文
52                    $errCode = $pc->DecryptMsg($msg_signature, $timestamp, $nonce,
                      $postStr, $decryptMsg);
53                    $postStr = $decryptMsg;
54                }
55                $this->logger(" R \r\n".$postStr);
56                $postObj = simplexml_load_string($postStr, 'SimpleXMLElement', LIBXML_
                  NOCDATA);
57                $RX_TYPE = trim($postObj->MsgType);
58
59                //消息类型分离
60                switch ($RX_TYPE)
61                {
62                    case "event":
63                        $result = $this->receiveEvent($postObj);
64                        break;
65                    case "text":
66                        $result = $this->receiveText($postObj);
67                        break;
68                }
69                $this->logger(" R \r\n".$result);
70                //加密
71                if ($encrypt_type == 'aes'){
72                    $encryptMsg = ''; //加密后的密文
73                    $errCode = $pc->encryptMsg($result, $timeStamp, $nonce, $encry
                      ptMsg);
74                    $result = $encryptMsg;
75                    $this->logger(" E \r\n".$result);
76                }
77                echo $result;
78            }else {
79                echo "";
80                exit;
81            }
82        }
83
```

```
84      //接收事件消息
85      private function receiveEvent($object)
86      {
87          $content = "";
88          switch ($object->Event)
89          {
90              case "subscribe":
91                  $content = "欢迎关注方倍工作室 ";
92                  break;
93          }
94
95          $result = $this->transmitText($object, $content);
96          return $result;
97      }
98
99      //接收文本消息
100     private function receiveText($object)
101     {
102         $keyword = trim($object->Content);
103         if (strstr($keyword, "文本")){
104             $content = "这是个文本消息";
105         }else if (strstr($keyword, "单图文")){
106             $content = array();
107             $content[] = array("Title"=>"单图文标题", "Description"=>"单图文内
    容", "PicUrl"=>"http://discuz.comli.com/weixin/weather/icon/cartoon.jpg",
    "Url" =>"http://m.cnblogs.com/?u=txw1958");
108         }else if (strstr($keyword, "图文") || strstr($keyword, "多图文")){
109             $content = array();
110             $content[] = array("Title"=>"多图文1标题", "Description"=>"", "Pic
    Url"=>"http://discuz.comli.com/weixin/weather/icon/cartoon.jpg", "Url" =>
    "http://m.cnblogs.com/?u=txw1958");
111             $content[] = array("Title"=>"多图文2标题", "Description"=>"", "Pic
    Url"=>"http://d.hiphotos.bdimg.com/wisegame/pic/item/f3529822720e0cf3ac
    9f1ada0846f21fbe09aaa3.jpg", "Url" =>"http://m.cnblogs.com/?u=txw1958");
112             $content[] = array("Title"=>"多图文3标题", "Description"=>"", "Pic
    Url"=>"http://g.hiphotos.bdimg.com/wisegame/pic/item/18cb0a46f21fbe090d33
    8acc6a600c338644adfd.jpg", "Url" =>"http://m.cnblogs.com/?u=txw1958");
113         }else if (strstr($keyword, "音乐")){
114             $content = array();
115             $content = array("Title"=>"最炫民族风", "Description"=>"歌手:凤凰传
    奇", "MusicUrl"=>"http://121.199.4.61/music/zxmzf.mp3", "HQMusicUrl"=>
    "http://121.199.4.61/music/zxmzf.mp3");
116         }else{
117             $content = date("Y-m-d H:i:s",time())."\n".$object->FromUserName.
    "\n技术支持 方倍工作室";
118         }
119
120         if(is_array($content)){
121             if (isset($content[0])){
122                 $result = $this->transmitNews($object, $content);
123             }else if (isset($content['MusicUrl'])){
124                 $result = $this->transmitMusic($object, $content);
125             }
126         }else{
127             $result = $this->transmitText($object, $content);
128         }
```

```
129             return $result;
130         }
131 
132         //回复文本消息
133         private function transmitText($object, $content)
134         {
135             $xmlTpl = "<xml>
136                         <ToUserName><![CDATA[%s]]></ToUserName>
137                         <FromUserName><![CDATA[%s]]></FromUserName>
138                         <CreateTime>%s</CreateTime>
139                         <MsgType><![CDATA[text]]></MsgType>
140                         <Content><![CDATA[%s]]></Content>
141                         </xml>";
142             $result = sprintf($xmlTpl, $object->FromUserName, $object->ToUserName, time(),
        $content);
143             return $result;
144         }
145 
146         //回复图文消息
147         private function transmitNews($object, $newsArray)
148         {
149             if(!is_array($newsArray)){
150                 return;
151             }
152             $itemTpl = "<item>
153                         <Title><![CDATA[%s]]></Title>
154                         <Description><![CDATA[%s]]></Description>
155                         <PicUrl><![CDATA[%s]]></PicUrl>
156                         <Url><![CDATA[%s]]></Url>
157                         </item>";
158 
159             $item_str = "";
160             foreach ($newsArray as $item){
161                 $item_str .= sprintf($itemTpl, $item['Title'], $item['Description'],
        $item['PicUrl'], $item['Url']);
162             }
163             $xmlTpl = "<xml>
164                         <ToUserName><![CDATA[%s]]></ToUserName>
165                         <FromUserName><![CDATA[%s]]></FromUserName>
166                         <CreateTime>%s</CreateTime>
167                         <MsgType><![CDATA[news]]></MsgType>
168                         <ArticleCount>%s</ArticleCount>
169                         <Articles>
170                         $item_str    </Articles>
171                         </xml>";
172 
173             $result = sprintf($xmlTpl, $object->FromUserName, $object->ToUserName,
        time(), count($newsArray));
174             return $result;
175         }
176 
177         //回复音乐消息
178         private function transmitMusic($object, $musicArray)
179         {
180             $itemTpl = "<Music>
181                         <Title><![CDATA[%s]]></Title>
```

```
182                     <Description><![CDATA[%s]]></Description>
183                     <MusicUrl><![CDATA[%s]]></MusicUrl>
184                     <HQMusicUrl><![CDATA[%s]]></HQMusicUrl>
185                     </Music>";
186
187         $item_str = sprintf($itemTpl, $musicArray['Title'], $musicArray['Des
    cription'], $musicArray['MusicUrl'], $musicArray['HQMusicUrl']);
188
189         $xmlTpl = "<xml>
190                     <ToUserName><![CDATA[%s]]></ToUserName>
191                     <FromUserName><![CDATA[%s]]></FromUserName>
192                     <CreateTime>%s</CreateTime>
193                     <MsgType><![CDATA[music]]></MsgType>
194                     $item_str
195                     </xml>";
196
197         $result = sprintf($xmlTpl, $object->FromUserName, $object->ToUserName,
    time());
198         return $result;
199     }
200
201     //日志记录
202     public function logger($log_content)
203     {
204         if(isset($_SERVER['HTTP_APPNAME'])){                    //SAE
205             sae_set_display_errors(false);
206             sae_debug($log_content);
207             sae_set_display_errors(true);
208         }else if($_SERVER['REMOTE_ADDR'] != "127.0.0.1"){  //LOCAL
209             $max_size = 500000;
210             $log_filename = "log.xml";
211             if(file_exists($log_filename) and (abs(filesize($log_filename)) > $max_
    size)){unlink($log_filename);}
212             file_put_contents($log_filename, date('Y-m-d H:i:s').$log_content."\r
    \n", FILE_APPEND);
213         }
214     }
215 }
216 ?>
```

3.4 微信开发调试工具

3.4.1 微信调试器

微信调试器是方倍工作室开发的用于微信公众平台接口开发在线调试的工具，具有Token校验、模拟关注及取消关注、发送文本/图片/语音/视频/位置/链接、模拟事件发送等功能。

微信调试器运行时推荐使用Chrome或Firefox浏览器，以获得更好的兼容。

微信调试器的地址是http://debug.fangbei.org/，其界面如图3-27所示。

下面介绍微信调试器的使用方法。

发送消息　Token验证

URL

Token

消息类型　关注　取消关注　自定义XML

文本　图片　语音　视频　位置　链接　菜单点击

发送用户　ojpX_jig-gyi3_Q9fHXQ4rdHniQs

接收用户　gh_204936aea56d

内容　?

发送消息

```
<xml>
  <ToUserName><![CDATA[gh_204936aea56d]]></ToUserName>
  <FromUserName><![CDATA[ojpX_jig-gyi3_Q9fHXQ4rdHniQs]]></FromUserName>
  <CreateTime>1419218138</CreateTime>
  <MsgType><![CDATA[text]]></MsgType>
  <Content><![CDATA[?]]></Content>
  <MsgId>1234567890abcdef</MsgId>
</xml>
```

接收消息

图 3-27　微信调试器

1. Token 校验

在 URL 和 Token 文本框中分别填写好微信公众号的接口 URL 和 Token，如图 3-28 所示。这里的校验是明文方式的校验，不需要填写 EncodingAESKey。

单击“Token 验证”按钮，如果 Token 校验成功，将提示校验成功消息，如图 3-29 所示。如果 Token 校验失败，将提示校验失败消息。

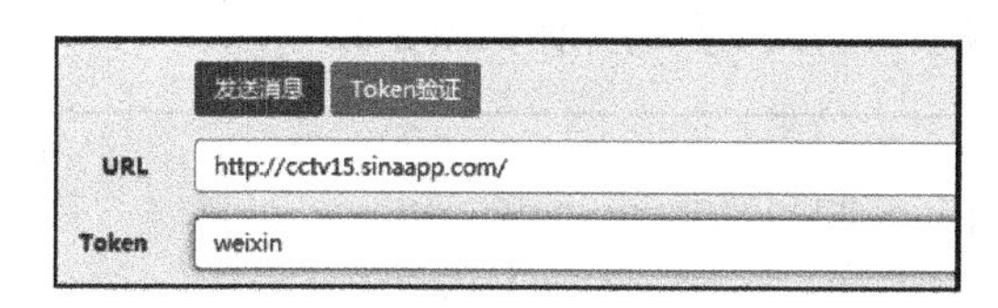

图 3-28　填写 URL 和 Token

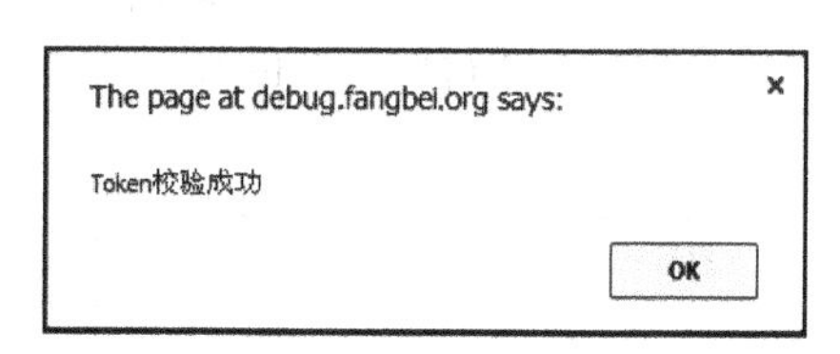

图 3-29　Token 校验成功

2. 发送消息

选择消息类型，如“文本”，将列出该消息类型的各项参数，在各项参数中填入要发送的参数内容，网站已经默认填充了一些固定的参数，然后单击“发送消息”按钮。“发送消息”文本框中将显示本次发送的 XML，“接收消息”文本框中将会显示接收到的 XML 数据，如图 3-30 所示。

同时页面右侧会显示微信效果预览图，如图 3-31 所示。

如果“接收消息”文本框中没有返回 XML 或者返回的内容中包含非 XML 格式的数据，则说明返回不正确，需要修改自己的接口程序。

3.4.2　接口调试工具

微信公众平台提供了在线接口调试工具，网址为 http://mp.weixin.qq.com/debug/。

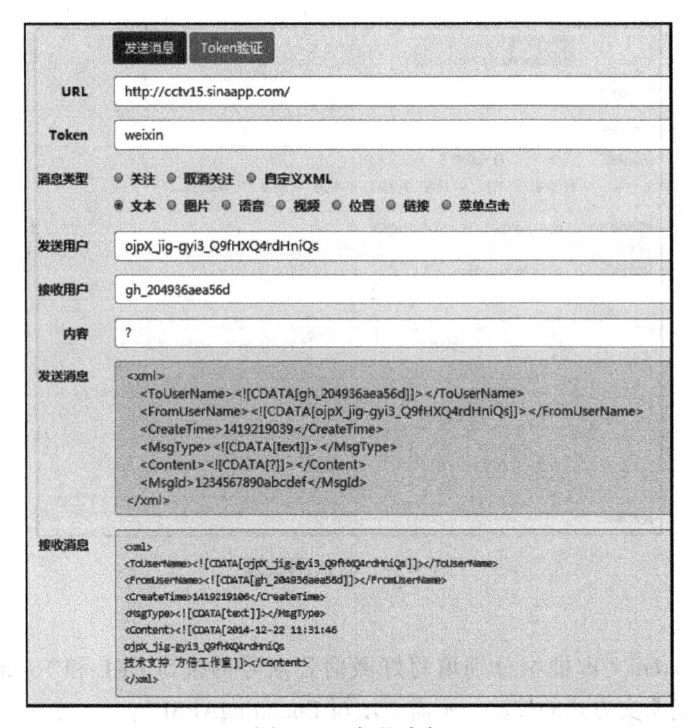

图 3-30　发送消息

该工具旨在帮助开发者检测调用微信公众平台开发者API时发送的请求参数是否正确，提交相关信息后可获得服务器的验证结果。在线接口调试工具的界面如图3-32所示。

图 3-31　效果预览

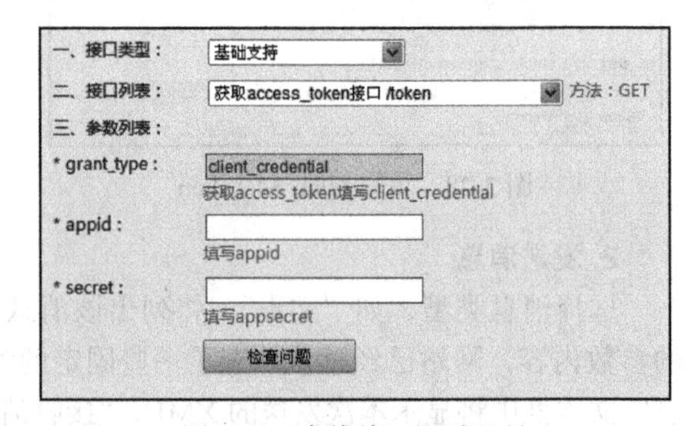

图 3-32　在线接口调试工具

其使用说明如下。

1）选择合适的接口。在“接口类型”和“接口列表”中选择要调试的接口，如图3-33所示。

2）系统会生成该接口的参数表，用户可以直接在文本框内填入对应的参数值，如图3-34所示。其中，红色星号表示该字段必填。

3）单击“检查问题”按钮，即可得到相应的调试信息，如图3-35所示。

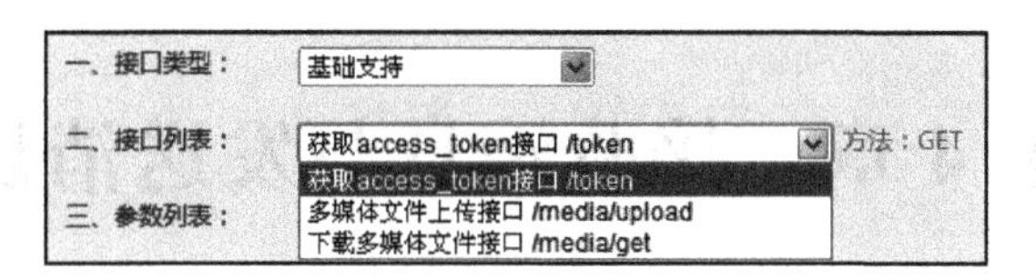

图 3-33　选择接口

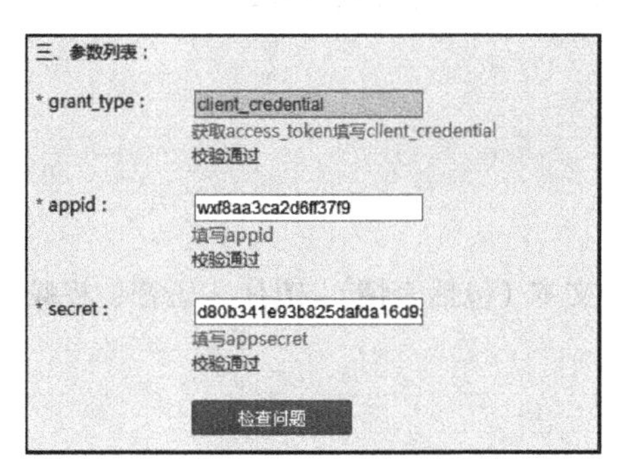

图 3-34　填写参数

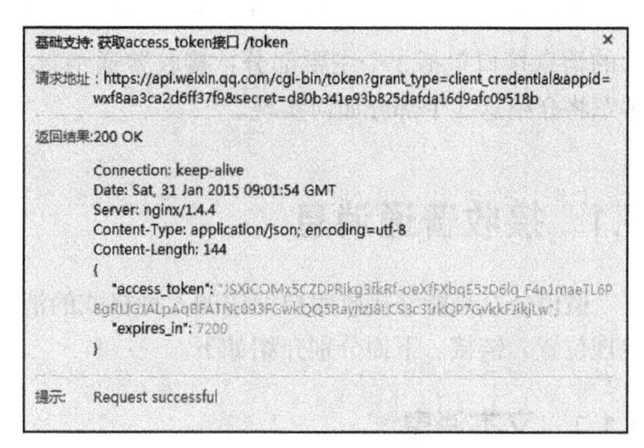

图 3-35　调试结果信息

3.5　本章小结

本章首先介绍了如何申请新浪云 SAE 应用作为微信公众平台程序托管的服务器，然后介绍了配置与启用微信开发者中心的接口程序以及消息体加 / 解密的原理及流程，最后介绍了使用微信调试器进行开发调试的方法。

需要说明的是，由于微信公众平台界面及 SAE 的界面经常改版，读者在实际操作时可能发现实际的界面与本书不完全一致。在这种情况下，可以访问方倍工作室博客的微信公众平台开发入门教程获得最新的操作指导，地址是 http://www.cnblogs.com/txw1958/p/wechat-tutorial.html。

第 4 章　接收消息与发送消息

微信公众平台开发者中心启用之后，需要使用基础接口实现基本消息的接收与发送。基础的消息接口包括 3 个主要部分：接收普通消息、发送被动回复消息、接收事件推送消息。本章将介绍这 3 个部分如何实现。

4.1　接收普通消息

微信公众号能够接收用户发送的 6 种格式的消息：文本（包括表情）、图片、语音、视频、地理位置、链接。下面分别介绍如下。

4.1.1　文本消息

用户向微信公众号发送文本消息的示例如图 4-1 所示。

用户发送文本消息时，微信公众号接收到的 XML 数据格式如下。

```
<xml>
<ToUserName><![CDATA[gh_680bdefc8c5d]]></ToUserName>
<FromUserName><![CDATA[oIDrpjqASyTPnxRmpS9O_ruZGsfk]]></FromUserName>
<CreateTime>1359028446</CreateTime>
<MsgType><![CDATA[text]]></MsgType>
<Content><![CDATA[ 微信公众平台开发教程 ]]></Content>
<MsgId>5836982729904121631</MsgId>
</xml>
```

用户发送的文本消息的参数及描述如表 4-1 所示。

表 4-1　文本消息参数及描述

参　数	描　述
ToUserName	接收方微信号
FromUserName	发送方账号（一个 OpenID）
CreateTime	消息创建时间（整型）
MsgType	text
Content	文本消息内容
MsgId	消息 ID，类型为 64 位整型

4.1.2　图片消息

用户向微信公众号发送图片消息的示例如图 4-2 所示。

用户发送图片消息时，微信公众号接收到的 XML 数据格式如下。

```
<xml>
<ToUserName><![CDATA[gh_680bdefc8c5d]]></ToUserName>
<FromUserName><![CDATA[oIDrpjqASyTPnxRmpS9O_ruZGsfk]]></FromUserName>
<CreateTime>1359028479</CreateTime>
<MsgType><![CDATA[image]]></MsgType>
<PicUrl><![CDATA[http://mmbiz.qpic.cn/mmbiz/L4qjYtOibummHn90t1mnaibYiaR8ljyicF3MW
7XX3BLp1qZgUb7CtZ0DxqYFI4uAQH1FWs3hUicpibjF0pOqLEQyDMlg/0]]></PicUrl>
<MsgId>5836982871638042400</MsgId>
<MediaId><![CDATA[PGKsO3LAgbVTsFYO7FGu51KUYa07D0C_Nozz2fn1z6VYtHOsF59PTFl0vagGxk
VH]]></MediaId>
</xml>
```

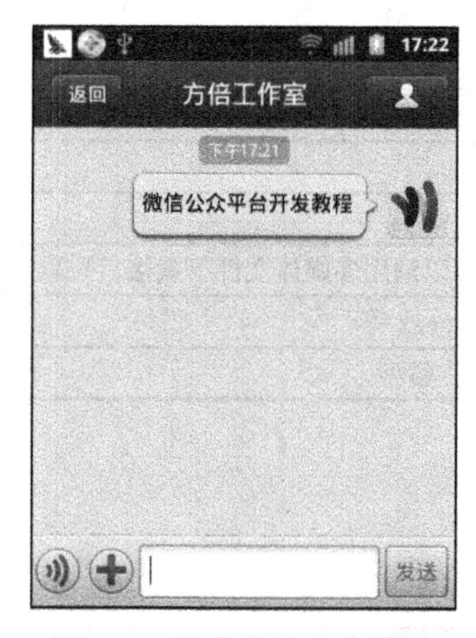

图 4-1　用户发送文本消息

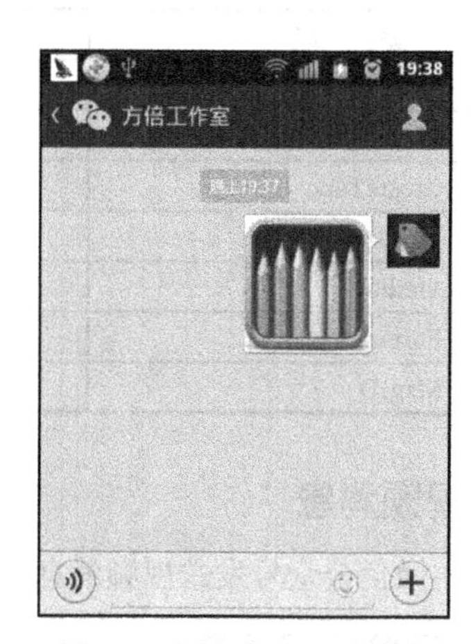

图 4-2　用户发送图片消息

用户发送的图片消息的参数及描述如表 4-2 所示。

表 4-2　图片消息参数及描述

参数	描　述
ToUserName	接收方微信号
FromUserName	发送方账号（一个 OpenID）
CreateTime	消息创建时间（整型）
MsgType	image
PicUrl	图片链接
MediaId	图片消息媒体 ID，可以调用多媒体文件下载接口拉取数据
MsgId	消息 ID，类型为 64 位整型

4.1.3　语音消息

用户向微信公众号发送语音消息的示例如图 4-3 所示。

用户发送语音消息时，微信公众号接收到的 XML 数据格式如下。

```
<xml>
<ToUserName><![CDATA[gh_680bdefc8c5d]]></ToUserName>
<FromUserName><![CDATA[oIDrpjqASyTPnxRmpS9O_ruZGsfk]]></FromUserName>
<CreateTime>1359028025</CreateTime>
```

```
<MsgType><![CDATA[voice]]></MsgType>
<MediaId><![CDATA[hGm9wmKth8RO_tuv5k9fJkSbovXWzZVYwG2jSsL7ukCqq6q1SiLzYnFEngFNUi
js]]></MediaId>
<Format><![CDATA[amr]]></Format>
<MsgId>5836980921722890003</MsgId>
<Recognition><![CDATA[]]></Recognition>
</xml>
```

用户发送的语音消息的参数及描述如表 4-3 所示。

表 4-3 语音消息参数及描述

参　数	描　述
ToUserName	接收方微信号
FromUserName	发送方账号（一个 OpenID）
CreateTime	消息创建时间（整型）
MsgType	语音为 voice
MediaId	语音消息媒体 ID，可以调用多媒体文件下载接口拉取数据
Format	语音格式，如 amr、speex 等
MsgID	消息 ID，类型为 64 位整型

4.1.4 视频消息

用户向微信公众号发送视频消息的示例如图 4-4 所示。

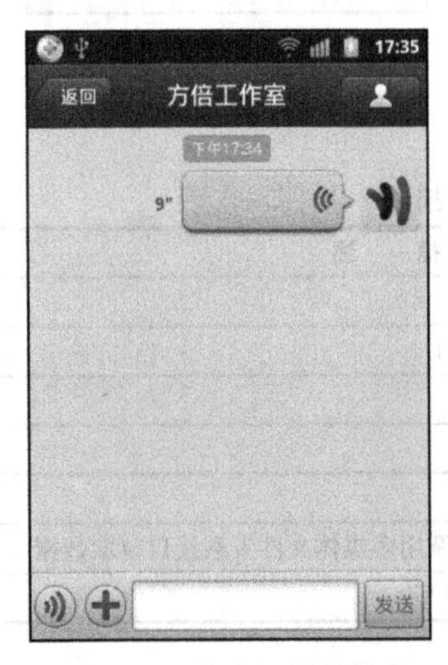

图 4-3 用户发送语音消息

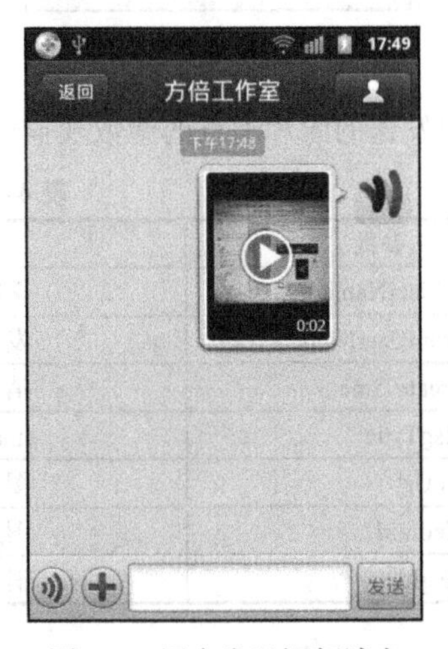

图 4-4 用户发送视频消息

用户发送视频消息时，微信公众号接收到的 XML 数据格式如下。

```
<xml>
<ToUserName><![CDATA[gh_680bdefc8c5d]]></ToUserName>
<FromUserName><![CDATA[oIDrpjqASyTPnxRmpS9O_ruZGsfk]]></FromUserName>
<CreateTime>1359028186</CreateTime>
<MsgType><![CDATA[video]]></MsgType>
<MediaId><![CDATA[DBVFRIj29LB2hxuYpc0R6VLyxwgyCHZPbRj_IIs6YaGhutyXUKtFSDcSCPeoqU
```

```
Yr]]></MediaId>
<ThumbMediaId><![CDATA[mxUJ5gcCeesJwx2T9qsk62YzIclCP_HnRdfTQcojlPeT2G9Q3d22UkSLy
BFLZ01J]]></ThumbMediaId>
<MsgId>5836981613212624665</MsgId>
</xml>
```

用户发送的视频消息的参数及描述如表 4-4 所示。

表 4-4　视频消息参数及描述

参　数	描　述
ToUserName	接收方微信号
FromUserName	发送方账号（一个 OpenID）
CreateTime	消息创建时间（整型）
MsgType	视频为 video
MediaId	视频消息媒体 ID，可以调用多媒体文件下载接口拉取数据
ThumbMediaId	视频消息缩略图的媒体 ID，可以调用多媒体文件下载接口拉取数据
MsgId	消息 ID，类型为 64 位整型

4.1.5　地理位置消息

用户向微信公众号发送地理位置消息的示例如图 4-5 所示。

用户发送地理位置消息时，微信公众号接收到的 XML 数据格式如下。

```
<xml>
<ToUserName><![CDATA[gh_680bdefc8c5d]]></ToUserName>
<FromUserName><![CDATA[oIDrpjqASyTPnxRmpS9O_ruZGsfk]]></FLACFromUserName>
<CreateTime>1359036619</CreateTime>
<MsgType><![CDATA[location]]></MsgType>
<Location_X>22.539968</Location_X>
<Location_Y>113.954980</Location_Y>
<Scale>16</Scale>
<Label><![CDATA[中国广东省深圳市南山区华侨城深南大道9001号邮政编码：518053]]></Label>
<MsgId>5837017832671832047</MsgId>
</xml>
```

用户发送的地理位置消息的参数及描述如表 4-5 所示。

表 4-5　地理位置消息参数及描述

参　数	描　述
ToUserName	接收方微信号
FromUserName	发送方账号（一个 OpenID）
CreateTime	消息创建时间（整型）
MsgType	location
Location_X	地理位置纬度
Location_Y	地理位置经度
Scale	地图缩放大小
Label	地理位置信息
MsgId	消息 ID，类型为 64 位整型

4.1.6 链接消息

用户向微信公众号发送链接消息的示例如图 4-6 所示。

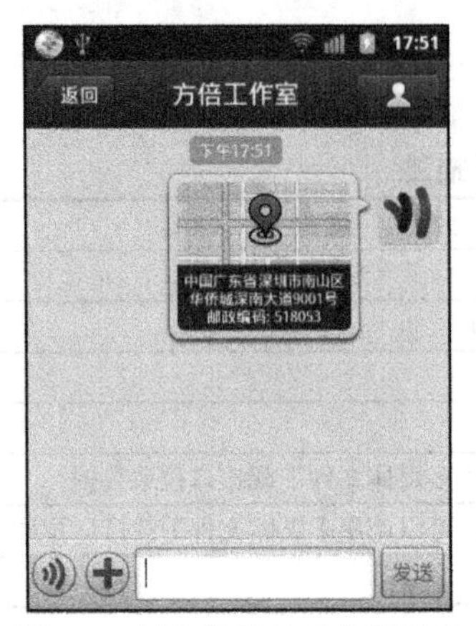

图 4-5 用户发送地理位置消息

图 4-6 用户发送链接消息

用户发送链接消息时，微信公众号接收到的 XML 数据格式如下。

```
<xml>
<ToUserName><![CDATA[gh_680bdefc8c5d]]></ToUserName>
<FromUserName><![CDATA[oIDrpjl2LYdfTAM-oxDgB4XZcnc8]]></FromUserName>
<CreateTime>1359709372</CreateTime>
<MsgType><![CDATA[link]]></MsgType>
<Title><![CDATA[ 微信公众平台开发者的江湖 ]]></Title>
<Description><![CDATA[ 陈坤的微信公众号这段时间大火，大家 ..]]></Description>
<Url><![CDATA[http://www.cnblogs.com/txw1958/]]></Url>
<MsgId>5839907284805129867</MsgId>
</xml>
```

用户发送的链接消息的参数及描述如表 4-6 所示。

表 4-6 链接消息参数及描述

参 数	描 述
ToUserName	接收方微信号
FromUserName	发送方账号（一个 OpenID）
CreateTime	消息创建时间（整型）
MsgType	消息类型，链接为 link
Title	消息标题
Description	消息描述
Url	消息链接
MsgId	消息 ID，类型为 64 位整型

4.2 发送被动回复消息

微信公众号能够回复用户 6 种类型的消息：文本、图片、语音、视频、音乐、图文。其中，图文又可分为单图文和多图文。下面分别介绍。

4.2.1　文本消息

微信公众号向用户回复文本消息的示例如图 4-7 所示。

微信公众号回复用户文本消息时的 XML 数据格式如下。

```
<xml>
<ToUserName><![CDATA[oIDrpjqASyTPnxRmpS9O_ruZGsfk]]></ToUserName>
<FromUserName><![CDATA[gh_680bdefc8c5d]]></FromUserName>
<CreateTime>1359036631</CreateTime>
<MsgType><![CDATA[text]]></MsgType>
<Content><![CDATA[【深圳】天气实况温度：27℃湿度：59% 风速：东北风 3 级
11 月 03 日周日 27℃ ~23℃小雨东北风 4-5 级
11 月 04 日周一 26℃ ~21℃阵雨微风
11 月 05 日周二 27℃ ~22℃阴微风 ]]></Content>
</xml>
```

公众号回复的文本消息的参数及描述如表 4-7 所示。

表 4-7　文本消息参数及描述

参　　数	是否必需	描　　述
ToUserName	是	接收方账号（收到的 OpenID）
FromUserName	是	发送方微信号
CreateTime	是	消息创建时间（整型）
MsgType	是	text
Content	是	回复的消息内容

4.2.2　图片消息

微信公众号向用户回复图片消息的示例如图 4-8 所示。

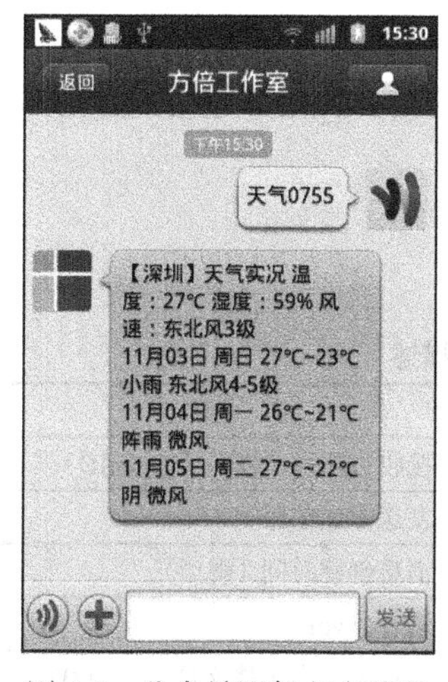

图 4-7　公众号回复文本消息

图 4-8　公众号回复图片消息

微信公众号回复用户图片消息时的XML数据格式如下。

```
<xml>
<ToUserName><![CDATA[oDeOAjj54GvEkkgCV2d7QV4-JLMc]]></ToUserName>
<FromUserName><![CDATA[gh_ba6050bc0be7]]></FromUserName>
<CreateTime>1392133855</CreateTime>
<MsgType><![CDATA[image]]></MsgType>
<Image>
<MediaId><![CDATA[huNJ_LxG8vmFunz2Hjeb73X1IS02pu0jslBK24HAhSqi3bw2ZTCCYwKU2PaIer
5n]]></MediaId>
</Image>
</xml>
```

公众账号回复的图片消息的参数及描述如表4-8所示。

表4-8 图片消息参数及描述

参 数	是否必需	描 述
ToUserName	是	接收方账号（收到的OpenID）
FromUserName	是	发送方微信号
CreateTime	是	消息创建时间（整型）
MsgType	是	image
MediaId	是	通过上传多媒体文件得到的ID

4.2.3 语音消息

微信公众号向用户回复语音消息的示例如图4-9所示。

微信公众号回复用户语音消息时的XML数据格式如下。

```
<xml>
<ToUserName><![CDATA[oDeOAjj54GvEkkgCV2d7QV4-JLMc]]></ToUserName>
<FromUserName><![CDATA[gh_ba6050bc0be7]]></FromUserName>
<CreateTime>1392133779</CreateTime>
<MsgType><![CDATA[voice]]></MsgType>
<Voice>
<MediaId><![CDATA[ZKqseDPkTJ4dttQqNm_UPzoIHImELrotOYjyALGJcdRZ2XcMQ6drvVabf5Dyr_
Yx]]></MediaId>
</Voice>
</xml>
```

公众号回复的语音消息的参数及描述如表4-9所示。

表4-9 语音消息参数及描述

参 数	是否必需	描 述
ToUserName	是	接收方账号（收到的OpenID）
FromUserName	是	发送方微信号
CreateTime	是	消息创建时间（整型）
MsgType	是	语音，voice
MediaId	是	通过上传多媒体文件得到的ID

4.2.4 视频消息

微信公众号向用户回复视频消息的示例如图 4-10 所示。

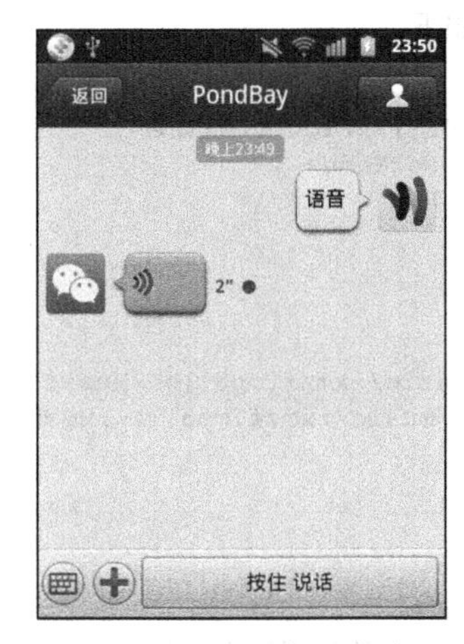

图 4-9　公众号回复语音消息

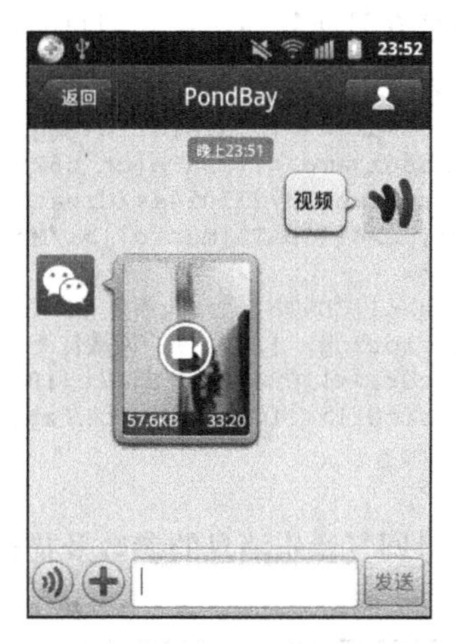

图 4-10　公众号回复视频消息

微信公众号回复用户视频消息的 XML 数据格式如下。

```
<xml>
<ToUserName><![CDATA[oDeOAjj54GvEkkgCV2d7QV4-JLMc]]></ToUserName>
<FromUserName><![CDATA[gh_ba6050bc0be7]]></FromUserName>
<CreateTime>1392133911</CreateTime>
<MsgType><![CDATA[video]]></MsgType>
<Video>
<MediaId><![CDATA[sFH7kkZ8I-9ioYPWwLzy47pg3AWXMR4h0cr05asJdS8Pq3TlNTWpukrFjE-
iPfgv]]></MediaId>
<ThumbMediaId><![CDATA[9UMnGcFgaKD1ReW3c3gLerY-c0zsrZtj0Vd6ZXWDmy9IYLyp-D5_
blWTRU0pwihI]]></ThumbMediaId>
<Title><![CDATA[Title]]></Title>
<Description><![CDATA[Description]]></Description>
</Video>
</xml>
```

公众号回复的视频消息的参数及描述如表 4-10 所示。

表 4-10　视频消息参数及描述

参　数	是否必需	描　述
ToUserName	是	接收方账号（收到的 OpenID）
FromUserName	是	发送方微信号
CreateTime	是	消息创建时间（整型）
MsgType	是	video
MediaId	是	通过上传多媒体文件得到的 ID
ThumbMediaId	是	缩略图的媒体 ID，通过上传多媒体文件得到的 ID
Title	否	视频消息的标题
Description	否	视频消息的描述

4.2.5 音乐消息

微信公众号向用户回复音乐消息的示例如图 4-11 所示。

微信公众号回复用户音乐消息时的 XML 数据格式如下。

```
<xml>
<ToUserName><![CDATA[ollB4jqgdO_cRnVXk_wRnSywgtQ8]]></ToUserName>
<FromUserName><![CDATA[gh_b629c48b653e]]></FromUserName>
<CreateTime>1372310544</CreateTime>
<MsgType><![CDATA[music]]></MsgType>
<Music>
<Title><![CDATA[ 最炫民族风 ]]></Title>
<Description><![CDATA[ 凤凰传奇 ]]></Description>
<MusicUrl><![CDATA[http://zj189.cn/zj/download/music/zxmzf.mp3]]></MusicUrl>
<HQMusicUrl><![CDATA[http://zj189.cn/zj/download/music/zxmzf.mp3]]></HQMusicUrl>
</Music>
</xml>
```

公众号回复音乐消息的参数及描述如表 4-11 所示。

表 4-11 音乐消息参数及描述

参 数	是否必需	描 述
ToUserName	是	接收方账号（收到的 OpenID）
FromUserName	是	发送方微信号
CreateTime	是	消息创建时间（整型）
MsgType	是	music
Title	否	音乐标题
Description	否	音乐描述
MusicURL	否	音乐链接
HQMusicUrl	否	高质量音乐链接，WiFi 环境优先使用该链接播放音乐
ThumbMediaId	否	缩略图的媒体 ID，通过上传多媒体文件得到的 ID

4.2.6 图文消息

图文信息可以分为单图文和多图文，它们实现的代码是一样的，但在微信上的显示方式有细微的区别。

微信公众号向用户回复单图文消息的示例如图 4-12 所示。

微信公众号回复用户单图文消息时的 XML 数据格式如下。

```
<xml>
<ToUserName><![CDATA[oIDrpjqASyTPnxRmpS9O_ruZGsfk]]></ToUserName>
<FromUserName><![CDATA[gh_680bdefc8c5d]]></FromUserName>
<CreateTime>1359011899</CreateTime>
<MsgType><![CDATA[news]]></MsgType>
<Content><![CDATA[]]></Content>
<ArticleCount>1</ArticleCount>
<Articles>
<item>
<Title><![CDATA[[ 苹果产品信息查询 ]]></Title>
<Description><![CDATA[ 序列号：USE IMEI NUMBER
                      IMEI 号：358031058974471
```

```
                    设备名称: iPhone 5C
                    设备颜色:
                    设备容量:
                    激活状态: 已激活
                    电话支持: 未过期 [2014-01-13]
                    硬件保修: 未过期 [2014-10-14]
                    生产工厂: 中国 ]]>
        </Description>
<PicUrl><![CDATA[http://www.doucube.com/weixin/weather/icon/banner.jpg]]></PicUrl>
<Url><![CDATA[]]></Url>
</item>
</Articles>
</xml>
```

图 4-11　公众号回复音乐消息

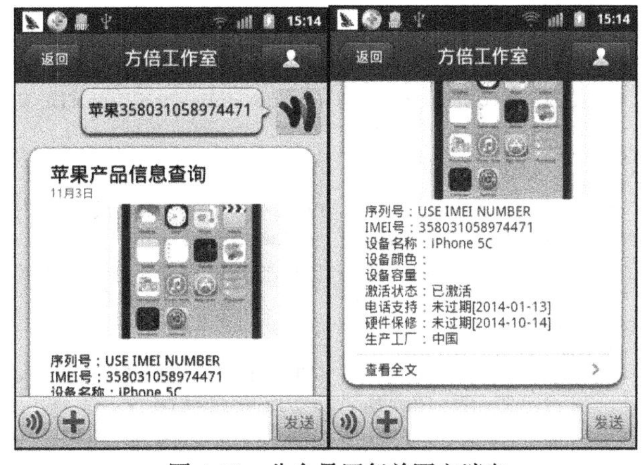

图 4-12　公众号回复单图文消息

微信公众号向用户回复多图文消息的示例如图 4-13 所示。

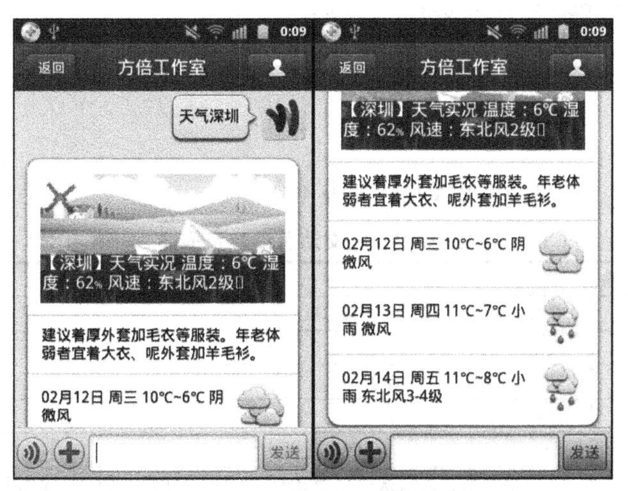

图 4-13　公众号回复多图文消息

微信公众号回复用户多图文消息时的 XML 数据格式如下。

```
<xml>
<ToUserName><![CDATA[oIDrpjqASyTPnxRmpS9O_ruZGsfk]]></ToUserName>
<FromUserName><![CDATA[gh_680bdefc8c5d]]></FromUserName>
<CreateTime>1359011829</CreateTime>
<MsgType><![CDATA[news]]></MsgType>
<Content><![CDATA[]]></Content>
<ArticleCount>5</ArticleCount>
<Articles>
<item>
<Title><![CDATA[【深圳】天气实况温度：6℃湿度：62 %风速：东北风 2 级 ]]></Title>
<Description><![CDATA[]]></Description>
<PicUrl><![CDATA[http://www.doucube.com/weixin/weather/icon/banner.jpg]]></PicUrl>
<Url><![CDATA[]]></Url>
</item>
<item>
<Title><![CDATA[建议着厚外套加毛衣等服装。年老体弱者宜着大衣、呢外套加羊毛衫。]]></Title>
<Description><![CDATA[]]></Description>
<PicUrl><![CDATA[http://www.doucube.com/weixin/weather/icon/d00.gif]]></PicUrl>
<Url><![CDATA[]]></Url>
</item>
<item>
<Title><![CDATA[02 月 12 日周三 10℃ ~6℃阴微风 ]]></Title>
<Description><![CDATA[]]></Description>
<PicUrl><![CDATA[http://www.doucube.com/weixin/weather/icon/d00.gif]]></PicUrl>
<Url><![CDATA[]]></Url>
</item>
<item>
<Title><![CDATA[02 月 13 日周四 11℃ ~7℃小雨微风 ]]></Title>
<Description><![CDATA[]]></Description>
<PicUrl><![CDATA[http://www.doucube.com/weixin/weather/icon/d01.gif]]></PicUrl>
<Url><![CDATA[]]></Url>
</item>
<item>
<Title><![CDATA[02 月 14 日周五 11℃ ~8℃小雨东北风 3-4 级 ]]></Title>
<Description><![CDATA[]]></Description>
<PicUrl><![CDATA[http://www.doucube.com/weixin/weather/icon/d01.gif]]></PicUrl>
<Url><![CDATA[]]></Url>
</item>
</Articles>
</xml>
```

公众号回复的图文消息的参数及描述如表 4-12 所示。

表 4-12 图文消息参数及描述

参数	是否必需	描述
ToUserName	是	接收方账号（收到的 OpenID）
FromUserName	是	发送方微信号
CreateTime	是	消息创建时间（整型）
MsgType	是	news
ArticleCount	是	图文消息个数，限制为 10 条以内
Articles	是	多条图文消息，默认第一个 item 为大图。注意，如果图文数超过 10，则将无响应
Title	否	图文消息标题
Description	否	图文消息描述

（续）

参数	是否必需	描　　述
PicUrl	否	图片链接，支持 JPG、PNG 格式，较好的效果为大图 360×200 像素，小图 200×200 像素
Url	否	单击图文消息跳转链接

在单图文消息中，标题、描述、图片分开显示在各处，图片为大图。在多图文消息中，每条消息将只显示标题内容，描述字段中的内容将不显示，第一条消息的标题与图片层叠，显示在上方，从第二条消息开始，对应的图片显示为小图。

4.3　接收事件推送消息

在基础接口中，事件消息只有关注和取消关注事件消息。用户关注和取消关注公众号的时候将分别触发这两个消息。

用户关注微信公众号时的界面如图 4-14 所示，单击“关注”按钮，微信公众号将收到关注事件。

用户关注微信公众号时的 XML 数据格式如下。

```
<xml>
<ToUserName><![CDATA[gh_b629c48b653e]]></ToUserName>
<FromUserName><![CDATA[ollB4jv7LA3tydjviJp5V9qTU_kA]]></FromUserName>
<CreateTime>1372307736</CreateTime>
<MsgType><![CDATA[event]]></MsgType>
<Event><![CDATA[subscribe]]></Event>
<EventKey><![CDATA[]]></EventKey>
</xml>
```

用户取消关注微信公众号时的界面如图 4-15 所示，点击右上角的“⋮”，在下拉菜单中再点击“不再关注”，微信公众号将收到取消关注事件。

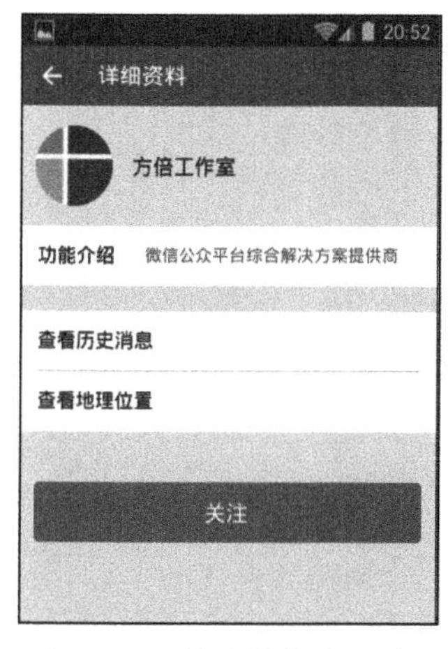

图 4-14　关注微信公众号

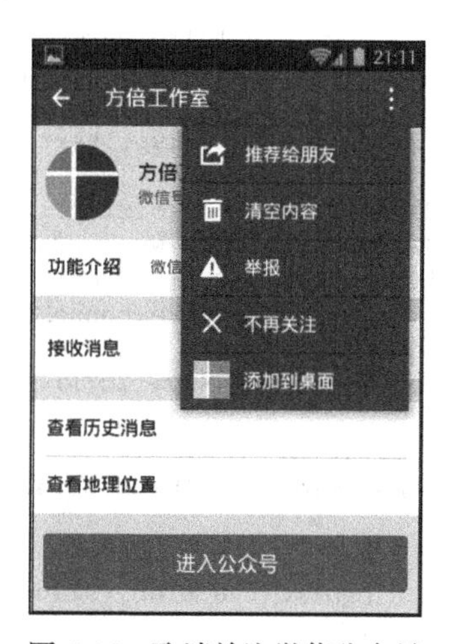

图 4-15　取消关注微信公众号

用户取消关注微信公众号时的 XML 数据格式如下。

```
<xml>
<ToUserName><![CDATA[gh_b629c48b653e]]></ToUserName>
<FromUserName><![CDATA[ollB4jqgdO_cRnVXk_wRnSywgtQ8]]></FromUserName>
<CreateTime>1372309890</CreateTime>
<MsgType><![CDATA[event]]></MsgType>
<Event><![CDATA[unsubscribe]]></Event>
<EventKey><![CDATA[]]></EventKey>
</xml>
```

关注及取消关注事件消息的参数及描述如表 4-13 所示。

表 4-13　关注及取消关注事件消息参数及描述

参　数	描　述
ToUserName	接收方微信号
FromUserName	发送方账号（一个 OpenID）
CreateTime	消息创建时间（整型）
MsgType	event
Event	事件类型，subscribe（订阅）、unsubscribe（取消订阅）
Event Key	事件 KEY 值，关注 / 取消关注事件中为空

4.4　案例实践

4.4.1　微信基础消息 SDK

基础消息的 SDK 将前面章节的各种接收消息类型进行了处理，另外对被动发送消息类型进行了定义。其代码如下。

```
 1 <?php
 2 /*
 3     方倍工作室 http://www.fangbei.org/
 4     CopyRight 2016 All Rights Reserved
 5 */
 6 header('Content-type:text');
 7
 8 define("TOKEN", "weixin");
 9 $wechatObj = new wechatCallbackapiTest();
10 if (!isset($_GET['echostr'])) {
11     $wechatObj->responseMsg();
12 }else{
13     $wechatObj->valid();
14 }
15
16 class wechatCallbackapiTest
17 {
18     //验证签名
19     public function valid()
20     {
21         $echoStr = $_GET["echostr"];
```

```
22        $signature = $_GET["signature"];
23        $timestamp = $_GET["timestamp"];
24        $nonce = $_GET["nonce"];
25        $token = TOKEN;
26        $tmpArr = array($token, $timestamp, $nonce);
27        sort($tmpArr, SORT_STRING);
28        $tmpStr = implode($tmpArr);
29        $tmpStr = sha1($tmpStr);
30        if($tmpStr == $signature){
31            echo $echoStr;
32            exit;
33        }
34    }
35
36    //响应消息
37    public function responseMsg()
38    {
39        $postStr = $GLOBALS["HTTP_RAW_POST_DATA"];
40        if (!empty($postStr)){
41            $this->logger("R \r\n".$postStr);
42            $postObj = simplexml_load_string($postStr, 'SimpleXMLElement', LIBXML_
              NOCDATA);
43            $RX_TYPE = trim($postObj->MsgType);
44
45            //消息类型分离
46            switch ($RX_TYPE)
47            {
48                case "event":          //事件
49                    $result = $this->receiveEvent($postObj);
50                    break;
51                case "text":           //文本
52                    $result = $this->receiveText($postObj);
53                    break;
54                case "image":          //图片
55                    $result = $this->receiveImage($postObj);
56                    break;
57                case "location":       //位置
58                    $result = $this->receiveLocation($postObj);
59                    break;
60                case "voice":          //语音
61                    $result = $this->receiveVoice($postObj);
62                    break;
63                case "video":          //视频
64                case "shortvideo":
65                    $result = $this->receiveVideo($postObj);
66                    break;
67                case "link":           //链接
68                    $result = $this->receiveLink($postObj);
69                    break;
70                default:
71                    $result = "unknown msg type: ".$RX_TYPE;
72                    break;
73            }
74            $this->logger("T \r\n".$result);
75            echo $result;
76        }else {
```

```
77              echo "";
78              exit;
79          }
80      }
81
82      //接收事件消息
83      private function receiveEvent($object)
84      {
85          $content = "";
86          switch ($object->Event)
87          {
88              case "subscribe":
89                  $content = "欢迎关注方倍工作室 \n请回复以下关键字:文本 表情 单图文 多
        图文 音乐\n请按住说话 或 点击 + 再分别发送以下内容:语音 图片 小视频 我的收藏 位置";
90                  break;
91              case "unsubscribe":
92                  $content = "取消关注";
93                  break;
94              default:
95                  $content = "receive a new event: ".$object->Event;
96                  break;
97          }
98
99          if(is_array($content)){
100             $result = $this->transmitNews($object, $content);
101         }else{
102             $result = $this->transmitText($object, $content);
103         }
104         return $result;
105     }
106
107     //接收文本消息
108     private function receiveText($object)
109     {
110         $keyword = trim($object->Content);
111
112         if (strstr($keyword, "文本")){                    //回复文本
113             $content = "这是个文本消息";
114         }else if (strstr($keyword, "表情")){
115             $content = "微笑: /::)\n乒乓: /:oo\n中国: ".$this->bytes_to_emoji(0x
        1F1E8).$this->bytes_to_emoji(0x1F1F3)."\n仙人掌: ".$this->bytes_to_emoji(0x1F335);
116         }else if (strstr($keyword, "单图文")){           //回复图文消息
117             $content = array();
118             $content[] = array("Title"=>"单图文标题", "Description"=>"单图文内
        容", "PicUrl"=>"http://discuz.comli.com/weixin/weather/icon/cartoon.jpg",
        "Url" =>"http://m.cnblogs.com/?u=txw1958");
119         }else if (strstr($keyword, "图文") || strstr($keyword, "多图文")){
120             $content = array();
121             $content[] = array("Title"=>"多图文1标题", "Description"=>"", "Pic
        Url"=>"http://discuz.comli.com/weixin/weather/icon/cartoon.jpg", "Url" =>
        "http://m.cnblogs.com/?u=txw1958");
122             $content[] = array("Title"=>"多图文2标题", "Description"=>"", "Pic
        Url"=>"http://d.hiphotos.bdimg.com/wisegame/pic/item/f3529822720e0cf3ac9f
        1ada0846f21fbe09aaa3.jpg", "Url" =>"http://m.cnblogs.com/?u=txw1958");
123             $content[] = array("Title"=>"多图文3标题", "Description"=>"", "Pic
        Url"=>"http://g.hiphotos.bdimg.com/wisegame/pic/item/18cb0a46f21fbe09
```

```
        0d338acc6a600c338644adfd.jpg", "Url" =>"http://m.cnblogs.com/?u=txw1958");
124         }else if (strstr($keyword, "音乐")){          //回复音乐消息
125             $content = array();
126             $content = array("Title"=>"最炫民族风", "Description"=>"歌手:凤凰传
        奇", "MusicUrl"=>"http://mascot-music.stor.sinaapp.com/zxmzf.mp3", "HQMu
        sicUrl"=>"http://mascot-music.stor.sinaapp.com/zxmzf.mp3");
127         }else{
128             $content = date("Y-m-d H:i:s",time())."\nOpenID: ".$object->FromUser
        Name."\n技术支持 方倍工作室";
129         }
130 
131         if(is_array($content)){
132             if (isset($content[0])){
133                 $result = $this->transmitNews($object, $content);
134             }else if (isset($content['MusicUrl'])){
135                 $result = $this->transmitMusic($object, $content);
136             }
137         }else{
138             $result = $this->transmitText($object, $content);
139         }
140         return $result;
141     }
142 
143     //接收图片消息
144     private function receiveImage($object)
145     {
146         $content = array("MediaId"=>$object->MediaId);
147         $result = $this->transmitImage($object, $content);
148         return $result;
149     }
150 
151     //接收位置消息
152     private function receiveLocation($object)
153     {
154         $content = "你发送的是位置，经度为: ".$object->Location_Y."; 纬度为: ".$ob
        ject->Location_X."; 缩放级别为: ".$object->Scale."; 位置为: ".$object->Label;
155         $result = $this->transmitText($object, $content);
156         return $result;
157     }
158 
159     //接收语音消息
160     private function receiveVoice($object)
161     {
162         if (isset($object->Recognition) && !empty($object->Recognition)){
163             $content = "你刚才说的是: ".$object->Recognition;
164             $result = $this->transmitText($object, $content);
165         }else{
166             $content = array("MediaId"=>$object->MediaId);
167             $result = $this->transmitVoice($object, $content);
168         }
169         return $result;
170     }
171 
172     //接收视频消息
173     private function receiveVideo($object)
174     {
```

```
175            $content = array("MediaId"=>$object->MediaId, "ThumbMediaId"=>$object->
               ThumbMediaId, "Title"=>"", "Description"=>"");
176            $result = $this->transmitVideo($object, $content);
177            return $result;
178        }
179
180        //接收链接消息
181        private function receiveLink($object)
182        {
183            $content = "你发送的是链接，标题为：".$object->Title."；内容为：".$object->
               Description."；链接地址为：".$object->Url;
184            $result = $this->transmitText($object, $content);
185            return $result;
186        }
187
188        //回复文本消息
189        private function transmitText($object, $content)
190        {
191            if (!isset($content) || empty($content)){
192                return "";
193            }
194
195            $xmlTpl = "<xml>
196                       <ToUserName><![CDATA[%s]]></ToUserName>
197                       <FromUserName><![CDATA[%s]]></FromUserName>
198                       <CreateTime>%s</CreateTime>
199                       <MsgType><![CDATA[text]]></MsgType>
200                       <Content><![CDATA[%s]]></Content>
201                       </xml>";
202            $result = sprintf($xmlTpl, $object->FromUserName, $object->ToUserName,
           time(), $content);
203
204            return $result;
205        }
206
207        //回复图文消息
208        private function transmitNews($object, $newsArray)
209        {
210            if(!is_array($newsArray)){
211                return "";
212            }
213            $itemTpl = "<item>
214                        <Title><![CDATA[%s]]></Title>
215                        <Description><![CDATA[%s]]></Description>
216                        <PicUrl><![CDATA[%s]]></PicUrl>
217                        <Url><![CDATA[%s]]></Url>
218                        </item>";
219
220            $item_str = "";
221            foreach ($newsArray as $item){
222                $item_str .= sprintf($itemTpl, $item['Title'], $item['Description'],
                   $item['PicUrl'], $item['Url']);
223            }
224            $xmlTpl = "<xml>
225                       <ToUserName><![CDATA[%s]]></ToUserName>
226                       <FromUserName><![CDATA[%s]]></FromUserName>
```

```
227                     <CreateTime>%s</CreateTime>
228                     <MsgType><![CDATA[news]]></MsgType>
229                     <ArticleCount>%s</ArticleCount>
230                     <Articles>
231                     $item_str    </Articles>
232                     </xml>";
233
234         $result = sprintf($xmlTpl, $object->FromUserName, $object->ToUserName,
    time(), count($newsArray));
235         return $result;
236     }
237
238     //回复音乐消息
239     private function transmitMusic($object, $musicArray)
240     {
241         if(!is_array($musicArray)){
242             return "";
243         }
244         $itemTpl = "<Music>
245                      <Title><![CDATA[%s]]></Title>
246                      <Description><![CDATA[%s]]></Description>
247                      <MusicUrl><![CDATA[%s]]></MusicUrl>
248                      <HQMusicUrl><![CDATA[%s]]></HQMusicUrl>
249                      </Music>";
250
251          $item_str = sprintf($itemTpl, $musicArray['Title'], $musicArray['Des
    cription'], $musicArray['MusicUrl'], $musicArray['HQMusicUrl']);
252
253         $xmlTpl = "<xml>
254                     <ToUserName><![CDATA[%s]]></ToUserName>
255                     <FromUserName><![CDATA[%s]]></FromUserName>
256                     <CreateTime>%s</CreateTime>
257                     <MsgType><![CDATA[music]]></MsgType>
258                     $item_str
259                     </xml>";
260
261         $result = sprintf($xmlTpl, $object->FromUserName, $object->ToUserName,
    time());
262         return $result;
263     }
264
265     //回复图片消息
266     private function transmitImage($object, $imageArray)
267     {
268         $itemTpl = "<Image>
269                      <MediaId><![CDATA[%s]]></MediaId>
270                      </Image>";
271
272         $item_str = sprintf($itemTpl, $imageArray['MediaId']);
273
274         $xmlTpl = "<xml>
275                     <ToUserName><![CDATA[%s]]></ToUserName>
276                     <FromUserName><![CDATA[%s]]></FromUserName>
277                     <CreateTime>%s</CreateTime>
278                     <MsgType><![CDATA[image]]></MsgType>
279                     $item_str
```

```
280                 </xml>";
281
282         $result = sprintf($xmlTpl, $object->FromUserName, $object->ToUserName,
        time());
283         return $result;
284     }
285
286     //回复语音消息
287     private function transmitVoice($object, $voiceArray)
288     {
289         $itemTpl = "<Voice>
290                 <MediaId><![CDATA[%s]]></MediaId>
291                 </Voice>";
292
293         $item_str = sprintf($itemTpl, $voiceArray['MediaId']);
294         $xmlTpl = "<xml>
295                 <ToUserName><![CDATA[%s]]></ToUserName>
296                 <FromUserName><![CDATA[%s]]></FromUserName>
297                 <CreateTime>%s</CreateTime>
298                 <MsgType><![CDATA[voice]]></MsgType>
299                 $item_str
300                 </xml>";
301
302         $result = sprintf($xmlTpl, $object->FromUserName, $object->ToUserName,
        time());
303         return $result;
304     }
305
306     //回复视频消息
307     private function transmitVideo($object, $videoArray)
308     {
309         $itemTpl = "<Video>
310                 <MediaId><![CDATA[%s]]></MediaId>
311                 <ThumbMediaId><![CDATA[%s]]></ThumbMediaId>
312                 <Title><![CDATA[%s]]></Title>
313                 <Description><![CDATA[%s]]></Description>
314                 </Video>";
315
316         $item_str = sprintf($itemTpl, $videoArray['MediaId'], $videoArray['Thu
        mbMediaId'], $videoArray['Title'], $videoArray['Description']);
317
318         $xmlTpl = "<xml>
319                 <ToUserName><![CDATA[%s]]></ToUserName>
320                 <FromUserName><![CDATA[%s]]></FromUserName>
321                 <CreateTime>%s</CreateTime>
322                 <MsgType><![CDATA[video]]></MsgType>
323                 $item_str
324                 </xml>";
325
326         $result = sprintf($xmlTpl, $object->FromUserName, $object->ToUserName,
        time());
327         return $result;
328     }
329
330     //日志记录
331     private function logger($log_content)
```

```
332       {
333           if(isset($_SERVER['HTTP_APPNAME'])){    //SAE
334               sae_set_display_errors(false);
335               sae_debug($log_content);
336               sae_set_display_errors(true);
337           }else if($_SERVER['REMOTE_ADDR'] != "127.0.0.1"){ //LOCAL
338               $max_size = 1000000;
339               $log_filename = "log.xml";
340                 if(file_exists($log_filename) and (abs(filesize($log_filename)) > $max_
              size)){unlink($log_filename);}
341                file_put_contents($log_filename, date('Y-m-d H:i:s')." ".$log_content.
              "\r\n", FILE_APPEND);
342           }
343       }
344 }
345 ?>
```

在 responseMsg() 方法中，先提取消息类型 $postObj->MsgType，从而实现各种消息类型的分离。在类 wechatCallbackapiTest 中，为每种消息类型定义了接收方法。在每个方法中，返回消息的主要特征值，组成文本信息作为内容回复。

在接收到文本指令回复文本、图文（包括单图文和多图文）、音乐 3 种消息时，是使用直接构造相应消息类型实现的，而图片、语音、视频 3 种消息需要 MediaId 参数，在这里直接使用用户发送过来的消息中的 MediaId，然后组装成响应消息回复。

4.4.2 调用 API 实现图文天气预报

百度地图提供天气预报查询接口 API，可以根据经纬度 / 城市名查询天气情况，因此可以在微信公众平台开发中调用这一接口。

调用百度地图 API 需要注册百度账号，然后申请 AK（访问密钥），申请地址为 http://lbsyun.baidu.com/apiconsole/key。

打开申请地址页面，如图 4-16 所示。

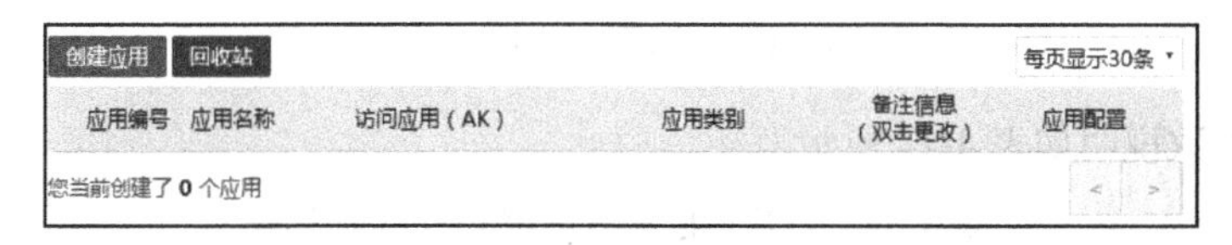

图 4-16　应用列表

点击“创建应用”按钮，弹出创建应用页面，如图 4-17 所示。

“应用名称”可以随便填写，“应用类型”选择“服务端”，“启用服务”里面的选项可以全部选择，“请求校验方式”选择“ sn 校验方式”，然后点击“提交”按钮，回到控制台。在页面上可以看到 AK 参数的值，如图 4-18 所示。

再点击“设置”链接，可以看到该应用的 SK 参数，如图 4-19 所示。

百度地图天气预报 API 接口如下：

```
http://api.map.baidu.com/place/v2/search
```

图 4-17　创建应用

应用编号	应用名称	访问应用（AK）	应用类别	备注信息	配置
8312897	方倍天气	Un7vKKgdUuxz1yE8yGmzRQcray5t2yOr	服务端		设置 删除

创建应用　回收站　每页显示30条

您当前创建了 1 个应用

图 4-18　应用的 AK 参数

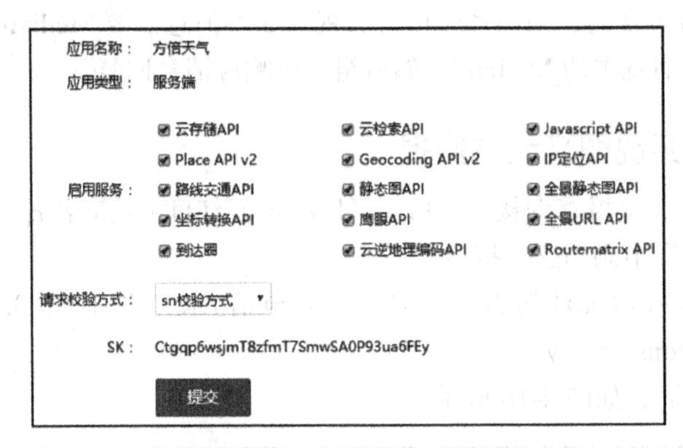

图 4-19　应用的 SK 参数

该接口的参数说明如表 4-14 所示。

表 4-14　百度地图天气预报 API 参数说明

参数名称	是否必需	具体描述
ak	TRUE	开发者密钥
sn	FALSE	若用户所用 AK 的校验方式为 sn 校验，则该参数必需
location	TRUE	支持经纬度和城市名两种形式，同一个城市的经纬度之间用“,”分隔
output	FALSE	输出的数据格式，默认为 XML 格式。设置为 JSON 时，输出 JSON 格式数据
coord_type	FALSE	请求参数坐标类型，默认为 gcj02 经纬度坐标。允许的值为 bd09ll、bd09mc、gcj02、wgs84。bd09ll 表示百度经纬度坐标，bd09mc 表示百度墨卡托坐标，gcj02 表示经过国测局加密的坐标，wgs84 表示 GPS 获取的坐标
callback	FALSE	将 JSON 格式的返回值通过 callback 函数返回，实现 JSONP 功能，如 callback = showLocation（JavaScript 函数名）

该接口调用举例如下：

```
http:// api.map.baidu.com/telematics/v3/weather?ak=WT7idirGGBgA6BNdGM36f3kZ&locati
on=%E6%B7%B1%E5%9C%B3&output=json&sn=66116881b46a72e3380f29989c883bec
```

返回结果列表如下所示：


```
{
    "error":0,
    "status":"success",
    "date":"2016-06-29",
    "results":[
        {
            "currentCity":" 深圳 ",
            "pm25":"18",
            "index":[
                {
                    "title":" 穿衣 ",
                    "zs":" 炎热 ",
                    "tipt":" 穿衣指数 ",
                    "des":" 天气炎热，建议着短衫、短裙、短裤、薄型 T 恤衫等清凉夏季服装。"
                },
                {
                    "title":" 洗车 ",
                    "zs":" 不宜 ",
                    "tipt":" 洗车指数 ",
                    "des":" 不宜洗车，未来 24 小时内有雨，如果在此期间洗车，雨水和路上的泥水
                    可能会再次弄脏您的爱车。"
                },
                {
                    "title":" 旅游 ",
                    "zs":" 一般 ",
                    "tipt":" 旅游指数 ",
                    "des":" 天气较热，有微风，但较强降雨的天气将给您的出行带来很多的不便，若
                    坚持旅行建议带上雨具。"
                },
                {
                    "title":" 感冒 ",
                    "zs":" 少发 ",
                    "tipt":" 感冒指数 ",
                    "des":" 各项气象条件适宜，发生感冒概率较低。但请避免长期处于空调房间中，以
                    防感冒。"
                },
                {
                    "title":" 运动 ",
                    "zs":" 较不宜 ",
                    "tipt":" 运动指数 ",
                    "des":" 有较强降水，建议您选择在室内进行健身休闲运动。"
                },
                {
                    "title":" 紫外线强度 ",
                    "zs":" 弱 ",
                    "tipt":" 紫外线强度指数 ",
                    "des":" 紫外线强度较弱，建议出门前涂擦 SPF 在 12-15 之间、PA+ 的防晒护肤品。"
                }
            ],
```

```
                "weather_data":[
                    {
                        "date":"周三 06月29日 (实时: 31℃)",
                        "dayPictureUrl":"http://api.map.baidu.com/images/weather/day/
                        zhongyu.png",
                        "nightPictureUrl":"http://api.map.baidu.com/images/weather/night/
                        zhongyu.png",
                        "weather":"中雨",
                        "wind":"微风",
                        "temperature":"33 ~ 27℃"
                    },
                    {
                        "date":"周四",
                        "dayPictureUrl":"http://api.map.baidu.com/images/weather/day/dayu.
                        png",
                        "nightPictureUrl":"http://api.map.baidu.com/images/weather/night/
                        dayu.png",
                        "weather":"中到大雨",
                        "wind":"微风",
                        "temperature":"32 ~ 26℃"
                    },
                    {
                        "date":"周五",
                        "dayPictureUrl":"http://api.map.baidu.com/images/weather/day/
                        dayu.png",
                        "nightPictureUrl":"http://api.map.baidu.com/images/weather/night/
                        dayu.png",
                        "weather":"中到大雨",
                        "wind":"微风",
                        "temperature":"30 ~ 26℃"
                    },
                    {
                        "date":"周六",
                        "dayPictureUrl":"http://api.map.baidu.com/images/weather/day/
                        zhenyu.png",
                        "nightPictureUrl":"http://api.map.baidu.com/images/weather/night/
                        zhenyu.png",
                        "weather":"阵雨",
                        "wind":"微风",
                        "temperature":"32 ~ 26℃"
                    }
                ]
            }
        ]
}
```

上述返回结果字段说明如表 4-15 所示。

表 4-15　天气预报接口返回字段说明

参数名称	含　义
currentCity	当前城市
status	请求状态。成功返回 0，失败返回其他数字
date	当前时间：年 - 月 - 日

（续）

参数名称	含　义
results	天气预报信息
results.currentCity	当前城市
results.pm25	PM2.5
results.index.title	指数 title，分为穿衣、洗车、感冒、运动、紫外线等类型
results.index.zs	指数取值
results.index.tipt	指数含义
results.index.des	指数详情
results.weather_data.date	天气预报时间
results.weather_data.dayPictureUrl	白天的天气预报图片 URL
results.weather_data.nightPictureUrl	晚上的天气预报图片 URL
results.weather_data.weather	天气状况
results.weather_data.wind	风力
results.weather_data.temperature	温度

根据上述接口，可编写获取天气预报的代码如下。

```
 1 function getWeatherInfo($cityName)
 2 {
 3     $ak = 'WT7idirGGBgA6BNdGM36f3kZ';
 4     $sk = 'uqBuEvbvnLKC8QbNVB26dQYpMmGcSEHM';
 5     $url = 'http://api.map.baidu.com/telematics/v3/weather?ak=%s&location=%s&o
       utput=%s&sn=%s';
 6     $uri = '/telematics/v3/weather';
 7     $location = $cityName;
 8     $output = 'json';
 9     $querystring_arrays = array(
10         'ak' => $ak,
11         'location' => $location,
12         'output' => $output
13     );
14     $querystring = http_build_query($querystring_arrays);
15     $sn = md5(urlencode($uri.'?'.$querystring.$sk));
16     $targetUrl = sprintf($url, $ak, urlencode($location), $output, $sn);
17
18     $ch = curl_init();
19     curl_setopt($ch, CURLOPT_URL, $targetUrl);
20     curl_setopt($ch, CURLOPT_RETURNTRANSFER, 1);
21     $result = curl_exec($ch);
22     curl_close($ch);
23
24     $result = json_decode($result, true);
25     if ($result["error"] != 0){
26         return $result["status"];
27     }
28     $curHour = (int)date('H',time());
```

```
29      $weather = $result["results"][0];
30      $weatherArray[] = array("Title" =>$weather['currentCity']."天气预报", "Desc
        ription" =>"", "PicUrl" =>"", "Url" =>"");
31      for ($i = 0; $i < count($weather["weather_data"]); $i++) {
32          $weatherArray[] = array("Title"=>
33              $weather["weather_data"][$i]["date"]."\n".
34              $weather["weather_data"][$i]["weather"]." ".
35              $weather["weather_data"][$i]["wind"]." ".
36              $weather["weather_data"][$i]["temperature"],
37          "Description"=>"",
38          "PicUrl"=>(($curHour >= 6) && ($curHour < 18))?$weather["weather_data"][$i]
        ["dayPictureUrl"]:$weather["weather_data"][$i]["nightPictureUrl"], "Url"=>"");
39      }
40      return $weatherArray;
41  }
```

上述代码解读如下。

第 3 ~ 16 行：构造查询请求 URL。

第 18 ~ 22 行：获取查询结果。

第 24 ~ 39 行：根据查询结果提取天气信息内容并封装成图文消息。

一个查询成功的结果如图 4-20 所示。

4.4.3 查询数据库回复笑话

目前笑话主要存在于一些门户或者专业的网站，可以使用爬虫程序将其采集下来，然后保存在本地数据库中。

笑话数据库建表的 SQL 脚本内容如下。

```
CREATE TABLE IF NOT EXISTS 'joke' (
    'id' int(5) NOT NULL AUTO_INCREMENT,
    'content' varchar(600) NOT NULL,
    PRIMARY KEY ('id')
) ENGINE=MyISAM  DEFAULT CHARSET=gbk AUTO_INCREMENT=1001 ;

INSERT INTO 'joke' ('id', 'content') VALUES
(1, '她:"因为别人都不同情你，我才做你的妻子。"他:"你总算成功了。现在每个人都因此同情我。"'),
(2, '女:"为什么从前你对我百依百顺，可结婚才三天，你就跟我吵了两天的架？"男:"因为我的忍耐是有限度的。"');
```

该表包含两个字段，id 和 content。其中，id 表示序号，content 为笑话内容。另外，还使用 INSERT 命令插入了两条记录。更多的记录读者可以在本书配套的源码中找到并将该数据文件导入到数据库中，这样就在本地服务器上实现了一个小型笑话库。

在数据库中查询笑话内容的代码如下。

```
1 function getJokeInfo()
2 {
3     if(isset($_SERVER['HTTP_APPNAME'])){          //SAE
4         $mysql_host = SAE_MYSQL_HOST_M;
5         $mysql_host_s = SAE_MYSQL_HOST_S;
```

```
 6          $mysql_port = SAE_MYSQL_PORT;
 7          $mysql_user = SAE_MYSQL_USER;
 8          $mysql_password = SAE_MYSQL_PASS;
 9          $mysql_database = SAE_MYSQL_DB;
10      }else{
11          $mysql_host = "localhost";
12          $mysql_host_s = "localhost";
13          $mysql_port = "3306";
14          $mysql_user = "root";
15          $mysql_password = "root123";
16          $mysql_database = "weixin";
17      }
18
19      $mysql_table = "joke";
20      $id = rand(1, 1000);
21      $mysql_state = "SELECT * FROM '".$mysql_table."' WHERE 'id' = '".$id."'";
22      $con = mysql_connect($mysql_host.':'.$mysql_port, $mysql_user, $mysql_pass
        word);
23      if (!$con){
24          die('Could not connect: ' . mysql_error());
25      }
26
27      mysql_query("SET NAMES 'UTF8'");
28      mysql_select_db($mysql_database, $con);
29      $result = mysql_query($mysql_state);
30
31      $joke = "";
32      while($row = mysql_fetch_array($result))
33      {
34          $joke = $row["content"];
35          break;
36      }
37      mysql_close($con);
38      return $joke;
39 }
```

上述代码解读如下。

第 3 ~ 17 行：定义数据库环境变量，此处判断程序运行环境是 SAE 还是本地服务器环境，分别定义不同的环境变量。

第 19 ~ 21 行：构造了执行查询的 SQL 语句，从表“joke”中随机查询一条记录。

第 22 ~ 25 行：进行数据库连接。如果连接失败，将执行“die”部分。

第 27 行：设置字符集为“UTF8”，以便正常显示中文。

第 28 行：设置活动的 MySQL 数据库。

第 29 行：使用 mysql_query() 函数向 MySQL 发送命令。

第 31 ~ 36 行：将查询到的结果存在变量中。

第 37 行：关闭数据库连接。

第 38 行：返回查询的内容。

一个微信查看笑话的功能如图 4-21 所示。

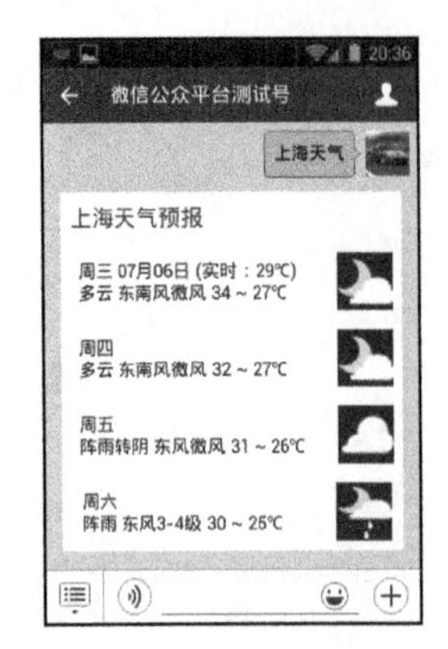

图 4-20　微信天气预报

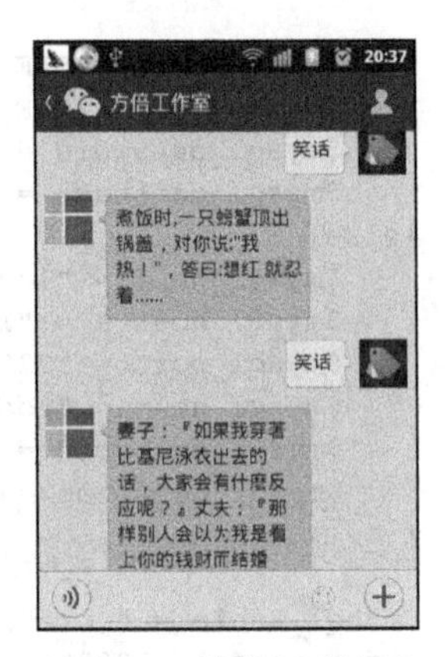

图 4-21　微信查看笑话

4.5　本章小结

本章介绍了微信公众平台的基础接口，包括接收消息、发送消息、事件推送处理等 3 部分，这些接口是所有公众号都具备的基础能力，熟练应用这些接口可以实现很多有趣、有价值的功能。另外，还提供了微信基础接口的一个 SDK，读者可以使用该 SDK 理解微信收发消息的原理。最后介绍了如何调用 API 及使用数据库查询的方式来实现自动回复功能，这两种方法是目前最有代表性的获取数据的方式。

第 5 章　Access Token 和自定义菜单

Access Token 是调用其他高级接口的“钥匙”，自定义菜单是微信开放的首个高级接口。为了方便读者更好地理解它们的原理及机制，因此将它们放在同一章讲解。另外，自定义菜单的接口目前不对未认证的订阅号开放，对于暂时没有这些权限的微信公众号，开发者可以申请测试账号来获得菜单权限。

5.1　Access Token

5.1.1　Access Token 介绍

在微信公众平台接口开发中，Access Token 占据了一个很重要的地位，相当于进入各种接口的“钥匙”，拿到这把“钥匙”才有调用其他各种特殊接口的权限。

access_token 是微信公众号的全局唯一票据，微信公众号调用各接口时都需使用 access_token。正常情况下，access_token 的有效期为 7200s，重复获取将导致上次获取的 access_token 失效。

微信公众号可以使用 AppID 和 AppSecret 调用本接口来获取 access_token。AppID 和 AppSecret 可在开发模式中获得（需要已经成为开发者，且账号没有异常状态）。注意，调用所有微信接口时均需使用 HTTPS 协议。

5.1.2　接口调用请求说明

获取 Access Token 的接口如下。

```
https:// api.weixin.qq.com/cgi-bin/token?grant_type=client_credential&appid=APPID&
secret=APPSECRET
```

Access Token 接口的参数说明如表 5-1 所示。

表 5-1　Access Token 参数说明

参　　数	是否必需	说　　明
grant_type	是	获取 access_token，填写 client_credential
appid	是	第三方用户唯一凭证
secret	是	第三方用户唯一凭证密钥，即 AppSecret

该接口的实例请求如下。

```
https:// api.weixin.qq.com/cgi-bin/token?grant_type=client_credential&appid=wx9a00
0b615d89c3f1&secret=0ca77dd808ee1ea69830d7eecd770c06
```

执行上述请求后，接口返回如下。

```
{
    "access_token": "Ul24w0iK4_-g5te8UqjU9CKw0Cf-Iks7wr8YGjsV3cO2wIJhZlwMLs8rtBiB-cJ3MdTeSgkYMbjtrfaDmUTsn2rEjldKd59HOdftaPxDTPmCj3uJBXGjNz9P6LkMsl384G6HSEh-uLgixB8gmgOveA",
    "expires_in": 7200
}
```


该返回结果的参数说明如表 5-2 所示。

表 5-2　Access Token 返回结果参数说明

参　数	说　明
access_token	获取到的凭证
expires_in	凭证有效时间，单位为秒

发生错误时微信会返回错误码等信息，JSON 数据包示例如下（该示例为 AppID 无效错误）。


```
{"errcode":40013,"errmsg":"invalid appid"}
```


5.1.3　实现代码

获取 Access Token 的实例代码如下。

```
 1 <?php
 2 $appid = "wxbad0b4x543aa0b5e";
 3 $appsecret = "ed222a84da15cd24c4bdfa5d9ad1234";
 4 $url = "https://api.weixin.qq.com/cgi-bin/token?grant_type=client_credential&appid=
       $appid&secret=$appsecret";
 5
 6 $ch = curl_init();
 7 curl_setopt($ch, CURLOPT_URL, $url);
 8 curl_setopt($ch, CURLOPT_SSL_VERIFYPEER, FALSE);
 9 curl_setopt($ch, CURLOPT_SSL_VERIFYHOST, FALSE);
10 curl_setopt($ch, CURLOPT_RETURNTRANSFER, 1);
11 $output = curl_exec($ch);
12 curl_close($ch);
13 $info = json_decode($output, true);
14 var_dump($info);
15 ?>
```

上述代码执行以后，返回结果如下。


```
{
    "access_token":"NU7Kr6v9L9TQaqm5NE3OTPctTZx797Wxw4Snd2WL2HHBqLCiXlDVOw2l-Se0I-WmOLLniAYLAwzhbYhXNjbLc_KAA092cxkmpj5FpuqNO0IL7bB0Exz5s5qC9Umypy-rz2y441W9qgfnmNtIZWSjSQ",
    "expires_in":7200
}
```


这样就获得了 Access Token。

5.2　自定义菜单

自定义菜单能够帮助微信公众号丰富界面，增强用户与微信公众号的互动，让用户更好、更快地理解微信公众号所拥有的功能。

5.2.1　自定义菜单介绍

目前服务号和通过认证的订阅号均可申请自定义菜单。创建成功自定义菜单后，微信公众号界面如图 5-1 所示。

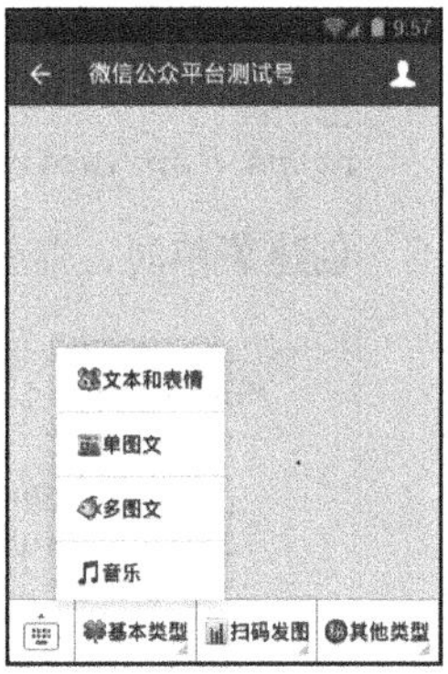

目前自定义菜单最多包含 3 个一级菜单，每个一级菜单最多包含 5 个二级菜单。一级菜单最多设置 4 个汉字，二级菜单最多设置 7 个汉字，多出来的部分将会以“...”代替。请注意，创建自定义菜单后，由于微信客户端缓存，需要 24 小时后微信客户端才会展现出来。此时可以重新关注微信公众号，这样就能马上看到自定义菜单了。

图 5-1　自定义菜单效果

5.2.2　按钮类型

目前自定义菜单接口可实现以下几种类型的按钮，具体如下。

1. click：点击推事件

用户点击 click 类型按钮后，微信服务器会通过消息接口推送消息类型为 event 的结构给开发者（参考消息接口指南），并且带上按钮中开发者填写的 key 值，开发者可以通过自定义的 key 值与用户交互。

2. view：跳转 URL

用户点击 view 类型按钮后，微信客户端将会打开开发者在按钮中填写的网页 URL，可与网页授权获取用户基本信息接口结合，获得用户基本信息。

3. scancode_push：扫码推事件

用户点击按钮后，微信客户端将调起扫一扫工具，完成扫码操作后显示扫码结果（如果是 URL，将进入 URL），且会将扫码结果传递给开发者，开发者可以下发消息。

4. scancode_waitmsg：扫码推事件且弹出“消息接收中”提示框

用户点击按钮后，微信客户端将调起扫一扫工具，完成扫码操作后，将扫码结果传给开发者，同时收起扫一扫工具，然后弹出“消息接收中”提示框，随后可能会收到开发者下发的消息。

5. pic_sysphoto：弹出系统拍照发图

用户点击按钮后，微信客户端将调起系统相机，完成拍照操作后，会将拍摄的照片发送给开发者，并推送事件给开发者，同时收起系统相机，随后可能会收到开发者下发的消息。

6. pic_photo_or_album：弹出拍照或者相册发图

用户点击按钮后，微信客户端将弹出选择器供用户选择“拍照”或者“从手机相册选择”。用户选择后即执行其他两种流程。

7. pic_weixin：弹出微信相册发图器

用户点击按钮后微信客户端将调起微信相册，完成选择操作后，将选择的照片发送给开发者的服务器，并推送事件给开发者，同时收起相册，随后可能会收到开发者下发的消息。

8. location_select：弹出地理位置选择器

用户点击按钮后，微信客户端将调起地理位置选择工具，完成选择操作后，将选择的地理位置发送给开发者的服务器，同时收起位置选择工具，随后可能会收到开发者下发的消息。

5.2.3 创建菜单

创建菜单的接口如下。

```
https:// api.weixin.qq.com/cgi-bin/menu/create?access_token=ACCESS_TOKEN
```

创建菜单时，需要将菜单内容组织成如下结构，以POST的方式向微信服务器提交。

```
{
    "button": [
        {
            "name": "扫码",
            "sub_button": [
                {
                    "type": "scancode_waitmsg",
                    "name": "扫码带提示",
                    "key": "rselfmenu_0_0"
                },
                {
                    "type": "scancode_push",
                    "name": "扫码推事件",
                    "key": "rselfmenu_0_1"
                }
            ]
        },
        {
            "name": "发图",
            "sub_button": [
                {
                    "type": "pic_sysphoto",
                    "name": "系统拍照发图",
                    "key": "rselfmenu_1_0"
                },
                {
                    "type": "pic_photo_or_album",
                    "name": "拍照或者相册发图",
                    "key": "rselfmenu_1_1"
                },
                {
                    "type": "pic_weixin",
                    "name": "微信相册发图",
                    "key": "rselfmenu_1_2"
                }
            ]
        },
        {
            "name": "其他",
            "sub_button": [
                {
                    "name": "发送位置",
```

```
                    "type": "location_select",
                    "key": "rselfmenu_2_0"
                },
                {
                    "type": "click",
                    "name": "今日歌曲",
                    "key": "V1001_TODAY_MUSIC"
                },
                {
                    "type": "view",
                    "name": "搜索",
                    "url": "http://www.soso.com/"
                }
            ]
        }
    ]
}
```

自定义菜单内容的参数说明如表 5-3 所示。

表 5-3　自定义菜单参数说明

参　数	是否必需	说　明
button	是	一级菜单数组，个数应为 1 ~ 3 个
sub_button	否	二级菜单数组，个数应为 1 ~ 5 个
type	是	菜单的响应动作类型，目前有 click、view 两种类型
name	是	菜单标题，不超过 16 字节，子菜单不超过 40 字节
key	click 类型必须	菜单 key 值，用于消息接口推送，不超过 128 字节
url	view 类型必须	网页链接，用户点击菜单可打开链接，不超过 256 字节

为微信公众号创建自定义菜单的代码实现如下。

```
$jsonmenu = '{
    "button": [
        {
            "name": "扫码",
            "sub_button": [
                {
                    "type": "scancode_waitmsg",
                    "name": "扫码带提示",
                    "key": "rselfmenu_0_0"
                },
                {
                    "type": "scancode_push",
                    "name": "扫码推事件",
                    "key": "rselfmenu_0_1"
                }
            ]
        },
        {
            "name": "发图",
            "sub_button": [
                {
                    "type": "pic_sysphoto",
```

```
                        "name": "系统拍照发图",
                        "key": "rselfmenu_1_0"
                    },
                    {
                        "type": "pic_photo_or_album",
                        "name": "拍照或者相册发图",
                        "key": "rselfmenu_1_1"
                    },
                    {
                        "type": "pic_weixin",
                        "name": "微信相册发图",
                        "key": "rselfmenu_1_2"
                    }
                ]
            },
            {
                "name": "其他",
                "sub_button": [
                    {
                        "name": "发送位置",
                        "type": "location_select",
                        "key": "rselfmenu_2_0"
                    },
                    {
                        "type": "click",
                        "name": "今日歌曲",
                        "key": "V1001_TODAY_MUSIC"
                    },
                    {
                        "type": "view",
                        "name": "搜索",
                        "url": "http://www.soso.com/"
                    }
                ]
            }
        ]
    }
    ';

    $url = "https://api.weixin.qq.com/cgi-bin/menu/create?access_token=".$access_token;
    $result = https_request($url, $jsonmenu);
    var_dump($result);

    function https_request($url,$data = null)
    {
        $curl = curl_init();
        curl_setopt($curl, CURLOPT_URL, $url);
        curl_setopt($curl, CURLOPT_SSL_VERIFYPEER, FALSE);
        curl_setopt($curl, CURLOPT_SSL_VERIFYHOST, FALSE);
        if (!empty($data)){
            curl_setopt($curl, CURLOPT_POST, 1);
            curl_setopt($curl, CURLOPT_POSTFIELDS, $data);
        }
        curl_setopt($curl, CURLOPT_RETURNTRANSFER, 1);
        $output = curl_exec($curl);
```

```
    curl_close($curl);
    return $output;
}
```

正确时返回的 JSON 数据包如下。

```
{"errcode":0,"errmsg":"ok"}
```

错误时返回的 JSON 数据包如下（示例为无效菜单名长度）。

```
{"errcode":40018,"errmsg":"invalid button name size"}
```

其中，errcode 为全局返回码。

5.2.4　个性化菜单

为了帮助公众号实现灵活的业务运营，微信公众平台新增了个性化菜单接口，开发者可以通过该接口让公众号的不同用户群体看到不一样的自定义菜单。该接口开放给已认证订阅号和已认证服务号。

创建个性化菜单的接口如下。

```
https://api.weixin.qq.com/cgi-bin/menu/addconditional?access_token=ACCESS_TOKEN
```

创建菜单时，需要将菜单内容组织成如下结构，以 POST 的方式向微信服务器提交。

```
{
    "button":[
        {
            "type":"click",
            "name":"今日歌曲",
            "key":"V1001_TODAY_MUSIC"
        },
        {
            "name":"菜单",
            "sub_button":[
                {
                    "type":"view",
                    "name":"搜索",
                    "url":"http://www.soso.com/"
                },
                {
                    "type":"view",
                    "name":"视频",
                    "url":"http://v.qq.com/"
                },
                {
                    "type":"click",
                    "name":"赞一下我们",
                    "key":"V1001_GOOD"
                }
            ]
        }
    ],
```

```
    "matchrule":{
        "tag_id":"2",
        "sex":"1",
        "country":" 中国 ",
        "province":" 广东 ",
        "city":" 深圳 ",
        "client_platform_type":"2",
        "language":"zh_CN"
    }
}
```

个性化菜单内容的参数说明如表 5-4 所示。

表 5-4　个性化菜单参数说明

参　数	说　明
button	一级菜单数组，个数应为 1 ~ 3 个
sub_button	二级菜单数组，个数应为 1 ~ 5 个
type	菜单的响应动作类型
name	菜单标题，不超过 16 字节，子菜单不超过 40 字节
key	菜单 key 值，用于消息接口推送，不超过 128 字节
url	网页链接，用户点击菜单可打开链接，不超过 1024 字节
media_id	调用新增永久素材接口返回的合法 media_id
matchrule	菜单匹配规则
tag_id	用户标签的 ID，可通过用户标签管理接口获取
sex	性别：男（1），女（2）。不填则不进行匹配
client_platform_type	客户端版本，系统型号：iOS（1），Android（2），Others（3）。不填则不做匹配
country	国家信息
province	省份信息
city	城市信息
language	语言信息

正确时返回的 JSON 数据包如下。其中，menuid 为菜单 ID。

```
{
    "menuid":"208379533"
}
```

5.2.5　查询菜单

使用接口创建自定义菜单后，开发者还可使用接口查询自定义菜单的结构。

查询菜单的接口如下。

```
https://api.weixin.qq.com/cgi-bin/menu/get?access_token=ACCESS_TOKEN
```

查询自定义菜单的代码实现如下。

```
$url = "https://api.weixin.qq.com/cgi-bin/menu/get?access_token=".$access_token;
$result = https_request($url);
```

```
var_dump($result);

function https_request($url, $data = null)
{
    $curl = curl_init();
    curl_setopt($curl, CURLOPT_URL, $url);
    curl_setopt($curl, CURLOPT_SSL_VERIFYPEER, FALSE);
    curl_setopt($curl, CURLOPT_SSL_VERIFYHOST, FALSE);
    if (!empty($data)){
        curl_setopt($curl, CURLOPT_POST, 1);
        curl_setopt($curl, CURLOPT_POSTFIELDS, $data);
    }
    curl_setopt($curl, CURLOPT_RETURNTRANSFER, 1);
    $output = curl_exec($curl);
    curl_close($curl);
    return $output;
}
```

正确时返回的 JSON 数据包如下。


```
{"menu":{"button":[{"name":"扫 码","sub_button":[{"type":"scancode_waitmsg","name":
"扫码带提示
","key":"rselfmenu_0_0","sub_button":[]},{"type":"scancode_push","name":"扫码推事件
","key":"rselfmenu_0_1","sub_button":[]}]},{"name":"发图
","sub_button":[{"type":"pic_sysphoto","name":"系统拍照发图
","key":"rselfmenu_1_0","sub_button":[]},{"type":"pic_photo_or_album","name":"拍
照或者相册发图
","key":"rselfmenu_1_1","sub_button":[]},{"type":"pic_weixin","name":"微信相册发图
","key":"rselfmenu_1_2","sub_button":[]}]},{"name":"其他
","sub_button":[{"type":"location_select","name":"发送位置
","key":"rselfmenu_2_0","sub_button":[]},{"type":"click","name":"今日歌曲
","key":"V1001_TODAY_MUSIC","sub_button":[]},{"type":"view","name":"搜索
","url":"http://www.soso.com/","sub_button":[]}]}]}}
```


5.2.6 删除菜单

使用接口创建自定义菜单后，开发者还可使用接口删除当前使用的自定义菜单。

删除菜单的接口如下。

```
https://api.weixin.qq.com/cgi-bin/menu/delete?access_token=ACCESS_TOKEN
```

查询自定义菜单的代码实现如下。

```
$url = "https://api.weixin.qq.com/cgi-bin/menu/delete?access_token=".$access_token;
$result = https_request($url);
var_dump($result);

function https_request($url, $data = null){
    $curl = curl_init();
    curl_setopt($curl, CURLOPT_URL, $url);
    curl_setopt($curl, CURLOPT_SSL_VERIFYPEER, FALSE);
    curl_setopt($curl, CURLOPT_SSL_VERIFYHOST, FALSE);
    if (!empty($data)){
        curl_setopt($curl, CURLOPT_POST, 1);
        curl_setopt($curl, CURLOPT_POSTFIELDS, $data);
```

```
        }
        curl_setopt($curl, CURLOPT_RETURNTRANSFER, 1);
        $output = curl_exec($curl);
        curl_close($curl);
        return $output;
    }
```

正确时的返回 JSON 数据包如下。

```
{"errcode":0,"errmsg":"ok"}
```

5.2.7 菜单事件推送

用户点击菜单之后，微信会将事件推送给接口程序，相应的参数及说明如表 5-5 所示。

表 5-5 自定义菜单事件字段的参数说明

参　数	描　述
ToUserName	开发者微信号
FromUserName	发送方账号（一个 OpenID）
CreateTime	消息创建时间（整型）
MsgType	消息类型，event
Event	事件类型
EventKey	事件 key 值，与自定义菜单接口中的 key 值对应
MenuID	菜单 ID
ScanCodeInfo	扫码信息
ScanType	扫码类型，一般是 qrcode
ScanResult	扫码结果，即二维码对应的字符串信息
SendPicsInfo	发送的图片信息
Count	发送的图片数量
PicList	图片列表
PicMd5Sum	图片的 MD5 值，可用于验证接收到的图片
SendLocationInfo	发送的位置信息
Location_X	X 坐标信息
Location_Y	Y 坐标信息
Scale	精度，可理解为精度或者比例尺。地图越精细，则 Scale 的值越高
Label	地理位置的字符串信息
Poiname	朋友圈 POI 的名字，可能为空

用户点击自定义菜单后，接口程序收到的 XML 数据包如下。

```
<xml>
    <ToUserName><![CDATA[gh_36dd0f0b3132]]></ToUserName>
    <FromUserName><![CDATA[oQW8FuN_DFnKZwBaUKQ1RJD2Tr9M]]></FromUserName>
    <CreateTime>1468050882</CreateTime>
    <MsgType><![CDATA[event]]></MsgType>
    <Event><![CDATA[CLICK]]></Event>
    <EventKey><![CDATA[TEXT]]></EventKey>
</xml>
```

点击按钮类型为 view 的菜单后，上报的 XML 数据包如下。

```
<xml>
    <ToUserName><![CDATA[gh_36dd0f0b3132]]></ToUserName>
    <FromUserName><![CDATA[oQW8FuN_DFnKZwBaUKQ1RJD2Tr9M]]></FromUserName>
    <CreateTime>1468050934</CreateTime>
    <MsgType><![CDATA[event]]></MsgType>
    <Event><![CDATA[VIEW]]></Event>
    <EventKey><![CDATA[http://xw.qq.com/]]></EventKey>
    <MenuId>410418124</MenuId>
</xml>
```

点击 scancode_push 类型的菜单时，接口程序收到的 XML 数据包如下。微信会直接运行解码后的内容，比如直接进入关注界面。

```
<xml>
    <ToUserName><![CDATA[gh_36dd0f0b3132]]></ToUserName>
    <FromUserName><![CDATA[oQW8FuN_DFnKZwBaUKQ1RJD2Tr9M]]></FromUserName>
    <CreateTime>1468051082</CreateTime>
    <MsgType><![CDATA[event]]></MsgType>
    <Event><![CDATA[scancode_push]]></Event>
    <EventKey><![CDATA[rselfmenu_2_2]]></EventKey>
    <ScanCodeInfo>
        <ScanType><![CDATA[qrcode]]></ScanType>
        <ScanResult><![CDATA[http://weixin.qq.com/r/10Ozq9-EbYISrZvI9xaF]]></ScanResult>
    </ScanCodeInfo>
</xml>
```

点击 scancode_waitmsg 类型的菜单时，接口程序收到的 XML 数据包如下。

```
<xml>
    <ToUserName><![CDATA[gh_36dd0f0b3132]]></ToUserName>
    <FromUserName><![CDATA[oQW8FuN_DFnKZwBaUKQ1RJD2Tr9M]]></FromUserName>
    <CreateTime>1468051112</CreateTime>
    <MsgType><![CDATA[event]]></MsgType>
    <Event><![CDATA[scancode_waitmsg]]></Event>
    <EventKey><![CDATA[rselfmenu_2_1]]></EventKey>
    <ScanCodeInfo>
        <ScanType><![CDATA[qrcode]]></ScanType>
        <ScanResult><![CDATA[http://weixin.qq.com/r/10Ozq9-EbYISrZvI9xaF]]></ScanResult>
    </ScanCodeInfo>
</xml>
```

点击 pic_sysphoto 类型的菜单后，微信调用手机中的系统相机，照相后再发过来时，就收到了一个图片消息。点击该菜单时的 XML 数据包如下。

```
<xml>
    <ToUserName><![CDATA[gh_36dd0f0b3132]]></ToUserName>
    <FromUserName><![CDATA[oQW8FuNH_V1zk4x3zTN1IMoAZDW0]]></FromUserName>
    <CreateTime>1468051307</CreateTime>
    <MsgType><![CDATA[event]]></MsgType>
    <Event><![CDATA[pic_sysphoto]]></Event>
    <EventKey><![CDATA[rselfmenu_2_3]]></EventKey>
    <SendPicsInfo>
        <Count>1</Count>
```

```
        <PicList>
            <item>
                <PicMd5Sum><![CDATA[4cc7f5ab2c499b01655e99a868ef3519]]></PicMd5Sum>
            </item>
        </PicList>
    </SendPicsInfo>
</xml>
```

点击 pic_photo_or_album 类型的菜单后，先推送菜单事件给开发者，然后推送图片消息。点击该菜单时的 XML 数据包如下。

```
<xml>
    <ToUserName><![CDATA[gh_36dd0f0b3132]]></ToUserName>
    <FromUserName><![CDATA[oQW8FuNH_V1zk4x3zTN1IMoAZDW0]]></FromUserName>
    <CreateTime>1468051528</CreateTime>
    <MsgType><![CDATA[event]]></MsgType>
    <Event><![CDATA[pic_photo_or_album]]></Event>
    <EventKey><![CDATA[rselfmenu_2_4]]></EventKey>
    <SendPicsInfo>
        <Count>2</Count>
        <PicList>
            <item>
                <PicMd5Sum><![CDATA[b5c23feac0987db7ddda1b0a3addba9d]]></PicMd5Sum>
            </item>
            <item>
                <PicMd5Sum><![CDATA[59c3eb7e2124a75986295b8842573951]]></PicMd5Sum>
            </item>
        </PicList>
    </SendPicsInfo>
</xml>
```

点击 pic_weixin 类型的菜单后，微信客户端将调用系统相机，用户可以选择已有相片或者进行拍照，微信会将照片发送给开发者。下面是一次选择 3 张照片时的 XML 数据包。

```
<xml>
    <ToUserName><![CDATA[gh_36dd0f0b3132]]></ToUserName>
    <FromUserName><![CDATA[oQW8FuNH_V1zk4x3zTN1IMoAZDW0]]></FromUserName>
    <CreateTime>1468051592</CreateTime>
    <MsgType><![CDATA[event]]></MsgType>
    <Event><![CDATA[pic_weixin]]></Event>
    <EventKey><![CDATA[rselfmenu_2_5]]></EventKey>
    <SendPicsInfo>
        <Count>3</Count>
        <PicList>
            <item>
                <PicMd5Sum><![CDATA[59c3eb7e2124a75986295b8842573951]]></PicMd5Sum>
            </item>
            <item>
                <PicMd5Sum><![CDATA[b5c23feac0987db7ddda1b0a3addba9d]]></PicMd5Sum>
            </item>
            <item>
                <PicMd5Sum><![CDATA[4cc7f5ab2c499b01655e99a868ef3519]]></PicMd5Sum>
            </item>
        </PicList>
    </SendPicsInfo>
</xml>
```

点击 location_select 类型的菜单后，将会调用发送位置功能，在用户发送位置后，会再推送一个地理位置消息给用户。其 XML 数据包如下。

```
<xml>
    <ToUserName><![CDATA[gh_36dd0f0b3132]]></ToUserName>
    <FromUserName><![CDATA[oQW8FuNH_V1zk4x3zTN1IMoAZDW0]]></FromUserName>
    <CreateTime>1468051658</CreateTime>
    <MsgType><![CDATA[event]]></MsgType>
    <Event><![CDATA[location_select]]></Event>
    <EventKey><![CDATA[SIGNIN]]></EventKey>
    <SendLocationInfo>
        <Location_X><![CDATA[22.53996467590332]]></Location_X>
        <Location_Y><![CDATA[113.93487548828125]]></Location_Y>
        <Scale><![CDATA[17]]></Scale>
        <Label><![CDATA[广东省深圳市南山区深南大道 10000 号]]></Label>
        <Poiname><![CDATA[腾讯大厦]]></Poiname>
    </SendLocationInfo>
</xml>
```

消息接口中，响应自定义菜单点击事件的核心代码如下。

```
//接收事件消息
private function receiveEvent($object)
{
    $content = "";
    switch ($object->Event)
    {
        case "subscribe":
            $content = "欢迎关注方倍工作室 ";
            $content .= (!empty($object->EventKey))?("\n来自二维码场景 ".str_replace
            ("qrscene_","",$object->EventKey)):"";
            break;
        case "unsubscribe":
            $content = "取消关注";
            break;
        case "CLICK":
            switch ($object->EventKey)
            {
                case "COMPANY":
                    $content = array();
                    $content[] = array("Title"=>"方倍工作室", "Description"=>"", "Pic
                    Url"=>"http://discuz.comli.com/weixin/weather/icon/cartoon.jpg",
                    "Url" =>"http://m.cnblogs.com/?u=txw1958");
                    break;
                default:
                    $content = "点击菜单: ".$object->EventKey;
                    break;
            }
            break;
        case "VIEW":
            $content = "跳转链接 ".$object->EventKey;
            break;
        case "SCAN":
            $content = "扫描场景 ".$object->EventKey;
            break;
```

```
            case "LOCATION":
                $content = "上传位置：纬度 ".$object->Latitude."; 经度 ".$object->Longitude;
                break;
            case "scancode_waitmsg":
                $content = "扫码带提示：类型 ".$object->ScanCodeInfo->ScanType." 结果：".
                $object->ScanCodeInfo->ScanResult;
                break;
            case "scancode_push":
                $content = "扫码推事件";
                break;
            case "pic_sysphoto":
                $content = "系统拍照";
                break;
            case "pic_weixin":
                $content = "相册发图：数量 ".$object->SendPicsInfo->Count;
                break;
            case "pic_photo_or_album":
                $content = "拍照或者相册：数量 ".$object->SendPicsInfo->Count;
                break;
            case "location_select":
                $content = "发送位置：标签 ".$object->SendLocationInfo->Label;
                break;
            default:
                $content = "receive a new event: ".$object->Event." \n技术支持 方倍工作室";
                break;
        }

        if(is_array($content)){
            if (isset($content[0]['PicUrl'])){
                $result = $this->transmitNews($object, $content);
            }else if (isset($content['MusicUrl'])){
                $result = $this->transmitMusic($object, $content);
            }
        }else{
            $result = $this->transmitText($object, $content);
        }
        return $result;
    }
```

5.3 案例实践

5.3.1 自动缓存与更新 Access Token

由于 Access Token 的有效期只有 7200s，而每天调用获取的次数只有 2000 次，所以需要将 Access Token 进行缓存来保证不触发超过最大调用次数。另外，在微信公众平台中，绝大多数高级接口都需要 Access Token 授权才能调用，开发者需要使用中控服务器统一进行缓存与更新，以避免各自刷新而混乱。

下面代码使用缓存来保存 Access Token 并在 3600s 之后自动更新。

```
1 class class_weixin
2 {
```

```
3       var $appid = APPID;
4       var $appsecret = APPSECRET;
5
6       //构造函数，获取 Access Token
7       public function __construct($appid = NULL, $appsecret = NULL)
8       {
9           if($appid && $appsecret){
10              $this->appid = $appid;
11              $this->appsecret = $appsecret;
12          }
13
14          //方法 1. 缓存形式
15          if (isset($_SERVER['HTTP_APPNAME'])){//SAE 环境，需要开通 memcache
16              $mem = memcache_init();
17          }else {                              //本地环境，须安装 memcache
18              $mem = new Memcache;
19              $mem->connect('localhost', 11211) or die ("Could not connect");
20          }
21          $this->access_token = $mem->get($this->appid);
22          if (!isset($this->access_token) || empty($this->access_token)){
23              $url = "https://api.weixin.qq.com/cgi-bin/token?grant_type=client_cre
        dential&appid=".$this->appid."&secret=".$this->appsecret;
24              $res = $this->http_request($url);
25              $result = json_decode($res, true);
26              $this->access_token = $result["access_token"];
27              $mem->set($this->appid, $this->access_token, 0, 3600);
28          }
29
30          //方法 2. 本地写入
31          $res = file_get_contents('access_token.json');
32          $result = json_decode($res, true);
33          $this->expires_time = $result["expires_time"];
34          $this->access_token = $result["access_token"];
35          $callback_ip = $this->get_callback_ip();
36          if (time() > ($this->expires_time + 3600) || !isset($callback_ip['ip_list'])){
37              $url = "https://api.weixin.qq.com/cgi-bin/token?grant_type=client_cre
        dential&appid=".$this->appid."&secret=".$this->appsecret;
38              $res = $this->http_request($url);
39              $result = json_decode($res, true);
40              $this->access_token = $result["access_token"];
41              $this->expires_time = time();
42              file_put_contents('access_token.json', '{"access_token": "'.$this->
        access_token.'", "expires_time": '.$this->expires_time.'}');
43          }
44      }
45
46      protected function http_request($url, $data = null)
47      {
48          $curl = curl_init();
49          curl_setopt($curl, CURLOPT_URL, $url);
50          curl_setopt($curl, CURLOPT_SSL_VERIFYPEER, FALSE);
51          curl_setopt($curl, CURLOPT_SSL_VERIFYHOST, FALSE);
52          if (!empty($data)){
53              curl_setopt($curl, CURLOPT_POST, 1);
54              curl_setopt($curl, CURLOPT_POSTFIELDS, $data);
55          }
56          curl_setopt($curl, CURLOPT_RETURNTRANSFER, TRUE);
```

```
57          $output = curl_exec($curl);
58          curl_close($curl);
59          return $output;
60      }
61 }
```

上面代码定义了一个类class_weixin，在类的构造函数中更新并缓存Access Token，该函数介绍使用了两种方法。

方法一：使用memcache缓存的方法，首先对memcache进行初始化（第15 ~ 22行），然后读取缓存中的Access Token值（第21行）。如果该值不存在或者为空值（第22行），则重新调用接口获取（第23 ~ 26行），并将值存在缓存中，同时设置过期时间为3600s（第27行）。

方法二：使用本地文件读写的方式，首先读取文件access_token.json中的值并对文件中的JSON格式字符串进行编码转成数组（第31 ~ 34行），再将文件中access_token和expires_time的值保存到this对象中，然后判断上次保存的时间距离现在是否已超过3600s（第36行）。如果已经超过，则重新调用接口获取（第37 ~ 41行），并将Access Token和时间更新到文件access_token.json中（第42行）。

最后，类中定义了一个protected型函数http_request，该函数使用curl实现向微信公众平台接口以get或post方式请求数据，几乎适用于所有微信接口数据的访问及提交。

5.3.2 扫描快递条码查询快递进度

使用“扫码推事件”菜单，可以获得扫码结果，再通过第三方快递查询接口，可以实现扫描快递条码查询快递进度的功能。

微信类中创建菜单的函数如下。

```
1 //创建菜单
2 public function create_menu($button, $matchrule = NULL)
3 {
4     foreach ($button as &$item) {
5         foreach ($item as $k => $v) {
6             if (is_array($v)){
7                 foreach ($item[$k] as &$subitem) {
8                     foreach ($subitem as $k2 => $v2) {
9                         $subitem[$k2] = urlencode($v2);
10                    }
11                }
12            }else{
13                $item[$k] = urlencode($v);
14            }
15        }
16    }
17
18    if (isset($matchrule) && !is_null($matchrule)){
19        foreach ($matchrule as $k => $v) {
20            $matchrule[$k] = urlencode($v);
21        }
22        $data = urldecode(json_encode(array('button' => $button, 'matchrule' =>
          $matchrule)));
23        $url = "https://api.weixin.qq.com/cgi-bin/menu/addconditional?access_token=".
```

```
        $this->access_token;
24      }else{
25          $data = urldecode(json_encode(array('button' => $button)));
26          $url = "https://api.weixin.qq.com/cgi-bin/menu/create?access_token=".$th
            is->access_token;
27      }
28      $res = $this->http_request($url, $data);
29      return json_decode($res, true);
30 }
```

上述代码解读如下。

第 4 ~ 16 行：将菜单数组中的中文值进行 urlencode，这是为了后面将数组转为 JSON 时不导致乱码。

第 18 行：判断是否有个性化菜单规则。

第 19 ~ 23 行：构建个性化菜单数据并将 url 接口定为个性化菜单接口。

第 25 ~ 26 行：构建自定义菜单数据并将 url 接口定为自定义菜单接口。

第 28 ~ 29 行：提交创建菜单请求并返回结果。

创建菜单的代码如下。

```
 1 <?php
 2 require_once('weixin.class.php');
 3 $weixin = new class_weixin();
 4
 5 $button[] = array('type' => "scancode_waitmsg",
 6                   'name' => "扫快递码",
 7                   'key'  => "rselfmenu_2_1"
 8                  );
 9 $result = $weixin->create_menu($button);
10 var_dump($result);
11 ?>
```

执行后，底部生成菜单如图 5-2 所示。

当点击“扫快递码”菜单时，开发者接口将收到 scancode_waitmsg 事件消息，该消息的处理代码如下。

图 5-2　生成菜单

```
 1 //接收事件消息
 2 private function receiveEvent($object)
 3 {
 4     $content = "";
 5     switch ($object->Event)
 6     {
 7         case "subscribe":
 8             $content = "欢迎关注";
 9             break;
10         case "unsubscribe":
11             $content = "取消关注";
12             break;
13         case "scancode_waitmsg":
14             if ($object->ScanCodeInfo->ScanType == "barcode"){
15                 $codeinfo = explode(",",strval($object->ScanCodeInfo->ScanResult));
16                 $codeValue = $codeinfo[1];
17                 $content = array();
```

```
18                  $content[] = array("Title"=>"扫描成功",  "Description"=>"快递号:
                    ".$codeValue."\r\n点击查看快递进度详情",  "PicUrl"=>"",  "Url" =>
                    "http://m.kuaidi100.com/result.jsp?nu=".$codeValue);
19              }else{
20                  $content = "不是条码";
21              }
22              break;
23          default:
24              $content = "receive a new event: ".$object->Event;
25              break;
26      }
27
28      if(is_array($content)){
29          $result = $this->transmitNews($object, $content);
30      }else{
31          $result = $this->transmitText($object, $content);
32      }
33      return $result;
34  }
```

上面代码中，第 13 行检测当前事件是否为扫描推事件，然后检测当前码是否为条形码（第 14 行）。如果是条形码，则将码的数值解析出来（第 15 ~ 16 行），再组装成一个单图文消息，消息的链接地址为“快递 100”的查询接口，其中参数为解析出来的快递单号（第 17 ~ 18 行）。

图 5-3　快递条码

图 5-3 所示是一个快递条码，当使用案例中的公众号菜单扫描该条码时，会返回一个图文消息。当用户点击该图文消息时，将自动跳转到“快递 100”的页面中查询该快递的进度详情，如图 5-4 所示。

图 5-4　快递查询效果图

5.4　本章小结

本章介绍了 Access Token 以及自定义菜单的原理和使用方法。另外，还通过案例介绍了自动更新 Access Token 的方法，以及个性化菜单的应用。自动更新 Access Token 是每个开发者都会碰到的问题，而个性化菜单接口可以帮助开发者实现更灵活、更强大的应用。

第 6 章　用户信息与用户管理

公众号的开发运营最终是为用户服务的，要求它能对关注用户信息进行相应的处理。本章介绍如何使用微信 API 接口，对微信用户进行相应的信息提取及配置管理。

6.1　用户标签管理

开发者可以使用用户标签管理的相关接口，实现对公众号的标签进行创建、查询、修改、删除等操作，也可以对用户进行打标签、取消标签等操作。

6.1.1　创建标签

一个微信公众号最多支持创建 100 个标签。

创建标签的接口如下。

```
https://api.weixin.qq.com/cgi-bin/tags/create?access_token=ACCESS_TOKEN
```

该接口的参数说明如表 6-1 所示。

表 6-1　创建标签请求参数说明

参　　数	说　　明
access_token	调用接口凭证
name	标签名字（30 个字符以内）

该接口的 POST 数据如下。

```
{
    "tag" : {
        "name" : "商家"
    }
}
```

创建用户标签的代码实现如下。

```
1 $access_token = "-4fPq655nSH7ruHqEIIAxVyDpbRZFL4yPudfMuVhcin5PorYwWiTL7RZNuNlsS
      w_z_MDK5HCd4IKP0VpPBSLID41kWMOKvT1OBXvgt2UjeG1hZhdBuTF9DpG0XcMAG35ZAVjAIALMH";
2
3 $data = '{
4   "tag" : {
5     "name" : "深圳"
6   }
7 }';
8 $url = "https://api.weixin.qq.com/cgi-bin/tags/create?access_token=$access_token";
9 $result = https_request($url, $data);
10 $jsoninfo = json_decode($result, true);
```

```
11 var_dump($result);
12
13 function https_request($url, $data = null)
14 {
15     $curl = curl_init();
16     curl_setopt($curl, CURLOPT_URL, $url);
17     curl_setopt($curl, CURLOPT_SSL_VERIFYPEER, FALSE);
18     curl_setopt($curl, CURLOPT_SSL_VERIFYHOST, FALSE);
19     if (!empty($data)){
20         curl_setopt($curl, CURLOPT_POST, 1);
21         curl_setopt($curl, CURLOPT_POSTFIELDS, $data);
22     }
23     curl_setopt($curl, CURLOPT_RETURNTRANSFER, 1);
24     $output = curl_exec($curl);
25     curl_close($curl);
26     return $output;
27 }
```

上述代码执行后，返回的结果如下。

```
{
    "tag":{
        "id":105,
        "name":"深圳"
    }
}
```

上述结果的参数说明如表 6-2 所示。

表 6-2 创建标签结果的参数说明

参　数	说　明
id	标签 ID，由微信分配
name	标签名字，采用 UTF-8 编码

6.1.2 查询所有标签

查询所有标签的接口如下。

```
https://api.weixin.qq.com/cgi-bin/tags/get?access_token=ACCESS_TOKEN
```

该接口的核心代码实现如下。

```
1 $access_token = "-4fPq655nSH7ruHqEIIAxVyDpbRZFL4yPudfMuVhcin5PorYwWiTL7RZNuNlsS
     w_z_MDK5HCd4IKP0VpPBSLID41kWMOKvT1OBXvgt2UjeG1hZhdBuTF9DpG0XcMAG35ZAVjAIALMH";
2
3 $url = "https://api.weixin.qq.com/cgi-bin/tags/get?access_token=$access_token";
4 $result = https_request($url);
5 var_dump($result);
6 function https_request($url, $data = null)
7 {
8     $curl = curl_init();
9     curl_setopt($curl, CURLOPT_URL, $url);
10    curl_setopt($curl, CURLOPT_SSL_VERIFYPEER, FALSE);
11    curl_setopt($curl, CURLOPT_SSL_VERIFYHOST, FALSE);
```

```
12      if (!empty($data)){
13          curl_setopt($curl, CURLOPT_POST, 1);
14          curl_setopt($curl, CURLOPT_POSTFIELDS, $data);
15      }
16      curl_setopt($curl, CURLOPT_RETURNTRANSFER, 1);
17      $output = curl_exec($curl);
18      curl_close($curl);
19      return $output;
20 }
```

上述代码执行后，返回的结果如下。


```
{
    "tags":[
        {
            "id":2,
            "name":"星标组",
            "count":2
        },
        {
            "id":101,
            "name":"商家",
            "count":24
        },
        {
            "id":102,
            "name":"分公司",
            "count":2
        },
        {
            "id":103,
            "name":"顾客",
            "count":23
        },
        {
            "id":104,
            "name":"广东",
            "count":0
        },
        {
            "id":105,
            "name":"深圳",
            "count":0
        }
    ]
}
```


上述返回结果的参数说明如表 6-3 所示。

表 6-3　查询所有标签结果的参数说明

参　数	说　明
tags	公众平台标签信息列表
id	标签 ID，由微信分配
name	标签名字，采用 UTF-8 编码
count	标签内用户数量

6.1.3 修改标签名

修改用户所在标签的接口如下。

```
https://api.weixin.qq.com/cgi-bin/tags/update?access_token=ACCESS_TOKEN
```

接口运行时，提交 POST 数据的例子如下。

```
{
    "tag":{
        "id":103,
        "name":"会员"
    }
}
```

该接口的核心代码实现如下。

```
 1 $access_token = "-4fPq655nSH7ruHqEIIAxVyDpbRZFL4yPudfMuVhcin5PorYwWiTL7RZNuNlsS
       w_z_MDK5HCd4IKP0VpPBSLID41kWMOKvT1OBXvgt2UjeGlhZhdBuTF9DpG0XcMAG35ZAVjAIALMH";
 2
 3 $data = '{"tag":{"id":103,"name":"会员"}}';
 4 $url = "https://api.weixin.qq.com/cgi-bin/tags/update?access_token=$access_
       token";
 5 $result = https_request($url, $data);
 6 var_dump($result);
 7
 8 function https_request($url, $data = null)
 9 {
10     $curl = curl_init();
11     curl_setopt($curl, CURLOPT_URL, $url);
12     curl_setopt($curl, CURLOPT_SSL_VERIFYPEER, FALSE);
13     curl_setopt($curl, CURLOPT_SSL_VERIFYHOST, FALSE);
14     if (!empty($data)){
15         curl_setopt($curl, CURLOPT_POST, 1);
16         curl_setopt($curl, CURLOPT_POSTFIELDS, $data);
17     }
18     curl_setopt($curl, CURLOPT_RETURNTRANSFER, 1);
19     $output = curl_exec($curl);
20     curl_close($curl);
21     return $output;
22 }
```

修改用户所在标签请求的参数说明如表 6-4 所示。

表 6-4 修改用户所在标签请求的参数说明

参 数	说 明
access_token	调用接口凭证
id	标签 ID，由微信分配
name	标签名字（30 个字符以内）

上述代码执行后，返回的结果如下。

```
{"errcode": 0, "errmsg": "ok"}
```

6.1.4 给用户打标签

批量给用户打标签的接口如下。

```
https://api.weixin.qq.com/cgi-bin/tags/members/batchtagging?access_token=ACCESS_TOKEN
```

接口运行时，提交 POST 数据的例子如下。

```
{
    "openid_list":[
        "oiPuduGV7gJ_MOSfAWpVmhhgXh-U",
        "oiPuduBAk2wcGe8QH955kbDZctOg"
    ],
    "tagid":103
}
```

请求参数说明如表 6-5 所示。

表 6-5　给用户打标签请求的参数说明

参　数	说　明
access_token	调用接口凭证
openid_list	用户 OpenID 列表
tagid	标签 ID

该接口的核心代码实现如下。

```
1 $access_token = "-4fPq655nSH7ruHqEIIAxVyDpbRZFL4yPudfMuVhcin5PorYwWiTL7RZNuNlsS
      w_z_MDK5HCd4IKP0VpPBSLID41kWMOKvT1OBXvgt2UjeG1hZhdBuTF9DpG0XcMAG35ZAVjAIALMH";
2
3 $data = '{
4     "openid_list":[
5         "oiPuduJnJSC0D3Eet7_i2IJwj-5k",
6         "oiPuduBAk2wcGe8QH955kbDZctOg"
7     ],
8     "tagid":103
9 }';
10 $url = "https://api.weixin.qq.com/cgi-bin/tags/members/batchtagging?access_token=
      $access_token";
11 $result = https_request($url, $data);
12 var_dump($result);
13
14 function https_request($url, $data = null)
15 {
16     $curl = curl_init();
17     curl_setopt($curl, CURLOPT_URL, $url);
18     curl_setopt($curl, CURLOPT_SSL_VERIFYPEER, FALSE);
19     curl_setopt($curl, CURLOPT_SSL_VERIFYHOST, FALSE);
20     if (!empty($data)){
21         curl_setopt($curl, CURLOPT_POST, 1);
22         curl_setopt($curl, CURLOPT_POSTFIELDS, $data);
23     }
24     curl_setopt($curl, CURLOPT_RETURNTRANSFER, 1);
25     $output = curl_exec($curl);
26     curl_close($curl);
27     return $output;
28 }
```

上述代码执行后，返回的结果如下。

```
{"errcode": 0, "errmsg": "ok"}
```

6.1.5 获取用户标签列表

查询用户所在标签是指通过用户的 OpenID 查询其所在的 GroupID。

查询用户所在标签的接口如下。

```
https://api.weixin.qq.com/cgi-bin/tags/getidlist?access_token= ACCESS_TOKEN
```

接口运行时，提交 POST 数据的例子如下。

```
{"openid":"oiPuduGV7gJ_MOSfAWpVmhhgXh-U"}
```

请求参数说明如表 6-6 所示。

表 6-6 查询用户所在标签请求的参数说明

参　数	说　明
access_token	调用接口凭证
openid	用户的 OpenID

该接口的核心代码实现如下。

```
1 $access_token = "-4fPq655nSH7ruHqEIIAxVyDpbRZFL4yPudfMuVhcin5PorYwWiTL7RZNuNlsS
      w_z_MDK5HCd4IKP0VpPBSLID41kWMOKvT1OBXvgt2UjeG1hZhdBuTF9DpG0XcMAG35ZAVjAIALMH";
2
3 $data = '{"openid":"oiPuduGV7gJ_MOSfAWpVmhhgXh-U"}';
4 $url = "https://api.weixin.qq.com/cgi-bin/tags/getidlist?access_token=$access_token";
5 $result = https_request($url, $data);
6 var_dump($result);
7
8 function https_request($url, $data = null)
9 {
10     $curl = curl_init();
11     curl_setopt($curl, CURLOPT_URL, $url);
12     curl_setopt($curl, CURLOPT_SSL_VERIFYPEER, FALSE);
13     curl_setopt($curl, CURLOPT_SSL_VERIFYHOST, FALSE);
14     if (!empty($data)){
15         curl_setopt($curl, CURLOPT_POST, 1);
16         curl_setopt($curl, CURLOPT_POSTFIELDS, $data);
17     }
18     curl_setopt($curl, CURLOPT_RETURNTRANSFER, 1);
19     $output = curl_exec($curl);
20     curl_close($curl);
21     return $output;
22 }
```

上述代码执行后，返回的结果如下。

```
{
    "tagid_list":[
        2,
        102,
```

```
        105
    ]
}
```

上述返回结果的参数说明如表 6-7 所示。

表 6-7　查询用户所在标签结果的参数说明

参　数	说　明
tagid_list	用户所属的标签 ID

6.2　用户备注

开发者可以通过设置用户备注接口对指定用户设置备注名。

设置用户备注的接口如下。

```
https://api.weixin.qq.com/cgi-bin/user/info/updateremark?access_token=ACCESS_TOKEN
```

该接口的参数说明如表 6-8 所示。

表 6-8　设置用户备注接口的参数说明

参　数	说　明
access_token	调用接口凭证
openid	微信用户标识
remark	新的备注名，长度必须小于 30 个字符

该接口的 POST 数据如下。

```
{
    "openid":"oiPuduGV7gJ_MOSfAWpVmhhgXh-U ",
    "remark":"fangbei"
}
```

设置用户备注的代码实现如下。

```
 1 $access_token = "YJ-8JRji084vpRGAUtvPJ6yf6HpB5v_wQHVV3hdXvOLSKhqUY0bZqizm61ybrhNH
       FrQqUfxX-R2T05c8IaLsV2a8dUPvZ7bhDBRu_e60De52zVG0yme80IfmKpq2QDVxMTFaACAIPB";
 2
 3 $data = '{
 4     "openid":"oiPuduGV7gJ_MOSfAWpVmhhgXh-U",
 5     "remark":"fangbei"
 6 }
 7 ';
 8 $url = "https://api.weixin.qq.com/cgi-bin/user/info/updateremark?access_token=$ac
       cess_token";
 9 $result = https_request($url, $data);
10 var_dump($result);
11
12 function https_request($url, $data = null)
13 {
14     $curl = curl_init();
15     curl_setopt($curl, CURLOPT_URL, $url);
```

```
16      curl_setopt($curl, CURLOPT_SSL_VERIFYPEER, FALSE);
17      curl_setopt($curl, CURLOPT_SSL_VERIFYHOST, FALSE);
18      if (!empty($data)){
19          curl_setopt($curl, CURLOPT_POST, 1);
20          curl_setopt($curl, CURLOPT_POSTFIELDS, $data);
21      }
22      curl_setopt($curl, CURLOPT_RETURNTRANSFER, 1);
23      $output = curl_exec($curl);
24      curl_close($curl);
25      return $output;
26 }
```

上述代码执行后，返回的结果如下。

```
{"errcode":0,"errmsg":"ok"}
```

6.3 用户地理位置

对于开通了上报地理位置接口的微信公众号，用户关注后进入微信公众号会话时，会弹出对话框让用户确认是否允许微信公众号使用其地理位置。弹框只在关注后出现一次，用户以后可以在微信公众号的详情页面进行操作。

6.3.1 获取用户地理位置

获取用户地理位置的方式有两种，一种是仅在进入会话时上报一次，另一种是进入会话后每隔 5s 上报一次。微信公众号可以在微信公众平台网站中设置。

用户同意上报地理位置后，每次进入微信公众号会话时，都会在进入时上报地理位置，或在进入会话后每 5s 上报一次地理位置。上报地理位置是通过推送 XML 数据包到开发者填写的 URL 来实现的。

推送 XML 数据包的示例如下。

```
<xml>
    <ToUserName><![CDATA[gh_45072270791c]]></ToUserName>
    <FromUserName><![CDATA[o7Lp5t5BZDl22PcjIliHp03kzgBE]]></FromUserName>
    <CreateTime>1389686084</CreateTime>
    <MsgType><![CDATA[event]]></MsgType>
    <Event><![CDATA[LOCATION]]></Event>
    <Latitude>28.551088</Latitude>
    <Longitude>112.123856</Longitude>
    <Precision>96.000000</Precision>
</xml>
```

上述数据包的参数说明如表 6-9 所示。

表 6-9 获取用户位置信息的参数说明

参　数	描　述
ToUserName	开发者微信号
FromUserName	发送方账号（一个 OpenID）

（续）

参　数	描　述
CreateTime	消息创建时间（整型）
MsgType	消息类型，event
Event	事件类型，LOCATION
Latitude	地理位置纬度
Longitude	地理位置经度
Precision	地理位置精度

6.3.2　转换坐标到地址

下面先了解坐标体系的相关知识。目前，国内外主要有以下几种不同的坐标体系。

WGS-84（World Geodetic System 1984）坐标系统是一种国际上采用的地心坐标系。坐标原点为地球质心，其地心空间直角坐标系的 Z 轴指向 BIH（国际时间服务机构）1984.0 定义的协议地球极（CTP）方向，X 轴指向 BIH 1984.0 的零子午面和 CTP 赤道的交点，Y 轴与 Z 轴、X 轴垂直构成右手坐标系，称为 1984 年世界大地坐标系统。该坐标系统俗称“地球坐标系”，也是目前 GPS 所采用的坐标系统。

GCJ-02 是由中国国家测绘局制定的地理信息系统的坐标系统。它是一种对经纬度数据的加密算法，即加入随机的偏差。国内出版的各种地图系统（包括电子形式），都必须至少采用 GCJ-02 对地理位置进行首次加密。该坐标系统俗称“火星坐标系”。

百度坐标系统是百度公司的地图坐标系统，它在国家测绘局的 GCJ-02 的基础上进行了 BD-09 二次加密，更加有助于保护个人隐私。同时，百度地图支持将 WGS-84 和 GCJ-02 坐标转换成百度坐标。

当微信公众号获取到用户的地理位置坐标后，需要将坐标转换成用户的真实所在地（省、市、区等信息），以便更直观地理解以及进行用户数据分析。百度地图 Geocoding API 提供逆地址解析功能，即由经纬度信息得到地址信息，使用这一功能可以获得微信用户的具体所在地。该接口支持上述 3 种坐标系统的坐标，但在不同的坐标系统中，同一经纬度解析后的地址有一定的偏差。例如，“lat:22.539968，lng:113.954980”在百度坐标系统下解析的结果是“广东省深圳市南山区高新南七道 2 号”，而在 GCJ-02 坐标系统下解析的结果是“广东省深圳市南山区深南大道 9789-2”。

Android 版和 iPhone 版微信上使用的地图都为腾讯地图，采用 GCJ-02 坐标系统。

百度地图 Geocoding API 服务地址接口为 http://api.map.baidu.com/geocoder/v2/。

该接口的参数说明如表 6-10 所示。

表 6-10　百度地图 Geocoding API 的参数说明

参数	是否必需	默认值	格式举例	含　义
output	否	xml	json	输出格式为 JSON 或者 XML
ak	是	无	E4805d16520de693a3fe707cdc962045	用户申请注册的 key，自 v2 开始参数修改为“ak”，之前版本的参数为“key”

（续）

参数	是否必需	默认值	格式举例	含　义
callback	否	无	callback=showLocation（JavaScript 函数名）	将 JSON 格式的返回值通过 callback 函数返回，以实现 JSONP 功能
coordtype	否	bd09ll	gcj02ll 国测局经纬度坐标	坐标的类型，目前支持的坐标类型包括：bd09ll（百度经纬度坐标）、gcj02ll（国测局经纬度坐标）。wgs84ll（GPS 经纬度）。微信上的地图采用的是 gcj02ll
location	是	无	38.76623，116.43213 lat< 纬度 >，lng< 经度 >	根据经纬度坐标获取地址
pois	否	0	0	是否显示指定位置周边的 poi，0 为不显示，1 为显示。当值为 1 时，显示周边 100m 内的 poi

该接口的一个请求示例如下。

```
http://api.map.baidu.com/geocoder/v2/?ak=B944e1fce373e33ea4627f95f54f2ef9&location=22.539968,113.954980&output=json&coordtype=gcj02ll
```

上述接口执行后，返回的结果如下。

```
{
    "status": 0,
    "result": {
        "location": {
            "lng": 113.96151089462,
            "lat": 22.54572267759
        },
        "formatted_address": "广东省深圳市南山区深南大道9789-2",
        "business": "科技园，大冲，深圳湾",
        "addressComponent": {
            "city": "深圳市",
            "district": "南山区",
            "province": "广东省",
            "street": "深南大道",
            "street_number": "9789-2"
        },
        "cityCode": 340
    }
}
```

在微信中接收到用户地理位置事件的时候，将用户的坐标转换成国内的省市区地址，核心代码如下。

```
1 private function receiveEvent($object)
2 {
3     $content = "";
4     switch ($object->Event)
5     {
6     case "subscribe":
7         $content = "欢迎关注";
8         break;
9     case "unsubscribe":
10        $content = "取消关注";
```

```
11          break;
12      case "LOCATION":
13          $url = "http:// api.map.baidu.com/geocoder/v2/?ak=B944e1fce373e33ea4627f9
        5f54f2ef9&location=$object->Latitude,$object->Longitude&output=json&coord
        type=gcj02ll";
14          $output = file_get_contents($url);
15          $address = json_decode($output, true);
16          $content = " 位置 ".$address["result"]["addressComponent"]["province"]." ".
       $address["result"]["addressComponent"]["city"]." ".$address["result"]["address
       Component"]["district"]." ".$address["result"]["addressComponent"]["street"];
17          break;
18      default:
19          break;
20      }
21      $result = $this->transmitText($object, $content);
22      return $result;
23 }
```

这样就能实时收集到很多用户的实际位置。将这些信息保存到数据库中，还可以对用户进行大数据分析。

6.4　用户列表

微信公众号可通过该接口来获取账号的用户列表，用户列表由一串 OpenID 组成。一次最多拉取 10 000 个用户的 OpenID，可以通过多次拉取的方式来满足需求。

6.4.1　获取用户列表

接口调用请求的说明如下。

```
https:// api.weixin.qq.com/cgi-bin/user/get?access_token=ACCESS_TOKEN&next_openid=
NEXT_OPENID
```

上述接口的参数说明如表 6-11 所示。

表 6-11　获取用户列表请求的参数说明

参　数	是否必需	说　明
access_token	是	调用接口凭证
next_openid	是	第一个拉取的 OpenID，不填则默认从头开始拉取

构造请求列表如下。

```
https:// api.weixin.qq.com/cgi-bin/user/get?access_token=5ic8RoqZd7IBUtE0aGXUhcdKB
nrwlO1iqtvyJJUgIcDcopJIH7x90QH4yiK_z08fqp4WOD7kfKPDtET29BRYNZO-sSIITaxIj4u72LYAY
cFH6t1fiSVzjUuqYWOtHiw0LGDorxx5Qj6SN0Z7GtYGTA
```

获取用户列表的代码实现如下。

```
1 <?php
2 $access_token = "Ti2h3ujhxdCYlHZKfhNEyUFFTmGTTCYISHz8QyJnPvI29IhfFrd53Xl6_jw3Y
      i3xAVNv_TSR9mfkhrBV-nm7WZa-NA2p3v_cp0B3dRTLmbCOSwhMcFArrISEcxUGBVw_XFHhAAAQYA";
```

```
 3
 4 $url = "https://api.weixin.qq.com/cgi-bin/user/get?access_token=$access_token";
 5 $result = https_request($url);
 6 var_dump($result);
 7
 8 function https_request($url, $data = null)
 9 {
10     $curl = curl_init();
11     curl_setopt($curl, CURLOPT_URL, $url);
12     curl_setopt($curl, CURLOPT_SSL_VERIFYPEER, FALSE);
13     curl_setopt($curl, CURLOPT_SSL_VERIFYHOST, FALSE);
14     if (!empty($data)){
15         curl_setopt($curl, CURLOPT_POST, 1);
16         curl_setopt($curl, CURLOPT_POSTFIELDS, $data);
17     }
18     curl_setopt($curl, CURLOPT_RETURNTRANSFER, 1);
19     $output = curl_exec($curl);
20     curl_close($curl);
21     return $output;
22 }
23 ?>
```

代码执行后，返回的结果如下。


```
{
    "total":5701,
    "count":5701,
    "data":{
        "openid":[
            "oiPuduD1wqM1DfT8bEMcvm5AS94M",
            "oiPuduOCz49SfENckHW-3HhzSVMc",
            "oiPuduNiFBwG-YKkBe4mIYIRausw",
            "oiPuduB-nmupLByqdsgC6zXoGX5k",
            "oiPuduNCi7NFlhVnyjgK403DJgug",
            "oiPuduLG154WOgpWWB20RiTORnx0"
        ]
    },
    "next_openid":"oiPuduLG154WOgpWWB20RiTORnx0"
}
```


返回结果的参数说明如表6-12所示。

表6-12 获取用户列表结果的参数说明

参　数	说　明
total	关注该微信公众号的总用户数
count	拉取的OpenID个数，最大值为10 000
data	列表数据，OpenID的列表
next_openid	拉取列表的后一个用户的OpenID

6.4.2 分批获取

当微信公众号用户数量超过10 000时，可通过填写next_openid的值，从而以多次拉取列表的方式来满足需求。

具体而言，就是在调用接口时，将上一次调用得到的返回结果中的next_openid值作为下一次调用中的next_openid值。

其示例如下。

微信公众号A拥有23 000个关注用户，想通过拉取关注接口获取所有关注用户，那么需要3次请求，分别请求的URL如下。

第一次请求的URL。

```
https:// api.weixin.qq.com/cgi-bin/user/get?access_token=ACCESS_TOKEN
```

返回的结果如下。

```
{
    "total":23000,
    "count":10000,
    "data":{
        "openid":[
            "",
            "OPENID1",
            "OPENID2",
            "",
            "OPENID10000"
        ]
    },
    "next_openid":"OPENID10000"
}
```

第二次请求的URL。

```
https:// api.weixin.qq.com/cgi-bin/user/get?access_token=ACCESS_TOKEN&next_openid=
NEXT_OPENID1
```

返回的结果如下。

```
{
    "total":23000,
    "count":10000,
    "data":{
        "openid":[
            "OPENID10001",
            "OPENID10002",
            ...,
            "OPENID20000"
        ]
    },
    "next_openid":"OPENID20000"
}
```

第三次请求的URL。

```
https:// api.weixin.qq.com/cgi-bin/user/get?access_token=ACCESS_TOKEN&next_openid=
NEXT_OPENID2
```

返回的结果如下（用户列表已完全返回时，返回的next_openid为空）。

```
{
    "total":23000,
    "count":3000,
    "data":{
        "openid":[
            "OPENID20001",
            "OPENID20002",
            "",
            "OPENID23000"
        ]
    },
    "next_openid":"OPENID23000"
}
```

6.5 获取用户基本信息

在用户与微信公众号产生消息交互后，微信公众号可获得用户的 OpenID（加密后的微信号，每个用户对每个微信公众号的 OpenID 是唯一的。对于不同的微信公众号，同一用户的 OpenID 不同）。微信公众号可通过本接口根据 OpenID 获取用户基本信息，包括昵称、头像、性别、所在城市、语言和关注时间等。

开发者可通过 OpenID 来获取用户基本信息。

获取用户信息的接口如下。

```
https://api.weixin.qq.com/cgi-bin/user/info?access_token=ACCESS_TOKEN&openid=
OPENID&lang=zh_CN
```

该接口的参数说明如表 6-13 所示。

表 6-13 获取用户信息请求的参数说明

参数	是否必需	说明
access_token	是	调用接口凭证
openid	是	普通用户的标识，对当前微信公众号唯一
lang	否	返回国家 / 地区语言版本，zh_CN 表示简体，zh_TW 表示繁体，en 表示英语

获取用户基本信息的代码实现如下。

```
1 <?php
2 $access_token = "QfUKtidNK0z-WA9C38JIncULipiunLfKpic1rmcnPOCs4UuZ7ek7PvjM5mLXnk
     JH7d5u2vX2q7UY9wurrJRjFrnIi4O6BkDwSmfE3wv1-ToSrEXGzwOpzgc8SSw74tNHDAUbACAWTN";
3
4 $openid = "oiPuduGV7gJ_MOSfAWpVmhhgXh-U";
5 $url = "https://api.weixin.qq.com/cgi-bin/user/info?access_token=$access_token&
     openid=$openid&lang=zh_CN";
6 $output = https_request($url);
7 var_dump($output);
8
9 function https_request($url, $data = null)
10 {
11     $curl = curl_init();
```

```
12      curl_setopt($curl, CURLOPT_URL, $url);
13      curl_setopt($curl, CURLOPT_SSL_VERIFYPEER, FALSE);
14      curl_setopt($curl, CURLOPT_SSL_VERIFYHOST, FALSE);
15      if (!empty($data)){
16          curl_setopt($curl, CURLOPT_POST, 1);
17          curl_setopt($curl, CURLOPT_POSTFIELDS, $data);
18      }
19      curl_setopt($curl, CURLOPT_RETURNTRANSFER, 1);
20      $output = curl_exec($curl);
21      curl_close($curl);
22      return $output;
23 }
24 ?>
```

上述代码执行后，返回的结果如下。


```
{
    "subscribe":1,
    "openid":"oiPuduGV7gJ_MOSfAWpVmhhgXh-U",
    "nickname":" 喵了个咪 ",
    "sex":1,
    "language":"zh_CN",
    "city":" 深圳 ",
    "province":" 广东 ",
    "country":" 中国 ",
    "headimgurl":"http:// wx.qlogo.cn/mmopen/AkcGLGLkeINKqK5nbT6DtrL9XY47H1niaRLBq0
    4jrPSzcIlbWVMgiaUbgVnAWVcQJz63mtyNF4YjdpiaBLymaFmKCheBpQyu9BR/0",
    "subscribe_time":1468461486,
    "unionid":"o6_bmasdasdsad6_2sgVt7hMZOPfL",
    "remark":"fangbei",
    "groupid":2,
    "tagid_list":[
        2,
        102,
        105
    ]
}
```


上述数据的参数说明如表 6-14 所示。

表 6-14　获取用户信息结果的参数说明

参数	说　明
subscribe	用户是否订阅该公众号标识，值为 0 时，代表此用户没有关注该公众号，拉取不到其信息
openid	用户的标识，对当前公众号唯一
nickname	用户的昵称
sex	用户的性别，值为 1 时是男性，值为 2 时是女性，值为 0 时是未知
city	用户所在城市
country	用户所在国家
province	用户所在省份
language	用户的语言，简体中文为 zh_CN
headimgurl	用户头像，最后一个数值代表正方形头像的大小（有 0、46、64、96、132 数值可选，0 代表 640 × 640 像素的正方形头像），用户没有头像时该项为空。若用户更换了头像，则原有头像 URL 将失效

（续）

参数	说　明
subscribe_time	用户关注时间，为时间戳。如果用户曾多次关注，则取最后的关注时间
unionid	只有在用户将公众号绑定到微信开放平台账号后，才会出现该字段
remark	公众号运营者对粉丝的备注，公众号运营者可在微信公众平台用户管理界面对粉丝添加备注
groupid	用户所在分组ID（兼容旧的用户分组接口）
tagid_list	用户被打上的标签ID列表

6.6 案例实践

6.6.1 个性化欢迎语

很多公众号在用户关注的时候，会显示出用户的昵称、头像或其他信息。下面以关注的时候向用户提供当地天气预报为例，介绍如何开发个性化欢迎语的功能。

用户关注时会向开发者接口上报关注事件，我们提取用户的OpenID，然后根据OpenID查询用户的基本信息，再根据用户基本信息中的城市名称查询该城市的天气预报。

获取天气预报的方法在第4章已介绍，这里就不再重复。

获取用户基本信息的程序封装到SDK的代码如下。

```
1 class class_weixin
2 {
3     var $appid = APPID;
4     var $appsecret = APPSECRET;
5
6     //构造函数，获取Access Token
7     public function __construct($appid = NULL, $appsecret = NULL)
8     {
9         if($appid && $appsecret){
10            $this->appid = $appid;
11            $this->appsecret = $appsecret;
12        }
13        $url = "https://api.weixin.qq.com/cgi-bin/token?grant_type=client_creden
          tial&appid=".$this->appid."&secret=".$this->appsecret;
14        $res = $this->http_request($url);
15        $result = json_decode($res, true);
16        $this->access_token = $result["access_token"];
17        $this->expires_time = time();
18    }
19
20    //获取用户基本信息
21    public function get_user_info($openid)
22    {
23        $url = "https://api.weixin.qq.com/cgi-bin/user/info?access_token=".$this->
          access_token."&openid=".$openid."&lang=zh_CN";
24        $res = $this->http_request($url);
25        return json_decode($res, true);
```

```
26      }
27
28      //HTTP 请求（支持 HTTP/HTTPS，支持 GET/POST）
29      protected function http_request($url, $data = null)
30      {
31          $curl = curl_init();
32          curl_setopt($curl, CURLOPT_URL, $url);
33          curl_setopt($curl, CURLOPT_SSL_VERIFYPEER, FALSE);
34          curl_setopt($curl, CURLOPT_SSL_VERIFYHOST, FALSE);
35          if (!empty($data)){
36              curl_setopt($curl, CURLOPT_POST, 1);
37              curl_setopt($curl, CURLOPT_POSTFIELDS, $data);
38          }
39          curl_setopt($curl, CURLOPT_RETURNTRANSFER, TRUE);
40          $output = curl_exec($curl);
41          curl_close($curl);
42          return $output;
43      }
44 }
```

在接收消息中，处理流程如下。

```
1 //接收事件消息
2 private function receiveEvent($object)
3 {
4     $openid = strval($object->FromUserName);
5     $content = "";
6     switch ($object->Event)
7     {
8         case "subscribe":
9             require_once('weixin.class.php');
10            $weixin = new class_weixin();
11            $info = $weixin->get_user_info($openid);
12            $municipalities = array("北京", "上海", "天津", "重庆", "香港", "
              澳门");
13            if (in_array($info['province'], $municipalities)){
14                $info['city'] = $info['province'];
15            }
16            $content = "欢迎关注，".$info['nickname'];
17            if ($info['country'] == "中国"){
18                require_once('weather.php');
19                $weatherInfo = getWeatherInfo($info['city']);
20                $content .= "\r\n您来自 ".$info['city'].", 当前天气如下\r\n".$weather
                  Info[1]["Title"];
21            }
22            break;
23        default:
24            $content = "receive a new event: ".$object->Event;
25            break;
26    }
27    if(is_array($content)){
28        $result = $this->transmitNews($object, $content);
29    }else{
30        $result = $this->transmitText($object, $content);
31    }
```

```
32      return $result;
33 }
```

上述代码解读如下。

第 4 行：提取用户的 OpenID。

第 5 行：初始化回复内容。

第 6 ~ 8 行：检测当前事件是否为关注事件，并进入相应的事件处理流程。

第 9 ~ 11 行：包含类文件；声明一个新的类对象；查询用户基本信息。

第 12 ~ 15 行：这里是一个数据处理流程，当用户在“北京”、“上海”、“天津”、“重庆”、“香港”、“澳门”等城市的时候，用户信息中省名为城市名，市名为区名。例如，一个在北京石景山区的用户，他的基本信息中省名为“北京”，市名为“石景山”。这里为了统一，将用户的省名设置为市名。

第 16 行：将用户的昵称放入欢迎语中。

第 17 ~ 21 行：如果用户信息中国名为“中国”，则查询其所在城市的天气预报信息并添加到欢迎语中。

第 27 ~ 32 行：自动判断当前 $content 是否为数组，并调用不同的格式回复给用户。

一个查询成功的结果如图 6-1 所示。

图 6-1　个性化欢迎语效果

6.6.2　同步所有用户信息

很多时候，公众号需要将微信用户的信息导出到自己的服务器上。其实现流程如下。

首先设计一个表，用于存储用户的基本信息。创建表的 SQL 语句如下。

```
CREATE TABLE IF NOT EXISTS 'tp_user' (
    'id' bigint(9) NOT NULL AUTO_INCREMENT COMMENT '序号',
    'openid' varchar(30) NOT NULL COMMENT '微信 id',
    'nickname' varchar(20) NOT NULL COMMENT '昵称',
    'sex' varchar(4) NOT NULL COMMENT '性别',
    'country' varchar(10) NOT NULL COMMENT '国家',
    'province' varchar(16) NOT NULL COMMENT '省份',
    'city' varchar(16) NOT NULL COMMENT '城市',
    'headimgurl' varchar(200) NOT NULL COMMENT '头像',
    'subscribe' varchar(15) NOT NULL COMMENT '关注时间',
    PRIMARY KEY ('id'),
    UNIQUE KEY 'openid' ('openid')
) ENGINE=MyISAM  DEFAULT CHARSET=utf8 AUTO_INCREMENT=1;
```

在微信类文件中，定义获取用户列表及获取用户基本信息的接口。

```
1 class class_weixin
2 {
3     var $appid = APPID;
4     var $appsecret = APPSECRET;
5
```

```
6       //构造函数，获取Access Token
7       public function __construct($appid = NULL, $appsecret = NULL)
8       {
9           if($appid && $appsecret){
10              $this->appid = $appid;
11              $this->appsecret = $appsecret;
12          }
13          //缓存形式
14          if (isset($_SERVER['HTTP_APPNAME'])){        //SAE环境，需要开通memcache
15              $mem = memcache_init();
16          }else {                                      //本地环境，须安装memcache
17              $mem = new Memcache;
18              $mem->connect('localhost', 11211) or die ("Could not connect");
19          }
20          $this->access_token = $mem->get($this->appid);
21          if (!isset($this->access_token) || empty($this->access_token)){
22              $url = "https://api.weixin.qq.com/cgi-bin/token?grant_type=client_creden
                tial&appid=".$this->appid."&secret=".$this->appsecret;
23              $res = $this->http_request($url);
24              $result = json_decode($res, true);
25              $this->access_token = $result["access_token"];
26              $mem->set($this->appid, $this->access_token, 0, 3600);
27          }
28      }
29
30      //获取用户列表
31      public function get_user_list($next_openid = NULL)
32      {
33          $url = "https://api.weixin.qq.com/cgi-bin/user/get?access_token=".$this->
        access_token."&next_openid=".$next_openid;
34          $res = $this->http_request($url);
35          $list = json_decode($res, true);
36          if ($list["count"] == 10000){
37              $new = $this->get_user_list($next_openid = $list["next_openid"]);
38              $list["data"]["openid"] = array_merge_recursive($list["data"]["open
                id"], $new["data"]["openid"]); //合并OpenID列表
39          }
40          return $list;
41      }
42
43      //获取用户基本信息
44      public function get_user_info($openid)
45      {
46          $url = "https://api.weixin.qq.com/cgi-bin/user/info?access_token=".$this->
            access_token."&openid=".$openid."&lang=zh_CN";
47          $res = $this->http_request($url);
48          return json_decode($res, true);
49      }
50
51      //HTTP请求（支持HTTP/HTTPS，支持GET/POST）
52      protected function http_request($url, $data = null)
53      {
54          $curl = curl_init();
55          curl_setopt($curl, CURLOPT_URL, $url);
56          curl_setopt($curl, CURLOPT_SSL_VERIFYPEER, FALSE);
```

```
57          curl_setopt($curl, CURLOPT_SSL_VERIFYHOST, FALSE);
58          if (!empty($data)){
59              curl_setopt($curl, CURLOPT_POST, 1);
60              curl_setopt($curl, CURLOPT_POSTFIELDS, $data);
61          }
62          curl_setopt($curl, CURLOPT_RETURNTRANSFER, TRUE);
63          $output = curl_exec($curl);
64          curl_close($curl);
65          return $output;
66      }
67 }
```

在获取用户列表的实现过程中，使用了递归函数。首先获取 10 000 名用户的列表（第 33 ~ 35 行），如果发现本次统计的 OpenID 数为 10 000（第 36 行），一般意味着还有没有拉取到的用户，这时就将本次取得的 netx_openid 作为递归中的起始 OpenID（第 37 行）。当取到新的用户 OpenID 列表时，将新的 OpenID 列表合并到上次取得的 OpenID 列表中（第 38 行）。

数据库类文件的实现如下。

```
 1 class class_mysql
 2 {
 3     function __construct(){
 4         $host = MYSQLHOST;
 5         $port = MYSQLPORT;
 6         $user = MYSQLUSER;
 7         $pwd =  MYSQLPASSWORD;
 8         $dbname = MYSQLDATABASE;
 9         $link = @mysql_connect("{$host}:{$port}", $user, $pwd, true);
10         mysql_query("SET NAMES 'UTF8'");
11         mysql_select_db($dbname, $link);
12     }
13
14     //执行 SQL
15     function query($sql)
16     {
17         if (!($query = mysql_query($sql))){
18             return $query;
19         }
20         return $query;
21     }
22
23     //返回数组
24     function query_array($sql){
25         $result = mysql_query($sql);
26         if(!$result)return false;
27         $arr = array();
28         while ($row = mysql_fetch_array($result)) {
29             $arr[] = $row;
30         }
31         return $arr;
32     }
33 }
```

上述代码解读如下。

第 3 ~ 12 行：类的构造函数，主要功能是连接数据库，设置字符集，选择要连接的数据库。

第 15 ~ 21 行：执行原生的 SQL 语句。

第 24 ~ 32 行：执行 SQL 语句，并将结果以数组的形式返回。

上述准备工作做好之后，就开始获取用户列表，并将每个用户的 OpenID 存到数据库中，代码如下。

```
1 require_once('weixin.class.php');
2 $weixin = new class_weixin();
3
4 require_once('mysql.class.php');
5 $db = new class_mysql();
6
7 //拉取用户列表
8 $userlist = $weixin->get_user_list();
9 for($i = 0; $i < count($userlist["data"]["openid"]); $i++)
10 {
11     $openid = $userlist["data"]["openid"][$i];
12     $mysql_state = "INSERT INTO 'tp_user' ('id', 'openid') VALUES (NULL, '".$open
       id."');";
13     $result = $db->query($mysql_state);
14 }
```

更新用户信息的代码如下。

```
1 <?php
2 header("Content-type: text/html; charset=utf-8");
3
4 require_once('weixin.class.php');
5 $weixin = new class_weixin();
6
7 require_once('mysql.class.php');
8 $db = new class_mysql();
9
10 $mysql_state = "SELECT * FROM 'tp_user' WHERE 'subscribe' = '' LIMIT 0, 1";
11 $result = $db->query_array($mysql_state);
12
13 $sexes = array("", "男", "女");
14 if (count($result) > 0){
15     $openid = $result[0]["openid"];
16     var_dump($openid);
17     $info = $weixin->get_user_info($openid);
18     var_dump($info);
19     $mysql_state2 = "UPDATE 'tp_user' SET
20         'sex' = '".$sexes[$info['sex']]."',
21         'country' = '".$info['country']."',
22         'province' = '".$info['province']."',
23         'city' = '".$info['city']."',
24         'headimgurl' = '".$info['headimgurl']."',
25         'subscribe' = '".$info['subscribe_time']."'
26         WHERE 'openid' = '".$openid."';";
```

```
27      $result = $db->query($mysql_state2);
28      $mysql_state3 = "UPDATE 'tp_user' SET 'nickname' = '".$info['nickname']."'
        WHERE 'openid' = '".$openid."';";
29      $result = $db->query($mysql_state3);
30      echo "<script language=JavaScript> location.replace(location.href);</script>";
31 }else{
32      echo "over";
33 }
```

上述代码解读如下。

第 2 行：设置编码为 UTF-8，以便显示内容的页面不会乱码。

第 4 ~ 8 行：包含数据库类文件及微信类文件。

第 10 ~ 11 行：检索一个没有更新用户信息的记录，这里以 subscribe 字段为空作为检测条件。

第 13 ~ 30 行：如果记录存在，则读取这个记录的 OpenID，并查询该用户的基本信息，然后将除了昵称之外的所有信息写入数据库，之后再将昵称更新到数据库。完成之后，使用 JavaScript 将该页面刷新进行下一个用户记录的更新。

第 31 ~ 33 行：如果没有要更新的用户记录，则返回一个提示。

用户同步到服务器后的记录如图 6-2 所示。

id	openid	nickname	sex	country	province	city	headimgurl	subscribe
1	oiPuduD1wqM1DfT8bEI	N[illegible]	男	中国	江苏	泰州	http://wx.qlogo.cn/mm	1436184025
2	oiPuduDWI_09IhjdALgRI	资[illegible]体人	男	中国	香港	湾仔[illegible]	http://wx.qlogo.cn/mm	1436971188
3	oiPuduPyXhcYhdLM5FG	王[illegible]	男	中非共和			http://wx.qlogo.cn/mm	1437120692
4	oiPuduPiTa3R8TQV2XnI	[illegible]	男	中国	上海	静安	http://wx.qlogo.cn/mm	1463330552
5	oiPuduIQg1WlCYSgHo0	K[illegible]	男	中国	广东	深圳	http://wx.qlogo.cn/mm	1429862494
6	oiPuduNmDwasGO6-clg	[illegible]	男	中国	安徽	滁州	http://wx.qlogo.cn/mm	1433002576
7	oiPuduCa3Nx3dXaFtYfo	涂[illegible]2016	男	中国	湖北	孝感	http://wx.qlogo.cn/mm	1437034909
8	oiPuduCRnPqKX9QkKfy	大[illegible]	男	中国	江苏	南通	http://wx.qlogo.cn/mm	1455164093
9	oiPuduIr61LHBpDs6-9iL	Ti[illegible]	男	中国	广东	广州	http://wx.qlogo.cn/mm	1428320820
10	oiPuduJSU6IEL3wGLnV4	星[illegible]	男	中国	上海	徐汇	http://wx.qlogo.cn/mm	1427782234
11	oiPuduF6nMvQVQTg1n	区[illegible]专注	男	中国	广东	珠海	http://wx.qlogo.cn/mm	1448588759
12	oiPuduACRBekaYEjBpM	S[illegible]	男	中国	广东	广州	http://wx.qlogo.cn/mm	1436194281
13	oiPuduD_VDo7VWIxKJS	付[illegible]	男	中国	广东	深圳	http://wx.qlogo.cn/mm	1449899529
14	oiPuduAwmDdVL70Y_Su	豆[illegible]	男	中国	浙江	嘉兴	http://wx.qlogo.cn/mm	1427156229
15	oiPuduPz67SHfZHYI-Rto	[illegible]	男	中国	北京	海淀	http://wx.qlogo.cn/mm	1434027845
16	oiPuduEGOksytl8w95rs	[illegible]son	男	中国	广东	深圳	http://wx.qlogo.cn/mm	1430638647
17	oiPuduEkLqshmggGRbs	半[illegible]月	男	中国	上海	长宁	http://wx.qlogo.cn/mm	1432527994
18	oiPuduLwG9cjcs6Uey9W	刘[illegible]松	男	中国	湖北	武汉	http://wx.qlogo.cn/mm	1447514890
19	oiPuduOh7mZdHi-4DDx	[illegible]~翰	男	中国	广东	广州	http://wx.qlogo.cn/mm	1427988061

图 6-2　同步到服务器的用户信息列表

6.7　本章小结

本章介绍了微信公众平台用户操作相关接口的原理及实现方法，这些接口包括用户标签、用户备注、用户地理位置、用户列表、用户基本信息等。其中，获取用户基本信息是最重要的功能，其他接口读者可以根据实际情况按需实现。最后本章以两个案例介绍了如何灵活使用接口实现相应的功能。

第 7 章　网页授权与网页应用开发

微信 OAuth2.0 网页授权用于在网页中获取用户基本信息，几乎所有微信网页开发应用在绑定用户身份时都需要这一功能，这也是微信网页开发实现的第一步。同时由于流程的复杂性，它也是一个比较难以掌握的功能。

本章详细介绍微信 OAuth2.0 网页授权的实现流程，并介绍微信官方团队开发的样式库 WeUI。

7.1　OAuth2.0 网页授权

7.1.1　OAuth2.0

OAuth 是一个开放协议，允许用户让第三方应用以安全且标准的方式获取该用户在某一网站、移动或桌面应用上存储的私密资源（如用户个人信息、照片、视频、联系人列表），而无须将用户名和密码提供给第三方应用。

OAuth2.0 是 OAuth 协议的下一版本，但不向后兼容 OAuth。OAuth2.0 关注客户端开发者的简易性，同时为 Web 应用、桌面应用和手机，以及起居室设备提供专门的认证流程。

OAuth 允许用户提供一个令牌，而不是用户名和密码来访问他们存放在特定服务提供者中的数据。每一个令牌授权一个特定的网站（如视频编辑网站）在特定的时段（如接下来的 2 小时内）内访问特定的资源（如某一相册中的视频）。这样 OAuth 允许用户授权第三方网站访问他们存储在另外的服务提供者中的信息，而不需要分享他们的访问许可或他们数据的所有内容。

OAuth 官方网站是 http://oauth.net/，OAuth2.0 官方网站是 http://oauth.net/2/。

7.1.2　授权过程

微信公众平台 OAuth2.0 授权的详细步骤如下。

1）用户关注微信公众号。

2）微信公众号提供用户请求授权页面 URL。

3）用户点击授权页面 URL，将向服务器发起请求。

4）服务器询问用户是否同意授权给微信公众号（scope 为 snsapi_base 时无此步骤）。

5）用户同意（scope 为 snsapi_base 时无此步骤）。

6）服务器将 code 通过回调传给微信公众号。

7）微信公众号获得 code。

8）微信公众号通过 code 向服务器请求 Access Token。

9）服务器返回 Access Token 和 OpenID 给微信公众号。

10）微信公众号通过 Access Token 向服务器请求用户信息（scope 为 snsapi_base 时无此步骤）。

11）服务器将用户信息回送给微信公众号（scope 为 snsapi_base 时无此步骤）。

微信 OAuth2.0 授权的基本流程如图 7-1 所示。

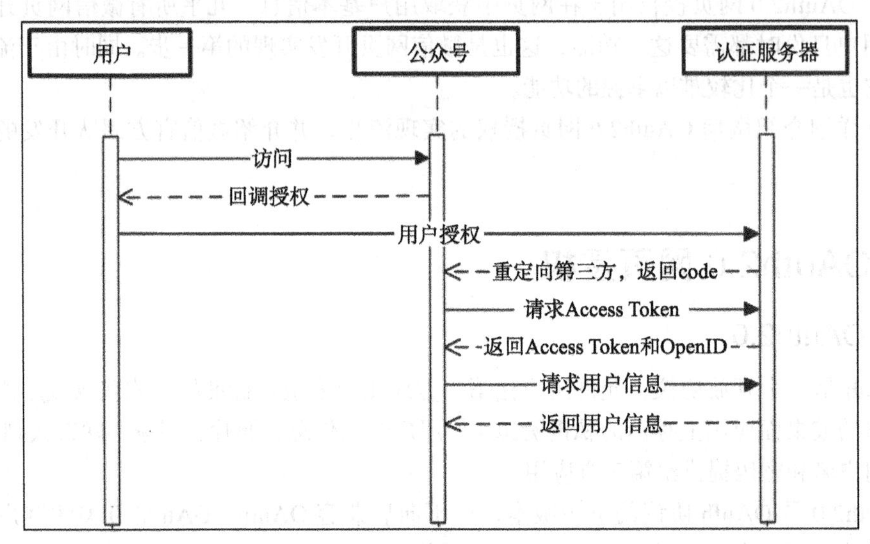

图 7-1　微信 OAuth2.0 授权

7.1.3　详细步骤

1. 配置授权回调页面域名

在高级接口权限列表中，找到“OAuth2.0 网页授权”，点击右侧的“修改”，如图 7-2 所示。

服务包	内容	操作	状态
基础接口	接收用户消息		有效
	向用户回复消息		
	接受事件推送		
自定义菜单	会话界面自定义菜单		有效
微信认证	普通认证		2014-11-07日到期
	搜索特权		
高级接口	语音识别(已开启)	关闭	2014-11-07日到期
	客服接口		
	OAuth2.0网页授权	修改	
	生成带参数二维码		
	获取用户地理位置(已关闭)	开启	
	获取用户基本信息		
	获取关注者列表		
	用户分组接口		
	上传下载多媒体文件		

图 7-2　微信 OAuth2.0 授权

授权回调页面域名配置规范为全域名并且不带 http。例如，若需要网页授权的域名为 www.qq.com，配置以后此域名下面的页面 http://www.qq.com/music.html、http://www.qq.com/login.html 都可以进行 OAuth2.0 鉴权。但 http://pay.qq.com、http://music.qq.com、http://qq.com 无法进行 OAuth2.0 鉴权。

这里填写 mascot.duapp.com，它是方倍工作室的一个百度应用二级域名，如图 7-3 所示。

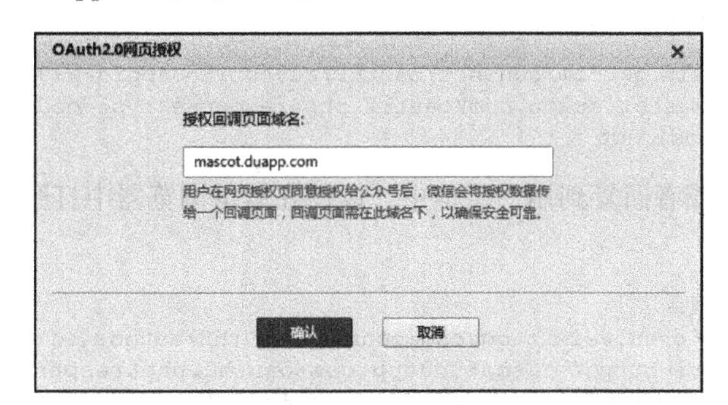

图 7-3　配置授权回调页面域名

正常情况下，顶部会提示“通过安全监测”，表示提交通过。

2. 用户授权并获取 code

在域名根目录下新建一个文件，命名为 oauth2.php，其内容如下。

```
<?php
if (isset($_GET['code'])){
    echo$_GET['code'];
}else{
    echo "NO CODE";
}
?>
```

先了解请求授权页面的构造方式，接口请求如下。

```
https:// open.weixin.qq.com/connect/oauth2/authorize?appid=APPID&redirect_uri=REDI
RECT_URI&response_type=code&scope=SCOPE&state=STATE#wechat_redirect
```

请求授权的参数说明如表 7-1 所示。

表 7-1　授权请求的参数说明

参　数	是否必需	说　明
appid	是	微信公众号的唯一标识
redirect_uri	是	授权后重定向的回调链接地址
response_type	是	返回类型，请填写 code
scope	是	应用授权作用域，snsapi_base（不弹出授权页面，直接跳转，只能获取用户的 OpenID），snsapi_userinfo（弹出授权页面，可通过 openid 拿到昵称、性别、所在地。并且，即使在未关注的情况下，只要用户授权，也能获取其信息）
state	否	重定向后会带上 state 参数，开发者可以填写任意参数值
#wechat_redirect	否	直接在微信打开链接，可以不填此参数。进行页面 302 重定向时候，必须带此参数

构造请求接口如下。

1）scope 为 snsapi_userinfo（本节基于这个实现）时。

```
https://open.weixin.qq.com/connect/oauth2/authorize?appid=wx9a000b615d89c3f1&redirect_uri=http://mascot.duapp.com/oauth2.php&response_type=code&scope=snsapi_userinfo&state=1#wechat_redirect
```

2）scope 为 snsapi_base 时。

```
https://open.weixin.qq.com/connect/oauth2/authorize?appid=wx9a000b615d89c3f1&redirect_uri=http://mascot.duapp.com/oauth2.php&response_type=code&scope=snsapi_base&state=2#wechat_redirect
```

把这个链接发送或者回复到用户微信中，以便在微信浏览器中打开，这里使用 a 标签封装如下。

```
OAuth2.0 网页授权演示
<a href="https://open.weixin.qq.com/connect/oauth2/authorize?appid=wx9a000b615d89c3f1&redirect_uri=http://mascot.duapp.com/oauth2.php&response_type=code&scope=snsapi_userinfo&state=1#wechat_redirect">点击这里体验</a>
技术支持 方倍工作室
```

在微信中显示的效果如图 7-4 所示。

点击“点击这里体验”链接后，弹出应用授权界面，如图 7-5 所示。

点击“确认登录”按钮，将跳转到 oauth2.php 页面，程序将获取到 code，界面显示效果如图 7-6 所示。

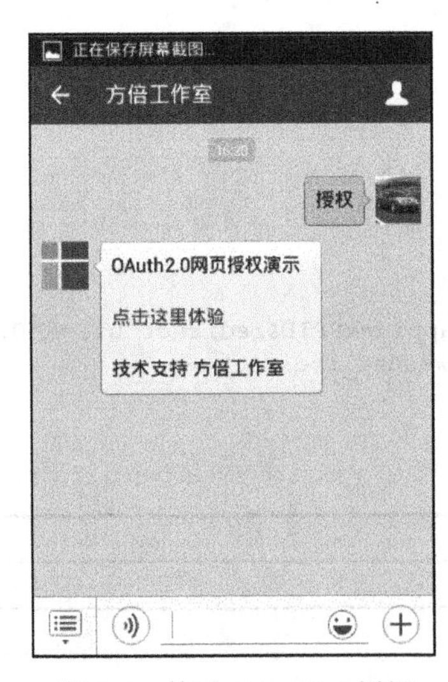

图 7-4　体验 OAuth2.0 授权

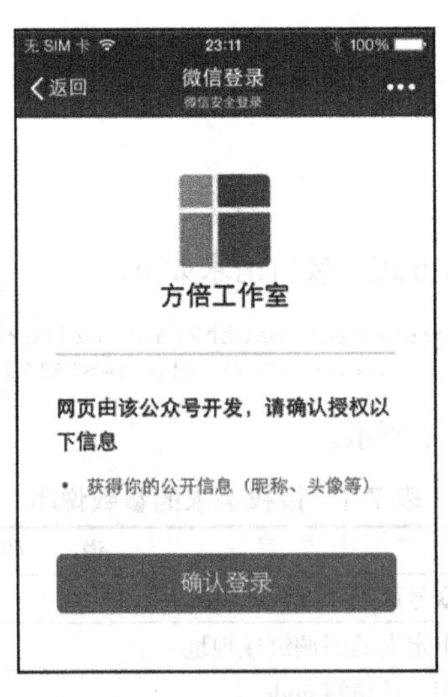

图 7-5　应用登录

图 7-6　获取 code

这时可以通过右上角按钮下的复制链接，得到的链接如下。

```
http://mascot.duapp.com/oauth2.php?code=00364c54e24d0029f8db4274dcaff638&state=1
```

成功得到了 code。

3. 使用 code 换取 access_token

如果网页授权的作用域为 snsapi_base，则本步骤中获取到网页授权 access_token 的同时，也获取到了 OpenID，snsapi_base 式的网页授权流程即到此为止。

换取网页授权 access_token 页面的接口如下。

```
https://api.weixin.qq.com/sns/oauth2/access_token?appid=APPID&secret=SECRET&code=
CODE&grant_type=authorization_code
```

相关参数如表 7-2 所示。

表 7-2 换取 access_token 请求的参数说明

参　数	是否必需	说　明
appid	是	微信公众号的唯一标识
secret	是	微信公众号的 AppSecret
code	是	填写第一步获取的 code 参数
grant_type	是	填写为 authorization_code

构造请求如下。

```
https://api.weixin.qq.com/sns/oauth2/access_token?appid=wx9a000b615d89c3f1&secre
t=0ca77dd808ee1ea69830d7eecd770c06&code=00364c54e24d0029f8db4274dcaff638&grant_
type=authorization_code
```

可以在浏览器中直接执行这条语句，得到如下 JSON 数据。


```
{
    "access_token": "OezXcEiiBSKSxW0eoylIeBxt9UjhFtdKikeq2gavEwzx1JhikLTyOhNThJV4l-
    qYxDZzhc7tEq4_4aNdgf12gPPO6-byBWFPPW0hS-_ElI7J3Pg7-gr4RqmBrY3fU1OOaJfd3tD7iU
    6qnGXX5f9UGA",
    "expires_in": 7200,
    "refresh_token": "OezXcEiiBSKSxW0eoylIeBxt9UjhFtdKikeq2gavEwzx1JhikLTyOhNThJV4l-
    qYxDZzhc7tEq4_4aNdgf12gNrlgJdOPls3jqw49fpv-KQjni32A-DwXprScuG8_J2gJLqcT6WXH-
    fSFDr_Uk3NtA",
    "openid": "o7Lp5t6n59DeX3U0C7Kric9qEx-Q",
    "scope": "snsapi_userinfo,"
}
```


数据格式解读如表 7-3 所示。

表 7-3 换取 access_token 结果的参数说明

参　数	描　述
access_token	网页授权接口调用凭证。注意，此 access_token 与基础支持的 access_token 不同
expires_in	access_token 接口调用凭证超时时间，单位为 s
refresh_token	用户刷新 access_token
openid	用户唯一标识，请注意，在未关注微信公众号时，用户访问微信公众号的网页，也会产生一个用户和微信公众号唯一的 OpenID
scope	用户授权的作用域，用逗号（,）分隔

于是，成功通过 code 换取到了 access_token 及 refresh_token。

4. 刷新 access_token（如果需要）

官方文档中提到了刷新 access_token 的功能，但这不是必须要做的，初次学习可以先忽略。

由于 access_token 拥有较短的有效期，当 access_token 超时后，可以使用 refresh_token 刷新。refresh_token 拥有较长的有效期（7 天、30 天、60 天、90 天），当 refresh_token 失效后，需要用户重新授权。

获取上一步的 refresh_token 后，请求以下链接获取 access_token。

```
https:// api.weixin.qq.com/sns/oauth2/refresh_token?appid=APPID&grant_type=refresh_
token&refresh_token=REFRESH_TOKEN
```

该接口的参数说明如表 7-4 所示。

表 7-4　刷新 access_token 请求的参数说明

参　数	是否必需	说　明
appid	是	微信公众号的唯一标识
grant_type	是	填写为 refresh_token
refresh_token	是	填写通过 access_token 获取到的 refresh_token 参数

这里构造如下 URL。

```
https:// api.weixin.qq.com/sns/oauth2/refresh_token?appid=wx9a000b615d89c3f1&grant_
type=refresh_token&refresh_token=OezXcEiiBSKSxW0eoylIeBxt9UjhFtdKikeq2gavEwzx1J
hikLTyOhNThJV41-qYxDZzhc7tEq4_4aNdgf12gNrlgJdOP1s3jqw49fpv-KQjni32A-DwXprScuG8_
J2gJLqcT6WXH-fSFDr_Uk3NtA
```

在浏览器中执行，可以得到与前面同样格式的 JSON 数据。

5. 使用 access_token 获取用户信息（scope 为 snsapi_userinfo 时）

请求接口如下。

```
https:// api.weixin.qq.com/sns/userinfo?access_token=ACCESS_TOKEN&openid=OPENID
```

该接口的参数说明如表 7-5 所示。

表 7-5　获取用户信息请求的参数说明

参　数	描　述
access_token	网页授权接口调用凭证。注意，此 access_token 与基础支持的 access_token 不同
openid	用户的唯一标识
lang	返回国家地区语言版本，zh_CN 简体，zh_TW 繁体，en 英语

构造请求如下。

```
https:// api.weixin.qq.com/sns/userinfo?access_token=OezXcEiiBSKSxW0eoylIeBxt9UjhF
tdKikeq2gavEwzx1JhikLTyOhNThJV41-qYxDZzhc7tEq4_4aNdgf12gPPO6-byBWFPPW0hS-_ElI7
J3Pg7-gr4RqmBrY3fU1OOaJfd3tD7iU6qnGXX5f9UGA&openid=o7Lp5t6n59DeX3U0C7Kric9qEx-Q
```

执行上述接口后，得到如下数据。

```
{
    "openid":"o7Lp5t6n59DeX3U0C7Kric9qEx-Q",
    "nickname":"FangBei",
    "sex":1,
    "language":"zh_CN",
    "city":"深圳",
    "province":"广东",
    "country":"中国",
    "headimgurl":"http://wx.qlogo.cn/mmopen/Kkv3HV30gbEZmoo1rTrP4UjRRqzsibUjT9JC1P
    Jy3gzo0NkEqzQ9yTSJzErnsRqoLIct5NdLJgcDMicTEBiaibzLn34JLwficVvl6/0",
    "privilege":[]
}
```

上述参数解读如表 7-6 所示。

表 7-6　获取用户信息结果的参数说明

参　数	描　述
openid	用户的唯一标识
nickname	用户昵称
sex	用户的性别，值为 1 时是男性，值为 2 时是女性，值为 0 时是未知
province	用户个人资料中填写的省份
city	用户个人资料中填写的城市
country	国家，如中国为 CN
headimgurl	用户头像，最后一个数值代表正方形头像大小（有 0、46、64、96、132 可选，0 代表 640 × 640 像素的正方形头像），用户没有头像时该项为空
privilege	用户特权信息，JSON 数组，如微信沃卡用户为（chinaunicom）

这与作者的个人微信是一致的，如图 7-7 所示。

至此，在不输入账号及密码的情况下，微信公众号获得了用户的个人信息，包括昵称、性别、国家、省份、城市、个人头像及特权列表。

一个完整的 OAuth2.0 认证就完成了。

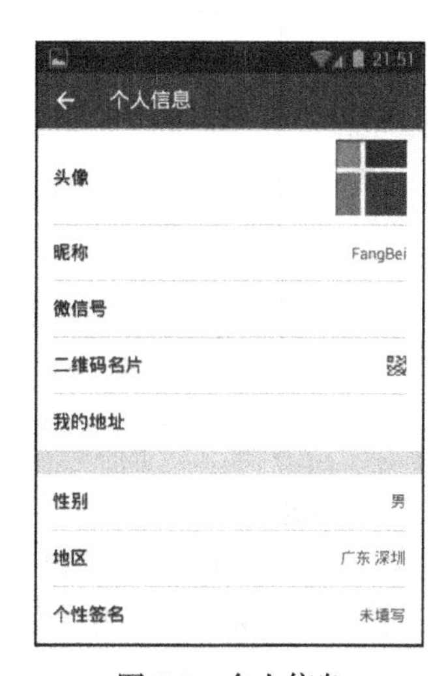

图 7-7　个人信息

7.2　WeUI

WeUI 是一套同微信原生视觉体验一致的基础样式库，由微信官方设计团队为微信内网页和微信小程序开发量身设计，可以令用户的使用感知更加统一。在微信网页开发中使用 WeUI 有如下优势。

- 同微信客户端一致的视觉效果，令所有微信用户都能更容易地使用你的网站。
- 便捷获取快速使用，降低开发和设计成本。
- 微信设计团队精心打造，清晰明确，简洁大方。

WeUI 样式库目前包含 Button、Cell、Dialog、Progress、Toast、Article、Icons 等元素。元素列表如图 7-8 所示。

1. ActionSheet

ActionSheet 用于显示包含一系列可交互的动作集合，包括说明、跳转等。它由底部弹出，一般用于响应用户对页面的点击。

```
<div id="actionSheet_wrap">
    <div class="weui_mask_transition" id="mask"></div>
    <div class="weui_actionsheet" id="weui_actionsheet">
        <div class="weui_actionsheet_menu">
            <div class="weui_actionsheet_cell">示例菜单</div>
            <div class="weui_actionsheet_cell">示例菜单</div>
            <div class="weui_actionsheet_cell">示例菜单</div>
            <div class="weui_actionsheet_cell">示例菜单</div>
        </div>
        <div class="weui_actionsheet_action">
            <div class="weui_actionsheet_cell" id="actionsheet_cancel">取消</div>
        </div>
    </div>
</div>
```

ActionSheet 的效果如图 7-9 所示。

图 7-8　WeUI 元素

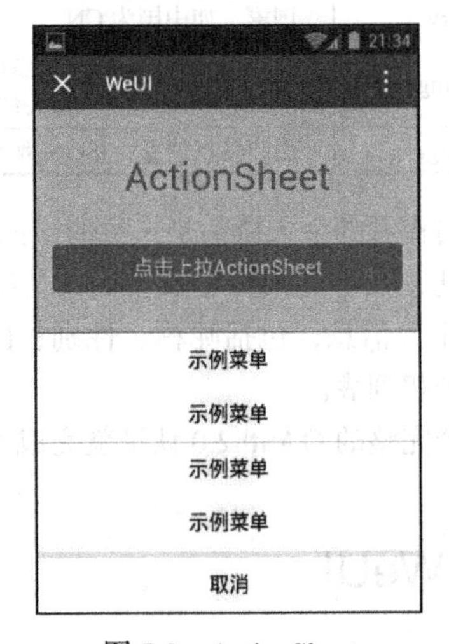

图 7-9　ActionSheet

2. Article

Article（文字视图）用于显示大段文字，这些文字通常是页面上的主体内容。Article 支持分段、多层标题、引用、内嵌图片、有 / 无序列表等富文本样式，并可响应用户的选择操作。

```
<article class="weui_article">
    <h1>大标题</h1>
    <section>
        <h2 class="title">章标题</h2>
        <section>
```

```
            <h3>1.1 节标题 </h3>
            <p>Lorem ipsum dolor sit amet, consectetur adipisicing elit, sed do eiusmod
                tempor incididunt ut labore et dolore magna aliqua. Ut enim ad minim
                veniam,
                quis nostrud exercitation ullamco laboris nisi ut aliquip ex ea commodo
                consequat. Duis aute</p>
        </section>
        <section>
            <h3>1.2 节标题 </h3>
            <p>Lorem ipsum dolor sit amet, consectetur adipisicing elit, sed do eiusmod
                tempor incididunt ut labore et dolore magna aliqua. Ut enim ad minim
                veniam,
                cillum dolore eu fugiat nulla pariatur. Excepteur sint occaecat cupidatat
                non
                proident, sunt in culpa qui officia deserunt mollit anim id est laborum.</p>
        </section>
    </section>
</article>
```

Article 的效果如图 7-10 所示。

3. Button

Button（按钮）可以使用 a 或者 button 标签。WAP 上要触发按钮的 active 态，必须触发 ontouchstart 事件，可以在 body 上加上 ontouchstart="" 进行全局触发。

按钮常见的操作场景有：确定、取消、警示，分别对应 weui_btn_primary、weui_btn_default、weui_btn_warn，每种场景都有自己的置灰态（weui_btn_disabled），除此还有一种镂空按钮 weui_btn_plain_xxx。客户端 webview 里的按钮尺寸有两类，默认宽度 100%，小型按钮宽度自适应，两边边框与文本间距 0.75em。

```
<a href="javascript:;" class="weui_btn weui_btn_primary">按钮 </a>
<a href="javascript:;" class="weui_btn weui_btn_disabled weui_btn_primary">按钮 </a>
<a href="javascript:;" class="weui_btn weui_btn_warn">确认 </a>
<a href="javascript:;" class="weui_btn weui_btn_disabled weui_btn_warn">确认 </a>
<a href="javascript:;" class="weui_btn weui_btn_default">按钮 </a>
<a href="javascript:;" class="weui_btn weui_btn_disabled weui_btn_default">按钮 </a>
<div class="button_sp_area">
    <a href="javascript:;" class="weui_btn weui_btn_plain_default">按钮 </a>
    <a href="javascript:;" class="weui_btn weui_btn_plain_primary">按钮 </a>
    <a href="javascript:;" class="weui_btn weui_btn_mini weui_btn_primary">按钮 </a>
    <a href="javascript:;" class="weui_btn weui_btn_mini weui_btn_default">按钮 </a>
</div>
```

Button 的效果如图 7-11 所示。

4. Cell

Cell（列表视图）用于将信息以列表的结构显示在页面上，是 WAP 上最常用的内容结构。Cell 由多个 section 组成，每个 section 包括 section headerweui_cells_title 以及 cellsweui_cells。

Cell 由 thumbnailweui_cell_hd、bodyweui_cell_bd、accessoryweui_cell_ft 等 3 部分组成，采用自适应布局，在需要自适应的部分加上 classweui_cell_primary 即可。

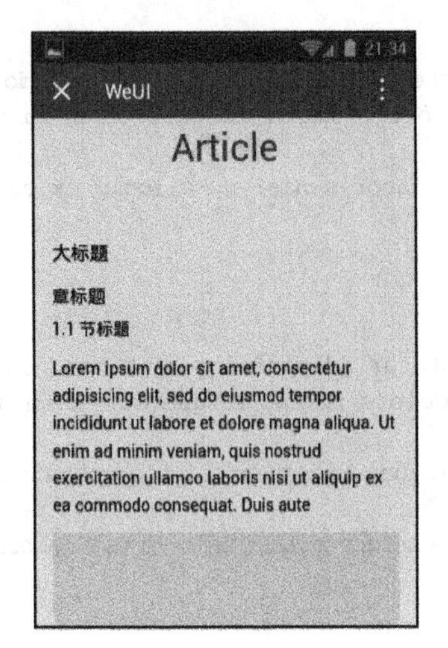

图 7-10　Article

图 7-11　Button

```
<div class="weui_cells_title">带图标、说明、跳转的列表项</div>
<div class="weui_cells weui_cells_access">
    <a class="weui_cell" href="javascript:;">
        <div class="weui_cell_hd">
            <img src="" alt="icon" style="width:20px;margin-right:5px;display:block">
        </div>
        <div class="weui_cell_bd weui_cell_primary">
            <p>cell standard</p>
        </div>
        <div class="weui_cell_ft">
            说明文字
        </div>
    </a>
    <a class="weui_cell" href="javascript:;">
        <div class="weui_cell_hd">
            <img src="" alt="icon" style="width:20px;margin-right:5px;display:block">
        </div>
        <div class="weui_cell_bd weui_cell_primary">
            <p>cell standard</p>
        </div>
        <div class="weui_cell_ft">
            说明文字
        </div>
    </a>
</div>
```

Cell 的效果如图 7-12 所示。

5. Dialog

Dialog 又称 modal，表现为带遮罩的弹框，可以分为 Alert 和 Confirm 两种。

Alert 是警告弹框，功能类似于浏览器自带的 alert 弹框，用于提醒、警告用户简单扼要的信息，只有一个“确认”按钮。点击“确认”按钮后，关闭弹框。

Confirm 是确认弹框，功能类似于浏览器自带的 confirm 和 prompt 的集合，可以用于让

用户确认 / 取消，也可以让用户填写表单。

```
<div class="weui_dialog_confirm">
    <div class="weui_mask"></div>
    <div class="weui_dialog">
        <div class="weui_dialog_hd">
            <strong class="weui_dialog_title">弹窗标题</strong>
        </div>
        <div class="weui_dialog_bd">自定义弹窗内容<br>...</div>
        <div class="weui_dialog_ft">
            <a href="javascript:;" class="weui_btn_dialog default">取消</a>
            <a href="javascript:;" class="weui_btn_dialog primary">确定</a>
        </div>
    </div>
</div>
```

Dialog 的效果如图 7-13 所示。

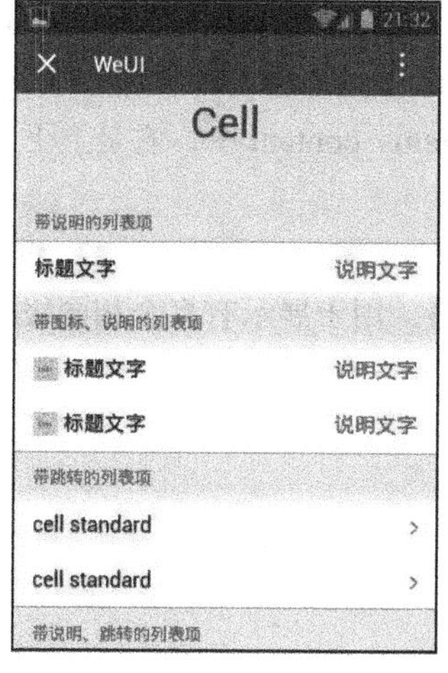

图 7-12　Cell

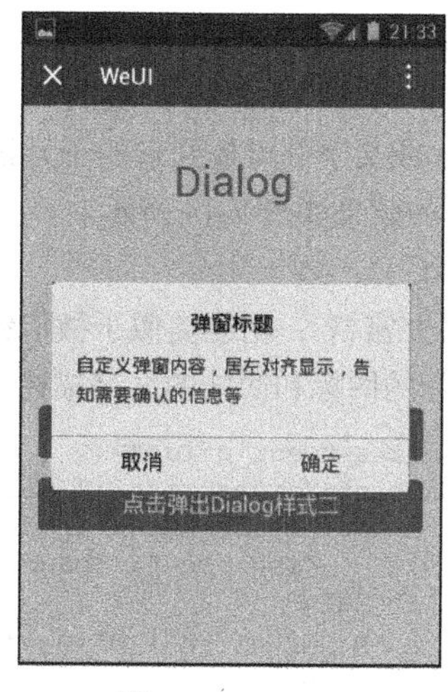

图 7-13　Dialog

6. Form

Form（表单）可以分成“输入型”和“选择型”两种。输入型包括单行文本（文本、数值、电话、密码等）、多行文本；选择型包括下拉选择、单选、多选、开关、日期时间等。在 WeUI 中，表单通常与 Cell 组件配合使用。

Label（表单字段），用于告知用户该字段的含义，除了可以通过 placeholder 属性实现外，还可以使用 label。它放在表单元素左边，明确说明表单的含义。

Input（输入框），是表单中最常见的元素，表现为单行文本输入框，可以指定输入类型为文本（text）、数值（number）、电话（tel）、密码（password）等。WebView 默认的输入框样式不统一且不太美观，所以 WeUI 通过类名 .weui_input 来设置单行输入框的样式，使其更符合微信风格，体验更佳。

Textarea（文本域），用作输入多行文本。不同于 Input，在 WeUI 的设计中，文本域没有label，在placeholder中提示用户输入信息即可。通常，输入多行文本时都有字数限制，WeUI提供了相应的样式配合使用。

Radio（单选框），在WeUI的设计中，单选框列表通常是独立一组的，推荐左边文字，右边选中图标，用户只能选择其中一个选项。默认通过label标签的for属性来关联，无须额外编写JavaScript代码来实现切换选中的效果。

Checkbox（复选框），与Radio类似，默认也是通过label标签的for属性来关联选择。不同的是，Checkbox允许用户同时选择多个选项，推荐选中图标放在左边。

Select（选择框），功能与Radio类似，用于提供一组选项，让用户选择其中一个。不同的是，这些选项默认是隐藏的，当用户点击时，才会展开让用户选择。它通常是在选项较多或选项不太重要，不需要展示时使用。

Switch（开关），只有两个状态，用于让用户选择"开启"或"关闭"。它使用起来很简单，只需要给input标签加上 .weui_switch类即可。

Uploader（上传组件），图片的展示由background-image写在 .weui_uploader_file里，默认是background-size:cover。上传中的状态需要为 .weui_uploader_file添加 .weui_uploader_status。icon或文字都可放到它的子元素 .weui_uploader_status_content中，它是上下左右居中。

Form的效果如图7-14所示。

7. Grid

Grid（九宫格），功能类似于微信钱包界面中的九宫格，用于展示有多个相同级别的入口。它包含功能的图标和简洁的文字描述。

```
<div class="weui_grids">
    <a href="javascript:;" class="weui_grid">
        <div class="weui_grid_icon">
            <img src="./images/icon_nav_button.png" alt="">
        </div>
        <p class="weui_grid_label">
            Button
        </p>
    </a>
    <a href="javascript:;" class="weui_grid">
        <div class="weui_grid_icon">
            <img src="./images/icon_nav_cell.png" alt="">
        </div>
        <p class="weui_grid_label">
            Cell
        </p>
    </a>
</div>
```

Grid的效果如图7-15所示。

8. Msg Page

Msg Page（结果页）通常来说可以认为进行一系列操作步骤后，作为流程结束的总结性页面。结果页的作用主要是告知用户操作处理结果以及必要的相关细节（可用于确认之前的操作是否有误）等信息。若该流程用于开启或关闭某些重要功能，可在结果页增加与该功能相关的描述性内容。除此之外，结果页也可以承载一些附加价值操作，如提供抽奖、关注公众号等功能入口。

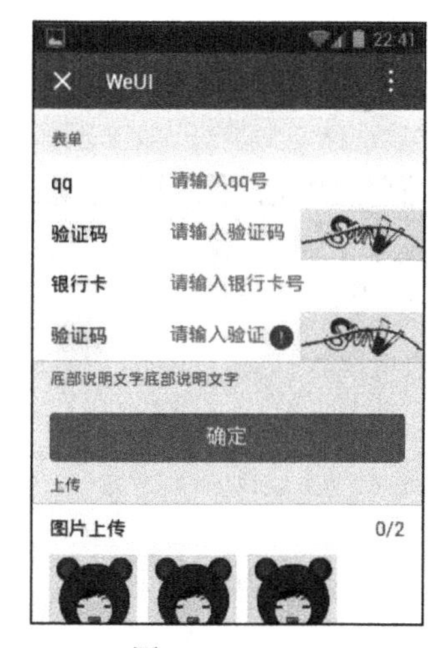

图 7-14　Form

图 7-15　Grid

```
<div class="weui_msg">
    <div class="weui_icon_area"><i class="weui_icon_success weui_icon_msg"></i></div>
    <div class="weui_text_area">
        <h2 class="weui_msg_title">操作成功</h2>
        <p class="weui_msg_desc">内容详情，可根据实际需要安排</p>
    </div>
    <div class="weui_opr_area">
        <p class="weui_btn_area">
            <a href="javascript:;" class="weui_btn weui_btn_primary">确定</a>
            <a href="javascript:;" class="weui_btn weui_btn_default">取消</a>
        </p>
    </div>
    <div class="weui_extra_area">
        <a href="">查看详情</a>
    </div>
</div>
```

Msg Page 的效果如图 7-16 所示。

9. Navbar

Navbar，顶部 tab，当需要在页面顶部展示 tab 导航时使用，用法与 Tabbar 类似。

```
<div class="weui_tab">
    <div class="weui_navbar">
        <div class="weui_navbar_item weui_bar_item_on">
            选项一
        </div>
        <div class="weui_navbar_item">
            选项二
        </div>
        <div class="weui_navbar_item">
            选项三
```

```
            </div>
        </div>
        <div class="weui_tab_bd">
        </div>
    </div>
```

Navbar 的效果如图 7-17 所示。

图 7-16　Msg Page

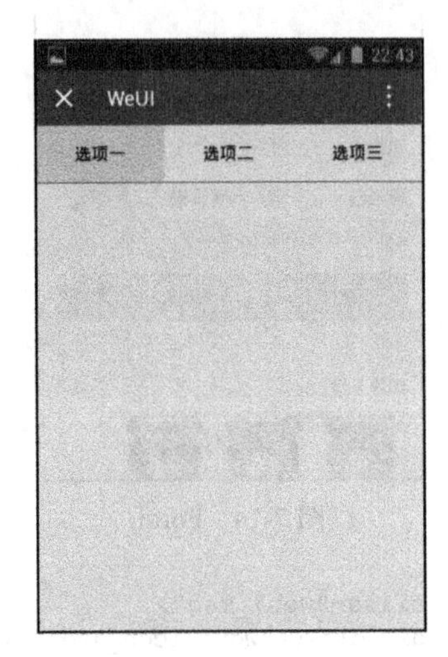

图 7-17　Navbar

10. Panel

weui_panel 由 head（可选）、body、foot（可选）等 3 部分组成，主要承载了图文组合列表 weui_media_appmsg、文字组合列表 weui_media_text 以及小图文组合列表 weui_media_text。

body 部分根据不同业务可自定义不同的内容。foot 部分默认支持“查看更多”的样式，需要在 weui_panel 扩展一个 weui_panel_access 的类。

```
<div class="weui_panel weui_panel_access">
    <div class="weui_panel_hd">图文组合列表</div>
    <div class="weui_panel_bd">
        <a href="javascript:void(0);" class="weui_media_box weui_media_appmsg">
            <div class="weui_media_hd">
                <img class="weui_media_appmsg_thumb" src="" alt="">
            </div>
            <div class="weui_media_bd">
                <h4 class="weui_media_title">标题一</h4>
                <p class="weui_media_desc">由各种物质组成的巨型球状天体，叫做星球。星球有
                一定的形状，有自己的运行轨道。</p>
            </div>
        </a>
        <a href="javascript:void(0);" class="weui_media_box weui_media_appmsg">
            <div class="weui_media_hd">
                <img class="weui_media_appmsg_thumb" src="" alt="">
            </div>
            <div class="weui_media_bd">
                <h4 class="weui_media_title">标题二</h4>
```

```
                <p class="weui_media_desc">由各种物质组成的巨型球状天体，叫做星球。星球有
                一定的形状，有自己的运行轨道。</p>
            </div>
        </a>
    </div>
    <a class="weui_panel_ft" href="javascript:void(0);">查看更多</a>
</div>
```

Panel 的效果如图 7-18 所示。

11. Progress

Progress（进度条）用于上传、下载等耗时且需要显示进度的场景，用户可以随时中断该操作。

```
<div class="container">
    <div class="weui_progress">
        <div class="weui_progress_bar">
            <div class="weui_progress_inner_bar" style="width: 50%;"></div>
        </div>
        <a href="javascript:;" class="weui_progress_opr">
            <i class="weui_icon_cancel"></i>
        </a>
    </div>
</div>
```

以下代码模拟改变进度条的值。

```
$(function(){
    var progress = 0;
    var $progress = $('.weui_progress_inner_bar');

    function uploading(){
        $progress.width(++progress % 100 + '%');
        setTimeout(uploading, 20);
    }

    setTimeout(uploading, 20);
});
```

Progress 的效果如图 7-19 所示。

12. Tabbar

Tabbar（底部导航）通常用作 Web 应用的主界面底部导航，类似于微信主界面底部“微信”、“通讯录”、“发现”和“我”的导航区。每个功能包含一个图标和该功能简洁的文字描述。

```
<div class="weui_tab">
    <div class="weui_tab_bd">

    </div>
    <div class="weui_tabbar">
        <a href="javascript:;" class="weui_tabbar_item weui_bar_item_on">
            <div class="weui_tabbar_icon">
                <img src="path/to/images/icon_nav_button.png" alt="">
```

```
                </div>
                <p class="weui_tabbar_label">微信</p>
            </a>
            <a href="javascript:;" class="weui_tabbar_item">
                <div class="weui_tabbar_icon">
                    <img src="path/to/images/icon_nav_msg.png" alt="">
                </div>
                <p class="weui_tabbar_label">通讯录</p>
            </a>
            <a href="javascript:;" class="weui_tabbar_item">
                <div class="weui_tabbar_icon">
                    <img src="path/to/images/icon_nav_article.png" alt="">
                </div>
                <p class="weui_tabbar_label">发现</p>
            </a>
            <a href="javascript:;" class="weui_tabbar_item">
                <div class="weui_tabbar_icon">
                    <img src="path/to/images/icon_nav_cell.png" alt="">
                </div>
                <p class="weui_tabbar_label">我</p>
            </a>
        </div>
    </div>
```

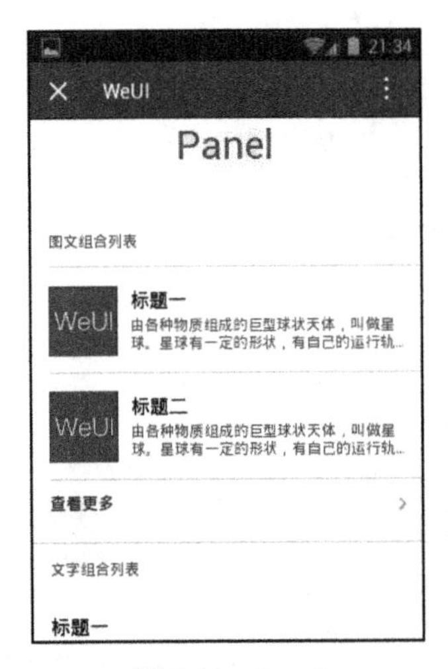

图 7-18　Panel

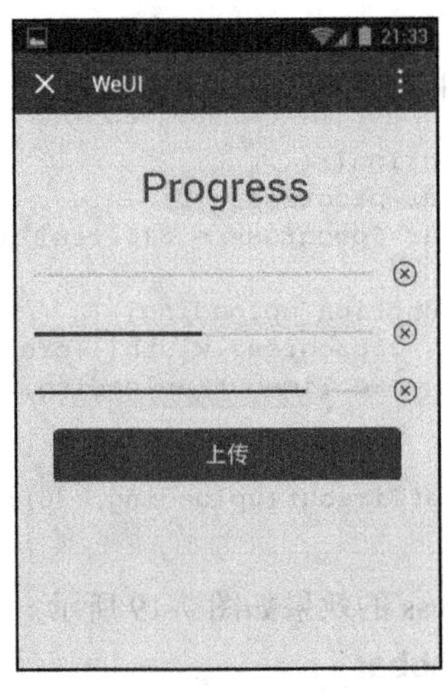

图 7-19　Progress

Tabbar 的效果如图 7-20 所示。

13. Toast

Toast 用于临时显示某些信息，并且会在数秒后自动消失。这些信息通常是轻量级操作的成功信息。

```
<div id="toast" style="display: none;">
    <div class="weui_mask_transparent"></div>
    <div class="weui_toast">
        <i class="weui_icon_toast"></i>
```

```
        <p class="weui_toast_content">已完成</p>
    </div>
</div>
```

Toast 的效果如图 7-21 所示。

14. SearchBar

SearchBar（搜索栏）类似于微信原生的搜索栏，应用于常见的搜索场景。

```
<div class="weui_search_bar" id="search_bar">
    <form class="weui_search_outer">
        <div class="weui_search_inner">
            <i class="weui_icon_search"></i>
            <input type="search" class="weui_search_input" id="search_input" place
            holder="搜索" required/>
            <a href="javascript:" class="weui_icon_clear" id="search_clear"></a>
        </div>
        <label for="search_input" class="weui_search_text" id="search_text">
            <i class="weui_icon_search"></i>
            <span>搜索</span>
        </label>
    </form>
    <a href="javascript:" class="weui_search_cancel" id="search_cancel">取消</a>
</div>
```

SearchBar 的效果如图 7-22 所示。

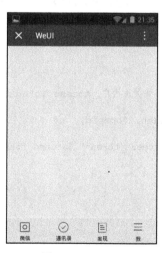

图 7-20　Tabbar

图 7-21　Toast

图 7-22　SearchBar

7.3　案例实践

7.3.1　网页授权获取个人信息

以下 PHP 代码实现了获取用户信息的功能。

```
1 class class_weixin
2 {
3     var $appid = APPID;
4     var $appsecret = APPSECRET;
5
6     //构造函数，获取Access Token
7     public function __construct($appid = NULL, $appsecret = NULL)
8     {
9         if($appid && $appsecret){
10            $this->appid = $appid;
11            $this->appsecret = $appsecret;
12        }
13    }
14
15    //生成OAuth2.0的URL
16    public function oauth2_authorize($redirect_url, $scope, $state = NULL)
17    {
18        $url = "https://open.weixin.qq.com/connect/oauth2/authorize?appid=".$th
          is->appid."&redirect_uri=".$redirect_url."&response_type=code&scope=".
          $scope."&state=".$state."#wechat_redirect";
19        return $url;
20    }
21
22    //生成OAuth2.0的Access Token
23    public function oauth2_access_token($code)
24    {
25        $url = "https://api.weixin.qq.com/sns/oauth2/access_token?appid=".$this->
          appid."&secret=".$this->appsecret."&code=".$code."&grant_type=authori
          zation_code";
26        $res = $this->http_request($url);
27        return json_decode($res, true);
28    }
29
30    //获取用户基本信息（OAuth2.0授权的Access Token获取。未关注用户，Access Token为临
      //时获取）
31    public function oauth2_get_user_info($access_token, $openid)
32    {
33        $url = "https://api.weixin.qq.com/sns/userinfo?access_token=".$access_token.
          "&openid=".$openid."&lang=zh_CN";
34        $res = $this->http_request($url);
35        return json_decode($res, true);
36    }
37
38    //获取用户基本信息
39    public function get_user_info($openid)
40    {
41        $url = "https://api.weixin.qq.com/cgi-bin/user/info?access_token=".$this->
          access_token."&openid=".$openid."&lang=zh_CN";
42        $res = $this->http_request($url);
43        return json_decode($res, true);
44    }
45
46    //HTTP请求（支持HTTP/HTTPS，支持GET/POST）
47    protected function http_request($url, $data = null)
48    {
49        $curl = curl_init();
```

```
50          curl_setopt($curl, CURLOPT_URL, $url);
51          curl_setopt($curl, CURLOPT_SSL_VERIFYPEER, FALSE);
52          curl_setopt($curl, CURLOPT_SSL_VERIFYHOST, FALSE);
53          if (!empty($data)){
54              curl_setopt($curl, CURLOPT_POST, 1);
55              curl_setopt($curl, CURLOPT_POSTFIELDS, $data);
56          }
57          curl_setopt($curl, CURLOPT_RETURNTRANSFER, TRUE);
58          $output = curl_exec($curl);
59          curl_close($curl);
60          return $output;
61      }
62  }
```

当使用网页授权时，使用下面代码获取 code，然后进行跳转获得 Access Token 信息，进而获得用户基本信息。

```
1  require_once('weixin.class.php');
2  $weixin = new class_weixin();
3
4  if (!isset($_GET["code"])){
5      $redirect_url = 'http://'.$_SERVER['HTTP_HOST'].$_SERVER['REQUEST_URI'];
6      $jumpurl = $weixin->oauth2_authorize($redirect_url, "snsapi_userinfo", "123");
7      Header("Location: $jumpurl");
8  }else{
9      $access_token_oauth2 = $weixin->oauth2_access_token($_GET["code"]);
10     $userinfo = $weixin->oauth2_get_user_info($access_token_oauth2['access_token'],
       $access_token_oauth2['openid']);
11 }
```

Web 页面的代码如下。

```
1  <!DOCTYPE html>
2  <html lang="zh-cn">
3      <head>
4          <meta charset="UTF-8">
5          <meta name="viewport" content="width=device-width,initial-scale=1,user-
           scalable=0">
6          <title>网页授权 Demo</title>
7          <link rel="stylesheet" href="css/weui.min.css">
8          <link rel="stylesheet" href="css/example.css">
9      </head>
10     <body ontouchstart="">
11         <div class="container js_container">
12             <div class="page cell">
13                 <div class="hd">
14                     <h1 class="page_title">微信网页授权</h1>
15                     <p class="page_desc">方倍工作室 出品</p>
16                 </div>
17                 <div class="bd">
18                     <div class="weui_cells_title">个人信息</div>
19                     <div class="weui_cells">
20                         <div class="weui_cell">
21                             <div class="weui_cell_bd weui_cell_primary">
22                                 <p>OpenID</p>
23                             </div>
```

```
24                          <div class="weui_cell_ft"><?php echo $userinfo["op
                            enid"];?></div>
25                      </div>
26                      <div class="weui_cell ">
27                          <div class="weui_cell_bd weui_cell_primary">
28                              <p>头像</p>
29                          </div>
30                          <div class="weui_cell_ft"><img src="<?php echo str
                            _replace("/0","/46",$userinfo["headimgurl"]);?>">
                            </div>
31                      </div>
32                      <div class="weui_cell">
33                          <div class="weui_cell_bd weui_cell_primary">
34                              <p>昵称</p>
35                          </div>
36                          <div class="weui_cell_ft"><?php echo $userinfo["nick
                            name"];?></div>
37                      </div>
38                      <div class="weui_cell">
39                          <div class="weui_cell_bd weui_cell_primary">
40                              <p>性别</p>
41                          </div>
42                          <div class="weui_cell_ft"><?php echo (($userinfo["sex"]
                            == 0)?"未知":(($userinfo["sex"] == 1)?"男":"女"));?>
                            </div>
43                      </div>
44                      <div class="weui_cell">
45                          <div class="weui_cell_bd weui_cell_primary">
46                              <p>地区</p>
47                          </div>
48                          <div class="weui_cell_ft"><?php echo $userinfo["coun
                            try"];?> <?php echo $userinfo["province"];?> <?php e
                            cho $userinfo["city"];?></div>
49                      </div>
50                      <div class="weui_cell">
51                          <div class="weui_cell_bd weui_cell_primary">
52                              <p>语言</p>
53                          </div>
54                          <div class="weui_cell_ft"><?php echo $userinfo["lan
                            guage"];?></div>
55                      </div>
56                  </div>
57              </div>
58          </div>
59      </div>
60  </body>
61 </html>
```

OAuth2.0 获取个人信息如图 7-23 所示。

7.3.2 网页判断用户是否关注

以下 PHP 代码实现了判断用户是否关注的功能。

```
1 require_once('weixin.class.php');
2 $weixin = new class_weixin();
```

```
3 $openid = "";
4 if (!isset($_GET["code"])){
5     $redirect_url = 'http://'.$_SERVER['HTTP_HOST'].$_SERVER['REQUEST_URI'];
6     $jumpurl = $weixin->oauth2_authorize($redirect_url, "snsapi_base", "123");
7     Header("Location: $jumpurl");
8     exit();
9 }else{
10     $access_token = $weixin->oauth2_access_token($_GET["code"]);
11     $openid = $access_token['openid'];
12     $info = $weixin->get_user_info($openid);
13     if ($info["subscribe"] == 1){
14         $href = "http://www.baidu.com/";
15     }else{
16         $href = "http://mp.weixin.qq.com/s?__biz=MzA5NzM2MTI4OA==&mid=203240737&
           idx=1&sn=007bbbe06fb89cbce76d6f8b619acc1a&scene=0#wechat_redirect";
17     }
18     Header("Location: $href");
19     exit();
20 }
```

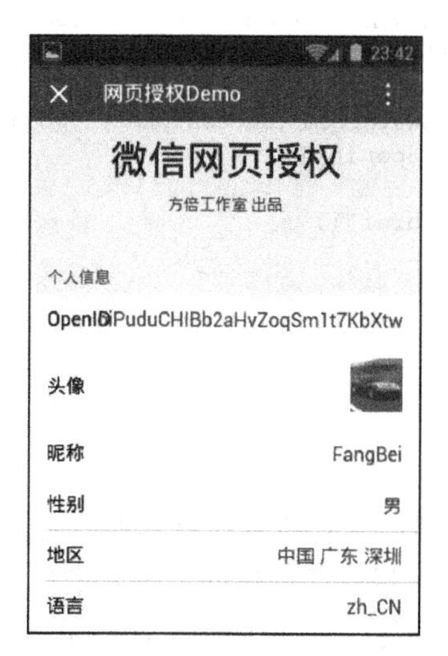

图 7-23 OAuth2.0 获取个人信息

7.3.3 二次授权多个域名

微信公众平台后台网页授权地址只能填写一个域名，当有多个网站都需要使用网页授权来获得用户信息时，可以采用二次授权的方式来实现。

假设当前网页授权的地址为 www.doucube.com，而另外 3 个网站 www.a.com、www.b.com、www.c.com 也希望能拿到用户信息，这种需求可以通过分配参数来实现。

http://www.a.com 想获取授权时，先跳转访问 http://www.doucube.com/?domain=1，授权成功后再跳回 http://www.a.com，并带上授权 access_token 和用户 OpenID 参数。http://www.a.com 下的程序再使用授权 access_token 和用户 OpenID 自行拉取用户基本信息。

同理，http://www.b.com 想获取授权时，访问 http://www.doucube.com/?domain=2；http://

www.c.com想获取授权时，访问http://www.doucube.com/?domain=3，以此类推。

相应代码实现如下。

```
 1 <?php
 2 require_once('weixin.class.php');
 3 $weixin = new class_weixin();
 4 $openid = "";
 5 if (!isset($_GET["code"])){
 6     $redirect_url = 'http://'.$_SERVER['HTTP_HOST'].$_SERVER['REQUEST_URI'];
 7     $jumpurl = $weixin->oauth2_authorize($redirect_url, "snsapi_userinfo", "123");
 8     Header("Location: $jumpurl");
 9     exit();
10 }else{
11     $oauth2_info = $weixin->oauth2_access_token($_GET["code"]);
12     if ($_GET["domain"] == 1){
13         $href = "http://www.a.com/?accesstoken=".$oauth2_info['access_token']."&open
    id=".$oauth2_info['openid'];
14     }else if ($_GET["domain"] == 2){
15         $href = "http://www.b.com/?accesstoken=".$oauth2_info['access_token']."&open
    id=".$oauth2_info['openid'];
16     }else if ($_GET["domain"] == 3){
17         $href = "http://www.c.com/?accesstoken=".$oauth2_info['access_token']."&open
    id=".$oauth2_info['openid'];
18     }
19     Header("Location: $href");
20     exit();
21 }
22 ?>
```

7.4 本章小结

本章介绍了微信OAuth2.0网页授权的原理及实现方法，以及微信官方为Web网页和小程序开发量身定制的WeUI。网页授权是微信网页开发最核心、最重要的功能之一。最后本章使用3个案例介绍了微信网页授权的多种应用。这些应用基本覆盖了读者会接触到的各种使用场景。

第8章　参数二维码与来源统计

为了满足用户渠道推广分析和用户账号绑定等场景的需要，公众平台提供了生成带参数二维码的接口。使用该接口可以获得多个带不同场景值的二维码，用户扫描后公众号可以接收到事件推送。

8.1　参数二维码

目前有以下两种类型的二维码。

1）临时二维码，是有过期时间的，最长可以设置为在二维码生成后的30天（即2 592 000s）后过期，但能够生成较多数量。临时二维码主要用于账号绑定等不要求二维码永久保存的业务场景。临时二维码的参数为32位非0整型。

2）永久二维码，是无过期时间的，但数量较少（目前为最多10万个）。永久二维码主要适用于账号绑定、用户来源统计等场景。永久二维码参数分为整型及字符串型。整型永久二维码参数的最大值为100 000（目前参数只支持1 ~ 100 000）；字符串型永久二维码参数的长度限制为1 ~ 64。

8.1.1　创建二维码ticket

每次创建二维码ticket都需要提供一个开发者自行设定的参数（scene_id），分别介绍临时二维码和永久二维码的创建二维码ticket过程。

创建二维码的请求接口如下。

```
https://api.weixin.qq.com/cgi-bin/qrcode/create?access_token=TOKEN
```

临时二维码的POST数据格式如下。

```
{
    "expire_seconds":1800,
    "action_name":"QR_SCENE",
    "action_info":{
        "scene":{
            "scene_id":100000
        }
    }
}
```

整型永久二维码的POST数据格式如下。

```
{
    "action_name":"QR_LIMIT_SCENE",
```

```
    "action_info":{
        "scene":{
            "scene_id":123
        }
    }
}
```

字符串型永久二维码的POST数据格式如下。

```
{
    "action_name":"QR_LIMIT_STR_SCENE",
    "action_info":{
        "scene":{
            "scene_str":"123"
        }
    }
}
```

上述POST数据的参数说明如表8-1所示。

表8-1 生成二维码请求的参数说明

参　数	说　明
expire_seconds	该二维码有效时间，以s为单位，最大不超过2 592 000s（即30天）。此字段如果不填，则默认有效期为30s
action_name	二维码类型，QR_SCENE为临时，QR_LIMIT_SCENE为永久，QR_LIMIT_STR_SCENE为永久的字符串参数值
action_info	二维码详细信息
scene_id	场景值ID，临时二维码时为32位非0整型，永久二维码时最大值为100 000（目前参数只支持1 ~ 100 000）
scene_str	场景值ID（字符串形式的ID），字符串类型，长度限制为1 ~ 64，仅永久二维码支持此字段

提交数据后，数据返回格式如下。

```
{
    "ticket":"gQH47joAAAAAAAAAASxodHRwOi8vd2VpeGluLnFxLmNvbS9xL2taZ2Z3TVRtNzJXV1Br
    b3ZhYmJJAAIEZ23sUwMEmm3sUw==",
    "expire_seconds":60,
    "url":"http://weixin.qq.com/q/NkPirMrlwhq7pBRqMm9M"
}
```

上述数据的参数说明如表8-2所示。

表8-2 生成二维码结果的参数说明

参　数	说　明
ticket	获取的二维码ticket，凭借此ticket可以在有效时间内换取二维码
expire_seconds	该二维码有效时间，以s为单位，最大不超过2 592 000（即30天）
url	二维码图片解析后的地址，开发者可根据该地址自行生成需要的二维码图片

创建二维码的程序实现如下。

```
1 $access_token = "xDx0pD_ZvXkHM3oeu5oGjDtl_9HxlA-9g0vtR6MZ-v4r7MpvZYC4ee4OxN97Lr
     4irkPKE94tzBUhpZG_OvqAC3D3XaWJIGIn0eeIZnfaofO1C3LNzGphd_rEv3pIimsW91O-4FOw
```

```
    6D44T3sNsQ5yXQ";
 2
 3 //临时
 4 $qrcode = '{"expire_seconds": 1800, "action_name": "QR_SCENE", "action_info": {"scene":
   {"scene_id": 10000}}}';
 5 //永久
 6 $qrcode = '{"action_name": "QR_LIMIT_SCENE", "action_info": {"scene": {"scene_id":
   1000}}}';
 7
 8 $url = "https://api.weixin.qq.com/cgi-bin/qrcode/create?access_token=$access_token";
 9 $result = https_request($url,$qrcode);
10 $jsoninfo = json_decode($result, true);
11 $ticket = $jsoninfo["ticket"];
12
13 function https_request($url, $data = null)
14 {
15     $curl = curl_init();
16     curl_setopt($curl, CURLOPT_URL, $url);
17     curl_setopt($curl, CURLOPT_SSL_VERIFYPEER, FALSE);
18     curl_setopt($curl, CURLOPT_SSL_VERIFYHOST, FALSE);
19     if (!empty($data)){
20         curl_setopt($curl, CURLOPT_POST, 1);
21         curl_setopt($curl, CURLOPT_POSTFIELDS, $data);
22     }
23     curl_setopt($curl, CURLOPT_RETURNTRANSFER, 1);
24     $output = curl_exec($curl);
25     curl_close($curl);
26     return$output;
27 }
```

8.1.2 通过 URL 生成二维码图片

获取二维码的 URL 后，开发者可以自行将 URL 生成二维码图片。

PHP QR Code 是一个 PHP 二维码生成类库，利用它可以轻松将文本内容生成二维码，其官方网站是 http://phpqrcode.sourceforge.net/。

PHP QR Code 类中的 phpqrcode.php 提供了一个关键的 png() 方法，其代码如下。

```
public static function png($text, $outfile=false, $level=QR_ECLEVEL_L, $size=3, $mar
gin=4, $saveandprint=false)
{
    $enc = QRencode::factory($level, $size, $margin);
    return $enc->encodePNG($text, $outfile, $saveandprint=false);
}
```

其中，参数 $text 表示生成两位的信息文本；参数 $outfile 表示是否输出二维码图片文件，默认为否；参数 $level 表示容错率，也就是有被覆盖的区域仍能识别，分别是 L（QR_ECLEVEL_L，7%）、M（QR_ECLEVEL_M，15%）、Q（QR_ECLEVEL_Q，25%）、H（QR_ECLEVEL_H，30%）；参数 $size 表示生成图片大小，默认是 3；参数 $margin 表示二维码周围边框空白区域间距值；参数 $saveandprint 表示是否保存二维码并显示。

除了信息文本是必填参数之外，其他都可以使用默认值。

通过官网提供的类库，只需要使用 phpqrcode.php 就可以生成二维码了。当然，PHP 环境必须开启支持 GD2。

调用 PHP QR Code 非常简单，如下代码即可将上述参数二维码的 URL 地址生成一个二维码图片。

```
include 'phpqrcode.php';
QRcode::png('http://weixin.qq.com/q/NkPirMrlwhq7pBRqMm9M');
```

生成的二维码图片如图 8-1 所示。

图 8-1　将 URL 生成二维码

8.1.3　通过 ticket 换取二维码

获取二维码 ticket 后，开发者可以用 ticket 换取二维码图片。该操作无须登录或授权即可调用。

换取二维码的请求接口如下（注意 Ticket 需 UrlEncode）。

```
https://mp.weixin.qq.com/cgi-bin/showqrcode?ticket=TICKET
```

ticket 正确的情况下，HTTP 返回码是 200，是一张图片，可以直接展示或者下载。

上述接口运行后，返回的 HTTP 头示例如下。其中，url 即二维码的图片地址。

```
{
    "url": "https://mp.weixin.qq.com/cgi-bin/showqrcode?ticket=gQHi8DoAAAAAAAAAASxod
    HRwOi8vd2VpeGluLnFxLmNvbS9xL0UweTNxNi1sdlA3RklyRnNKbUFvAAIELdnUUgMEAAAAAA%3D%3D",
    "content_type": "image/jpg",
    "http_code": 200,
    "header_size": 162,
    "request_size": 181,
    "filetime": -1,
    "ssl_verify_result": 20,
    "redirect_count": 0,
    "total_time": 0.509,
    "namelookup_time": 0,
    "connect_time": 0.058,
    "pretransfer_time": 0.343,
    "size_upload": 0,
    "size_download": 28497,
    "speed_download": 55986,
    "speed_upload": 0,
    "download_content_length": 28497,
    "upload_content_length": 0,
    "starttransfer_time": 0.481,
    "redirect_time": 0
}
```

下面分别是两种场景二维码的 URL。

```
https://mp.weixin.qq.com/cgi-bin/showqrcode?ticket=gQFK8DoAAAAAAAAAASxodHRwOi8vd2
VpeGluLnFxLmNvbS9xL3kweXE0T3JscWY3UTltc3ZPMklvAAIEG9jUUgMECAcAAA%3d%3d

https://mp.weixin.qq.com/cgi-bin/showqrcode?ticket=gQHi8DoAAAAAAAAAASxodHRwOi8vd2
VpeGluLnFxLmNvbS9xL0UweTNxNi1sdlA3RklyRnNKbUFvAAIELdnUUgMEAAAAAA%3d%3d
```

上述 URL 代码的二维码图片如图 8-2 所示。

图 8-2　临时二维码和永久二维码

8.1.4　下载二维码

二维码生成后，可以在浏览器中另存为本地图片，但如果有很多二维码，则用程序下载比较方便。

下面使用 CURL 获取图片的所有信息，并将图片数据保存为一个文件。一个完整的下载代码如下。

```
1 $ticket = "gQHi8DoAAAAAAAAAAASxodHRwOi8vd2VpeGluLnFxLmNvbS9xL0UweTNxNi1sdlA3Rkly
      RnNKbUFvAAIELdnUUgMEAAAAAA==";
2
3 $url = "https://mp.weixin.qq.com/cgi-bin/showqrcode?ticket=".urlencode($ticket);
4 $imageInfo = downloadWeixinFile($url);
5
6 $filename = "qrcode.jpg";
7 $local_file = fopen($filename, 'w');
8 if (false !== $local_file){
9     if (false !== fwrite($local_file, $imageInfo["body"])) {
10        fclose($local_file);
11    }
12 }
13
14 function downloadWeixinFile($url)
15 {
16    $ch = curl_init($url);
17    curl_setopt($ch, CURLOPT_HEADER, 0);
18    curl_setopt($ch, CURLOPT_NOBODY, 0);    //只取 body 头
19    curl_setopt($ch, CURLOPT_SSL_VERIFYPEER, FALSE);
20    curl_setopt($ch, CURLOPT_SSL_VERIFYHOST, FALSE);
21    curl_setopt($ch, CURLOPT_RETURNTRANSFER, 1);
22    $package = curl_exec($ch);
23    $httpinfo = curl_getinfo($ch);
24    curl_close($ch);
25    returnarray_merge(array('body' =>$package), array('header' =>$httpinfo));
26 }
```

这样在程序当前目录就会生成一个包含二维码的图片文件。

8.1.5 扫描带参数二维码事件

用户扫描带场景值二维码时，可能会推送以下两种事件。

- 如果用户还未关注微信公众号，则用户可以关注微信公众号，关注后微信会将带场景值关注事件推送给开发者。
- 如果用户已经关注微信公众号，则微信会将带场景值扫描事件推送给开发者。

1. 用户未关注时

进行关注后的事件推送的 XML 数据格式如下。

```
<xml>
    <ToUserName><![CDATA[gh_45072270791c]]></ToUserName>
    <FromUserName><![CDATA[o7Lp5t6n59DeX3U0C7Kric9qEx-Q]]></FromUserName>
    <CreateTime>1389684286</CreateTime>
    <MsgType><![CDATA[event]]></MsgType>
    <Event><![CDATA[subscribe]]></Event>
    <EventKey><![CDATA[qrscene_1000]]></EventKey>
    <Ticket><![CDATA[gQHi8DoAAAAAAAAAASxodHRwOi8vd2VpeGluLnFxLmNvbS9xL0UweTNxNi1
    sdlA3RklyRnNKbUFvAAIELdnUUgMEAAAAAA==]]></Ticket>
</xml>
```

上述数据的参数说明如表 8-3 所示。

表 8-3　未关注时事件推送的参数说明

参　数	描　述
ToUserName	微信公众号
FromUserName	发送方账号（一个 OpenID）
CreateTime	消息创建时间（整型）
MsgType	消息类型，event
Event	事件类型，subscribe
EventKey	事件 key 值，qrscene_ 为前缀，后面为二维码的参数值
Ticket	二维码的 ticket，可用来换取二维码图片

2. 用户已关注时

事件推送的 XML 数据如下。

```
<xml>
    <ToUserName><![CDATA[gh_45072270791c]]></ToUserName>
    <FromUserName><![CDATA[o7Lp5t6n59DeX3U0C7Kric9qEx-Q]]></FromUserName>
    <CreateTime>1389684184</CreateTime>
    <MsgType><![CDATA[event]]></MsgType>
    <Event><![CDATA[SCAN]]></Event>
    <EventKey><![CDATA[1000]]></EventKey>
    <Ticket><![CDATA[gQHi8DoAAAAAAAAAASxodHRwOi8vd2VpeGluLnFxLmNvbS9xL0UweTNxNi1s
    dlA3RklyRnNKbUFvAAIELdnUUgMEAAAAAA==]]></Ticket>
</xml>
```

上述数据的参数说明如表 8-4 所示。

表 8-4　已关注时事件推送的参数说明

参　数	描　述
ToUserName	微信公众号
FromUserName	发送方账号（一个 OpenID）
CreateTime	消息创建时间（整型）
MsgType	消息类型，event
Event	事件类型，scan
EventKey	事件 key 值，是一个 32 位无符号整数，即创建二维码时的二维码 scene_id
Ticket	二维码的 ticket，可用来换取二维码图片

以下代码判定了扫描带参数二维码的两种情形。

```
 1 private function receiveEvent($object)
 2 {
 3     $content = "";
 4     switch ($object->Event)
 5     {
 6         case "subscribe":
 7             $content = " 欢迎关注 ";
 8             if (isset($object->EventKey)){
 9                 $content.= "\n 来自二维码场景 ".$object->EventKey;
10             }
11             break;
12         case "SCAN":
13             $content = " 扫描二维码场景 ".$object->EventKey;
14             break;
15         default:
16             break;
17 
18     }
19     $result = $this->transmitText($object, $content);
20     return $result;
21 }
```

8.2 案例实践

本例介绍渠道来源统计。预先生成多个不同参数的二维码，把各个二维码投放到不同的场地，引导用户扫描关注后，后台就可以统计出该地点的用户关注数、关注时间等信息。

以下代码批量生成了 8 个二维码，并将其保存在本地。

```
1 <?php
2 $appid = "wx3f88af80a4c0a09d";
3 $appsecret = "123";
4 $url = "https://api.weixin.qq.com/cgi-bin/token?grant_type=client_credential&appid=
      $appid&secret=$appsecret";
5 
6 $output = http_request($url);
7 $jsoninfo = json_decode($output, true);
8 $access_token = $jsoninfo["access_token"];
```

```
9
10 //永久二维码
11 for ($i = 1; $i<= 8; $i++) {
12     $scene_id = $i;
13     $qrcode = '{"action_name": "QR_LIMIT_SCENE", "action_info": {"scene": {"scene_
       id":'.$scene_id.'}}}';
14
15     $url = "https://api.weixin.qq.com/cgi-bin/qrcode/create?access_token=$access_
       token";
16     $result = http_request($url, $qrcode);
17     $jsoninfo = json_decode($result, true);
18     $ticket = $jsoninfo["ticket"];
19     $url = "https://mp.weixin.qq.com/cgi-bin/showqrcode?ticket=".urlencode($ticket);
20     $imageInfo = downloadWeixinFile($url);
21
22     $filename = "qrcode".$scene_id.".jpg";
23     $local_file = fopen($filename, 'w');
24     fwrite($local_file, $imageInfo["body"]);
25     fclose($local_file);
26 }
27
28 //http 请求
29 function http_request($url, $data = null)
30 {
31     $curl = curl_init();
32     curl_setopt($curl, CURLOPT_URL, $url);
33     curl_setopt($curl, CURLOPT_SSL_VERIFYPEER, FALSE);
34     curl_setopt($curl, CURLOPT_SSL_VERIFYHOST, FALSE);
35     if (!empty($data)){
36         curl_setopt($curl, CURLOPT_POST, 1);
37         curl_setopt($curl, CURLOPT_POSTFIELDS, $data);
38     }
39     curl_setopt($curl, CURLOPT_RETURNTRANSFER, 1);
40     $output = curl_exec($curl);
41     curl_close($curl);
42     return $output;
43 }
44
45 //下载文件
46 function downloadWeixinFile($url)
47 {
48     $ch = curl_init($url);
49     curl_setopt($ch, CURLOPT_HEADER, 0);
50     curl_setopt($ch, CURLOPT_NOBODY, 0);    //只取 body 头
51     curl_setopt($ch, CURLOPT_SSL_VERIFYPEER, FALSE);
52     curl_setopt($ch, CURLOPT_SSL_VERIFYHOST, FALSE);
53     curl_setopt($ch, CURLOPT_RETURNTRANSFER, 1);
54     $package = curl_exec($ch);
55     $httpinfo = curl_getinfo($ch);
56     curl_close($ch);
57     $imageAll = array_merge(array('body' =>$package), array('header' =>$httpinfo));
58     return $imageAll;
59 }
```

生成的二维码如图 8-3 所示。

图 8-3　8 个永久二维码

将 8 个场景二维码放到 8 个不同的投放地，并且引导用户关注，这样才能获得用户关注的相关数据。另外再设计一个表，用于存储统计记录，其 SQL 脚本如下。

```
DROP TABLE IF EXISTS 'qrcode';
CREATE TABLE IF NOT EXISTS 'qrcode' (
    'id' int(16) NOTNULL auto_increment,
    'scene' varchar(2) NOTNULL COMMENT '场景',
    'year' varchar(4) NOTNULL COMMENT '年',
    'month' varchar(2) NOTNULL COMMENT '月',
    'day' varchar(2) NOTNULL COMMENT '日',
    PRIMARY KEY  ('id')
) ENGINE=MyISAM  DEFAULT CHARSET=utf8 AUTO_INCREMENT=0 ;
```

上述脚本定义了 5 个字段，用于存储主键 ID、用户关注时的场景 ID，以及关注时的年、月、日。

定义数据库配置文件如下。

```
if (isset($_SERVER['HTTP_APPNAME'])){// SAE
    define("MYSQLHOST", SAE_MYSQL_HOST_M);
    define("MYSQLPORT", SAE_MYSQL_PORT);
    define("MYSQLUSER", SAE_MYSQL_USER);
    define("MYSQLPASSWORD", SAE_MYSQL_PASS);
    define("MYSQLDATABASE", SAE_MYSQL_DB);  //
}else{
    define("MYSQLHOST", "localhost");
    define("MYSQLPORT", "3306");
    define("MYSQLUSER", "root");
    define("MYSQLPASSWORD", "root");
    define("MYSQLDATABASE", "weixin");  //
}
```

定义 MySQL 类如下。

```
class class_mysql
{
```

```
    function __construct(){
        $host = MYSQLHOST;
        $port = MYSQLPORT;
        $user = MYSQLUSER;
        $pwd=  MYSQLPASSWORD;
        $dbname = MYSQLDATABASE;

        $link = @mysql_connect("{$host}:{$port}", $user, $pwd, true);
        mysql_select_db($dbname, $link);
        return $link;
    }

    //返回数组
    function query_array($sql){
        $result = mysql_query($sql);
        if(!$result) return false;
        $arr = array();
        while ($row = mysql_fetch_assoc($result)){
            $arr[] = $row;
        }
        return $arr;
    }

    //只执行
    function query($sql){
        if (!($query = mysql_query($sql))){
            return false;
        }
        return $query;
    }
}
```

当用户关注二维码的时候，后台会根据关注事件消息，将该二维码的值写入到数据库中。事件响应部分的代码如下。

```
 1 private function receiveEvent($object)
 2 {
 3     $content = "";
 4     switch ($object->Event)
 5     {
 6         case "subscribe":
 7             $content = "欢迎关注方倍工作室";
 8             if (isset($object->EventKey)){
 9                 $sceneid = str_replace("qrscene_","",$object->EventKey);
10                 require_once('mysql.php');
11                 $db = new class_mysql();
12                 $sql = "INSERT INTO 'qrcode' ('id', 'scene', 'year', 'month', 'day')
                   VALUES (NULL, '".$sceneid."', '".date("Y")."', '".date("m")."', '".
                   date("d")."')";
13                 $db->query($sql);
14             }
15             break;
16         case "unsubscribe":
17             $content = "取消关注";
18             break;
19         case "SCAN":
```

```
20                $content = "扫描场景 ".$object->EventKey;
21                break;
22            default:
23                break;
24        }
25        if (is_array($content)){
26            $result = $this->transmitNews($object, $content);
27        }else{
28            $result = $this->transmitText($object, $content);
29        }
30        return $result;
31 }
```

这样后台就能统计到用户关注的数据了。

MySQL 中最终存储的数据如图 8-4 所示。

之后可以使用 SQL 语句来获取统计数据。

例如，统计 2014 年 3 月各场景关注情况的 SQL 查询脚本如下。

```
SELECT COUNT( scene ) , scene
FROM 'qrcode'
WHERE YEAR='2014'
AND MONTH='03'
GROUP BY scene
```

获取到的结果数据如图 8-5 所示。

id	scene 场景	year 年	month 月	day 日
1	2	2014	01	01
2	2	2014	03	01
3	3	2014	03	01
4	4	2014	03	01
5	2	2014	03	03
6	1	2014	05	03
7	3	2014	06	03
8	2	2014	08	03
9	2	2015	08	02
10	3	2014	02	14
11	1	2014	03	10
12	8	2014	03	10
13	2	2014	03	10

图 8-4　关注统计数据

COUNT(scene)	scene 场景
140	1
110	2
77	3
104	4
29	5
161	6
13	7
195	8

图 8-5　各场景统计数据

另外，还可以使用 JpGraph 来生成统计图。

JpGraph 是 PHP 下的一个面向对象的图表创建库，用户只需从数据库中取出相关数据，定义标题、图表类型，就能轻松画出折线图、柱状图、饼状图等图表。其官方网站为 http://jpgraph.net/。读者可下载其使用手册来了解使用方法。

下面代码使用 2014 年 3 月的场景统计数据创建了一个柱状统计图。

```
1 require_once ('jpgraph/jpgraph.php');
2 require_once ('jpgraph/jpgraph_bar.php');
3 require_once ('jpgraph/jpgraph_line.php');
4
5 // 数据
```

```
 6 $data_follow = array(140,110,77,104,29,161,13,195);
 7
 8 //构造对象
 9 $graph = new Graph(320,440);            //屏幕分辨率
10
11 //基本参数
12 $graph->SetScale("textlin");            //线性标尺
13 $graph->SetY2Scale('lin',0,100);        //对数
14 $graph->Set90AndMargin(50,0,65,0);      //旋转 90°
15 $graph->yaxis->SetTitleMargin(25);
16
17 //标题与字体
18 $graph->title->Set("Scene Analysis");
19 $graph->title->SetFont(FF_FONT1,FS_BOLD);
20 $graph->xaxis->title->Set("Sce");
21 $graph->yaxis->title->Set("Num");
22 $graph->y2axis->SetColor('black','blue');
23 $graph->y2axis->SetLabelFormat('%2d');
24
25 //生成柱状图
26 $bplot = newBarPlot($data_follow);
27 $bplot->SetFillColor("orange@0.2");
28 $bplot->SetValuePos('center');
29 $bplot->value->SetFormat("%d");
30 $bplot->value->SetFont(FF_ARIAL,FS_NORMAL,9);
31 $bplot->value->Show();
32
33 //柱状图叠到图形中
34 $graph->Add($bplot);
35
36 //生成图形
37 return $graph->Stroke();
```

其运行结果在微信中的显示效果如图 8-6 所示。

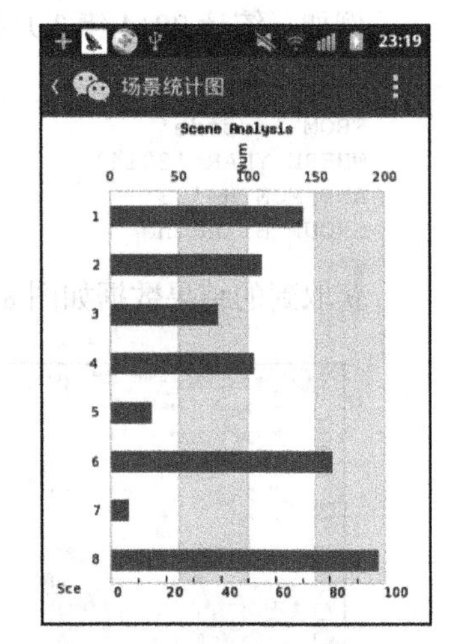

图 8-6 2014 年 3 月份各场景统计柱状图

8.3 本章小结

本章介绍了微信公众平台参数二维码的原理及使用方法。基于参数二维码的来源统计目前广泛应用于各服务号统计各场景下用户关注数量、分析广告效果等功能。另外，很多第三方分销系统也使用参数二维码来实现裂变功能。

第 9 章　客服接口与群发接口

微信为开发者提供了两种主动给用户发送消息的方式，即群发接口和客服接口。订阅号每天可以群发一次，服务号每月可以群发 4 次。使用客服接口可以给 48 小时内有互动的用户发送有限次的消息。

9.1　客服接口

当用户和公众号产生特定动作的交互时，微信将会把消息数据推送给开发者，开发者可以在一段时间内（目前为 48 小时）调用客服接口，通过 POST 一个 JSON 数据包来发送消息给普通用户。此接口主要用于客服等有人工消息处理环节的功能，方便开发者为用户提供更加优质的服务。

目前允许的动作列表如下。

1）用户发送信息。

2）点击自定义菜单（仅有点击推事件、扫码推事件、扫码推事件且弹出“消息接收中”提示框这三种菜单类型会触发客服接口）。

3）关注公众号。

4）扫描二维码。

5）支付成功。

6）用户维权。

开发者可以直接构造文本和图文消息回复给用户。而音乐、图片、语音、视频这四种消息则需要先获得素材的 media_id，这可以从用户发送过来的消息中获得，也可以通过上传多媒体文件来获得。

发送客服消息的接口如下。

```
https:// api.weixin.qq.com/cgi-bin/message/custom/send?access_token=ACCESS_TOKEN
```

发送各种类型的客服消息介绍如下。

1. 向用户发送文本

向用户发送文本的数据格式如下。

```
{
    "touser":"OPENID",
    "msgtype":"text",
    "text":
    {
         "content":"Hello World"
    }
}
```

该数据的参数说明如表 9-1 所示。

表 9-1 客服接口文本消息的参数说明

参　数	是否必需	说　明
access_token	是	调用接口凭证
touser	是	普通用户的 OpenID
msgtype	是	消息类型，text
content	是	文本消息内容

向用户发送文本消息的代码实现如下。

```
$access_token = "nFX6GFsspSLBKJLgMQ3kj1YM8_FchRE7vE2ZOIlmfiCOQntZKnBwuOen2GCBpFH
BYS4QLGX9fGoVfA36tftME2sRiYsKPzgGQKU-ygU7x8cgy_1tlQ4n1mhSumwQEGy6PK6rdTdo8O8GROu
GE3Hiag";
$openid = "o7Lp5t6n59DeX3U0C7Kric9qEx-Q";
$data = '{
    "touser":"'.$openid.'",
    "msgtype":"text",
    "text":
    {
         "content":"Hello World"
    }
}';
$url = "https://api.weixin.qq.com/cgi-bin/message/custom/send?access_token=".$access_
token;
$result = https_request($url, $data);
var_dump($result);

function https_request($url, $data)
{
    $curl = curl_init();
    curl_setopt($curl, CURLOPT_URL, $url);
    curl_setopt($curl, CURLOPT_SSL_VERIFYPEER, FALSE);
    curl_setopt($curl, CURLOPT_SSL_VERIFYHOST, FALSE);
    curl_setopt($curl, CURLOPT_POST, 1);
    curl_setopt($curl, CURLOPT_POSTFIELDS, $data);
    curl_setopt($curl, CURLOPT_RETURNTRANSFER, 1);
    $result = curl_exec($curl);
    if (curl_errno($curl)) {
        return 'Errno'.curl_error($curl);
    }
    curl_close($curl);
    return $result;
}
```

上述代码执行后，效果如图 9-1 所示。

2. 向用户发送图文

向用户发送图文时，发送的数据格式如下。

```
{
    "touser":"OPENID",
    "msgtype":"news",
    "news":{
```

```
            "articles": [
            {
                "title":"Happy Day",
                "description":"Is Really A Happy Day",
                "url":"URL",
                "picurl":"PIC_URL"
            },
            {
                "title":"Happy Day",
                "description":"Is Really A Happy Day",
                "url":"URL",
                "picurl":"PIC_URL"
            }
            ]
        }
    }
```

该数据的参数说明如表 9-2 所示。

表 9-2　客服接口图文消息的参数说明

参数	是否必需	说　明
access_token	是	调用接口凭证
touser	是	普通用户的 OpenID
msgtype	是	消息类型，news
title	否	标题
description	否	描述
url	否	点击后跳转的链接
picurl	否	图文消息的图片链接，支持 JPG、PNG 格式，较好的效果为大图 640×320 像素，小图 80×80 像素

向用户发送图文消息的代码实现如下。

```
$access_token = "NU7Kr6v9L9TQaqm5NE3OTPctTZx797Wxw4Snd2WL2HHBqLCiXlDVOw2l-Se0I-
WmOLLniAYLAwzhbYhXNjbLc_KAA092cxkmpj5FpuqNO0IL7bB0Exz5s5qC9Umypy-rz2y441W9
qgfnmNtIZWSjSQ";
$url = "https://api.weixin.qq.com/cgi-bin/message/custom/send?access_token=".$access_
token;
$openid = "oLVPpjqs9BhvzwPj5A-vTYAX3GLc";

//发送图文
$data = '{
    "touser": "'.$openid.'",
    "msgtype": "news",
    "news": {
        "articles": [
            {
                "title": "深圳天气预报",
                "description": "",
                "picurl": "",
                "url": ""
            },
            {
                "title": "12月04日 周三 13℃~23℃ 多云 微风",
```

```
                "description": "",
                "picurl": "http://discuz.comli.com/weixin/weather/d01.jpg",
                "url": ""
            },
            {
                "title": "12月05日 周四 16℃~24℃ 晴 微风",
                "description": "",
                "picurl": "http://discuz.comli.com/weixin/weather/d00.jpg",
                "url": ""
            },
            {
                "title": "12月06日 周五 16℃~24℃ 多云 微风",
                "description": "",
                "picurl": "http://discuz.comli.com/weixin/weather/d01.jpg",
                "url": ""
            }
        ]
    }
}';
$result = https_request($url,$data);

function https_request($url, $data = null)
{
    $curl = curl_init();
    curl_setopt($curl, CURLOPT_URL, $url);
    curl_setopt($curl, CURLOPT_SSL_VERIFYPEER, FALSE);
    curl_setopt($curl, CURLOPT_SSL_VERIFYHOST, FALSE);
    if (!empty($data)){
        curl_setopt($curl, CURLOPT_POST, 1);
        curl_setopt($curl, CURLOPT_POSTFIELDS, $data);
    }
    curl_setopt($curl, CURLOPT_RETURNTRANSFER, 1);
    $output = curl_exec($curl);
    curl_close($curl);
    return $output;
}
```

上述代码执行后，效果如图 9-2 所示。

图 9-1　微信公众号发送文本消息

图 9-2　微信公众号发送图文消息

3. 向用户发送音乐

向用户发送音乐时，数据格式如下。

```
{
    "touser":"OPENID",
    "msgtype":"music",
    "music":
    {
        "title":"MUSIC_TITLE",
        "description":"MUSIC_DESCRIPTION",
        "musicurl":"MUSIC_URL",
        "hqmusicurl":"HQ_MUSIC_URL",
        "thumb_media_id":"THUMB_MEDIA_ID"
    }
}
```

该数据的参数说明如表 9-3 所示。

表 9-3　客服接口音乐消息的参数说明

参　数	是否必需	说　明
access_token	是	调用接口凭证
touser	是	普通用户的 OpenID
msgtype	是	消息类型，music
title	否	音乐标题
description	否	音乐描述
musicurl	是	音乐链接
hqmusicurl	是	高品质音乐链接，WiFi 环境优先使用该链接播放音乐
thumb_media_id	是	缩略图的媒体 ID

发送音乐消息的代码实现如下。

```
$access_token = "NU7Kr6v9L9TQaqm5NE3OTPctTZx797Wxw4Snd2WL2HHBqLCiXlDVOw2l-Se0I-
WmOLLniAYLAwzhbYhXNjbLc_KAA092cxkmpj5FpuqNO0IL7bB0Exz5s5qC9Umypy-rz2y441W9
qgfnmNtIZWSjSQ";
$url = "https://api.weixin.qq.com/cgi-bin/message/custom/send?access_token=".$access_
token;
$openid = "oLVPpjqs9BhvzwPj5A-vTYAX3GLc";

//发送音乐
$data = '{
    "touser": "'.$openid.'",
    "msgtype": "music",
    "music": {
        "title": "最炫民族风",
        "description": "凤凰传奇",
        "musicurl": "http://122.228.226.40/music/zxmzf.mp3",
        "hqmusicurl": "http://122.228.226.40/music/zxmzf.mp3",
        "thumb_media_id": "b8as-GpA_EFqVoPY7vPT3fpVZBWJb27K77De2dc_0FZml-UExlTMP7
        IVMz89uh3W"
    }
}';
$result = https_request($url,$data);
```

```
var_dump($result);

function https_request($url, $data = null){
    $curl = curl_init();
    curl_setopt($curl, CURLOPT_URL, $url);
    curl_setopt($curl, CURLOPT_SSL_VERIFYPEER, FALSE);
    curl_setopt($curl, CURLOPT_SSL_VERIFYHOST, FALSE);
    if (!empty($data)){
        curl_setopt($curl, CURLOPT_POST, 1);
        curl_setopt($curl, CURLOPT_POSTFIELDS, $data);
    }
    curl_setopt($curl, CURLOPT_RETURNTRANSFER, 1);
    $output = curl_exec($curl);
    curl_close($curl);
    return $output;
}
```

上述代码执行后，效果如图9-3所示。

4. 向用户发送图片

向用户发送图片时，数据格式如下。

```
{
    "touser":"OPENID",
    "msgtype":"image",
    "image":
    {
        "media_id":"MEDIA_ID"
    }
}
```

该数据的参数说明如表9-4所示。

表9-4 客服接口图片消息的参数说明

参　数	是否必需	说　明
access_token	是	调用接口凭证
touser	是	普通用户的OpenID
msgtype	是	消息类型，image
media_id	是	发送图片的媒体ID

发送图片消息的代码实现如下。

```
$access_token = "NU7Kr6v9L9TQaqm5NE3OTPctTZx797Wxw4Snd2WL2HHBqLCiXlDVOw2l-Se0I-WmOLLniAYLAwzhbYhXNjbLc_KAA092cxkmpj5FpuqNO0IL7bB0Exz5s5qC9Umypy-rz2y441W9qgfnmNtIZWSjSQ";
$url = "https://api.weixin.qq.com/cgi-bin/message/custom/send?access_token=".$access_token;
$openid = "oLVPpjqs9BhvzwPj5A-vTYAX3GLc";

//发送图片
$data = '{
    "touser":"'.$openid.'",
    "msgtype":"image",
    "image":
```

```
    {
        "media_id":"jViS8sQUXIh6rTdkz2qUOD5pvChYpp50i9rsLR4YnCm-pqdpiHhz6xbN2KAboScV"
    }
}';
$result = https_request($url,$data);
var_dump($result);

function https_request($url, $data = null){
    $curl = curl_init();
    curl_setopt($curl, CURLOPT_URL, $url);
    curl_setopt($curl, CURLOPT_SSL_VERIFYPEER, FALSE);
    curl_setopt($curl, CURLOPT_SSL_VERIFYHOST, FALSE);
    if (!empty($data)){
        curl_setopt($curl, CURLOPT_POST, 1);
        curl_setopt($curl, CURLOPT_POSTFIELDS, $data);
    }
    curl_setopt($curl, CURLOPT_RETURNTRANSFER, 1);
    $output = curl_exec($curl);
    curl_close($curl);
    return $output;
}
```

上述代码执行后，效果如图 9-4 所示。

图 9-3　微信公众号发送音乐消息

图 9-4　微信公众号发送图片消息

5. 向用户发送语音

向用户发送语音时，数据格式如下。

```
{
    "touser":"OPENID",
    "msgtype":"voice",
    "voice":
    {
        "media_id":"MEDIA_ID"
    }
}
```

该数据的参数说明如表 9-5 所示。

表 9-5 客服接口语音消息的参数说明

参 数	是否必需	说 明
access_token	是	调用接口凭证
touser	是	普通用户的 OpenID
msgtype	是	消息类型，voice
media_id	是	发送语音的媒体 ID

向用户发送语音消息的代码实现如下。

```
$access_token = "NU7Kr6v9L9TQaqm5NE3OTPctTZx797Wxw4Snd2WL2HHBqLCiXlDVOw2l-Se0I-WmOLLniAYLAwzhbYhXNjbLc_KAA092cxkmpj5FpuqNO0IL7bB0Exz5s5qC9Umypy-rz2y441W9qgfnmNtIZWSjSQ";
$url = "https://api.weixin.qq.com/cgi-bin/message/custom/send?access_token=".$access_token;
$openid = "oLVPpjqs9BhvzwPj5A-vTYAX3GLc";

//发送语音
$data= '
{
    "touser": "'.$openid.'",
    "msgtype": "voice",
    "voice": {
        "media_id": "gAn8fV1hQB8mtLf6X2YTN-3ySaBMlzvbCLAzFUhPQDRVrWA1o9tRCnzxa4bEzUiM"
    }
}';
$result = https_request($url,$data);
var_dump($result);

function https_request($url, $data = null){
    $curl = curl_init();
    curl_setopt($curl, CURLOPT_URL, $url);
    curl_setopt($curl, CURLOPT_SSL_VERIFYPEER, FALSE);
    curl_setopt($curl, CURLOPT_SSL_VERIFYHOST, FALSE);
    if (!empty($data)){
        curl_setopt($curl, CURLOPT_POST, 1);
        curl_setopt($curl, CURLOPT_POSTFIELDS, $data);
    }
    curl_setopt($curl, CURLOPT_RETURNTRANSFER, 1);
    $output = curl_exec($curl);
    curl_close($curl);
    return $output;
}
```

上述代码执行后，效果如图 9-5 所示。

6. 向用户发送视频

向用户发送视频时，数据格式如下。

```
{
    "touser":"OPENID",
    "msgtype":"video",
    "video":
    {
        "media_id":"MEDIA_ID",
```

```
        "title":"TITLE",
        "description":"DESCRIPTION"
    }
}
```

该数据的参数说明如表 9-6 所示。

表 9-6　客服接口视频消息的参数说明

参　　数	是否必需	说　　明
access_token	是	调用接口凭证
touser	是	普通用户的 OpenID
msgtype	是	消息类型，video
media_id	是	发送视频的媒体 ID
thumb_media_id	是	发送的视频缩略图的媒体 ID

向用户发送视频消息的代码实现如下。

```
$access_token = "NU7Kr6v9L9TQaqm5NE3OTPctTZx797Wxw4Snd2WL2HHBqLCiXlDVOw2l-Se0I-WmOLLniAYLAwzhbYhXNjbLc_KAA092cxkmpj5FpuqNO0IL7bB0Exz5s5qC9Umypy-rz2y441W9qgfnmNtIZWSjSQ";
$url = "https://api.weixin.qq.com/cgi-bin/message/custom/send?access_token=".$access_token;
$openid = "oLVPpjqs9BhvzwPj5A-vTYAX3GLc";

//发送视频
$data = '{
    "touser": "'.$openid.'",
    "msgtype": "video",
    "video": {
        "media_id": "zbpy8wXj2UtIKB_56QUddCYLmWPLVeHoKqE94h2-nB9weSU65nVKTpE909Mvi8b5",
        "thumb_media_id": "b8as-GpA_EFqVoPY7vPT3fpVZBWJb27K77De2dc_0FZml-UExlTMP7IVMz89uh3W"
    }
}';
$result = https_request($url,$data);
var_dump($result);

function https_request($url, $data = null){
    $curl = curl_init();
    curl_setopt($curl, CURLOPT_URL, $url);
    curl_setopt($curl, CURLOPT_SSL_VERIFYPEER, FALSE);
    curl_setopt($curl, CURLOPT_SSL_VERIFYHOST, FALSE);
    if (!empty($data)){
        curl_setopt($curl, CURLOPT_POST, 1);
        curl_setopt($curl, CURLOPT_POSTFIELDS, $data);
    }
    curl_setopt($curl, CURLOPT_RETURNTRANSFER, 1);
    $output = curl_exec($curl);
    curl_close($curl);
    return $output;
}
```

上述代码执行后，效果如图 9-6 所示。

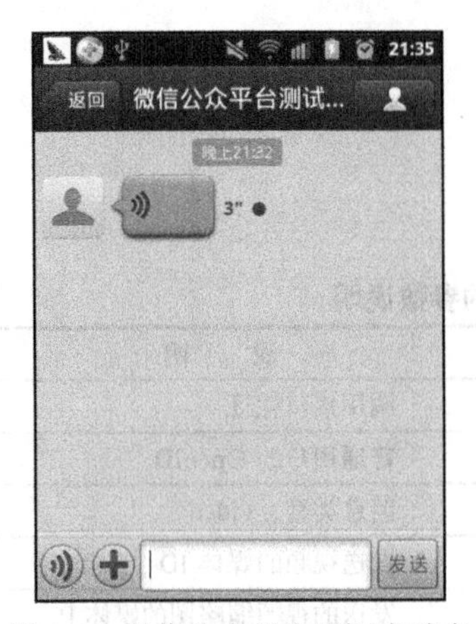

图 9-5　微信公众号发送语音消息

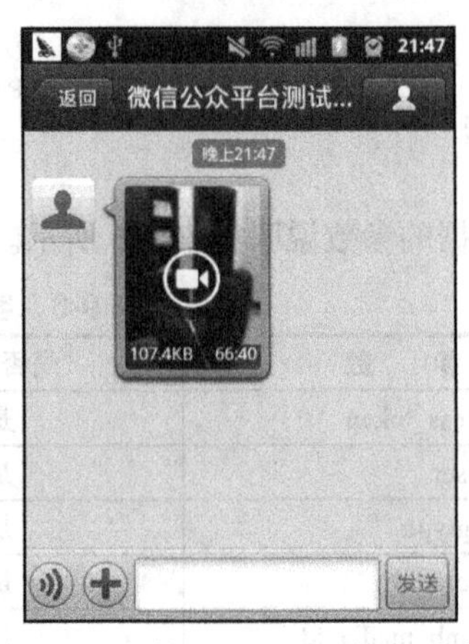

图 9-6　微信公众号发送视频消息

7. 向用户发送卡券

向用户发送卡券时，数据格式如下。

```
{
    "touser":"oiPuduCHIBb2aHvZoqSm1t7KbXtw",
    "msgtype":"wxcard",
    "wxcard":{
        "card_id":"piPuduM3NHSnSMYgWS-oqGFQbBjM"
    }
}
```

该数据的参数说明如表 9-7 所示。

表 9-7　客服接口卡券消息的参数说明

参　数	是否必需	说　明
access_token	是	调用接口凭证
touser	是	普通用户的 OpenID
msgtype	是	消息类型，wxcard
card_id	是	发送的卡券 ID

向用户发送卡券消息的代码实现如下。

```
$access_token = "O1AEwcSsQQlPjGlDdI-f_yd8u2mRmpYY_knJaqQ5t5Wl9Wr_TXeWaI0--JPwU3h
cjX1GdtpjHn4tAJFmgKeJKOH9K4GPVjcyhR1utGkEAd4RSNiAAAXYT";
$url = "https://api.weixin.qq.com/cgi-bin/message/custom/send?access_token=".$access_
token;
$openid = "oiPuduCHIBb2aHvZoqSm1t7KbXtw";

//发送卡券
$data = '{
    "touser":"'.$openid.'",
    "msgtype":"wxcard",
    "wxcard":{
        "card_id":"piPuduM3NHSnSMYgWS-oqGFQbBjM"
    }
```

```
}';
$result = https_request($url,$data);
var_dump($result);

function https_request($url, $data = null){
    $curl = curl_init();
    curl_setopt($curl, CURLOPT_URL, $url);
    curl_setopt($curl, CURLOPT_SSL_VERIFYPEER, FALSE);
    curl_setopt($curl, CURLOPT_SSL_VERIFYHOST, FALSE);
    if (!empty($data)){
        curl_setopt($curl, CURLOPT_POST, 1);
        curl_setopt($curl, CURLOPT_POSTFIELDS, $data);
    }
    curl_setopt($curl, CURLOPT_RETURNTRANSFER, 1);
    $output = curl_exec($curl);
    curl_close($curl);
    return $output;
}
```

上述代码执行后，效果如图 9-7 所示。

图 9-7　微信公众号发送卡券消息

9.2　群发接口

在公众平台网站上，为订阅号提供了每天一条的群发权限，为服务号提供每月（自然月）4 条的群发权限。而对于某些具备开发能力的公众号运营者，可以通过高级群发接口，实现更灵活的群发能力。

由于图文消息所包含的信息量最大，且可以通过转发分享的方式进行传播，所以大多数情况下被群发的消息都是图文消息。

群发图文消息的过程如下。

1）预先将图文消息中需要用到的图片，使用上传图文消息内图片的接口，上传成功并获得图片的 URL。

2）使用上传临时素材接口上传缩略图，获得缩略图的 media_id。如果是多条并且要使用不同的缩略图，则需要上传多次。

3）上传图文消息素材。需要用到图片时，使用第一步获取的图片 URL，缩略图则使用第二步上传得到的缩略图 media_id。

4）使用对用户标签的群发，或对 OpenID 列表的群发，将图文消息群发出去。

5）在上述过程中，如果需要，还可以进行预览图文消息、查询群发状态，以及删除已群发的消息等操作。

9.2.1　上传图文消息内的图片

群发接口所上传的图片不占用公众号素材库中图片数量最多为 5000 张的限制。图片仅支持 JPG、PNG 格式，大小必须在 1MB 以下。

上传图文消息内的图片获取 URL 的请求接口如下。

```
https://api.weixin.qq.com/cgi-bin/media/uploadimg?access_token=ACCESS_TOKEN
```

POST 数据格式如下。

```
$data = array("media"  => "@E:\saesvn\customer\1\c000_token\_images\weibo.jpg");
```

该数据的参数说明如表 9-8 所示。

表 9-8　上传图文消息图片的参数说明

参　数	是否必需
access_token	是
media	是

正确情况下，返回的 JSON 数据包如下。

```
{
    "url":"http://mmbiz.qpic.cn/mmbiz_jpg/mNhFcCZK2ASPDJWK6Whbp0mI8X24lvYALEvJxVDw
    EatL9VuMO6fwtwCgbDaZEL6qvPVqOFRKpBeCKrENtrjVzA/0"
}
```

其中，url 就是上传图片的 URL，可用于后续群发操作，放置到图文消息中。

9.2.2　上传缩略图

通过本接口，公众号可以新增临时缩略图素材（即上传临时多媒体文件）。缩略图要求大小不超过 64KB，支持 JPG 格式。

上传缩略图的请求接口如下。

```
https://api.weixin.qq.com/cgi-bin/media/upload?access_token=ACCESS_TOKEN&type=TYPE
```

POST 数据格式如下。

```
$data = array("media"  => "@E:\saesvn\customer\1\c000_token\_images\weibo.jpg");
```

正确情况下，返回的 JSON 数据包如下。

```
{
    "type":"thumb",
    "thumb_media_id":"1sXOKGv9zMYVNBCyUcgdHUCP-yp_lvqvMrtNKsUkPxyZfZu-Iq-ThTFzdhPE5xL8",
    "created_at":1476879803
}
```

该数据的参数说明如表 9-9 所示。

表 9-9　上传缩略图返回消息的参数说明

参　数	描　述
type	媒体文件类型，分别有图片（image）、语音（voice）、视频（video）和缩略图（thumb，主要用于视频与音乐格式的缩略图）
media_id	媒体文件上传后，获取时的唯一标识
created_at	媒体文件上传时间戳

9.2.3 上传图文消息素材

上传图文消息素材的请求接口如下。

```
https://api.weixin.qq.com/cgi-bin/media/uploadnews?access_token=ACCESS_TOKEN
```

POST 数据格式如下。

```
{
    "articles":[
        {
            "title":"微信公众平台开发教程",
            "thumb_media_id":"LJ6m9EKag8cDJGP4p6jB7a8WraL7iEtNDSABm8AwBdS8FTPT-K947
            ToQqwG85AEz",
            "author":"",
            "digest":"",
            "show_cover_pic":"0",
            "content":"<li>1. 入门教程</li><li>2. 消息收发</li><li>3. 自定义菜单</li><li>
            4.JSSDK</li><li>5. 群发</li>",
            "content_source_url":""
        },
        {
            "title":"微信公众平台开发 (1) 入门教程",
            "thumb_media_id":"J5iVTv6T-m5Y2TWaASTJLfzqAaUSBVjCq4wnCI0WrGw9fAF8xNe
            enlwFq6t2uQDS",
            "author":"方倍工作室",
            "digest":"微信公众平台开发经典的入门教程，学习微信公众平台开发必经之路！",
            "show_cover_pic":"1",
            "content":"<div><p>本教程是微信公众平台的入门教程，它将引导你完成如下任务:</p><ol>
            <li>1. 创建新浪云计算平台应用</li><li>2. 启用微信公众平台开发模式</li><li>3.
            基础接口消息及事件</li><li>4. 微信公众平台 PHPSDK</li><li>5. 微信公众平台开发
            模式原理</li><li>6. 开发天气预报功能</li></ol></div>",
            "content_source_url":"http://m.cnblogs.com/99079/3153567.html?full=1"
        }
    ]
}
```

该数据的参数说明如表 9-10 所示。

表 9-10　上传图文消息素材的参数说明

参　数	是否必需	说　明
articles	是	图文消息，一个图文消息支持 1 ~ 8 条图文
thumb_media_id	是	图文消息缩略图的 media_id，可以在基础支持 - 上传多媒体文件接口中获得
author	否	图文消息的作者
title	是	图文消息的标题
content_source_url	否	在图文消息页面点击“阅读原文”后的页面，受安全限制，如需跳转 App Store，可以使用 itun.es 或 appsto.re 的短链服务，并在短链后增加 #wechat_redirect 后缀
content	是	图文消息页面的内容，支持 HTML 标签。具备微信支付权限的公众号，可以使用 a 标签，其他公众号不能使用
digest	否	图文消息的描述
show_cover_pic	否	是否显示封面，1 为显示，0 为不显示

正确情况下，返回的JSON数据包如下。

```
{
    "type":"news",
    "media_id":"nT2tIH3PPKyg4MMy_oUMtYiQ9H9L2vH4eFpYU-Mn4CDXvBfkFlDVbVI47DMtoACk",
    "created_at":1476880202
}
```

该数据的参数说明如表9-11所示。

表9-11 上传图文消息素材返回消息的参数说明

参数	说明
type	媒体文件类型，分别有图片（image）、语音（voice）、视频（video）和缩略图（thumb），以及图文消息（news）
media_id	媒体文件/图文消息上传后获取的唯一标识
created_at	媒体文件上传时间

9.2.4 预览群发内容

开发者可通过该接口发送消息给指定用户，在手机端查看消息的样式和排版。为了满足第三方平台开发者的需求，在保留对OpenID预览能力的同时，增加了对指定微信号发送预览的能力，但该功能每日最多被调用100次。

请求接口如下。

```
https://api.weixin.qq.com/cgi-bin/message/mass/preview?access_token=ACCESS_TOKEN
```

POST数据格式如下。

```
{
    "touser":"OPENID",
    "mpnews":{
        "media_id":"123dsdajkasd231jhksad"
    },
    "msgtype":"mpnews"
}
```

该数据的参数说明如表9-12所示。

表9-12 预览群发内容消息的参数说明

参数	说明
touser	接收消息用户对应该公众号的OpenID，该字段也可以改为towxname，以实现对微信号的预览
msgtype	群发的消息类型，图文消息为mpnews，文本消息为text，语音为voice，音乐为music，图片为image，视频为video，卡券为wxcard
media_id	用于群发消息的media_id
content	发送文本消息时文本的内容

正确情况下，返回的JSON数据包如下。

```
{
    "errcode":0,
    "errmsg":"preview success",
```

```
    "msg_id":34182
}
```

该数据的参数说明如表 9-13 所示。

表 9-13　预览群发内容接口返回消息的参数说明

参　数	说　明
errcode	错误码
errmsg	错误信息
msg_id	消息 ID

群发内容预览效果如图 9-8 所示。

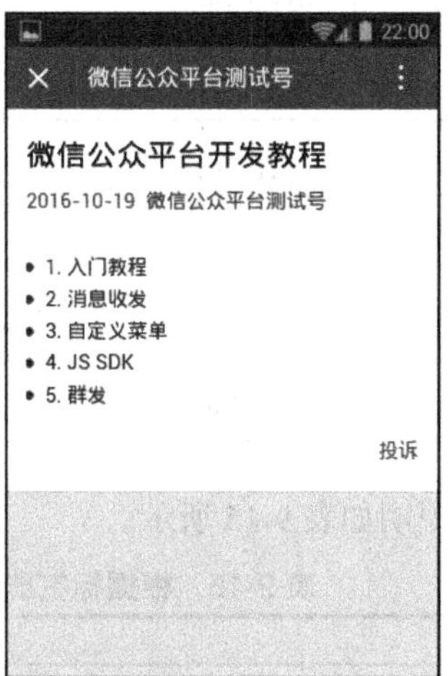

图 9-8　预览群发内容

9.2.5　根据标签进行群发

根据标签进行群发的接口如下。

```
https://api.weixin.qq.com/cgi-bin/message/mass/sendall?access_token=ACCESS_TOKEN
```

POST 数据格式如下。

```
{
    "filter":{
        "is_to_all":false,
        "tag_id":2
    },
    "mpnews":{
        "media_id":"123dsdajkasd231jhksad"
    },
    "msgtype":"mpnews"
}
```

该数据的参数说明如表 9-14 所示。

表 9-14 根据标签群发消息的参数说明

参 数	是否必需	说 明
filter	是	用于设定图文消息的接收者
is_to_all	否	用于设定是否向全部用户发送，值为 true 或 false。选择 true，该消息群发给所有用户；选择 false，可根据 tag_id 发送给指定群组的用户
tag_id	否	群发到的标签的 tag_id，参加用户管理中用户分组接口，若 is_to_all 值为 true，可不填写 tag_id
mpnews	是	用于设定即将发送的图文消息
media_id	是	用于群发消息的 media_id
msgtype	是	群发的消息类型，图文消息为 mpnews，文本消息为 text，语音为 voice，音乐为 music，图片为 image，视频为 video，卡券为 wxcard
title	否	消息的标题
description	否	消息的描述
thumb_media_id	是	视频缩略图的媒体 ID

正确情况下，返回的 JSON 数据包如下。

```
{
    "errcode":0,
    "errmsg":"send job submission success",
    "msg_id":34182,
    "msg_data_id":206227730
}
```

该数据的参数说明如表 9-15 所示。

表 9-15 根据标签群发返回消息的参数说明

参 数	说 明
type	媒体文件类型，分别有图片（image）、语音（voice）、视频（video）和缩略图（thumb），以及图文消息（news）
errcode	错误码
errmsg	错误信息
msg_id	消息发送任务的 ID
msg_data_id	消息的数据 ID，该字段只有在群发图文消息时才会出现。可以用于图文分析数据接口中

9.2.6 根据 OpenID 列表进行群发

根据 OpenID 列表群发的请求接口如下。

```
https://api.weixin.qq.com/cgi-bin/message/mass/send?access_token=ACCESS_TOKEN
```

POST 数据格式如下。

```
{
    "touser":[
        "OPENID1",
        "OPENID2"
    ],
    "mpnews":{
        "media_id":"123dsdajkasd231jhksad"
```

```
    },
    "msgtype":"mpnews"
}
```

该数据的参数说明如表 9-16 所示。

表 9-16 根据 OpenID 列表群发消息的参数说明

参 数	是否必需	说 明
touser	是	填写图文消息的接收者，一串 OpenID 列表，OpenID 最少为 2 个，最多为 10 000 个
mpnews	是	用于设定即将发送的图文消息
media_id	是	用于群发图文消息的 media_id
msgtype	是	群发的消息类型，图文消息为 mpnews，文本消息为 text，语音为 voice，音乐为 music，图片为 image，视频为 video，卡券为 wxcard
title	否	消息的标题
description	否	消息的描述
thumb_media_id	是	视频缩略图的媒体 ID

正确情况下，返回的 JSON 数据包如下。

```
{
    "errcode":0,
    "errmsg":"send job submission success",
    "msg_id":34182,
    "msg_data_id":206227730
}
```

该数据的参数说明如表 9-17 所示。

表 9-17 根据 OpenID 列表群发返回消息参数说明

参 数	说 明
type	媒体文件类型，分别有图片（image）、语音（voice）、视频（video）和缩略图（thumb），以及图文消息（news）
errcode	错误码
errmsg	错误信息
msg_id	消息发送任务的 ID
msg_data_id	消息的数据 ID，该字段只有在群发图文消息时才会出现。可以用于图文分析数据接口中

9.2.7 删除群发

群发成功之后，随时可以通过该接口删除群发。

请求接口如下。

```
https://api.weixin.qq.com/cgi-bin/message/mass/delete?access_token=ACCESS_TOKEN
```

POST 数据格式如下。

```
{
    "msg_id":30124
}
```

该数据的参数说明如表 9-18 所示。

表 9-18 删除群发接口消息的参数说明

参 数	是否必需	说 明
msg_id	是	发送出去的消息 ID

正确情况下，返回的 JSON 数据包如下。

```
{
    "errcode":0,
    "errmsg":"ok"
}
```

该数据的参数说明如表 9-19 所示。

表 9-19 删除群发接口返回消息的参数说明

参 数	说 明
errcode	错误码
errmsg	错误信息

9.2.8 查询群发消息发送状态

查询群发消息发送状态请求的接口如下。

```
https:// api.weixin.qq.com/cgi-bin/message/mass/get?access_token=ACCESS_TOKEN
```

POST 数据格式如下。

```
{
    "msg_id": "201053012"
}
```

该数据的参数说明如表 9-20 所示。

表 9-20 查询群发消息发送状态接口消息的参数说明

参 数	说 明
msg_id	群发消息后返回的消息 ID

正确情况下，返回的 JSON 数据包如下。

```
{
    "msg_id":201053012,
    "msg_status":"SEND_SUCCESS"
}
```

该数据的参数说明如表 9-21 所示。

表 9-21 查询群发消息发送状态接口返回消息的参数说明

参 数	说 明
msg_id	群发消息后返回的消息 ID
msg_status	消息发送后的状态，SEND_SUCCESS 表示发送成功

9.2.9 接收群发结果

由于群发任务提交后，群发任务可能在一定时间后才完成，因此群发接口调用时，仅会给出群发任务是否提交成功的提示。若群发任务提交成功，则在群发任务结束时会向开发者在公众平台填写的开发者 URL（callback URL）推送事件。

推送的 XML 结构如下（发送成功时）。

```
<xml>
    <ToUserName><![CDATA[gh_3e8adccde292]]></ToUserName>
    <FromUserName><![CDATA[oR5Gjjl_eiZoUpGozMo7dbBJ362A]]></FromUserName>
    <CreateTime>1394524295</CreateTime>
    <MsgType><![CDATA[event]]></MsgType>
    <Event><![CDATA[MASSSENDJOBFINISH]]></Event>
    <MsgID>1988</MsgID>
    <Status><![CDATA[sendsuccess]]></Status>
    <TotalCount>100</TotalCount>
    <FilterCount>80</FilterCount>
    <SentCount>75</SentCount>
    <ErrorCount>5</ErrorCount>
</xml>
```

该数据的参数说明如表 9-22 所示。

表 9-22　群发结果消息的参数说明

参　数	说　明
ToUserName	公众号的微信号
FromUserName	公众号群发助手的微信号，为 mphelper
CreateTime	创建时间的时间戳
MsgType	消息类型，此处为 event
Event	事件信息，此处为 MASSSENDJOBFINISH
MsgID	群发的消息 ID
Status	群发的结构，为 send success 或 send fail 或 err（num）
TotalCount	tag_id 下的粉丝数；或者 openid_list 中的粉丝数
FilterCount	过滤后准备发送的粉丝数，原则上，FilterCount = SentCount + ErrorCount
SentCount	发送成功的粉丝数
ErrorCount	发送失败的粉丝数

9.3 案例实践

9.3.1 一次回复多条消息

下面介绍使用消息接口与客服接口相结合的方式，一次性回复用户多条消息。其本质是使用消息接口自动回复一条消息，再使用客服接口回复多条消息。

首先，在消息接口中收到文本消息的时候，获取 OpenID，相关代码如下。

```
$openid = $object->FromUserName;
```

然后向该 OpenID 发送客服消息，这里可以同时发送文本消息和音乐消息，相关代码如下。

```
//调用客服接口回复
$access_token = "nFX6GFsspSLBKJLgMQ3kj1YM8_FchRE7vE2ZOIlmfiCOQntZKnBwuOen2GCBpFHBYS4Q
LGX9fGoVfA36tftME2sRiYsKPzgGQKU-ygU7x8cgy_1tlQ4n1mhSumwQEGy6PK6rdTdo8O8GROuGE3Hiag";
$url = "https://api.weixin.qq.com/cgi-bin/message/custom/send?access_token=".$access_
token;
//发送《最炫民族风》的介绍
$data = '{
    "touser":"'.$openid.'",
    "msgtype":"text",
    "text":
    {
        "content":"《最炫民族风》是凤凰传奇演唱的歌曲，是其第三张专辑《最炫民族风》的主打歌，于 2009
        年 5 月 27 日全亚洲同步发行，2012 年 3 月起在世界范围内走红。其彩铃下载量超过 5000 万。"
    }
}';
$this->https_request($url,$data);

//发送《最炫民族风》的音乐
$data = '{
    "touser": "'.$openid.'",
    "msgtype": "music",
    "music": {
        "title": "最炫民族风",
        "description": "凤凰传奇",
        "musicurl": "http://122.228.226.40/music/zxmzf.mp3",
        "hqmusicurl": "http://122.228.226.40/music/zxmzf.mp3",
        "thumb_media_id": "jVyS3KRGXvfeLHcnFVDSx07LeFhff-qwH0tVxRyU5RMBtC3aC14ta5
        HlGb6eK0_d"
    }
}';
$this->https_request($url,$data);
```

发送完客服消息后，还可以继续使用消息接口回复，相关代码如下。

```
$contentStr = "以上是为您找到的关于 ".$object->Content." 的内容";
if (is_array($contentStr)){
    $resultStr = $this->transmitNews($object, $contentStr);
}else{
    $resultStr = $this->transmitText($object, $contentStr);
}
return $resultStr;
```

上述代码执行后，效果如图 9-9 所示。

客服接口最好发送的是文本、音乐及图文消息，在回复多条消息的时候，可以将这几种结合起来，灵活使用。

9.3.2 服务号每日群发

当前，微信订阅号默认的群发权限是每天一条，服务号默认的群发权限是每月 4 条。但通过客服接口可以对 48 小时内有互动的用户使用客服接口发送消息。使用这一特性，可以对这些用户进行群发。

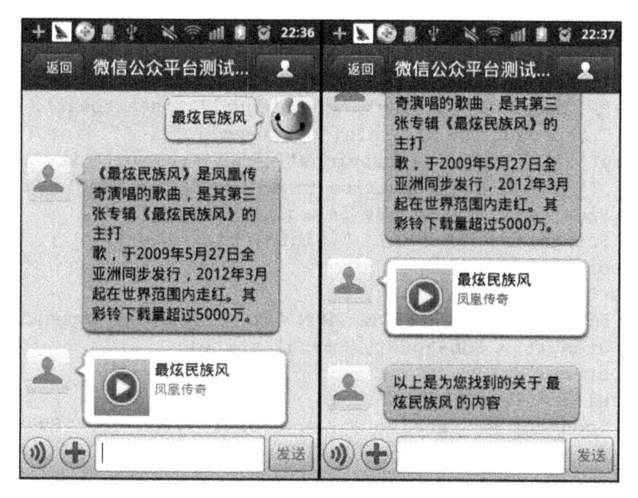

图 9-9　同时使用消息接口和客服接口回复

首先设计一个存储用户基本资料的表，其中需要包含用户的 OpenID，以及最后互动的时间记录。

建表的 SQL 语句如下。

```
DROP TABLE IF EXISTS 'wx_user';
CREATE TABLE IF NOT EXISTS 'wx_user' (
    'id' int(11) NOT NULL AUTO_INCREMENT COMMENT '序号',
    'openid' varchar(30) NOT NULL COMMENT '微信 id',
    'nickname' varchar(20) CHARACTER SET utf8mb4 NOT NULL COMMENT '昵称',
    'sex' varchar(4) NOT NULL COMMENT '性别',
    'country' varchar(10) NOT NULL COMMENT '国家',
    'province' varchar(16) NOT NULL COMMENT '省份',
    'city' varchar(16) NOT NULL COMMENT '城市',
    'headimgurl' varchar(200) NOT NULL COMMENT '头像',
    'heartbeat' varchar(100) NOT NULL COMMENT '最后心跳',
    'subscribe' varchar(15) NOT NULL COMMENT '关注时间',
    PRIMARY KEY ('id'),
    UNIQUE KEY 'openid' ('openid')
) ENGINE=MyISAM  DEFAULT CHARSET=utf8 AUTO_INCREMENT=1 ;
```

其中，heartbeat 字段用于记录用户最后的互动时间。

当用户关注公众号的时候，将写入用户基本信息并将最后的互动时间记录为关注时间。

```
 1 //接收事件消息
 2 private function receiveEvent($object)
 3 {
 4     require_once('class/mysql.class.php');
 5     $db = new class_mysql();
 6     require_once('class/weixin.class.php');
 7     $weixin = new class_weixin();
 8     $openid = strval($object->FromUserName);
 9     $content = "";
10     switch ($object->Event)
11     {
```

```
12          case "subscribe":
13              $info = $weixin->get_user_info($openid);
14              $mysql_state = "INSERT INTO 'wx_user' ('id', 'openid', 'nickname', 'sex',
        'country', 'province', 'city', 'headimgurl', 'heartbeat', 'subscribe') VALUES
        (NULL, '".$openid."', '".$info['nickname']."', '".$info['sex']."', '".$info
        ['country']."', '".$info['province']."', '".$info['city']."', '".$info['head
        imgurl']."', '".$info['subscribe_time']."', '".$info['subscribe_time']."');";
15              $result = $db->query($mysql_state);
16              $content = "欢迎关注，".$info['nickname'];
17              break;
18          case "unsubscribe":
19              $mysql_state = "DELETE FROM 'wx_user' WHERE 'openid' = '".$openid."';";
20              $result = $db->query($mysql_state);
21              break;
22          default:
23              $content = "receive a new event: ".$object->Event;
24              break;
25      }
26      if(is_array($content)){
27          if (isset($content[0]['PicUrl'])){
28              $result = $this->transmitNews($object, $content);
29          }else if (isset($content['MusicUrl'])){
30              $result = $this->transmitMusic($object, $content);
31          }
32      }else{
33          $result = $this->transmitText($object, $content);
34      }
35      return $result;
36 }
```

上述代码解读如下。

第 13 行：用于获取用户的基本信息。

第 14 ~ 15 行：构造用户信息插入语句并将数据插入数据库。

第 18 ~ 21 行：取消关注的用户将删除记录。

除了关注和取消关注之外，用户有其他互动时，将更新用户最后的互动时间，代码实现如下。

```
1 //响应消息
2 public function responseMsg()
3 {
4     $postStr = $GLOBALS["HTTP_RAW_POST_DATA"];
5     if (!empty($postStr)){
6         $this->logger("R ".$postStr);
7         $postObj = simplexml_load_string($postStr, 'SimpleXMLElement', LIBXML_
          NOCDATA);
8         $RX_TYPE = trim($postObj->MsgType);
9
10        if (($postObj->MsgType == "event") && ($postObj->Event == "subscribe" ||
          $postObj->Event == "unsubscribe")){
11            //过滤关注和取消关注事件
12        }else{
13            require_once('class/mysql.class.php');
14            $db = new class_mysql();
```

```
15              $mysql_state = "UPDATE 'wx_user' SET 'heartbeat' = '".time()."' WHERE
                'openid' = '".$postObj->FromUserName."';";
16              $result = $db->query($mysql_state);
17          }
18
19          //消息类型分离
20          switch ($RX_TYPE)
21          {
22              case "event":
23                  $result = $this->receiveEvent($postObj);
24                  break;
25              case "text":
26                  $result = $this->receiveText($postObj);
27                  break;
28              default:
29                  $result = "unknown msg type: ".$RX_TYPE;
30                  break;
31          }
32          $this->logger("T ".$result);
33          echo $result;
34      }else {
35          echo "";
36          exit;
37      }
38 }
```

上述代码解读如下。

第 10 行：过滤关注和取消关注事件。

第 13 ~ 16 行，更新用户最后的互动时间，为下面的群发做准备。

接下来获取 48 小时内有互动的用户，实现代码如下。

```
1 $mysql_state = "SELECT 'id','openid','heartbeat' FROM 'tp_user' WHERE 'heart
     beat' > ". (time() - 172800);
2 $result = $db->query($mysql_state);
```

上述代码中，48 小时即 172 800s，将当前时间前移 48 小时后，再查询该时间之后的用户，即可得到 48 小时内有互动的用户。

最后对用户进行群发，实现代码如下。

```
1 $content = array();
2 $content[] = array("Title"=>" 多图文 1 标题 ", "Description"=>"", "PicUrl"=>"http://
     discuz.comli.com/weixin/weather/icon/cartoon.jpg", "Url" =>"http://m.cnblogs.
     com/?u=txw1958");
3 $content[] = array("Title"=>" 多图文 2 标题 ", "Description"=>"", "PicUrl"=>"http://
     d.hiphotos.bdimg.com/wisegame/pic/item/f3529822720e0cf3ac9f1ada0846f21fb
     e09aaa3.jpg", "Url" =>"http://m.cnblogs.com/?u=txw1958");
4 $content[] = array("Title"=>" 多图文 3 标题 ", "Description"=>"", "PicUrl"=>"http://
     g.hiphotos.bdimg.com/wisegame/pic/item/18cb0a46f21fbe090d338acc6a600c3386
     44adfd.jpg", "Url" =>"http://m.cnblogs.com/?u=txw1958");
5
6 for($j = 0; $j < count($result); $j++)
7 {
8     $openid = $result[$j]["openid"];
```

```
 9     $result = $weixin->send_custom_message($openid, "news", $content);
10 }
```

上述代码解读如下。

第 1 ~ 4 行：构造一个图文消息，用于群发。

第 6 ~ 10 行：遍历进行消息发送。

这样就实现了对 48 小时内有互动的用户的群发。

9.4 本章小结

本章介绍了使用群发消息接口发送消息和使用客服接口发送消息的原理及实现方法，并提供了一次性回复多条消息及服务号每日群发实现方法的案例。

需要注意的是，频繁的群发会对用户造成打扰，也会受到微信平台的监管。

第 10 章　微信小店和模板消息

2014 年 5 月 29 日，微信公众平台宣布正式推出“微信小店”。微信小店是基于微信公众平台打造的原生电商模式，包括添加商品、商品管理、订单管理、货架管理、维权等功能，开发者可使用接口批量添加商品，快速开店。“微信小店”的上线意味着微信公众平台上真正实现了技术“零门槛”的电商接入模式。

本章介绍微信小店的搭建及常用功能的二次开发。

10.1　微信小店的搭建

微信小店在微信支付能力的基础上，支持商家进行添加商品、商品管理、订单管理、货架管理、维权仲裁等操作。申请微信小店之前，需要先申请微信支付。通过微信支付审核的商家，可以直接申请微信小店。通过微信小店的审核后，就可以使用和运营微信小店了。

10.1.1　微信小店概况

微信小店可以从功能列表的“添加功能插件”中进行添加，添加成功后，将在功能列表中显示，如图 10-1 所示。

点击“微信小店”，将进入微信小店后台管理界面，可以看到微信小店的概况，如待发货订单及待处理维权数、昨日关键指标等，如图 10-2 所示。

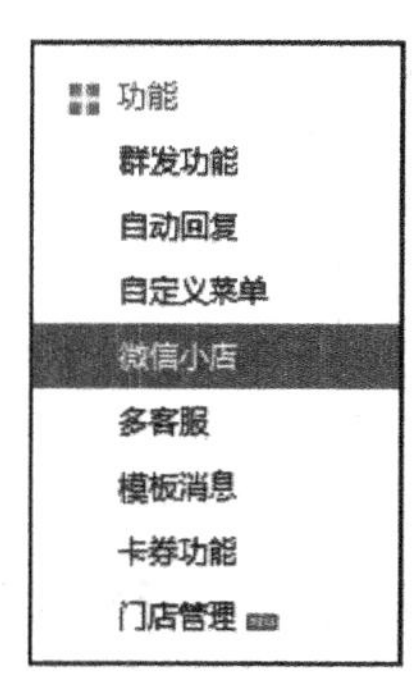

图 10-1　微信功能列表

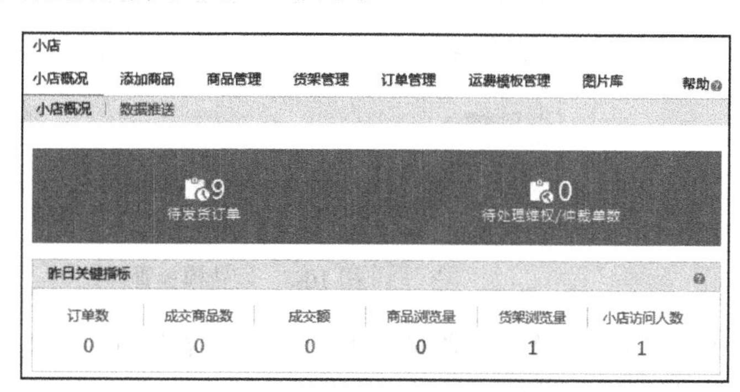

图 10-2　微信小店概况

除此之外，还有关键指标趋势及关键指标明细等图表，如图 10-3 和图 10-4 所示。

10.1.2　运费模板管理

运营微信小店之前，需要对它进行一些配置，首先可以配置运费模板。

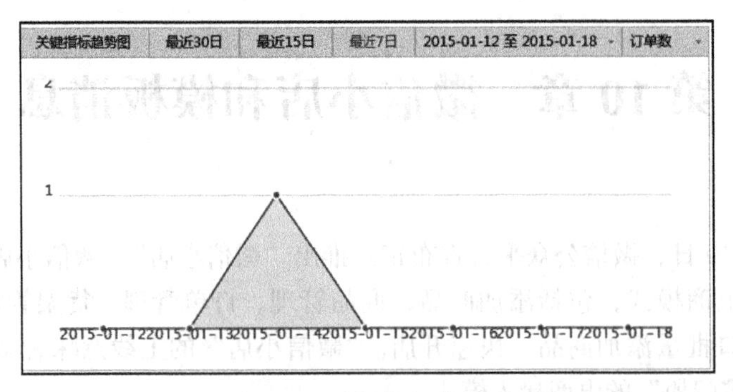

图 10-3　关键指标趋势图

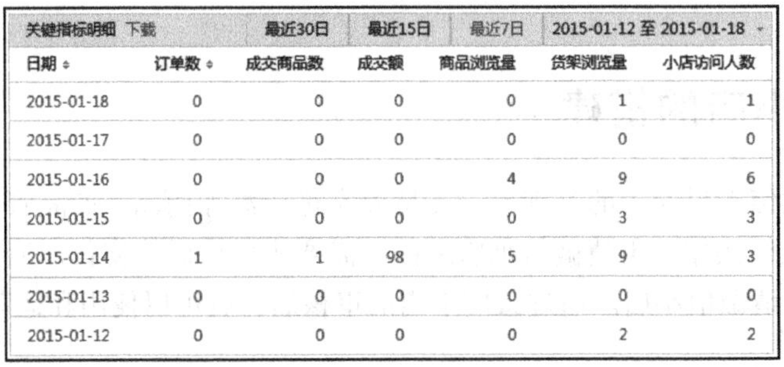

关键指标明细　下载　　最近30日　最近15日　最近7日　2015-01-12 至 2015-01-18

日期	订单数	成交商品数	成交额	商品浏览量	货架浏览量	小店访问人数
2015-01-18	0	0	0	0	1	1
2015-01-17	0	0	0	0	0	0
2015-01-16	0	0	0	4	9	6
2015-01-15	0	0	0	0	3	3
2015-01-14	1	1	98	5	9	3
2015-01-13	0	0	0	0	0	0
2015-01-12	0	0	0	0	2	2

图 10-4　关键指标明细

运费模板就是为一批商品设置同一个运费。当您需要修改运费的时候，这些关联商品的运费将一起被修改。点击标签列表中的“运费模板管理”，可以新建及编辑运费模板，如图 10-5 所示。

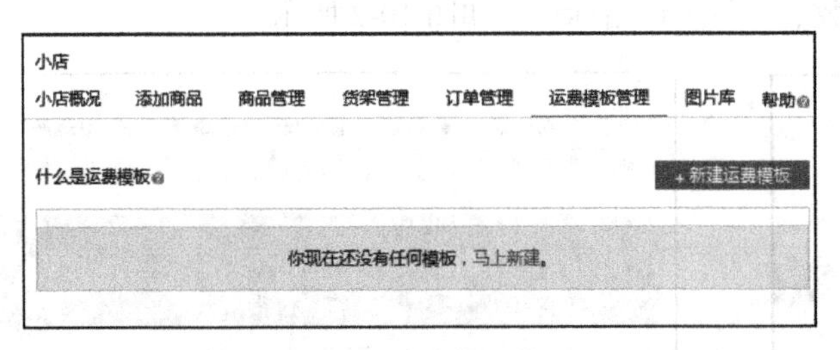

图 10-5　运费模板管理

点击“新建运费模板”，将进入新建窗口，可在该窗口中填写模板名称，选择配送方式及运费设置，如图 10-6 所示。

填写完后点击“保存”按钮，将看到当前已建好的运费模板，如图 10-7 所示。

10.1.3　商品分组管理

建好运费模板之后，可以创建商品分组。合理设置商品分组能方便将商品填写到货架中，并进行及时的管理。

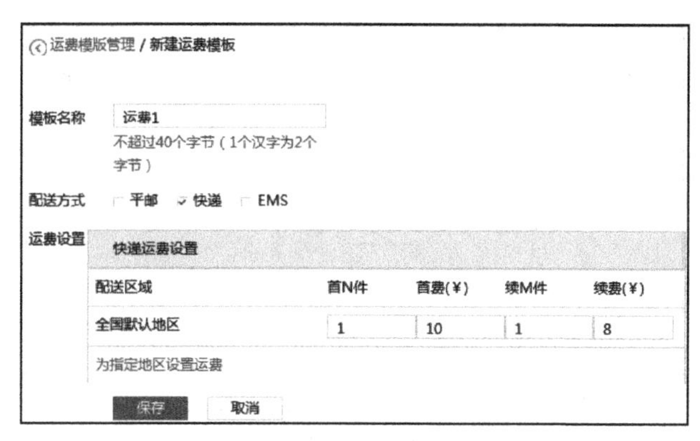

图 10-6　新建运费模板

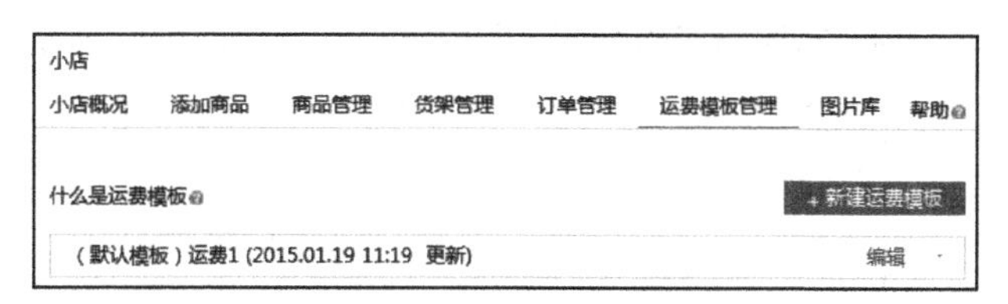

图 10-7　已建好的运费模板

点击标签列表中的“商品管理”，进入商品分组管理界面，在右侧的商品分组列表中点击“新建分组”，如图 10-8 所示。

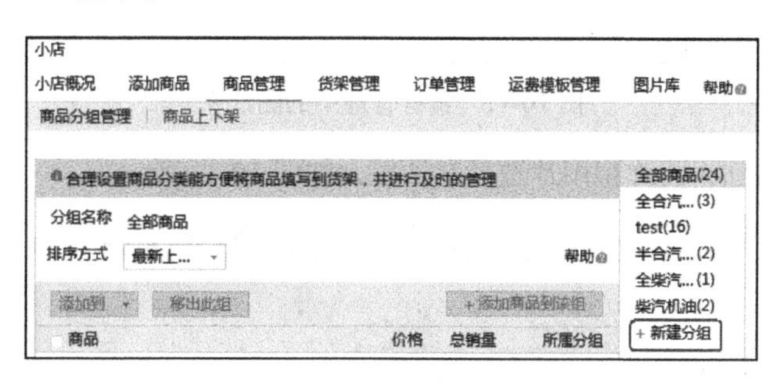

图 10-8　新建分组

在新建分组中填写分组名称，点击“确定”按钮后，将成功建立一个商品分组，如图 10-9 所示。

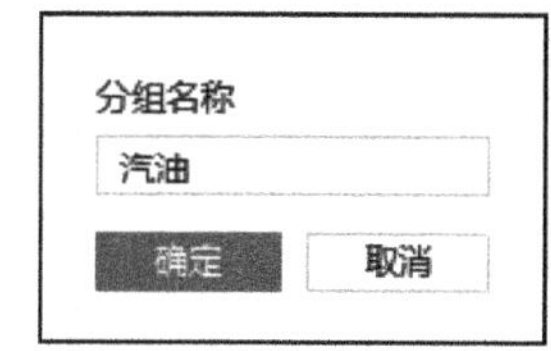

图 10-9　分组名称

10.1.4　图片库

图片库用于存储商品的图片，一个商品至少需要上传一个主图，商品主图将会作为商品的默认图片出现在货架及商品详情页，还可以上传多个其他图片，方便客户更好地了解商品。微信小店的图片库存储在微信素材中。

在微信小店的标签列表中点击“图片库”，如图 10-10 所示。

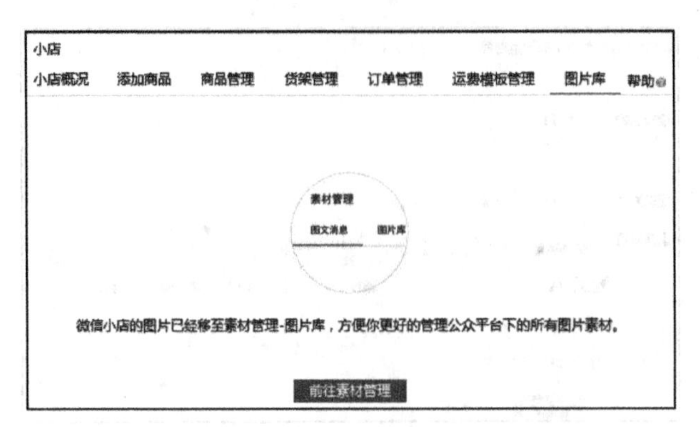

图 10-10　图片库

系统将提示前往“素材管理”|“图片库”进行上传，如图 10-11 所示。

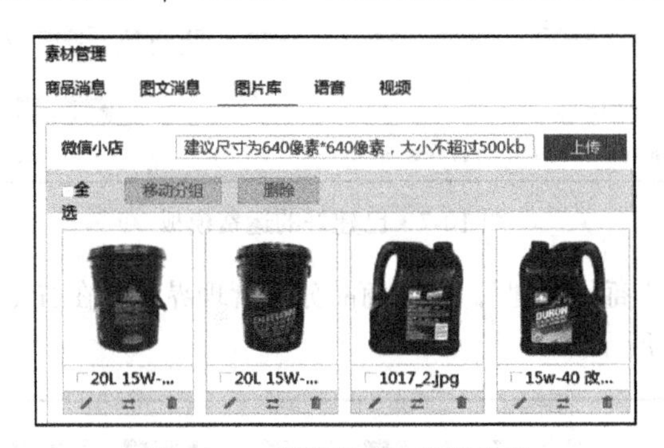

图 10-11　素材管理中的图片库

点击“上传”按钮，将弹出图片选择对话框，如图 10-12 所示。

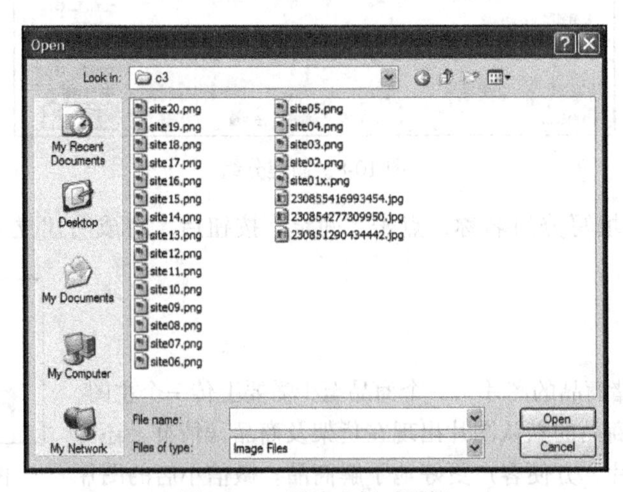

图 10-12　图片选择对话框

选择要上传的图片，上传后将显示在图片库中，如图 10-13 所示。

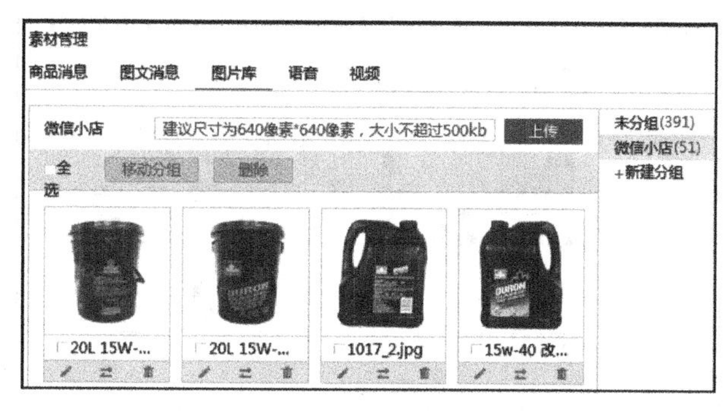

图 10-13　图片库

10.1.5　添加商品

在运费模板、商品分组、图片库都设置好相应的内容之后，就可以开始添加商品了。

点击标签列表中的“添加商品”后，进入类目选择界面，根据自己产品的实际情况选择相应的类目，如图 10-14 所示。

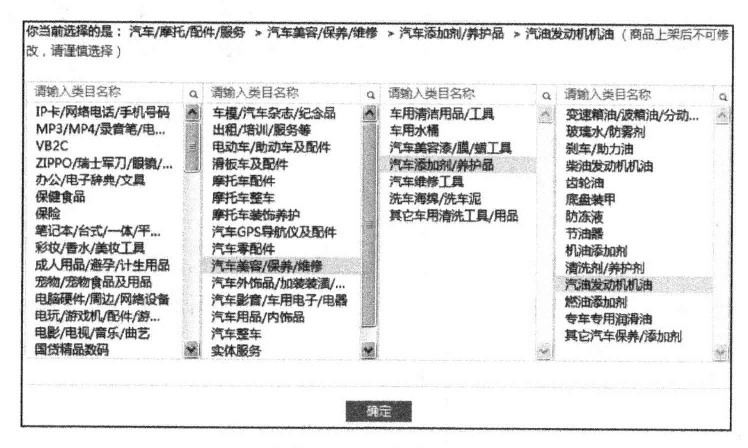

图 10-14　类目选择

选择好类目之后，点击“确定”按钮，进入商品信息填写界面，可以选择商品属性及商品分组，如图 10-15 所示。

接下来填写商品名称、微信价格、商品库存等信息，其他内容可选填或根据产品实际情况修改，如图 10-16 所示。

设置好商品信息后，为商品选择图片。点击主图或其他图片中的图片选择控件，将弹出图片库。在图片库中选择图片后，点击“确认”按钮即可，如图 10-17 所示。

确认后将会显示当前已选择的图片，如图 10-18 所示。

最后，设置商品的物流信息、售后信息及上架设置等内容，如图 10-19 所示。

所有内容都设置好并提交后，可以在“商品管理”中看到刚才上传的商品，如图 10-20 所示。

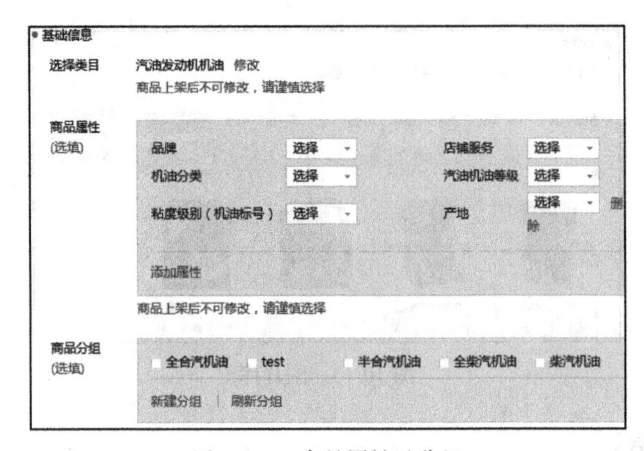

图 10-15　商品属性及分组

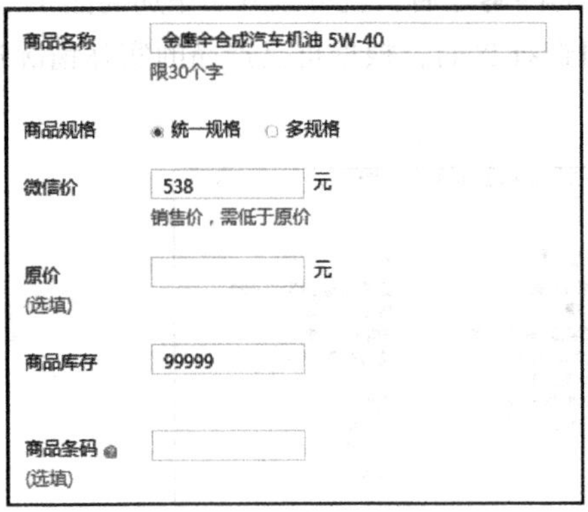

商品名称　金盾全合成汽车机油 5W-40
限30个字
商品规格　统一规格　多规格
微信价　538 元
销售价，需低于原价
原价 (选填)　元
商品库存　99999
商品条码 (选填)

图 10-16　商品基本信息

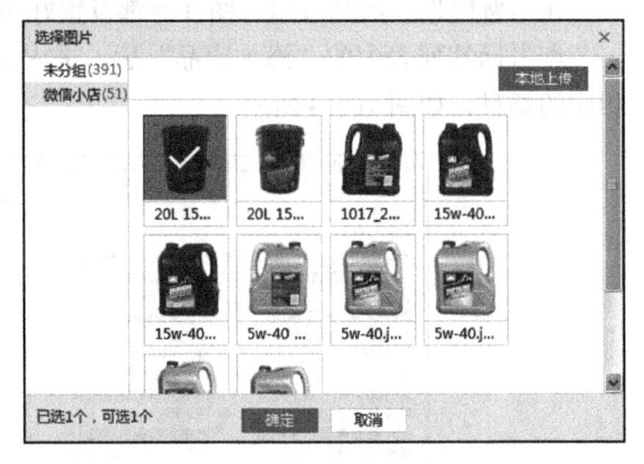

图 10-17　选择图片

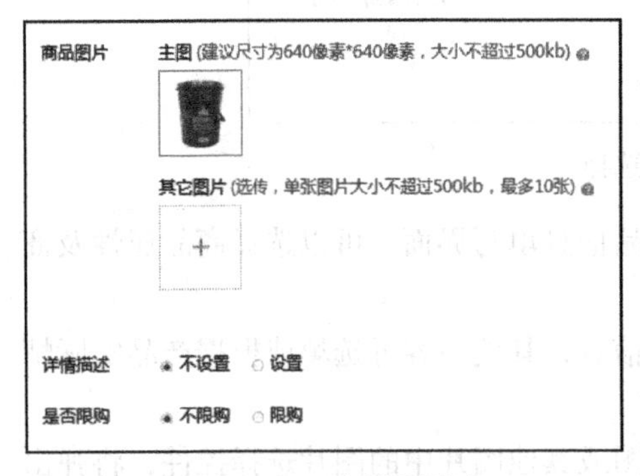

图 10-18　已选择的图片

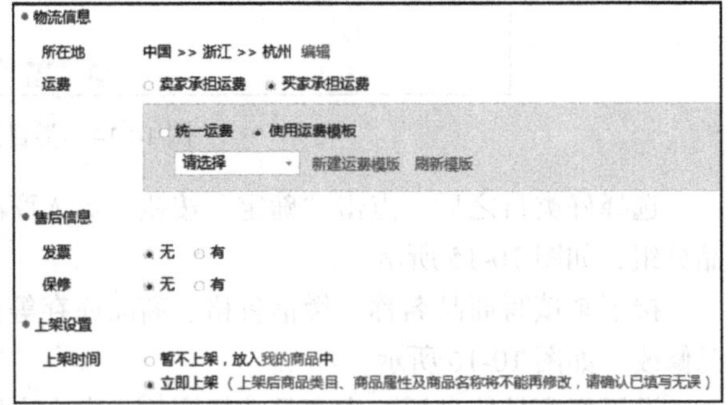

图 10-19　设置物流信息、售后信息、上架设置等内容

10.1.6　货架管理

货架是商家承载商品的模板，每一个货架都是由不同的控件组成的。

点击标签列表中的“货架管理”后，将显示当前的货架情况，如图 10-21 所示。

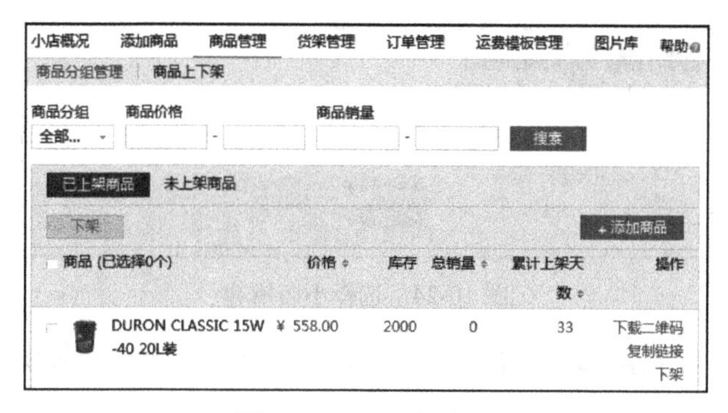

图 10-20　已上架商品

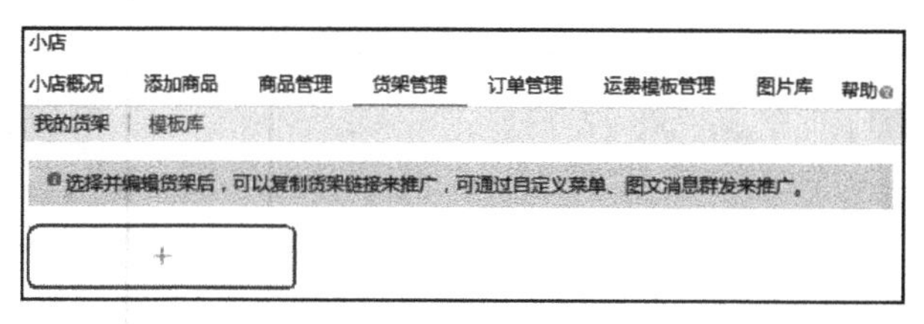

图 10-21　货架管理

点击下方的添加控件，将显示当前的货架模板，如图 10-22 所示。

选择其中一个货架模板，将进入该货架的编辑界面，如图 10-23 所示。

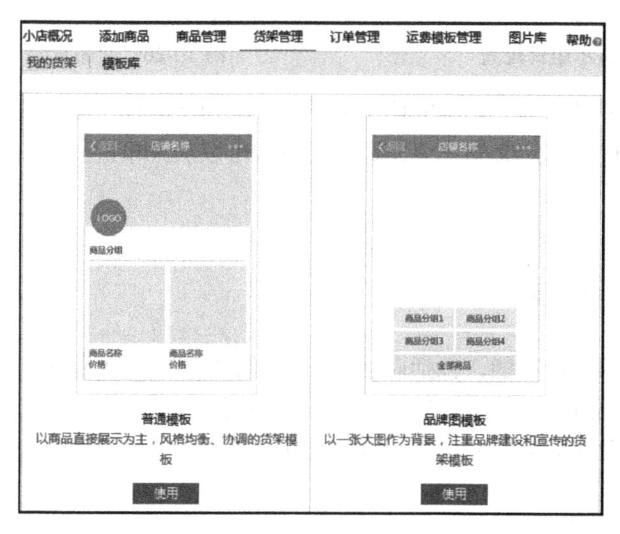

图 10-22　货架模板　　　　图 10-23　编辑货架

将鼠标移到招牌处，将显示笔形图标，点击招牌图片，可以上传小店招牌，图片的建议尺寸为 640 × 300 像素，如图 10-24 所示。

在下方的商品展示组件中，为组件选择要展示的商品分组名称及展示商品数量，如图 10-25 所示。

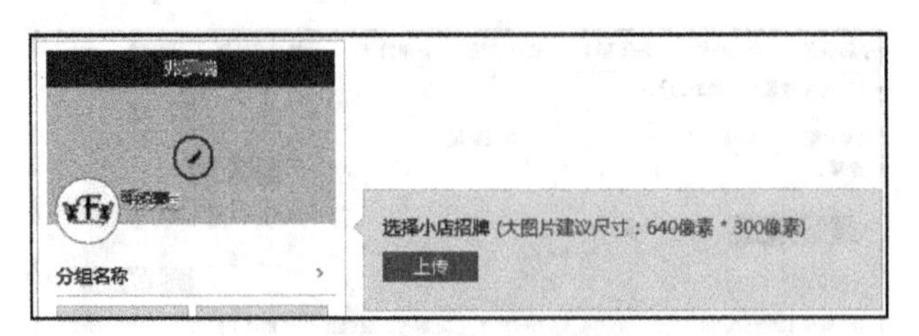

图 10-24　选择小店招牌

上述招牌和商品展示组件均配置好并保存后，商品货架如图 10-26 所示。

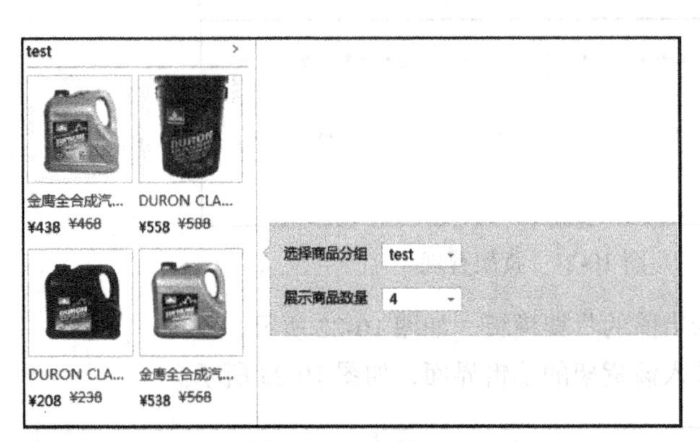

图 10-25　商品展示组件配置

图 10-26　商品货架

鼠标移到底部别针图标处，可以看到“复制链接”字样，点击别针图标，该链接将被复制到剪贴板中。此时可以将链接放入自定义菜单中，这样用户就可以从菜单进入微信小店购买商品了。

10.2　微信小店的二次开发

微信小店已经具有一个商城的基本功能，包括商品管理、订单管理、货架管理、运费管理等功能，但还不够完善，比如没有购物车、没有订单查询等功能。根据微信小店提供的 API 接口及第三方接口，可以开发其他常用的功能，包括付款交易通知、订单明细查询以及快递查询等功能。

10.2.1　微信小店 SDK

在正式讲解开发内容之前，需要先将常用功能函数写入类中，以便在后面的章节中调用。以下是方倍工作室开发的用于微信小店的 SDK 代码。

```
1 <?php
2
```

```
 3 /*
 4     方倍工作室
 5     CopyRight 2014 All Rights Reserved
 6 */
 7 require_once('config.php');    //引用配置
 8
 9 class class_weixin
10 {
11     var $appid = APPID;
12     var $appsecret = APPSECRET;
13
14     //构造函数，获取Access Token
15     public function __construct($appid = NULL, $appsecret = NULL)
16     {
17         if($appid && $appsecret){
18             $this->appid = $appid;
19             $this->appsecret = $appsecret;
20         }
21
22         $url = "https://api.weixin.qq.com/cgi-bin/token?grant_type=client_cred
           ential&appid=".$this->appid."&secret=".$this->appsecret;
23         $res = $this->http_request($url);
24         $result = json_decode($res, true);
25         //save to Database or Memcache
26         $this->access_token = $result["access_token"];
27         $this->lasttime = time();
28     }
29
30     //创建菜单
31     public function create_menu($data)
32     {
33         $url = "https://api.weixin.qq.com/cgi-bin/menu/create?access_token=".$
           this->access_token;
34         $res = $this->http_request($url, $data);
35         return json_decode($res, true);
36     }
37
38     //根据订单ID获取订单详情
39     public function get_detail_by_order_id($id)
40     {
41         $data = array('order_id' =>$id);
42         $url = "https://api.weixin.qq.com/merchant/order/getbyid?access_token=".
           $this->access_token;
43         $res = $this->http_request($url, json_encode($data));
44         return json_decode($res, true);
45     }
46
47     //根据订单状态/创建时间获取订单详情
48     public function get_detail_by_filter($data = null)
49     {
50         $url = "https://api.weixin.qq.com/merchant/order/getbyfilter?access_token=".
           $this->access_token;
51         $res = $this->http_request($url, $data);
52         return json_decode($res, true);
53     }
```

```
54
55      //发送客服消息，已实现发送文本，其他类型可扩展
56      public function send_custom_message($touser, $type, $data)
57      {
58          $msg = array('touser' =>$touser);
59          $msg['msgtype'] = $type;
60          switch($type)
61          {
62              case 'text':
63                  $msg[$type]   = array('content'=>urlencode($data));
64                  break;
65              case 'news':
66                  $msg[$type]   = array('articles'=>$data);
67                  break;
68              default:
69                  $msg['text']  = array('content'=>urlencode(" 不支持的消息类型 ".$type));
70                  break;
71          }
72          $url = "https://api.weixin.qq.com/cgi-bin/message/custom/send?access_token=".
            $this->access_token;
73          return $this->http_request($url, urldecode(json_encode($msg)));
74      }
75
76      //发送模板消息
77      public function send_template_message($data)
78      {
79          $url = "https://api.weixin.qq.com/cgi-bin/message/template/send?access_
            token=".$this->access_token;
80          $res = $this->http_request($url, $data);
81          return json_decode($res, true);
82      }
83
84      //HTTPS 请求（支持 GET 和 POST）
85      protected function http_request($url, $data = null)
86      {
87          $curl = curl_init();
88          curl_setopt($curl, CURLOPT_URL, $url);
89          curl_setopt($curl, CURLOPT_SSL_VERIFYPEER, FALSE);
90          curl_setopt($curl, CURLOPT_SSL_VERIFYHOST, FALSE);
91          if (!empty($data)){
92              curl_setopt($curl, CURLOPT_POST, 1);
93              curl_setopt($curl, CURLOPT_POSTFIELDS, $data);
94          }
95          curl_setopt($curl, CURLOPT_RETURNTRANSFER, 1);
96          $output = curl_exec($curl);
97          curl_close($curl);
98          return $output;
99      }
100 }
```

上述代码定义了微信小店的类，在类中定义了本章开发实现需要用到的方法，包括前面章节提到的创建自定义菜单、客服消息及模板消息等功能，以及需要用到的根据订单 ID 获取订单详情和根据订单状态 / 创建时间获取订单详情两个方法，这两个方法的使用方法在后面的章节有详细介绍。

10.2.2　订单付款通知

用户在微信中付款成功后，微信服务器会将订单付款通知推送到开发者在公众平台网站中设置的回调 URL（在开发模式中设置）。该通知是一个 merchant_order 事件消息。

微信推送的 merchant_order 事件消息的内容如下。

```
<xml>
    <ToUserName><![CDATA[weixin_media1]]></ToUserName>
    <FromUserName><![CDATA[oDF3iYyVlek46AyTBbMRVV8VZVlI]]></FromUserName>
    <CreateTime>1398144192</CreateTime>
    <MsgType><![CDATA[event]]></MsgType>
    <Event><![CDATA[merchant_order]]></Event>
    <OrderId><![CDATA[7197417460812584720]]></OrderId>
    <OrderStatus>2</OrderStatus>
    <ProductId><![CDATA[pDF3iYx7KDQVGzB7kDg6Tge5OKFo]]></ProductId>
    <SkuInfo><![CDATA[10001:1000012;10002:100021]]></SkuInfo>
</xml>
```

其中，OrderId 参数是该次交易的订单 ID 号。用户可以根据订单 ID 查询订单详情。

根据订单 ID 查询订单详情的接口如下。

```
https://api.weixin.qq.com/merchant/order/getbyid?access_token=ACCESS_TOKEN
```

该接口的 POST 数据格式如下，参数说明如表 10-1 所示。

```
{
    "order_id": "7197417460812584720"
}
```

表 10-1　订单查询接口的参数说明

字　段	说　明
order_id	订单 ID

返回数据的格式如下。

```
{
    "errcode": 0,
    "errmsg": "success",
    "order": {
        "order_id": "7197417460812533543",
        "order_status": 6,
        "order_total_price": 69,
        "order_create_time": 1394635817,
        "order_express_price": 5,
        "buyer_openid": "oDF3iY17NsDAW4UP2qzJXPsz1S9Q",
        "buyer_nick": "方倍",
        "receiver_name": "方倍工作室",
        "receiver_province": "广东省",
        "receiver_city": "深圳市",
        "receiver_address": "华景路一号南方通信大厦 5 楼",
        "receiver_mobile": "123456789",
        "receiver_phone": "123456789",
        "product_id": "pDF3iYx7KDQVGzB7kDg6Tge5OKFo",
```

```
        "product_name": "包邮正版《微信公众平台开发最佳实践》双十一特惠",
        "product_price": 1,
        "product_sku": "10000983:10000995;10001007:10001010",
        "product_count": 1,
        "product_img": "http://img2.paipaiimg.com/00000000/item-52B87243-63CCF66C0
        00000000040100003565C1EA.0.300x300.jpg",
        "delivery_id": "1900659372473",
        "delivery_company": "059Yunda",
        "trans_id": "1900000109201404103172199813"
    }
}
```

上述数据的参数说明如表10-2所示。

表10-2 订单查询接口返回内容的参数说明

字段		说明
errcode		错误码
errmsg		错误信息
order		订单详情
	order_id	订单ID
	order_status	订单状态
	order_total_price	订单总价格（单位：分）
	order_create_time	订单创建时间
	order_express_price	订单运费价格（单位：分）
	buyer_openid	买家微信的OpenID
	buyer_nick	买家微信昵称
	receiver_name	收货人姓名
	receiver_province	收货地址省份
	receiver_city	收货地址城市
	receiver_address	收货详细地址
	receiver_mobile	收货人移动电话
	receiver_phone	收货人固定电话
	product_id	商品ID
	product_name	商品名称
	product_price	商品价格（单位：分）
	product_sku	商品SKU
	product_count	商品个数
	product_img	商品图片
	delivery_id	运单ID
	delivery_company	物流公司编码
	trans_id	交易ID

付款通知在事件消息中的实现代码如下。

```
1 //接收事件消息
2 private function receiveEvent($object)
3 {
4     $content = "";
5     switch ($object->Event)
```

```
6       {
7           case "subscribe":
8               $content = " 欢迎关注 ";
9               break;
10          case "CLICK":
11              switch ($object->EventKey)
12              {
13                  default:
14                      $content = " 点击菜单: ".$object->EventKey;
15                      break;
16              }
17              break;
18          case "merchant_order":
19              $orderid = strval($object->OrderId);
20              $openid = strval($object->FromUserName);
21              require_once('weixin.class.php');
22              $weixin = new class_weixin();
23              $orderArr0 = $weixin->get_detail_by_order_id($orderid);
24              $orderArr  = $orderArr0["order"];
25
26              //客服接口发送
27              $orderInfo = "【订单信息】\n 单号: ".$orderArr["order_id"]."\n 时间: ".
                date("Y-m-d H:i:s", ($orderArr["order_create_time"]));
28              $goodsInfo = "【商品信息】\n 名称: ".$orderArr["product_name"].
29              "\n 总价:¥".($orderArr["product_price"] / 100)." × ".$orderArr["pro
                duct_count"]." + ¥".($orderArr["order_express_price"] / 100)." = ¥".
                ($orderArr["order_total_price"] / 100);
30              $buyerInfo = "【买家信息】\n 昵称: ".$orderArr["buyer_nick"].
31              "\n 地址: ".$orderArr["receiver_province"].$orderArr["receiver_city"].
                $orderArr["receiver_zone"].$orderArr["receiver_address"].
32              "\n 姓名: ".$orderArr["receiver_name"]." 电话: ".((isset($orderArr["rece
                iver_phone"]) && !empty($orderArr["receiver_phone"]))?($order
                Arr["receiver_phone"]):($orderArr["receiver_mobile"]));
33              $data[] = array("title"=>urlencode(" 订单通知 "), "description"=>"",
                "picurl"=>"", "url" =>"");
34              $data[] = array("title"=>urlencode($orderInfo), "description"=>"",
                "picurl"=>"", "url" =>"");
35              $data[] = array("title"=>urlencode($goodsInfo), "description"=>"",
                "picurl"=>$orderArr["product_img"], "url" =>"");
36              $data[] = array("title"=>urlencode($buyerInfo), "description"=>"",
                "picurl"=>"", "url" =>"");
37              $result2 = $weixin->send_custom_message($openid, "news", $data);
38
39              $content = "";
40              break;
41          default:
42              $content = "";
43              break;
44
45      }
46      if(is_array($content)){
47          if (isset($content[0])){
48              $result = $this->transmitNews($object, $content);
49          }else if (isset($content['MusicUrl'])){
50              $result = $this->transmitMusic($object, $content);
51          }
```

```
52      }else{
53          $result = $this->transmitText($object, $content);
54      }
55
56      return $result;
57 }
```

上述代码中和订单查询通知相关部分的简要说明如下。

第 18 行：判断是否收到订单付款通知。

第 19 ~ 20 行：获取用户的 OpenID 及订单 ID。

第 21 ~ 24 行：引用微信小店 SDK，根据订单 ID 查询订单详情。

第 26 ~ 37 行：将订单详情中的内容填充进微信模板消息中并发送。

一个购买成功通知的图文消息实现效果如图 10-27 所示。

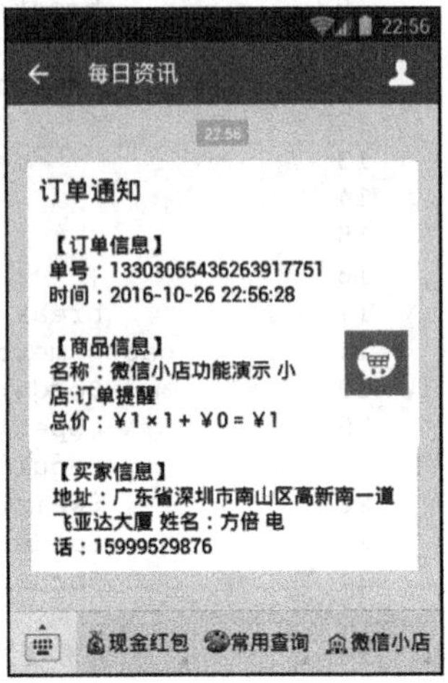

图 10-27　购买成功通知

10.2.3　订单查询

微信小店的后台中提供了订单查询功能，但只有商家能使用，如果用户需要查看自己的订单，则要使用微信小店的接口来开发实现。这需要用到根据订单状态 / 创建时间获取订单详情的接口。

根据订单状态 / 创建时间获取订单详情的接口如下。

```
https://api.weixin.qq.com/merchant/order/getbyid?access_token=ACCESS_TOKEN
```

该接口的 POST 数据格式如下，参数说明如表 10-3 所示。

```
{
    "status": 2,
    "begintime": 1397130460,
    "endtime": 1397130470
}
```

表 10-3　订单查询接口的参数说明

字　段	说　明
status	订单状态（不带该字段 - 全部状态，2- 待发货，3- 已发货，5- 已完成，8- 维权中）
begintime	订单创建时间起始时间（不带该字段则不按照时间进行筛选）
endtime	订单创建时间终止时间（不带该字段则不按照时间进行筛选）

返回数据格式如下，参数说明如表 10-4 所示。

```
{
    "errcode": 0,
    "errmsg": "success",
    "order_list": [
        {
            "order_id": "7197417460812533543",
            "order_status": 6,
```

```
            "order_total_price": 6,
            "order_create_time": 1394635817,
            "order_express_price": 5,
            "buyer_openid": "oDF3iY17NsDAW4UP2qzJXPsz1S9Q",
            "buyer_nick": "likeacat",
            "receiver_name": "方倍",
            "receiver_province": "广东省",
            "receiver_city": "广州市",
            "receiver_address": "华景路一号南方通信大厦5楼",
            "receiver_mobile": "123456",
            "receiver_phone": "123456",
            "product_id": "pDF3iYx7KDQVGzB7kDg6Tge5OKFo",
            "product_name": "《微信公众平台开发最佳实践》",
            "product_price": 1,
            "product_sku": "10000983:10000995;10001007:10001010",
            "product_count": 1,
            "product_img": "http://mmbiz.qpic.cn/mmbiz/4whpV1VZl2icND8WwMThBEcehjh
            Dv2icY4GrDSG5RLM3B2qd9kOicWGVJcsAhvXfibhWRNoGOvCfMC33G9z5yQr2Qw/0",
            "delivery_id": "1900659372473",
            "delivery_company": "059Yunda",
            "trans_id": "1900000109201404103172199813"
        },
        {
            "order_id": "7197417460812533569",
            "order_status": 8,
            "order_total_price": 1,
            "order_create_time": 1394636235,
            "order_express_price": 0,
            "buyer_openid": "oDF3iY17NsDAW4UP2qzJXPsz1S9Q",
            "buyer_nick": "likeacat",
            "receiver_name": "张三",
            "receiver_province": "广东省",
            "receiver_city": "广州市",
            "receiver_address": "华景路一号南方通信大厦5楼",
            "receiver_mobile": "123456",
            "receiver_phone": "123456",
            "product_id": "pDF3iYx7KDQVGzB7kDg6Tge5OKFo",
            "product_name": "《教爸爸妈妈用微信》",
            "product_price": 1,
            "product_sku": "1075741873:1079742377",
            "product_count": 1,
            "product_img": "http://mmbiz.qpic.cn/mmbiz/4whpV1VZl2icND8WwMThBEcehjh
            Dv2icY4GrDSG5RLM3B2qd9kOicWGVJcsAhvXfibhWRNoGOvCfMC33G9z5yQr2Qw/0",
            "delivery_id": "1900659372473",
            "delivery_company": "059Yunda",
                "trans_id": "1900000109201404103172199813"
        }
    ]
}
```

表 10-4　订单查询接口返回内容的参数说明

字　段	说　明
errcode	错误码
errmsg	错误信息
order_list	所有订单集合（字段说明详见根据订单 ID 获取订单详情）

为了在微信中实现订单查询，需要先将一个菜单设置为“订单查询”，该菜单的类型为“CLICK”，key 值为“WDDD”。

菜单的实现代码如下。

```
1 require_once('weixin.class.php');
2 $weixin = new class_weixin();
3
4 $button[] = array('type' => "view",
5                   'name' => urlencode("微信小店"),
6                   'url'  => "http://mp.weixin.qq.com/bizmall/mallshelf?id=&t=mall/
                    list&biz=MzANDQxNDUwNQ==&shelf_id=1&showwxpaytitle=1#wechat_
                    redirect",
7                  );
8 $button[] = array('name' => urlencode("更多"),
9                   'sub_button' => array(array('type' => "click",
10                                              'name' => urlencode("我的订单"),
11                                              'key'  => urlencode("WDDD")
12                                             ),
13                                        )
14                  );
15 $menu = urldecode(json_encode(array('button' => $button)));
16 var_dump($weixin->create_menu($menu));
```

当用户点击“我的订单”时，微信接口将接收到这一点击事件通知，并且调用微信小店的订单查询接口来查询当前用户的订单信息，实现代码如下。

```
1 //接收事件消息
2 private function receiveEvent($object)
3 {
4     $content = "";
5     switch ($object->Event)
6     {
7         case "subscribe":
8             $content = "欢迎关注方倍工作室";
9             break;
10        case "CLICK":
11            switch ($object->EventKey)
12            {
13                case "WDDD":
14                    require_once('weixin.class.php');
15                    $weixin = new class_weixin();
16                    $openid = strval($object->FromUserName);
17                    $orderArr = $weixin->get_detail_by_filter("{}");
18                    if ($orderArr["errcode"] == -1){
19                        $weixin->send_custom_message($openid, "text", "系统繁忙,
                          请稍后再试! ");
20                    }
21                    else if (count($orderArr["order_list"]) == 0){
22                        $weixin->send_custom_message($openid, "text", "没有查询
                          到订单记录! ");
23                    }else{
24                        $data = array();
25                        $data[] = array("title"=>urlencode("我的订单"),
                          "description"=>"", "picurl"=>"", "url" =>"");
```

```
26                          foreach ($orderArr["order_list"] as $index => $item){
27                              if($item["buyer_openid"] == $openid){
28                                  $title = "编号: ".$item["order_id"]."\n 时间: ".
                                    date("Y-m-d H:i:s",$item["order_create_time"])
                                    ."\n 名称: ".$item["product_name"]."\n 总:¥".($item
                                    ["product_price"] / 100)." × ".$item["product_
                                    count"]." + ¥".($item["order_express_price"] /
                                    100)." = ¥".($item["order_total_price"] / 100);
29
30                                  switch ($item["order_status"])
31                                  {
32                                      case 2:
33                                          $orderstatus = "待发货";
34                                          break;
35                                      case 3:
36                                          $orderstatus = "已发货";
37                                          break;
38                                      case 5:
39                                          $orderstatus = "已完成";
40                                          break;
41                                      case 8:
42                                          $orderstatus = "维权中";
43                                          break;
44                                      default:
45                                          $orderstatus = "未知状态码".
                                            $item["order_status"];
46                                          break;
47                                  }
48                                  $title .= "\n 状态: ".$orderstatus;
49                                  $url = "";
50                                  if ($item["order_status"] == 3 && !empty($item
                                        ["delivery_company"])){
51                                      switch ($item["delivery_company"])
52                                      {
53                                          case "Fsearch_code":
54                                              $expressName = "邮政 EMS";
55                                              break;
56                                          case "002shentong":
57                                              $expressName = "申通快递";
58                                              break;
59                                          case "066zhongtong":
60                                              $expressName = "中通速递";
61                                              break;
62                                          case "056yuantong":
63                                              $expressName = "圆通速递";
64                                              break;
65                                          case "042tiantian":
66                                              $expressName = "天天快递";
67                                              break;
68                                          case "003shunfeng":
69                                              $expressName = "顺丰速运";
70                                              break;
71                                          case "059Yunda":
72                                              $expressName = "韵达快运";
73                                              break;
74                                          case "064zhaijisong":
75                                              $expressName = "宅急送";
```

```
76                                          break;
77                                      case "020huitong":
78                                          $expressName = " 汇通快运 ";
79                                          break;
80                                      case "zj001yixun":
81                                          $expressName = " 易迅快递 ";
82                                          break;
83                                      default:
84                                          $expressName = " 未知物流公司，ID: ".
                                            $item["delivery_company"];
85                                          break;
86                                  }
87                                  $title .= "\n 物流: ".$expressName." ".$item
                                    ["delivery_id"];
88                                  if(preg_match("/^\d{3}[A-Za-z]{2,10}$/",
                                    $item["delivery_company"])){
89                                      $companyEn = trim(substr($item["delivery_
                                        company"],3,strlen($item["delivery_
                                        company"])));
90                                      $url = "http://m.kuaidi100.com/result.
                                        jsp?com=".strtolower($companyEn)."&nu=".
                                        $item["delivery_id"];
91                                  }
92                              }
93                                  $data[] = array("title"=>urlencode($title),
                                    "description"=>"", "picurl"=>"", "url" =>$url);
94                          }
95                          if (count($data) >=9){break;}
96                      }
97
98                      if (count($data) == 1){
99                          $result = $weixin->send_custom_message($openid,
                            "text", " 没有查询到你的订单记录！ ");
100                     }else{
101                         $result = $weixin->send_custom_message($openid,
                            "news", $data);
102                     }
103                 }
104                 $content = "";
105                 break;
106             default:
107                 $content = " 空菜单响应！ ";
108                 break;
109         }
110         break;
111     }
112     if(is_array($content)){
113         if (isset($content[0])){
114             $result = $this->transmitNews($object, $content);
115         }else if (isset($content['MusicUrl'])){
116             $result = $this->transmitMusic($object, $content);
117         }
118     }else{
119         $result = $this->transmitText($object, $content);
120     }
121     return $result;
122 }
```

在上述代码中与订单查询通知相关部分的简要说明如下。

第 13 行：判断是否收到订单查询事件通知。

第 14 ~ 17 行：引用微信小店 SDK，获取当前的所有订单信息。

第 18 ~ 23 行：用于查询订单接口的异常判断。

第 24 ~ 96 行：遍历订单详细中的所有订单列表，将当前用户的订单内容填充到微信图文消息中。

第 98 ~ 102 行：使用客服接口将订单详情通过图文消息方式发送。

我的订单查询实现效果如图 10-28 所示。

10.2.4 微信快递查询

发货后，快递查询是一个最常用的功能需求。微信官方提供快递查询接口功能。其接口如下。

```
http://mp.weixin.qq.com/bizmall/expressentry?orderid=1202409669099#wechat_redirect
```

其中，orderid 参数即为快递单号。

在微信中访问上述快递查询链接，将列出该快递单号可能归属的快递公司列表。点击相应的项，即可查询到该快递的详细派送信息，如图 10-29 所示。

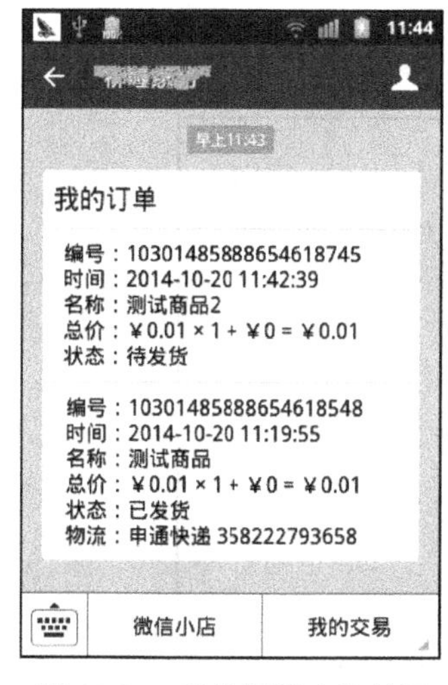

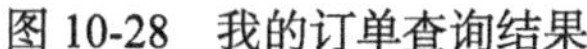
图 10-28 我的订单查询结果

图 10-29 快递查询实现效果

10.2.5 模板消息提醒

在微信小店中，如果需要实现管理员实时接收订单提醒功能，最好的方式是使用模板消息给管理员发订单提醒。

使用模板消息需要先从插件库中申请模板消息功能，插件库如图 10-30 所示。

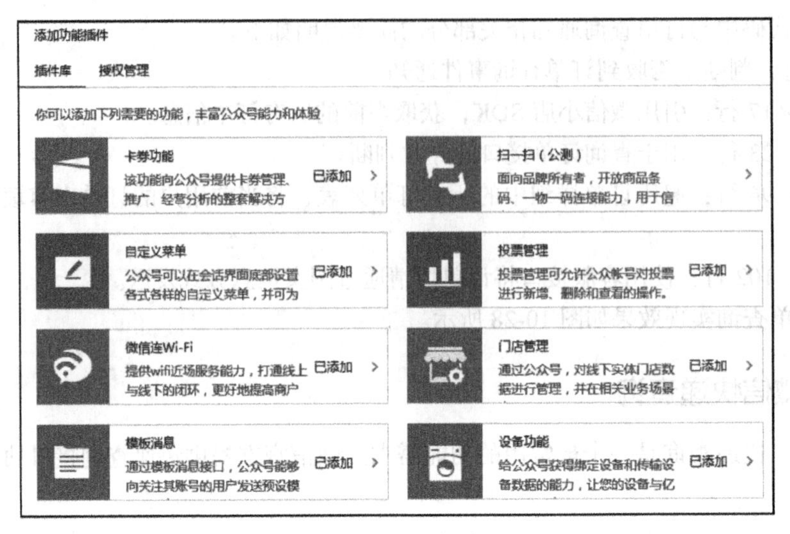

图 10-30　插件库

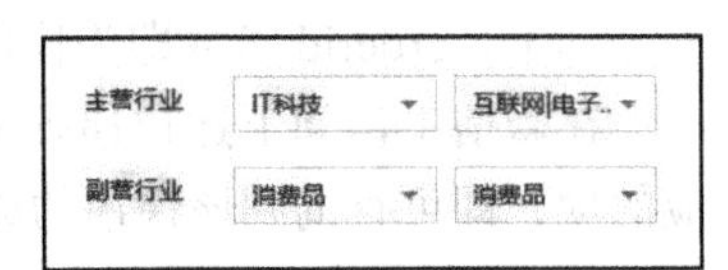

图 10-31　选择行业

申请时需要选择行业，这里设置行业为“IT 科技 - 互联网 | 电子商务”以及“消费品 - 消费品”，如图 10-31 所示。下面将使用消费品行业中的一个模板消息作演示。

在“模板库”的搜索框中搜索“购买成功通知”，将检索出标题为“购买成功通知”的模板列表，如图 10-32 所示。

模板消息

我的模板　模板库　　　　模板消息接口文档

所在行业 IT科技 互联网|电子商务，消费品 消费品　　找不到你想要的模板？帮助我们完善模板库

下次修改时间：2016年11月25日

购买成功通知

编号	标题	一级行业	二级行业	使用人数(人)	信息
OPENTM400221073	车票购买成功通知	IT科技	互联网|电子商务	20	详情
OPENTM402058423	购买成功通知	消费品	消费品	80	详情
OPENTM406792073	购买成功通知	IT科技	互联网|电子商务	2	详情
OPENTM407288173	购买成功通知	IT科技	互联网|电子商务	2	详情
OPENTM406529124	购买成功通知	IT科技	互联网|电子商务	1	详情

图 10-32　模板库

选择编号为“OPENTM402058423”的模板，点击右侧的“详情”，将进入模板详情页面，如图 10-33 所示。

注意，该模板的详细内容中有 first、keyword1、keyword2、keyword3、remark 等参数。使用该模板需要配置这些参数及其键值。

点击“添加”按钮，将该模板加入“模板库”中，如图 10-34 所示。

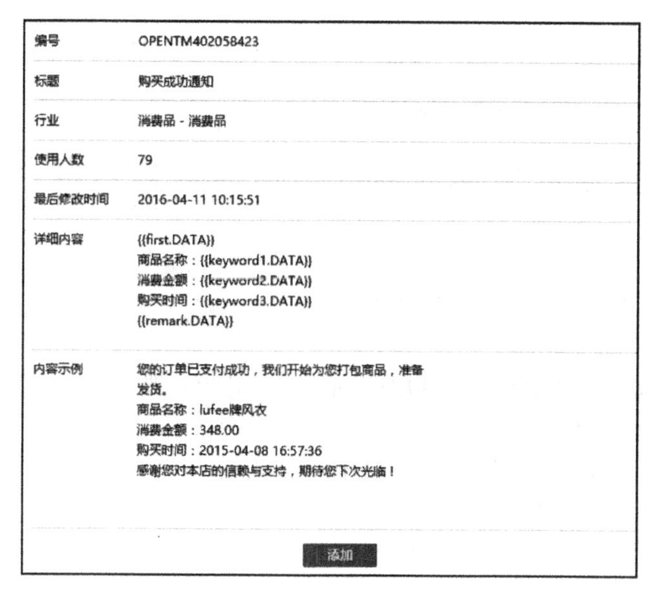

图 10-33　模板详情

序号	模板ID	标题	一级行业	二级行业	操作
1	GWLCypTyjOPTocM4XCcEabm1zqlks1O2WC_qlrynqaA	订单支付成功	IT科技	互联网|电子商务	详情 删除
2	qLEAFqngWZ3JM-M7zSoi8fXE_AePF5fFV806DSzLwuI	购买成功通知	消费品	消费品	详情 删除
3	r781R8uzYvZQnOMtcAW2_B8f5UIEjtuqnV2CkS8PZ5U	发货成功通知	IT科技	互联网|电子商务	详情 删除

图 10-34　我的模板

在返回的模板列表中可以看到该模板的 ID。模板 ID 将要设置在程序中，用于发送该模板消息。

发送模板消息的代码如下。

```
 1 $template = array('touser' => "okhEBvxT87TJB3ew-Gs62RJVk7g0",
 2      'template_id' => "qLEAFqngWZ3JM-M7zSoi8fXE_AePF5fFV806DSzLwuI",
     //模板消息发送 消费品 - 消费品 - 购买成功通知  编号 OPENTM402058423
 3      'url' => "",
 4      'topcolor' => "#7B68EE",
 5      'data' => array('first' => array('value' => "购买用户:".$orderArr["receiver_pro
     vince"].$orderArr["receiver_city"].$orderArr["receiver_zone"].$orderArr["re
     ceiver_address"]." ".$orderArr["receiver_name"]." ".$orderArr["receiver_mobile"],
 6              'color' => "#000000",
 7            ),
 8          'keyword1' => array('value' => $orderArr["product_name"],
 9              'color' => "#000093",
10            ),
11          'keyword2' => array('value' => "￥".($orderArr["order_total_price"] / 100),
12              'color' => "#FF0000",
```

```
13              ),
14          'keyword3' => array('value' => date("Y-m-d H:i:s", ($orderArr["order_create_
            time"])),
15              'color' => "#006000",
16              ),
17          'remark' => array('value' => "订单单号: ".$orderArr["order_id"],
18              'color' => "#000000",
19              ),
20          )
21      );
22 $weixin->send_template_message($template);
```

上述代码的简要说明如下。

第 1 行：设置需要接收模板消息的用户 OpenID，这里一般为微信运营人员的 OpenID。

第 2 行：配置模板 ID。

第 5 ~ 20 行：配置模板消息中各参数的内容及颜色。

第 22 行：发送模板消息。

上述代码执行后，效果如图 10-35 所示。

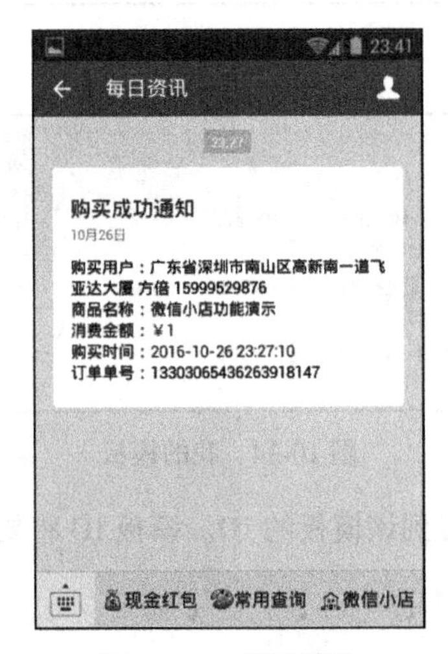

图 10-35　模板消息

10.3　本章小结

本章完整地介绍了微信小店的搭建方式，并对微信小店二次开发的付款通知、订单查询、物流查询、管理员模板消息订单通知等进行了讲解，这些功能对微信小店进行了扩展，使其功能更加完善。

第11章　客服管理

微信公众号提供了客服管理的功能，为需要将公众号接入为客服平台的企业提供了一系列接口，包括消息模式转换、客服管理、会话控制、聊天记录查询等功能。企业可以根据这些功能打造一个微信客服系统。

11.1　消息转发

11.1.1　消息转发到客服

如果公众号处于开发模式，普通微信用户向公众号发消息时，微信服务器会先将消息POST到开发者填写的URL上。如果希望将消息转发到客服系统，则需要开发者在响应包中返回MsgType为transfer_customer_service的消息，微信服务器收到响应后会把当次发送的消息转发至客服系统。

消息转发到客服的XML数据格式如下。

```
<xml>
    <ToUserName><![CDATA[touser]]></ToUserName>
    <FromUserName><![CDATA[fromuser]]></FromUserName>
    <CreateTime>1399197672</CreateTime>
    <MsgType><![CDATA[transfer_customer_service]]></MsgType>
</xml>
```

上述数据的参数说明如表11-1所示。

表11-1　消息转发到客服的参数说明

参　数	是否必需	描　述
ToUserName	是	接收方账号（收到的OpenID）
FromUserName	是	开发者微信号
CreateTime	是	消息创建时间（整型）
MsgType	是	transfer_customer_service

11.1.2　消息转发到指定客服

如果有多个客服人员同时登录了客服并且开启了自动接入在进行接待，每个客户的消息转发给客服时，多客服系统会将客户分配给其中一个客服人员。如果希望将某个客户的消息转给指定的客服来接待，则可以在返回transfer_customer_service消息时附上TransInfo信息指定一个客服账号。

需要注意，如果指定的客服没有接入能力（不在线、没有开启自动接入或者自动接入已满)，该用户会被直接接入到指定客服，不再通知其他客服，不会被其他客服接待。建议在指定客服时，先查询客服的接入能力（获取在线客服接待信息接口)，指定到有能力接入的客服，保证客户能够及时得到服务。

消息转发到指定客服的 XML 数据如下。

```
<xml>
    <ToUserName><![CDATA[touser]]></ToUserName>
    <FromUserName><![CDATA[fromuser]]></FromUserName>
    <CreateTime>1399197672</CreateTime>
    <MsgType><![CDATA[transfer_customer_service]]></MsgType>
    <TransInfo>
        <KfAccount><![CDATA[test1@test]]></KfAccount>
    </TransInfo>
</xml>
```

上述数据的参数说明如表 11-2 所示。

表 11-2　消息转发到指定客服的参数说明

参　数	是否必需	描　述
ToUserName	是	接收方账号（收到的 OpenID）
FromUserName	是	开发者微信号
CreateTime	是	消息创建时间（整型）
MsgType	是	transfer_customer_service
KfAccount	是	指定会话接入的客服账号

11.2 客服管理

11.2.1 获取客服列表

获取客服列表的接口如下。

```
https:// api.weixin.qq.com/cgi-bin/customservice/getkflist?access_token=ACCESS_TOKEN
```

获取客服列表时，POST 数据示例如下。

```
{
    "kf_list":[
        {
            "kf_account":"test1@test",
            "kf_headimgurl":"http:// mmbiz.qpic.cn/mmbiz/4whpV1VZl2iccsvYbHvnphkyGtnvjfUS8Ym0GSaLic0FD3vN0V8PILcibEGb2fPfEOmw/0",
            "kf_id":"1001",
            "kf_nick":"ntest1",
            "kf_wx":"kfwx1"
        },
        {
            "kf_account":"test2@test",
            "kf_headimgurl":"http:// mmbiz.qpic.cn/mmbiz/4whpV1VZl2iccsvYbHvnphkyGt
```

```
            nvjfUS8Ym0GSaLic0FD3vN0V8PILcibEGb2fPfEOmw/0",
            "kf_id":"1002",
            "kf_nick":"ntest2",
            "kf_wx":"kfwx2"
        },
        {
            "kf_account":"test3@test",
            "kf_headimgurl":"http://mmbiz.qpic.cn/mmbiz/4whpV1VZl2iccsvYbHvnphkyGt
            nvjfUS8Ym0GSaLic0FD3vN0V8PILcibEGb2fPfEOmw/0",
            "kf_id":"1003",
            "kf_nick":"ntest3",
            "invite_wx":"kfwx3",
            "invite_expire_time":123456789,
            "invite_status":"waiting"
        }
    ]
}
```

上述数据的参数说明如表 11-3 所示。

表 11-3　获取客服列表的参数说明

参　数	说　明
kf_account	完整的客服账号，格式为：账号前缀 @ 公众号微信号
kf_nick	客服昵称
kf_id	客服编号
kf_headimgurl	客服头像
kf_wx	如果客服账号已绑定了客服人员微信号，则此处显示微信号
invite_wx	如果客服账号尚未绑定微信号，但是已经发起了一个绑定邀请，则此处显示绑定邀请的微信号
invite_expire_time	如果客服账号尚未绑定微信号，但是已经发起过一个绑定邀请，邀请的过期时间为 UNIX 时间戳
invite_status	邀请的状态，有等待确认“waiting”、被拒绝“rejected”、过期“expired”

11.2.2　获取在线客服列表

获取在线客服列表的接口如下。

```
https://api.weixin.qq.com/cgi-bin/customservice/getonlinekflist?access_
token=ACCESS_TOKEN
```

获取在线客服列表时，POST 数据示例如下。

```
{
    "kf_online_list":[
        {
            "kf_account":"test1@test",
            "status":1,
            "kf_id":"1001",
            "accepted_case":1
        },
        {
```

```
                "kf_account":"test2@test",
                "status":1,
                "kf_id":"1002",
                "accepted_case":2
            }
        ]
}
```

上述数据的参数说明如表11-4所示。

表11-4　获取在线客服列表的参数说明

参　数	说　明
kf_account	完整的客服账号，格式为：账号前缀@公众号微信号
status	客服在线状态，目前为：1（Web）在线
kf_id	客服编号
accepted_case	客服当前正在接待的会话数

11.2.3　添加客服账号

添加客服账号的接口如下。

```
https:// api.weixin.qq.com/customservice/kfaccount/add?access_token=ACCESS_TOKEN
```

添加客服账号时，POST数据示例如下。

```
{
    "kf_account":"test1@test",
    "nickname":"客服1"
}
```

上述数据的参数说明如表11-5所示。

表11-5　添加客服账号的参数说明

参数	说　明
kf_account	完整的客服账号，格式为：账号前缀@公众号微信号，账号前缀最多为10个字符，必须是英文、数字字符或者下划线，后缀为公众号微信号，长度不超过30个字符
nickname	客服昵称，最长为16个字

正确创建时，返回的数据示例如下。

```
{"errcode":0,"errmsg":"ok"}
```

11.2.4　邀请绑定客服账号

新添加的客服账号是不能直接使用的，只有客服人员用微信号绑定客服账号后，方可登录Web客服进行操作。此接口发起一个绑定邀请到客服人员微信号，客服人员需要在微信客户端上用该微信号确认后账号才可用。尚未绑定微信号的账号可以进行绑定邀请操作，邀请未失效时不能对该账号进行再次绑定微信号邀请。

邀请绑定客服账号的接口如下。

```
https://api.weixin.qq.com/customservice/kfaccount/inviteworker?access_token=ACCESS_
TOKEN
```

邀请绑定客服账号时，POST 数据示例如下。

```
{
    "kf_account":"test1@test",
    "invite_wx":"test_kfwx"
}
```

上述数据的参数说明如表 11-6 所示。

表 11-6　邀请绑定客服账号的参数说明

参　数	说　明
kf_account	完整的客服账号，格式为：账号前缀 @ 公众号微信号
invite_wx	接收绑定邀请的客服微信号

正确创建时，返回的数据示例如下。

```
{"errcode":0,"errmsg":"ok"}
```

11.2.5　设置客服信息

设置客服信息的接口如下。

```
https://api.weixin.qq.com/customservice/kfaccount/update?access_token=ACCESS_TOKEN
```

设置客服信息时，POST 数据示例如下。

```
{
    "kf_account":"test1@test",
    "nickname":"客服1"
}
```

上述数据的参数说明如表 11-7 所示。

表 11-7　设置客服信息的参数说明

参　数	说　明
kf_account	完整的客服账号，格式为：账号前缀 @ 公众号微信号
nickname	客服昵称，最长为 16 个字

正确创建时，返回的数据示例如下。

```
{"errcode":0,"errmsg":"ok"}
```

11.2.6　上传客服头像

上传客服头像的接口如下。

```
https://api.weixin.qq.com/customservice/kfaccount/uploadheadimg?access_token=ACCE
SS_TOKEN&kf_account=KFACCOUNT
```

上传客服头像时，POST 数据示例如下。

```
$data = array("media"  => "@E:\saesvn\customer\1\c000_token\_images\head.jpg");
```

上述数据的参数说明如表 11-8 所示。

表 11-8　上传客服头像接口的参数说明

参数	说　明
kf_account	完整的客服账号，格式为：账号前缀 @ 公众号微信号
media	form-data 中的媒体文件标识，有 filename、filelength、content-type 等信息，文件大小为 5MB 以内

正确创建时，返回的数据示例如下。

```
{"errcode":0,"errmsg":"ok"}
```

11.2.7　删除客服账号

删除客服账号的接口如下。

```
https:// api.weixin.qq.com/customservice/kfaccount/del?access_token=ACCESS_TOKEN&k
f_account=KFACCOUNT
```

上述数据的参数说明如表 11-9 所示。

表 11-9　删除客服账号接口的参数说明

参　数	说　明
kf_account	完整的客服账号，格式为：账号前缀 @ 公众号微信号

正确创建时，返回的数据示例如下。

```
{"errcode":0,"errmsg":"ok"}
```

11.3　会话控制

11.3.1　创建会话

此接口在客服和用户之间创建一个会话，如果该客服和用户会话已存在，则直接返回 0。指定的客服账号必须已经绑定微信号且在线。

创建会话的接口如下。

```
https:// api.weixin.qq.com/customservice/kfsession/create?access_token=ACCESS_TOKEN
```

创建会话时，POST 数据的格式如下。

```
{
    "kf_account":"test1@test",
    "openid":"OPENID"
}
```

上述数据的参数说明如表 11-10 所示。

表 11-10 创建会话接口的参数说明

参 数	说 明
kf_account	完整的客服账号，格式为：账号前缀@公众号微信号
openid	粉丝的 OpenID

正确创建时，返回的数据示例如下。

```
{"errcode":0,"errmsg":"ok"}
```

11.3.2 关闭会话

关闭会话的接口如下。

```
https://api.weixin.qq.com/customservice/kfsession/close?access_token=ACCESS_TOKEN
```

关闭会话时，POST 数据的格式如下。

```
{
    "kf_account":"test1@test",
    "openid":"OPENID"
}
```

上述数据的参数说明如表 11-11 所示。

表 11-11 关闭会话接口的参数说明

参 数	说 明
kf_account	完整的客服账号，格式为：账号前缀@公众号微信号
openid	粉丝的 OpenID

正确创建时，返回的数据示例如下。

```
{"errcode":0,"errmsg":"ok"}
```

11.3.3 获取客户会话状态

获取客户会话状态的接口如下。

```
https://api.weixin.qq.com/cgi-bin/customservice/getkflist?access_token=ACCESS_TOKEN
```

上述数据的参数说明如表 11-12 所示。

表 11-12 获取客户会话状态的参数说明

参 数	说 明
openid	粉丝的 OpenID

正确创建时，返回的数据示例如下。

```
{
    "createtime":123456789,
    "kf_account":"test1@test"
}
```

上述数据的参数说明如表 11-13 所示。

表 11-13 获取客户会话状态结果的参数说明

参 数	说 明
kf_account	正在接待的客服，为空表示没有人在接待
createtime	会话接入的时间

11.3.4 获取客服会话列表

获取客服会话列表的接口如下。

```
https:// api.weixin.qq.com/customservice/kfsession/getsessionlist?access_token=ACCESS_TOKEN&kf_account=KFACCOUNT
```

上述数据的参数说明如表 11-14 所示。

表 11-14 获取客服会话列表的参数说明

参 数	说 明
kf_account	完整的客服账号，格式为：账号前缀 @ 公众号微信号

正确创建时，返回的数据示例如下。

```
{
    "sessionlist":[
        {
            "createtime":123456789,
            "openid":"OPENID"
        },
        {
            "createtime":123456789,
            "openid":"OPENID"
        }
    ]
}
```

11.3.5 获取未接入会话列表

获取未接入会话列表的接口如下。

```
https:// api.weixin.qq.com/customservice/kfsession/getwaitcase?access_token=ACCESS_TOKEN
```

上述接口返回的数据格式如下。

```
{
    "count":150,
    "waitcaselist":[
        {
            "latest_time":123456789,
            "openid":"OPENID"
        },
        {
```

```
            "latest_time":123456789,
            "openid":"OPENID"
        }
    ]
}
```

上述数据的参数说明如表 11-15 所示。

表 11-15 获取未接入会话列表的参数说明

参 数	说 明
count	未接入会话数量
waitcaselist	未接入会话列表，按照来访顺序最多返回 100 条数据
openid	粉丝的 OpenID
latest_time	粉丝的最后一条消息的时间

11.4 获取聊天记录

获取聊天记录的接口如下。

```
https://api.weixin.qq.com/customservice/msgrecord/getmsglist?access_token=ACCESS_TOKEN
```

获取聊天记录时，POST 数据的格式如下。

```
{
    "starttime":987654321,
    "endtime":987654321,
    "msgid":1,
    "number":10000
}
```

上述数据的参数说明如表 11-16 所示。

表 11-16 获取聊天记录的参数说明

参 数	说 明
starttime	起始时间，UNIX 时间戳
endtime	结束时间，UNIX 时间戳，每次查询时段不能超过 24 小时
msgid	消息 ID，顺序从小到大，从 1 开始
number	每次获取条数，最多 10 000 条

正确创建时，返回的数据示例如下。

```
{
    "recordlist":[
        {
            "openid":"oDF3iY9WMaswOPWjCIp_f3Bnpljk",
            "opercode":2002,
            "text":" 您好，客服 test1 为您服务。",
            "time":1400563710,
            "worker":"test1@test"
        },
```

```
            {
                "openid":"oDF3iY9WMaswOPWjCIp_f3Bnpljk",
                "opercode":2003,
                "text":"你好，有什么事情？",
                "time":1400563731,
                "worker":"test1@test"
            }
        ],
        "number":2,
        "msgid":20165267
    }
```

上述数据的参数说明如表 11-17 所示。

表 11-17　获取聊天记录的参数说明

参　数	说　明
worker	完整的客服账号，格式为：账号前缀 @ 公众号微信号
openid	用户标识
opercode	操作码，2002（客服发送信息），2003（客服接收消息）
text	聊天记录
time	操作时间，UNIX 时间戳

11.5　本章小结

本章介绍了微信公众号客服管理的功能。由于微信公众号目前自带客服系统，所以对客服接口开发的需求并不多见，大多数企业直接使用系统自带的客服系统即可满足需求。

第 12 章　素材管理

公众号的素材除了在后台直接手工编辑添加之外，也可以使用接口来开发进行管理。对于有大量素材需要进行批量处理的开发者，使用接口可以减少工作量，加快编辑速度。

12.1　新增临时素材

公众号经常有需要用到临时多媒体素材的场景。例如，在使用接口特别是发送消息时，对多媒体文件、多媒体消息的获取和调用等操作，是通过 media_id 来进行的。素材管理接口对所有认证的订阅号和服务号开放。通过本接口，公众号可以新增临时素材，即上传临时多媒体文件。

新增临时素材的接口如下。

```
https://api.weixin.qq.com/cgi-bin/media/upload?access_token=ACCESS_TOKEN&type=TYPE
```

新增临时素材时，POST 数据示例如下。

```
$data = array("media"  => "@E:\saesvn\customer\1\c000_token\_images\head.jpg");
```

上述数据的参数说明如表 12-1 所示。

表 12-1　新增临时素材接口的参数说明

参数	是否必需	说　明
access_token	是	调用接口凭证
type	是	媒体文件类型，分别有图片（image）、语音（voice）、视频（video）和缩略图（thumb）
media	是	form-data 中的媒体文件标识，有 filename、filelength、content-type 等信息

正确创建时，返回的数据示例如下。

```
{
    "type":"TYPE",
    "media_id":"MEDIA_ID",
    "created_at":123456789
}
```

上述数据的参数说明如表 12-2 所示。

表 12-2　新增临时素材接口返回参数说明

参数	描　述
type	媒体文件类型，分别有图片（image）、语音（voice）、视频（video）和缩略图（thumb，主要用于视频与音乐格式的缩略图）
media_id	媒体文件上传后，获取时的唯一标识
created_at	媒体文件上传时间戳

上传的临时多媒体文件有格式和大小限制，具体如下。

- 图片（image）：2MB，支持PNG、JPEG、JPG、GIF格式。
- 语音（voice）：2MB，播放长度不超过60s，支持AMR、MP3格式。
- 视频（video）：10MB，支持MP4格式。
- 缩略图（thumb）：64KB，支持JPG格式。

多媒体文件在后台的保存时间为3天，即3天后media_id失效。

12.2 获取临时素材

公众号可以使用本接口获取临时素材，即下载临时多媒体文件。请注意，视频文件不支持HTTPS下载，调用该接口需HTTP协议。

获取临时素材的接口如下。

```
https://api.weixin.qq.com/cgi-bin/media/get?access_token=ACCESS_TOKEN&media_id=MEDIA_ID
```

上述数据的参数说明如表12-3所示。

表12-3 获取临时素材接口的参数说明

参　数	是否必需	说　明
access_token	是	调用接口凭证
media_id	是	媒体文件ID

正确创建时，返回的数据示例如下。

```
HTTP/1.1 200 OK
Connection: close
Content-Type: image/jpeg
Content-disposition: attachment; filename="MEDIA_ID.jpg"
Date: Sun, 06 Jan 2013 10:20:18 GMT
Cache-Control: no-cache, must-revalidate
Content-Length: 339721
curl -G "https://api.weixin.qq.com/cgi-bin/media/get?access_token=ACCESS_TOKEN&
media_id=MEDIA_ID"
```

12.3 新增永久素材

12.3.1 新增永久图文素材

除了3天就会失效的临时素材外，开发者有时需要永久保存一些素材，此时就可以通过本接口新增永久素材。永久图文素材新增后，将带有URL返回给开发者。

新增永久图文素材的接口如下。

```
https://api.weixin.qq.com/cgi-bin/material/add_news?access_token=ACCESS_TOKEN
```

新增永久图文素材时，POST数据示例如下。

```
{
    "articles":[
        {
            "title":"TITLE",
            "thumb_media_id":"THUMB_MEDIA_ID",
            "author":"AUTHOR",
            "digest":"DIGEST",
            "show_cover_pic":"SHOW_COVER_PIC(0 / 1)",
            "content":"CONTENT",
            "content_source_url":"CONTENT_SOURCE_URL"
        }
    ]
}
```

上述数据的参数说明如表12-4所示。

表12-4 新增永久素材接口的参数说明

参　数	是否必需	说　明
title	是	标题
thumb_media_id	是	图文消息的封面图片素材ID（必须是永久media_id）
author	是	作者
digest	是	图文消息的摘要，仅有单图文消息才有摘要，多图文此处为空
show_cover_pic	是	是否显示封面，0为false，即不显示，1为true，即显示
content	是	图文消息的具体内容，支持HTML标签，必须少于2万个字符，小于1MB，且此处会去除JavaScript代码
content_source_url	是	图文消息的原文地址，即点击“阅读原文”后的URL

正确创建时，返回的数据示例如下。

```
{
    "media_id":"MEDIA_ID"
}
```

返回的即为新增的图文消息素材的media_id。

12.3.2 新增其他类型的永久素材

该接口通过POST表单来调用接口，表单ID为media，包含需要上传的素材内容，有filename、filelength、content-type等信息。请注意，图片素材将进入公众平台官网“素材管理”模块中的默认分组。

新增其他类型的永久素材的接口如下。

```
https://api.weixin.qq.com/cgi-bin/material/add_material?access_token=ACCESS_TOKEN&type=TYPE
```

新增其他类型的永久素材时，POST数据示例如下。

```
$data = array("media"  => "@E:\saesvn\customer\1\c000_token\_images\head.jpg");
```

上述数据的参数说明如表12-5所示。

表 12-5 新增其他类型的永久素材接口的参数说明

参数	是否必需	说 明
access_token	是	调用接口凭证
type	是	媒体文件类型，分别有图片（image）、语音（voice）、视频（video）和缩略图（thumb）
media	是	form-data 中的媒体文件标识，有 filename、filelength、content-type 等信息

12.4 获取永久素材

开发者可以根据 media_id 获取永久素材，需要时也可保存到本地。

获取永久素材的接口如下。

```
https://api.weixin.qq.com/cgi-bin/material/get_material?access_token=ACCESS_TOKEN
```

获取永久素材时，POST 数据示例如下。

```
{
    "media_id":"MEDIA_ID"
}
```

上述数据的参数说明如表 12-6 所示。

表 12-6 获取永久素材接口的参数说明

参 数	是否必需	说 明
access_token	是	调用接口凭证
media_id	是	要获取的素材的 media_id

如果请求的素材为图文消息，则响应如下。

```
{
    "news_item":[
        {
            "title":"TITLE",
            "thumb_media_id":"THUMB_MEDIA_ID",
            "show_cover_pic":"SHOW_COVER_PIC(0/1)",
            "author":"AUTHOR",
            "digest":"DIGEST",
            "content":"CONTENT",
            "url":"URL",
            "content_source_url":"CONTENT_SOURCE_URL"
        }
    ]
}
```

其他类型的素材消息，将直接响应素材的内容，开发者可以自行保存为文件。

12.5 删除永久素材

开发者可以根据本接口删除不再需要的永久素材，节省空间。

删除永久素材的接口如下。

```
https://api.weixin.qq.com/cgi-bin/material/del_material?access_token=ACCESS_TOKEN
```

删除永久素材时，POST 数据示例如下。

```
{
    "media_id":"MEDIA_ID"
}
```

上述数据的参数说明如表 12-7 所示。

表 12-7 删除永久素材接口的参数说明

参　数	是否必需	说　明
access_token	是	调用接口凭证
media_id	是	要删除的素材的 media_id

正确创建时，返回的数据示例如下。

```
{"errcode":0,"errmsg":"ok"}
```

12.6 修改永久图文素材

开发者可以通过本接口对永久图文素材进行修改。

修改永久图文素材的接口如下。

```
https://api.weixin.qq.com/cgi-bin/material/update_news?access_token=ACCESS_TOKEN
```

修改永久图文素材时，POST 数据示例如下。

```
{
    "media_id":"MEDIA_ID",
    "index":"INDEX",
    "articles":{
        "title":"TITLE",
        "thumb_media_id":"THUMB_MEDIA_ID",
        "author":"AUTHOR",
        "digest":"DIGEST",
        "show_cover_pic":"SHOW_COVER_PIC(0 / 1)",
        "content":"CONTENT",
        "content_source_url":"CONTENT_SOURCE_URL"
    }
}
```

上述数据的参数说明如表 12-8 所示。

表 12-8 修改永久图文素材接口的参数说明

参　数	是否必需	说　明
media_id	是	要修改的图文消息 ID
index	是	要更新的文章在图文消息中的位置（多图文消息时，此字段才有意义），第一篇为 0
title	是	标题

（续）

参　数	是否必需	说　明
thumb_media_id	是	图文消息的封面图片素材 ID（必须是永久 media_id）
author	是	作者
digest	是	图文消息的摘要，仅有单图文消息才有摘要，多图文此处为空
show_cover_pic	是	是否显示封面，0 为 false，即不显示，1 为 true，即显示
content	是	图文消息的具体内容，支持 HTML 标签，必须少于 2 万个字符，小于 1MB，且此处会去除 JavaScript 代码
content_source_url	是	图文消息的原文地址，即点击“阅读原文”后的 URL

正确创建时，返回的数据示例如下。

```
{"errcode":0,"errmsg":"ok"}
```

12.7　获取素材总数

开发者可以根据本接口获取永久素材的列表，需要时也可保存到本地。

获取素材总数的接口如下。

```
https://api.weixin.qq.com/cgi-bin/material/get_materialcount?access_token=ACCESS_TOKEN
```

正确创建时，返回的数据示例如下。

```
{
    "voice_count":123,
    "video_count":34,
    "image_count":384,
    "news_count":22
}
```

上述数据的参数说明如表 12-9 所示。

表 12-9　获取素材总数接口返回的参数说明

参　数	描　述
voice_count	语音总数量
video_count	视频总数量
image_count	图片总数量
news_count	图文总数量

12.8　获取素材列表

新增永久素材后，开发者可以分类型获取永久素材的列表。

获取素材列表的接口如下。

```
https://api.weixin.qq.com/cgi-bin/material/batchget_material?access_token=ACCESS_TOKEN
```

获取素材列表时，POST 数据示例如下。

```
{
    "type":"news",
    "offset":0,
    "count":20
}
```

上述数据的参数说明如表 12-10 所示。

表 12-10　获取素材列表接口的参数说明

参　数	是否必需	说　明
type	是	素材的类型，图片（image）、视频（video）、语音（voice）、图文（news）
offset	是	从全部素材的该偏移位置开始返回，0 表示从第一个素材返回
count	是	返回素材的数量，取值为 1 ~ 20 之间

正确创建时，返回的数据示例如下。

```
{
    "total_count":20,
    "item_count":1,
    "item":[
        {
            "media_id":"MEDIA_ID",
            "content":{
                "news_item":[
                    {
                        "title":"TITLE",
                        "thumb_media_id":"THUMB_MEDIA_ID",
                        "show_cover_pic":0,
                        "author":"AUTHOR",
                        "digest":"DIGEST",
                        "content":"CONTENT",
                        "url":"URL",
                        "content_source_url":"CONTETN_SOURCE_URL"
                    }
                ]
            },
            "update_time":1477712445
        }
    ]
}
```

上述数据的参数说明如表 12-11 所示。

表 12-11　获取素材列表接口返回参数说明

参　数	描　述
total_count	该类型素材的总数
item_count	本次调用获取的素材的数量
title	图文消息的标题
thumb_media_id	图文消息的封面图片素材 ID（必须是永久 media_id）
show_cover_pic	是否显示封面，0 为 false，即不显示，1 为 true，即显示

（续）

参　数	描　述
author	作者
digest	图文消息的摘要，仅有单图文消息才有摘要，多图文此处为空
content	图文消息的具体内容，支持 HTML 标签，必须少于 2 万个字符，小于 1MB，且此处会去除 JavaScript 代码
url	图文页的 URL，当获取的列表是图片素材列表时，该字段是图片的 URL
content_source_url	图文消息的原文地址，即点击“阅读原文”后的 URL
update_time	这篇图文消息素材的最后更新时间
name	文件名称

12.9　本章小结

本章介绍了微信公众号素材管理的功能。由于微信公众号目前自带了素材管理后台，所以对素材接口开发的需求并不多见，大多数企业直接使用系统自带的素材管理功能即可满足需求。

第 13 章　数据统计

微信公众平台于 2015 年 1 月 6 日启动了数据接口的内测。通过数据接口，开发者可以获取与公众平台官网统计模块类似但更灵活的数据，还可根据需要进行高级处理。

13.1　用户分析数据接口

用户分析数据接口指的是用于获得公众平台官网数据统计模块中用户分析数据的接口，具体接口列表如表 13-1 所示。

表 13-1　用户分析数据接口列表说明

接口名称	最大时间跨度 / 天	接口调用地址（必须使用 HTTPS）
获取用户增减数据	7	https://api.weixin.qq.com/datacube/getusersummary?access_token=ACCESS_TOKEN
获取累计用户数据	7	https://api.weixin.qq.com/datacube/getusercumulate?access_token=ACCESS_TOKEN

最大时间跨度是指一次接口调用时最大可获取数据的时间范围。例如，最大时间跨度为 7 是指最多一次性获取 7 天的数据。

获取用户分析数据接口时，POST 数据示例如下。

```
{
    "begin_date":"2014-12-02",
    "end_date":"2014-12-07"
}
```

上述数据的参数说明如表 13-2 所示。

表 13-2　用户分析数据接口的参数说明

参数	是否必需	说　明
access_token	是	调用接口凭证
begin_date	是	获取数据的起始日期，begin_date 和 end_date 的差值需小于"最大时间跨度"（例如，最大时间跨度为 1 时，begin_date 和 end_date 的差值只能为 0，才能小于 1），否则会报错
end_date	是	获取数据的结束日期，end_date 允许设置的最大值为昨日

正常情况下，获取用户增减数据接口的返回 JSON 数据包如下。

```
{
    "list":[
        {
            "ref_date":"2014-12-07",
            "user_source":0,
            "new_user":0,
```

```
            "cancel_user":0
        }
    ]
}
```

正常情况下，获取累计用户数据接口的返回 JSON 数据包如下。

```
{
    "list":[
        {
            "ref_date":"2014-12-07",
            "cumulate_user":1217056
        }
    ]
}
```

上述数据的参数说明如表 13-3 所示。

表 13-3　用户分析数据接口返回参数说明

参数	说　明
ref_date	数据的日期
user_source	用户的渠道，数值代表的含义如下。
	0 代表其他合计，1 代表公众号搜索，17 代表名片分享，30 代表扫描二维码，43 代表图文页右上角菜单，51 代表支付后关注（在支付完成页），57 代表图文页内公众号名称，75 代表公众号文章广告，78 代表朋友圈广告
new_user	新增的用户数量
cancel_user	取消关注的用户数量，new_user 减去 cancel_user 即为净增用户数量
cumulate_user	总用户量

13.2　图文分析数据接口

图文分析数据接口指的是用于获得公众平台官网数据统计模块中图文分析数据的接口，具体接口列表如表 13-4 所示。

表 13-4　图文分析数据接口列表说明

接口名称	最大时间跨度 / 天	接口调用地址（必须使用 HTTPS）
获取图文群发每日数据	1	https://api.weixin.qq.com/datacube/getarticlesummary?access_token=ACCESS_TOKEN
获取图文群发总数据	1	https://api.weixin.qq.com/datacube/getarticletotal?access_token=ACCESS_TOKEN
获取图文统计数据	3	https://api.weixin.qq.com/datacube/getuserread?access_token=ACCESS_TOKEN
获取图文统计分时数据	1	https://api.weixin.qq.com/datacube/getuserreadhour?access_token=ACCESS_TOKEN
获取图文分享转发数据	7	https://api.weixin.qq.com/datacube/getusershare?access_token=ACCESS_TOKEN
获取图文分享转发分时数据	1	https://api.weixin.qq.com/datacube/getusersharehour?access_token=ACCESS_TOKEN

获取图文分析数据时，POST 数据示例如下。

```
{
    "begin_date":"2014-12-02",
    "end_date":"2014-12-07"
}
```

上述数据的参数说明如表 13-5 所示。

表 13-5　图文分析数据接口的参数说明

参数	是否必需	说　明
access_token	是	调用接口凭证
begin_date	是	获取数据的起始日期，begin_date 和 end_date 的差值需小于“最大时间跨度”（例如，最大时间跨度为 1 时，begin_date 和 end_date 的差值只能为 0，才能小于 1），否则会报错
end_date	是	获取数据的结束日期，end_date 允许设置的最大值为昨日

正常情况下，获取图文群发每日数据接口的返回 JSON 数据包如下。

```
{
    "list":[
        {
            "ref_date":"2014-12-08",
            "msgid":"10000050_1",
            "title":"12 月 27 日 DiLi 日报 ",
            "int_page_read_user":23676,
            "int_page_read_count":25615,
            "ori_page_read_user":29,
            "ori_page_read_count":34,
            "share_user":122,
            "share_count":994,
            "add_to_fav_user":1,
            "add_to_fav_count":3
        }
    ]
}
```

正常情况下，获取图文群发总数据接口的返回 JSON 数据包如下。

```
{
    "list":[
        {
            "ref_date":"2014-12-14",
            "msgid":"202457380_1",
            "title":" 马航丢画记 ",
            "details":[
                {
                    "stat_date":"2014-12-14",
                    "target_user":261917,
                    "int_page_read_user":23676,
                    "int_page_read_count":25615,
                    "ori_page_read_user":29,
                    "ori_page_read_count":34,
                    "share_user":122,
                    "share_count":994,
```

```
                        "add_to_fav_user":1,
                        "add_to_fav_count":3,
                        "int_page_from_session_read_user":657283,
                        "int_page_from_session_read_count":753486,
                        "int_page_from_hist_msg_read_user":1669,
                        "int_page_from_hist_msg_read_count":1920,
                        "int_page_from_feed_read_user":367308,
                        "int_page_from_feed_read_count":433422,
                        "int_page_from_friends_read_user":15428,
                        "int_page_from_friends_read_count":19645,
                        "int_page_from_other_read_user":477,
                        "int_page_from_other_read_count":703,
                        "feed_share_from_session_user":63925,
                        "feed_share_from_session_cnt":66489,
                        "feed_share_from_feed_user":18249,
                        "feed_share_from_feed_cnt":19319,
                        "feed_share_from_other_user":731,
                        "feed_share_from_other_cnt":775
                    }
                ]
            }
        ]
    }
```


正常情况下，获取图文统计数据接口的返回 JSON 数据包如下。


```
{
    "list":[
        {
            "ref_date":"2014-12-07",
            "int_page_read_user":45524,
            "int_page_read_count":48796,
            "ori_page_read_user":11,
            "ori_page_read_count":35,
            "share_user":11,
            "share_count":276,
            "add_to_fav_user":5,
            "add_to_fav_count":15
        }
    ]
}
```


正常情况下，获取图文统计分时数据接口的返回 JSON 数据包如下。


```
{
    "list":[
        {
            "ref_date":"2015-07-14",
            "ref_hour":0,
            "user_source":0,
            "int_page_read_user":6391,
            "int_page_read_count":7836,
            "ori_page_read_user":375,
            "ori_page_read_count":440,
            "share_user":2,
            "share_count":2,
```

```
            "add_to_fav_user":0,
            "add_to_fav_count":0
        },
        {
            "ref_date":"2015-07-14",
            "ref_hour":0,
            "user_source":1,
            "int_page_read_user":1,
            "int_page_read_count":1,
            "ori_page_read_user":0,
            "ori_page_read_count":0,
            "share_user":0,
            "share_count":0,
            "add_to_fav_user":0,
            "add_to_fav_count":0
        },
        {
            "ref_date":"2015-07-14",
            "ref_hour":0,
            "user_source":2,
            "int_page_read_user":3,
            "int_page_read_count":3,
            "ori_page_read_user":0,
            "ori_page_read_count":0,
            "share_user":0,
            "share_count":0,
            "add_to_fav_user":0,
            "add_to_fav_count":0
        },
        {
            "ref_date":"2015-07-14",
            "ref_hour":0,
            "user_source":4,
            "int_page_read_user":42,
            "int_page_read_count":100,
            "ori_page_read_user":0,
            "ori_page_read_count":0,
            "share_user":0,
            "share_count":0,
            "add_to_fav_user":0,
            "add_to_fav_count":0
        }
    ]
}
```


正常情况下，获取图文分享转发数据接口的返回JSON数据包如下。


```
{
    "list":[
        {
            "ref_date":"2014-12-07",
            "share_scene":1,
            "share_count":207,
            "share_user":11
        },
        {
```

```
                "ref_date":"2014-12-07",
                "share_scene":5,
                "share_count":23,
                "share_user":11
            }
        ]
}
```

正常情况下，获取图文分享转发分时数据接口的返回 JSON 数据包如下。

```
{
    "list":[
        {
            "ref_date":"2014-12-07",
            "ref_hour":1200,
            "share_scene":1,
            "share_count":72,
            "share_user":4
        }
    ]
}
```

上述数据的参数说明如表 13-6 所示。

表 13-6 图文分析数据接口返回参数说明

参　　数	说　　明
ref_date	数据的日期，需在 begin_date 和 end_date 之间
ref_hour	数据的小时，包括 000 ~ 2300，分别代表的是 [000，100) 到 [2300，2400)，即每日的第 1 小时和最后 1 小时
stat_date	统计的日期，在 getarticletotal 接口中，ref_date 指的是文章群发日期，而 stat_date 是数据统计日期
msgid	这里的 msgid 实际上是由 msgid（图文消息 ID，也就是群发接口调用后返回的 msg_data_id）和 index（消息次序索引）组成的。例如，12003_3 中的 12003 是 msgid，即一次群发的消息 ID；3 为 index，假设该次群发的图文消息共 5 个文章（因为可能为多图文），3 表示 5 个中的第 3 个
title	图文消息的标题
int_page_read_user	图文页（点击群发图文卡片进入的页面）的阅读人数
int_page_read_count	图文页的阅读次数
ori_page_read_user	原文页（点击图文页“阅读原文”进入的页面）的阅读人数，无原文页时此处数据为 0
ori_page_read_count	原文页的阅读次数
share_scene	分享的场景。1 代表好友转发，2 代表朋友圈，3 代表腾讯微博，255 代表其他
share_user	分享的人数
share_count	分享的次数
add_to_fav_user	收藏的人数
add_to_fav_count	收藏的次数
target_user	送达人数，一般约等于总粉丝数（需排除黑名单或其他异常情况下无法收到消息的粉丝）
user_source	在获取图文阅读分时数据时才有该字段，代表用户从哪里进入阅读该图文。0 表示会话，1 表示好友，2 表示朋友圈，3 表示腾讯微博，4 表示历史消息页，5 表示其他

13.3 消息分析数据接口

消息分析数据接口指的是用于获得公众平台官网数据统计模块中消息分析数据的接口，具体接口列表如表 13-7 所示。

表 13-7 消息分析数据接口列表说明

接口名称	最大时间跨度 / 天	接口调用地址（必须使用 HTTPS）
获取用户增减数据	7	https://api.weixin.qq.com/datacube/getusersummary?access_token=ACCESS_TOKEN
获取累计用户数据	7	https://api.weixin.qq.com/datacube/getusercumulate?access_token=ACCESS_TOKEN
获取消息发送概况数据	7	https://api.weixin.qq.com/datacube/getupstreammsg?access_token=ACCESS_TOKEN
获取消息发送分时数据	1	https://api.weixin.qq.com/datacube/getupstreammsghour?access_token=ACCESS_TOKEN
获取消息发送周数据	30	https://api.weixin.qq.com/datacube/getupstreammsgweek?access_token=ACCESS_TOKEN
获取消息发送月数据	30	https://api.weixin.qq.com/datacube/getupstreammsgmonth?access_token=ACCESS_TOKEN
获取消息发送分布数据	15	https://api.weixin.qq.com/datacube/getupstreammsgdist?access_token=ACCESS_TOKEN
获取消息发送分布周数据	30	https://api.weixin.qq.com/datacube/getupstreammsgdistweek?access_token=ACCESS_TOKEN

获取消息分析数据时，POST 数据示例如下。

```
{
    "begin_date":"2014-12-02",
    "end_date":"2014-12-07"
}
```

上述数据的参数说明如表 13-8 所示。

表 13-8 消息分析数据接口的参数说明

参数	是否必需	说　明
access_token	是	调用接口凭证
begin_date	是	获取数据的起始日期，begin_date 和 end_date 的差值需小于“最大时间跨度”（例如，最大时间跨度为 1 时，begin_date 和 end_date 的差值只能为 0，才能小于 1），否则会报错
end_date	是	获取数据的结束日期，end_date 允许设置的最大值为昨日

正常情况下，获取消息发送概况数据接口的返回 JSON 数据包如下。

```
{
    "list":[
        {
            "ref_date":"2014-12-07",
```

```
                "msg_type":1,
                "msg_user":282,
                "msg_count":817
            }
        ]
}
```

正常情况下，获取消息发送分时数据接口的返回 JSON 数据包如下。

```
{
    "list":[
        {
            "ref_date":"2014-12-07",
            "ref_hour":0,
            "msg_type":1,
            "msg_user":9,
            "msg_count":10
        }
    ]
}
```

正常情况下，获取消息发送周数据接口的返回 JSON 数据包如下。

```
{
    "list":[
        {
            "ref_date":"2014-12-08",
            "msg_type":1,
            "msg_user":16,
            "msg_count":27
        }
    ]
}
```

正常情况下，获取消息发送月数据接口的返回 JSON 数据包如下。

```
{
    "list":[
        {
            "ref_date":"2014-11-01",
            "msg_type":1,
            "msg_user":7989,
            "msg_count":42206
        }
    ]
}
```

正常情况下，获取消息发送分布数据接口的返回 JSON 数据包如下。

```
{
    "list":[
        {
            "ref_date":"2014-12-07",
            "count_interval":1,
            "msg_user":246
        }
```

```
    ]
}
```

正常情况下，获取消息发送分布周数据接口的返回 JSON 数据包如下。


```
{
    "list":[
        {
            "ref_date":"2014-12-07",
            "count_interval":1,
            "msg_user":246
        }
    ]
}
```


正常情况下，获取消息发送分布月数据接口的返回 JSON 数据包如下。


```
{
    "list":[
        {
            "ref_date":"2014-12-07",
            "count_interval":1,
            "msg_user":246
        }
    ]
}
```


上述数据的参数说明如表 13-9 所示。

表 13-9 消息分析数据接口返回的参数说明

参　数	说　明
ref_date	数据的日期，需在 begin_date 和 end_date 之间
ref_hour	数据的小时，包括 000 ~ 2300，分别代表的是 [000，100) 到 [2300，2400)，即每日的第 1 小时和最后 1 小时
msg_type	消息类型，代表含义如下：1 代表文字，2 代表图片，3 代表语音，4 代表视频，6 代表第三方应用消息（链接消息）
msg_user	上行发送了（向公众号发送）消息的用户数
msg_count	上行发送了消息的消息总数
count_interval	当日发送消息量分布的区间，0 代表 "0"，1 代表 "1 ~ 5"，2 代表 "6 ~ 10"，3 代表 "10 次以上"
int_page_read_count	图文页的阅读次数
ori_page_read_user	原文页（点击图文页 "阅读原文" 进入的页面）的阅读人数，无原文页时此处数据为 0

13.4 接口分析数据接口

接口分析数据接口指的是用于获得公众平台官网数据统计模块中接口分析数据的接口，具体接口列表如表 13-10 所示。

表 13-10 接口分析数据接口列表说明

接口名称	最大时间跨度 / 天	接口调用地址（必须使用 HTTPS）
获取接口分析数据	30	https://api.weixin.qq.com/datacube/getinterfacesummary?access_token=ACCESS_TOKEN
获取接口分析分时数据	1	https://api.weixin.qq.com/datacube/getinterfacesummaryhour?access_token=ACCESS_TOKEN

获取接口分析数据接口时，POST 数据示例如下。

```
{
    "begin_date":"2014-12-02",
    "end_date":"2014-12-07"
}
```

上述数据的参数说明如表 13-11 所示。

表 13-11 接口分析数据接口的参数说明

参数	是否必需	说　明
access_token	是	调用接口凭证
begin_date	是	获取数据的起始日期，begin_date 和 end_date 的差值需小于“最大时间跨度”（例如，最大时间跨度为 1 时，begin_date 和 end_date 的差值只能为 0，才能小于 1），否则会报错
end_date	是	获取数据的结束日期，end_date 允许设置的最大值为昨日

正常情况下，获取接口分析数据接口的返回 JSON 数据包如下。

```
{
    "list":[
        {
            "ref_date":"2014-12-07",
            "callback_count":36974,
            "fail_count":67,
            "total_time_cost":14994291,
            "max_time_cost":5044
        }
    ]
}
```

正常情况下，获取接口分析分时数据接口的返回 JSON 数据包如下。

```
{
    "list":[
        {
            "ref_date":"2014-12-01",
            "ref_hour":0,
            "callback_count":331,
            "fail_count":18,
            "total_time_cost":167870,
            "max_time_cost":5042
        }
    ]
}
```

上述数据的参数说明如表 13-12 所示。

表 13-12　接口分析数据接口返回参数说明

参　数	说　明
ref_date	数据的日期
ref_hour	数据的小时
callback_count	通过服务器配置地址获得消息后，被动回复用户消息的次数
fail_count	上述动作的失败次数
total_time_cost	总耗时，除以 callback_count 即为平均耗时
max_time_cost	最大耗时

13.5　本章小结

本章介绍了微信公众号数据统计的功能。由于微信公众号自带了数据统计后台，所以对数据统计开发的需求并不多见，大多数企业直接使用系统自带的数据统计功能即可满足需求。

第 14 章　微信 JS-SDK

微信 JS-SDK 是微信公众平台面向网页开发者提供的基于微信内的网页开发工具包。

通过使用微信 JS-SDK，网页开发者可借助微信高效地使用拍照、选图、语音、位置等手机系统的能力，同时可以直接使用微信分享、扫一扫、卡券、支付等微信特有的能力，为微信用户提供更优质的网页体验。

14.1　JS-SDK

14.1.1　JS API Ticket

jsapi_ticket 是公众号用于调用微信 JS 接口的临时票据。正常情况下，jsapi_ticket 的有效期为 7200s，通过 access_token 来获取。由于获取 jsapi_ticket 的 API 调用次数非常有限，频繁刷新 jsapi_ticket 会导致 API 调用受限，影响自身业务，因此开发者必须在自己的服务全局缓存 jsapi_ticket。

获取 jsapi_ticket 的接口如下。

```
https://api.weixin.qq.com/cgi-bin/ticket/getticket?access_token=ACCESS_TOKEN&type=jsapi
```

成功时，返回的数据示例如下。

```
{
    "errcode":0,
    "errmsg":"ok",
    "ticket":"bxLdikRXVbTPdHSM05e5u5sUoXNKd8-41ZO3MhKoyN5OfkWITDGgnr2fwJ0m9E8NYzW
    KVZvdVtaUgWvsdshFKA",
    "expires_in":7200
}
```

上述数据中，ticket 值就是 jsapi_ticket。

获得 jsapi_ticket 之后，就可以生成 JS-SDK 权限验证的签名了。

14.1.2　JS-SDK 签名

签名生成规则为，参与签名的字段包括 noncestr（随机字符串）、有效的 jsapi_ticket、timestamp（时间戳）、url（当前网页的 URL，不包含 # 及其后面的部分）。对所有待签名参数按照字段名的 ASCII 码从小到大排序（字典序）后，使用 URL 键值对的格式（即 key1=value1&key2=value2……）拼接成字符串 string1。这里需要注意的是，所有参数名均为小写字符。对 string1 进行 sha1 加密，字段名和字段值都采用原始值，不进行 URL 转义。

以下述数据为例讲解如下。

```
noncestr=Wm3WZYTPz0wzccnW
jsapi_ticket=sM4AOVdWfPE4DxkXGEs8VMCPGGVi4C3VM0P37wVUCFvkVAy_90u5h9nbSlYy3-Sl-HhTdfl2fzFy1AOcHKP7qg
timestamp=1414587457
url=http://mp.weixin.qq.com?params=value
```

步骤 1：对所有待签名参数按照字段名的 ASCII 码从小到大排序（字典序）后，使用 URL 键值对的格式拼接成字符串 string1。

```
jsapi_ticket=sM4AOVdWfPE4DxkXGEs8VMCPGGVi4C3VM0P37wVUCFvkVAy_90u5h9nbSlYy3-Sl-HhTdfl2fzFy1AOcHKP7qg&noncestr=Wm3WZYTPz0wzccnW&timestamp=1414587457&url=http://mp.weixin.qq.com?params=value
```

步骤 2：对 string1 进行 sha1 签名，得到 signature。

```
0f9de62fce790f9a083d5c99e95740ceb90c27ed
```

14.1.3　卡券 Ticket

卡券 api_ticket 是用于调用卡券相关接口的临时票据，有效期为 7200s，通过 access_token 来获取。由于获取卡券 api_ticket 的 API 调用次数有限，频繁刷新卡券 api_ticket 会影响自身业务，因此开发者必须在自己的服务全局缓存卡券 api_ticket。

获取卡券 api_ticket 的接口如下。

```
https://api.weixin.qq.com/cgi-bin/ticket/getticket?access_token=ACCESS_TOKEN&type=wx_card
```

成功时，返回的数据示例如下。


```
{
    "errcode":0,
    "errmsg":"ok",
    "ticket":"bxLdikRXVbTPdHSM05e5u5sUoXNKd8-41ZO3MhKoyN5OfkWITDGgnr2fwJ0m9E8NYzWKVZvdVtaUgWvsdshFKA",
    "expires_in":7200
}
```


添加卡券时，需要填写 cardExt。cardExt 本身是一个 JSON 字符串，是商户为该卡券分配的唯一性信息，包含的字段如表 14-1 所示。

表 14-1　新增临时素材接口的参数说明

字段	是否必填	是否参与签名	说　　明
code	否	是	指定的卡券 Code 码，只能被领一次。自定义 Code 模式的卡券必须填写，非自定义 Code 和预存 Code 模式的卡券不必填写
openid	否	是	指定领取者的 OpenID，只有该用户能领取。bind_openid 字段为 true 的卡券必须填写，bind_openid 字段为 false 的不必填写
timestamp	是	是	时间戳，商户生成从 1970 年 1 月 1 日 00:00:00 至今的秒数，即当前的时间，且最终需要转换为字符串形式；由商户生成后传入，不同添加请求的时间戳需动态生成。若重复，将会导致领取失败
nonce_str	否	是	随机字符串，由开发者设置传入，用于加强安全性

（续）

字段	是否必填	是否参与签名	说明
fixed_beg-intimestamp	否	否	卡券在第三方系统的实际领取时间，为东八区时间戳（UTC+8，精确到秒）。当卡券的有效期类型为 DATE_TYPE_FIX_TERM 时专用，标识卡券的实际生效时间，用于解决商户系统内起始时间和领取时间不同步的问题
outer_str	否	否	领取渠道参数，用于标识本次领取的渠道值
signature	是	-	签名，商户将接口列表中的参数按指定方式进行签名，签名方式使用 sha1；由商户按照规范签名后传入

卡券的签名步骤说明如下。

步骤 1：将 api_ticket、timestamp、card_id、code、openid、nonce_str 的 value 值进行字符串的字典序排序（特别说明：api_ticket 相较 AppSecret 安全性更高，同时兼容老版本文档中使用的 AppSecret 作为签名凭证）。

步骤 2：将所有参数字符串拼接成一个字符串进行 sha1 加密，得到 signature。

假若

```
code=jonyqin_1434008071,timestamp=1404896688,card_id=pjZ8Yt1XGILfi-FUsewpnnolG
gZk,api_ticket=ojZ8YtyVyr30HheH3CM73y7h4jJE,nonce_str=jonyqin
```

则签名计算如下。

```
signature
=sha1(1404896688jonyqinjonyqin_1434008071ojZ8YtyVyr30HheH3CM73y7h4jJE pjZ8Yt1XGIL
fi-FUsewpnnolGgZk)
=6b81fbf6af16e856334153b39737556063c82689
```

14.1.4 SDK 实现

根据上述接口的介绍及定义，将微信卡券的 PHP SDK 实现如下。

```
 1 <?php
 2
 3 /*
 4     方倍工作室 http://www.fangbei.org/
 5     CopyRight 2014 All Rights Reserved
 6 */
 7 define('APPID', "wx1b7559b818e3c23e");
 8 define('APPSECRET', "wx1b7559b818e3c23ewx1b7559b818e3c23e");
 9
10 class class_weixin
11 {
12     var $appid = APPID;
13     var $appsecret = APPSECRET;
14
15     //构造函数，获取 Access Token
16     public function __construct($appid = NULL, $appsecret = NULL)
17     {
18         if($appid && $appsecret){
19             $this->appid = $appid;
20             $this->appsecret = $appsecret;
21         }
```

```
22          $res = file_get_contents('access_token.json');
23          $result = json_decode($res, true);
24          $this->expires_time = $result["expires_time"];
25          $this->access_token = $result["access_token"];
26
27          if (time() > ($this->expires_time + 3600)){
28              $url = "https://api.weixin.qq.com/cgi-bin/token?grant_type=client_
                credential&appid=".$this->appid."&secret=".$this->appsecret;
29              $res = $this->http_request($url);
30              $result = json_decode($res, true);
31              $this->access_token = $result["access_token"];
32              $this->expires_time = time();
33              file_put_contents('access_token.json', '{"access_token": "'.$this->ac
        cess_token.'", "expires_time": '.$this->expires_time.'}');
34          }
35      }
36
37      //生成长度为16的随机字符串
38      public function createNonceStr($length = 16) {
39          $chars = "abcdefghijklmnopqrstuvwxyzABCDEFGHIJKLMNOPQRSTUVWXYZ0123456789";
40          $str = "";
41          for ($i = 0; $i < $length; $i++) {
42              $str .= substr($chars, mt_rand(0, strlen($chars) - 1), 1);
43          }
44          return $str;
45      }
46
47      //获得微信卡券api_ticket
48      public function getCardApiTicket()
49      {
50          $res = file_get_contents('cardapi_ticket.json');
51          $result = json_decode($res, true);
52          $this->cardapi_ticket = $result["cardapi_ticket"];
53          $this->cardapi_expire = $result["cardapi_expire"];
54          if (time() > ($this->cardapi_expire + 3600)){
55              $url = "https://api.weixin.qq.com/cgi-bin/ticket/getticket?type=wx_
                card&access_token=".$this->access_token;
56              $res = $this->http_request($url);
57              $result = json_decode($res, true);
58              $this->cardapi_ticket = $result["ticket"];
59              $this->cardapi_expire = time();
60              file_put_contents('cardapi_ticket.json', '{"cardapi_ticket": "'.$this->
                cardapi_ticket.'", "cardapi_expire": '.$this->cardapi_expire.'}');
61          }
62          return $this->cardapi_ticket;
63      }
64
65      //cardSign卡券签名
66      public function get_cardsign($bizObj)
67      {
68          //字典序排序
69          asort($bizObj);
70          //URL键值对拼成字符串
71          $buff = "";
72          foreach ($bizObj as $k => $v){
73              $buff .= $v;
74          }
```

```
75          //sha1 签名
76          return sha1($buff);
77      }
78
79      //获得 JS API 的 Ticket
80      private function getJsApiTicket()
81      {
82          $res = file_get_contents('jsapi_ticket.json');
83          $result = json_decode($res, true);
84          $this->jsapi_ticket = $result["jsapi_ticket"];
85          $this->jsapi_expire = $result["jsapi_expire"];
86
87          if (time() > ($this->jsapi_expire + 3600)){
88              $url = "https://api.weixin.qq.com/cgi-bin/ticket/getticket?type=js
                api&access_token=".$this->access_token;
89              $res = $this->http_request($url);
90              $result = json_decode($res, true);
91              $this->jsapi_ticket = $result["ticket"];
92              $this->jsapi_expire = time();
93              file_put_contents('jsapi_ticket.json', '{"jsapi_ticket": "'.$this->
        jsapi_ticket.'", "jsapi_expire": '.$this->jsapi_expire.'}');
94          }
95          return $this->jsapi_ticket;
96      }
97
98      //获得签名包
99      public function getSignPackage() {
100         $jsapiTicket = $this->getJsApiTicket();
101         $protocol = (!empty($_SERVER['HTTPS']) && $_SERVER['HTTPS'] !== 'off'
            || $_SERVER['SERVER_PORT'] == 443) ? "https://" : "http://";
102         $url = "$protocol$_SERVER[HTTP_HOST]$_SERVER[REQUEST_URI]";
103         $timestamp = time();
104         $nonceStr = $this->createNonceStr();
105         $string = "jsapi_ticket=$jsapiTicket&noncestr=$nonceStr&timestamp=$ti
            mestamp&url=$url";
106         $signature = sha1($string);
107         $signPackage = array(
108                             "appId"     => $this->appid,
109                             "nonceStr"  => $nonceStr,
110                             "timestamp" => $timestamp,
111                             "url"       => $url,
112                             "signature" => $signature,
113                             "rawString" => $string
114                             );
115         return $signPackage;
116     }
117
118     //HTTP 请求（支持 HTTP/HTTPS，支持 GET/POST）
119     protected function http_request($url, $data = null)
120     {
121         $curl = curl_init();
122         curl_setopt($curl, CURLOPT_URL, $url);
123         curl_setopt($curl, CURLOPT_SSL_VERIFYPEER, FALSE);
124         curl_setopt($curl, CURLOPT_SSL_VERIFYHOST, FALSE);
125         if (!empty($data)){
126             curl_setopt($curl, CURLOPT_POST, 1);
127             curl_setopt($curl, CURLOPT_POSTFIELDS, $data);
```

```
128         }
129         curl_setopt($curl, CURLOPT_RETURNTRANSFER, TRUE);
130         $output = curl_exec($curl);
131         curl_close($curl);
132         return $output;
133     }
134 }
```

上述代码简要解读如下。

第 7 ~ 8 行：定义开发者参数。

第 15 ~ 35 行：定义构造函数，在构造函数中同时初始化获得 Access Token。

第 37 ~ 45 行：用于生成默认长度为 16 的随机字符串。

第 47 ~ 63 行：获得微信卡券 api_ticket，并使用文件进行缓存。

第 65 ~ 77 行：定义 cardSign 卡券签名函数。

第 79 ~ 96 行：获得 JS API 的 Ticket，并使用文件进行缓存。

第 98 ~ 116 行：获得 JS-SDK 的签名。

第 118 ~ 133 行：定义 HTTP 请求函数。

上述 SDK 包括 JS API 的 Ticket 的获取，也包括卡券 API 的 Ticket 的获取。

14.2　JS-SDK 的使用

JS-SDK 的使用步骤如下。

步骤 1：绑定域名。

使用 JS 接口需要设置 JS 接口安全域名，设置后该域名下的页面才有权限调用 JS 接口。

登录微信公众平台后台，在“公众号设置”|“功能设置”|“JS 接口安全域名”中填写域名，如图 14-1 所示。

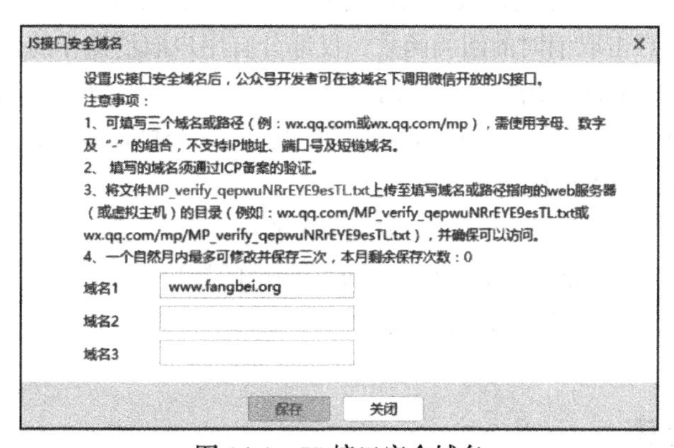

图 14-1　JS 接口安全域名

步骤 2：引入 JS。

在需要调用 JS 接口的页面引入 JS 文件。引入代码如下。

```
<script src="https://res.wx.qq.com/open/js/jweixin-1.1.0.js"></script>
```

步骤 3：通过 config 接口注入权限验证配置。

```
wx.config({
    debug: true,    // 开启调试模式，调用的所有 API 的返回值会在客户端 alert 出来，若要查看传入
                    // 的参数，可以在 PC 端打开，参数信息会通过 log 打出，仅在 PC 端时才会打印。
    appId: '',      // 必填，公众号的唯一标识
    timestamp: ,    // 必填，生成签名的时间戳
    nonceStr: '',   // 必填，生成签名的随机字符串
    signature: '',// 必填，签名
    jsApiList: [] // 必填，需要使用的 JS 接口列表
});
```

步骤 4：通过 ready 接口处理成功验证。

```
wx.ready(function(){
    // config 信息验证后会执行 ready 方法，所有接口调用都必须在 config 接口获得结果之后。config 是一
    // 个客户端的异步操作，所以如果需要在页面加载时就调用相关接口，则需把相关接口放在 ready 函数中
    // 调用，以确保正确执行。对于用户触发时才调用的接口，则可以直接调用，无须放在 ready 函数中。
});
```

步骤 5：通过 error 接口处理失败验证。

```
wx.error(function(res){
    // config 信息验证失败会执行 error 函数，如签名过期导致验证失败，具体错误信息可以打开 config 的
    // debug 模式查看，也可以在返回的 res 参数中查看。对于 SPA，可以在这里更新签名。
});
```

步骤 6：接口调用。

所有接口通过 wx 对象（也可使用 jWeixin 对象）来调用，参数是一个对象，除了每个接口本身需要传的参数之外，还有以下通用参数。

1）success：接口调用成功时执行的回调函数。

2）fail：接口调用失败时执行的回调函数。

3）complete：接口调用完成时执行的回调函数，无论成功或失败都会执行。

4）cancel：用户点击取消时的回调函数，仅部分有用户取消操作的 API 才会用到。

5）trigger：监听 Menu 中的按钮点击时触发的方法，该方法仅支持 Menu 中的相关接口。

以上函数都带有一个参数，类型为对象，其中除了每个接口本身返回的数据之外，还有一个通用属性 errMsg，其值的格式如下。

1）调用成功时："xxx:ok"。其中，xxx 为调用的接口名。

2）用户取消时："xxx:cancel"。其中，xxx 为调用的接口名。

3）调用失败时：其值为具体的错误信息。

14.3 接口列表

1. 基础接口

判断当前客户端版本是否支持指定 JS 接口，使用方法如下。

```
wx.checkJsApi({
    jsApiList: ['chooseImage'],  //需要检测的 JS 接口列表
    success: function(res) {
        //以键值对的形式返回，可用的 API 值为 true，不可用为 false
        //如 {"checkResult":{"chooseImage":true},"errMsg":"checkJsApi:ok"}
    }
});
```

2. 分享接口

获取“分享到朋友圈”按钮点击状态及自定义分享内容接口的使用方法如下。

```
wx.onMenuShareTimeline({
    title: '',                          //分享标题
    link: '',                           //分享链接
    imgUrl: '',                         //分享图标
    success: function () {
        //用户确认分享后执行的回调函数
    },
    cancel: function () {
        //用户取消分享后执行的回调函数
    }
});
```

获取“分享给朋友”按钮点击状态及自定义分享内容接口的使用方法如下。

```
wx.onMenuShareAppMessage({
    title: '',                          //分享标题
    desc: '',                           //分享描述
    link: '',                           //分享链接
    imgUrl: '',                         //分享图标
    type: '',                           //分享类型 ,music、video 或 link，不填默认为 link
    dataUrl: '',                        //如果 type 是 music 或 video，则要提供数据链接，默认为空
    success: function () {
        //用户确认分享后执行的回调函数
    },
    cancel: function () {
        //用户取消分享后执行的回调函数
    }
});
```

获取“分享到 QQ”按钮点击状态及自定义分享内容接口的使用方法如下。

```
wx.onMenuShareQQ({
    title: '',                          //分享标题
    desc: '',                           //分享描述
    link: '',                           //分享链接
    imgUrl: '',                         //分享图标
    success: function () {
        //用户确认分享后执行的回调函数
    },
    cancel: function () {
        //用户取消分享后执行的回调函数
    }
});
```

获取“分享到腾讯微博”按钮点击状态及自定义分享内容接口的使用方法如下。

```
wx.onMenuShareWeibo({
    title: '',                                      //分享标题
    desc: '',                                       //分享描述
    link: '',                                       //分享链接
    imgUrl: '',                                     //分享图标
    success: function () {
        //用户确认分享后执行的回调函数
    },
    cancel: function () {
        //用户取消分享后执行的回调函数
    }
});
```

获取“分享到QQ空间”按钮点击状态及自定义分享内容接口的使用方法如下。

```
wx.onMenuShareQZone({
    title: '',                                      //分享标题
    desc: '',                                       //分享描述
    link: '',                                       //分享链接
    imgUrl: '',                                     //分享图标
    success: function () {
        //用户确认分享后执行的回调函数
    },
    cancel: function () {
        //用户取消分享后执行的回调函数
    }
});
```

3. 图像接口

拍照或从手机相册中选图接口的使用方法如下。

```
wx.chooseImage({
    count: 1,                                       //默认为9
    sizeType: ['original', 'compressed'],           //可以指定是原图还是压缩图，默认两者都有
    sourceType: ['album', 'camera'],                //可以指定来源是相册还是相机，默认两者都有
    success: function (res) {
        var localIds = res.localIds;                //返回选定照片的本地ID列表，localIds可以作
                                                    //为img标签的src属性显示图片
    }
});
```

预览图片接口的使用方法如下。

```
wx.previewImage({
    current: '',                                    //当前显示图片的HTTP链接
    urls: []                                        //需要预览的图片HTTP链接列表
});
```

上传图片接口的使用方法如下。

```
wx.uploadImage({
    localId: '',                            //需要上传的图片的本地ID，由chooseImage接口获得
    isShowProgressTips: 1,                  //默认为1，显示进度提示
    success: function (res) {
        var serverId = res.serverId;        //返回图片的服务器端ID
    }
});
```

下载图片接口的使用方法如下。

```
wx.downloadImage({
    serverId: '',                     //需要下载的图片的服务器端 ID，由 uploadImage 接口获得
    isShowProgressTips: 1,            //默认为 1，显示进度提示
    success: function (res) {
        var localId = res.localId; //返回图片下载后的本地 ID
    }
});
```

4. 音频接口

开始录音接口的使用方法如下。

```
wx.startRecord();
```

停止录音接口的使用方法如下。

```
wx.stopRecord({
    success: function (res) {
        var localId = res.localId;
    }
});
```

监听录音自动停止接口的使用方法如下。

```
wx.onVoiceRecordEnd({
    //录音时间超过一分钟没有停止的时候会执行 complete 回调
    complete: function (res) {
        var localId = res.localId;
    }
});
```

播放音频接口的使用方法如下。

```
wx.playVoice({
    localId: ''                       //需要播放的音频的本地 ID，由 stopRecord 接口获得
});
```

暂停播放音频接口的使用方法如下。

```
wx.pauseVoice({
    localId: ''                       //需要暂停播放的音频的本地 ID，由 stopRecord 接口获得
});
```

停止播放音频的接口的使用方法如下。

```
wx.stopVoice({
    localId: ''                       //需要停止播放的音频的本地 ID，由 stopRecord 接口获得
});
```

监听音频播放完毕接口的使用方法如下。

```
wx.onVoicePlayEnd({
    success: function (res) {
        var localId = res.localId;  //返回音频的本地 ID
    }
});
```

上传音频接口的使用方法如下。

```
wx.uploadVoice({
    localId: '',                       //需要上传的音频的本地 ID，由 stopRecord 接口获得
    isShowProgressTips: 1,             //默认为 1，显示进度提示
        success: function (res) {
        var serverId = res.serverId;  //返回音频的服务器端 ID
    }
});
```

下载音频接口的使用方法如下。

```
wx.downloadVoice({
    serverId: '',                   //需要下载的音频的服务器端 ID，由 uploadVoice 接口获得
    isShowProgressTips: 1,          //默认为 1，显示进度提示
    success: function (res) {
        var localId = res.localId; //返回音频的本地 ID
    }
});
```

5. 智能接口

识别音频并返回识别结果接口的使用方法如下。

```
wx.translateVoice({
    localId: '',                              //需要识别的音频的本地 ID，由录音相关接口获得
    isShowProgressTips: 1,                    //默认为 1，显示进度提示
    success: function (res) {
        alert(res.translateResult);           //音频识别的结果
    }
});
```

6. 设备信息

获取网络状态接口的使用方法如下。

```
wx.getNetworkType({
    success: function (res) {
        var networkType = res.networkType;   //返回网络类型：2G、3G、4G、WiFi
    }
});
```

7. 地理位置

使用微信内置地图查看位置接口的使用方法如下。

```
wx.openLocation({
    latitude: 0,                         //纬度，浮点数，范围为 90 ~ -90
    longitude: 0,                        //经度，浮点数，范围为 180 ~ -180
    name: '',                            //位置名
    address: '',                         //地址详情说明
    scale: 1,                            //地图缩放级别，整型值，范围为 1~28，默认为最大
    infoUrl: ''                          //在查看位置界面底部显示的超链接，可点击跳转
});
```

获取地理位置接口的使用方法如下。

```
wx.getLocation({
    type: 'wgs84',                       //默认为 wgs84 的 GPS 坐标，如果要返回直接给 openLo
```

```
                                               //cation 用的火星坐标，可传入 'gcj02'
    success: function (res) {
        var latitude = res.latitude;    //纬度，浮点数，范围为 90 ~ -90
        var longitude = res.longitude; //经度，浮点数，范围为 180 ~ -180
        var speed = res.speed;          //速度，以米 / 每秒计
        var accuracy = res.accuracy;    //位置精度
    }
});
```

8. 摇一摇周边

开启查找周边 iBeacon 设备接口的使用方法如下。

```
wx.startSearchBeacons({
    ticket:"",                  //摇周边的业务 Ticket，系统自动添加在摇出来的页面链接后面
    complete:function(argv){
        //开启查找完成后的回调函数
    }
});
```

关闭查找周边 iBeacon 设备接口的使用方法如下。

```
wx.stopSearchBeacons({
    complete:function(res){
        //关闭查找完成后的回调函数
    }
});
```

监听周边 iBeacon 设备接口的使用方法如下。

```
wx.onSearchBeacons({
    complete:function(argv){
        //回调函数，可以数组形式取得该商家注册的在周边的相关设备列表
    }
});
```

9. 界面操作

隐藏右上角菜单接口的使用方法如下。

```
wx.hideOptionMenu();
```

显示右上角菜单接口的使用方法如下。

```
wx.showOptionMenu();
```

关闭当前网页窗口接口的使用方法如下。

```
wx.closeWindow();
```

批量隐藏功能按钮接口的使用方法如下。

```
wx.hideMenuItems({
    menuList: []                          //要隐藏的菜单项，只能隐藏“传播类”和“保护类”按钮
});
```

批量显示功能按钮接口的使用方法如下。

```
wx.showMenuItems({
    menuList: []                          //要显示的菜单项
});
```

隐藏所有非基础按钮接口的使用方法如下。

```
wx.hideAllNonBaseMenuItem();              //"基本类" 按钮
```

显示所有功能按钮接口的使用方法如下。

```
wx.showAllNonBaseMenuItem();
```

10. 微信扫一扫

调起微信扫一扫接口的使用方法如下。

```
wx.scanQRCode({
    needResult: 0,                        //默认为 0，扫描结果由微信处理，1 则直接返回扫描结果
    scanType: ["qrCode","barCode"],       //可以指定扫二维码还是一维码，默认两者都有
    success: function (res) {
    var result = res.resultStr;           //当 needResult 为 1 时，扫码返回的结果
}
});
```

11. 微信小店

跳转微信商品页接口的使用方法如下。

```
wx.openProductSpecificView({
    productId: '',                        //商品 ID
    viewType: ''        //0：默认值，普通商品详情页；1：扫一扫商品详情页；2：小店商品详情页
});
```

12. 微信卡券

批量添加卡券接口的使用方法如下。

```
wx.addCard({
    cardList: [{
        cardId: '',
        cardExt: ''
    }],                                   //需要添加的卡券列表
    success: function (res) {
        var cardList = res.cardList; //添加的卡券列表信息
    }
});
```

查看微信卡包中的卡券接口的使用方法如下。

```
wx.openCard({
    cardList: [{
        cardId: '',
        code: ''
    }]                                    //需要打开的卡券列表
});
```

13. 微信支付

发起一个微信支付请求的使用方法如下。

```
wx.chooseWXPay({
    timestamp: 0, // 支付签名时间戳，注意微信 JS-SDK 中的所有 timestamp 字段均为小写。但最新版
                  // 的支付后台生成签名使用的 timeStamp 字段名需大写其中的 S 字符
    nonceStr: '', // 支付签名随机字符串，不长于 32 位
    package: '',  // 统一支付接口返回的 prepay_id 参数值，提交格式为 prepay_id=***)
    signType: '', // 签名方式，默认为 'SHA1'，使用新版支付需传入 'MD5'
    paySign: '',  // 支付签名
    success: function (res) {
        // 支付成功后的回调函数
    }
});
```

14.4 案例实践

14.4.1 分享到朋友圈后查看内容

分享到朋友圈的接口开发中，需要先设置分享参数，包括标题、图标 URL 以及链接 URL。这些参数用于分享时显示的内容。

另外，在用户确认分享后执行的回调函数中，应执行跳转功能。这样就达到了分享后查看内容的效果。相关代码如下。

```
 1 <?php
 2 require_once('wxjssdk.class.php');
 3 $weixin = new class_weixin();
 4 $signPackage = $weixin->GetSignPackage();
 5
 6 $news = array("Title" =>"微信公众平台开发实践", "Description"=>"本书共分 10 章，案例
       程序采用广泛流行的 PHP、MySQL、XML、CSS、JavaScript、HTML5 等程序语言及数据库实现。",
       "PicUrl" =>'http://images.cnitblog.com/i/340216/201404/301756448922305.jpg',
       "Url" =>'http://www.cnblogs.com/txw1958/p/weixin-development-best-practice.html');
 7 ?>
 8 <!DOCTYPE html>
 9 <html>
10 <head>
11     <meta http-equiv="Content-Type" content="text/html; charset=utf-8" />
12     <meta name="viewport" content="width=device-width, initial-scale=1.0, maxi
       mum-scale=2.0, minimum-scale=1.0, user-scalable=no" />
13     <meta name="format-detection" content="telephone=no" />
14     <title>秘密信件</title>
15     <meta name="viewport" content="width=device-width, initial-scale=1, user-sc
       alable=0">
16     <link rel="stylesheet" href="http://demo.open.weixin.qq.com/jssdk/css/style.
       css">
17 </head>
18 <body ontouchstart="">
19     点右上角分享后查看
20 </body>
21 <script src="https://res.wx.qq.com/open/js/jweixin-1.1.0.js"></script>
22 <script>
23     wx.config({
24         debug: false,
25         appId: '<?php echo $signPackage["appId"];?>',
```

```
26          timestamp: <?php echo $signPackage["timestamp"];?>,
27          nonceStr: '<?php echo $signPackage["nonceStr"];?>',
28          signature: '<?php echo $signPackage["signature"];?>',
29          //url:'<?php echo $signPackage["url"];?>',
30          jsApiList: [
31              //所有要调用的 API 都要加到这个列表中
32              'checkJsApi',
33              'onMenuShareTimeline',
34              'onMenuShareAppMessage'
35            ]
36      });
37  </script>
38  <script>
39      wx.ready(function () {
40          wx.checkJsApi({
41              jsApiList: [
42                  'onMenuShareTimeline',
43                  'onMenuShareAppMessage'
44              ],
45              success: function (res) {
46              }
47          });
48
49          wx.onMenuShareTimeline({
50              title: '<?php echo $news['Title'];?>',
51              link: '<?php echo $news['Url'];?>',
52              imgUrl: '<?php echo $news['PicUrl'];?>',
53              trigger: function (res) {
54                  //alert('用户点击分享到朋友圈');
55              },
56              success: function (res) {
57                  //alert('已分享');
58                  window.location.href = "shared.php";
59              },
60              cancel: function (res) {
61                  //alert('已取消');
62              },
63              fail: function (res) {
64                  //alert(JSON.stringify(res));
65              }
66          });
67
68      });
69
70      wx.error(function (res) {
71          alert(res.errMsg);
72      });
73  </script>
74  </html>
```

分享后的页面的代码如下。

```
<!DOCTYPE html>
<html>
<head>
    <meta http-equiv="Content-Type" content="text/html; charset=utf-8" />
```

```
        <meta name="viewport" content="width=device-width, initial-scale=1.0, maxi
        mum-scale=2.0, minimum-scale=1.0, user-scalable=no" />
        <meta name="format-detection" content="telephone=no" />
    <title>道歉信</title>
    <meta name="viewport" content="width=device-width, initial-scale=1, user-scalable=0">
    <link rel="stylesheet" href="http://demo.open.weixin.qq.com/jssdk/css/style.css">
</head>
<body ontouchstart="">
这是分享后查看的内容
</body>
</html>
```

分享到朋友圈时，效果如图 14-2 所示。

如果想获取用户信息及分享次数，则可以添加网页授权，当用户分享的时候使用回调将用户信息传入后台接口中并记录下来。

14.4.2　获取用户坐标及地址

使用 JS-SDK 获取用户地理位置坐标的代码如下。

```
 1 <?php
 2 require_once('wxjssdk.class.php');
 3 $weixin = new class_weixin();
 4 $signPackage = $weixin->GetSignPackage();
 5 ?>
 6 <!DOCTYPE html>
 7 <html>
 8 <head>
 9     <meta http-equiv="Content-Type" content="text/html; charset=utf-8" />
10     <meta name="viewport" content="width=device-width, initial-scale=1.0, maxi
       mum-scale=2.0, minimum-scale=1.0, user-scalable=no" />
11     <meta name="format-detection" content="telephone=no" />
12     <title>位置</title>
13     <meta name="viewport" content="width=device-width, initial-scale=1, user-s
       calable=0">
14     <link rel="stylesheet" href="http://demo.open.weixin.qq.com/jssdk/css/style.
       css">
15 </head>
16 <body ontouchstart="">
17 </body>
18 <script src="https://res.wx.qq.com/open/js/jweixin-1.1.0.js"></script>
19 <script>
20     wx.config({
21         debug: false,
22         appId: '<?php echo $signPackage["appId"];?>',
23         timestamp: <?php echo $signPackage["timestamp"];?>,
24         nonceStr: '<?php echo $signPackage["nonceStr"];?>',
25         signature: '<?php echo $signPackage["signature"];?>',
26         jsApiList: [
27             'checkJsApi',
28             'openLocation',
29             'getLocation',
30           ]
31     });
32
```

```
33     wx.ready(function () {
34
35         //自动执行的
36         wx.checkJsApi({
37             jsApiList: [
38                 'getLocation',
39             ],
40             success: function (res) {
41             }
42         });
43
44         //如果不支持，则不会执行
45         wx.getLocation({
46             success: function (res) {
47                 alert(JSON.stringify(res));
48           },
49           cancel: function (res) {
50                 alert('用户拒绝授权获取地理位置');
51           }
52         });
53
54     });
55
56     wx.error(function (res) {
57         alert(res.errMsg);
58     });
59  </script>
60 </html>
```

获得坐标时的效果图如图 14-3 所示。

图 14-2　分享到朋友圈

图 14-3　获取用户地理位置

获得坐标之后，一项重要的工作是将坐标转换为地址。

读者可以利用本书 6.3.2 节的方法来获得详细的地理位置信息。

14.5　本章小结

本章介绍了微信公众平台的 JS-SDK 接口及其使用方法。微信 JS-SDK 接口提供了丰富的功能，也是微信开发的热点之一，使用这些接口可以实现很多有趣、有价值的功能。

第 15 章　微信门店

微信门店管理接口为商户提供门店批量导入、查询、修改、删除等主要功能，方便商户快速、高效地进行门店管理和操作。目前微信门店信息可用于蓝牙摇一摇、微信卡券、微信连 WiFi 等场景。

15.1　门店管理

15.1.1　创建门店

创建门店接口是为商户提供创建自己门店数据的接口，门店数据字段越完整，商户页面展示越丰富，越能吸引更多用户，并提高曝光度。

创建门店的接口如下。

```
http://api.weixin.qq.com/cgi-bin/poi/addpoi?access_token=TOKEN
```

创建门店时，POST 数据示例如下。

```
{
    "business":{
        "base_info":{
            "sid":"33788392",
            "business_name":"15 个汉字或 30 个英文字符内 ",
            "branch_name":" 不超过 10 个字，不能含有括号和特殊字符 ",
            "province":" 不超过 10 个字 ",
            "city":" 不超过 30 个字 ",
            "district":" 不超过 10 个字 ",
            "address":" 门店所在的详细街道地址（不要填写省市信息）：不超过 80 个字 ",
            "telephone":" 不超 53 个字符（不可以出现文字）",
            "categories":[
                " 美食 , 小吃快餐 "
            ],
            "offset_type":1,
            "longitude":115.32375,
            "latitude":25.097486,
            "photo_list":[
                {
                    "photo_url":"https://www.baidu.com"
                },
                {
                    "photo_url":"https://www.baidu.com"
                },
                {
                    "photo_url":"https://www.baidu.com"
                }
            ],
```

```
                "recommend":"不超过 200 字。麦辣鸡腿堡套餐，麦乐鸡，全家桶",
                "special":"不超过 200 字。免费 WiFi，外卖服务",
                "introduction":"不超过 300 字。麦当劳是全球大型跨国连锁餐厅，1940 年创立于美国，
                在世界上大约拥有 3 万间分店。主要售卖汉堡包，以及薯条、炸鸡、汽水、冰品、沙拉、水
                果等快餐食品",
                "open_time":"8:00-20:00",
                "avg_price":35
            }
        }
    }
```

上述数据的参数说明如表 15-1 所示。

表 15-1 创建门店接口的参数说明

字　段	是否必填	说　明
sid	否	商户自己的 ID，用于后续审核通过收到 poi_id 的通知时，做对应关系。请商户自己保证唯一识别性
business_name	是	门店名称（仅为商户名，如国美、麦当劳，不应包含地区、地址、分店名等信息，错误示例：北京国美）
branch_name	是	分店名称（不应包含地区信息，不应与门店名有重复，错误示例：北京王府井店）
province	是	门店所在省份（直辖市填城市名，如北京市）
city	是	门店所在城市
district	是	门店所在地区
address	是	门店所在的详细街道地址（不要填写省市信息）
telephone	是	门店的电话（纯数字，区号、分机号均由“-”隔开）
categories	是	门店的类型（不同级分类用“,”隔开，如美食，川菜，火锅
offset_type	是	坐标类型，1 为火星坐标（目前只能选 1）
longitude	是	门店所在地理位置的经度
latitude	是	门店所在地理位置的纬度（经纬度均为火星坐标，最好选用腾讯地图标记的坐标）
photo_list	否	图片列表，URL 形式，可以有多张图片，尺寸为 640 × 340 像素，必须为上一接口生成的 URL。图片内容不允许与门店不相关，不允许为二维码、员工合照（或模特肖像）、营业执照、无门店正门的街景、地图截图、公交地铁站牌、菜单截图等
recommend	否	推荐品，餐厅可为推荐菜；酒店为推荐套房；景点为推荐游玩景点等，针对自己行业的推荐内容
special	否	特色服务，如免费 WiFi、免费停车、送货上门等商户能提供的特色功能或服务
introduction	否	商户简介，主要介绍商户信息等
open_time	否	营业时间，24 小时制表示，用“-”连接，如 8:00-20:00
avg_price	否	人均价格，大于 0 的整数

正确创建时，返回的数据示例如下。

```
{"errcode":0,"errmsg":"ok"}
```

15.1.2 审核事件推送

新创建的门店审核通过后，会以事件形式推送给商户填写的回调 URL。

推送 XML 数据包示例如下。

```
<xml>
    <ToUserName><![CDATA[toUser]]></ToUserName>
    <FromUserName><![CDATA[fromUser]]></FromUserName>
    <CreateTime>1408622107</CreateTime>
    <MsgType><![CDATA[event]]></MsgType>
    <Event><![CDATA[poi_check_notify]]></Event>
    <UniqId><![CDATA[123adb]]></UniqId>
    <PoiId><![CDATA[123123]]></PoiId>
    <Result><![CDATA[fail]]></Result>
    <msg><![CDATA[xxxxxx]]></msg>
</xml>
```

上述数据的参数说明如表 15-2 所示。

表 15-2 门店审核推送消息参数说明

字　段	说　明
ToUserName	发送方账号（一个 OpenID）
FromUserName	接收方账号
CreateTime	消息创建时间（整型）
MsgType	消息类型，event
Event	事件类型，poi_check_notify
UniqId	商户自己内部 ID，即字段中的 sid
PoiId	微信门店 ID，微信内门店唯一标识 ID
Result	审核结果，成功 succ 或失败 fail
msg	成功的通知信息，或审核失败的驳回理由

15.1.3 查询门店信息

创建门店获取 poi_id 后，商户可以利用 poi_id 查询具体某条门店的信息。若查询时 update_status 字段为 1，表明在 5 个工作日内曾用 update 接口修改过门店扩展字段，该扩展字段为最新的修改字段，尚未经过审核采纳，因此不是最终结果。最终结果会在 5 个工作日内，最终确认是否采纳，并前端生效。

查询门店信息的接口如下。

```
http://api.weixin.qq.com/cgi-bin/poi/getpoi?access_token=TOKEN
```

查询门店信息时，POST 数据示例如下。

```
{
    "poi_id":"271262077"
}
```

上述数据的参数说明如表 15-3 所示。

表 15-3 查询门店信息接口的参数说明

字　段	说　明
poi_id	门店 ID

正确创建时，返回的数据示例如下。

```
{
    "errcode":0,
    "errmsg":"ok",
    "business ":{
        "base_info":{
            "sid":"001",
            "business_name":"麦当劳",
            "branch_name":"艺苑路店",
            "province":"广东省",
            "city":"广州市",
            "address":"海珠区艺苑路 11 号",
            "telephone":"020-12345678",
            "categories":[
                "美食，小吃快餐"
            ],
            "offset_type":1,
            "longitude":115.32375,
            "latitude":25.097486,
            "photo_list":[
                {
                    "photo_url":"https://www.baidu.com"
                },
                {
                    "photo_url":"https://www.baidu.com"
                },
                {
                    "photo_url":"https://www.baidu.com"
                }
            ],
            "recommend":"麦辣鸡腿堡套餐，麦乐鸡，全家桶",
            "special":"免费 WiFi，外卖服务",
            "introduction":"麦当劳是全球大型跨国连锁餐厅,1940 年创立于美国，在世界上大约拥
            有 3 万间分店。主要售卖汉堡包，以及薯条、炸鸡、汽水、冰品、沙拉、水果等快餐食品",
            "open_time":"8:00-20:00",
            "avg_price":35,
            "available_state":3,
            "update_status":0
        }
    }
}
```

上述数据的参数说明如表 15-4 所示。

表 15-4 查询门店信息接口返回参数说明

字　段	说　明
errcode	错误码，0 为正常
errmsg	错误信息
available_state	门店是否可用状态。1 表示系统错误，2 表示审核中，3 表示审核通过，4 表示审核驳回。当该字段为 1、2、4 时，poi_id 为空
update_status	扩展字段是否正在更新中。1 表示扩展字段正在更新中，尚未生效，不允许再次更新；0 表示扩展字段没有在更新中或更新已生效，可以再次更新
business	门店信息

15.1.4 查询门店列表

商户可以通过该接口，批量查询自己名下的门店列表，并获取已审核通过的 poi_id（所有状态均会返回 poi_id，但该 poi_id 不一定为最终 ID）、商户自身 sid 用于对应商户名、分店名、地址字段。

查询门店列表的接口如下。

```
https:// api.weixin.qq.com/cgi-bin/poi/getpoilist?access_token=TOKEN
```

查询门店列表时，POST 数据示例如下。

```
{
    "begin":0,
    "limit":10
}
```

上述数据的参数说明如表 15-5 所示。

表 15-5 查询门店列表接口的参数说明

字段	是否必填	说　明
begin	是	开始位置，0 即为从第一条开始查询
limit	是	返回数据条数，最大允许 50，默认为 20

正确创建时，返回的数据示例如下。

```
{
    "errcode":0,
    "errmsg":"ok",
    "business_list":[
        {
            "base_info":{
                "sid":"101",
                "business_name":"麦当劳",
                "branch_name":"艺苑路店",
                "address":"艺苑路 11 号",
                "telephone":"020-12345678",
                "categories":[
                    "美食，快餐小吃"
                ],
                "city":"广州市",
                "province":"广东省",
                "offset_type":1,
                "longitude":115.32375,
                "latitude":25.097486,
                "photo_list":[
                    {
                        "photo_url":"http: ...."
                    }
                ],
                "introduction":"麦当劳是全球大型跨国连锁餐厅，1940 年创立于美国，在世界上
                大约拥有 3 万间分店。主要售卖汉堡包，以及薯条、炸鸡、汽水、冰品、沙拉、水果等
                快餐食品",
                "recommend":"麦辣鸡腿堡套餐，麦乐鸡，全家桶",
```

```
                "special":"免费 WiFi，外卖服务",
                "open_time":"8:00-20:00",
                "avg_price":35,
                "poi_id":"285633617",
                "available_state":3,
                "district":"海珠区",
                "update_status":0
            }
        },
        {
            "base_info":{
                "sid":"101",
                "business_name":"麦当劳",
                "branch_name":"北京路店",
                "address":"北京路 12 号",
                "telephone":"020-12345689",
                "categories":[
                    "美食，快餐小吃"
                ],
                "city":"广州市",
                "province":"广东省",
                "offset_type":1,
                "longitude":115.3235,
                "latitude":25.092386,
                "photo_list":[
                    {
                        "photo_url":"http: ...."
                    }
                ],
                "introduction":"麦当劳是全球大型跨国连锁餐厅，1940 年创立于美国，在世界上大
                约拥有 3 万间分店。主要售卖汉堡包，以及薯条、炸鸡、汽水、冰品、沙拉、水果等快
                餐食品",
                "recommend":"麦辣鸡腿堡套餐，麦乐鸡，全家桶",
                "special":"免费 WiFi，外卖服务",
                "open_time":"8:00-20:00",
                "avg_price":35,
                "poi_id":"285633618",
                "available_state":4,
                "district":"越秀区",
                "update_status":0
            }
        },
        {
            "base_info":{
                "sid":"101",
                "business_name":"麦当劳",
                "branch_name":"龙洞店",
                "address":"迎龙路 122 号",
                "telephone":"020-12345659",
                "categories":[
                    "美食，快餐小吃"
                ],
                "city":"广州市",
                "province":"广东省",
                "offset_type":1,
                "longitude":115.32345,
```

```
                "latitude":25.056686,
                "photo_list":[
                    {
                        "photo_url":"http: ...."
                    }
                ],
                 "introduction":"麦当劳是全球大型跨国连锁餐厅，1940 年创立于美国，在世界上
大约拥有 3 万间分店。主要售卖汉堡包，以及薯条、炸鸡、汽水、冰品、沙拉、水果等
快餐食品 ",
                "recommend":" 麦辣鸡腿堡套餐，麦乐鸡，全家桶 ",
                "special":" 免费 WiFi，外卖服务 ",
                "open_time":"8:00-20:00",
                "avg_price":35,
                "poi_id":"285633619",
                "available_state":2,
                "district":" 天河区 ",
                "update_status":0
            }
        }
    ],
    "total_count":"3"
}
```

上述数据的参数说明和创建门店接口中的一致。

15.1.5 修改门店服务信息

商户可以通过该接口修改门店的服务信息，包括 sid、图片列表、营业时间、推荐、特色服务、简介、人均价格、电话 8 个字段（名称、坐标、地址等不可修改），修改后需要人工审核。

修改门店服务信息的接口如下。

```
https:// api.weixin.qq.com/cgi-bin/poi/updatepoi?access_token=TOKEN
```

修改门店服务信息时，POST 数据示例如下。

```
{
    "business ":{
        "base_info":{
            "poi_id ":"271864249",
            "sid":"A00001",
            "telephone ":"020-12345678",
            "photo_list":[
                {
                    "photo_url":"https:// XXX.com"
                },
                {
                    "photo_url":"https:// XXX.com"
                }
            ],
            "recommend":" 麦辣鸡腿堡套餐，麦乐鸡，全家桶 ",
            "special":" 免费 WiFi，外卖服务 ",
            "introduction":" 麦当劳是全球大型跨国连锁餐厅，1940 年创立于美国，在世界上大约拥
有 3 万间分店。主要售卖汉堡包，以及薯条、炸鸡、汽水、冰品、沙拉、水果等快餐食品 ",
```

```
                "open_time":"8:00-20:00",
                "avg_price":35
            }
        }
}
```

上述数据的参数说明和创建门店接口中的一致。

正确创建时，返回的数据示例如下。

```
{"errcode":0,"errmsg":"ok"}
```

15.1.6 删除门店

商户可以通过该接口删除成功创建的门店。调用该接口需要慎重。

删除门店的接口如下。

```
https://api.weixin.qq.com/cgi-bin/poi/delpoi?access_token=TOKEN
```

删除门店时，POST 数据示例如下。

```
{
    "poi_id":"271262077"
}
```

上述数据的参数说明如表 15-6 所示。

表 15-6 删除门店接口的参数说明

字　段	说　明
poi_id	门店 ID

正确创建时，返回的数据示例如下。

```
{"errcode":0,"errmsg":"ok"}
```

15.1.7 门店类目表

类目名称接口是为商户提供自己门店类型信息的接口。门店类目定位得越规范，越能精准吸引客户，提高曝光率。

获取门店类目表的接口如下。

```
http://api.weixin.qq.com/cgi-bin/poi/getwxcategory?access_token=TOKEN
```

正确创建时，返回的数据示例如下。

```
{
    "category_list":[
        "美食,江浙菜,上海菜",
        "美食,江浙菜,淮扬菜",
        "美食,江浙菜,浙江菜",
        "美食,江浙菜,南京菜",
        "美食,江浙菜,苏帮菜"
    ]
}
```

15.2 案例实践：获取门店 ID 列表

微信门店接口在其他多个业务场景中都需要用到，如微信卡券、微信连 WiFi 等。在这些业务场景中，需要确定使用业务的门店有哪些，因此事先获取门店列表并保存有助于后续业务的开发。

微信门店的 PHP SDK 实现代码如下。

```
1 class class_wxpoint
2 {
3     var $appid = APPID;
4     var $appsecret = APPSECRET;
5
6     //构造函数，获取Access Token
7     public function __construct($appid = NULL, $appsecret = NULL)
8     {
9         if($appid && $appsecret){
10            $this->appid = $appid;
11            $this->appsecret = $appsecret;
12        }
13        $res = file_get_contents('token.json');
14        $result = json_decode($res, true);
15        $this->expires_time = $result["expires_time"];
16        $this->access_token = $result["access_token"];
17
18        if (time() > ($this->expires_time + 3600)){
19            $url = "https://api.weixin.qq.com/cgi-bin/token?grant_type=client_
              credential&appid=".$this->appid."&secret=".$this->appsecret;
20            $res = $this->http_request($url);
21            $result = json_decode($res, true);
22            $this->access_token = $result["access_token"];
23            $this->expires_time = time();
24            file_put_contents('token.json', '{"access_token": "'.$this->access_
              token.'", "expires_time": '.$this->expires_time.'}');
25        }
26    }
27
28    //查询门店列表
29    public function get_poi_list($begin = 0, $limit = 20)
30    {
31        $msg = array('begin' => $begin, 'limit' => $limit);
32        $url = "https://api.weixin.qq.com/cgi-bin/poi/getpoilist?access_token=".
          $this->access_token;
33        $res = $this->http_request($url, urldecode(json_encode($msg)));
34        return json_decode($res, true);
35    }
36
37    //HTTP请求(支持HTTP/HTTPS，支持GET/POST)
38    protected function http_request($url, $data = null)
39    {
40        $curl = curl_init();
41        curl_setopt($curl, CURLOPT_URL, $url);
42        curl_setopt($curl, CURLOPT_SSL_VERIFYPEER, FALSE);
43        curl_setopt($curl, CURLOPT_SSL_VERIFYHOST, FALSE);
```

```
44          if (!empty($data)){
45              curl_setopt($curl, CURLOPT_POST, 1);
46              curl_setopt($curl, CURLOPT_POSTFIELDS, $data);
47          }
48          curl_setopt($curl, CURLOPT_RETURNTRANSFER, TRUE);
49          $output = curl_exec($curl);
50          curl_close($curl);
51          return $output;
52      }
53 }
```

调用获取门店 ID 列表的实现代码如下。

```
define('APPID', "wxfd3fd09f8b7c8f84");
define('APPSECRET', "b45c1dd5152b35cfb3c7c70514decd04");

$weixin = new class_wxpoint();
$result = $weixin->get_poi_list();
var_dump($result);
```

上述程序执行后的结果和 15.1.4 节的结果一致。

15.3 本章小结

本章介绍了微信门店的相关接口，并通过案例介绍了获取门店 ID 列表的方法。门店 ID 列表在微信摇一摇周边、微信卡券、微信连 WiFi 等处有使用场景。

第 16 章　微信卡券与会员卡

微信卡券功能是微信为商户提供的一套完整的电子卡券解决方案，商户可在法律允许的范围内通过该功能实现电子卡券生成、下发、领取、核销（验证）的闭环，并使用对账、卡券管理等配套功能。

16.1　创建卡券

16.1.1　上传卡券 Logo

上传卡券 Logo 的接口如下。

```
https://api.weixin.qq.com/cgi-bin/media/uploadimg?access_token=ACCESS_TOKEN
```

上传卡券 Logo 时，POST 数据示例如下。

```
$data = array("buffer"  => "@E:\saesvn\customer\1\c000_token\_images\head.jpg");
```

上述数据的参数说明如表 16-1 所示。

表 16-1　上传卡券 Logo 接口的参数说明

参　数	是否必需	说　明
access_token	是	调用接口凭证
buffer	是	文件的数据流

正确创建时，返回的数据示例如下。

```
{
    "url":"http://mmbiz.qpic.cn/mmbiz/iaL1LJM1mF9aRKPZJkmG8xXhiaHqkKSVMMWeN3hLut
    7X7hicFNjakmxibMLGWpXrEXB33367o7zHN0CwngnQY7zb7g/0"
}
```

上述数据的参数说明如表 16-2 所示。

表 16-2　上传卡券 Logo 返回参数说明

参　数	描　述
media_id	商户图片 URL，用于在创建卡券接口中填入

16.1.2　卡券颜色

目前微信提供 14 种颜色供开发者使用，如表 16-3 所示。

表 16-3 卡券颜色列表

背景颜色名称	色 值
Color010	#63b359
Color020	#2c9f67
Color030	#509fc9
Color040	#5885cf
Color050	#9062c0
Color060	#d09a45
Color070	#e4b138
Color080	#ee903c
Color081	#f08500
Color082	#a9d92d
Color090	#dd6549
Color100	#cc463d
Color101	#cf3e36
Color102	#5E6671

16.1.3 卡券的创建

创建卡券接口是微信卡券的基础接口，用于创建一类新的卡券，获取 card_id。创建成功并通过审核后，商家可以通过文档提供的其他接口将卡券下发给用户，每次成功领取，库存数量会相应扣除。

创建卡券的接口如下。

```
https://api.weixin.qq.com/card/create?access_token=ACCESS_TOKEN
```

创建卡券时，POST 数据示例如下。

```
{
    "card":{
        "card_type":"GROUPON",
        "groupon":{
            "base_info":{
                "logo_url":"http://mmbiz.qpic.cn/mmbiz/iaL1LJM1mF9aRKPZJkmG8xXhiaH
                qkKSVMMWeN3hLut7X7hicFNjakmxibMLGWpXrEXB33367o7zHN0CwngnQY7zb7g/0",
                "brand_name":"微信餐厅",
                "code_type":"CODE_TYPE_TEXT",
                "title":"132 元双人火锅套餐",
                "color":"Color010",
                "notice":"使用时向服务员出示此券",
                "service_phone":"020-88888888",
                "description":"不可与其他优惠同享 如需团购券发票，请在消费时向商户提出店内均
                可使用，仅限堂食",
                "date_info":{
                    "type":"DATE_TYPE_FIX_TIME_RANGE",
                    "begin_timestamp":1397577600,
                    "end_timestamp":1472724261
                },
                "sku":{
```

```
            "quantity":500000
        },
        "get_limit":3,
        "use_custom_code":false,
        "bind_openid":false,
        "can_share":true,
        "can_give_friend":true,
        "location_id_list":[
            123,
            12321,
            345345
        ],
        "center_title":"顶部居中按钮",
        "center_sub_title":"按钮下方的wording",
        "center_url":"www.qq.com",
        "custom_url_name":"立即使用",
        "custom_url":"http://www.qq.com",
        "custom_url_sub_title":"6个汉字tips",
        "promotion_url_name":"更多优惠",
        "promotion_url":"http://www.qq.com",
        "source":"大众点评"
    },
    "advanced_info":{
        "use_condition":{
            "accept_category":"鞋类",
            "reject_category":"阿迪达斯",
            "can_use_with_other_discount":true
        },
        "abstract":{
            "abstract":"微信餐厅推出多种新季菜品，期待您的光临",
            "icon_url_list":[
                "http://mmbiz.qpic.cn/mmbiz/p98FjXy8LacgHxp3sJ3vn97bGLz0ib0Sfz
                1bjiaoOYA027iasqSG0sj piby4vce3AtaPu6cIhBHkt6IjlkY9YnDsfw/0"
            ]
        },
        "text_image_list":[
            {
                "image_url":"http://mmbiz.qpic.cn/mmbiz/p98FjXy8LacgHxp3sJ3vn
                97bGLz0ib0Sfz1bjiaoOYA027iasqSG0sjpiby4vce3AtaPu6cIhBHkt6Ijl
                kY9YnDsfw/0",
                "text":"此菜品精选食材，以独特的烹饪方法，最大程度地刺激食客的味蕾"
            },
            {
                "image_url":"http://mmbiz.qpic.cn/mmbiz/p98FjXy8LacgHxp3sJ3vn
                97bGLz0ib0Sfz1bjiaoOYA027iasqSG0sj piby4vce3AtaPu6cIhBHkt6Ijl
                kY9YnDsfw/0",
                "text":"此菜品迎合大众口味，老少皆宜，营养均衡"
            }
        ],
        "time_limit":[
            {
                "type":"MONDAY",
                "begin_hour":0,
                "end_hour":10,
                "begin_minute":10,
```

```
                    "end_minute":59
                },
                {
                    "type":"HOLIDAY"
                }
            ],
            "business_service":[
                "BIZ_SERVICE_FREE_WIFI",
                "BIZ_SERVICE_WITH_PET",
                "BIZ_SERVICE_FREE_PARK",
                "BIZ_SERVICE_DELIVER"
            ]
        },
        "deal_detail":" 以下锅底 2 选 1（有菌王锅、麻辣锅、大骨锅、番茄锅、清补凉锅、酸菜鱼
        锅可选）：大锅 1 份 12 元 小锅 2 份 16 元 "
    }
  }
}
```

上述数据可以分为两个部分，即 base_info（卡券基础信息）和 Advanced_info（卡券高级信息）。

其中，基础信息的参数说明如表 16-4 所示。

表 16-4 基础信息的参数说明

参数名	是否必需	描　述
logo_url	是	卡券的商户 Logo，建议像素为 300×300 像素
code_type	是	码型：CODE_TYPE_TEXT（文本），CODE_TYPE_BARCODE（一维码），CODE_TYPE_QRCODE（二维码），CODE_TYPE_ONLY_QRCODE（二维码无 Code 显示），CODE_TYPE_ONLY_BARCODE（一维码无 Code 显示），CODE_TYPE_NONE（不显示 Code 和条形码类型）
brand_name	是	商户名字，字数上限为 12 个汉字
title	是	卡券名，字数上限为 9 个汉字
color	是	券颜色。按色彩规范标注填写 Color010 ~ Color100
notice	是	卡券使用提醒，字数上限为 16 个汉字
description	是	卡券使用说明，字数上限为 1024 个汉字
sku	是	商品信息
quantity	是	卡券库存的数量，上限为 100 000 000
date_info	是	使用日期，有效期的信息
type	是	DATE_TYPE_FIX_TIME_RANGE 表示固定日期区间，DATE_TYPE_FIX_TERM 表示固定时长
begin_timestamp	是	type 为 DATE_TYPE_FIX_TIME_RANGE 时专用，表示起用时间。从 1970 年 1 月 1 日 00:00:00 至起用时间的秒数，最终需转换为字符串形态传入（东八区时间，UTC+8，单位为 s）
end_timestamp	是	表示结束时间，建议设置为截止日期的 23:59:59 过期（东八区时间，UTC+8，单位为 s）
fixed_term	是	type 为 DATE_TYPE_FIX_TERM 时专用，表示自领取后多少天内有效，不支持填写 0

（续）

参数名	是否必需	描　述
fixed_begin_term	是	type 为 DATE_TYPE_FIX_TERM 时专用，表示自领取后多少天开始生效，领取后当天生效填写 0（单位为天）
end_timestamp	是	可用于 DATE_TYPE_FIX_TERM 时间类型，表示卡券统一过期时间，建议设置为截止日期的 23:59:59 过期（东八区时间，UTC+8，单位为 s）。设置了 fixed_term 卡券，当时间达到 end_timestamp 时卡券统一过期
use_custom_code	否	是否自定义 Code 码。填写 true 或 false，默认为 false。通常自有优惠码系统的开发者选择自定义 Code 码，并在卡券投放时带入 Code 码
get_custom_code_mode	否	填入 GET_CUSTOM_CODE_MODE_DEPOSIT 表示该卡券为预存 Code 模式卡券，需导入超过库存数目的自定义 code 后方可投放，填入该字段后，quantity 字段需为 0，需导入 Code 后再增加库存
bind_openid	否	是否指定用户领取，填写 true 或 false，默认为 false。通常指定特殊用户群体投放卡券或防止刷券时选择指定用户领取
service_phone	否	客服电话
poiid	否	门店位置 poiid。调用 POI 门店管理接口获取门店位置 poiid。具备线下门店的商户为必填
use_all_locations	否	设置本卡券支持全部门店，与 location_id_list 互斥
source	否	第三方来源名，如同程旅游、大众点评
custom_url_name	否	自定义跳转外链的入口名字
center_title	否	卡券顶部居中的按钮，仅在卡券状态正常（可以核销）时显示
center_sub_title	否	显示在入口下方的提示语，仅在卡券状态正常（可以核销）时显示
center_url	否	顶部居中的 URL，仅在卡券状态正常（可以核销）时显示
custom_url	否	自定义跳转的 URL
custom_url_sub_title	否	显示在入口右侧的提示语
promotion_url_name	否	营销场景的自定义入口名称
promotion_url	否	入口跳转外链的地址
promotion_url_sub_title	否	显示在营销入口右侧的提示语
get_limit	否	每人可领券的数量限制，不填写默认为 50
can_share	否	卡券领取页面是否可分享
can_give_friend	否	卡券是否可转赠

高级信息的参数说明如表 16-5 所示。

表 16-5　高级信息的参数说明

字　段	是否必需	说　明
advanced_info	否	创建优惠券特有的高级字段
use_condition	否	使用门槛（条件）字段，若不填写使用条件，则在券面拼写：无最低消费限制，全场通用，不限品类；并在使用说明显示：可与其他优惠共享
accept_category	否	指定可用的商品类目，仅用于代金券类型，填入后将在券面拼写适用于 ×××
reject_category	否	指定不可用的商品类目，仅用于代金券类型，填入后将在券面拼写不适用于 ××××
least_cost	否	满减门槛字段，可用于兑换券和代金券，填入后将在券面拼写消费满 ×× 元可用

（续）

字　段	是否必需	说　明
object_use_for	否	购买 ×× 可用类型门槛，仅用于兑换，填入后自动拼写购买 ××× 可用
can_use_with_other_discount	否	不可以与其他类型共享门槛，填写 false 时系统将在使用须知里拼写“不可与其他优惠共享”，填写 true 时系统将在使用须知里拼写“可与其他优惠共享”，默认为 true
abstract	否	封面摘要结构体名称
abstract|abstract	否	封面摘要简介
icon_url_list	否	封面图片列表，仅支持填入一个封面图片链接，上传图片接口上传获取的图片链接，填写非 CDN 链接会报错，并在此填入。建议图片尺寸为 850×350 像素
text_image_list	否	图文列表，显示在详情内页，优惠券开发者须至少传入一组图文列表
image_url	否	图片链接，必须调用上传图片接口上传图片获得链接，并在此填入，否则报错
text	否	图文描述
business_service	否	商家服务类型：BIZ_SERVICE_DELIVER（外卖服务），BIZ_SERVICE_FREE_PARK（停车位），BIZ_SERVICE_WITH_PET（可带宠物），BIZ_SERVICE_FREE_WIFI（免费 WiFi），可多选
time_limit	否	使用时段限制
type	否	限制类型枚举值：支持填入 MONDAY 周一 TUESDAY 周二 WEDNESDAY 周三 THURSDAY 周四 FRIDAY 周五 SATURDAY 周六 SUNDAY 周日 此处只控制显示，不控制实际使用逻辑，不填默认不显示
begin_hour	否	当前 type 类型下的起始时间（小时），如当前结构体内填写了 MONDAY，此处填写了 10，则此处表示周一 10:00 可用
begin_minute	否	当前 type 类型下的起始时间（分钟），如当前结构体内填写了 MONDAY，begin_hour 填写 10，此处填写了 59，则此处表示周一 10:59 可用
end_hour	否	当前 type 类型下的结束时间（小时），如当前结构体内填写了 MONDAY，此处填写了 20，则此处表示周一 10:00 ~ 20:00 可用
end_minute	否	当前 type 类型下的结束时间（分钟），如当前结构体内填写了 MONDAY，end_hour 填写 20，此处填写了 59，则此处表示周一 10:59 ~ 20:59 可用

正确创建时，返回的数据示例如下。

```
{
    "errcode":0,
    "errmsg":"ok",
    "card_id":"p1Pj9jr90_SQRaVqYI239Ka1erkI"
}
```

上述数据的参数说明如表 16-6 所示。

表 16-6 创建卡券接口返回参数说明

参数名	描　述
errcode	错误码，0 为正常
errmsg	错误信息
card_id	卡券 ID

图 16-1 至图 16-5 分别展示了团购券、代金券、折扣券、兑换券（礼品券）、优惠券等的效果图。

图 16-1 团购券

图 16-2 代金券

图 16-3 折扣券

图 16-4 兑换券

16.2 投放卡券

微信上投放卡券的方式有很多种，包括创建二维码投放、货架投放、群发投放等。

16.2.1 创建二维码投放

创建卡券二维码的接口如下。

```
https:// api.weixin.qq.com/card/qrcode/create?access_
token=TOKEN
```

创建卡券二维码时，分以下两种情况。

1）开发者设置扫描二维码领取单张卡券，此时 POST 数据如下。

图 16-5　优惠券

```
{
    "action_name":"QR_CARD",
    "expire_seconds":1800,
    "action_info":{
        "card":{
            "card_id":"pFS7Fjg8kV1IdDz01r4SQwMkuCKc",
            "code":"198374613512",
            "openid":"oFS7Fjl0WsZ9AMZqrI80nbIq8xrA",
            "is_unique_code":false,
            "outer_str":"12b"
        }
    }
}
```

2）开发者设置扫描二维码领取多张卡券，此时 POST 数据如下。

```
{
    "action_name":"QR_MULTIPLE_CARD",
    "action_info":{
        "multiple_card":{
            "card_list":[
                {
                    "card_id":"p1Pj9jgj3BcomSgtuW8B1wl-wo88",
                    "code":"2392583481",
                    "outer_str":"12b"
                },
                {
                    "card_id":"p1Pj9jgj3BcomSgtuW8B1wl-wo98",
                    "code":"2392583482",
                    "outer_str":"12b"
                }
            ]
        }
    }
}
```

上述数据的参数说明如表 16-7 所示。

表 16-7　创建卡券二维码接口的参数说明

参数名	是否必需	描　　述
code	是	卡券 Code 码，use_custom_code 字段为 true 的卡券必须填写，非自定义 Code 和导入 Code 模式的卡券不必填写
card_id	否	卡券 ID
code	是	指定领取者的 OpenID，只有该用户能领取。bind_openid 字段为 true 的卡券必须填写，非指定 OpenID 不必填写
expire_seconds	否	指定二维码的有效时间，范围是 60 ~ 1800s。不填默认为 365 天有效
is_unique_code	否	指定下发二维码，生成的二维码随机分配一个 Code，领取后不可再次扫描。填写 true 或 false，默认 false。注意，填写该字段时，卡券须通过审核且库存不为 0
outer_id	否	领取场景值，用于领取渠道的数据统计，默认值为 0，字段类型为整型，长度限制为 60 位数字。用户领取卡券后触发的事件推送中会带上此自定义场景值
outer_str	否	outer_id 字段升级版本，字符串类型，用户首次领卡时，会通过领取事件推送给商户；对于会员卡的二维码，用户每次扫码打开会员卡后点击任何 URL，会将该值拼入 URL 中，方便开发者定位扫码来源

正确创建时，返回的数据示例如下。

```
{
    "errcode":0,
    "errmsg":"ok",
    "ticket":"gQHB8DoAAAAAAAAAASxodHRwOi8vd2VpeGluLnFxLmNvbS9xL0JIV3lhX3psZmlvSDZm
    WGVMMTZvAAIEsNnKVQMEIAMAAA==",
    "expire_seconds":1800,
    "url":"http:// weixin.qq.com/q/BHWya_zlfioH6fXeL16o ",
    "show_qrcode_url":" https:// mp.weixin.qq.com/cgi-bin/showqrcode? ticket=gQH98DoAAA
    AAAAAAASxodHRwOi8vd2VpeGluLnFxLmNvbS9xL0czVzRlSWpsamlyM2plWTNKVktvAAIE6SfgVQMEgDPhAQ%3D%3D"
}
```

上述数据的参数说明如表 16-8 所示。

表 16-8　创建卡券二维码接口返回参数说明

参数名	描　　述
errcode	错误码
errmsg	错误信息
ticket	获取的二维码 ticket，凭借此 ticket 调用通过 ticket 换取二维码接口可以在有效时间内换取二维码
url	二维码图片解析后的地址，开发者可根据该地址自行生成需要的二维码图片
show_qrcode_url	二维码显示地址，点击后跳转到二维码页面

16.2.2　创建货架投放

开发者需调用该接口创建货架链接，用于卡券投放。创建货架时需填写投放路径的场景字段。

创建货架的接口如下。

```
https:// api.weixin.qq.com/card/landingpage/create?access_token=$TOKEN
```

创建货架时，POST数据示例如下。

```
{
    "banner":"http://mmbiz.qpic.cn/mmbiz/iaL1LJM1mF9aRKPZJkmG8xXhiaHqkKSVMMWeN3hLut7X7h icFN",
    "page_title":"惠城优惠大派送",
    "can_share":true,
    "scene":"SCENE_NEAR_BY",
    "card_list":[
        {
            "card_id":"pXch-jnOlGtbuWwIO2NDftZeynRE",
            "thumb_url":"www.qq.com/a.jpg"
        },
        {
            "card_id":"pXch-jnAN-ZBoRbiwgqBZ1RV60fI",
            "thumb_url":"www.qq.com/b.jpg"
        }
    ]
}
```

上述数据的参数说明如表16-9所示。

表16-9 创建货架接口的参数说明

字　段	是否必需	说　明
banner	是	页面的banner图片链接，须调用，建议尺寸为640×300像素
title	是	页面的Title
can_share	是	页面是否可以分享，填入true或false
scene	是	投放页面的场景值：SCENE_NEAR_BY（附近），SCENE_MENU（自定义菜单），SCENE_QRCODE（二维码），SCENE_ARTICLE（公众号文章），SCENE_H5（HTML5页面），SCENE_IVR（自动回复），SCENE_CARD_CUSTOM_CELL（卡券自定义）
card_list	是	卡券列表，每个item有两个字段
card_id	是	要在页面投放的card_id
thumb_url	是	缩略图URL

正确创建时，返回的数据示例如下。

```
{
    "errcode":0,
    "errmsg":"ok",
    "url":"www.test.url",
    "page_id":1
}
```

上述数据的参数说明如表16-10所示。

表16-10 创建货架接口返回参数说明

字　段	说　明
errcode	错误码，0为正常
errmsg	错误信息
url	货架链接
page_id	货架ID，货架的唯一标识

货架生成之后，效果如图 16-6 所示。

图 16-6　卡券货架

16.2.3　群发投放

图文消息群发卡券的接口如下。

```
https://api.weixin.qq.com/card/mpnews/gethtml?access_token=TOKEN
```

图文消息群发卡券时，POST 数据示例如下。

```
{
    "card_id":"p1Pj9jr90_SQRaVqYI239Ka1erkI"
}
```

上述数据的参数说明如表 16-11 所示。

表 16-11　图文消息群发卡券接口的参数说明

参数名	是否必需	描　述
card_id	否	卡券 ID

正确创建时，返回的数据示例如下。

```
{
    "errcode":0,
    "errmsg":"ok",
    "content":"<iframeclass="res_iframecard_iframejs_editor_card"data-src="http: //
    mp.weixin.qq.com/bizmall/appmsgcard?action=show&biz=MjM5OTAwODk4MA%3D%3D&cardid
    =p1Pj9jnXTLf2nF7lccYScFUYqJ0&wechat_card_js=1#wechat_redirect">"
}
```

上述数据的参数说明如表 16-12 所示。

表 16-12　图文消息群发卡券接口返回参数说明

参数名	描　述
errcode	错误码
errmsg	错误信息
content	返回一段 HTML 代码，可以直接嵌入到图文消息的正文里，即可以把这段代码嵌入到上传图文消息素材接口中的 content 字段里

16.3　卡券核销

核销目前分为线上核销和线下核销两种类型。线上核销指用户从券面进入一个 HTML5 网页后主动销券的过程，如微信商城用券、自助核销等；线下核销指用户到店后，出示二维码或者出示串码，由收银员完成核销动作，如扫码核销、机具核销等。

16.3.1　查询 Code

调用核销 Code 接口之前需要调用查询 Code 接口，并在核销之前对非法状态的 Code（如转赠中、已删除、已核销等）进行处理。

查询 Code 的接口如下。

```
https:// api.weixin.qq.com/card/code/get?access_token=TOKEN
```

查询 Code 时，POST 数据示例如下。

```
{
    "card_id":"card_id_123+",
    "code":"123456789",
    "check_consume":true
}
```

上述数据的参数说明如表 16-13 所示。

表 16-13　查询 Code 接口的参数说明

参数名	是否必需	描　述
code	是	单张卡券的唯一标准
card_id	否	卡券 ID，代表一类卡券。自定义 Code 卡券必填
check_consume	否	是否校验 Code 核销状态，填入 true 和 false 时的 Code 异常状态返回数据不同

正确创建时，返回的数据示例如下。

```
{
    "errcode":0,
    "errmsg":"ok",
    "card":{
        "card_id":"pbLatjk4T4Hx-QFQGL4zGQy27_Qg",
        "begin_time":1457452800,
        "end_time":1463155199
    },
    "openid":"obLatjm43RA5C6QfMO5szKYnT3dM",
    "can_consume":true,
    "user_card_status":"NORMAL"
}
```

上述数据的参数说明如表 16-14 所示。

表 16-14　查询 Code 接口返回参数说明

参数名	描　述
errcode	错误码
errmsg	错误信息
openid	用户的 OpenID
card_id	卡券 ID
begin_time	起始使用时间
end_time	结束时间
user_card_status	当前 Code 对应卡券的状态：NORMAL（正常），CONSUMED（已核销），EXPIRE（已过期），GIFTING（转赠中），GIFT_TIMEOUT（转赠超时），DELETE（已删除），UNAVAILABLE（已失效）
can_consume	是否可以核销，true 为可以核销，false 为不可核销

16.3.2　核销 Code

核销 Code 接口是核销卡券的唯一接口，开发者可以调用当前接口核销用户的优惠券，该过程不可逆。

核销 Code 的接口如下。

```
https://api.weixin.qq.com/card/code/consume?access_token=TOKEN
```

核销 Code 时，POST 数据示例如下。

```
{
    "code":"12312313",
    "card_id":"pFS7Fjg8kV1IdDz01r4SQwMkuCKc"
}
```

上述数据的参数说明如表 16-15 所示。

表 16-15　核销 Code 接口的参数说明

参数名	是否必需	描　述
card_id	否	卡券 ID。创建卡券时，use_custom_code 填写 true 时必填。非自定义 Code 不必填写
code	是	需核销的 Code 码

正确核销时，返回的数据示例如下。

```
{
    "errcode":0,
    "errmsg":"ok",
    "card":{
        "card_id":"pFS7Fjg8kV1IdDz01r4SQwMkuCKc"
    },
    "openid":"oFS7Fjl0WsZ9AMZqrI80nbIq8xrA"
}
```

上述数据的参数说明如表 16-16 所示。

表 16-16　核销 Code 接口返回参数说明

参数名	描　　述
errcode	错误码
errmsg	错误信息
openid	用户在该公众号内的唯一身份标识
card_id	卡券 ID

16.4　卡券统计

16.4.1　获取卡券概况数据

获取卡券概况数据的接口如下。

```
https:// api.weixin.qq.com/datacube/getcardbizuininfo?access_token=ACCESS_TOKEN
```

获取卡券概况数据时，POST 数据示例如下。

```
{
    "begin_date":"2015-06-15",
    "end_date":"2015-06-30",
    "cond_source":0
}
```

上述数据的参数说明如表 16-17 所示。

表 16-17　获取卡券概况数据接口的参数说明

字段	是否必需	说　　明
begin_date	是	查询数据的起始时间
end_date	是	查询数据的截止时间
cond_source	是	卡券来源，0 是公众平台创建的卡券数据，1 是 API 创建的卡券数据

正确创建时，返回的数据示例如下。

```
{
    "list":[
        {
            "ref_date":"2015-06-23",
            "view_cnt":1,
            "view_user":1,
```

```
            "receive_cnt":1,
            "receive_user":1,
            "verify_cnt":0,
            "verify_user":0,
            "given_cnt":0,
            "given_user":0,
            "expire_cnt":0,
            "expire_user":0
        }
    ]
}
```

上述数据的参数说明如表 16-18 所示。

表 16-18　获取卡券概况数据接口返回参数说明

字　段	说　明
ref_date	日期信息
view_cnt	浏览次数
view_user	浏览人数
receive_cnt	领取次数
receive_user	领取人数
verify_cnt	使用次数
verify_user	使用人数
given_cnt	转赠次数
given_user	转赠人数
expire_cnt	过期次数
expire_user	过期人数

16.4.2　获取免费券数据

获取免费券数据的接口如下。

```
https:// api.weixin.qq.com/datacube/getcardcardinfo?access_token=ACCESS_TOKEN
```

获取免费券数据时，POST 数据示例如下。

```
{
    "begin_date":"2015-06-15",
    "end_date":"2015-06-30",
    "cond_source":0,
    "card_id":"po8pktyDLmakNY2fn2VyhkiEPqGE"
}
```

上述数据的参数说明如表 16-19 所示。

表 16-19　获取免费券数据接口的参数说明

字　段	是否必需	说　明
begin_date	是	查询数据的起始时间
end_date	是	查询数据的截止时间
cond_source	是	卡券来源，0 是公众平台创建的卡券数据，1 是 API 创建的卡券数据
card_id	否	卡券 ID。填写后，指定拉取该卡券的相关数据

正确创建时，返回的数据示例如下。

```
{
    "list":[
        {
            "ref_date":"2015-06-23",
            "card_id":"po8pktyDLmakNY2fn2VyhkiEPqGE",
            "card_type":3,
            "view_cnt":1,
            "view_user":1,
            "receive_cnt":1,
            "receive_user":1,
            "verify_cnt":0,
            "verify_user":0,
            "given_cnt":0,
            "given_user":0,
            "expire_cnt":0,
            "expire_user":0
        }
    ]
}
```

上述数据的参数说明如表 16-20 所示。

表 16-20　获取免费券数据接口返回参数说明

字　段	说　明
ref_date	日期信息
card_id	卡券 ID
card_type	卡券类型：0 表示折扣券，1 表示代金券，2 表示礼品券，3 表示优惠券，4 表示团购券
view_cnt	浏览次数
view_user	浏览人数
receive_cnt	领取次数
receive_user	领取人数
verify_cnt	使用次数
verify_user	使用人数
given_cnt	转赠次数
given_user	转赠人数
expire_cnt	过期次数
expire_user	过期人数

16.5　会员卡

16.5.1　创建会员卡

支持开发者调用该接口创建会员卡，并获取 card_id，用于投放。

创建会员卡的接口如下。

```
https://api.weixin.qq.com/card/create?access_token=ACCESS_TOKEN
```

创建会员卡时，POST 数据示例如下。

```
{
    "card":{
        "card_type":"MEMBER_CARD",
        "member_card":{
            "background_pic_url":"https://mmbiz.qlogo.cn/mmbiz/",
            "base_info":{
                "logo_url":"http://mmbiz.qpic.cn/mmbiz/iaL1LJM1mF9aRKPZ/0",
                "brand_name":"方倍",
                "code_type":"CODE_TYPE_TEXT",
                "title":"方倍会员卡",
                "color":"Color010",
                "notice":"使用时向服务员出示此券",
                "service_phone":"020-88888888",
                "description":"不可与其他优惠同享",
                "date_info":{
                    "type":"DATE_TYPE_PERMANENT"
                },
                "sku":{
                    "quantity":50000000
                },
                "get_limit":3,
                "use_custom_code":false,
                "can_give_friend":true,
                "location_id_list":[
                    123,
                    12321
                ],
                "custom_url_name":"立即使用",
                "custom_url":"http://weixin.qq.com",
                "custom_url_sub_title":"6个汉字tips",
                "promotion_url_name":"营销入口1",
                "promotion_url":"http://www.qq.com",
                "need_push_on_view":true
            },
            "supply_bonus":true,
            "supply_balance":false,
            "prerogative":"test_prerogative",
            "auto_activate":true,
            "custom_field1":{
                "name_type":"FIELD_NAME_TYPE_LEVEL",
                "url":"http://www.qq.com"
            },
            "activate_url":"http://www.qq.com",
            "custom_cell1":{
                "name":"使用入口2",
                "tips":"激活后显示",
                "url":"http://www.xxx.com"
            },
            "bonus_rule":{
                "cost_money_unit":100,
                "increase_bonus":1,
                "max_increase_bonus":200,
                "init_increase_bonus":10,
```

```
                    "cost_bonus_unit":5,
                    "reduce_money":100,
                    "least_money_to_use_bonus":1000,
                    "max_reduce_bonus":50
                },
                "discount":10
            }
        }
    }
```

上述数据的参数说明如表 16-21 所示。

表 16-21 创建会员卡接口的参数说明

参数名	是否必需	描 述
card_type	是	会员卡类型
background_pic_url	否	商家自定义会员卡背景图，需先调用上传图片接口将背景图上传，像素大小控制在 1000×600 像素以下
base_info	是	基本的卡券数据，所有卡券类型通用
prerogative	是	会员卡特权说明
auto_activate	否	设置为 true 时，用户领取会员卡后系统自动将其激活，无须调用激活接口
wx_activate	否	设置为 true 时，会员卡支持一键开卡，不允许同时传入 activate_url 字段，否则设置 wx_activate 失效。填入该字段后，仍需调用接口设置开卡项方可生效
supply_bonus	是	显示积分，填写 true 或 false，如填写 true，积分相关字段均为必填
bonus_url	否	设置跳转外链查看积分详情。仅适用于积分无法通过激活接口同步的情况下使用该字段
supply_balance	是	是否支持储值，填写 true 或 false。如填写 true，储值相关字段均为必填
balance_url	否	设置跳转外链查看余额详情。仅适用于余额无法通过激活接口同步的情况下使用该字段
custom_field1	否	自定义会员信息类目，会员卡激活后显示，包含 name_type(name) 和 url 字段
custom_field2	否	自定义会员信息类目，会员卡激活后显示，包含 name_type(name) 和 url 字段
custom_field3	否	自定义会员信息类目，会员卡激活后显示，包含 name_type(name) 和 url 字段
name_type	否	会员信息类目半自定义名称，当开发者变更这类类目信息的 value 值时，可以选择触发系统模板消息通知用户。 FIELD_NAME_TYPE_LEVEL：（等级）； FIELD_NAME_TYPE_COUPON：（优惠券）； FIELD_NAME_TYPE_STAMP：（印花）； FIELD_NAME_TYPE_DISCOUNT：（折扣）； FIELD_NAME_TYPE_ACHIEVEMEN：（成就）； FIELD_NAME_TYPE_MILEAGE：（里程）
name	否	会员信息类目自定义名称，当开发者变更这类类目信息的 value 值时，不会触发系统模板消息通知用户
url	否	点击类目跳转外链 URL
bonus_cleared	否	积分清零规则
bonus_rules	否	积分规则
balance_rules	否	储值说明
activate_url	是	激活会员卡的 URL

（续）

参数名	是否必需	描　述
custom_cell1	否	自定义会员信息类目，会员卡激活后显示
name	是	入口名称
tips	是	入口右侧提示语，6 个汉字以内
url	是	入口跳转链接
bonus_rule	否	积分规则，用于微信买单功能
cost_money_unit	否	消费金额，以分为单位
increase_bonus	否	对应增加的积分
max_increase_bonus	否	用户单次可获取的积分上限
init_increase_bonus	否	初始设置积分
cost_bonus_unit	否	每使用 5 积分
reduce_money	否	抵扣 ×× 元（这里以分为单位）
least_money_to_use_bonus	否	抵扣条件，满 ×× 元（这里以分为单位）可用
max_reduce_bonus	否	抵扣条件，单笔最多使用 ×× 积分
discount	否	折扣，该会员卡享受的折扣优惠，填 10 就是打 9 折

正确创建时，返回的数据示例如下。

```
{
    "errcode":0,
    "errmsg":"ok",
    "card_id":"p1Pj9jr90_SQRaVqYI239Ka1erkI"
}
```

上述数据的参数说明如表 16-22 所示。

表 16-22　创建会员卡接口返回参数说明

参数名	描　述
errcode	错误码，0 为正常
errmsg	错误信息
card_id	卡券 ID

16.5.2 激活会员卡

当用户领取会员卡“卡套”后，支持调用该接口对会员卡进行激活，并设置会员信息的初始值，如积分、余额、等级、会员卡编号等会员信息。目前，微信会员卡支持 3 种激活方式，分别是接口激活、一键激活和自动激活。下面介绍接口激活的方法。

接口激活通常需要开发者开发用户填写资料的网页。通常有以下两种激活流程。

1）用户必须在填写资料后才能领卡，领卡后开发者调用激活接口为用户激活会员卡。

2）用户可以先领取会员卡，点击激活会员卡跳转至开发者设置的资料填写页面，填写完成后开发者调用激活接口为用户激活会员卡。

激活会员卡的接口如下。

```
https://api.weixin.qq.com/card/membercard/activate?access_token=TOKEN
```

激活会员卡时，POST数据示例如下。

```
{
    "init_bonus":100,
    "init_balance":200,
    "membership_number":"AAA00000001",
    "code":"12312313",
    "card_id":"xxxx_card_id",
    "background_pic_url":"https://mmbiz.qlogo.cn/mmbiz/0?wx_fmt=jpeg",
    "init_custom_field_value1":"xxxxx"
}
```

上述数据的参数说明如表16-23所示。

表16-23　激活会员卡接口的参数说明

参数名	是否必需	描　述
membership_number	是	会员卡编号，由开发者填入，作为序列号显示在用户的卡包里，可与Code码保持等值
code	是	领取会员卡用户获得的Code
card_id	否	卡券ID，自定义Code卡券必填
background_pic_url	否	商家自定义会员卡背景图
activate_begin_time	否	激活后的有效起始时间。若不填写，默认以创建时的data_info为准，采用UNIX时间戳格式
activate_end_time	否	激活后的有效截止时间。若不填写，默认以创建时的data_info为准，采用UNIX时间戳格式
init_bonus	否	初始积分，不填为0
init_balance	否	初始余额，不填为0
init_custom_field_value1	否	创建时字段custom_field1定义类型的初始值，限制为4个汉字，12字节
init_custom_field_value2	否	创建时字段custom_field2定义类型的初始值，限制为4个汉字，12字节
init_custom_field_value3	否	创建时字段custom_field3定义类型的初始值，限制为4个汉字，12字节

正确创建时，返回的数据示例如下。

```
{"errcode":0,"errmsg":"ok"}
```

16.5.3　更新会员信息

当会员持卡消费后，支持开发者调用该接口更新会员信息。会员卡交易后的每次信息变更需通过该接口通知微信，便于后续消息通知及其他扩展功能的使用。

更新会员信息的接口如下。

```
https://api.weixin.qq.com/card/membercard/updateuser?access_token=TOKEN
```

更新会员信息时，POST数据示例如下。

```
{
    "code":"12312313",
    "card_id":"p1Pj9jr90_SQRaVqYI239Ka1erkI",
    "background_pic_url":"https://mmbiz.qlogo.cn/mmbiz/0?wx_fmt=jpeg",
    "record_bonus":"消费30元，获得3积分",
```

```
    "bonus":3000,
    "balance":3000,
    "record_balance":"购买焦糖玛琪朵一杯，扣除金额 30 元。",
    "custom_field_value1":"xxxxx",
    "notify_optional":{
        "is_notify_bonus":false,
        "is_notify_balance":true,
        "is_notify_custom_field1":true
    }
}
```

上述数据的参数说明如表 16-24 所示。

表 16-24 更新会员信息接口的参数说明

参数名	是否必需	描　　述
code	是	卡券 Code 码
card_id	是	卡券 ID
background_pic_url	否	支持商家激活时针对单个会员卡分配自定义的会员卡背景
bonus	否	需要设置的积分全量值，传入的数值会直接显示
record_bonus	否	商家自定义积分消耗记录，不超过 14 个汉字
balance	否	需要设置的余额全量值，传入的数值会直接显示
record_balance	否	商家自定义金额消耗记录，不超过 14 个汉字
custom_field_value1	否	创建时字段 custom_field1 定义类型的最新数值，限制为 4 个汉字，12 个字节
custom_field_value2	否	创建时字段 custom_field2 定义类型的最新数值，限制为 4 个汉字，12 个字节
custom_field_value3	否	创建时字段 custom_field3 定义类型的最新数值，限制为 4 个汉字，12 个字节
notify_optional	否	控制原生消息结构体，包含各字段的消息控制字段
is_notify_bonus	否	积分变动时是否触发系统模板消息，默认为 true
is_notify_balance	否	余额变动时是否触发系统模板消息，默认为 true
is_notify_custom_field1	否	自定义 group1 变动时是否触发系统模板消息，默认为 false

正确创建时，返回的数据示例如下。

```
{
    "errcode":0,
    "errmsg":"ok",
    "result_bonus":100,
    "result_balance":200,
    "openid":"oFS7Fjl0WsZ9AMZqrI80nbIq8xrA"
}
```

上述数据的参数说明如表 16-25 所示。

表 16-25 更新会员信息接口返回参数说明

参数名	描　　述
errcode	错误码，0 为正常
errmsg	错误信息
result_bonus	当前用户积分总额
result_balance	当前用户预存总金额
openid	用户的 OpenID

16.6 朋友的券

创建朋友的券接口是创建系列接口最重要的一环。

朋友的券是在原有卡券的基础上衍生出的一种高级券的类型，比起普通卡券，朋友的券可以展示有图文介绍的优惠详情（通过 advanced_info 字段定义），突出服务和商品摘要信息。

创建朋友的券的接口如下。

```
https://api.weixin.qq.com/card/create?access_token=ACCESS_TOKEN
```

创建朋友的券时，POST 数据示例如下。

```
{
    "card":{
        "card_type":"CASH",
        "cash":{
            "base_info":{
                "logo_url":"http://mmbiz.qpic.cn/mmbiz/iaL1LJM1mF9aRKPZJkmG8xXhiaH
                qkKSVMMWeN3hLut7X7hicFNjakmx ibMLGWpXrEXB33367o7zHN0CwngnQY7zb7g/0",
                "brand_name":"微信餐厅",
                "code_type":"CODE_TYPE_TEXT",
                "color":"Color010",
                "service_phone":"020-88888888",
                "description":"不可与其他优惠同享如需团购券发票，请在消费时向商户提出",
                "date_info":{
                    "type":"DATE_TYPE_FIX_TIME_RANGE",
                    "begin_timestamp":1447397802,
                    "end_timestamp":1449893532
                },
                "can_share":false,
                "can_give_friend":false,
                "location_id_list":[
                    272981040,
                    400183234
                ],
                "get_limit":3,
                "center_title":"快速核销",
                "center_sub_title":"",
                "center_url":"www.qq.com",
                "custom_url_name":"立即使用",
                "custom_url":"http://www.qq.com",
                "custom_url_sub_title":"6个汉字tips",
                "promotion_url_name":"更多优惠",
                "promotion_url":"http://www.qq.com"
            },
            "advanced_info":{
                "use_condition":{
                    "accept_category":"鞋类",
                    "reject_category":"阿迪达斯",
                    "can_use_with_other_discount":true
                },
                "abstract":{
                    "abstract":"微信餐厅推出多种新季菜品，期待您的光临",
                    "icon_url_list":[
                        "http://mmbiz.qpic.cn/mmbiz/p98FjXy8LacgHxp3sJ3vn97bGLz0ib0Sf
```

```
                    z1bjiaoOYA027iasqSG0sj piby4vce3AtaPu6cIhBHkt6Ijlky9YnDsfw/0"
                ]
            },
            "text_image_list":[
                {
                    "image_url":"http://mmbiz.qpic.cn/mmbiz/p98FjXy8LacgHxp3
                    sJ3vn97bGLz0ib0Sfz1bjiaoOYA027iasqSG0sjpiby4vce3AtaPu6cI
                    hBHkt6Ijlky9YnDsfw/0",
                    "text":"此菜品精选食材，以独特的烹饪方法，最大程度地刺激食客的味蕾"
                },
                {
                    "image_url":"http://mmbiz.qpic.cn/mmbiz/p98FjXy8LacgHxp3sJ3vn
                    97bGLz0ib0Sfz1bjiaoOYA027iasqSG0sj piby4vce3AtaPu6cIhBHkt6Ij
                    lkY9YnDsfw/0",
                    "text":"此菜品迎合大众口味，老少皆宜，营养均衡"
                }
            ],
            "time_limit":[
                {
                    "type":"MONDAY",
                    "begin_hour":0,
                    "end_hour":10,
                    "begin_minute":10,
                    "end_minute":59
                },
                {
                    "type":"HOLIDAY"
                }
            ],
            "business_service":[
                "BIZ_SERVICE_FREE_WIFI",
                "BIZ_SERVICE_WITH_PET",
                "BIZ_SERVICE_FREE_PARK",
                "BIZ_SERVICE_DELIVER"
            ],
            "consume_share_self_num":1,
            "consume_share_card_list":[

            ],
            "share_friends":true
        },
        "reduce_cost":10
    }
  }
}
```

上述数据的参数说明和普通卡券的基本一致，这里就不再详细描述。

16.7 特殊票券

16.7.1 会议 / 演出门票

创建会议门票的接口如下。

```
https:// api.weixin.qq.com/card/create?access_token=ACCESS_TOKEN
```

创建会议门票时，POST数据示例如下。

```
{
    "card":{
        "card_type":"MEETING_TICKET",
        "meeting_ticket":{
            "base_info":{
                "logo_url":"http:// mmbiz.qpic.cn/mmbiz/iaL1LJM1mF9aRKPZJkmG8xXhiaH
                qkKSVMMWeN3hLut7X7hicFNjakmxibMLGWpXrEXB33367o7zHN0CwngnQY7zb7g/0",
                "brand_name":" 票务公司 ",
                "code_type":"CODE_TYPE_TEXT",
                "title":"XX 会议 ",
                "color":"Color010",
                "notice":" 使用时向检票员出示此券 ",
                "service_phone":"020-88888888",
                "description":" 请务必准时入场 ",
                "date_info":{
                    "type":1,
                    "begin_timestamp":1397577600,
                    "end_timestamp":1422724261
                },
                "sku":{
                    "quantity":50000000
                },
                "get_limit":3,
                "use_custom_code":false,
                "bind_openid":false,
                "can_share":true,
                "can_give_friend":true,
                "location_id_list":[
                    123,
                    12321,
                    345345
                ],
                "custom_url_name":" 查看更多 ",
                "custom_url":"http:// www.qq.com",
                "custom_url_sub_title":"6 个汉字 tips"
            },
            "meeting_detail":" 会议时间: xxx; 地点: xxx "
        }
    }
}
```

上述数据的参数说明如表16-26所示。

表16-26 创建会议门票接口的参数说明

参数名	是否必需	描　述
code	是	卡券Code码
card_id	否	要更新门票序列号所述的card_id，生成券时use_custom_code填写true时必填
begin_time	否	开场时间，UNIX时间戳格式
end_time	否	结束时间，UNIX时间戳格式

正确创建时，返回的数据示例如下。

```
{
    "errcode":0,
    "errmsg":"ok",
    "card_id":"p1Pj9jr90_SQRaVqYI239Ka1erkI"
}
```

上述数据的参数说明如表 16-27 所示。

表 16-27　创建会议门票接口返回参数说明

参数名	描　述
errcode	错误码，0 为正常
errmsg	错误信息
card_id	卡券 ID

会议门票的效果如图 16-7 所示。

更新会议门票的接口如下。

```
https://api.weixin.qq.com/card/meetingticket/updateuser?access_
token=TOKEN
```

更新会议门票时，POST 数据示例如下。

```
{
    "code":"717523732898",
    "card_id":"pXch-jvdwkJjY7evUFV-sGsoMl7A",
    "zone":"C 区 ",
    "entrance":" 东北门 ",
    "seat_number":"2 排 15 号 "
}
```

图 16-7　会议门票

上述数据的参数说明如表 16-28 所示。

表 16-28　更新会议门票接口的参数说明

参数名	是否必需	描　述
code	是	卡券 Code 码
card_id	否	要更新门票序列号所述的 card_id，生成券时 use_custom_code 填写 true 时必填
begin_time	否	开场时间，UNIX 时间戳格式
end_time	否	结束时间，UNIX 时间戳格式
zone	是	区域
entrance	是	入口
seat_number	是	座位号

正确创建时，返回的数据示例如下。

```
{"errcode":0,"errmsg":"ok"}
```

16.7.2　飞机票

创建飞机票的接口如下。

```
https://api.weixin.qq.com/card/create?access_token=ACCESS_TOKEN
```

创建飞机票时，POST 数据示例如下。

```
{
    "card":{
        "card_type":"BOARDING_PASS",
        "boarding_pass":{
            "base_info":{

            },
            "from":"成都",
            "to":"广州",
            "flight":"CE123",
            "departure_time":"1434507901",
            "landing_time":"1434909901",
            "air_model":"空客 A320"
        }
    }
}
```

上述数据的参数说明如表 16-29 所示。

表 16-29　创建飞机票接口的参数说明

参数名	是否必需	描　述
card_type	是	飞机票类型
base_info	是	基本的卡券数据，所有卡券通用
from	是	起点，上限为 18 个汉字
to	是	终点，上限为 18 个汉字
flight	是	航班
gate	否	登机口，上限为 4 个汉字
check_in_url	否	在线值机的链接
air_model	是	机型，上限为 8 个汉字
departure_time	是	起飞时间，UNIX 时间戳格式
landing_time	是	降落时间，UNIX 时间戳格式

正确创建时，返回的数据示例如下。

```
{
    "errcode":0,
    "errmsg":"ok",
    "card_id":"p1Pj9jr90_SQRaVqYI239Ka1erkI"
}
```

上述数据的参数说明如表 16-30 所示。

表 16-30　创建飞机票接口返回参数说明

参数名	描　述
errcode	错误码，0 为正常
errmsg	错误信息
card_id	卡券 ID

更新飞机票信息的接口如下。

```
https://api.weixin.qq.com/card/boardingpass/checkin?access_token=TOKEN
```

更新飞机票信息时，POST 数据示例如下。

```
{
    "code":"198374613512",
    "card_id":"p1Pj9jr90_SQRaVqYI239Ka1erkI",
    "passenger_name":"乘客姓名",
    "class":"舱等",
    "seat":"座位号",
    "etkt_bnr":"电子客票号",
    "qrcode_data":"二维码数据",
    "is_cancel ":false
}
```

上述数据的参数说明如表 16-31 所示。

表 16-31 更新飞机票信息接口的参数说明

参数名	是否必需	描述
code	是	卡券 Code 码
card_id	否	卡券 ID，自定义 Code 码的卡券必填
etkt_bnr	是	电子客票号，上限为 14 个数字
class	是	舱等，如头等舱等，上限为 5 个汉字
qrcode_data	否	二维码数据。乘客用于值机的二维码字符串，微信会通过此数据为用户生成值机用的二维码
seat	否	乘客座位号
is_cancel	否	是否取消值机，填写 true 或 false。true 代表取消，如填写 true，上述字段（如 class 等）均不做判断，机票返回未值机状态，乘客可重新值机。默认填写 false

正确创建时，返回的数据示例如下。

```
{"errcode":0,"errmsg":"ok"}
```

飞机票的效果如图 16-8 所示。

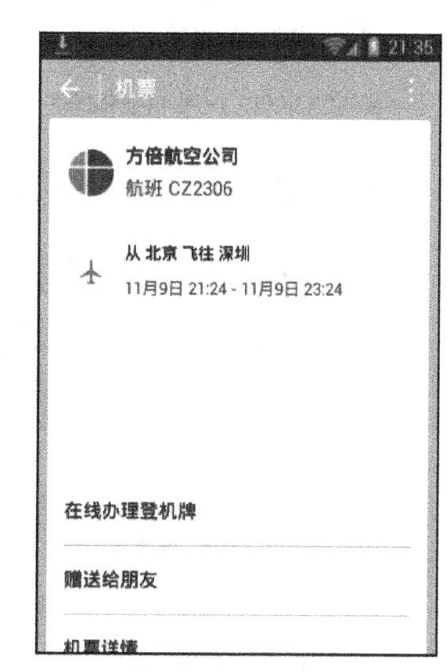

图 16-8 飞机票

16.7.3 电影票

创建电影票的接口如下。

```
https://api.weixin.qq.com/card/create?access_token=ACCESS_TOKEN
```

创建电影票时，POST 数据示例如下。

```
{
    "card":{
        "card_type":"MOVIE_TICKET",
        "movie_ticket":{
            "base_info":{

            },
```

```
            "detail":"电影名：xxx，电影简介：xxx"
        }
    }
}
```

上述数据的参数说明如表 16-32 所示。

表 16-32　创建电影票接口的参数说明

参数名	是否必需	描　述
card_type	是	电影票类型
base_info	是	基本的卡券数据
detail	是	电影票详情

正确创建时，返回的数据示例如下。

```
{
    "errcode":0,
    "errmsg":"ok",
    "card_id":"p1Pj9jr90_SQRaVqYI239Ka1erkI"
}
```

上述数据的参数说明如表 16-33 所示。

表 16-33　创建电影票接口返回参数说明

参数名	描　述
errcode	错误码，0 为正常
errmsg	错误信息
card_id	卡券 ID

电影票的效果如图 16-9 所示。

更新电影票的接口如下。

```
https://api.weixin.qq.com/card/movieticket/updateuser?
access_token=TOKEN
```

更新电影票时，POST 数据示例如下。

```
{
    "code":"277217129962",
    "card_id":"p1Pj9jr90_SQRaVqYI239Ka1erkI",
    "ticket_class":"4D",
    "show_time":1408493192,
    "duration":120,
    "screening_room":"5 号影厅 ",
    "seat_number":[
        "5 排 14 号 ",
        "5 排 15 号 "
    ]
}
```

图 16-9　电影票

上述数据的参数说明如表 16-34 所示。

表 16-34　更新电影票接口的参数说明

参数名	是否必需	描　　述
code	是	卡券 Code 码
card_id	是	要更新门票序列号所述的 card_id，生成券时 use_custom_code 填写 true 时必填
ticket_class	是	电影票的类别，如 2D、3D
screening_room	否	该场电影的影厅信息
seat_number	否	座位号
show_time	是	电影的放映时间，UNIX 时间戳格式
duration	是	放映时长，填写整数

正确创建时，返回的数据示例如下。

```
{"errcode":0,"errmsg":"ok"}
```

16.7.4　景区门票

创建景区门票的接口如下。

```
https:// api.weixin.qq.com/card/create?access_token=ACCESS_TOKEN
```

创建景区门票时，POST 数据示例如下。

```
{
    "card":{
        "card_type":"SCENIC_TICKET",
        "scenic_ticket":{
            "base_info":{

            },
            "ticket_class":"全日票"
        }
    }
}
```

上述数据的参数说明如表 16-35 所示。

表 16-35　创建景区门票接口的参数说明

参数名	是否必需	描　　述
card_type	是	景区门票类型
base_info	是	基本的卡券数据，所有卡券通用
ticket_class	是	票类型，如平日全票、套票等
guide_url	否	导览图 URL

正确创建时，返回的数据示例如下。

```
{
    "errcode":0,
    "errmsg":"ok",
    "card_id":"p1Pj9jr90_SQRaVqYI239Ka1erkI"
}
```

上述数据的参数说明如表 16-36 所示。

表 16-36　创建景区门票接口所返回参数的说明

参数名	描　述
errcode	错误码，0 为正常
errmsg	错误信息
card_id	卡券 ID

景区门票的效果如图 16-10 所示。

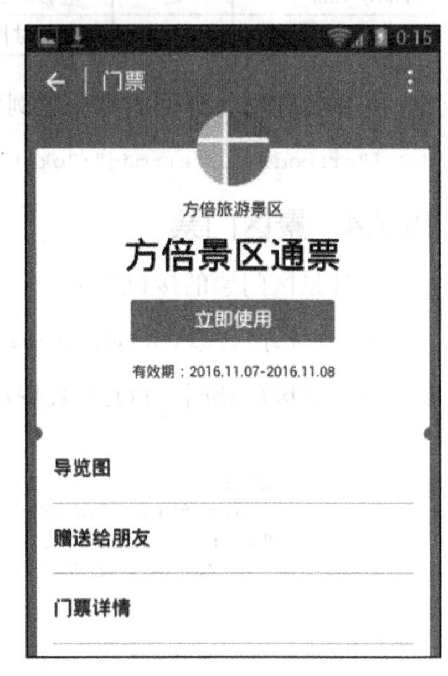

图 16-10　景区门票

16.8　案例实践

16.8.1　HTML5 网页中领取卡券

HTML5 网页中领取卡券是微信 JS-SDK 接口的一个功能。生成卡券 ID 之后，将其传入 HTML5 页面中，再使用 JS-SDK 接口进行领取。

HTML5 网页中领取卡券的代码如下。

```
1 <?php
2 require_once('wxjssdk.class.php');
3 $weixin = new class_weixin();
4 $signPackage = $weixin->GetSignPackage();
5 $cardapi_ticket =  $weixin->getCardApiTicket();
6
7 $card_id = "piPuduN0wOytmRlSyeNJQToE7BIU";
8 $obj['api_ticket']  = $cardapi_ticket;
9 $obj['timestamp']   = strval(time());
10 $obj['nonce_str']   = $weixin->createNonceStr();
11 $obj['card_id']     = $card_id;
12 $signature  = $weixin->get_cardsign($obj);
13
14 ?>
15
16 <!DOCTYPE html>
17 <html>
18 <head>
19     <meta http-equiv="Content-Type" content="text/html; charset=utf-8" />
20     <meta name="viewport" content="width=device-width, initial-scale=1.0, maximum-
       scale=2.0, minimum-scale=1.0, user-scalable=no" />
21     <meta name="format-detection" content="telephone=no" />
22     <title>微信</title>
23     <meta name="viewport" content="width=device-width, initial-scale=1, user-scalable=0">
24     <link rel="stylesheet" href="http://demo.open.weixin.qq.com/jssdk/css/style.css">
25 </head>
26 <body ontouchstart="">
27     <h3 id="menu-card">微信卡券接口</h3>
28     <span class="desc">批量添加卡券接口</span>
```

```
29      <button class="btn btn_primary" id="addCard">addCard</button>
30  </body>
31  <script src="https://res.wx.qq.com/open/js/jweixin-1.1.0.js"></script>
32  <script>
33      wx.config({
34          debug: false,
35          appId: '<?php echo $signPackage["appId"];?>',
36          timestamp: <?php echo $signPackage["timestamp"];?>,
37          nonceStr: '<?php echo $signPackage["nonceStr"];?>',
38          signature: '<?php echo $signPackage["signature"];?>',
39          //url:'<?php echo $signPackage["url"];?>',
40          jsApiList: [
41              'addCard',
42            ]
43      });
44  </script>
45  <script>
46      wx.ready(function () {
47          //自动执行的
48          wx.checkJsApi({
49              jsApiList: [
50                  'addCard',
51              ],
52              success: function (res) {
53                  //alert(JSON.stringify(res));
54              }
55          });
56
57          document.querySelector('#addCard').onclick = function () {
58          wx.addCard({
59              cardList: [
60              {
61                  cardId: '<?php echo $obj['card_id'];?>',
62                  cardExt: '{"code":"","openid":"","nonce_str":"<?php echo $obj
                    ['nonce_str']?>" ,"timestamp": "<?php echo $obj['timestamp'];?>",
                    "signature":"<?php echo $signature;?>"}'
63              }
64              ],
65              success: function (res) {
66                  alert('已添加卡券: ' + JSON.stringify(res.cardList));
67              },
68              cancel: function (res) {
69                  alert(JSON.stringify(res))
70              }
71          });
72          };
73      });
74
75      wx.error(function (res) {
76          alert(res.errMsg);
77      });
78   </script>
79  </html>
```

上述代码中，需要注意的地方是卡券的签名部分，读者可以参考第 14 章的代码实现。

16.8.2 创建会议门票

会议门票是一种很常用的票据。使用微信卡券的会议门票功能，可以为参会者发放电子门票，设置座次，扫码签到及统计到访率等。

```
 1 class class_wxcard
 2 {
 3     var $appid = APPID;
 4     var $appsecret = APPSECRET;
 5 
 6     //构造函数，获取 Access Token
 7     public function __construct($appid = NULL, $appsecret = NULL)
 8     {
 9         if($appid && $appsecret){
10             $this->appid = $appid;
11             $this->appsecret = $appsecret;
12         }
13         $res = file_get_contents('token.json');
14         $result = json_decode($res, true);
15         $this->expires_time = $result["expires_time"];
16         $this->access_token = $result["access_token"];
17         if (time() > ($this->expires_time + 3600)){
18             $url = "https://api.weixin.qq.com/cgi-bin/token?grant_type=client_
               credential&appid=".$this->appid."&secret=".$this->appsecret;
19             $res = $this->http_request($url);
20             $result = json_decode($res, true);
21             $this->access_token = $result["access_token"];
22             $this->expires_time = time();
23             file_put_contents('token.json', '{"access_token": "'.$this->access_
               token.'", "expires_time": '.$this->expires_time.'}');
24         }
25     }
26 
27     //上传图片
28     public function upload_image($file)
29     {
30         if (PHP_OS == "Linux"){         //Linux
31             $data = array("buffer"  => "@".dirname(__FILE__).'/'.$file);
32         }else{                          //WINNT
33             $data = array("buffer"  => "@".dirname(__FILE__).'\\'.$file);
34         }
35         $url = "https://api.weixin.qq.com/cgi-bin/media/uploadimg?access_token=".$this-
           >access_token;
36         $res = $this->http_request($url, $data);
37         return json_decode($res, true);
38     }
39 
40     //创建卡券
41     public function create_card($data)
42     {
43         $url = "https://api.weixin.qq.com/card/create?access_token=".$this->access_token;
44         $res = $this->http_request($url, $this->array_to_json(array('card'=>$data)));
45         return json_decode($res, true);
46     }
47 
```

```
48      //创建二维码接口
49      public function create_card_qrcode($data)
50      {
51          $url = "https://api.weixin.qq.com/card/qrcode/create?access_token=".$this-
            >access_token;
52          $res = $this->http_request($url, json_encode($data));
53          return json_decode($res, true);
54      }
55
56      //特殊票类
57      //更新会议门票
58      public function update_card_meetingticket($data)
59      {
60          $url = "https://api.weixin.qq.com/card/meetingticket/updateuser?access_
            token=".$this->access_token;
61          $res = $this->http_request($url, $this->array_to_json($data));
62          return json_decode($res, true);
63      }
64
65      //多级数组转JSON(兼容中文、数字、英文、布尔型)
66      protected function array_to_json($array)
67      {
68          foreach ($array as $k => &$v) {
69              if (is_array($v)){
70                  foreach ($v as $k1 => &$v1) {
71                      if (is_array($v1)){
72                          foreach ($v1 as $k2 => &$v2) {
73                              if (is_array($v2)){
74                                  foreach ($v2 as $k3 => &$v3) {
75                                      if (is_array($v3)){
76                                          foreach ($v3 as $k4 => &$v4) {
77                                              $v3[$k4] = (is_string($v4))?urlencode
                                                ($v4):$v4;
78                                          }
79                                      }else{
80                                          $v2[$k3] = (is_string($v3))?urlencode
                                            ($v3):$v3;
81                                      }
82                                  }
83                              }else{
84                                  $v1[$k2] = (is_string($v2))?urlencode($v2):$v2;
85                              }
86                          }
87                      }else{
88                          $v[$k1] = (is_string($v1))?urlencode($v1):$v1;
89                      }
90                  }
91                  //$this->array_to_json($v);
92              }else{
93                  $array[$k] = (is_string($v))?urlencode($v):$v;
94              }
95          }
96          return urldecode(json_encode($array));
97      }
98
```

```
 99     //HTTP请求（支持HTTP/HTTPS，支持GET/POST）
100     protected function http_request($url, $data = null)
101     {
102         $curl = curl_init();
103         curl_setopt($curl, CURLOPT_URL, $url);
104         curl_setopt($curl, CURLOPT_SSL_VERIFYPEER, FALSE);
105         curl_setopt($curl, CURLOPT_SSL_VERIFYHOST, FALSE);
106         if (!empty($data)){
107             curl_setopt($curl, CURLOPT_POST, 1);
108             curl_setopt($curl, CURLOPT_POSTFIELDS, $data);
109         }
110         curl_setopt($curl, CURLOPT_RETURNTRANSFER, TRUE);
111         $output = curl_exec($curl);
112         curl_close($curl);
113         return $output;
114     }
115 }
```

创建会议门票的代码如下。

```
 1 //创建会议/演出门票
 2 $data = array('card_type' => "MEETING_TICKET",
 3              'meeting_ticket' => array('base_info' => array('logo_url' => "http://
             mmbiz.qpic.cn/mmbiz/K4LBh6RUO0qAa2sbY1EyJGDZ0eCetML4quMDRsiczNX9
             8UPE6ryGM7ynjWCX1kibM5iaOLV5ibXHRhs8kdNoAthSjw/0",
 4                                          'code_type' => "CODE_TYPE_BARCODE",
 5                                          'brand_name' => "方倍票务公司",
 6                                          'title' => "方倍会议门票",
 7                                          'color' => "Color020",
 8                                          'notice' => "使用时向检票员出示此券",
 9                                          'description' => "请务必准时入场",
10                                          'sku' => array('quantity' => 10000),
11                                          'date_info' => array('type' => 1,
12                                                  'begin_timestamp' => time(),
13                                                  'end_timestamp' => time() + 2 * 86400),
14
15                                 ),
16                 'meeting_detail' => "地点：水立方",
17                 'map_url' => "http://www.baidu.com/"
18             ),
19     );
20 $result = $weixin->create_card($data);
```

生成卡券ID以后，使用该ID生成二维码进行投放，其代码如下。

```
 1 //创建二维码进行投放
 2 $data = array('action_name' => "QR_CARD",
 3              //'expire_seconds' => 1800,
 4              'action_info' => array('card' => array('card_id' => "piPuduNg0bM6
             Q5hB8rrcK3OXavSE",
 5                                          //'code' => "198374613512",
 6                                          //'openid' => "oFS7Fjl0WsZ9AMZqrI80nbIq8xrA",
 7                                          'is_unique_code' => false,
 8                                          'outer_id' => 100),
 9
10                               ),
```

```
11                  );
12 $result = $weixin->create_card_qrcode($data);
```

当用户领取门票以后，为其更新座次信息，代码如下。

```
1 //更新会议门票
2 $data = array(
3                'code' => "019538767119",
4                'card_id' => "piPuduNg0bM6Q5hB8rrcK3OXavSE",
5                'zone' => "C 区 ",
6                'entrance' => " 东北门 ",
7                'seat_number' => "2 排 15 号 ",
8              );
9 $result = $weixin->update_card_meetingticket($data);
```

最终用户领取到的门票及更新后的门票信息如图 16-11 所示。

图 16-11　微信门票

16.9　本章小结

本章介绍了微信卡券的相关接口，包括普通卡券的创建、统计、投放、核销，以及会员卡和特殊票券等卡券开发。开发者可以根据自己想实现的效果选择合适的接口进行开发，以实现行业各有特色的卡券应用。

第 17 章　微信支付与微信红包

微信公众号支付是集成在微信公众号上的支付功能，商户为用户提供产品或服务时，用户可以通过微信客户端快速完成支付流程。

目前微信支付已实现刷卡支付、扫码支付、公众号支付、APP 支付，并提供企业红包、企业付款、代金券、立减优惠等营销新工具，满足用户及商户的不同支付场景。

本章介绍微信支付和微信红包的实现过程。

17.1　微信支付基础

17.1.1　申请微信支付

使用微信支付需要先申请接口权限。目前，微信公众平台仅支持认证的服务号以及认证的政府与媒体类订阅号申请支付权限。

满足上述要求的账号，进入微信公众平台后台 http://mp.weixin.qq.com，登录后选择左侧功能栏下的“微信支付”模块，可看到右侧的“支付申请”模块，如图 17-1 所示。

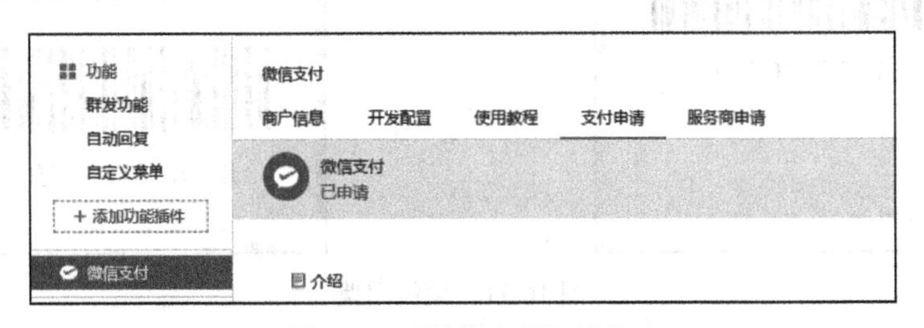

图 17-1　“微信支付”模块

按照要求依次填写资料、验证账号并签署协议，如图 17-2 所示。

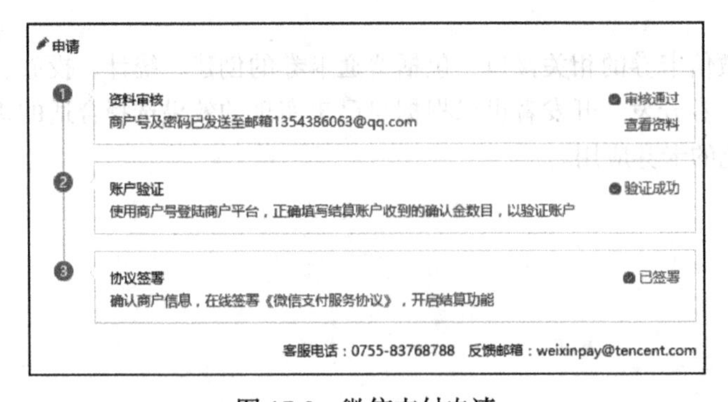

图 17-2　微信支付申请

申请完成之后，将收到微信发过来的成功通过微信支付商户资料审核的邮件。其中包含微信支付商户号及微信商户平台的登录账号和密码，如图 17-3 所示。

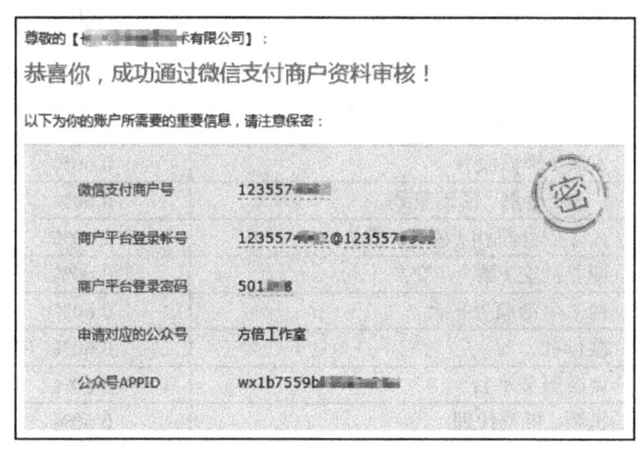

图 17-3　微信支付申请成功

至此，微信支付就申请成功了。

需要注意的是，不同行业的微信支付手续费费率、交易结算周期不一样。详细情况如表 17-1 所示。

表 17-1　微信支付手续费费率和结算周期

一级行业	二级行业	费率	结算周期
电商 / 团购	团购	0.60%	T+1
	海淘	0.60%	T+1
	线上商超	0.60%	T+1
线下零售	超市	0.60%	T+1
	便利店	0.60%	T+1
	自动贩卖机	0.60%	T+1
	百货 / 商圈 / 购物中心	0.60%	T+1
	其他综合零售	0.60%	T+1
餐饮 / 食品	食品	0.60%	T+1
	餐饮	0.60%	T+1
生活 / 家居	家装建材 / 家居家纺	0.60%	T+1
	数码家电 / 办公设备	0.60%	T+1
	计生用品	0.60%	T+1
	美妆 / 护肤	0.60%	T+1
	鲜花 / 盆栽 / 室内装饰品	0.60%	T+1
	交通工具 / 配件 / 改装	0.60%	T+1
	宠物 / 宠物食品 / 饲料	0.60%	T+1
	母婴用品 / 儿童玩具	0.60%	T+1
	服饰 / 箱包 / 饰品	0.60%	T+1
	户外 / 运动 / 健身器材 / 安防	0.60%	T+1
	钟表 / 眼镜	0.60%	T+1
	黄金珠宝 / 钻石 / 玉石	0.60%	T+1

（续）

一级行业	二级行业	费率	结算周期
生活 / 家居	书籍 / 音像 / 文具 / 乐器	0.60%	T+1
生活 / 咨询服务	咨询 / 法律咨询 / 金融咨询等	0.60%	T+1
	婚庆 / 摄影	0.60%	T+1
	装饰 / 设计	0.60%	T+1
	家政 / 维修服务	0.60%	T+1
	广告 / 会展 / 活动策划	0.60%	T+1
	人才中介机构 / 招聘 / 猎头	0.60%	T+7
	职业社交 / 婚介 / 交友	0.60%	T+7
	网上生活服务平台	0.60%	T+7
票务 / 旅游	旅行社	0.60%	T+1
	旅游服务平台	0.60%	T+1
	机票 / 机票代理	0.60%	T+1
	娱乐票务	0.60%	T+1
	交通票务	0.60%	T+1
	旅馆 / 酒店 / 度假区	0.60%	T+1
	景区	0.60%	T+1
	宗教	0.60%	T+1
网络虚拟服务	门户 / 资讯 / 论坛	1.00%	T+7
	在线图书 / 视频 / 音乐	1.00%	T+7
	软件 / 建站 / 技术开发	1.00%	T+7
	网络推广 / 网络广告	1.00%	T+7
	游戏	1.00%	T+7
教育 / 培训	教育 / 培训 / 考试缴费 / 学费	0.60%	T+1
	公立院校	0.00%	T+1
	私立院校	0.00%	T+1
娱乐 / 健身服务	美容 / 健身类会所	0.60%	T+1
	俱乐部 / 休闲会所	0.60%	T+1
	游艺厅 /KTV/ 网吧	0.60%	T+1
医疗	保健器械 / 医疗器械 / 非处方药品	0.60%	T+1
	保健信息咨询平台	0.60%	T+1
	私立 / 民营医院 / 诊所	0.60%	T+1
	公立医院	0.00%	T+1
	挂号平台	0.00%	T+1
房地产	房地产	0.60%	T+1
收藏 / 拍卖	非文物类收藏品	0.60%	T+1
	文物经营 / 文物复制品销售	0.60%	T+1
	拍卖 / 典当	0.60%	T+1
苗木 / 绿化	苗木种植 / 园林绿化	0.60%	T+1
	化肥 / 农用药剂等	0.60%	T+1
交通运输服务类	港口经营 / 港口理货	0.60%	T+1
	租车	0.60%	T+1
	加油	0.30%	T+1

（续）

一级行业	二级行业	费率	结算周期
交通运输服务类	物流 / 快递	0.30%	T+1
生活缴费	有线电视缴费	0.60%	T+1
	停车缴费	0.60%	T+1
	物业管理费	0.60%	T+1
	城市交通 / 高速收费	0.60%	T+1
	其他生活缴费	0.60%	T+1
	水电煤缴费 / 交通罚款等生活缴费	0.10%	T+1
	事业单位	0.60%	T+1
公益	公益	0.00%	T+1
通信	电信运营商	0.60%	T+1
	宽带收费	0.60%	T+1
	话费通信	0.60%	T+7
金融	财经资讯	0.60%	T+7
	股票软件类	0.60%	T+7
	保险业务	0.60%	T+1
	众筹	0.60%	T+3
其他	其他行业	0.60%	T+7

17.1.2 配置微信支付

正式开发微信支付程序之前，需要配置微信支付目录。在微信公众平台后台的“微信支付”功能中，可以找到“开发配置”模块，如图 17-4 所示。

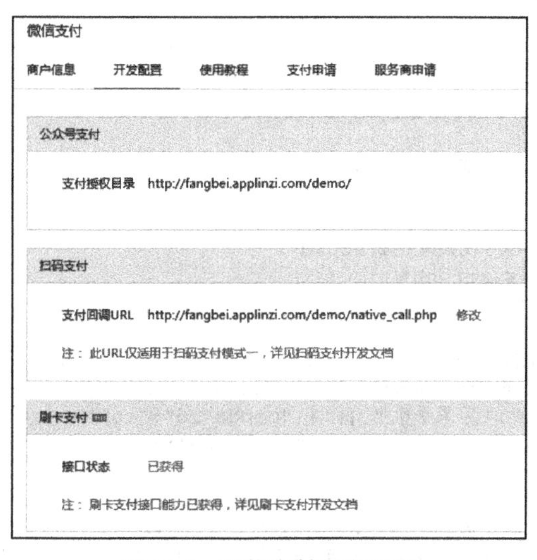

图 17-4　微信支付开发配置

在上述配置中，“公众号支付”的“支付授权目录”是指最终发起 JS-API 支付的页面的目录；“扫码支付”的“支付回调 URL”用于接收扫码支付时的请求信息；而刷卡支付不需要在后台配置，可以直接调用接口发起请求。上述地址需要与实际的支付程序正确对应。

17.1.3 设置 API 密钥

API 密钥是微信支付中用于签名校验身份的重要参数。商户号登录微信商户平台之后，在“账户中心”中找到“ API 安全”，然后找到“ API 密钥”，其中有“设置密钥”按钮，如图 17-5 所示。

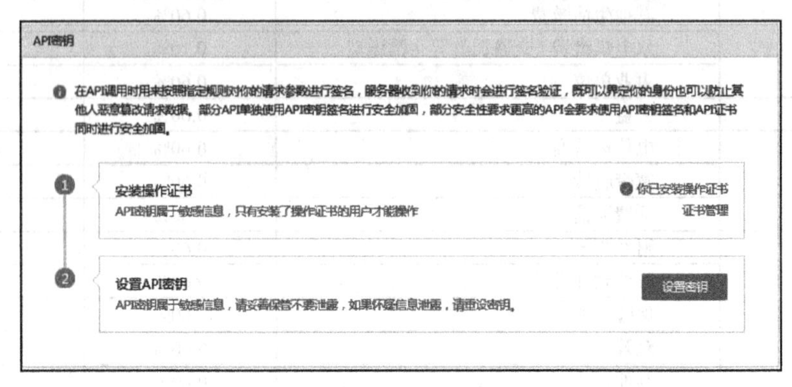

图 17-5　微信支付 API 密钥

API 密钥是一个由数字和英文大小写字母组成的 32 位字符串，需要自己预先生成再填入进去。建议使用随机字符生成器生成，这样不易被别人猜出或暴力破解。

17.1.4 微信支付基础类

统一下单接口的地址如下。

```
https://api.mch.weixin.qq.com/pay/unifiedorder
```

向统一下单接口，POST 数据示例如下。

```
<xml>
    <appid>wx2421b1c4370ec43b</appid>
    <attach>支付测试</attach>
    <body>JSAPI 支付测试</body>
    <mch_id>10000100</mch_id>
    <detail><![CDATA[{ "goods_detail":[ { "goods_id":"iphone6s_16G", "wxpay_goods_id":
    "1001", "goods_name":"iPhone6s 16G", "quantity":1, "price":528800, "goods_category":
    "123456", "body":"苹果手机" }, { "goods_id":"iphone6s_32G", "wxpay_goods_id":
    "1002", "goods_name":"iPhone6s 32G", "quantity":1, "price":608800, "goods_category"
    :"123789", "body":"苹果手机" } ] }]]></detail>
    <nonce_str>1add1a30ac87aa2db72f57a2375d8fec</nonce_str>
    <notify_url>http://wxpay.weixin.qq.com/pub_v2/pay/notify.v2.php</notify_url>
    <openid>oUpF8uMuAJO_M2pxb1Q9zNjWeS6o</openid>
    <out_trade_no>1415659990</out_trade_no>
    <spbill_create_ip>14.23.150.211</spbill_create_ip>
    <total_fee>1</total_fee>
    <trade_type>JSAPI</trade_type>
```

```
    <sign>0CB01533B8C1EF103065174F50BCA001</sign>
</xml>
```

上述数据的参数说明如表 17-2 所示。

表 17-2 统一下单接口的参数说明

字段名	变量名	是否必填	描 述
公众账号 ID	appid	是	微信分配的公众账号 ID（企业号 corpid 即为此 appid）
商户号	mch_id	是	微信支付分配的商户号
设备号	device_info	否	终端设备号（门店号或收银设备 ID）
随机字符串	nonce_str	是	随机字符串，不长于 32 位
签名	sign	是	签名
签名类型	sign_type	否	签名类型，目前支持 HMAC-SHA256 和 MD5，默认为 MD5
商品描述	body	是	商品简单描述，该字段须严格按照规范传递
商品详情	detail	否	商品详细列表，使用 JSON 格式
附加数据	attach	否	附加数据，在查询 API 和支付通知中原样返回，该字段主要用于商户携带订单的自定义数据
商户订单号	out_trade_no	是	商户系统内部的订单号，32 个字符内，可包含字母
货币类型	fee_type	否	符合 ISO 4217 标准的 3 位字母代码，默认为 CNY（人民币）
总金额	total_fee	是	订单总金额，单位为分
终端 IP	spbill_create_ip	是	APP 和网页支付提交用户端 IP，Native 支付填调用微信支付 API 的机器 IP
交易起始时间	time_start	否	订单生成时间，格式为 yyyyMMddHHmmss，如 2009 年 12 月 25 日 9 点 10 分 10 秒表示为 20091225091010
交易结束时间	time_expire	否	订单失效时间，格式为 yyyyMMddHHmmss，如 2009 年 12 月 27 日 9 点 10 分 10 秒表示为 20091227091010
商品标记	goods_tag	否	商品标记，代金券或立减优惠功能的参数
通知地址	notify_url	是	接收微信支付异步通知回调地址，通知 URL 必须为直接可访问的 URL，不能携带参数
交易类型	trade_type	是	取值如下：JSAPI，NATIVE，APP
商品 ID	product_id	否	trade_type=NATIVE，此参数必传。此 ID 为二维码中包含的商品 ID，商户自行定义
指定支付方式	limit_pay	否	no_credit 指定不能使用信用卡支付
用户标识	openid	否	trade_type=JSAPI，此参数必传，用户在商户 appid 下的唯一标识

正确创建时，返回的数据示例如下。

```
<xml>
    <return_code><![CDATA[SUCCESS]]></return_code>
    <return_msg><![CDATA[OK]]></return_msg>
    <appid><![CDATA[wx2421b1c4370ec43b]]></appid>
    <mch_id><![CDATA[10000100]]></mch_id>
    <nonce_str><![CDATA[IITRi8Iabbblz1Jc]]></nonce_str>
    <sign><![CDATA[7921E432F65EB8ED0CE9755F0E86D72F]]></sign>
    <result_code><![CDATA[SUCCESS]]></result_code>
    <prepay_id><![CDATA[wx201411101639507cbf6ffd8b0779950874]]></prepay_id>
    <trade_type><![CDATA[JSAPI]]></trade_type>
</xml>
```

上述数据的参数说明如表17-3所示。

表17-3 统一下单接口返回参数说明

字段名	变量名	是否必填	描 述
返回状态码	return_code	是	SUCCESS/FAIL
返回信息	return_msg	否	返回信息，如非空，为错误原因
公众账号ID	appid	是	调用接口提交的公众账号ID
商户号	mch_id	是	调用接口提交的商户号
设备号	device_info	否	调用接口提交的终端设备号
随机字符串	nonce_str	是	微信返回的随机字符串
签名	sign	是	微信返回的签名
业务结果	result_code	是	SUCCESS/FAIL
错误代码	err_code	否	错误代码
错误代码描述	err_code_des	否	错误返回的信息描述
交易类型	trade_type	是	调用接口提交的交易类型，取值如下：JSAPI，NATIVE，APP
预支付交易会话标识	prepay_id	是	微信生成的预支付交易会话标识，用于后续接口调用，该值的有效期为2小时
二维码链接	code_url	否	trade_type为NATIVE时有返回，可将该参数值生成二维码展示出来进行扫码支付

下面将列举微信支付基础类的实现，这些类包含产生随机字符串、格式化参数、生成签名、array转XML、以POST方式提交XML到对应的接口等功能，是后面实现各种支付场景的前提。

微信支付接口基类的实现代码如下。

```
 1 /**
 2  * 所有接口的基类
 3  */
 4 class Common_util_pub
 5 {
 6     function __construct() {
 7     }
 8 
 9     function trimString($value)
10     {
11         $ret = null;
12         if (null != $value)
13         {
14             $ret = $value;
15             if (strlen($ret) == 0)
16             {
17                 $ret = null;
18             }
19         }
20         return $ret;
21     }
22 
23     /**
```

```
24        *       作用：产生随机字符串，不长于 32 位
25        */
26       public function createNoncestr( $length = 32 )
27       {
28           $chars = "abcdefghijklmnopqrstuvwxyz0123456789";
29           $str ="";
30           for ( $i = 0; $i < $length; $i++ )  {
31               $str.= substr($chars, mt_rand(0, strlen($chars)-1), 1);
32           }
33           return $str;
34       }
35
36       /**
37        *       作用：格式化参数，签名过程需要使用
38        */
39       function formatBizQueryParaMap($paraMap, $urlencode)
40       {
41           $buff = "";
42           ksort($paraMap);
43           foreach ($paraMap as $k => $v)
44           {
45               if($urlencode)
46               {
47                   $v = urlencode($v);
48               }
49               //$buff .= strtolower($k) . "=" . $v . "&";
50               $buff .= $k . "=" . $v . "&";
51           }
52           $reqPar;
53           if (strlen($buff) > 0)
54           {
55               $reqPar = substr($buff, 0, strlen($buff)-1);
56           }
57           return $reqPar;
58       }
59
60       /**
61        *       作用：生成签名
62        */
63       public function getSign($Obj)
64       {
65           foreach ($Obj as $k => $v)
66           {
67               $Parameters[$k] = $v;
68           }
69           //签名步骤一：按字典序排序参数
70           ksort($Parameters);
71           $String = $this->formatBizQueryParaMap($Parameters, false);
72           //签名步骤二：在 string 后加入 key
73           $String = $String."&key=".WxPayConf_pub::KEY;
74           //签名步骤三：MD5 加密
75           $String = md5($String);
76           //签名步骤四：所有字符转为大写
77           $result_ = strtoupper($String);
78           return $result_;
```

```
 79     }
 80
 81     /**
 82      *     作用：array 转 XML
 83      */
 84     function arrayToXml($arr)
 85     {
 86         $xml = "<xml>";
 87         foreach ($arr as $key=>$val)
 88         {
 89             if (is_numeric($val))
 90             {
 91                 $xml.="<".$key.">".$val."</".$key.">";
 92
 93             }
 94             else
 95                 $xml.="<".$key."><![CDATA[".$val."]]></".$key.">";
 96         }
 97         $xml.="</xml>";
 98         return $xml;
 99     }
100
101     /**
102      *     作用：将 XML 转为 array
103      */
104     public function xmlToArray($xml)
105     {
106         //将 XML 转为 array
107         $array_data = json_decode(json_encode(simplexml_load_string($xml, 'Simple-
            XMLElement', LIBXML_NOCDATA)), true);
108         return $array_data;
109     }
110
111     /**
112      *     作用：以 POST 方式提交 XML 到对应的接口 URL
113      */
114     public function postXmlCurl($xml,$url,$second=30)
115     {
116         //初始化 curl
117             $ch = curl_init();
118         //设置超时
119         curl_setopt($ch, CURLOPT_TIMEOUT, $second);
120         curl_setopt($ch,CURLOPT_URL, $url);
121         curl_setopt($ch,CURLOPT_SSL_VERIFYPEER,FALSE);
122         curl_setopt($ch,CURLOPT_SSL_VERIFYHOST,FALSE);
123         //设置 header
124         curl_setopt($ch, CURLOPT_HEADER, FALSE);
125         //要求结果为字符串且输出到屏幕上
126         curl_setopt($ch, CURLOPT_RETURNTRANSFER, TRUE);
127         //POST 提交方式
128         curl_setopt($ch, CURLOPT_POST, TRUE);
129         curl_setopt($ch, CURLOPT_POSTFIELDS, $xml);
130         //运行 curl
131         $data = curl_exec($ch);
132         //返回结果
```

```
133         if($data)
134         {
135             curl_close($ch);
136             return $data;
137         }
138         else
139         {
140             $error = curl_errno($ch);
141             echo "curl 出错，错误码 :$error"."<br>";
142             echo "<a href='http:// curl.haxx.se/libcurl/c/libcurl-errors.html'>
                错误原因查询 </a></br>";
143             curl_close($ch);
144             return false;
145         }
146     }
147 
148     /**
149      *     作用：使用证书，以 POST 方式提交 XML 到对应的接口 URL
150      */
151     function postXmlSSLCurl($xml,$url,$second=30)
152     {
153         $ch = curl_init();
154         // 超时时间
155         curl_setopt($ch,CURLOPT_TIMEOUT,$second);
156         // 这里设置代理，如果有的话
157         //curl_setopt($ch,CURLOPT_PROXY, '8.8.8.8');
158         //curl_setopt($ch,CURLOPT_PROXYPORT, 8080);
159         curl_setopt($ch,CURLOPT_URL, $url);
160         curl_setopt($ch,CURLOPT_SSL_VERIFYPEER,FALSE);
161         curl_setopt($ch,CURLOPT_SSL_VERIFYHOST,FALSE);
162         // 设置 header
163         curl_setopt($ch,CURLOPT_HEADER,FALSE);
164         // 要求结果为字符串且输出到屏幕上
165         curl_setopt($ch,CURLOPT_RETURNTRANSFER,TRUE);
166         // 设置证书
167         // 使用证书：cert 与 key 分别属于两个 .pem 文件
168         // 默认格式为 PEM，可以注释
169         curl_setopt($ch,CURLOPT_SSLCERTTYPE,'PEM');
170         curl_setopt($ch,CURLOPT_SSLCERT, WxPayConf_pub::SSLCERT_PATH);
171         // 默认格式为 PEM，可以注释
172         curl_setopt($ch,CURLOPT_SSLKEYTYPE,'PEM');
173         curl_setopt($ch,CURLOPT_SSLKEY, WxPayConf_pub::SSLKEY_PATH);
174         //POST 提交方式
175         curl_setopt($ch,CURLOPT_POST, true);
176         curl_setopt($ch,CURLOPT_POSTFIELDS,$xml);
177         $data = curl_exec($ch);
178         // 返回结果
179         if($data){
180             curl_close($ch);
181             return $data;
182         }
183         else {
184             $error = curl_errno($ch);
185             echo "curl 出错，错误码 :$error"."<br>";
186             echo "<a href='http:// curl.haxx.se/libcurl/c/libcurl-errors.html'>
```

```
        错误原因查询</a></br>";
187                 curl_close($ch);
188                 return false;
189             }
190         }
191
192         /**
193          *     作用：打印数组
194          */
195         function printErr($wording='',$err='')
196         {
197             print_r('<pre>');
198             echo $wording."</br>";
199             var_dump($err);
200             print_r('</pre>');
201         }
202 }
```

请求型接口主要是设置请求参数，生成接口参数 XML。

```
1 /**
2  * 请求型接口的基类
3  */
4 class Wxpay_client_pub extends Common_util_pub
5 {
6     var $parameters;                                    //请求参数，类型为关联数组
7     public $response;                                   //微信返回的响应
8     public $result;                                     //返回参数，类型为关联数组
9     var $url;                                           //接口链接
10    var $curl_timeout;                                  //curl 超时时间
11
12    /**
13     *     作用：设置请求参数
14     */
15    function setParameter($parameter, $parameterValue)
16    {
17        $this->parameters[$this->trimString($parameter)] = $this->trimString
      ($parameterValue);
18    }
19
20    /**
21     *     作用：设置标配的请求参数，生成签名，生成接口参数 XML
22     */
23    function createXml()
24    {
25        $this->parameters["appid"] = WxPayConf_pub::APPID;        //公众账号 ID
26        $this->parameters["mch_id"] = WxPayConf_pub::MCHID;       //商户号
27        $this->parameters["nonce_str"] = $this->createNoncestr();//随机字符串
28        $this->parameters["sign"] = $this->getSign($this->parameters);//
29        $abc =$this->arrayToXml($this->parameters);;
30        return  $abc;
31    }
32
33    /**
34     *     作用：POST 请求 XML
35     */
```

```
36      function postXml()
37      {
38          $xml = $this->createXml();
39          $this->response = $this->postXmlCurl($xml,$this->url,$this->curl_timeout);
40          return $this->response;
41      }
42
43      /**
44       *      作用：使用证书 POST 请求 XML
45       */
46      function postXmlSSL()
47      {
48          $xml = $this->createXml();
49          $this->response = $this->postXmlSSLCurl($xml,$this->url,$this->curl_timeout);
50          return $this->response;
51      }
52
53      /**
54       *      作用：获取结果，默认不使用证书
55       */
56      function getResult()
57      {
58          $this->postXml();
59          $this->result = $this->xmlToArray($this->response);
60          return $this->result;
61      }
62 }
```

响应型接口基类的成员函数包括 XML 转成关联数组、校验签名、生成返回的 XML 参数。

```
 1 /**
 2  * 响应型接口基类
 3  */
 4 class Wxpay_server_pub extends Common_util_pub
 5 {
 6     public $data;                                  //接收到的数据，类型为关联数组
 7     var $returnParameters;                         //返回参数，类型为关联数组
 8
 9     /**
10      * 将微信的请求 XML 转换成关联数组，以方便数据处理
11      */
12     function saveData($xml)
13     {
14         $this->data = $this->xmlToArray($xml);
15     }
16
17     function checkSign()
18     {
19         $tmpData = $this->data;
20         unset($tmpData['sign']);
21         $sign = $this->getSign($tmpData);      //本地签名
22         if ($this->data['sign'] == $sign) {
23             return TRUE;
24         }
25         return FALSE;
26     }
```

```
27
28      /**
29       * 获取微信的请求数据
30       */
31      function getData()
32      {
33          return $this->data;
34      }
35
36      /**
37       * 设置返回微信的 XML 数据
38       */
39      function setReturnParameter($parameter, $parameterValue)
40      {
41          $this->returnParameters[$this->trimString($parameter)] = $this->trimString
        ($parameterValue);
42      }
43
44      /**
45       * 生成接口参数 XML
46       */
47      function createXml()
48      {
49          return $this->arrayToXml($this->returnParameters);
50      }
51
52      /**
53       * 将 XML 数据返回微信
54       */
55      function returnXml()
56      {
57          $returnXml = $this->createXml();
58          return $returnXml;
59      }
60 }
```

在上述接口的基础上，统一支付接口主要设置接口链接、检测参数，以及生成 prepay_id。

```
 1 /**
 2  * 统一支付接口类
 3  */
 4 class UnifiedOrder_pub extends Wxpay_client_pub
 5 {
 6     function __construct()
 7     {
 8         //设置接口链接
 9         $this->url = "https://api.mch.weixin.qq.com/pay/unifiedorder";
10         //设置 curl 超时时间
11         $this->curl_timeout = WxPayConf_pub::CURL_TIMEOUT;
12     }
13
14     /**
15      * 生成接口参数 XML
16      */
17     function createXml()
18     {
```

```
19          try
20          {
21              //检测必填参数
22              if($this->parameters["out_trade_no"] == null)
23              {
24                  throw new SDKRuntimeException("缺少统一支付接口必填参数 out_trade_no！".
                    "<br>");
25              }elseif($this->parameters["body"] == null){
26                  throw new SDKRuntimeException("缺少统一支付接口必填参数 body！"."<br>");
27              }elseif ($this->parameters["total_fee"] == null ) {
28                  throw new SDKRuntimeException("缺少统一支付接口必填参数 total_fee！".
                    "<br>");
29              }elseif ($this->parameters["notify_url"] == null) {
30                  throw new SDKRuntimeException("缺少统一支付接口必填参数 notify_url！".
                    "<br>");
31              }elseif ($this->parameters["trade_type"] == null) {
32                  throw new SDKRuntimeException("缺少统一支付接口必填参数 trade_type！
                    "."<br>");
33              }elseif ($this->parameters["trade_type"] == "JSAPI" && $this->parameters
                    ["openid"] == NULL){
35                  throw new SDKRuntimeException("统一支付接口中，缺少必填参数 openid！
                    trade_type 为 JSAPI 时，openid 为必填参数！"."<br>");
36              }
37              $this->parameters["appid"] = WxPayConf_pub::APPID;//公众账号 ID
38              $this->parameters["mch_id"] = WxPayConf_pub::MCHID;//商户号
39              $this->parameters["spbill_create_ip"] = $_SERVER['REMOTE_ADDR'];//终端 IP
40              $this->parameters["nonce_str"] = $this->createNoncestr();//随机字符串
41              $this->parameters["sign"] = $this->getSign($this->parameters);//签名
42              $xyz =$this->arrayToXml($this->parameters);
43              return  $xyz;
44          }catch (SDKRuntimeException $e)
45          {
46              die($e->errorMessage());
47          }
48      }
49
50      /**
51       * 获取 prepay_id
52       */
53      function getPrepayId()
54      {
55          $this->postXml();
56          $this->result = $this->xmlToArray($this->response);
57          $prepay_id = $this->result["prepay_id"];
58          return $prepay_id;
59      }
60  }
```

短链接接口主要是将微信支付的长链接转换为短链接。

```
1 /**
2  * 短链接转换接口
3  */
4 class ShortUrl_pub extends Wxpay_client_pub
5 {
6     function __construct()
```

```
 7      {
 8          //设置接口链接
 9          $this->url = "https://api.mch.weixin.qq.com/tools/shorturl";
10          //设置 curl 超时时间
11          $this->curl_timeout = WxPayConf_pub::CURL_TIMEOUT;
12      }
13
14      /**
15       * 生成接口参数 XML
16       */
17      function createXml()
18      {
19          try
20          {
21              if($this->parameters["long_url"] == null )
22              {
23                  throw new SDKRuntimeException("短链接转换接口中，缺少必填参数 long_url！".
                    "<br>");
24              }
25                  $this->parameters["appid"] = WxPayConf_pub::APPID;//公众账号 ID
26                  $this->parameters["mch_id"] = WxPayConf_pub::MCHID;//商户号
27              $this->parameters["nonce_str"] = $this->createNoncestr();//随机字符串
28              $this->parameters["sign"] = $this->getSign($this->parameters);//签名
29              return  $this->arrayToXml($this->parameters);
30          }catch (SDKRuntimeException $e)
31          {
32              die($e->errorMessage());
33          }
34      }
35
36      /**
37       * 获取 prepay_id
38       */
39      function getShortUrl()
40      {
41          $this->postXml();
42          $prepay_id = $this->result["short_url"];
43          return $prepay_id;
44      }
45 }
```

17.2 公众号支付

公众号支付即 JS API 支付，是用户在微信中打开商户的 Web 页面，商户在 Web 页面通过调用微信支付提供的 JS API 接口调起微信支付模块完成支付。其应用场景有：

- 用户在微信公众号内进入商家公众号，打开某个主页面，完成支付。
- 用户的好友在朋友圈、聊天窗口等分享商家页面链接，用户点击链接打开商家页面，完成支付。
- 将商户页面转换成二维码，用户扫描二维码后在微信浏览器中打开页面，完成支付。

微信支付的接口类代码如下。

```
1 /**
2 * JS API 支付——H5 网页端调起支付接口
3 */
4 class JsApi_pub extends Common_util_pub
5 {
6     var $code;         //Code 码，用于获取 OpenID
7     var $openid;       //用户的 OpenID
8     var $parameters;   //jsapi 参数，格式为 JSON
9     var $prepay_id;    //使用统一支付接口得到的预支付 ID
10    var $curl_timeout;//curl 超时时间
11
12    function __construct()
13    {
14        //设置 curl 超时时间
15        $this->curl_timeout = WxPayConf_pub::CURL_TIMEOUT;
16    }
17
18    /**
19     *     作用：生成可以获得 Code 的 URL
20     */
21    function createOauthUrlForCode($redirectUrl)
22    {
23        $urlObj["appid"] = WxPayConf_pub::APPID;
24        $urlObj["redirect_uri"] = urlencode($redirectUrl);
25        $urlObj["response_type"] = "code";
26        $urlObj["scope"] = "snsapi_base";
27        $urlObj["state"] = "STATE"."#wechat_redirect";
28        $bizString = $this->formatBizQueryParaMap($urlObj, false);
29        return "https://open.weixin.qq.com/connect/oauth2/authorize?".$bizString;
30    }
31
32    /**
33     *     作用：生成可以获得 OpenID 的 URL
34     */
35    function createOauthUrlForOpenid()
36    {
37        $urlObj["appid"] = WxPayConf_pub::APPID;
38        $urlObj["secret"] = WxPayConf_pub::APPSECRET;
39        $urlObj["code"] = $this->code;
40        $urlObj["grant_type"] = "authorization_code";
41        $bizString = $this->formatBizQueryParaMap($urlObj, false);
42        return "https://api.weixin.qq.com/sns/oauth2/access_token?".$bizString;
43    }
44
45
46    /**
47     *     作用：通过 curl 向微信提交 Code，以获取 OpenID
48     */
49    function getOpenid()
50    {
51        $url = $this->createOauthUrlForOpenid();
52        //初始化 curl
53        $ch = curl_init();
54        //设置超时
55        curl_setopt($ch, CURLOPT_TIMEOUT, $this->curl_timeout);
```

```
56          curl_setopt($ch, CURLOPT_URL, $url);
57          curl_setopt($ch, CURLOPT_SSL_VERIFYPEER,FALSE);
58          curl_setopt($ch, CURLOPT_SSL_VERIFYHOST,FALSE);
59          curl_setopt($ch, CURLOPT_HEADER, FALSE);
60          curl_setopt($ch, CURLOPT_RETURNTRANSFER, TRUE);
61          //运行 curl，结果以 JSON 形式返回
62          $res = curl_exec($ch);
63          curl_close($ch);
64          //取出 OpenID
65          $data = json_decode($res,true);
66          $this->openid = $data['openid'];
67          return $this->openid;
68      }
69
70      /**
71       *      作用：设置 prepay_id
72       */
73      function setPrepayId($prepayId)
74      {
75          $this->prepay_id = $prepayId;
76      }
77
78      /**
79       *      作用：设置 Code
80       */
81      function setCode($code_)
82      {
83          $this->code = $code_;
84      }
85
86      /**
87       *      作用：设置 jsapi 的参数
88       */
89      public function getParameters()
90      {
91          $jsApiObj["appId"] = WxPayConf_pub::APPID;
92          $timeStamp = time();
93          $jsApiObj["timeStamp"] = "$timeStamp";
94          $jsApiObj["nonceStr"] = $this->createNoncestr();
95          $jsApiObj["package"] = "prepay_id=$this->prepay_id";
96          $jsApiObj["signType"] = "MD5";
97          $jsApiObj["paySign"] = $this->getSign($jsApiObj);
98          $this->parameters = json_encode($jsApiObj);
99          return $this->parameters;
100     }
101 }
```

公众号支付的支付流程说明如下。

JS API 支付前需要调用网页授权接口获取用户的 OpenID。其实现的代码片段如下。

```
1 //使用 JS API 接口
2 $jsApi = new JsApi_pub();
3
4 //========= 步骤 1：网页授权获取用户的 OpenID============
5 //通过 Code 获得 OpenID
```

```
 6 if (!isset($_GET['code']))
 7 {
 8     //触发微信返回 Code 码
 9     $url = $jsApi->createOauthUrlForCode(WxPayConf_pub::JS_API_CALL_URL);
10     Header("Location: $url");
11 }else
12 {
13     //获取 Code 码，以获取 OpenID
14     $code = $_GET['code'];
15     $jsApi->setCode($code);
16     $openid = $jsApi->getOpenId();
17 }
```

然后填充支付的参数，其中统一支付接口已经自动填充了以下参数的值。其代码如下。

```
$this->parameters["appid"] = WxPayConf_pub::APPID;                    //公众账号 ID
$this->parameters["mch_id"] = WxPayConf_pub::MCHID;                   //商户号
$this->parameters["spbill_create_ip"] = $_SERVER['REMOTE_ADDR'];      //终端 IP
$this->parameters["nonce_str"] = $this->createNoncestr();             //随机字符串
$this->parameters["sign"] = $this->getSign($this->parameters);        //签名
```

JS API 支付再另外填写以下必要的参数，代码如下。

```
 1 //统一支付接口中，trade_type 为 JSAPI 时，OpenID 为必填参数!
 2 $unifiedOrder->setParameter("openid","$openid");                        //商品描述
 3 $unifiedOrder->setParameter("body","方倍工作室");                        //商品描述
 4 //自定义订单号，此处仅作举例
 5 $timeStamp = time();
 6 $out_trade_no = WxPayConf_pub::APPID."$timeStamp";
 7 $unifiedOrder->setParameter("out_trade_no","$out_trade_no");            //商户订单号
 8 $unifiedOrder->setParameter("total_fee","1");                           //总金额
 9 $unifiedOrder->setParameter("notify_url",WxPayConf_pub::NOTIFY_URL);    //通知地址
10 $unifiedOrder->setParameter("trade_type","JSAPI");                      //交易类型
```

这些参数将生成一个如下的 XML 示例数据。

```
<xml>
    <openid><![CDATA[ou9dHt0L8qFLI1foP-kj5x1mDWsM]]></openid>
    <body><![CDATA[方倍工作室]]></body>
    <out_trade_no><![CDATA[wx88888888888888881414411779]]></out_trade_no>
    <total_fee>1</total_fee>
    <notify_url><![CDATA[http://www.fangbei.org/wxpay/notify_url.php]]></notify_url>
    <trade_type><![CDATA[JSAPI]]></trade_type>
    <appid><![CDATA[wx8888888888888888]]></appid>
    <mch_id>10012345</mch_id>
    <spbill_create_ip><![CDATA[61.50.221.43]]></spbill_create_ip>
    <nonce_str><![CDATA[60uf9sh6nmppr9azveb2bn7arhy79izk]]></nonce_str>
    <sign><![CDATA[2D8A96553672D56BB2908CE4B0A23D0F]]></sign>
</xml>
```

将这些数据提交给统一支付接口后，返回如下 XML 数据。

```
<xml>
    <return_code><![CDATA[SUCCESS]]></return_code>
    <return_msg><![CDATA[OK]]></return_msg>
    <appid><![CDATA[wx8888888888888888]]></appid>
```

```
    <mch_id><![CDATA[10012345]]></mch_id>
    <nonce_str><![CDATA[Be8YX7gjCdtCT7cr]]></nonce_str>
    <sign><![CDATA[885B6D84635AE6C020EF753A00C8EEDB]]></sign>
    <result_code><![CDATA[SUCCESS]]></result_code>
    <prepay_id><![CDATA[wx201410272009395522657a690389285100]]></prepay_id>
    <trade_type><![CDATA[JSAPI]]></trade_type>
</xml>
```

其中包含了最重要的预支付 ID 参数 prepay_id。

前面的准备工作做好以后，JS API 根据 prepay_id 生成 jsapi 支付参数，代码如下。

```
//========= 步骤 3：使用 jsapi 调起支付 ============
$jsApi->setPrepayId($prepay_id);
$jsApiParameters = $jsApi->getParameters();
```

上述代码生成的 JSON 参数如下。

```
{
    "appId": "wx8888888888888888",
    "timeStamp": "1414411784",
    "nonceStr": "gbwr71b5no6q6ne18c8up1u717he2y75",
    "package": "prepay_id=wx201410272009395522657a690389285100",
    "signType": "MD5",
    "paySign": "9C6747193720F851EB876299D59F6C7D"
}
```

最后在微信浏览器中使用上述参数调起微信支付，其代码如下。

```
<html>
<head>
    <meta http-equiv="content-type" content="text/html;charset=utf-8"/>
    <title>微信安全支付</title>
    <script type="text/javascript">
        //调用微信 JS API 支付
        function jsApiCall()
        {
            WeixinJSBridge.invoke(
                'getBrandWCPayRequest',
                <?php echo $jsApiParameters; ?>,
                function(res){
                    WeixinJSBridge.log(res.err_msg);
                    //alert(res.err_code+res.err_desc+res.err_msg);
                }
            );
        }

        function callpay()
        {
            if (typeof WeixinJSBridge == "undefined"){
                if( document.addEventListener ){
                    document.addEventListener('WeixinJSBridgeReady', jsApiCall, false);
                }else if (document.attachEvent){
                    document.attachEvent('WeixinJSBridgeReady', jsApiCall);
                    document.attachEvent('onWeixinJSBridgeReady', jsApiCall);
                }
```

```
            }else{
                jsApiCall();
            }
        }
    </script>
</head>
<body>
    </br></br></br></br>
    <div align="center">
        <button style="width:210px; height:30px; background-color:#FE6714; border:0px
        #FE6714 solid; cursor: pointer;  color:white;  font-size:16px;" type="button"
        onclick="callpay()" >贡献一下</button>
    </div>
</body>
</html>
```

当用户点击“贡献一下”按钮时，将弹出微信支付插件，用户就可以开始进行微信支付了。

17.3　扫码支付

扫码支付是商户系统按微信支付协议生成支付二维码，用户再用微信“扫一扫”完成支付的模式。该模式适用于 PC 网站支付、实体店单品或订单支付、媒体广告支付等场景。

17.3.1　模式一：静态链接

扫码支付模式一又称静态链接支付，开发前，商户必须在公众平台后台设置支付回调 URL。该 URL 的功能是接收用户扫码后微信支付系统回调的 product_id 和 openid。

扫码支付的接口类定义如下。

```
 1 /**
 2  * 请求商家获取商品信息接口
 3  */
 4 class NativeCall_pub extends Wxpay_server_pub
 5 {
 6     /**
 7      * 生成接口参数 XML
 8      */
 9     function createXml()
10     {
11         if($this->returnParameters["return_code"] == "SUCCESS"){
12             $this->returnParameters["appid"] = WxPayConf_pub::APPID;// 公众账号 ID
13             $this->returnParameters["mch_id"] = WxPayConf_pub::MCHID;// 商户号
14             $this->returnParameters["nonce_str"] = $this->createNoncestr();// 随机字符串
15             $this->returnParameters["sign"] = $this->getSign($this->returnParameters);// 签名
16         }
17         return $this->arrayToXml($this->returnParameters);
18     }
19 
20     /**
21      * 获取 product_id
22      */
```

```
23     function getProductId()
24     {
25         $product_id = $this->data["product_id"];
26         return $product_id;
27     }
28 }
```

扫码支付模式一生成二维码的流程如下。

首先设置支付相关参数，其中需要自己指定的参数是产品 ID。其他由系统自动获取或自动生成。其代码如下。

```
$this->parameters["appid"] = WxPayConf_pub::APPID;        //公众账号 ID
$this->parameters["mch_id"] = WxPayConf_pub::MCHID;       //商户号
$time_stamp = time();
$this->parameters["time_stamp"] = "$time_stamp";          //时间戳
$this->parameters["nonce_str"] = $this->createNoncestr();//随机字符串
$product_id = WxPayConf_pub::APPID."static";              //自定义商品 ID
$nativeLink->setParameter("product_id","$product_id");    //商品 ID
```

生成之后，获得的数组如下。

```
object(NativeLink_pub)[1]
    public 'parameters' =>
        array (size=5)
            'product_id' => string 'wxdbfd43c561acxxxxstatic' (length=24)
            'appid' => string 'wxdbfd43c561acxxxx' (length=18)
            'mch_id' => string '10012345' (length=8)
            'time_stamp' => string '1419733441' (length=10)
            'nonce_str' => string 'no6qegpf11rn13nyl2q9izsk60be7fxc' (length=32)
```

再使用签名算法，将上述数据生成签名，得到 sign 值，结果如下。

```
object(NativeLink_pub)[1]
    public 'parameters' =>
        array (size=6)
            'product_id' => string 'wxdbfd43c561acxxxxstatic' (length=24)
            'appid' => string 'wxdbfd43c561acxxxx' (length=18)
            'mch_id' => string '10012345' (length=8)
            'time_stamp' => string '1419733441' (length=10)
            'nonce_str' => string 'no6qegpf11rn13nyl2q9izsk60be7fxc' (length=32)
            'sign' => string '546CD81B0B66F57DC27BFEECEA1FB218' (length=32)
```

基于上述参数，将生成二维码的链接地址，生成代码如下。

```
//获取链接
$product_url = $nativeLink->getUrl();
```

生成二维码的链接如下。

```
weixin://wxpay/bizpayurl?appid=wxdbfd43c561acxxxx&mch_id=10012345&nonce_str=no6qe
gpf11rn13nyl2q9izsk60be7fxc&product_id=wxdbfd43c561acxxxxstatic&sign=546CD81B0B6
6F57DC27BFEECEA1FB218&time_stamp=1419733441
```

将上述链接使用二维码生成接口，就可以生成一个模式一下的微信支付二维码，如图 17-6 所示。

当用户扫描上述支付二维码时，回调接口 URL 将接收到来自微信服务器推送的静态 Native 支付链接的通知，接收通知的代码如下。

```
//使用 Native 通知接口
$nativeCall = new NativeCall_pub();
//接收微信请求
$xml = $GLOBALS['HTTP_RAW_POST_DATA'];
```

图 17-6　微信支付模式一的二维码

该代码接收的 XML 通知数据如下。

```
<xml>
    <appid><![CDATA[wxdbfd43c561acxxxx]]></appid>
    <openid><![CDATA[oc-XIjh32OByBiak_gSZ6JOqGFx8]]
    ></openid>
    <mch_id><![CDATA[10012345]]></mch_id>
    <is_subscribe><![CDATA[Y]]></is_subscribe>
    <nonce_str><![CDATA[PvLH3nsJjQCvwnYY]]></nonce_str>
    <product_id><![CDATA[wxdbfd43c561acxxxxstatic]]></product_id>
    <sign><![CDATA[F1CBDE07E3B5AE6EAF4D4033368264EC]]></sign>
</xml>
```

统一支付将提取 product_id 参数的值，并填充其他支付参数，然后请求统一下单接口，代码如下。

```
//提取 product_id
$product_id = $nativeCall->getProductId();

$unifiedOrder = new UnifiedOrder_pub();
$this->parameters["appid"] = WxPayConf_pub::APPID;                    //公众账号 ID
$this->parameters["mch_id"] = WxPayConf_pub::MCHID;                   //商户号
$this->parameters["spbill_create_ip"] = $_SERVER['REMOTE_ADDR'];      //终端 IP
$this->parameters["nonce_str"] = $this->createNoncestr();             //随机字符串
$this->parameters["sign"] = $this->getSign($this->parameters);        //签名

$unifiedOrder->setParameter("body","贡献一分钱");                      //商品描述
//自定义订单号，此处仅作举例
$timeStamp = time();
$out_trade_no = WxPayConf_pub::APPID."$timeStamp";
$unifiedOrder->setParameter("out_trade_no","$out_trade_no");          //商户订单号
$unifiedOrder->setParameter("total_fee","1");                         //总金额
$unifiedOrder->setParameter("notify_url",WxPayConf_pub::NOTIFY_URL);  //通知地址
$unifiedOrder->setParameter("trade_type","NATIVE");                   //交易类型
$unifiedOrder->setParameter("product_id","$product_id");              //用户标识
//非必填参数，商户可根据实际情况选填
//$unifiedOrder->setParameter("sub_mch_id","XXXX");                   //子商户号
//$unifiedOrder->setParameter("device_info","XXXX");                  //设备号
//$unifiedOrder->setParameter("attach","XXXX");                       //附加数据
//$unifiedOrder->setParameter("time_start","XXXX");                   //交易起始时间
//$unifiedOrder->setParameter("time_expire","XXXX");                  //交易结束时间
//$unifiedOrder->setParameter("goods_tag","XXXX");                    //商品标记
//$unifiedOrder->setParameter("openid","XXXX");                       //用户标识
//获取 prepay_id
$prepay_id = $unifiedOrder->getPrepayId();
```

统一支付将返回如下 XML 数据

```
<xml>
    <return_code><![CDATA[SUCCESS]]></return_code>
    <return_msg><![CDATA[OK]]></return_msg>
    <appid><![CDATA[wxdbfd43c561acxxxx]]></appid>
    <mch_id><![CDATA[10012345]]></mch_id>
    <nonce_str><![CDATA[JLQ67G1EhjfZvlKv]]></nonce_str>
    <sign><![CDATA[7A4F2751F955C32EB65063CC9E3EAB57]]></sign>
    <result_code><![CDATA[SUCCESS]]></result_code>
    <prepay_id><![CDATA[wx20141228200209367990235502445678 27]]></prepay_id>
    <trade_type><![CDATA[NATIVE]]></trade_type>
    <code_url><![CDATA[weixin://wxpay/bizpayurl?sr=yQtNpvo]]></code_url>
</xml>
```

上述数据中包含重要的 prepay_id。提取出该参数，然后回调接口生成一个响应的 XML 数据，代码如下。

```
//设置返回码
//设置必填参数
//appid已填，商户无须重复填写
//mch_id已填，商户无须重复填写
//noncestr已填，商户无须重复填写
//sign已填，商户无须重复填写
$nativeCall->setReturnParameter("return_code","SUCCESS"); //返回状态码
$nativeCall->setReturnParameter("result_code","SUCCESS"); //业务结果
$nativeCall->setReturnParameter("prepay_id","$prepay_id");//预支付ID

//将结果返回微信
$returnXml = $nativeCall->returnXml();
echo $returnXml;
```

而生成的 XML 数据如下。

```
<xml>
    <return_code><![CDATA[SUCCESS]]></return_code>
    <result_code><![CDATA[SUCCESS]]></result_code>
    <prepay_id><![CDATA[wx20141228200209367990235502445678 27]]></prepay_id>
    <appid><![CDATA[wxdbfd43c561acxxxx]]></appid>
    <mch_id>10012345</mch_id>
    <nonce_str><![CDATA[e2bpc9fz3ykc2tcpipyvnb112qf8my3d]]></nonce_str>
    <sign><![CDATA[32C698EA795C0FBCDBCED622D1E01168]]></sign>
</xml>
```

这个 XML 数据回显给微信服务器后，用户的微信客户端将会显示出支付界面，如图 17-7 所示。

图 17-7　微信支付界面

当用户点击“立即支付”按钮后，将会弹出输入密码插件，用户输入支付密码后，一个支付过程就完成了。

17.3.2　模式二：动态链接

扫码支付模式二与模式一相比，流程更为简单，不依赖设置的回调支付 URL。商户后台系统先调用微信支付的统一下单接口，微信后台系统返回链接参数 code_url，商户后台系统将 code_url 值生成二维码图片，用户使用微信客户端扫

码后发起支付。

模式二的接口类代码如下，主要功能是设置参数、生成链接以及获得 URL。

```
 1 /**
 2  * 静态链接二维码
 3  */
 4 class NativeLink_pub  extends Common_util_pub
 5 {
 6     var $parameters;   //静态链接参数
 7     var $url;          //静态链接
 8 
 9     function __construct()
10     {
11     }
12 
13     /**
14      * 设置参数
15      */
16     function setParameter($parameter, $parameterValue)
17     {
18         $this->parameters[$this->trimString($parameter)] = $this->trimString($parameterValue);
19     }
20 
21     /**
22      * 生成 Native 支付链接二维码
23      */
24     function createLink()
25     {
26         try
27         {
28             if($this->parameters["product_id"] == null)
29             {
30                 throw new SDKRuntimeException("缺少 Native 支付二维码链接必填参数 product_
                    id！"."<br>");
31             }
32                $this->parameters["appid"] = WxPayConf_pub::APPID;//公众账号 ID
33                $this->parameters["mch_id"] = WxPayConf_pub::MCHID;//商户号
34                $time_stamp = time();
35                $this->parameters["time_stamp"] = "$time_stamp";//时间戳
36             $this->parameters["nonce_str"] = $this->createNoncestr();//随机字符串
37             $this->parameters["sign"] = $this->getSign($this->parameters);//签名
38             $bizString = $this->formatBizQueryParaMap($this->parameters, false);
39             $this->url = "weixin://wxpay/bizpayurl?".$bizString;
40         }catch (SDKRuntimeException $e)
41         {
42             die($e->errorMessage());
43         }
44     }
45 
46     /**
47      * 返回链接
48      */
49     function getUrl()
50     {
51         $this->createLink();
```

```
52          return $this->url;
53      }
54 }
```

扫码支付模式二生成二维码的流程如下。

首先设置支付相关参数，其中需要自己指定的参数是商品的名称和价格，以及交易号。其他由系统自动获取或自动生成。其代码如下。

```
//使用统一支付接口
$unifiedOrder = new UnifiedOrder_pub();

//设置统一支付接口参数
//设置必填参数
//appid已填，商户无须重复填写
//mch_id已填，商户无须重复填写
//noncestr已填，商户无须重复填写
//spbill_create_ip已填，商户无须重复填写
//sign已填，商户无须重复填写
$unifiedOrder->setParameter("body","贡献一分钱");                        //商品描述
//自定义订单号，此处仅作举例
$timeStamp = time();
$out_trade_no = WxPayConf_pub::APPID."$timeStamp";
$unifiedOrder->setParameter("out_trade_no","$out_trade_no");          //商户订单号
$unifiedOrder->setParameter("total_fee","1");                         //总金额
$unifiedOrder->setParameter("notify_url",WxPayConf_pub::NOTIFY_URL);  //通知地址
$unifiedOrder->setParameter("trade_type","NATIVE");                   //交易类型
//非必填参数，商户可根据实际情况选填
//$unifiedOrder->setParameter("sub_mch_id","XXXX");                   //子商户号
//$unifiedOrder->setParameter("device_info","XXXX");                  //设备号
//$unifiedOrder->setParameter("attach","XXXX");                       //附加数据
//$unifiedOrder->setParameter("time_start","XXXX");                   //交易起始时间
//$unifiedOrder->setParameter("time_expire","XXXX");                  //交易结束时间
//$unifiedOrder->setParameter("goods_tag","XXXX");                    //商品标记
//$unifiedOrder->setParameter("openid","XXXX");                       //用户标识
//$unifiedOrder->setParameter("product_id","XXXX");                   //商品ID

//获取统一支付接口结果
$unifiedOrderResult = $unifiedOrder->getResult();
```

参数生成之后，将生成如下 XML 数据。

```
<xml>
    <body><![CDATA[贡献一分钱]]></body>
    <out_trade_no><![CDATA[100001_1433009089]]></out_trade_no>
    <total_fee>1</total_fee>
    <notify_url><![CDATA[http://www.doucube.com/weixin/demo/notify_url.php]]></notify_url>
    <trade_type><![CDATA[NATIVE]]></trade_type>
    <device_info>100001</device_info>
    <appid><![CDATA[wx1d065b0628e21103]]></appid>
    <mch_id>1237905502</mch_id>
    <spbill_create_ip><![CDATA[61.129.47.79]]></spbill_create_ip>
    <nonce_str><![CDATA[gwpdlnn0zlfih21gipjj5z53i7vea8e8]]></nonce_str>
    <sign><![CDATA[C5A1E210F9B4402D8254F731882F41AC]]></sign>
</xml>
```

将该 XML 数据向统一下单接口提交，返回的 XML 数据如下。

```
<xml>
    <return_code><![CDATA[SUCCESS]]></return_code>
    <return_msg><![CDATA[OK]]></return_msg>
    <appid><![CDATA[wx1d065b0628e21103]]></appid>
    <mch_id><![CDATA[1237905502]]></mch_id>
    <device_info><![CDATA[100001]]></device_info>
    <nonce_str><![CDATA[6u8ovTtFupTagsiY]]></nonce_str>
    <sign><![CDATA[E84D8BC2331766DD685591F908367FF1]]></sign>
    <result_code><![CDATA[SUCCESS]]></result_code>
    <prepay_id><![CDATA[wx20150531020450bb586eb2f70717331240]]></prepay_id>
    <trade_type><![CDATA[NATIVE]]></trade_type>
    <code_url><![CDATA[weixin://wxpay/bizpayurl?pr=dNp7omD]]></code_url>
</xml>
```

其中包含 code_url 参数，code_url 就是最终要生成的二维码的链接。当用户扫描二维码时，就能直接拉取到商户信息并完成支付。

17.4　刷卡支付

刷卡支付是用户展示微信钱包内的“收付款 / 向商家付款”（旧版微信 APP 中为“刷卡条码 / 二维码”）给商户系统扫描后直接完成支付的模式。它主要应用线下面对面收款的场景。

微信用户进入“我” | “钱包” | “收付款”（旧版微信 APP 中为“付款”）界面，将出现一个条码和二维码，如图 17-8 所示。

图 17-8　付款码

刷卡条形码的规则是 18 位纯数字，以 10、11、12、13、14、15 开头。商户用扫码设备扫描用户的条码 / 二维码后，将向微信提交支付。微信支付后台系统收到支付请求，根据验证密码规则判断是否验证用户的支付密码，不需要验证密码的交易直接发起扣款，需要验证密码的交易会弹出密码输入框。支付成功后微信端会弹出成功页面，支付失败会弹出错误提示。

提交刷卡支付接口的地址如下。

```
https://api.mch.weixin.qq.com/pay/micropay
```

提交刷卡支付时，POST 数据示例如下。

```
<xml>
    <appid>wx2421b1c4370ec43b</appid>
    <attach>订单额外描述</attach>
    <auth_code>120269300684844649</auth_code>
```

```
    <body>刷卡支付测试</body>
    <device_info>1000</device_info>
    <goods_tag></goods_tag>
    <mch_id>10000100</mch_id>
    <nonce_str>8aaee146b1dee7cec9100add9b96cbe2</nonce_str>
    <out_trade_no>1415757673</out_trade_no>
    <spbill_create_ip>14.17.22.52</spbill_create_ip>
    <time_expire></time_expire>
    <total_fee>1</total_fee>
    <sign>C29DB7DB1FD4136B84AE35604756362C</sign>
</xml>
```

上述数据的参数说明如表 17-4 所示。

表 17-4　刷卡支付接口的参数说明

名　称	变量名	是否必填	描　述
公众账号 ID	appid	是	微信分配的公众账号 ID（企业号 corpid 即为此 appid）
商户号	mch_id	是	微信支付分配的商户号
设备号	device_info	否	终端设备号（商户自定义，如门店编号）
随机字符串	nonce_str	是	随机字符串，不长于 32 位
签名	sign	是	签名
签名类型	sign_type	否	签名类型，目前支持 HMAC-SHA256 和 MD5，默认为 MD5
商品描述	body	是	商品简单描述，该字段须严格按照规范传递
商品详情	detail	否	商品详细列表，使用 JSON 格式，传输签名前请务必使用 CDATA 标签将 JSON 文本串保护起来
附加数据	attach	否	附加数据，在查询 API 和支付通知中原样返回，该字段主要用于商户携带订单的自定义数据
商户订单号	out_trade_no	是	商户系统内部的订单号，32 个字符内，可包含字母
订单金额	total_fee	是	订单总金额，单位为分，只能为整数
货币类型	fee_type	否	符合 ISO 4217 标准的 3 位字母代码，默认为 CNY（人民币）
终端 IP	spbill_create_ip	是	调用微信支付 API 的机器 IP
商品标记	goods_tag	否	商品标记，代金券或立减优惠功能的参数
授权码	auth_code	是	扫码支付授权码，设备读取用户微信中的条码或者二维码信息

正确创建时，返回的数据示例如下。

```
<xml>
    <return_code><![CDATA[SUCCESS]]></return_code>
    <return_msg><![CDATA[OK]]></return_msg>
    <appid><![CDATA[wx2421b1c4370ec43b]]></appid>
    <mch_id><![CDATA[10000100]]></mch_id>
    <device_info><![CDATA[1000]]></device_info>
    <nonce_str><![CDATA[GOp3TRyMXzbMlkun]]></nonce_str>
    <sign><![CDATA[D6C76CB785F07992CDE05494BB7DF7FD]]></sign>
    <result_code><![CDATA[SUCCESS]]></result_code>
    <openid><![CDATA[oUpF8uN95-Ptaags6E_roPHg7AG0]]></openid>
    <is_subscribe><![CDATA[Y]]></is_subscribe>
    <trade_type><![CDATA[MICROPAY]]></trade_type>
    <bank_type><![CDATA[CCB_DEBIT]]></bank_type>
```

```
    <total_fee>1</total_fee>
    <coupon_fee>0</coupon_fee>
    <fee_type><![CDATA[CNY]]></fee_type>
    <transaction_id><![CDATA[1008450740201411110005820873]]></transaction_id>
    <out_trade_no><![CDATA[1415757673]]></out_trade_no>
    <attach><![CDATA[ 订单额外描述 ]]></attach>
    <time_end><![CDATA[20141111170043]]></time_end>
</xml>
```

上述数据的参数说明如表 17-5 所示。

表 17-5　刷卡支付接口返回参数说明

名　称	变量名	是否必填	描　述
返回状态码	return_code	是	SUCCESS/FAIL
返回信息	return_msg	否	返回信息，如非空，为错误原因
公众账号 ID	appid	是	调用接口提交的公众账号 ID
商户号	mch_id	是	调用接口提交的商户号
设备号	device_info	否	调用接口提交的终端设备号
随机字符串	nonce_str	是	微信返回的随机字符串
签名	sign	是	微信返回的签名
业务结果	result_code	是	SUCCESS/FAIL
错误代码	err_code	否	错误代码
错误代码描述	err_code_des	否	错误返回的信息描述
用户标识	openid	是	用户在商户 appid 下的唯一标识
是否关注公众账号	is_subscribe	是	用户是否关注公众账号，仅在公众账号类型支付有效，取值范围：Y 或 N。Y 表示关注，N 表示未关注
交易类型	trade_type	是	支付类型为 MICROPAY（即扫码支付）
商品详情	detail	否	实际提交的返回
付款银行	bank_type	是	银行类型，采用字符串类型的银行标识
货币类型	fee_type	否	符合 ISO 4217 标准的 3 位字母代码，默认为 CNY（人民币）
订单金额	total_fee	是	订单总金额，单位为分，只能为整数
应结订单金额	settlement_total_fee	否	应结订单金额 = 订单金额 – 非充值代金券金额，应结订单金额 <= 订单金额
代金券金额	coupon_fee	否	代金券金额 <= 订单金额，订单金额 – 代金券金额 = 现金支付金额
现金支付货币类型	cash_fee_type	否	符合 ISO 4217 标准的 3 位字母代码，默认为 CNY（人民币）
现金支付金额	cash_fee	是	订单现金支付金额
微信支付订单号	transaction_id	是	微信支付订单号
商户订单号	out_trade_no	是	商户系统的订单号，与请求一致
商家数据包	attach	否	商家数据包，原样返回
支付完成时间	time_end	是	订单生成时间，格式为 yyyyMMddHHmmss，如 2009 年 12 月 25 日 9 点 10 分 10 秒表示为 20091225091010

刷卡支付的类的实现代码如下。

```
1 /**
2  * 刷卡支付接口类
3  */
4 class MicroPay_pub extends Wxpay_client_pub
5 {
6     function __construct()
7     {
8         //设置接口链接
9         $this->url = "https:// api.mch.weixin.qq.com/pay/micropay";
10        //设置curl超时时间
11        $this->curl_timeout = WxPayConf_pub::CURL_TIMEOUT;
12    }
13
14    /**
15     * 生成接口参数XML
16     */
17    function createXml()
18    {
19        try
20        {
21            //检测必填参数
22            if($this->parameters["out_trade_no"] == null){
23                throw new SDKRuntimeException("缺少统一支付接口必填参数out_trade_no！".
                  "<br>");
24            }elseif($this->parameters["body"] == null){
25                throw new SDKRuntimeException("缺少统一支付接口必填参数body！"."<br>");
26            }elseif ($this->parameters["total_fee"] == null ) {
27                throw new SDKRuntimeException("缺少统一支付接口必填参数total_fee！".
                  "<br>");
28            }elseif ($this->parameters["auth_code"] == null) {
29                throw new SDKRuntimeException("缺少统一支付接口必填参数auth_code！".
                  "<br>");
30            }
31               $this->parameters["appid"] = WxPayConf_pub::APPID; //公众账号ID
32               $this->parameters["mch_id"] = WxPayConf_pub::MCHID;//商户号
33               $this->parameters["spbill_create_ip"] = $_SERVER['REMOTE_ADDR'];//终端IP
34            $this->parameters["nonce_str"] = $this->createNoncestr();//随机字符串
35            $this->parameters["sign"] = $this->getSign($this->parameters);//签名
36            //var_dump($this->parameters);
37            return  $this->arrayToXml($this->parameters);
38        }catch (SDKRuntimeException $e)
39        {
40            die($e->errorMessage());
41        }
42    }
43 }
```

而调用刷卡支付的时候，只需要传入金额以及用户提供授权码即可。其实现代码如下。

```
//使用刷卡支付接口
$microPay = new MicroPay_pub();
//设置刷卡支付接口参数
$microPay->setParameter("body","方倍商户扫码支付"); //商品描述
$microPay->setParameter("out_trade_no", "$out_trade_no");//商户订单号
$microPay->setParameter("total_fee", $total_fee); //总金额
$microPay->setParameter("auth_code", $authcode);   //授权码
```

```
$microPay->setParameter("attach", $unionid);        //附加数据，此处为方倍平台的 unionid

//获取刷卡支付接口结果
$microPayResult = $microPay->getResult();
```

17.5　H5 支付

H5 支付是基于公众号开发的一种非微信内浏览器支付方式，可以满足在微信外的手机 H5 页面进行微信支付的需求。

H5 支付目前有两种不同的交易类型，分别为 WAP 和 MWEB。下面分别介绍如下。

1）交易类型为 WAP 的交易流程如下。

同 JS API 支付一致，支付时填充相关参数，并将交易类型设置为 WAP。相关代码如下。

```
//使用统一支付接口
$unifiedOrder = new UnifiedOrder_pub();

//设置统一支付接口参数
//设置必填参数
//appid 已填，商户无须重复填写
//mch_id 已填，商户无须重复填写
//noncestr 已填，商户无须重复填写
//spbill_create_ip 已填，商户无须重复填写
//sign 已填，商户无须重复填写
$unifiedOrder->setParameter("body","方倍 H5 支付测试");                //商品描述
$timeStamp = time();
$out_trade_no = WxPayConf_pub::APPID."$timeStamp";
$unifiedOrder->setParameter("out_trade_no","$out_trade_no");        //商户订单号
$unifiedOrder->setParameter("total_fee","1");                        //总金额
$unifiedOrder->setParameter("notify_url",WxPayConf_pub::NOTIFY_URL); //通知地址
$unifiedOrder->setParameter("trade_type","WAP");                     //交易类型
```

上述代码将生成如下 XML 数据。

```
<xml>
    <body><![CDATA[H5 支付测试]]></body>
    <out_trade_no><![CDATA[100001_1433009089]]></out_trade_no>
    <total_fee>1</total_fee>
    <notify_url><![CDATA[http://www.doucube.com/weixin/demo/notify_url.php]]></notify_url>
    <trade_type><![CDATA[WAP]]></trade_type>
    <device_info>100001</device_info>
    <appid><![CDATA[wx1d065b0628e21103]]></appid>
    <mch_id>1237905502</mch_id>
    <spbill_create_ip><![CDATA[61.129.47.79]]></spbill_create_ip>
    <nonce_str><![CDATA[gwpdlnn0zlfih21gipjj5z53i7vea8e8]]></nonce_str>
    <sign><![CDATA[C5A1E210F9B4402D8254F731882F41AC]]></sign>
</xml>
```

将该 XML 向统一支付接口提交，将返回如下 XML 数据。

```
<xml>
    <return_code><![CDATA[SUCCESS]]></return_code>
```

```
    <return_msg><![CDATA[OK]]></return_msg>
    <appid><![CDATA[wx1d065b0628e21103]]></appid>
    <mch_id><![CDATA[1237905502]]></mch_id>
    <device_info><![CDATA[100001]]></device_info>
    <nonce_str><![CDATA[6u8ovTtFupTagsiY]]></nonce_str>
    <sign><![CDATA[E84D8BC2331766DD685591F908367FF1]]></sign>
    <result_code><![CDATA[SUCCESS]]></result_code>
    <prepay_id><![CDATA[wx20150531020450bb586eb2f70717331240]]></prepay_id>
    <trade_type><![CDATA[WAP]]></trade_type>
</xml>
```

其中最重要的是 prepay_id 参数，将其提取出来，然后将 appid、nonce_str、package、prepay_id、timestamp 等几个参数进行微信支付签名，并按固定格式生成 DeepLink。DeepLink 的示例如下。

```
weixin://wap/pay?appid=wxf5b5e87a6a0fde94&noncestr=6u8ovTtFupTagsiY&package=WAP
&prepayid=wx20141203201153d7bac0d2e10889028866&sign=6AF4B69CCC30926F85770F900D09
8D64&timestamp=1417511263
```

用户点击该 DeepLink 时，将调起微信支付插件，完成支付过程。

2）交易类型为 MWEB 的交易流程如下。

同 JS API 支付一致，支付时填充相关参数，并将交易类型设置为 MWEB。相关代码如下。

```
//使用统一支付接口
$unifiedOrder = new UnifiedOrder_pub();

//设置统一支付接口参数
//设置必填参数
//appid已填，商户无须重复填写
//mch_id已填，商户无须重复填写
//noncestr已填，商户无须重复填写
//spbill_create_ip已填，商户无须重复填写
//sign已填，商户无须重复填写
$unifiedOrder->setParameter("body","方倍H5支付测试");                    //商品描述
$timeStamp = time();
$out_trade_no = WxPayConf_pub::APPID."$timeStamp";
$unifiedOrder->setParameter("out_trade_no","$out_trade_no");            //商户订单号
$unifiedOrder->setParameter("total_fee","1");                           //总金额
$unifiedOrder->setParameter("notify_url",WxPayConf_pub::NOTIFY_URL);    //通知地址
$unifiedOrder->setParameter("trade_type","MWEB");                       //交易类型
```

上述代码将生成如下 XML 数据。

```
<xml>
    <body><![CDATA[H5支付测试]]></body>
    <out_trade_no><![CDATA[100001_1433009089]]></out_trade_no>
    <total_fee>1</total_fee>
    <notify_url><![CDATA[http://www.doucube.com/weixin/demo/notify_url.php]]></notify_url>
    <trade_type><![CDATA[MWEB]]></trade_type>
    <device_info>100001</device_info>
    <appid><![CDATA[wx1d065b0628e21103]]></appid>
    <mch_id>1237905502</mch_id>
    <spbill_create_ip><![CDATA[61.129.47.79]]></spbill_create_ip>
    <nonce_str><![CDATA[gwpdlnn0zlfih21gipjj5z53i7vea8e8]]></nonce_str>
```

```
    <sign><![CDATA[C5A1E210F9B4402D8254F731882F41AC]]></sign>
</xml>
```

将该 XML 向统一支付接口提交，将返回如下 XML 数据。

```
<xml>
    <return_code><![CDATA[SUCCESS]]></return_code>
    <return_msg><![CDATA[OK]]></return_msg>
    <appid><![CDATA[wx1d065b0628e21103]]></appid>
    <mch_id><![CDATA[1237905502]]></mch_id>
    <device_info><![CDATA[100001]]></device_info>
    <nonce_str><![CDATA[6u8ovTtFupTagsiY]]></nonce_str>
    <sign><![CDATA[E84D8BC2331766DD685591F908367FF1]]></sign>
    <result_code><![CDATA[SUCCESS]]></result_code>
    <trade_type><![CDATA[MWEB]]></trade_type>
    <prepay_id><![CDATA[wx20150531020450bb586eb2f70717331240]]></prepay_id>
    <mweb_url><![CDATA[https://wx.tenpay.com/cgi-bin/mmpayweb-bin/checkmweb?prepay_
    id=wx20161119201546de8d2e29f10823256364&package=3456124716]]></mweb_url>
</xml>
```

其中最重要的是 mweb_url，用户点击该 URL 时，将调起微信支付插件，完成支付过程。

17.6　微信红包

微信红包是指企业以红包的形式将现金发送给微信用户的一种形式，是微信支付商户平台提供的营销工具之一。目前微信红包分为普通红包和裂变红包两种。

17.6.1　普通红包

微信普通红包是指发放红包时，一次只有一个用户的形式。

发放普通红包的接口如下。

```
https://api.mch.weixin.qq.com/mmpaymkttransfers/sendredpack
```

发放普通红包时，POST 数据示例如下。

```
<xml>
    <sign><![CDATA[E1EE61A91C8E90F299DE6AE075D60A2D]]></sign>
    <mch_billno><![CDATA[0010010404201411170000046545]]></mch_billno>
    <mch_id><![CDATA[888]]></mch_id>
    <wxappid><![CDATA[wxcbda96de0b165486]]></wxappid>
    <send_name><![CDATA[send_name]]></send_name>
    <re_openid><![CDATA[onqOjjmM1tad-3ROpncN-yUfa6uI]]></re_openid>
    <total_amount><![CDATA[200]]></total_amount>
    <total_num><![CDATA[1]]></total_num>
    <wishing><![CDATA[恭喜发财]]></wishing>
    <client_ip><![CDATA[127.0.0.1]]></client_ip>
    <act_name><![CDATA[新年红包]]></act_name>
    <remark><![CDATA[新年红包]]></remark>
    <scene_id><![CDATA[PRODUCT_2]]></scene_id>
    <consume_mch_id><![CDATA[10000097]]></consume_mch_id>
    <nonce_str><![CDATA[50780e0cca98c8c8e814883e5caa672e]]></nonce_str>
```

```
    <risk_info>posttime%3d123123412%26clientversion%3d234134%26mobile%3d122344545%26
    deviceid%3dIOS</risk_info>
</xml>
```

同时，发送普通红包时需要带上文件证书，提高安全级别。

上述数据的参数说明如表 17-6 所示。

表 17-6　发放普通红包接口的参数说明

字段名	字　段	是否必填	说　明
随机字符串	nonce_str	是	随机字符串，不长于 32 位
签名	sign	是	签名
商户订单号	mch_billno	是	商户订单号（每个订单号必须唯一）
商户号	mch_id	是	微信支付分配的商户号
公众账号 appid	wxappid	是	微信分配的公众账号 ID
商户名称	send_name	是	红包发送者名称
用户的 OpenID	re_openid	是	接收红包的用户
付款金额	total_amount	是	付款金额，单位为分
红包发放总人数	total_num	是	红包发放总人数，total_num=1
红包祝福语	wishing	是	红包祝福语
IP 地址	client_ip	是	调用接口的机器的 IP 地址
活动名称	act_name	是	活动名称
备注	remark	是	备注信息
场景 ID	scene_id	否	PRODUCT_1：商品促销 PRODUCT_2：抽奖 PRODUCT_3：虚拟物品兑奖 PRODUCT_4：企业内部福利 PRODUCT_5：渠道分润 PRODUCT_6：保险回馈 PRODUCT_7：彩票派奖 PRODUCT_8：税务刮奖
活动信息	risk_info	否	posttime：用户操作的时间戳 mobile：业务系统账号的手机号，国家代码 - 手机号。不需要 + 号 deviceid：MAC 地址或者设备唯一标识 clientversion：用户操作的客户端版本 把值为非空的信息用 key=value 进行拼接，再进行 urlencodeurlencode (posttime=xx& mobile =xx&deviceid=xx)
资金授权商户号	consume_mch_id	否	资金授权商户号，服务商替特约商户发放时使用

正确创建时，返回的数据示例如下。

```
<xml>
    <return_code><![CDATA[SUCCESS]]></return_code>
    <return_msg><![CDATA[发放成功.]]></return_msg>
    <result_code><![CDATA[SUCCESS]]></result_code>
    <err_code><![CDATA[0]]></err_code>
    <err_code_des><![CDATA[发放成功.]]></err_code_des>
    <mch_billno><![CDATA[0010010404201411170000046545]]></mch_billno>
    <mch_id>10010404</mch_id>
```

```
    <wxappid><![CDATA[wx6fa7e3bab7e15415]]></wxappid>
    <re_openid><![CDATA[onqOjjmM1tad-3ROpncN-yUfa6uI]]></re_openid>
    <total_amount>1</total_amount>
</xml>
```

上述数据的参数说明如表 17-7 所示。

表 17-7　发放普通红包接口返回参数说明

字段名	变量名	是否必填	说　明
返回状态码	return_code	是	SUCCESS/FAIL
返回信息	return_msg	否	返回信息，如非空，为错误原因
签名	sign	是	生成签名方式
业务结果	result_code	是	SUCCESS/FAIL
错误代码	err_code	否	错误码信息
错误代码描述	err_code_des	否	结果信息描述
商户订单号	mch_billno	是	商户订单号（每个订单号必须唯一）
商户号	mch_id	是	微信支付分配的商户号
公众账号 appid	wxappid	是	商户 appid
用户的 OpenID	re_openid	是	接收红包的用户
付款金额	total_amount	是	付款金额，单位为分
微信单号	send_listid	是	红包订单的微信单号

微信红包接口类的实现代码如下。

```
 1 class WxPay
 2 {
 3     var $appid = APPID;
 4     var $appsecret = APPSECRET;
 5
 6     //构造函数，获取Access Token
 7     public function __construct($appid = NULL, $appsecret = NULL)
 8     {
 9         if($appid && $appsecret){
10             $this->appid = $appid;
11             $this->appsecret = $appsecret;
12
13             //3. 本地写入
14             $res = file_get_contents('access_token.json');
15             $result = json_decode($res, true);
16             $this->expires_time = $result["expires_time"];
17             $this->access_token = $result["access_token"];
18             if (time() > ($this->expires_time + 3600)){
19                 $url = "https://api.weixin.qq.com/cgi-bin/token?grant_type=client_
                   credential&appid=".$this->appid."&secret=".$this->appsecret;
20                 var_dump($url);
21                 $res = $this->http_request($url, null, false);
22                 $result = json_decode($res, true);
23                 $this->access_token = $result["access_token"];
24                 $this->expires_time = time();
25                 file_put_contents('access_token.json', '{"access_token": "'.$this-
                   >access_token.'", "expires_time": '.$this->expires_time.'}');
26             }
```

```
27          }
28      }
29
30      //发起支付请求
31      function wxpay($url, $obj, $cert = false)
32      {
33          $obj['nonce_str'] = $this->create_noncestr();
34          $stringA = $this->formatQueryParaMap($obj, false);
35          $stringSignTemp = $stringA . "&key=" . PARTNERKEY;
36          $sign = strtoupper(md5($stringSignTemp));
37          $obj['sign'] = $sign;
38          $postXml = $this->arrayToXml($obj);
39          $responseXml = $this->http_request($url, $postXml, $cert);
40          return $responseXml;
41      }
42
43      //随机字符串
44      function create_noncestr($length = 32)
45      {
46          $chars = "abcdefghijklmnopqrstuvwxyzABCDEFGHIJKLMNOPQRSTUVWXYZ0123456789";
47          $str = "";
48          for ( $i = 0; $i < $length; $i++ )  {
49              $str.= substr($chars, mt_rand(0, strlen($chars)-1), 1);
50          }
51          return $str;
52      }
53
54      //格式化字符串
55      function formatQueryParaMap($paraMap, $urlencode)
56      {
57          $buff = "";
58          ksort($paraMap);
59          foreach ($paraMap as $k => $v){
60              if (null != $v && "null" != $v && "sign" != $k) {
61                  if($urlencode){
62                     $v = urlencode($v);
63                  }
64                  $buff .= $k . "=" . $v . "&";
65              }
66          }
67          $reqPar;
68          if (strlen($buff) > 0) {
69              $reqPar = substr($buff, 0, strlen($buff)-1);
70          }
71          return $reqPar;
72      }
73
74      //数组转 XML
75      function arrayToXml($arr)
76      {
77          $xml = "<xml>";
78          foreach ($arr as $key=>$val)
79          {
80              if (is_numeric($val)){
81                  $xml.="<".$key.">".$val."</".$key.">";
82              }else{
```

```
 83                 $xml.="<".$key."><![CDATA[".$val."]]></".$key.">";
 84             }
 85         }
 86         $xml.="</xml>";
 87         return $xml;
 88     }
 89 
 90     //将 XML 转为 array
 91     function xmlToArray($xml)
 92     {
 93         //禁止引用外部 XML 实体
 94         libxml_disable_entity_loader(true);
 95         $values = json_decode(json_encode(simplexml_load_string($xml, 'SimpleXMLElement',
            LIBXML_NOCDATA)), true);
 96         return $values;
 97     }
 98 
 99     //带证书的 POST 请求
100     function http_request($url, $fields = null, $cert = true)
101     {
102         $ch = curl_init();
103         curl_setopt($ch, CURLOPT_RETURNTRANSFER, 1);
104         curl_setopt($ch, CURLOPT_URL, $url);
105         curl_setopt($ch, CURLOPT_SSL_VERIFYPEER,false);
106         curl_setopt($ch, CURLOPT_SSL_VERIFYHOST,false);
107         curl_setopt($ch, CURLOPT_SSLCERT, 'cert'.DIRECTORY_SEPARATOR.'apiclient_
            cert.pem');
108         curl_setopt($ch, CURLOPT_SSLKEY, 'cert'.DIRECTORY_SEPARATOR.'apiclient_
            key.pem');
109         curl_setopt($ch, CURLOPT_CAINFO, 'cert'.DIRECTORY_SEPARATOR.'rootca.pem');
110         if (!empty($fields)){
111             curl_setopt($ch, CURLOPT_POST, 1);
112             curl_setopt($ch, CURLOPT_POSTFIELDS, $fields);
113         }
114         $data = curl_exec($ch);
115         if(!$data){echo "CURL ErrorCode: ".curl_errno($ch);}
116         curl_close($ch);
117         return $data;
118     }
119 }
```

调用微信红包的方法如下。

```
 1 $money = 101;
 2 $sender = "方倍工作室";
 3 $obj = array();
 4 $obj['wxappid']          = APPID;
 5 $obj['mch_id']           = MCHID;
 6 $obj['mch_billno']       = MCHID.date('YmdHis').rand(1000, 9999);
 7 $obj['client_ip']        = $_SERVER['REMOTE_ADDR'];
 8 $obj['re_openid']        = $openid;
 9 $obj['total_amount']     = $money;
10 $obj['total_num']        = 1;
11 $obj['nick_name']        = $sender;
12 $obj['send_name']        = $sender;
13 $obj['wishing']          = "恭喜发财";
```

```
14 $obj['act_name']          = " 猜灯谜抢红包 ";
15 $obj['remark']            = " 猜越多得越多 ";
16 var_dump($obj);
17 $url = 'https://api.mch.weixin.qq.com/mmpaymkttransfers/sendredpack';
18 $wxHongBaoHelper = new WxPay();
19 $data = $wxHongBaoHelper->wxpay($url, $obj, true);
20 $res = $wxHongBaoHelper->xmlToArray($data);
21 var_dump($res);
```

执行上述代码后，用户将收到红包，效果如图 17-9 所示。

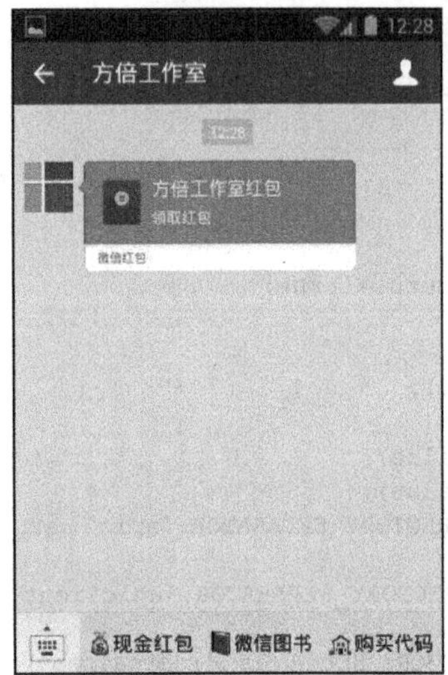

图 17-9　微信支付普通红包

17.6.2　裂变红包

裂变红包是指一次可以发放一组红包。首先领取的用户为种子用户，种子用户领取一组红包中的一个，并可以通过社交分享将剩下的红包发给其他用户。裂变红包充分利用了人际传播的优势。

发放裂变红包的接口如下。

```
https://api.mch.weixin.qq.com/mmpaymkttransfers/sendgroupredpack
```

发放裂变红包时，POST 数据示例如下。

```
<xml>
    <sign><![CDATA[E1EE61A91C8E90F299DE6AE075D60A2D]]></sign>
    <mch_billno><![CDATA[0010010404201411170000046545]]></mch_billno>
    <mch_id><![CDATA[1000888888]]></mch_id>
    <wxappid><![CDATA[wxcbda96de0b165486]]></wxappid>
    <send_name><![CDATA[send_name]]></send_name>
    <re_openid><![CDATA[onqOjjmM1tad-3ROpncN-yUfa6uI]]></re_openid>
    <total_amount><![CDATA[600]]></total_amount>
    <amt_type><![CDATA[ALL_RAND]]></amt_type>
    <total_num><![CDATA[3]]></total_num>
    <wishing><![CDATA[ 恭喜发财 ]]></wishing>
```

```
    <act_name><![CDATA[ 新年红包 ]]></act_name>
    <remark><![CDATA[ 新年红包 ]]></remark>
    <scene_id><![CDATA[PRODUCT_2]]></scene_id>
    <nonce_str><![CDATA[50780e0cca98c8c8e814883e5caa672e]]></nonce_str>
    <risk_info>posttime%3d123123412%26clientversion%3d234134%26mobile%3d122344545%26
    deviceid%3dIOS</risk_info>
    <consume_mch_id><![CDATA[10000097]]></consume_mch_id>
</xml>
```

同时，发放裂变红包时需要带上文件证书，提高安全级别。

上述数据的参数说明如表 17-8 所示。

表 17-8 发放裂变红包接口的参数说明

字段名	变量名	是否必填	描 述
随机字符串	nonce_str	是	随机字符串，不长于 32 位
签名	sign	是	签名
商户订单号	mch_billno	是	商户订单号（每个订单号必须唯一），其组成为 mch_id+yyyy-mmdd+10 位一天内不能重复的数字。接口根据商户订单号支持重入，如出现超时可再调用
商户号	mch_id	是	微信支付分配的商户号
公众账号 appid	wxappid	是	微信分配的公众账号 ID
商户名称	send_name	是	红包发送者名称
用户的 OpenID	re_openid	是	接收红包的种子用户（首个用户）
总金额	total_amount	是	红包发放总金额，即一组红包金额总和，包括分享者的红包和裂变的红包，单位为分
红包发放总人数	total_num	是	红包发放总人数，即总共有多少人可以领到该组红包（包括分享者）
红包金额设置方式	amt_type	是	红包金额设置方式： ALL_RAND——全部随机，商户指定总金额和红包发放总人数，由微信支付随机计算出各红包的金额
红包祝福语	wishing	是	红包祝福语
活动名称	act_name	是	活动名称
备注	remark	是	备注信息
场景 ID	scene_id	否	PRODUCT_1：商品促销 PRODUCT_2：抽奖 PRODUCT_3：虚拟物品兑奖 PRODUCT_4：企业内部福利 PRODUCT_5：渠道分润 PRODUCT_6：保险回馈 PRODUCT_7：彩票派奖 PRODUCT_8：税务刮奖
活动信息	risk_info	否	posttime：用户操作的时间戳 mobile：业务系统账号的手机号，国家代码 - 手机号。不需要 + 号 deviceid：MAC 地址或者设备唯一标识 clientversion：用户操作的客户端版本 把值为非空的信息用 key=value 进行拼接，再进行 urlencode urlencode(posttime=xx& mobile =xx&deviceid=xx)
资金授权商户号	consume_mch_id	否	资金授权商户号，服务商替特约商户发放时使用

正确创建时，返回的数据示例如下。

```
<xml>
    <return_code><![CDATA[SUCCESS]]></return_code>
    <return_msg><![CDATA[发放成功.]]></return_msg>
    <result_code><![CDATA[SUCCESS]]></result_code>
    <err_code><![CDATA[0]]></err_code>
    <err_code_des><![CDATA[发放成功.]]></err_code_des>
    <mch_billno><![CDATA[0010010404201411170000046545]]></mch_billno>
    <mch_id>10010404</mch_id>
    <wxappid><![CDATA[wx6fa7e3bab7e15415]]></wxappid>
    <re_openid><![CDATA[onqOjjmM1tad-3ROpncN-yUfa6uI]]></re_openid>
    <total_amount>3</total_amount>
    <send_time><![CDATA[20150227091010]]></send_time>
    <send_listid><![CDATA[1000000000201502270093647546]]></send_listid>
</xml>
```

上述数据的参数说明如表17-9所示。

表17-9 发放裂变红包接口返回参数说明

字段名	变量名	是否必填	描述
返回状态码	return_code	是	SUCCESS/FAIL
返回信息	return_msg	否	返回信息，如非空，为错误原因
签名	sign	是	生成签名方式
业务结果	result_code	是	SUCCESS/FAIL
错误代码	err_code	否	错误码信息
错误代码描述	err_code_des	否	结果信息描述
商户订单号	mch_billno	是	商户订单号（每个订单号必须唯一），其组成为mch_id+yyyymmdd+10位一天内不能重复的数字
商户号	mch_id	是	微信支付分配的商户号
公众账号appid	wxappid	是	微信分配的公众账号ID（企业号corpid即为此appid）
用户的OpenID	re_openid	是	接收红包的用户，用户在wxappid下的OpenID
总金额	total_amount	是	付款总金额，单位为分
微信单号	send_listid	是	微信红包订单号

裂变红包的请求方法和普通红包基本相同，都是使用同样的SDK。发放裂变红包的代码如下。

```
1 $money = 501;
2 $sender = "方倍工作室";
3 $obj = array();
4 $obj['wxappid']          = APPID;
5 $obj['mch_id']           = MCHID;
6 $obj['mch_billno']       = MCHID.date('YmdHis').rand(1000, 9999);
7 $obj['re_openid']        = $openid;
8 $obj['total_amount']     = $money;
9 $obj['amt_type']         = "ALL_RAND";
10 $obj['total_num']       = 3;
11 $obj['send_name']       = $sender;
12 $obj['wishing']         = "恭喜发财";
13 $obj['act_name']        = "猜灯谜抢红包";
14 $obj['remark']          = "猜越多得越多";
```

```
15 var_dump($obj);
16 $url = 'https://api.mch.weixin.qq.com/mmpaymkttransfers/sendgroupredpack';
17 $wxHongBaoHelper = new WxPay();
18 $data = $wxHongBaoHelper->wxpay($url, $obj, true);
19 $res = $wxHongBaoHelper->xmlToArray($data);
20 var_dump($res);
```

用户收到裂变红包时的效果如图 17-10 所示。

图 17-10　微信支付裂变红包

17.7 企业付款

企业付款提供企业向用户付款的功能，支持企业通过 API 接口付款，或通过微信支付商户平台网页功能操作付款。

企业付款的接口如下。

```
https://api.mch.weixin.qq.com/mmpaymkttransfers/promotion/transfers
```

调用企业付款接口时，POST 数据示例如下。

```
<xml>
    <mch_appid>wxe062425f740c30d8</mch_appid>
    <mchid>10000098</mchid>
    <nonce_str>3PG2J4ILTKCH16CQ2502SI8ZNMTM67VS</nonce_str>
    <partner_trade_no>100000982014120919616</partner_trade_no>
    <openid>ohO4Gt7wVPxIT1A9GjFaMYMiZY1s</openid>
    <check_name>OPTION_CHECK</check_name>
    <re_user_name>张三</re_user_name>
    <amount>100</amount>
    <desc>节日快乐!</desc>
    <spbill_create_ip>10.2.3.10</spbill_create_ip>
    <sign>C97BDBACF37622775366F38B629F45E3</sign>
</xml>
```

同时，企业付款时需要带上文件证书，提高安全级别。

上述数据的参数说明如表 17-10 所示。

表 17-10 企业付款接口的参数说明

字段名	变量名	是否必填	描　述
公众账号 appid	mch_appid	是	微信分配的公众账号 ID（企业号 corpid 即为此 appid）
商户号	mchid	是	微信支付分配的商户号
设备号	device_info	否	微信支付分配的终端设备号
随机字符串	nonce_str	是	随机字符串，不长于 32 位
签名	sign	是	签名
商户订单号	partner_trade_no	是	商户订单号，需保持唯一性
用户的 OpenID	openid	是	商户 appid 下，某用户的 OpenID
校验用户姓名选项	check_name	是	NO_CHECK：不校验真实姓名 FORCE_CHECK：强校验真实姓名（未实名认证的用户会校验失败，无法转账） OPTION_CHECK：针对已实名认证的用户才校验真实姓名（未实名认证的用户不校验，可以转账成功）
收款用户姓名	re_user_name	可选	收款用户真实姓名。如果 check_name 设置为 FORCE_CHECK 或 OPTION_CHECK，则必填用户真实姓名
金额	amount	是	企业付款金额，单位为分
企业付款描述信息	desc	是	企业付款操作说明信息
IP 地址	spbill_create_ip	是	调用接口的机器的 IP 地址

正确创建时，返回的数据示例如下。

```
<xml>
    <mch_appid>wxe062425f740c30d8</mch_appid>
    <mchid>10000098</mchid>
    <nonce_str>3PG2J4ILTKCH16CQ2502SI8ZNMTM67VS</nonce_str>
    <partner_trade_no>100000982014120919616</partner_trade_no>
    <openid>ohO4Gt7wVPxIT1A9GjFaMYMiZY1s</openid>
    <check_name>OPTION_CHECK</check_name>
    <re_user_name> 张三 </re_user_name>
    <amount>100</amount>
    <desc> 节日快乐 !</desc>
    <spbill_create_ip>10.2.3.10</spbill_create_ip>
    <sign>C97BDBACF37622775366F38B629F45E3</sign>
</xml>
```

上述数据的参数说明如表 17-11 所示。

表 17-11 企业付款接口返回参数说明

字段名	变量名	是否必填	描 述
返回状态码	return_code	是	SUCCESS/FAIL
返回信息	return_msg	否	返回信息，如非空，为错误原因
商户 appid	mch_appid	是	微信分配的公众账号 ID（企业号 corpid 即为此 appid）
商户号	mchid	是	微信支付分配的商户号
设备号	device_info	否	微信支付分配的终端设备号
随机字符串	nonce_str	是	随机字符串，不长于 32 位
业务结果	result_code	是	SUCCESS/FAIL
错误代码	err_code	否	错误码信息
错误代码描述	err_code_des	否	结果信息描述
商户订单号	partner_trade_no	是	商户订单号，需保持唯一性
微信订单号	payment_no	是	企业付款成功，返回的微信订单号
微信支付成功时间	payment_time	是	企业付款成功时间

企业付款给用户的代码实现如下。

```
 1 $obj = array();
 2 $obj['openid']             = $openid;
 3 $obj['amount']             = "101";
 4 $obj['desc']               = " 积分兑现金 ";
 5 $obj['mch_appid']          = APPID;
 6 $obj['mchid']              = MCHID;
 7 $obj['partner_trade_no']   = MCHID.date('YmdHis').rand(1000, 9999);
 8 $obj['spbill_create_ip']   = $_SERVER['REMOTE_ADDR'];
 9 $obj['check_name']         = "NO_CHECK";
10 $obj['re_user_name']       = " 方倍 ";
11 var_dump($obj);
12 $url = 'https://api.mch.weixin.qq.com/mmpaymkttransfers/promotion/transfers';
13 $wxHongBaoHelper = new WxPay();
14 $data = $wxHongBaoHelper->wxpay($url, $obj, true);
15 $res = $wxHongBaoHelper->xmlToArray($data);
16 var_dump($res);
```

用户收到企业付款时的效果如图 17-11 所示。

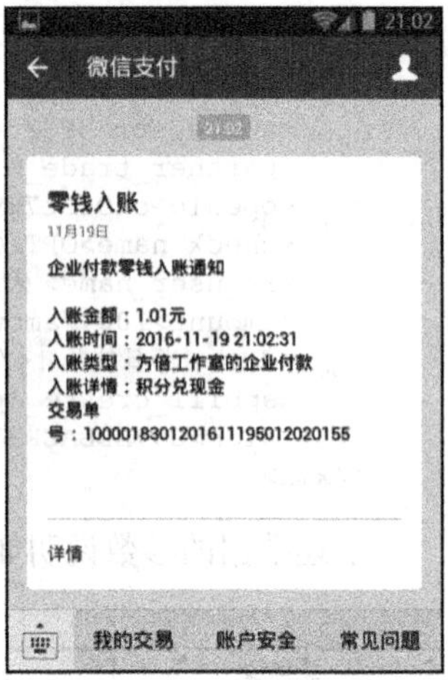

图 17-11　企业付款

17.8　代金券

发放代金券的接口如下。

```
https://api.mch.weixin.qq.com/mmpaymkttransfers/send_coupon
```

发放代金券时，POST 数据示例如下。

```
<xml>
    <appid> wx5edab3bdfba3dc1c</appid>
    <coupon_stock_id>1757</coupon_stock_id>
    <mch_id>10010405</mch_id>
    <nonce_str>1417574675</nonce_str>
    <openid>onqOjjrXT-776SpHnfexGm1_P7iE</openid>
    <openid_count>1</openid_count>
    <partner_trade_no>1000009820141203515766</partner_trade_no>
    <sign>841B3002FE2220C87A2D08ABD8A8F791</sign>
</xml>
```

同时，发放代金券时需要带上文件证书，提高安全级别。

上述数据的参数说明如表 17-12 所示。

表 17-12　发放代金券接口的参数说明

字段名	变量名	是否必填	说　明
代金券批次 ID	coupon_stock_id	是	代金券批次 ID
OpenID 记录数	openid_count	是	OpenID 记录数（目前支持 num=1）
商户单据号	partner_trade_no	是	商户此次发放凭据号（格式：商户 ID+ 日期 + 流水号），商户 ID 需保持唯一性
用户的 OpenID	openid	是	OpenID 信息
公众账号 ID	appid	是	微信分配的公众账号 ID（企业号 corpid 即为此 appid）
商户号	mch_id	是	微信支付分配的商户号
操作员	op_user_id	否	操作员账号，默认为商户号
设备号	device_info	否	微信支付分配的终端设备号
随机字符串	nonce_str	是	随机字符串，不长于 32 位
签名	sign	是	签名
协议版本	version	否	默认为 1.0
协议类型	type	否	XML（目前仅支持默认 XML）

正确创建时，返回的数据示例如下。

```
<xml>
    <return_code>SUCCESS</return_code>
    <appid>wx5edab3bdfba3dc1c</appid>
    <mch_id>10000098</mch_id>
    <nonce_str>1417579335</nonce_str>
    <sign>841B3002FE2220C87A2D08ABD8A8F791</sign>
    <result_code>SUCCESS</result_code>
```

```
    <coupon_stock_id>1717</coupon_stock_id>
    <resp_count>1</resp_count>
    <success_count>1</success_count>
    <failed_count>0</failed_count>
    <openid>onqOjjrXT-776SpHnfexGm1_P7iE</openid>
    <ret_code>SUCCESS</ret_code>
    <coupon_id>6954</coupon_id>
</xml>
```

上述数据的参数说明如表 17-13 所示。

表 17-13　发放代金券接口返回参数说明

字段名	变量名	是否必填	说　明
返回状态码	return_code	是	SUCCESS/FAIL
返回信息	return_msg	否	返回信息，如非空，为错误原因
公众账号 ID	appid	是	微信分配的公众账号 ID（企业号 corpid 即为此 appid）
商户号	mch_id	是	微信支付分配的商户号
设备号	device_info	否	微信支付分配的终端设备号
随机字符串	nonce_str	是	随机字符串，不长于 32 位
签名	sign	是	签名
业务结果	result_code	是	SUCCESS/FAIL
错误代码	err_code	否	错误代码
错误代码描述	err_code_des	否	结果信息描述
代金券批次 ID	coupon_stock_id	是	代金券批次 ID
返回记录数	resp_count	是	返回记录数
成功记录数	success_count	是	成功记录数
失败记录数	failed_count	是	失败记录数
用户标识	openid	是	用户在商户 appid 下的唯一标识
返回码	ret_code	是	返回码，SUCCESS/FAIL
代金券 ID	coupon_id	是	对一个用户成功发放代金券则返回代金券 ID，即 ret_code 为 SUCCESS 的时候；如果 ret_code 为 FAIL，则填写空串 ""
返回信息	ret_msg	是	返回信息，当返回码是 FAIL 的时候填写，否则填空串 ""

微信支付代金券的二维码如图 17-12 所示。

图 17-12　代金券二维码

用户领取微信支付代金券时的效果如图 17-13 所示。

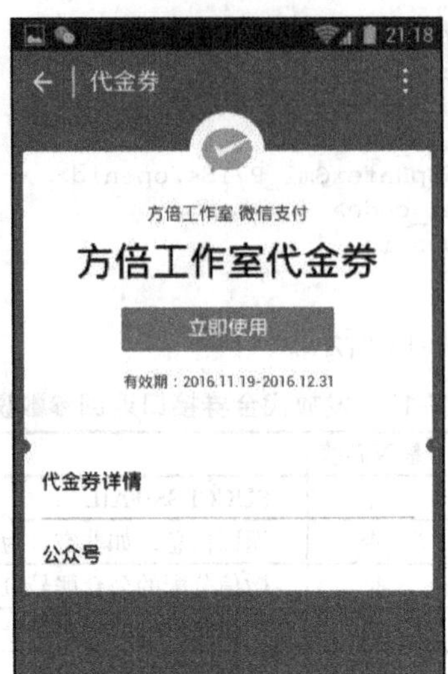

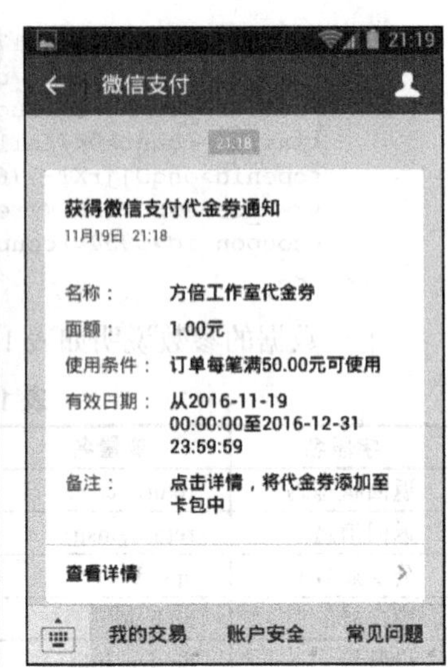

图 17-13　领取代金券

17.9　微信报关

自助报关的接口如下。

```
https://api.mch.weixin.qq.com/cgi-bin/mch/customs/customdeclareorder
```

自助报关时，POST 数据示例如下。

```
<xml>
    <appid>wx2421b1c4370ec43b</appid>
    <customs>ZHENGZHOU_BS</customs>
    <mch_customs_no>D00411</mch_customs_no>
    <mch_id>1262544101</mch_id>
    <order_fee>13110</order_fee>
    <out_trade_no>15112496832609</out_trade_no>
    <product_fee>13110</product_fee>
    <sign>8FF6CEF879FB9555CD580222E671E9D4</sign>
    <transaction_id>1006930610201511241751403478</transaction_id>
    <transport_fee>0</transport_fee>
    <fee_type>CNY</fee_type>
    <sub_order_no>15112496832609001</sub_order_no>
</xml>
```

上述数据的参数说明如表 17-14 所示。

表 17-14　自助报关接口的参数说明

字段名	变量名	是否必填	说　明
签名	sign	是	签名
公众账号 ID	appid	是	微信分配的公众账号 ID
商户号	mch_id	是	微信支付分配的商户号

（续）

字段名	变量名	是否必填	说　　明
商户订单号	out_trade_no	是	商户系统内部的订单号
微信支付订单号	transaction_id	是	微信支付返回的订单号
海关	customs	是	NO：无须上报海关 GUANGZHOU：广州 GUANGZHOU_ZS：广州（总署版） HANGZHOU：杭州 NINGBO：宁波 ZHENGZHOU_BS：郑州（保税物流中心） CHONGQING：重庆 XIAN：西安 SHANGHAI：上海 ZHENGZHOU_ZH：郑州（综保区） SHENZHEN：深圳 ZHENGZHOU_ZH_ZS：郑州综保（总署版） TIANJIN：天津
商户海关备案号	mch_customs_no	否	商户在海关登记的备案号，customs 非 NO，此参数必填
关税	duty	否	关税，以分为单位

正确创建时，返回的数据示例如下。

```
<xml>
    <return_code><![CDATA[SUCCESS]]></return_code>
    <return_msg><![CDATA[OK]]></return_msg>
    <appid><![CDATA[wx2421b1c4370ec43b]]></appid>
    <mch_id><![CDATA[10000100]]></mch_id>
    <sign><![CDATA[7921E432F65EB8ED0CE9755F0E86D72F]]></sign>
    <result_code><![CDATA[SUCCESS]]></result_code>
    <err_code><![CDATA[0]]></err_code>
    <err_code_des><![CDATA[OK]]></err_code_des>
    <state><![CDATA[SUBMITTED]]></state>
    <transaction_id><![CDATA[4006742001201608242098415582]]></transaction_id>
    <out_trade_no><![CDATA[SH20160824095750086988]]></out_trade_no>
    <modify_time><![CDATA[20160825111049]]></modify_time>
</xml>
```

上述数据的参数说明如表 17-15 所示。

表 17-15　自助报关接口返回参数说明

字段名	变量名	是否必填	说　　明
返回状态码	return_code	是	SUCCESS/FAIL
返回信息	return_msg	否	返回信息，如非空，为错误原因：签名失败，参数格式校验错误
签名类型	sign_type	是	暂只支持 MD5
签名	sign	是	签名
公众账号 ID	appid	是	微信分配的公众账号 ID
商户号	mch_id	是	微信支付分配的商户号
业务结果	result_code	是	SUCCESS/FAIL

（续）

字段名	变量名	是否必填	说　明
错误代码	err_code	否	详细参见错误列表
错误代码描述	err_code_des	否	错误返回的信息描述
状态码	state	是	UNDECLARED：未申报 SUBMITTED：申报已提交（订单已经送海关，商户重新申报，并且海关还有修改接口，那么记录的状态会是这个） PROCESSING：申报中 SUCCESS：申报成功 FAIL：申报失败 EXCEPT：海关接口异常
微信支付订单号	transaction_id	是	微信支付返回的订单号
商户订单号	out_trade_no	是	商户系统内部的订单号
商户子订单号	sub_order_no	否	商户子订单号，如有拆单，则必传
微信子订单号	sub_order_id	否	微信子订单号
最后更新时间	modify_time	是	最后更新时间，格式为 yyyyMMddhhmmss，如 2009 年 12 月 27 日 9 点 10 分 10 秒表示为 20091227091010。时区为 GMT+8 beijing。该时间取自微信服务器

17.10　订单查询

查询订单接口如下。

```
https:// api.mch.weixin.qq.com/pay/orderquery
```

查询订单时，POST 数据示例如下。

```
<xml>
    <appid>wx2421b1c4370ec43b</appid>
    <mch_id>10000100</mch_id>
    <nonce_str>ec2316275641faa3aacf3cc599e8730f</nonce_str>
    <transaction_id>1008450740201411110005820873</transaction_id>
    <sign>FDD167FAA73459FD921B144BAF4F4CA2</sign>
</xml>
```

上述数据的参数说明如表 17-16 所示。

表 17-16　查询订单接口的参数说明

字段名	变量名	是否必填	描　述
公众账号 ID	appid	是	微信分配的公众账号 ID（企业号 corpid 即为此 appid）
商户号	mch_id	是	微信支付分配的商户号
微信订单号	transaction_id	二选一	微信的订单号，优先使用
商户订单号	out_trade_no		商户系统内部的订单号，当未提供 transaction_id 时使用
随机字符串	nonce_str	是	随机字符串，不长于 32 位
签名	sign	是	签名
签名类型	sign_type	否	签名类型，目前支持 HMAC-SHA256 和 MD5，默认为 MD5

正确创建时，返回的数据示例如下。

```
<xml>
    <return_code><![CDATA[SUCCESS]]></return_code>
    <return_msg><![CDATA[OK]]></return_msg>
    <appid><![CDATA[wx2421b1c4370ec43b]]></appid>
    <mch_id><![CDATA[10000100]]></mch_id>
    <device_info><![CDATA[1000]]></device_info>
    <nonce_str><![CDATA[TN55wO9Pba5yENl8]]></nonce_str>
    <sign><![CDATA[BDF0099C15FF7BC6B1585FBB110AB635]]></sign>
    <result_code><![CDATA[SUCCESS]]></result_code>
    <openid><![CDATA[oUpF8uN95-Ptaags6E_roPHg7AG0]]></openid>
    <is_subscribe><![CDATA[Y]]></is_subscribe>
    <trade_type><![CDATA[MICROPAY]]></trade_type>
    <bank_type><![CDATA[CCB_DEBIT]]></bank_type>
    <total_fee>1</total_fee>
    <fee_type><![CDATA[CNY]]></fee_type>
    <transaction_id><![CDATA[1008450740201411110005820873]]></transaction_id>
    <out_trade_no><![CDATA[1415757673]]></out_trade_no>
    <attach><![CDATA[ 订单额外描述 ]]></attach>
    <time_end><![CDATA[20141111170043]]></time_end>
    <trade_state><![CDATA[SUCCESS]]></trade_state>
</xml>
```

上述数据的参数说明如表 17-17 所示。

表 17-17　查询订单接口返回参数说明

字段名	变量名	是否必填	描　述
返回状态码	return_code	是	SUCCESS/FAIL，此字段是通信标识，非交易标识，交易是否成功需要查看 trade_state 来判断
返回信息	return_msg	否	返回信息，如非空，为错误原因：签名失败，参数格式校验错误
公众账号 ID	appid	是	微信分配的公众账号 ID
商户号	mch_id	是	微信支付分配的商户号
随机字符串	nonce_str	是	随机字符串，不长于 32 位
签名	sign	是	签名
业务结果	result_code	是	SUCCESS/FAIL
错误代码	err_code	否	错误码
错误代码描述	err_code_des	否	结果信息描述
设备号	device_info	否	微信支付分配的终端设备号
用户标识	openid	是	用户在商户 appid 下的唯一标识
是否关注公众账号	is_subscribe	否	用户是否关注公众账号，Y 表示关注，N 表示未关注，仅在公众账号类型支付有效
交易类型	trade_type	是	调用接口提交的交易类型，取值为：JSAPI，NATIVE，APP，MICROPAY
交易状态	trade_state	是	SUCCESS：支付成功 REFUND：转入退款 NOTPAY：未支付 CLOSED：已关闭 REVOKED：已撤销（刷卡支付） USERPAYING：用户支付中 PAYERROR：支付失败（其他原因，如银行返回失败）

（续）

字段名	变量名	是否必填	描　述
付款银行	bank_type	是	银行类型，采用字符串类型的银行标识
订单金额	total_fee	是	订单总金额，单位为分
应结订单金额	settlement_total_fee	否	应结订单金额=订单金额-非充值代金券金额，应结订单金额<=订单金额
货币种类	fee_type	否	货币类型，符合ISO 4217标准的3位字母代码，默认为CNY（人民币）
现金支付金额	cash_fee	是	订单现金支付金额
现金支付货币类型	cash_fee_type	否	货币类型，符合ISO 4217标准的3位字母代码，默认为CNY（人民币）
代金券金额	coupon_fee	否	代金券金额<=订单金额，订单金额-代金券金额=现金支付金额
代金券使用数量	coupon_count	否	代金券使用数量
代金券类型	coupon_type_$n	否	CASH：充值代金券 NO_CASH：非充值代金券 订单使用代金券时有返回（取值：CASH、NO_CASH）。$n为下标，从0开始编号，如coupon_type_$0
代金券ID	coupon_id_$n	否	代金券ID，$n为下标，从0开始编号
单个代金券支付金额	coupon_fee_$n	否	单个代金券支付金额，$n为下标，从0开始编号
微信支付订单号	transaction_id	是	微信支付订单号
商户订单号	out_trade_no	是	商户系统的订单号，与请求一致
附加数据	attach	否	附加数据，原样返回
支付完成时间	time_end	是	订单支付时间，格式为yyyyMMddHHmmss，如2009年12月25日9点10分10秒表示为20091225091010
交易状态描述	trade_state_desc	是	对当前查询订单状态的描述和下一步操作的指引

查询订单接口类的实现代码如下。

```
1 /**
2  * 查询订单接口
3  */
4 class OrderQuery_pub extends Wxpay_client_pub
5 {
6     function __construct()
7     {
8         //设置接口链接
9         $this->url = "https://api.mch.weixin.qq.com/pay/orderquery";
10        //设置curl超时时间
11        $this->curl_timeout = WxPayConf_pub::CURL_TIMEOUT;
12    }
13
14    /**
15     * 生成接口参数XML
16     */
17    function createXml()
18    {
19        try
20        {
21            //检测必填参数
```

```
22              if($this->parameters["out_trade_no"] == null &&
23                  $this->parameters["transaction_id"] == null)
24              {
25                  throw new SDKRuntimeException("订单查询接口中，out_trade_no、transaction_
                    id至少填一个！"."<br>");
26              }
27                 $this->parameters["appid"] = WxPayConf_pub::APPID;//公众账号ID
28                 $this->parameters["mch_id"] = WxPayConf_pub::MCHID;//商户号
29              $this->parameters["nonce_str"] = $this->createNoncestr();//随机字符串
30              $this->parameters["sign"] = $this->getSign($this->parameters);//签名
31              return  $this->arrayToXml($this->parameters);
32          }catch (SDKRuntimeException $e)
33          {
34              die($e->errorMessage());
35          }
36      }
37
38 }
```

17.11 退款申请

退款申请的接口如下。

```
https://api.mch.weixin.qq.com/secapi/pay/refund
```

退款申请时，POST 数据示例如下。

```
<xml>
    <appid>wx2421b1c4370ec43b</appid>
    <mch_id>10000100</mch_id>
    <nonce_str>6cefdb308e1e2e8aabd48cf79e546a02</nonce_str>
    <op_user_id>10000100</op_user_id>
    <out_refund_no>1415701182</out_refund_no>
    <out_trade_no>1415757673</out_trade_no>
    <refund_fee>1</refund_fee>
    <total_fee>1</total_fee>
    <transaction_id></transaction_id>
    <sign>FE56DD4AA85C0EECA82C35595A69E153</sign>
</xml>
```

退款时需要带上证书。

上述数据的参数说明如表 17-18 所示。

表 17-18 退款申请接口的参数说明

字段名	变量名	是否必填	描 述
公众账号 ID	appid	是	微信分配的公众账号 ID（企业号 corpid 即为此 appid）
商户号	mch_id	是	微信支付分配的商户号
设备号	device_info	否	终端设备号
随机字符串	nonce_str	是	随机字符串，不长于 32 位
签名	sign	是	签名
签名类型	sign_type	否	签名类型，目前支持 HMAC-SHA256 和 MD5，默认为 MD5
微信订单号	transaction_id	二选一	微信生成的订单号，在支付通知中有返回

（续）

字段名	变量名	是否必填	描　述
商户订单号	out_trade_no	二选一	商户侧传给微信的订单号
商户退款单号	out_refund_no	是	商户系统内部的退款单号，商户系统内部唯一，同一退款单号多次请求只退一笔
订单金额	total_fee	是	订单总金额，单位为分，只能为整数
退款金额	refund_fee	是	退款总金额，订单总金额，单位为分，只能为整数
货币种类	refund_fee_type	否	货币类型，符合 ISO 4217 标准的 3 位字母代码，默认为（CNY）人民币
操作员	op_user_id	是	操作员账号，默认为商户号
退款资金来源	refund_account	否	仅针对老资金流商户使用 REFUND_SOURCE_UNSETTLED_FUNDS：未结算资金退款（默认使用未结算资金退款） REFUND_SOURCE_RECHARGE_FUNDS：可用余额退款

正确创建时，返回的数据示例如下。

```
<xml>
    <return_code><![CDATA[SUCCESS]]></return_code>
    <return_msg><![CDATA[OK]]></return_msg>
    <appid><![CDATA[wx2421b1c4370ec43b]]></appid>
    <mch_id><![CDATA[10000100]]></mch_id>
    <nonce_str><![CDATA[NfsMFbUFpdbEhPXP]]></nonce_str>
    <sign><![CDATA[B7274EB9F8925EB93100DD2085FA56C0]]></sign>
    <result_code><![CDATA[SUCCESS]]></result_code>
    <transaction_id><![CDATA[1008450740201411110005820873]]></transaction_id>
    <out_trade_no><![CDATA[1415757673]]></out_trade_no>
    <out_refund_no><![CDATA[1415701182]]></out_refund_no>
    <refund_id><![CDATA[2008450740201411110000174436]]></refund_id>
    <refund_channel><![CDATA[]]></refund_channel>
    <refund_fee>1</refund_fee>
</xml>
```

上述数据的参数说明如表 17-19 所示。

表 17-19　退款申请接口返回参数说明

字段名	变量名	是否必填	描　述
返回状态码	return_code	是	SUCCESS/FAIL
返回信息	return_msg	否	返回信息，如非空，为错误原因
业务结果	result_code	是	1）参数格式校验错误 2）SUCCESS：退款申请接收成功，结果通过退款查询接口查询 3）FAIL：提交业务失败
错误代码	err_code	否	错误代码
错误代码描述	err_code_des	否	结果信息描述
公众账号 ID	appid	是	微信分配的公众账号 ID
商户号	mch_id	是	微信支付分配的商户号
设备号	device_info	否	微信支付分配的终端设备号，与下单一致

（续）

字段名	变量名	是否必填	描　述
随机字符串	nonce_str	是	随机字符串，不长于 32 位
签名	sign	是	签名
微信订单号	transaction_id	是	微信订单号
商户订单号	out_trade_no	是	商户系统内部的订单号
商户退款单号	out_refund_no	是	商户退款单号
微信退款单号	refund_id	是	微信退款单号
退款渠道	refund_channel	否	ORIGINAL：原路退款 BALANCE：退回到余额
申请退款金额	refund_fee	是	退款总金额，单位为分，可以做部分退款
退款金额	settlement_refund_fee	否	去掉非充值代金券退款金额后的退款金额，退款金额 = 申请退款金额 – 非充值代金券退款金额，退款金额 <= 申请退款金额
订单金额	total_fee	是	订单总金额，单位为分，只能为整数
应结订单金额	settlement_total_fee	否	去掉非充值代金券金额后的订单总金额，应结订单金额 = 订单金额 – 非充值代金券金额，应结订单金额 <= 订单金额
订单金额货币种类	fee_type	否	订单金额货币类型，符合 ISO 4217 标准的 3 位字母代码，默认为 CNY（人民币）
现金支付金额	cash_fee	是	现金支付金额，单位为分，只能为整数
现金退款金额	cash_refund_fee	否	现金退款金额，单位为分，只能为整数
代金券类型	coupon_type_$n	否	CASH：充值代金券 NO_CASH：非充值代金券 订单使用代金券时有返回（取值：CASH、NO_CASH)。$n 为下标，从 0 开始编号，如 coupon_type_0
代金券退款金额	coupon_refund_fee_$n	否	代金券退款金额 <= 退款金额，退款金额 – 代金券或立减优惠退款金额
退款代金券使用数量	coupon_refund_count_$n	否	退款代金券使用数量，$n 为下标，从 0 开始编号
退款代金券批次 ID	coupon_refund_batch_id_$n_$m	否	退款代金券批次 ID，$n 为下标，$m 为下标，从 0 开始编号
退款代金券 ID	coupon_refund_id_$n_$m	否	退款代金券 ID，$n 为下标，$m 为下标，从 0 开始编号
单个退款代金券支付金额	coupon_refund_fee_$n_$m	否	单个退款代金券支付金额，$n 为下标，$m 为下标，从 0 开始编号

退款申请接口类的实现代码如下。

```
1 /**
2  * 退款申请接口
3  */
```

```
 4 class Refund_pub extends Wxpay_client_pub
 5 {
 6
 7     function __construct() {
 8         //设置接口链接
 9         $this->url = "https://api.mch.weixin.qq.com/secapi/pay/refund";
10         //设置curl超时时间
11         $this->curl_timeout = WxPayConf_pub::CURL_TIMEOUT;
12     }
13
14     /**
15      * 生成接口参数XML
16      */
17     function createXml()
18     {
19         try
20         {
21             //检测必填参数
22             if($this->parameters["out_trade_no"] == null && $this->parameters["tran-
               saction_id"] == null) {
23                 throw new SDKRuntimeException("退款申请接口中，out_trade_no、transaction_
                  id至少填一个！"."<br>");
24             }elseif($this->parameters["out_refund_no"] == null){
25                 throw new SDKRuntimeException("退款申请接口中，缺少必填参数out_refund_
                 no！"."<br>");
26             }elseif($this->parameters["total_fee"] == null){
27                 throw new SDKRuntimeException("退款申请接口中，缺少必填参数total_fee！".
                 "<br>");
28             }elseif($this->parameters["refund_fee"] == null){
29                 throw new SDKRuntimeException("退款申请接口中，缺少必填参数refund_fee！".
                 "<br>");
30             }elseif($this->parameters["op_user_id"] == null){
31                 throw new SDKRuntimeException("退款申请接口中，缺少必填参数op_user_id！".
                  "<br>");
32             }
33                $this->parameters["appid"] = WxPayConf_pub::APPID;//公众账号ID
34                $this->parameters["mch_id"] = WxPayConf_pub::MCHID;//商户号
35             $this->parameters["nonce_str"] = $this->createNoncestr();//随机字符串
36             $this->parameters["sign"] = $this->getSign($this->parameters);//签名
37             return  $this->arrayToXml($this->parameters);
38         }catch (SDKRuntimeException $e)
39         {
40             die($e->errorMessage());
41         }
42     }
43     /**
44      *      作用：获取结果，使用证书通信
45      */
46     function getResult()
47     {
48         $this->postXmlSSL();
49         $this->result = $this->xmlToArray($this->response);
50         return $this->result;
51     }
52 }
```

17.12 退款查询

查询退款的接口如下。

```
https://api.mch.weixin.qq.com/pay/refundquery
```

查询退款时，POST 数据示例如下。

```
<xml>
    <appid>wx2421b1c4370ec43b</appid>
    <mch_id>10000100</mch_id>
    <nonce_str>0b9f35f484df17a732e537c37708d1d0</nonce_str>
    <out_refund_no></out_refund_no>
    <out_trade_no>1415757673</out_trade_no>
    <refund_id></refund_id>
    <transaction_id></transaction_id>
    <sign>66FFB727015F450D167EF38CCC549521</sign>
</xml>
```

上述数据的参数说明如表 17-20 所示。

表 17-20　查询退款接口的参数说明

字段名	变量名	是否必填	描　　述
公众账号 ID	appid	是	微信分配的公众账号 ID（企业号 corpid 即为此 appid）
商户号	mch_id	是	微信支付分配的商户号
设备号	device_info	否	商户自定义的终端设备号，如门店编号、设备 ID 等
随机字符串	nonce_str	是	随机字符串，不长于 32 位
签名	sign	是	签名
签名类型	sign_type	否	签名类型，目前支持 HMAC-SHA256 和 MD5，默认为 MD5
微信订单号	transaction_id	四选一	微信订单号
商户订单号	out_trade_no		商户系统内部的订单号
商户退款单号	out_refund_no		商户侧传给微信的退款单号
微信退款单号	refund_id		微信生成的退款单号，在申请退款接口有返回

正确创建时，返回的数据示例如下。

```
<xml>
    <appid><![CDATA[wx2421b1c4370ec43b]]></appid>
    <mch_id><![CDATA[10000100]]></mch_id>
    <nonce_str><![CDATA[TeqClE3i0mvn3DrK]]></nonce_str>
    <out_refund_no_0><![CDATA[1415701182]]></out_refund_no_0>
    <out_trade_no><![CDATA[1415757673]]></out_trade_no>
    <refund_count>1</refund_count>
    <refund_fee_0>1</refund_fee_0>
    <refund_id_0><![CDATA[2008450740201411110000174436]]></refund_id_0>
    <refund_status_0><![CDATA[PROCESSING]]></refund_status_0>
    <result_code><![CDATA[SUCCESS]]></result_code>
    <return_code><![CDATA[SUCCESS]]></return_code>
    <return_msg><![CDATA[OK]]></return_msg>
    <sign><![CDATA[1F2841558E233C33ABA71A961D27561C]]></sign>
```

```
    <transaction_id><![CDATA[1008450740201411110005820873]]></transaction_id>
</xml>
```

上述数据的参数说明如表 17-21 所示。

表 17-21 查询退款接口返回参数说明

字段名	变量名	是否必填	描 述
返回状态码	return_code	是	SUCCESS/FAIL
返回信息	return_msg	否	返回信息，如非空，为错误原因：签名失败，参数格式校验错误
业务结果	result_code	是	SUCCESS/FAIL
错误码	err_code	是	错误码
错误描述	err_code_des	是	结果信息描述
公众账号 ID	appid	是	微信分配的公众账号 ID（企业号 corpid 即为此 appid）
商户号	mch_id	是	微信支付分配的商户号
设备号	device_info	否	终端设备号
随机字符串	nonce_str	是	随机字符串，不长于 32 位
签名	sign	是	签名
微信订单号	transaction_id	是	微信订单号
商户订单号	out_trade_no	是	商户系统内部的订单号
订单金额	total_fee	是	订单总金额，单位为分，只能为整数
应结订单金额	settlement_total_fee	否	应结订单金额 = 订单金额 - 非充值代金券金额，应结订单金额 <= 订单金额
货币种类	fee_type	否	订单金额货币类型，符合 ISO 4217 标准的 3 位字母代码，默认为 CNY（人民币）
现金支付金额	cash_fee	是	现金支付金额，单位为分，只能为整数
退款笔数	refund_count	是	退款记录数
商户退款单号	out_refund_no_$n	是	商户退款单号
微信退款单号	refund_id_$n	是	微信退款单号
退款渠道	refund_channel_$n	否	ORIGINAL：原路退款 BALANCE：退回到余额
申请退款金额	refund_fee_$n	是	退款总金额，单位为分，可以做部分退款
退款金额	settlement_refund_fee_$n	否	退款金额 = 申请退款金额 - 非充值代金券退款金额，退款金额 <= 申请退款金额
退款资金来源	refund_account	否	REFUND_SOURCE_RECHARGE_FUNDS：可用余额退款 / 基本账户 REFUND_SOURCE_UNSETTLED_FUNDS：未结算资金退款
代金券类型	coupon_type_$n	否	CASH：充值代金券 NO_CASH：非充值代金券 订单使用代金券时有返回（取值：CASH、NO_CASH）。$n 为下标，从 0 开始编号，如 coupon_type_$0

（续）

字段名	变量名	是否必填	描　述
代金券退款金额	coupon_refund_fee_$n	否	代金券退款金额 <= 退款金额，退款金额 - 代金券或立减优惠退款金额
退款代金券使用数量	coupon_refund_count_$n	否	退款代金券使用数量，$n 为下标，从 0 开始编号
退款代金券批次 ID	coupon_refund_batch_id_$n_$m	否	退款代金券批次 ID，$n 为下标，$m 为下标，从 0 开始编号
退款代金券 ID	coupon_refund_id_$n_$m	否	退款代金券 ID，$n 为下标，$m 为下标，从 0 开始编号
单个退款代金券支付金额	coupon_refund_fee_$n_$m	否	单个退款代金券支付金额，$n 为下标，$m 为下标，从 0 开始编号
退款状态	refund_status_$n	是	SUCCESS：退款成功 FAIL：退款失败 PROCESSING：退款处理中 CHANGE：转入代发，退款到银行发现用户的卡作废或者冻结了，导致原路退款银行卡失败，资金回流到商户的现金账号，需要商户人工干预，通过线下或者财付通转账的方式进行退款
退款入账账户	refund_recv_accout_$n	是	退款状态： 取当前退款单的退款人账方 1）退回银行卡： {银行名称}{卡类型}{卡尾号} 2）退回支付用户零钱： 支付用户零钱

退款查询接口类的实现代码如下。

```
 1 /**
 2  * 退款查询接口
 3  */
 4 class RefundQuery_pub extends Wxpay_client_pub
 5 {
 6 
 7     function __construct() {
 8         //设置接口链接
 9         $this->url = "https://api.mch.weixin.qq.com/pay/refundquery";
10         //设置curl超时时间
11         $this->curl_timeout = WxPayConf_pub::CURL_TIMEOUT;
12     }
13 
14     /**
15      * 生成接口参数XML
16      */
17     function createXml()
18     {
19         try
20         {
```

```
21              if($this->parameters["out_refund_no"] == null &&
22                  $this->parameters["out_trade_no"] == null &&
23                  $this->parameters["transaction_id"] == null &&
24                  $this->parameters["refund_id "] == null)
25              {
26                  throw new SDKRuntimeException("退款查询接口中，out_refund_no、out_
                    trade_no、transaction_id、refund_id四个参数必填一个！ "."<br>");
27              }
28                $this->parameters["appid"] = WxPayConf_pub::APPID;//公众账号 ID
29                $this->parameters["mch_id"] = WxPayConf_pub::MCHID;//商户号
30              $this->parameters["nonce_str"] = $this->createNoncestr();//随机字符串
31              $this->parameters["sign"] = $this->getSign($this->parameters);//签名
32              return  $this->arrayToXml($this->parameters);
33          }catch (SDKRuntimeException $e)
34          {
35              die($e->errorMessage());
36          }
37      }
38
39      /**
40       *      作用：获取结果，使用证书通信
41       */
42      function getResult()
43      {
44          $this->postXmlSSL();
45          $this->result = $this->xmlToArray($this->response);
46          return $this->result;
47      }
48
49  }
```

17.13 下载对账单

下载对账单的接口如下。

```
https://api.mch.weixin.qq.com/pay/downloadbill
```

下载对账单时，POST 数据示例如下。

```
<xml>
    <appid>wx2421b1c4370ec43b</appid>
    <bill_date>20141110</bill_date>
    <bill_type>ALL</bill_type>
    <mch_id>10000100</mch_id>
    <nonce_str>21df7dc9cd8616b56919f20d9f679233</nonce_str>
    <sign>332F17B766FC787203EBE9D6E40457A1</sign>
</xml>
```

上述数据的参数说明如表 17-22 所示。

表 17-22　下载对账单接口的参数说明

字段名	变量名	是否必填	描　　述
公众账号 ID	appid	是	微信分配的公众账号 ID（企业号 corpid 即为此 appid）

（续）

字段名	变量名	是否必填	描　　述
商户号	mch_id	是	微信支付分配的商户号
设备号	device_info	否	微信支付分配的终端设备号
随机字符串	nonce_str	是	随机字符串，不长于 32 位
签名	sign	是	签名
签名类型	sign_type	否	签名类型，目前支持 HMAC-SHA256 和 MD5，默认为 MD5
对账单日期	bill_date	是	下载对账单的日期，格式为 20140603
账单类型	bill_type	是	ALL：返回当日所有订单信息，默认值 SUCCESS：返回当日成功支付的订单 REFUND：返回当日退款订单
压缩账单	tar_type	否	非必传参数，固定值为 GZIP，返回格式为 .gzip 的压缩包账单。不传则默认为数据流形式

成功时，数据以文本表格的方式返回，第一行为表头，后面各行为对应的字段内容，字段内容与查询订单或退款结果一致。具体字段说明可查阅相应接口。

下载对账单接口类的实现如下。

```
1 /**
2  * 下载对账单接口
3  */
4 class DownloadBill_pub extends Wxpay_client_pub
5 {
6
7     function __construct()
8     {
9         //设置接口链接
10        $this->url = "https://api.mch.weixin.qq.com/pay/downloadbill";
11        //设置 curl 超时时间
12        $this->curl_timeout = WxPayConf_pub::CURL_TIMEOUT;
13    }
14
15    /**
16     * 生成接口参数 XML
17     */
18    function createXml()
19    {
20        try
21        {
22            if($this->parameters["bill_date"] == null )
23            {
24                throw new SDKRuntimeException(" 对账单接口中，缺少必填参数 bill_date！ ".
                  "<br>");
25            }
26            $this->parameters["appid"] = WxPayConf_pub::APPID;    //公众账号 ID
27            $this->parameters["mch_id"] = WxPayConf_pub::MCHID;   //商户号
28            $this->parameters["nonce_str"] = $this->createNoncestr();//随机字符串
29            $this->parameters["sign"] = $this->getSign($this->parameters);//签名
30            return  $this->arrayToXml($this->parameters);
31        }catch (SDKRuntimeException $e)
```

```
32          {
33              die($e->errorMessage());
34          }
35      }
36
37      /**
38       *      作用：获取结果，默认不使用证书
39       */
40      function getResult()
41      {
42          $this->postXml();
43          $this->result = $this->xmlToArray($this->result_xml);
44          return $this->result;
45      }
46
47 }
```

17.14 本章小结

本章介绍了微信支付的配置开发及实现过程，其支付方式包括公众号支付（原 JS API 支付）、扫码模式一支付（原静态链接支付）和扫码模式二支付（原动态链接支付）、刷卡支付以及 H5 支付。另外，还介绍了微信支付中企业向用户的支付场景，包括微信普通红包、裂变红包、企业付款等。然后介绍了微信报关接口。最后介绍了支付中常用的订单查询、退款申请、退款查询以及下载对账单等功能。

第 18 章　微信连 WiFi

微信连 WiFi 为商家的线下场所提供了一套完整和便捷的微信连 WiFi 的方案。商家接入微信连 WiFi 后，顾客无须输入烦琐的 WiFi 密码，通过微信扫二维码等方式即可快速上网。微信连 WiFi 还能帮助商家打造个性化服务，如提供微信顶部常驻入口、商家主页展示、连网后公众号下发消息等。因此，微信连 WiFi 既可以极大地提升用户体验，又可以帮助商家提供精准的近场服务。

18.1　WiFi 门店管理

微信连 WiFi 中的门店是指微信门店管理中的门店。登录微信公众平台后台，进入“门店管理”，可以找到当前已经添加的门店列表，如图 18-1 所示。

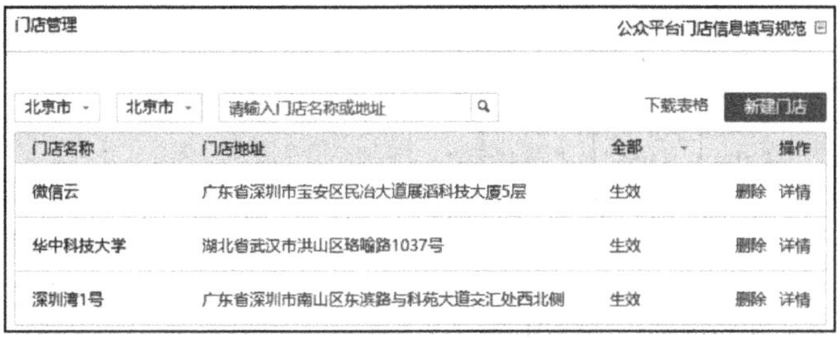

门店管理　　公众平台门店信息填写规范

北京市　北京市　请输入门店名称或地址　　下载表格　新建门店

门店名称	门店地址	全部	操作
微信云	广东省深圳市宝安区民治大道展滔科技大厦5层	生效	删除　详情
华中科技大学	湖北省武汉市洪山区珞喻路1037号	生效	删除　详情
深圳湾1号	广东省深圳市南山区东滨路与科苑大道交汇处西北侧	生效	删除　详情

图 18-1　门店列表

需要添加门店时，在“门店管理”中点击右上角的“新建门店”按钮进行添加。

18.1.1　获取 WiFi 门店列表

WiFi 门店列表包括公众平台的门店信息，以及添加设备后的 WiFi 相关信息。

获取 WiFi 门店列表的接口如下。

```
https:// api.weixin.qq.com/bizwifi/shop/list?access_token=ACCESS_TOKEN
```

获取 WiFi 门店列表时，POST 数据示例如下。

```
{
    "pageindex":1,
    "pagesize":2
}
```

上述数据的参数说明如表 18-1 所示。

表 18-1 获取 WiFi 门店列表接口的参数说明

字 段	是否必填	说 明
pageindex	否	分页下标，默认从1开始
pagesize	否	每页的个数，默认为10个，最大20个

正确创建时，返回的数据示例如下。


```
{
    "errcode": 0,
    "data": {
        "totalcount": 3,
        "pageindex": 1,
        "pagecount": 1,
        "records": [
            {
                "shop_id": 6144000,
                "shop_name": " 华中科技大学 ",
                "ssid": "FangBei",
                "ssid_list": [
                    "FangBei",
                    "FreeWiFi"
                ],
                "protocol_type": 31,
                "sid": ""
            },
            {
                "shop_id": 2934196,
                "shop_name": " 微信云 ",
                "ssid": "FreeWiFi",
                "ssid_list": [
                    "FreeWiFi"
                ],
                "protocol_type": 4,
                "sid": ""
            },
            {
                "shop_id": 4805299,
                "shop_name": " 深圳湾 1 号 ",
                "ssid": "",
                "ssid_list": [
                ],
                "protocol_type": 0,
                "sid": ""
            }
        ]
    }
}
```


上述数据的参数说明如表 18-2 所示。

表 18-2 获取 WiFi 门店列表接口返回参数说明

字 段	说 明
totalcount	总数

（续）

字　段	说　明
pageindex	分页下标
pagecount	分页页数
records	当前页列表数组
shop_id	门店 ID
shop_name	门店名称
ssid	无线网络设备的 SSID，未添加设备为空，多个 SSID 时显示第一个
ssid_list	无线网络设备的 SSID 列表，返回数组格式
protocol_type	门店内设备的设备类型，0 表示未添加设备，1 表示专业型设备，4 表示密码型设备，5 表示 Portal 自助型设备，31 表示 Portal 改造型设备
sid	商户的 ID，与门店 poi_id 对应，建议在添加门店时建立关联关系

18.1.2 查询门店 WiFi 信息

门店 WiFi 信息包括门店内的设备类型、SSID、密码、设备数量、商家主页 URL、顶部常驻入口文案。

查询门店 WiFi 信息的接口如下。

```
https://api.weixin.qq.com/bizwifi/shop/get?access_token=ACCESS_TOKEN
```

查询门店 WiFi 信息时，POST 数据示例如下。

```
{
    "shop_id":429620
}
```

上述数据的参数说明如表 18-3 所示。

表 18-3 查询门店 WiFi 信息接口的参数说明

字　段	是否必填	说　明
shop_id	是	门店 ID

正确创建时，返回的数据示例如下。

```
{
    "errcode":0,
    "data":{
        "shop_name":"华中科技大学",
        "ssid":"FangBei",
        "password":"",
        "ssid_list":[
            "FangBei"
        ],
        "ssid_password_list":[
            {
                "ssid":"FangBei",
                "password":""
```

```
            }
        ],
        "protocol_type":31,
        "ap_count":0,
        "template_id":0,
        "homepage_url":"https://wifi.weixin.qq.com/buyer/cgi-bin/default",
        "finishpage_url":"",
        "bar_type":0
    }
}
```

上述数据的参数说明如表 18-4 所示。

表 18-4 查询门店 WiFi 信息接口返回参数说明

字 段	说 明
shop_name	门店名称
ssid	无线网络设备的 SSID，未添加设备为空，多个 SSID 时显示第一个
ssid_list	无线网络设备的 SSID 列表，返回数组格式
ssid_password_list	SSID 和密码的列表，数组格式。当为密码型设备时，密码才有值
password	设备密码，当设备类型为密码型时返回
protocol_type	门店内设备的设备类型，0 表示未添加设备，4 表示密码型设备，31 表示 Portal 型设备
ap_count	门店内设备总数
template_id	商家主页模板类型
homepage_url	商家主页链接
bar_type	顶部常驻入口上显示的文本内容：0 表示欢迎光临 + 公众号名称，1 表示欢迎光临 + 门店名称，2 表示已连接 + 公众号名称 +WiFi，3 表示已连接 + 门店名称 +WiFi
finishpage_url	联网完成页链接

18.2 密码型设备配置

密码型设备是指通过选择网络名（SSID），然后手动输入密码的方式连接网络的路由器设备。它是目前市面上比较常见的一种 WiFi 设备，适合中小型商业场所。

添加密码型设备可以在微信连 WiFi 后台通过手工的方式添加，也可以通过开发接口添加。

手动添加密码型设备的方法如下。

1）预先设置好一组 SSID 和密码，比如这里 SSID 为“FreeWiFi”，密码为“WX12345678”。SSID 和密码中的一个要以“WX”开头。

2）在路由器中将 WiFi 名称和密码设置成上述值，如图 18-2 所示。

3）在公众平台后台微信连 WiFi 模块中找到“设备管理”，再点击“添加设备”按钮。在“添加设备”页面中选择门店、设备类型（这里选择“密码型设备”），并输入 SSID 和密码，如图 18-3 所示。

图 18-2 设置路由器的 SSID 和密码

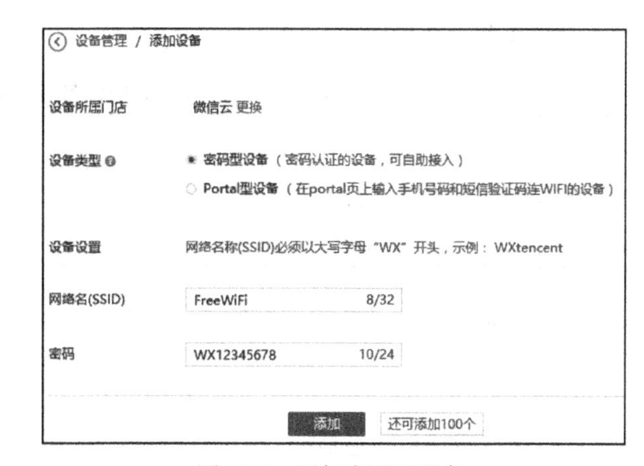

图 18-3 添加密码型设备

4）添加完成之后，微信将会提供一个二维码，如图 18-4 所示。

图 18-4 联网二维码

5）将二维码下载并打印张贴，在 WiFi 设备附近的用户扫描该二维码即可成功连接网络。

18.2.1 添加密码型设备

添加密码型设备的接口如下。

```
https://api.weixin.qq.com/bizwifi/device/add?access_token=ACCESS_TOKEN
```

添加密码型设备时，POST 数据示例如下。

```
{
    "shop_id":429620,
    "ssid":"WX123",
    "password":"12345689"
}
```

上述数据的参数说明如表 18-5 所示。

表 18-5 添加密码型设备接口的参数说明

字段	是否必填	说　明
shop_id	是	门店 ID
ssid	是	无线网络设备的 SSID，32 个字符以内。SSID 和密码必须有一个以大写字母“WX”开头
password	是	无线网络设备的密码，8 ~ 24 个字符。SSID 和密码必须有一个以大写字母“WX”开头

正确创建时，返回的数据示例如下。

```
{"errcode":0}
```

18.2.2 获取物料二维码

获取物料二维码的接口如下。

```
https://api.weixin.qq.com/bizwifi/qrcode/get?access_token=ACCESS_TOKEN
```

获取物料二维码时，POST 数据示例如下。

```
{
    "shop_id":429620,
    "ssid":"WX567",
    "img_id":1
}
```

上述数据的参数说明如表 18-6 所示。

表 18-6 获取物料二维码接口的参数说明

字段	是否必填	说　明
shop_id	是	门店 ID
ssid	是	已添加到门店下的无线网络名称
img_id	是	物料样式编号。0：纯二维码，可用于自由设计宣传材料；1：二维码物料，155mm × 215mm（宽 × 高），可直接张贴

正确创建时，返回的数据示例如下。

```
{
    "errcode":0,
    "data":{
        "qrcode_url":"http://mp.weixin.qq.com/mp/wifi?q=876b23dd7057519e"
    }
}
```

上述数据的参数说明如表 18-7 所示。

表 18-7 获取物料二维码接口返回参数说明

字　段	说　明
qrcode_url	二维码图片 URL

18.3 Portal 型设备开发

Portal 型设备又称 Web 认证型设备，可在选择 SSID 后，通过 HTTP 页面进行身份认证并联网。

添加 Portal 型设备可以在微信连 WiFi 后台通过手工的方式添加，也可以通过开发接口添加。

选择通过后台添加时，在微信连 WiFi 模块中找到“设备管理”，再点击“添加设备”按钮。在“添加设备”页面中选择门店、设备类型（这里选择“ Portal 型设备”），并输入 SSID，如图 18-5 所示。

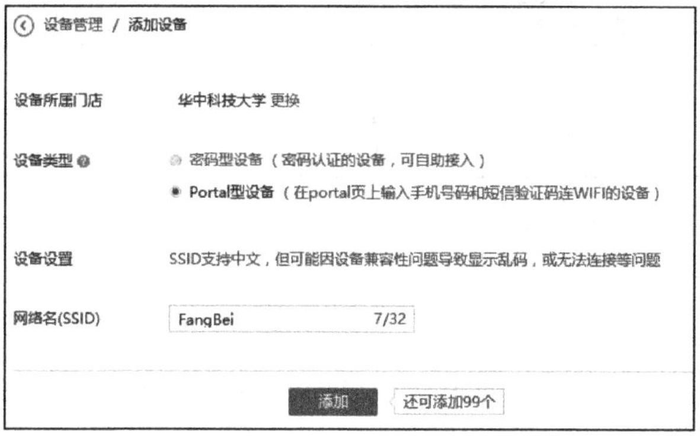

设备管理 / 添加设备
设备所属门店
华中科技大学 更换
设备类型
密码型设备（密码认证的设备，可自助接入）
Portal型设备（在portal页上输入手机号码和短信验证码连WIFI的设备）
设备设置
SSID支持中文，但可能因设备兼容性问题导致显示乱码，或无法连接等问题
网络名(SSID)
FangBei
7/32
添加
还可添加99个

图 18-5 添加 Portal 型设备

添加完成之后，微信将会提供 Portal 设备参数信息，如图 18-6 所示。这些参数将用于 Portal 链接页面的开发。

添加设备
添加设备申请已提交，请根据以下信息对设备进行改造
门店名称
华中科技大学
SSID
FangBei
ShopId
6144000
Appid
wx1b7559b818e3c23e
SecretKey
984232fa0f9eef623626c117ca74380a
完成

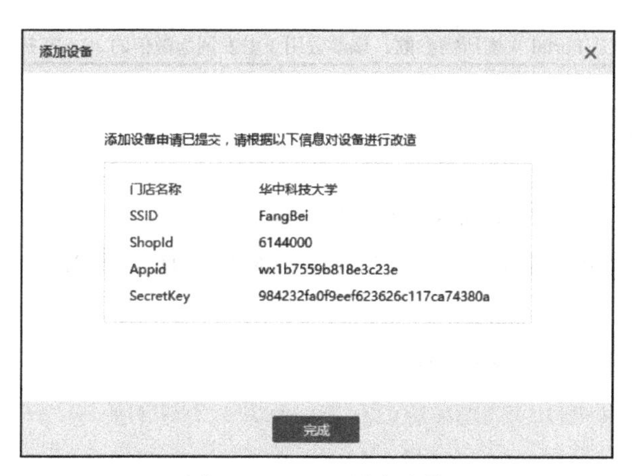

图 18-6 Portal 设备参数

18.3.1 添加 Portal 型设备

添加 Portal 型设备的接口如下。

```
https://api.weixin.qq.com/bizwifi/apportal/register?access_token=ACCESS_TOKEN
```

添加 Portal 型设备时，POST 数据示例如下。

```
{
    "shop_id":429620,
    "ssid":"WX123",
    "reset":true
}
```

上述数据的参数说明如表 18-8 所示。

表 18-8 添加 Portal 型设备接口的参数说明

字 段	是否必填	说 明
shop_id	是	门店 ID
ssid	是	无线网络设备的 SSID，限 30 个字符以内
reset	否	重置 secretkey，false 表示不重置，true 表示重置，默认为 false

正确创建时，返回的数据示例如下。

```
{
    "errcode":0,
    "data":{
        "secretkey":"1af08ec5cdb70a4d7365bcd64d3120f6"
    }
}
```

上述数据的参数说明如表 18-9 所示。

表 18-9 添加 Portal 型设备接口返回参数说明

字 段	说 明
secretkey	改造 Portal 页面所需参数，该参数用于触发调起微信的 JS API 接口的 sign 参数值的计算

18.3.2 AC/AP 设备改造

AC/AP 设备改造需要达到以下要求。

1）提供获取 AP 及终端手机 MAC 地址的 Web API。

某款 Portal 路由器获取路由器及当前连接手机 MAC 地址的 API 接口如下。

```
http://fangbei.lan:8080/ubus
```

请求 MAC 地址时，提交 POST 数据示例如下。

```
{
    "id":1234,
    "jsonrpc":"2.0",
    "method":"call",
    "params":[
        "00000000000000000000000000000000",
        "mgmtd",
        "info",
        {}
```

```
    ]
}
```

上述数据提交后，返回数据示例如下。

```
{
    "jsonrpc":"2.0",
    "id":1234,
    "result":[
        0,
        {
            "hwid":"08410008",
            "swver":"r0.7.6-fangbei",
            "client_ip":"192.168.3.206",
            "macaddr":"00e0614ca7c5",
            "client_mac":"0021ccb8bfd4"
        }
    ]
}
```

其中，macaddr 和 client_mac 分别为当前路由器和手机终端的 MAC 地址。

2）将 IOS 的嗅探地址放入白名单。

为了防止 IOS 切换 SSID 时自动弹出 Portal 页，需要将 IOS 的嗅探地址"http://captive.apple.com/hotspot-detect.html"放入路由器放行地址白名单。

3）支持临时放行上网请求。

AP/AC 在 Portal 页打开后需要临时放行用户的上网请求。只有临时放行成功，才可以通过 JS API 调起微信，换取用户身份信息，保证后续认证请求顺利完成，从而成功联网。

IOS 调起微信时，如果网络不通，WiFi 会被切走，会导致联网失败，因此需要 AC/AP 支持临时放行上网请求。

18.3.3 Portal 页面开发

移动端微信连 WiFi 的实现流程如下。

1）用户手动选择 SSID。

当用户打开手机 WLAN 设置的时候，会列出附近的 WiFi 信号列表，选择 Portal 路由器的 SSID（这里为 FreeWiFi），如图 18-7 所示。

图 18-7 WiFi 列表

2）手机浏览器弹出 Portal 页面并初始化。

在 Portal 页面中引用微信 JS API，让原有 WiFi Portal 页面具备调起微信的能力。其代码如下。

```
<script type="text/javascript">
    /**
     * 微信连 WiFi 协议 3.1 供运营商 Portal 调起微信浏览器使用
     */
    var loadIframe = null;
    var noResponse = null;
```

```
var callUpTimestamp = 0;

function putNoResponse(ev){
    clearTimeout(noResponse);
}

function errorJump()
{
    var now = new Date().getTime();
    if((now - callUpTimestamp) > 4*1000){
        return;
    }
    alert('该浏览器不支持自动跳转微信请手动打开微信\n如果已跳转请忽略此提示');
}

myHandler = function(error) {
   errorJump();
};

function createIframe(){
    var iframe = document.createElement("iframe");
    iframe.style.cssText = "display:none;width:0px;height:0px;";
    document.body.appendChild(iframe);
    loadIframe = iframe;
}

//注册回调函数
function jsonpCallback(result){
    if(result && result.success){
        alert('WeChat will call up : ' + result.success + '  data:' + result.data);
        var ua=navigator.userAgent;
        if (ua.indexOf("iPhone") != -1 ||ua.indexOf("iPod")!=-1||ua.indexOf("iPad")
        != -1) {   //iPhone
            document.location = result.data;
        }else{
            if('false'=='true'){
                alert('[强制]该浏览器不支持自动跳转微信请手动打开微信\n如果已跳转请忽
                略此提示');
                return;
            }

            createIframe();
            callUpTimestamp = new Date().getTime();
            loadIframe.src=result.data;
            noResponse = setTimeout(function(){
                errorJump();
            },3000);
        }
    }else if(result && !result.success){
        alert(result.data);
    }
}

function Wechat_GotoRedirect(appId, extend, timestamp, sign, shopId, authUrl, mac,
ssid, bssid){
```

```
        //将回调函数名称带到服务器端
        var url = "https://wifi.weixin.qq.com/operator/callWechatBrowser.xhtml?appId="
        + appId + "&extend=" + extend + "&timestamp=" + timestamp + "&sign=" + sign;
        //如果 sign 后面的参数有值，则是新 3.1 发起的流程
        if(authUrl && shopId){
            url = "https://wifi.weixin.qq.com/operator/callWechat.xhtml?appId=" + appId +
            "&extend=" + extend + "&timestamp=" + timestamp + "&sign=" + sign + "&shopId="
            + shopId + "&authUrl=" + encodeURIComponent(authUrl) + "&mac=" + mac
            + "&ssid=" + ssid + "&bssid=" + bssid;
        }
        alert(url);
        //通过 dom 操作创建 script 节点，实现异步请求
        var script = document.createElement('script');
        script.setAttribute('src', url);
        document.getElementsByTagName('head')[0].appendChild(script);
    }
</script>
```

Wechat_GotoRedirect 函数参数的定义如表 18-10 所示。

表 18-10　Wechat_GotoRedirect 函数参数定义说明

参　数	是否必填	说　明
appId	是	商家微信公众平台账号
extend	是	extend 中可以放开发者需要的相关参数集合，最终传给运营商认证 URL。extend 参数只支持英文和数字，且长度不得超过 300 个字符
timestamp	是	时间戳，以毫秒为单位
sign	是	请求参数签名
shop_id	是	AP 设备所在门店的 ID
authUrl	是	认证服务端 URL，微信客户端将把用户微信身份信息向此 URL 提交并获得认证放行
mac	安卓设备必需	用户手机 MAC 地址，格式为以冒号分隔，字符长度为 17 个，并且使用小写字母，如 00:1f:7a:ad:5c:a8
ssid	否	AP 设备的信号名称
bssid	否	无线网络设备的无线 MAC 地址，格式为以冒号分隔，字符长度为 17 个，并且使用小写字母，如 00:1f:7a:ad:5c:a8

Portal 页面初始化时，需要同时向 AC/AP 请求移动端和 AC/AP 的 MAC 地址。请求代码如下。

```
//获取手机 MAC 和路由器 MAC 的接口，由路由器厂家提供
function getMac(){
    var objXMLHTTP = new XMLHttpRequest();
    var url = 'http://fangbei.wifi/ubus';
    objXMLHTTP.open('POST', url, true);
    objXMLHTTP.onreadystatechange = function(){
        if(objXMLHTTP.readyState == 4){
            var str = objXMLHTTP.responseText ;
            alert(str);
            var items = JSON.parse(str).result[1];
```

```
            mac = items.client_mac.replace(/(^\s*)|(\s*$)/g,'');
            apmac = items.macaddr.replace(/(^\s*)|(\s*$)/g,'');
        }
    }
    var data =  '{"id":1234,"jsonrpc":"2.0","method":"call", "params":["000000000
    00000000000000000000000", "mgmtd", "info", {}]}' ;
    objXMLHTTP.send(data);
}
```

Portal 页面放置一个按钮，提供用户一键连 WiFi 功能，如图 18-8 所示。

3）用户点击微信连 WiFi 按钮。

当用户点击微信连 WiFi 按钮时，浏览器需要请求 AC/AP 临时放行，并且调用 JS API 触发调起微信客户端。

调起微信的代码如下。

```
<script type="text/javascript">
    var appId          = "wx1b7559b818e3c33e";
    var secretkey      = "9cf2e6e5af383b068178d313270c237a";
    var extend         = "fangbei";                    //开发者自定义参数集合
    var timestamp      = new Date().getTime();         //时间戳（毫秒）
    var shop_id        = "8191752";                    //AP 设备所在门店的 ID
    var authUrl        = "http://www.fangbei.org/ auth.xhtml";  //认证服务端 URL
    var mac            = "3c:91:57:c2:cc:af";          //用户手机 MAC 地址安卓设备必需
    var ssid           = "A01-S001-R044";              //AP 设备信号名称，非必需
    var bssid          = "00:a0:b1:4c:a1:c5";          //AP 设备 MAC 地址，非必需

    function callWechatBrowser(){
        var sign = hex_md5(appId + extend + timestamp + shop_id + authUrl + mac + ssid
         + bssid + secretkey);
        Wechat_GotoRedirect(appId, extend, timestamp, sign, shop_id, authUrl, mac,
        ssid, bssid);
    }
</script>
```

上述代码中，签名的计算方法如下。

```
sign = MD5(appId + extend + timestamp + shop_id + authUrl + mac + ssid + bssid + secretkey);
# 注意这里 timestamp 是以毫秒为单位的当前时间戳
```

获得签名后，Portal 将生成如下 URL 并发送到微信服务器。

```
https://wifi.weixin.qq.com/operator/callWechat.xhtml?appId=wx1b7559b818e3c223&extend=
fangbei&timestamp=1450260747171&sign=c9847fdf18209a760891b8de653fa71c&shopId=819
1751&authUrl=http%3A%2F%2Fwifi.weixin.qq.com%2Fassistant%2Fwifigw%2Fauth.xhtml%3Fh
ttpCode%3D200&mac=3c:91:57:c5:cc:af&ssid=A01-S001-R04&bssid=00:e0:61:4c:a7:c5
```

4）微信服务器返回 URL Scheme。

微信服务器将返回如下链接。

```
jsonpCallback({'success':true,'data':'weixin://connectToFreeWifi/?apKey=http%3A%2F
%2Fmp.weixin.qq.com%2Fmp%2Fwifi%3Fq%3D47b33c80e2910d51&ticket=ba21685ba44144dc988
fa02ec8254053'})
```

其中，data 数据解码如下。

```
weixin:// connectToFreeWifi/?apKey=http:// mp.weixin.qq.com/mp/wifi?q=47b33c80e2910d51
&ticket=ba21685ba44144dc988fa02ec8254053
```

此处为一个 URL Scheme。

```
weixin:// connectToFreeWifi/
```

5）调起微信连 WiFi 前置页面。

该 URL Scheme 将调起微信 APP，并向微信服务器核对连 WiFi 注册信息及获取用户微信身份，微信服务器返回用户身份信息（OpenId、tid），微信打开微信连 WiFi 前置页面，如图 18-9 所示。

图 18-8　Portal 页

图 18-9　微信连 WiFi 前置页

6）连接 WiFi。

用户点击"立即连接"按钮，微信自动向 authURL（JS API 的传入参数）发起请求，提交认证所需的用户微信身份信息参数，包括 extend、openId、tid。

```
http:// www.fangbei.org/auth.xhtml&extend=fangbei&openId=oiPuduCHIBb2aHvZoqSmlt7Kb
Xtw&tid=010002d1eb4ee298934a7d44c1ece599ed57c4c010119bb23028b8
```

authURL 参数说明如表 18-11 所示。

表 18-11　authURL 参数说明

参　数	说　明
extend	为上文中调用微信 JS API 时传递的 extend 参数，这里原样回传给商家主页
openId	用户的微信 OpenID
tid	为加密后的用户手机号码（仅作网监部门备案使用）

7）云端 auth URL 返回 AC 认证结果。

authUrl 所对应的后台认证服务器必须能识别这些参数信息，并向微信客户端返回 AC 认证结果，微信客户端将根据 HTTP 返回码，提示用户联网成功与否。

8）连接成功。

若 HTTP 返回码为 200，则认为服务认证成功，微信客户端跳转到成功连接页，并默认显示关注公众号按钮，用户点击“完成”按钮后，将跳转到商家主页；若认证服务器需要转移认证请求，则返回 302 和下一跳地址，微信客户端将向下一跳地址再发起一次请求，302 跳转仅支持一次；对于非 200 和 302，或者超过次数的 302 返回码，视为认证失败，此次联网失败，微信客户端跳转到连接失败页。

WiFi 连接成功页面如图 18-10 所示。

注意，微信客户端一次请求的等待时间为 10s，请确保后台认证服务器在微信客户端向 authUrl 发送请求 10s 之内返回 AC 认证结果，即 HTTP 返回码。超过 10s 未返回认证结果将视为认证失败。

9）跳转商家主页。

点击“完成”，再跳转到默认模板或自定义商家主页链接，如图 18-11 所示。

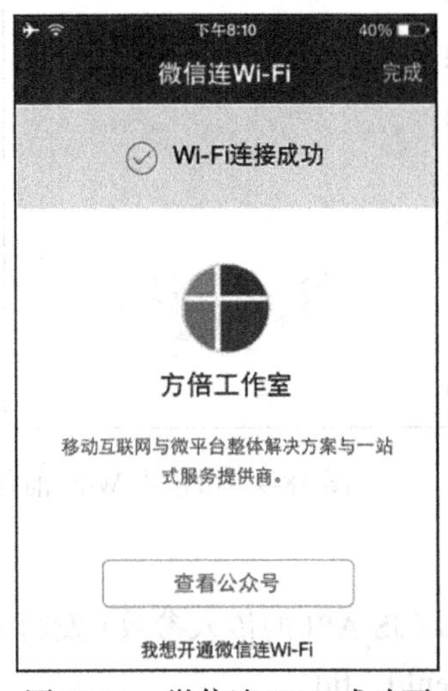

图 18-10　微信连 WiFi 成功页

图 18-11　自定义链接页

18.4　WiFi 关联设置

18.4.1　设置商家主页

设置商家主页的接口如下。

```
https://api.weixin.qq.com/bizwifi/homepage/set?access_token=ACCESS_TOKEN
```

设置商家主页时，POST 数据示例如下。

```
{
    "shop_id":429620,
    "template_id":1,
    "struct":{
        "url":"http://wifi.weixin.qq.com/"
    }
}
```

上述数据的参数说明如表 18-12 所示。

表 18-12　设置商家主页接口的参数说明

字　段	是否必填	说　明
shop_id	是	门店 ID
template_id	是	模板 ID，0：默认模板，1：自定义 URL
struct	否	模板结构，当 template_id 为 0 时可以不填
url	否	自定义链接，当 template_id 为 1 时必填

正确创建时，返回的数据示例如下。

```
{"errcode":0,"errmsg":"ok"}
```

18.4.2　设置首页欢迎语

设置微信首页欢迎语的接口如下。

```
https://api.weixin.qq.com/bizwifi/bar/set?access_token=ACCESS_TOKEN
```

设置微信首页欢迎语时，POST 数据示例如下。

```
{
    "shop_id":429620,
    "bar_type":1
}
```

上述数据的参数说明如表 18-13 所示。

表 18-13　设置微信首页欢迎语接口的参数说明

字　段	是否必填	说　明
shop_id	是	门店 ID
bar_type	是	微信首页欢迎语的文本内容：0 表示欢迎光临 + 公众号名称；1 表示欢迎光临 + 门店名称；2 表示已连接 + 公众号名称 +WiFi；3 表示已连接 + 门店名称 +WiFi

正确创建时，返回的数据示例如下。

```
{"errcode":0,"errmsg":"ok"}
```

首页欢迎语如图 18-12 所示。

18.4.3　设置联网完成页

设置联网完成页的接口如下。

```
https://api.weixin.qq.com/bizwifi/finishpage/set?access_token=ACCESS_TOKEN
```

设置联网完成页时，POST 数据示例如下。

```
{
    "shop_id":429620,
    "finishpage_url":"http://www.qq.com"
}
```

上述数据的参数说明如表 18-14 所示。

表 18-14 设置联网完成页接口的参数说明

字 段	是否必填	说 明
shop_id	是	门店 ID
finishpage_url	是	联网完成页 URL

正确创建时，返回的数据示例如下。

```
{"errcode":0,"errmsg":"ok"}
```

联网完成页如图 18-13 所示。

图 18-12 首页欢迎语

图 18-13 联网完成页

18.4.4 设置门店卡券投放

设置门店卡券投放信息的接口如下。

```
https://api.weixin.qq.com/bizwifi/couponput/set?access_token=ACCESS_TOKEN
```

设置门店卡券投放信息时，POST 数据示例如下。

```
{
    "shop_id":429620,
    "card_id":"pBnTrjvZJXkZsPGwfq9F0Hl0WqE",
    "card_describe":"10 元代金券 ",
    "start_time":1457280000,
```

```
    "end_time":1457712000,
    "card_quantity":10
}
```

上述数据的参数说明如表 18-15 所示。

表 18-15　设置门店卡券投放信息接口的参数说明

字　段	是否必填	说　明
shop_id	是	门店 ID，可设置为 0，表示所有门店
card_id	是	卡券 ID
card_describe	是	卡券描述，不能超过 18 个字符
start_time	是	卡券投放开始时间（单位是秒）
end_time	是	卡券投放结束时间（单位是秒）
card_quantity	是	卡券库存

正确创建时，返回的数据示例如下。

```
{"errcode":0,"errmsg":"ok"}
```

18.5　WiFi 效果监控

18.5.1　设备查询

查询设备的接口如下。

```
https://api.weixin.qq.com/bizwifi/device/list?access_token=ACCESS_TOKEN
```

查询设备时，POST 数据示例如下。

```
{
    "pageindex":1,
    "pagesize":10,
    "shop_id":429620
}
```

上述数据的参数说明如表 18-16 所示。

表 18-16　查询设备接口的参数说明

字　段	是否必填	说　明
pageindex	否	分页下标，默认从 1 开始
pagesize	否	每页的个数，默认为 10 个，最大为 20 个
shop_id	否	根据门店 ID 查询

正确创建时，返回的数据示例如下。

```
{
    "errcode":0,
    "data":{
        "totalcount":2,
        "pageindex":1,
        "pagecount":1,
```

```
            "records":[
                {
                    "shop_id":429620,
                    "ssid":"WX123",
                    "bssid":"00:1f:7a:ad:5b:a9",
                    "protocol_type":4
                },
                {
                    "shop_id":429620,
                    "ssid":"WX123",
                    "bssid":"00:1f:7a:ad:5c:a8",
                    "protocol_type":4
                }
            ]
        }
    }
```

上述数据的参数说明如表 18-17 所示。

表 18-17 查询设备接口返回参数说明

字　段	说　明
totalcount	总数
pageindex	分页下标
pagecount	分页页数
records	当前页列表数组
shop_id	门店 ID
ssid	联网设备 SSID
bssid	无线 MAC 地址
protocol_type	门店内设备的设备类型，0 表示未添加设备，4 表示密码型设备，31 表示 Portal 型设备

18.5.2 数据统计查询

WiFi 数据统计查询的接口如下。

```
https:// api.weixin.qq.com/bizwifi/statistics/list?access_token=ACCESS_TOKEN
```

WiFi 数据统计查询时，POST 数据示例如下。

```
{
    "begin_date":"2015-05-01",
    "end_date":"2015-05-02",
    "shop_id":-1
}
```

上述数据的参数说明如表 18-18 所示。

表 18-18 WiFi 数据统计查询接口的参数说明

字　段	是否必填	说　明
pageindex	否	分页下标，默认从 1 开始
pagesize	否	每页的个数，默认为 10 个，最大为 20 个
shop_id	否	根据门店 ID 查询

正确创建时，返回的数据示例如下。

```
{
    "errcode":0,
    "data":[
        {
            "shop_id":"-1",
            "statis_time":1430409600000,
            "total_user":2,
            "homepage_uv":0,
            "new_fans":0,
            "total_fans":4,
            "wxconnect_user":8,
            "connect_msg_user":5
        },
        {
            "shop_id":"-1",
            "statis_time":1430496000000,
            "total_user":2,
            "homepage_uv":0,
            "new_fans":0,
            "total_fans":4,
            "wxconnect_user":4,
            "connect_msg_user":3
        }
    ]
}
```

上述数据的参数说明如表 18-19 所示。

表 18-19　WiFi 数据统计查询接口返回参数说明

字　段	说　明
totalcount	总数
pageindex	分页下标
pagecount	分页页数
records	当前页列表数组
shop_id	门店 ID
ssid	联网设备 SSID
bssid	无线 MAC 地址
protocol_type	门店内设备的设备类型，0 表示未添加设备，4 表示密码型设备，31 表示 portal 型设备

18.6　本章小结

本章主要介绍了两种微信连 WiFi 的方式：密码型设备连 WiFi 及 Portal 型设备连 WiFi。密码型设备连接比较简单，手工配置一下即可。Portal 型设备连接的实现比较复杂，主要困难在于对 Portal 页面的开发并且需要设备提供相应的接口。

第 19 章　微信摇一摇周边

微信摇一摇周边为线下商户提供了近距离连接用户的能力，并支持线下商户向周边用户提供个性化营销、互动及信息推荐等服务。

19.1　设备管理

使用微信的摇一摇周边功能，需要自行购买支持“iBeacon 协议”的低功耗蓝牙硬件，任何可配置 UUID、Major、Minor 的 iBeacon 设备均可应用于摇一摇周边。微信官方也提供了设备供应商列表给没有购买渠道的商家参考。图 19-1 所示是一个摇一摇蓝牙设备。

图 19-1　摇一摇蓝牙设备

购买设备之后，需要在后台添加、配置并激活设备，才能正常使用设备。

19.1.1　添加设备

登录微信公众平台后台，依次进入“功能”|“摇一摇周边”|“设备管理”，然后点击“添加设备”按钮。在页面中输入“设备备注信息”，选择“放置的门店”以及“设备数量”，如图 19-2 所示。

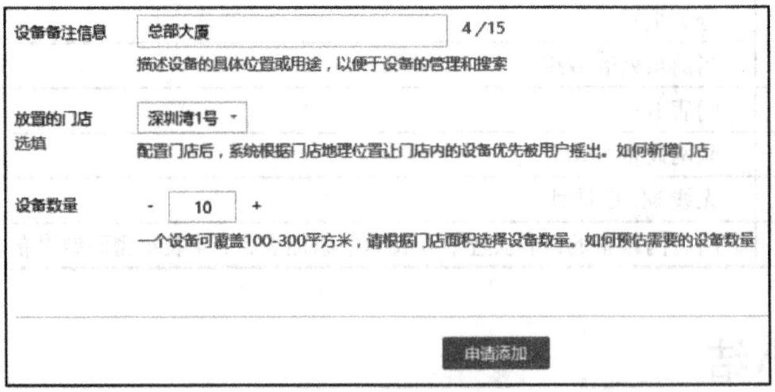

设备备注信息　总部大厦　4/15
描述设备的具体位置或用途，以便于设备的管理和搜索
放置的门店选填　深圳湾1号
配置门店后，系统根据门店地理位置让门店内的设备优先被用户摇出。如何新增门店
设备数量　-　10　+
一个设备可覆盖100-300平方米，请根据门店面积选择设备数量。如何预估需要的设备数量
申请添加

图 19-2　添加设备

添加完成后，在“设备管理”页面中，将出现当前添加的设备列表，其中第一列信息是设备 ID，如图 19-3 所示。

点击“详情”链接，可以看到该设备 ID 的详情，包括 UUID、Major、Minor 等 3 个参数，如图 19-4 所示。后面进行设备配置时，将需要用到这 3 个参数。

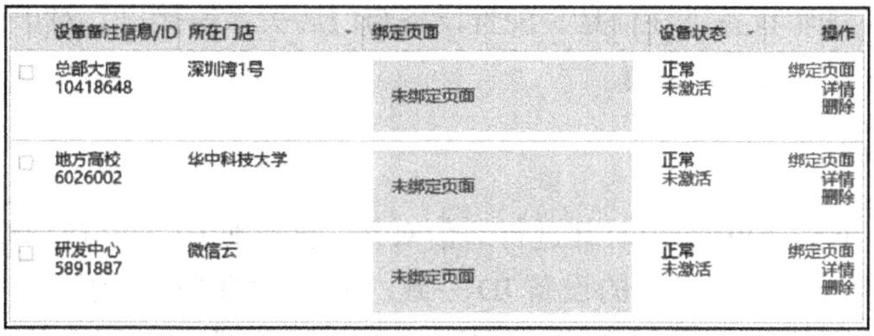

设备备注信息/ID
所在门店
绑定页面
设备状态
操作
总部大厦
10418648
深圳湾1号
未绑定页面
正常
未激活
绑定页面
详情
删除
地方高校
6026002
华中科技大学
未绑定页面
正常
未激活
绑定页面
详情
删除
研发中心
5891887
微信云
未绑定页面
正常
未激活
绑定页面
详情
删除

图 19-3　设备列表

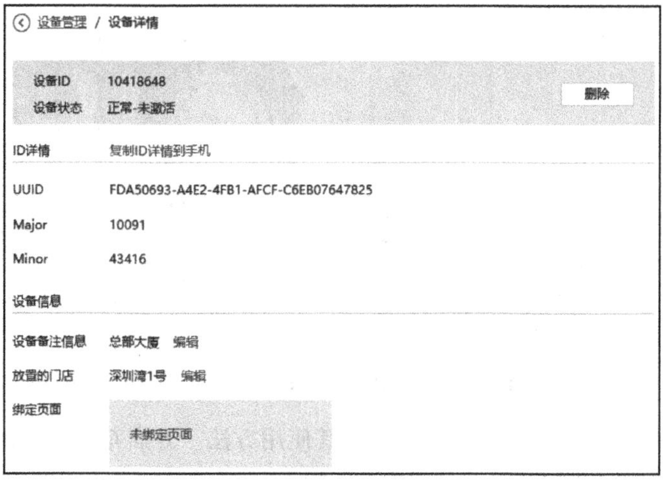

设备管理 / 设备详情
设备ID 10418648
设备状态 正常-未激活
删除
ID详情 复制ID详情到手机
UUID FDA50693-A4E2-4FB1-AFCF-C6EB07647825
Major 10091
Minor 43416
设备信息
设备备注信息 总部大厦 编辑
放置的门店 深圳湾1号 编辑
绑定页面
未绑定页面

图 19-4　摇一摇蓝牙设备

点击“复制 ID 详情到手机”，系统将参数信息转成二维码页面，如图 19-5 所示。

二维码被扫描后，信息如图 19-6 所示。

复制设备ID到手机
扫描以上二维码即可复制设备UUID，Major，Minor到手机

图 19-5　设备信息二维码

无 SIM 卡
10:53
57%
返回
UUID
FDA50693-A4E2-4FB1-AFC...
Major (十进制)
10091
Minor (十进制)
43416
提示:长按可复制设备信息

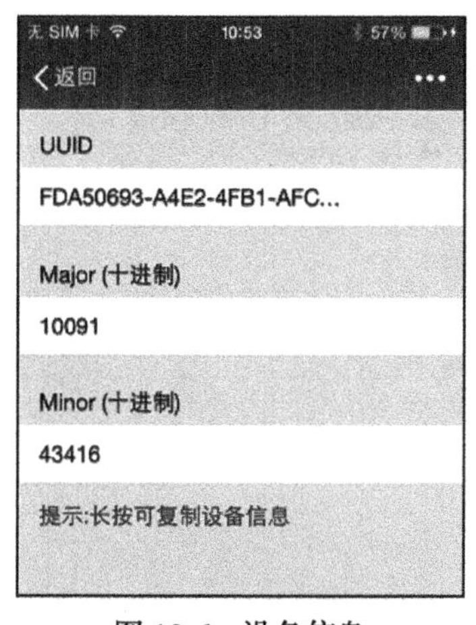

图 19-6　设备信息

除了上述手动添加之外，还可以使用接口添加，添加设备需要申请设备 ID、查询设备

ID 申请审核状态、编辑设备备注信息、配置设备与门店关系等接口。对于设备数量需求极大的商家，可以使用接口的方式申请。

19.1.2 配置设备

蓝牙设备需要通过 APP 应用对其进行通信对接，然后使用 APP 应用修改设备的 UUID、Major、Minor 参数，使其与微信的设备 ID 一致。常用的管理蓝牙的 APP 应用有 iOS 平台的 LightBlue 和 Android 平台的 nRF Master Control Panel。图 19-7 所示是这两个 APP 应用的图标。

图 19-7 LightBlue 和 nRF Master Control Panel 的图标

下面以 iOS 平台的 LightBlue 为例，介绍其使用方法。开启苹果手机的蓝牙功能并应用之后，LightBlue 将扫描到附近的蓝牙设备，如图 19-8 中的 iBeacon_0BF066。

点击设备，将进入设备的详情页面，并可以看到设备的 UUID、Major、Minor 等参数，如图 19-9 所示。

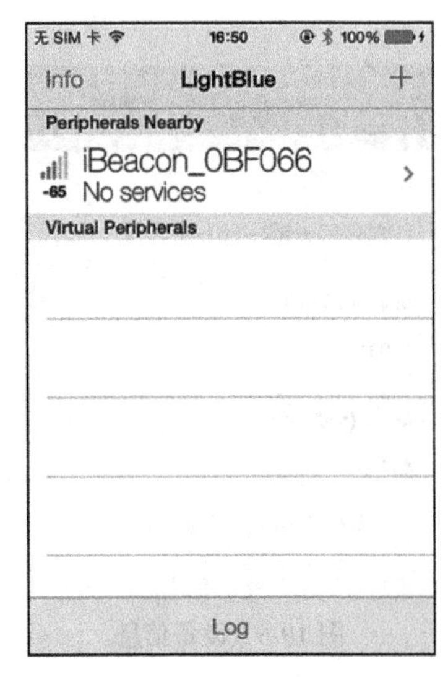

图 19-8 扫描蓝牙设备

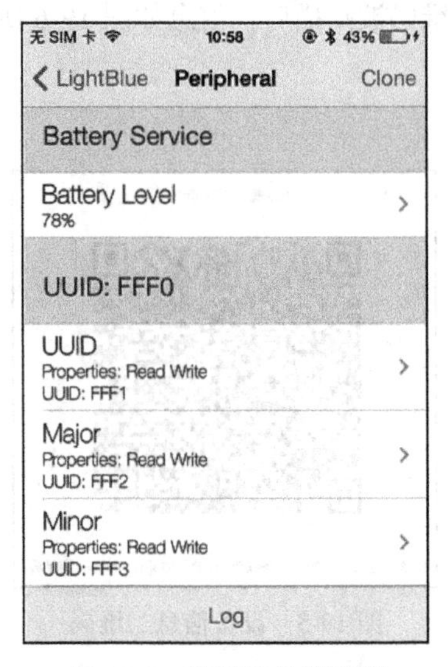

图 19-9 蓝牙设备的详情

点击 UUID 项，在新页面中可以看到 UUID 的详细情况，点击其中的 Write new value，可以对该项的值进行修改，如图 19-10 所示。相应的数值就是添加设备时微信设备 ID 对应的值，可以从前面二维码扫描后的页面中复制粘贴过来。

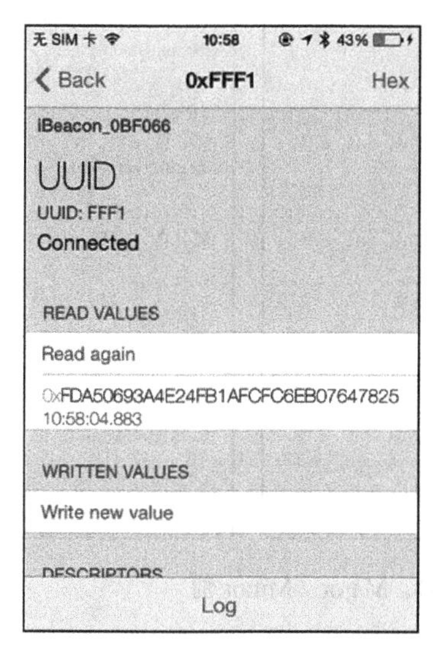

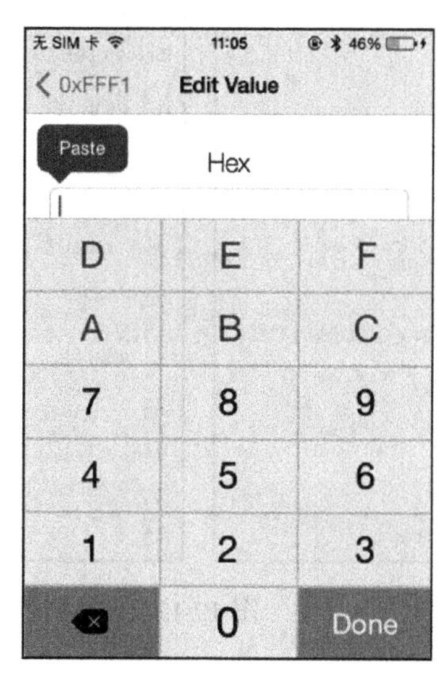

图 19-10　改写 UUID 值

使用同样的方法，可以改写 Major 和 Minor。但需要注意的是，需要将十进制数值转成十六进制后再输入。以 Windows 10 系统上的计算器为例，在程序员模式下，输入十进制下的数值 10 091，可自动计算出十六进制下的数值为 276B；输入十进制下的数值 43 416，可自动计算出十六进制下的数值为 A998，如图 19-11 所示。

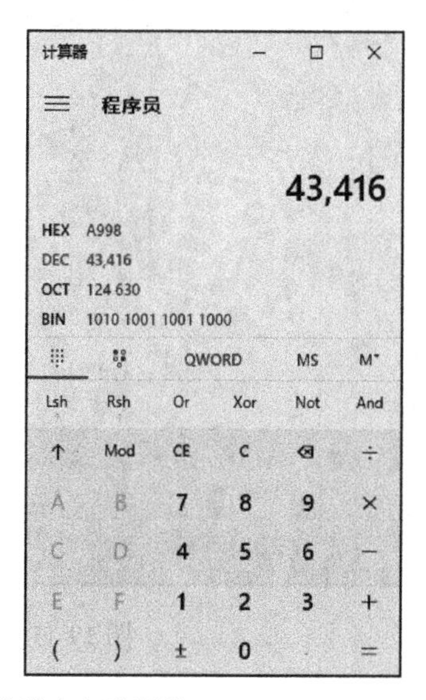

图 19-11　十进制数转十六进制数

3 个参数修改完成之后，可以在 READ VALUES 中看到新的值，如图 19-12 所示。

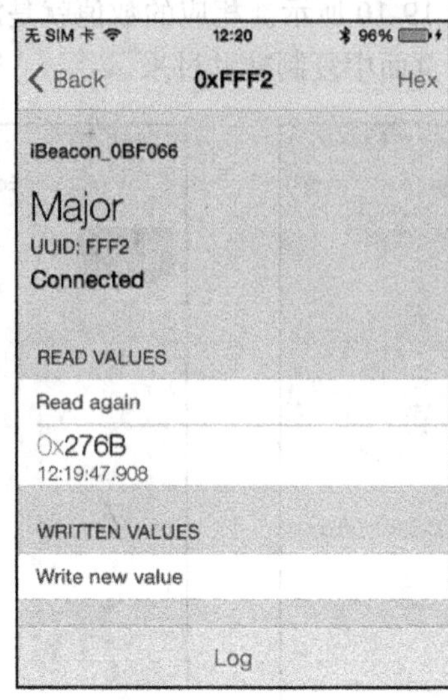

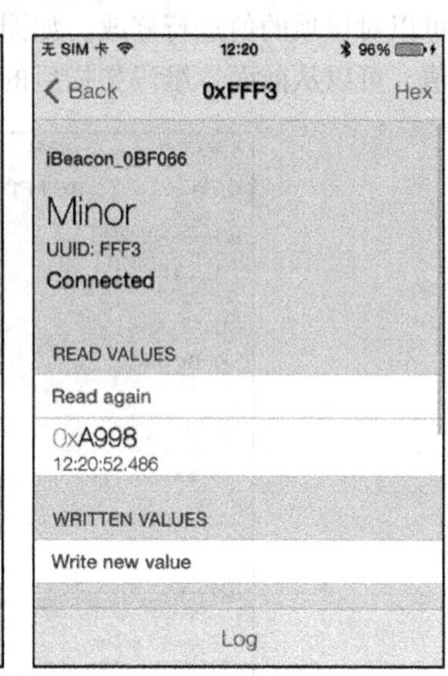

图 19-12　修改后的 UUID、Major、Minor 值

19.1.3　激活设备

配置好设备之后，在蓝牙设备周围进入微信摇一摇，将显示“周边”标签，摇晃手机，将摇出“立即激活设备”页面，如图 19-13 所示。

图 19-13　摇出激活页面

点击“立即激活设备”，设备将激活成功，如图 19-14 所示。

19.1.4　查询设备

查询设备列表接口可以查询已有的设备 ID、UUID、Major、Minor、激活状态、备注信息、关联门店、关联页面等信息。

查询设备列表的接口如下。

```
https:// api.weixin.qq.com/shakearound/device/search?
access_token=ACCESS_TOKEN
```

查询设备列表可分为以下 3 种情况。

1）查询指定设备时，POST 数据示例如下。

```
{
    "type":1,
    "device_identifiers":[
        {
            "device_id":10100,
            "uuid":"FDA50693-A4E2-4FB1-AFCF-C6EB07647825",
            "major":10001,
            "minor":10002
        }
    ]
}
```

图 19-14　设备激活成功

2）需要分页查询或者查询指定范围内的设备时，POST 数据示例如下。

```
{
    "type":2,
    "last_seen":0,
    "count":3
}
```

3）当需要根据批次 ID 查询时，POST 数据示例如下。

```
{
    "type":3,
    "apply_id":1231,
    "last_seen":10097,
    "count":3
}
```

上述数据的参数说明如表 19-1 所示。

表 19-1　查询设备列表接口的参数说明

参　数	是否必需	说　明
access_token	是	调用接口凭证
type	是	查询类型。1：查询设备 ID 列表中的设备；2：分页查询所有设备的信息；3：分页查询某次申请的所有设备的信息
device_identifiers	是	指定的设备；当 type 为 1 时，此项为必填
device_id	是	设备编号，若填了 uuid、major、minor，则可不填设备编号。若两者都填，则以设备编号优先。查询指定设备时，单次查询的设备数量不能超过 50 个

（续）

参　数	是否必需	说　明
uuid、major、minor	是	uuid、major、minor 需填写完整，若填了设备编号，则可不填此信息。查询指定设备时，单次查询的设备数量不能超过 50 个
apply_id	是	批次 ID，申请设备 ID 时所返回的批次 ID；当 type 为 3 时，此项为必填
last_seen	是	前一次查询列表末尾的设备 ID。第一次查询时，last_seen 为 0
count	是	待查询的设备数量，不能超过 50 个

正确提交时，返回的数据示例如下。

```
{
    "data":{
        "devices":[
            {
                "comment":" 研发中心 ",
                "device_id":5891887,
                "last_active_time":0,
                "major":10061,
                "minor":45587,
                "poi_id":461260045,
                "status":0,
                "uuid":"FDA50693-A4E2-4FB1-AFCF-C6EB07647825"
            },
            {
                "comment":" 地方高校 ",
                "device_id":6026002,
                "last_active_time":0,
                "major":10063,
                "minor":32395,
                "poi_id":272970733,
                "status":0,
                "uuid":"FDA50693-A4E2-4FB1-AFCF-C6EB07647825"
            },
            {
                "comment":" 总部大厦 ",
                "device_id":10418648,
                "last_active_time":0,
                "major":10091,
                "minor":43416,
                "poi_id":276036957,
                "status":1,
                "uuid":"FDA50693-A4E2-4FB1-AFCF-C6EB07647825"
            }
        ],
        "total_count":3
    },
    "errcode":0,
    "errmsg":"success."
}
```

上述数据的参数说明如表 19-2 所示。

表 19-2　查询设备列表接口返回参数说明

参　数	说　明
devices	指定的设备信息列表
device_id	设备编号
uuid、major、minor	设备的 UUID、Major、Minor
status	激活状态。0：未激活，1：已激活
last_active_time	设备最近一次被摇到的日期（最早只能获取前一天的数据）；新申请的设备，该字段值为 0
poi_appid	若关联了设备与其他公众账号门店，则返回配置门店归属的公众账号 appid
poi_id	设备关联的门店 ID。关联门店后，在门店 1km 范围内有优先摇出信息的机会
comment	设备备注信息
total_count	商户名下的设备总量

19.2　设备分组

设备添加以后，可以使用分组功能为摇一摇蓝牙设备分组。

19.2.1　添加分组

通过添加分组接口，可以添加 1000 个分组。

新增分组的接口如下。

```
https://api.weixin.qq.com/shakearound/device/group/add?access_token=ACCESS_TOKEN
```

新增分组时，POST 数据示例如下。

```
{
    "group_name":"test"
}
```

上述数据的参数说明如表 19-3 所示。

表 19-3　新增分组接口的参数说明

参　数	是否必需	说　明
access_token	是	调用接口凭证
group_name	是	分组名称，不超过 100 个汉字或 200 个英文字母

正确创建时，返回的数据示例如下。

```
{
    "data":{
        "group_id":123,
        "group_name":"test"
    },
    "errcode":0,
    "errmsg":"success."
}
```

上述数据的参数说明如表 19-4 所示。

表 19-4　新增分组接口返回参数说明

参　数	说　明
group_id	分组唯一标识，全局唯一
group_name	分组名

19.2.2　编辑分组信息

通过编辑分组信息接口，可以修改分组名称。

编辑分组信息的接口如下。

```
https://api.weixin.qq.com/shakearound/device/group/update?access_token=ACCESS_TOKEN
```

编辑分组信息时，POST 数据示例如下。

```
{
    "group_id":123,
    "group_name":"test update"
}
```

上述数据的参数说明如表 19-5 所示。

表 19-5　编辑分组信息接口的参数说明

参　数	是否必需	说　明
access_token	是	调用接口凭证
group_id	是	分组唯一标识，全局唯一
group_name	是	分组名称，不超过 100 个汉字或 200 个英文字母

正确创建时，返回的数据示例如下。

```
{
    "data":{},
    "errcode":0,
    "errmsg":"success."
}
```

19.2.3　删除分组

通过删除分组接口，可以删除不再需要的设备组。

删除分组的接口如下。

```
https://api.weixin.qq.com/shakearound/device/group/delete?access_token=ACCESS_TOKEN
```

删除分组时，POST 数据示例如下。

```
{
    "group_id":123
}
```

上述数据的参数说明如表 19-6 所示。

表 19-6　删除分组接口的参数说明

参　　数	是否必需	说　　明
access_token	是	调用接口凭证
group_id	是	分组唯一标识，全局唯一

正确创建时，返回的数据示例如下。

```
{
    "data":{},
    "errcode":0,
    "errmsg":"success."
}
```

19.2.4　查询分组列表

查询分组列表的接口如下。

```
https://api.weixin.qq.com/shakearound/device/group/getlist?access_token=ACCESS_TOKEN
```

查询分组列表时，POST 数据示例如下。

```
{
    "begin":0,
    "count":10
}
```

上述数据的参数说明如表 19-7 所示。

表 19-7　查询分组列表接口的参数说明

参　　数	是否必需	说　　明
access_token	是	调用接口凭证
begin	是	分组列表的起始索引值
count	是	待查询的分组数量，不能超过 1000 个

正确创建时，返回的数据示例如下。

```
{
    "data":{
        "total_count":100,
        "groups":[
            {
                "group_id":123,
                "group_name":"test1"
            },
            {
                "group_id":124,
                "group_name":"test2"
            }
        ]
    },
    "errcode":0,
    "errmsg":"success."
}
```

上述数据的参数说明如表 19-8 所示。

表 19-8 查询分组列表接口返回参数说明

参 数	说 明
total_count	此账号下现有的总分组数
groups	分组列表
group_id	分组唯一标识，全局唯一
group_name	分组名

19.2.5 查询分组详情

分组详情包括分组名、分组 ID、分组中的设备列表。

查询分组详情的接口如下。

```
https://api.weixin.qq.com/shakearound/device/group/getdetail?access_token=ACCESS_TOKEN
```

查询分组详情时，POST 数据示例如下。

```
{
    "group_id":123,
    "begin":0,
    "count":100
}
```

上述数据的参数说明如表 19-9 所示。

表 19-9 查询分组详情接口的参数说明

参 数	是否必需	说 明
access_token	是	调用接口凭证
group_id	是	分组唯一标识，全局唯一
begin	是	分组中设备的起始索引值
count	是	待查询的分组中设备的数量，不能超过 1000 个

正确创建时，返回的数据示例如下。

```
{
    "data":{
        "group_id":123,
        "group_name":"test",
        "total_count":100,
        "devices":[
            {
                "device_id":123456,
                "uuid":"FDA50693-A4E2-4FB1-AFCF-C6EB07647825",
                "major":10001,
                "minor":10001,
                "comment":"test device1",
                "poi_id":12345
            },
            {
```

```
                "device_id":123457,
                "uuid":"FDA50693-A4E2-4FB1-AFCF-C6EB07647825",
                "major":10001,
                "minor":10002,
                "comment":"test device2",
                "poi_id":12345
            }
        ]
    },
    "errcode":0,
    "errmsg":"success."
}
```

上述数据的参数说明如表 19-10 所示。

表 19-10 查询分组详情接口返回参数说明

参数	说明
group_id	分组唯一标识，全局唯一
group_name	分组名
total_count	此分组现有的总设备数
devices	分组下的设备列表
device_id	设备编号，设备全局唯一 ID
uuid、major、minor	设备的 UUID、Major、Minor
comment	设备备注信息
poi_id	设备关联的门店 ID，关联门店后，在门店 1km 范围内有优先摇出信息的机会

19.2.6 添加设备到分组

添加设备到分组，每个分组能够拥有的设备上限为 10 000 个，并且每次添加操作的添加上限为 1000 个。只有在摇周边申请的设备才能添加到分组。

添加设备到分组的接口如下。

```
https://api.weixin.qq.com/shakearound/device/group/adddevice?access_token=ACCESS_TOKEN
```

添加设备到分组时，POST 数据示例如下。

```
{
    "group_id":123,
    "device_identifiers":[
        {
            "device_id":10100,
            "uuid":"FDA50693-A4E2-4FB1-AFCF-C6EB07647825",
            "major":10001,
            "minor":10002
        }
    ]
}
```

上述数据的参数说明如表 19-11 所示。

表 19-11　添加设备到分组接口的参数说明

参　　数	是否必需	说　　明
access_token	是	调用接口凭证
device_identifiers	是	设备 ID 列表
device_id	是	设备编号，若填了 uuid、major、minor，即可不填设备编号，两者选其一
uuid、major、minor	是	uuid、major、minor 需填写完整，若填了设备编号，可不填此信息，两者选其一
group_id	是	分组唯一标识，全局唯一

正确创建时，返回的数据示例如下。

```
{
    "data":{},
    "errcode":0,
    "errmsg":"success."
}
```

19.2.7　从分组中移除设备

从分组中移除设备，每次删除操作的上限为 1000 个。

从分组中移除设备的接口如下。

```
https://api.weixin.qq.com/shakearound/device/group/deletedevice?access_token=ACCESS_TOKEN
```

从分组中移除设备时，POST 数据示例如下。

```
{
    "group_id":123,
    "device_identifiers":[
        {
            "device_id":10100,
            "uuid":"FDA50693-A4E2-4FB1-AFCF-C6EB07647825",
            "major":10001,
            "minor":10002
        }
    ]
}
```

上述数据的参数说明如表 19-12 所示。

表 19-12　从分组中移除设备接口的参数说明

参　　数	是否必需	说　　明
access_token	是	调用接口凭证
device_identifiers	是	设备 ID 列表
device_id	是	设备编号，若填了 uuid、major、minor，可不填设备编号，两者选其一
uuid、major、minor	是	uuid、major、minor，需填写完整，若填了设备编号，可不填此信息，两者选其一
group_id	是	分组唯一标识，全局唯一

正确创建时，返回的数据示例如下。

```
{
    "data":{},
    "errcode":0,
    "errmsg":"success."
}
```

19.3　页面管理

设备激活之后，需要配置页面和设备关联。目前常用的页面模板类型有商户主页模板、卡券模板、抽奖模板及自定义链接。

19.3.1　添加模板页面

登录微信公众平台后台，依次进入“功能”|“摇一摇周边”|“页面管理”，然后点击“添加页面”按钮，在打开的页面中选择页面类型，如图 19-15 所示。

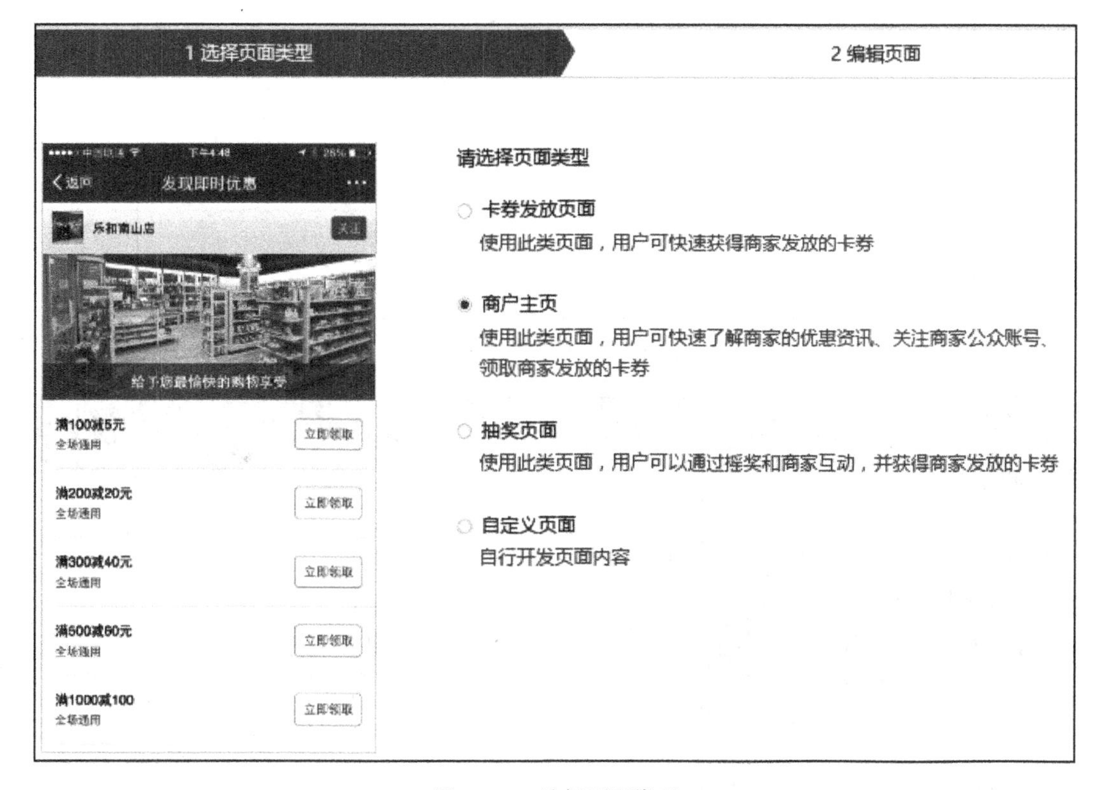

图 19-15　选择页面类型

在页面模板中按组件选择并配置相应的信息，如图 19-16 所示。

创建成功之后，在摇一摇周边中可以摇到相应的页面类型。图 19-17 所示是商户主页模板，其中有一键关注、领取卡券等功能。

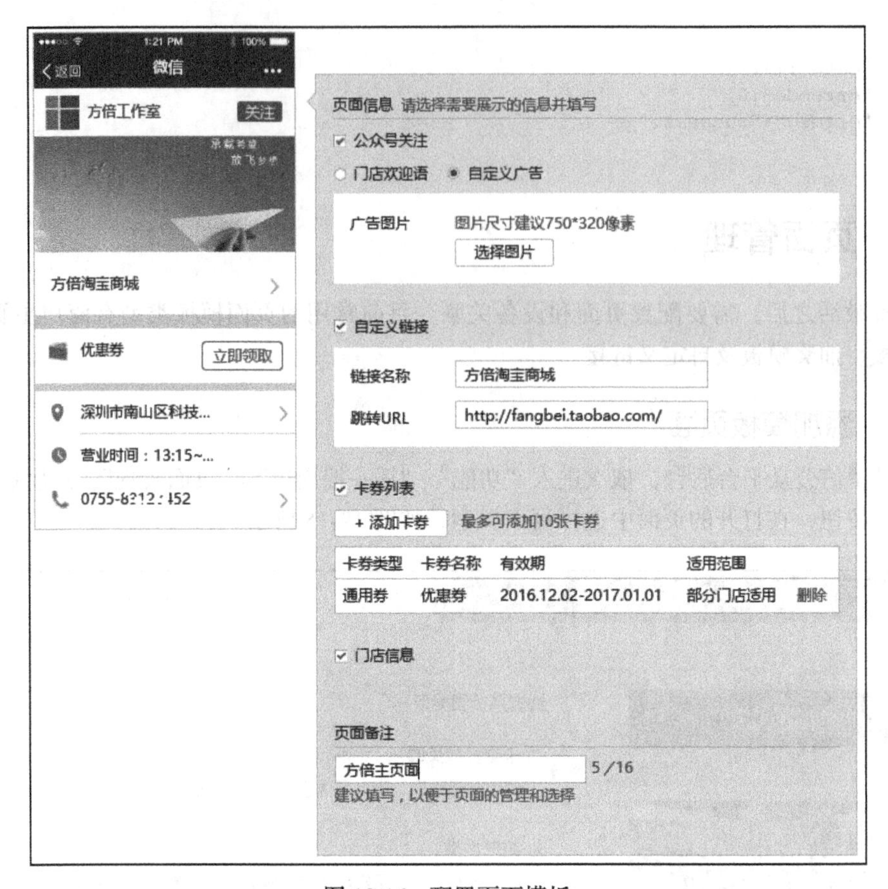

图 19-16 配置页面模板

图 19-17 商户主页模板

图 19-18 所示是卡券发放页面模板，点击之后会直接跳转到领取卡券页面。

图 19-18 卡券发放页面模板

图 19-19 所示是抽奖页面模板，点击之后会直接跳转到打开礼盒页面。

图 19-19 抽奖页面模板

图 19-20 所示是自定义链接页面模板，点击之后会直接跳转到自定义的链接，这里链接的是京东网站上的一个图书页面。

19.3.2 编辑页面

在“页面管理”中可以看到所有的页面，如图 19-21 所示。

图 19-20　自定义链接页面模板

设备管理　页面管理　数据报表

输入页面主标题/副标题/备注　　＋新建页面

页面信息	页面类型	创建时间/备注	绑定设备	操作
摇一摇有惊喜 方倍工作室	商户主页	星期二 18:55	2	编辑 删除
微信摇一摇 自定义链接	自定义链接	星期二 14:51 自定义链接	0	编辑 删除
发现周边门店 每日资讯	商户主页	星期二 11:19 系统自动生成	0	编辑 删除
礼从天降 赢取超值优惠	抽奖页面	11月24日	1	编辑 删除

图 19-21　页面管理

点击“编辑”链接，将进入编辑页面，在页面中修改选项内容即可修改页面，如图 19-22 所示。

19.3.3　查询页面

查询已有的页面，包括在摇一摇页面出现的主标题、副标题、图片和点击进去的超链接。微信公众平台提供两种查询方式，可指定页面 ID 查询，也可批量拉取页面列表。

查询页面列表的接口如下。

```
https://api.weixin.qq.com/shakearound/page/search?access_token=ACCESS_TOKEN
```

查询页面列表可分为以下两种情况。

1）需要查询指定页面时，POST 数据示例如下。

```
{
    "type":1,
    "page_ids":[12345, 23456, 34567]
}
```

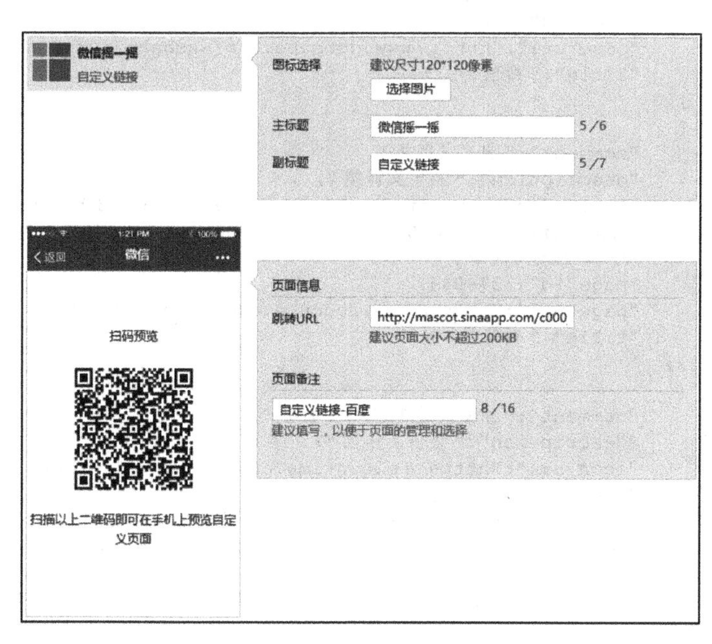

图 19-22 编辑页面

2）需要分页查询或者查询指定范围内的页面时，POST 数据示例如下。

```
{
    "type":2,
    "begin":0,
    "count":3
}
```

上述数据的参数说明如表 19-13 所示。

表 19-13 查询页面列表接口的参数说明

参 数	是否必需	说 明
access_token	是	调用接口凭证
type	是	查询类型。1：查询页面 ID 列表中的页面信息；2：分页查询所有页面信息
page_ids	是	指定页面的 ID 列表；当 type 为 1 时，此项为必填
begin	是	页面列表的起始索引值；当 type 为 2 时，此项为必填
count	是	待查询的页面数量，不能超过 50 个；当 type 为 2 时，此项为必填

正确创建时，返回的数据示例如下。

```
{
    "data":{
        "pages":[
```

```
{
    "comment":"520 中国微信会议 ",
    "description":"2016 微信开发 ",
    "icon_url":"http://p.qpic.cn/ecc_merchant/0/w_pic_1479985234871/0",
    "page_id":3089022,
    "page_url":"http://www.doucube.com/wxshake/jumpHongbao.html",
    "title":" 微信会议 "
},
{
    "comment":" 自定义链接 ",
    "description":" 自定义链接 ",
    "icon_url":"http://mmbiz.qpic.cn/mmbiz_jpg/BIvw3ibibwAYN3C2Yz4hib6I9o0f
    RxoMiblflXN06gmZu86jGa0aNtehVlibib6bBzhabiaySxIZaI2Obiab6GyFguRQkA/
    0?wx_fmt=jpeg",
    "page_id":5374944,
    "page_url":"http://www.doucube.com/wxshake/AddContact.html",
    "title":" 微信摇一摇 "
},
{
    "comment":" 卡券发放 100MB 流量券 ",
    "description":" 方倍工作室 ",
    "icon_url":"https://o2o.gtimg.com/ibeacon/img/coupon-logo.jpg",
    "page_id":585404,
    "page_url":"http://zb.weixin.qq.com/nearbycgi/html/card/card.html?wechat_
    card_js=1",
    "title":" 卡券发放 "
},
{
    "comment":"",
    "description":" 方倍工作室 ",
    "icon_url":"https://o2o.gtimg.com/ibeacon/img/store-logo.png",
    "page_id":5377792,
    "page_url":"https://zb.weixin.qq.com/app/template/store.html",
    "title":" 摇一摇有惊喜 "
},
{
    "comment":" 摇红包模板测试 ",
    "description":" 吃粽子划龙舟 ",
    "icon_url":"http://www.doucube.com/redpacket/120x120.jpg",
    "page_id":3195194,
    "page_url":"http://zb.weixin.qq.com/app/shakehb/hongbaotpl.html#wechat_
    redirect",
    "title":" 清明节 "
},
{
    "comment":" 系统自动生成 ",
    "description":" 方倍资讯 ",
    "icon_url":"http://mmbiz.qpic.cn/mmbiz_png/BIvw3ibibwAYPuibQ37g8KIWj
    3hGdrH3e97Uj45NRG4Z9cqTiaYT1YgibofmpFPA5CX5SGhDpLZ3180uOI1YWDpTl0
    Q/0?wx_fmt=png",
    "page_id":5372401,
    "page_url":"https://zb.weixin.qq.com/app/template/defaultStore.html",
    "title":" 发现周边门店 "
},
{
    "comment":"",
```

```
                "description":" 赢取超值优惠 ",
                "icon_url":"https:// o2o.gtimg.com/ibeacon/img/supermarket_logo.png",
                "page_id":5310884,
                "page_url":"https:// wxo2o.qq.com/ibeacon/beaconweb/html/draw/lottery.
                html#wechat_redirect",
                "title":" 礼从天降 "
            }
        ],
        "total_count":7
    },
    "errcode":0,
    "errmsg":"success."
}
```

上述数据的参数说明如表 19-14 所示。

表 19-14　查询页面列表接口返回参数说明

参　数	说　明
total_count	商户名下的页面总数
page_id	摇周边页面唯一 ID
title	在摇一摇页面展示的主标题
description	在摇一摇页面展示的副标题
icon_url	在摇一摇页面展示的图片
page_url	跳转链接
comment	页面的备注信息

19.3.4　删除页面

删除已有的页面，包括在摇一摇页面出现的主标题、副标题、图片和点击进去的超链接。只有页面与设备没有关联关系时，才可被删除。

删除页面的接口如下。

```
https:// api.weixin.qq.com/shakearound/page/delete?access_token=ACCESS_TOKEN
```

删除页面时，POST 数据示例如下。

```
{
    "page_id":34567
}
```

上述数据的参数说明如表 19-15 所示。

表 19-15　删除页面接口的参数说明

参　数	是否必需	说　明
page_id	是	指定页面的 ID

正确创建时，返回的数据示例如下。

```
{
    "data":{},
```

```
    "errcode":0,
    "errmsg":"success."
}
```

19.4 周边业务开发

19.4.1 Ticket

在摇一摇周边业务中，每个被摇到的页面 URL 都会带上 ticket 和 activityid 参数。链接如下。

```
http://mascot.fangbei.com/test.html?ticket=ec38e8100cd221dee9d865cc6065b0af&activityid=5374944
```

其中，ticket 参数是摇周边业务的 Ticket，仅在摇到的 URL 中得到，Ticket 生效时间为 30 分钟，每一次摇都会重新生成新的 Ticket；activityid 参数是当前被摇到的页面 ID。

19.4.2 摇一摇事件通知

用户进入摇一摇界面，在“周边”下摇一摇时，微信会把这个事件推送到开发者填写的 URL。推送内容包含摇一摇时“周边”展示出来的页面所对应的设备信息，以及附近最多 5 个属于该公众账号的设备的信息。

推送 XML 数据包示例如下。

```
<xml>
    <ToUserName><![CDATA[gh_fcc4da210ff0]]></ToUserName>
    <FromUserName><![CDATA[oiPuduJGZDXl2tLzNT5ukSO8SlWc]]></FromUserName>
    <CreateTime>1480759342</CreateTime>
    <MsgType><![CDATA[event]]></MsgType>
    <Event><![CDATA[ShakearoundUserShake]]></Event>
    <ChosenBeacon>
        <Uuid><![CDATA[FDA50693-A4E2-4FB1-AFCF-C6EB07647825]]></Uuid>
        <Major>10091</Major>
        <Minor>43416</Minor>
        <Distance>10.32460361263449</Distance>
        <Rssi>-82</Rssi>
    </ChosenBeacon>
    <AroundBeacons>
        <AroundBeacon>
            <Uuid><![CDATA[FDA50693-A4E2-4FB1-AFCF-C6EB07647825]]></Uuid>
            <Major>10063</Major>
            <Minor>32395</Minor>
            <Distance>166.816</Distance>
        </AroundBeacon>
        <AroundBeacon>
            <Uuid><![CDATA[FDA50693-A4E2-4FB1-AFCF-C6EB07647825]]></Uuid>
            <Major>10061</Major>
            <Minor>45587</Minor>
            <Distance>15.013</Distance>
        </AroundBeacon>
    </AroundBeacons>
```

```
    <ChosenPageId>5374944</ChosenPageId>
</xml>
```

上述数据的参数说明如表 19-16 所示。

表 19-16 摇一摇事件参数说明

参　数	说　明
ToUserName	开发者微信号
FromUserName	摇一摇用户（一个 OpenID）
CreateTime	消息创建时间（整型）
MsgType	消息类型，event
Event	事件类型，ShakearoundUserShake
uuid、major、minor	设备的 UUID、Major、Minor
Distance	设备与用户的距离（浮点数，单位为 m）

19.4.3 摇一摇关注

微信摇一摇关注开发流程的实现如下。

1）添加摇一摇关注库文件。

```
<script type="text/javascript" src='http:// zb.weixin.qq.com/nearbycgi/addcontact/
BeaconAddContactJsBridge.js'></script>
```

2）判断是否已关注。

通过 JS 接口 checkAddContactStatus 来进行判断。

该接口参数说明：传入 {type:0} 表示关注设备归属的公众账号，传入 {type:1} 表示关注门店归属的公众账号。传入 {} 默认为传入 {type:0}。

回调函数为 function(apiResult){}，参数说明如下。

- apiResult.err_code：错误码，0 代表正常返回，其他代表发生错误。
- apiResult.err_msg：错误详情，ok 代表正常返回，其他代表具体的错误信息。
- apiResult.data：是否已关注，1 代表已经关注，0 代表未关注。

摇一摇判断关注的代码如下。

```
BeaconAddContactJsBridge.invoke('checkAddContactStatus',{type:0},
    function(apiResult){
        if(apiResult.err_code == 0){
            var status = apiResult.data;
            if(status == 1){
                alert('已关注');
            }else{
                alert('未关注'); }
        }else{
            alert(apiResult.err_msg)
        }
    });
```

3）跳转到关注页。

跳转到关注页使用接口 jumpAddContact。

该接口参数说明：传入 {type:0} 表示关注设备归属的公众账号，传入 {type:1} 表示关注门店归属的公众账号。若不传，则默认传入 {type:0}。

跳转到关注页的代码如下。

```
BeaconAddContactJsBridge.invoke('jumpAddContact');
```

摇一摇关注的完整代码如下：

```
<!DOCTYPE html>
<html lang="en">
    <head>
        <meta charset="UTF-8">
        <title>摇一摇关注 JS API</title>
    </head>
    <body>
        <script type="text/javascript" src="http://zb.weixin.qq.com/nearbycgi/addcontact/
        BeaconAddContactJsBridge.js"></script>
        <script type="text/javascript">
            BeaconAddContactJsBridge.ready(function(){
                //判断是否已关注
                BeaconAddContactJsBridge.invoke('checkAddContactStatus',{} ,function
                (apiResult){
                    if(apiResult.err_code == 0){
                        var status = apiResult.data;
                        if(status == 1){
                            alert('已关注');
                        }else{
                            alert('未关注');
                            //跳转到关注页
                            BeaconAddContactJsBridge.invoke('jumpAddContact');
                        }
                    }else{
                    alert(apiResult.err_msg)
                }
            });
        });
    </script>
</body>
</html>
```

19.4.4 获取设备及用户信息

获取设备及用户信息的接口如下。

```
https://api.weixin.qq.com/shakearound/user/getshakeinfo?access_token=ACCESS_TOKEN
```

获取设备及用户信息时，POST 数据示例如下。

```
{
    "ticket":"6ab3d8465166598a5f4e8c1b44f44645",
    "need_poi":1
}
```

上述数据的参数说明如表 19-17 所示。

表 19-17 获取设备及用户信息接口的参数说明

参 数	是否必需	说 明
access_token	是	调用接口凭证
ticket	是	摇周边业务的 Ticket，可在摇到的 URL 中得到，Ticket 生效时间为 30 分钟，每一次摇都会重新生成新的 Ticket
need_poi	否	是否需要返回门店 poi_id，传 1 则返回，否则不返回

正确创建时，返回的数据示例如下。

```
{
    "data":{
        "page_id ":14211,
        "beacon_info":{
            "distance":55.00620700469034,
            "major":10001,
            "minor":19007,
            "uuid":"FDA50693-A4E2-4FB1-AFCF-C6EB07647825"
        },
        "openid":"oVDmXjp7y8aG2AlBuRpMZTb1-cmA",
        " poi_id":1234
    },
    "errcode":0,
    "errmsg":"success."
}
```

上述数据的参数说明如表 19-18 所示。

表 19-18 获取设备及用户信息接口返回参数说明

参 数	说 明
beacon_info	设备信息，包括 UUID、Major、Minor，以及距离
uuid、major、minor	设备的 UUID、Major、Minor
distance	Beacon 信号与手机的距离，单位为 m
page_id	摇周边页面唯一 ID
openid	商户 AppID 下用户的唯一标识
poi_id	门店 ID，有的话则返回，反之不会在 JSON 格式内

19.5 关联设备和页面

添加设备和页面之后，需要配置设备和页面的关联关系，以便在摇的时候摇出相应的页面。

对于已经激活但没有配置页面的周边设备，在摇的时候将出现“未能识别周围有效的信息，请重新尝试”的错误，如图 19-23 所示。

19.5.1 配置关联关系

登录微信公众平台后台，依次进入“功能”|“摇一摇周边”|“设备管理”。在设备列表中，选择要绑定页面的设备，如图 19-24 所示。

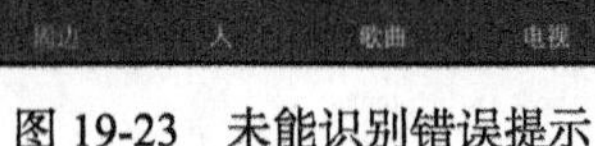

图 19-23　未能识别错误提示

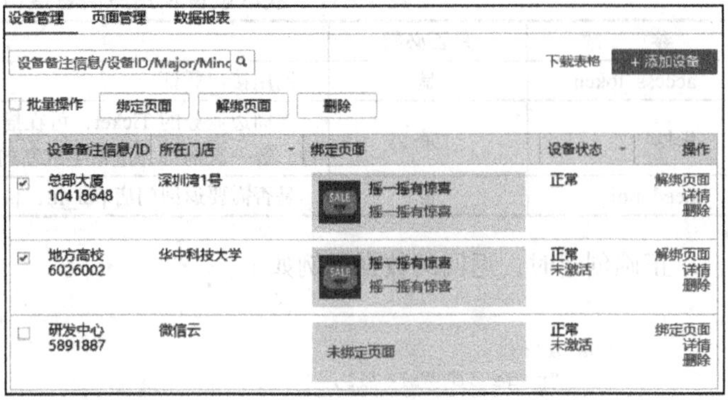

图 19-24　选择设备

勾选要绑定页面的设备之后，点击“绑定页面”按钮。在弹出的页面列表中，选择要绑定的页面，如图 19-25 所示。

图 19-25　选择页面

绑定成功之后，在此设备的信号范围内，即可摇出关联的页面信息。若设备配置了多个页面，则随机出现页面信息。一个设备最多可配置 30 个关联页面。

除了上述手动配置的方法之外，还可以使用接口配置。

配置设备与页面关联关系的接口如下。

```
https://api.weixin.qq.com/shakearound/device/bindpage?access_token=ACCESS_TOKEN
```

配置设备与页面的关联关系时，POST 数据示例如下。

```
{
    "device_identifier":{
        "device_id":10011,
        "uuid":"FDA50693-A4E2-4FB1-AFCF-C6EB07647825",
        "major":1002,
        "minor":1223
    },
    "page_ids":[12345,23456,334567]
}
```

上述数据的参数说明如表 19-19 所示。

表 19-19　配置设备与页面关联关系的接口的参数说明

参　数	是否必需	说　明
access_token	是	调用接口凭证
page_ids	是	待关联的页面列表
device_identifier	是	指定页面的设备 ID
device_id	是	设备编号，若填了 uuid、major、minor，则可不填设备编号。若两者都填，则以设备编号优先
uuid、major、minor	是	uuid、major、minor 需填写完整，若填了设备编号，则可不填此信息

正确创建时，返回的数据示例如下。

```
{
    "data":{},
    "errcode":0,
    "errmsg":"success."
}
```

19.5.2　查询关联关系

查询设备与页面的关联关系有两种方式，可指定页面 ID 分页查询该页面所关联的所有设备信息。

查询设备与页面关联关系的接口如下。

```
https://api.weixin.qq.com/shakearound/relation/search?access_token=ACCESS_TOKEN
```

查询设备与页面的关联关系可分为以下两种情况。

1）当查询指定设备所关联的页面时，POST 数据示例如下。

```
{
    "type":1,
    "device_identifier":{
        "device_id":10011,
        "uuid":"FDA50693-A4E2-4FB1-AFCF-C6EB07647825",
        "major":1002,
        "minor":1223
    }
}
```

2）当查询指定页面所关联的设备时，POST 数据示例如下。

```
{
    "type":2,
    "page_id":11101,
    "begin":0,
    "count":3
}
```

上述数据的参数说明如表 19-20 所示。

表 19-20 查询设备与页面关联关系的接口的参数说明

参 数	是否必需	说 明
access_token	是	调用接口凭证
type	是	查询方式。1：查询设备的关联关系；2：查询页面的关联关系
device_identifier	是	指定的设备；当 type 为 1 时，此项为必填
device_id	是	设备编号，若填了 uuid、major、minor，则可不填设备编号。若两者都填，则以设备编号优先
uuid、major、minor	是	uuid、major、minor 需填写完整，若填了设备编号，则可不填此信息
page_id	是	指定的页面 ID；当 type 为 2 时，此项为必填
begin	是	关联关系列表的起始索引值；当 type 为 2 时，此项为必填
count	是	待查询的关联关系数量，不能超过 50 个；当 type 为 2 时，此项为必填

正确创建时，返回的数据示例如下。

```
{
    "data":{
        "relations":[
            {
                "device_id":797994,
                "major":10001,
                "minor":10023,
                "page_id":50054,
                "uuid":"FDA50693-A4E2-4FB1-AFCF-C6EB07647825"
            },
            {
                "device_id":797994,
                "major":10001,
                "minor":10023,
                "page_id":50055,
                "uuid":"FDA50693-A4E2-4FB1-AFCF-C6EB07647825"
            }
        ],
        "total_count":2
    },
    "errcode":0,
    "errmsg":"success."
}
```

上述数据的参数说明如表 19-21 所示。

表 19-21 查询设备与页面关联关系的接口返回参数说明

参 数	说 明
relations	关联关系列表
device_id	设备编号
uuid、major、minor	设备的 UUID、Major、Minor
page_id	摇周边页面唯一 ID
total_count	设备或页面的关联关系总数

19.6　数据统计

19.6.1　查询设备统计数据

查询设备统计数据的接口如下。

```
https://api.weixin.qq.com/shakearound/statistics/device?access_token=ACCESS_TOKEN
```

查询设备统计数据时，POST 数据示例如下。

```
{
    "device_identifier":{
        "device_id":10011,
        "uuid":"FDA50693-A4E2-4FB1-AFCF-C6EB07647825",
        "major":1002,
        "minor":1223
    },
    "begin_date":1438704000,
    "end_date":1438704000
}
```

上述数据的参数说明如表 19-22 所示。

表 19-22　查询设备统计数据接口的参数说明

参　　数	是否必需	说　　明
access_token	是	调用接口凭证
device_identifier	是	指定页面的设备 ID
device_id	是	设备编号，若填了 uuid、major、minor，可不填设备编号，两者选其一
uuid、major、minor	是	uuid、major、minor 需填写完整，若填了设备编号，可不填此信息，两者选其一
begin_date	是	起始日期时间戳，最长时间跨度为 30 天，单位为 s
end_date	是	结束日期时间戳，最长时间跨度为 30 天，单位为 s

正确创建时，返回的数据示例如下。

```
{
    "data":[
        {
            "click_pv":0,
            "click_uv":0,
            "ftime":1425052800,
            "shake_pv":0,
            "shake_uv":0
        },
        {
            "click_pv":0,
            "click_uv":0,
            "ftime":1425139200,
            "shake_pv":0,
            "shake_uv":0
        }
    ],
```

```
    "errcode":0,
    "errmsg":"success."
}
```

上述数据的参数说明如表 19-23 所示。

表 19-23　查询设备统计数据接口返回参数说明

参　数	说　明
ftime	当天 0 点对应的时间戳
click_pv	打开摇周边页面的次数
click_uv	打开摇周边页面的人数
shake_pv	摇出摇周边页面的次数
shake_uv	摇出摇周边页面的人数

19.6.2 批量查询设备统计数据

批量查询设备统计数据的接口如下。

```
https://api.weixin.qq.com/shakearound/statistics/devicelist?access_token=ACCESS_TOKEN
```

批量查询设备统计数据时，POST 数据示例如下。

```
{
    "date":1438704000,
    "page_index":1
}
```

上述数据的参数说明如表 19-24 所示。

表 19-24　批量查询设备统计数据接口的参数说明

参　数	是否必需	说　明
access_token	是	调用接口凭证
date	是	指定查询日期时间戳，单位为 s
page_index	是	指定查询的结果页序号；返回结果按摇周边人数降序排序，每 50 条记录为一页

正确创建时，返回的数据示例如下。

```
{
    "data":{
        "devices":[
            {
                "device_id":10097,
                "major":10001,
                "minor":12102,
                "uuid":"FDA50693-A4E2-4FB1-AFCF-C6EB07647825",
                "shake_pv":1,
                "shake_uv":2,
                "click_pv":3,
                "click_uv":4
            },
            {
                "device_id":10097,
                "major":10001,
                "minor":12102,
```

```
                "uuid":"FDA50693-A4E2-4FB1-AFCF-C6EB07647825",
                "shake_pv":1,
                "shake_uv":2,
                "click_pv":3,
                "click_uv":4
            }
        ]
    },
    "date":1435075200,
    "total_count":151,
    "page_index":1,
    "errcode":0,
    "errmsg":"success."
}
```

上述数据的参数说明如表 19-25 所示。

表 19-25 批量查询设备统计数据接口返回参数说明

参　数	说　明
device_id	设备编号
major、minor、uuid	设备的 Major、Minor、UUID
click_pv	打开摇周边页面的次数
click_uv	打开摇周边页面的人数
shake_pv	摇出摇周边页面的次数
shake_uv	摇出摇周边页面的人数
date	所查询的日期时间戳
total_count	设备总数
page_index	所查询的结果页序号；返回结果按摇周边人数降序排序，每 50 条记录为一页

19.6.3 查询页面统计数据

查询页面统计数据的接口如下。

```
https://api.weixin.qq.com/shakearound/statistics/page?access_token=ACCESS_TOKEN
```

查询页面统计数据时，POST 数据示例如下。

```
{
    "page_id":12345,
    "begin_date":1438704000,
    "end_date":1438704000
}
```

上述数据的参数说明如表 19-26 所示。

表 19-26 查询页面统计数据接口的参数说明

参　数	是否必需	说　明
access_token	是	调用接口凭证
page_id	是	指定页面的设备 ID
begin_date	是	起始日期时间戳，最长时间跨度为 30 天，单位为 s
end_date	是	结束日期时间戳，最长时间跨度为 30 天，单位为 s

正确创建时，返回的数据示例如下。

```
{
    "data":[
        {
            "click_pv":0,
            "click_uv":0,
            "ftime":1425052800,
            "shake_pv":0,
            "shake_uv":0
        },
        {
            "click_pv":0,
            "click_uv":0,
            "ftime":1425139200,
            "shake_pv":0,
            "shake_uv":0
        }
    ],
    "errcode":0,
    "errmsg":"success."
}
```

上述数据的参数说明如表 19-27 所示。

表 19-27　查询页面统计数据接口返回参数说明

参　数	说　明
ftime	当天 0 点对应的时间戳
click_pv	打开摇周边页面的次数
click_uv	打开摇周边页面的人数
shake_pv	摇出摇周边页面的次数
shake_uv	摇出摇周边页面的人数

19.6.4　批量查询页面统计数据

批量查询页面统计数据的接口如下。

```
https://api.weixin.qq.com/shakearound/statistics/pagelist?access_token=ACCESS_TOKEN
```

批量查询页面统计数据时，POST 数据示例如下。

```
{
    "date":1425139200,
    "page_index":1
}
```

上述数据的参数说明如表 19-28 所示。

表 19-28　批量查询页面统计数据接口的参数说明

参　数	是否必需	说　明
access_token	是	调用接口凭证
date	是	指定查询日期时间戳
page_index	是	指定查询的结果页序号；返回结果按摇周边人数降序排序，每 50 条记录为一页

正确创建时，返回的数据示例如下。


```
{
    "data":{
        "pages":[
            {
                "page_id":1,
                "click_pv":0,
                "click_uv":0,
                "shake_pv":0,
                "shake_uv":0
            },
            {
                "page_id":1,
                "click_pv":0,
                "click_uv":0,
                "shake_pv":0,
                "shake_uv":0
            }
        ]
    },
    "date":1435075200,
    "total_count":151,
    "page_index":1,
    "errcode":0,
    "errmsg":"success."
}
```


上述数据的参数说明如表 19-29 所示。

表 19-29　批量查询页面统计数据接口返回参数说明

参　数	说　明
page_id	页面 ID
click_pv	打开摇周边页面的次数
click_uv	打开摇周边页面的人数
shake_pv	摇出摇周边页面的次数
shake_uv	摇出摇周边页面的人数
date	所查询的日期时间戳，单位为秒
total_count	页面总数
page_index	所查询的结果页序号；返回结果按摇周边人数降序排序，每 50 条记录为一页

19.7　案例实践：会议签到及室内定位

基于摇一摇事件通知功能，开发会议签到及室内定位功能非常容易。摇一摇事件通知可以作为签到的依据，而事件中的 Distance 参数可以得到用户离设备的距离，也就可以对用户进行一个大致的定位。

首先需要配置一个自定义链接的签到页面及一个摇一摇设备，自定义链接中可以填写会议详情页面。配置好后的效果如图 19-26 所示。

图 19-26　设备绑定页面

然后在开发者接口中接收摇一摇事件通知，并解析事件的 XML 数据包。相应代码如下。

```
1 //接收事件消息
2 private function receiveEvent($object)
3 {
4     $content = "";
5     switch ($object->Event)
6     {
7         case "subscribe":
8             $content = "欢迎关注方倍工作室";
9             break;
10        case "ShakearoundUserShake":
11            $content = "摇一摇\nUuid: ".$object->ChosenBeacon->Uuid.
12            "\nMajor: ".$object->ChosenBeacon->Major.
13            "\nMinor: ".$object->ChosenBeacon->Minor.
14            "\nDistance: ".$object->ChosenBeacon->Distance.
15            "\nRssi: ".$object->ChosenBeacon->Rssi.
16            "\nMeasurePower: ".$object->ChosenBeacon->MeasurePower.
17            "\nChosenPageId: ".$object->ChosenBeacon->ChosenPageId
18            ;
19            require_once('weixin.class.php');
20            $weixin = new class_weixin();
21            $openid = strval($object->FromUserName);
22            $data[] = array("title"=>"签到成功", "description"=>"欢迎参加集团公司2017年
              年会。\r\n会议时间：12月31日 19:00-22:00\r\n会议地点：XX路123号XX大酒
              店5楼\r\n联系电话：0755-1234567\r\n签到地点：主席台 ".round($object->
              ChosenBeacon->Distance ,1)."米范围内", "picurl"=>"http://discuz.comli.
              com/weixin/weather/icon/cartoon.jpg", "url" =>"");
23            $result2 = $weixin->send_custom_message($openid, "news", $data);
24            break;
25        default:
26            $content = "receive a new event: ".$object->Event;
27            break;
28    }
29
30    if(is_array($content)){
31        $result = $this->transmitNews($object, $content);
32    }else{
33        $result = $this->transmitText($object, $content);
34    }
35    return $result;
36 }
```

上述代码解读如下。

第 10 行：接收到摇一摇事件通知。

第 11 ~ 18 行：解析出摇一摇事件 XML 数据的参数。

第 19 ~ 21 行：引入微信类文件，创建新对象，解析出 OpenID。

第 22 行：构造签到成功的图文消息，同时计算出用户离设备的距离并放入图文消息的描述字段中。

第 23 行：使用客服接口发送图文消息。

最终用户摇到的签到页面及收到的图文消息如图 19-27 所示。

图 19-27 会议签到及室内定位

另外，本案例没有将用户记录写入数据库。在实际中，这样的需求一般是需要保存入库，以便统计人数的。读者可以自己完成该部分的代码。

19.8 本章小结

本章介绍了微信摇一摇周边的蓝牙设备管理、页面管理，以及业务开发等功能。读者开发摇一摇周边业务时，需要先拥有一个已经正常配置并激活的蓝牙设备。

第 20 章　微信企业号和企业微信

微信企业号是微信为企业客户提供的移动应用入口。它帮助企业建立员工、上下游供应链与企业 IT 系统间的连接。利用企业号，企业或第三方合作伙伴可以帮助企业快速、低成本地实现高质量的移动轻应用，实现生产、管理、协作、运营的移动化。

企业微信是腾讯公司发布的全平台企业办公工具，它的推出为企业员工提供了最基础和最实用的办公服务，并加入了贴合办公场景的特色功能、轻 OA 工具，合理化区分工作与生活，提升工作效率，引领移动办公迈上新台阶。

20.1　企业号开发基础

微信公众平台企业号的地址是 https://qy.weixin.qq.com/。成功申请企业号并登录平台后台后，界面如图 20-1 所示。

图 20-1　企业号后台界面

20.1.1　启用回调模式

企业号应用有两种模式：普通模式和回调模式。

普通模式下，开发者可以通过简单的界面编辑，来设置自动回复以及底部的自定义菜单等功能。该模式类似于订阅号或服务号的编辑模式。

回调模式下，开发者可通过企业号提供的接口，实现设置自定义菜单、获取成员状态通知，以及微信消息转发等功能。回调模式类似于订阅号或服务号的开发者接入模式。

开启应用的回调模式时，企业号会要求你填写应用的 URL、Token、EncodingAESKey 等 3 个参数。

URL 是企业应用接收企业号推送请求的访问协议和地址，支持 HTTP 或 HTTPS 协议。

Token 可由企业任意填写，用于生成签名。

EncodingAESKey 用于消息体的加密，是 AES 密钥的 Base64 编码。

当提交以上信息时，企业号将发送 GET 请求到填写的 URL 上，GET 请求携带 4 个参数，企业在获取时需要做 urldecode 处理，否则会验证不成功。参数说明如表 20-1 所示。

表 20-1　GET 参数说明

参数	是否必带	描　述
msg_signature	是	微信加密签名，msg_signature 结合了企业填写的 token，请求中的 timestamp、nonce 参数，加密的消息体
timestamp	是	时间戳
nonce	是	随机数
echostr	首次校验时必带	加密的随机字符串，以 msg_encrypt 格式提供。需要解密并返回 echostr 明文，解密后有 random、msg_len、msg、$CorpID 等 4 个字段。其中，msg 为 echostr 明文

企业号通过参数 msg_signature 对请求进行校验，如果确认此次 GET 请求来自企业号，那么企业号应该对 echostr 参数解密并原样返回 echostr 明文（不能加引号，不能带 bom 头，不能带换行符），则接入验证生效，回调模式才能开启。

后续回调企业号接口时都会在请求 URL 中带上以上参数（echostr 除外），校验方式与首次验证 URL 一致。

企业号应用启用回调模式的代码如下。

```
 1 require_once("WXBizMsgCrypt.php");
 2 $encodingAesKey = "abcdefghijklmnopqrstuvwxyz0123456789ABCDEFG";
 3 $token = "FangBei";
 4 $corpId = "wx82e2c31215d9a5a7";
 5
 6 class wechatCallbackapiTest extends WXBizMsgCrypt
 7 {
 8     //验证 URL 有效
 9     public function valid()
10     {
11         $sVerifyMsgSig = $_GET["msg_signature"];
12         $sVerifyTimeStamp = $_GET["timestamp"];
13         $sVerifyNonce = $_GET["nonce"];
14         $sVerifyEchoStr = $_GET["echostr"];
15         $sEchoStr = "";
16         $errCode = $this->VerifyURL($sVerifyMsgSig, $sVerifyTimeStamp, $sVerifyNonce,
           $sVerifyEchoStr, $sEchoStr);
```

```
17          if ($errCode == 0) {
18              //验证 URL 成功，将 sEchoStr 返回
19              echo $sEchoStr;
20          }
21      }
22 }
23
24 $wechatObj = new wechatCallbackapiTest($token, $encodingAesKey, $corpId);
25 if (!isset($_GET['echostr'])) {
26     $wechatObj->valid();
27 }
```

回调模式启用成功之后，界面如图 20-2 所示。

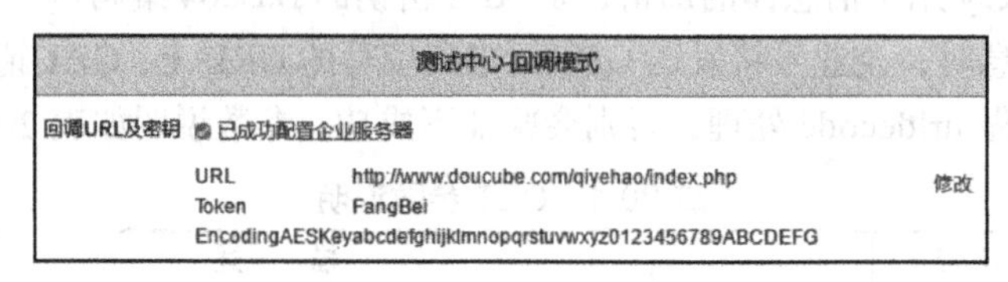

图 20-2　配置回调模式

20.1.2　使用回调模式

企业号在回调企业 URL 时，会对消息体本身做 AES 加密，以 XML 格式 POST 到企业应用的 URL 上；企业号在被动响应时，也需要对数据加密，以 XML 格式返回给微信。企业号的回复支持文本、图片、语音、视频、图文等格式。

假设企业回调 URL 为 http://www.doucube.com/qiyehao/index.php。

请求如下。

```
http:// www.doucube.com/qiyehao/index.php?msg_signature=cba357c1cfee7db580b8b7be69
979c519dd9e2dd&timestamp=1480911337&nonce=953484830
```

回调数据格式如下。

```
<xml>
    <ToUserName><![CDATA[wx82e2c31215d9a5a7]]></ToUserName>
    <Encrypt><![CDATA[zLP6J6XhqxLmeBioy+dT3QCNlMa6gmEJwI7BXz9+RXRxPns7BvHxnVwHvxGZ8Bk
    SntOKIFs9ECpW42SB+aZxk+lp1FTJ+HE+bN4dhCoGN15jWYQmjXD9YdZcjgcTczCJ5Pvxlwwz7pyZnq7n
    0wj1rb179g1x78hHigU9TyyMaa6kxzQUoWsfU5h8z9xs1rpWZ/Prj+6ZMg1MGy0ER4SR1hSVtSttUVn7th
    yGPZ5+UEWq7ZWzHAOXFUOXwv4nVtRzP+Weu/qrBY+TxZYcRDwdISj7IfNfTh53Yy6+LPLEOShXj602OvJ1l
    HVK98D9fumI/9nUZ3C75hvvBBY0HH4tePWwEoNNasb4DKMO6u40iACET+1krmjuuZP9IuW2aYkLe/ilf3285c
    9u/9EYU0o3sNWznxYazNV/1wW/SMdeIS1CHwh8CzKQuIMZJdrU3Mf12gg3IRSY535b0JxSFDw3Ig==]]></Encrypt>
    <AgentID><![CDATA[24]]></AgentID>
</xml>
```

上述数据的参数说明如下。

1）msg_encrypt 为经过加密的密文。

2）AgentID 为接收的应用 ID，可在应用的设置页面获取。

3）ToUserName 为企业号的 CorpID。

企业号对 msg_signature 进行校验，并解密 msg_encrypt，得出 msg 的原文。明文数据如下。

```
<xml>
    <ToUserName><![CDATA[wx82e2c31215d9a5a7]]></ToUserName>
    <FromUserName><![CDATA[fangbei]]></FromUserName>
    <CreateTime>1480911337</CreateTime>
    <MsgType><![CDATA[event]]></MsgType>
    <AgentID>24</AgentID>
    <Event><![CDATA[click]]></Event>
    <EventKey><![CDATA[COMPANY]]></EventKey>
</xml>
```

根据事件类型，要回复的明文数据如下。

```
<xml>
    <ToUserName><![CDATA[fangbei]]></ToUserName>
    <FromUserName><![CDATA[wx82e2c31215d9a5a7]]></FromUserName>
    <CreateTime>1480911343</CreateTime>
    <MsgType><![CDATA[news]]></MsgType>
    <ArticleCount>1</ArticleCount>
    <Articles>
        <item>
            <Title><![CDATA[ 方倍工作室 ]]></Title>
            <Description><![CDATA[]]></Description>
            <PicUrl><![CDATA[http://discuz.comli.com/weixin/weather/icon/cartoon.
            jpg]]></PicUrl>
            <Url><![CDATA[http://m.cnblogs.com/?u=txw1958]]></Url>
        </item>
    </Articles>
</xml>
```

将上述数据用同样的加密方法，得到被动响应给微信的数据格式，具体如下。

```
<xml>
    <Encrypt><![CDATA[jvmTnCtYGdari33cQRWgRWdcsLR5Y19nx4txCFlonki3TQQaNlfdc1Svwj
    EjKJrXeKofBtC8LIK8gurdR5hfo1BjJ3OqX9WznP2N0Ipnto41dF0hPyNqOw5eBv1BOylly2Rxzhctk
    pdS4KPWh70UPjx8vWtMAugkPxZ4REpjEWZoivm2Phq6H0TvLRkNwQlY2D221LjJkDHMskUh7wBeC
    yyrw4UJ/Q5vMd4g/k2V8q5kpgHYvvNLoiN8OSMtWCRYAy+qKV1UglegSilxyuvQRX9vb++wH6ejl
    ZMbD7L/EeO698202WcqWtBycHPkmuWbx58a4TzjHkKPWtY6GBGoU/KfZAVesCQwUA/ZVo5qtEvgh
    4WcUF7u2MYJ72twq0AqdLoD8TtCCSdeK6eoNRKOqm+K0bTrZIt7sR0DhFi8tKrcApU9jaFKR+rKj
    b0hsV+M4U16ca1LCrfqQA+AS6MhI6wBEGc2FyFTfqtgroFB18bETuAnahkrtEb2XIDQUnlXiP6Lk
    7uuyZDlHaRb7sXPgjGWepOQ7Vdo71CP4sh3RlFp8TbBmA3XMkMUllqjaIlrPfxLsipylY+95xCWX
    7rDPPgy5g/6++Sg25XPw0L9ft23LjvuJQWoNABjJVHxjmWbI5bUyYDx/rwzyu/urKWHfrsTmoHvL
    fDYp8vrWcfKte0uMGdfJq2vYlAv3ooKTWoh8altTS2YVS6Wc1xqqQG8FMBISqLUjlIMQN3TaWXvE
    Y5w5vJ4i1/eHaJeSVhsQGnXW63n0W7gCe0DSLian8DQ32uY7Do3eh2/R6t1VsOUKCnL+oeaRcLzh
    nwU+YFIWo7ULiqqPuVFzInN91J6iPKPfw==]]></Encrypt>
    <MsgSignature><![CDATA[df908a6dfe95ae615300ae51eb1af6cf8bf3522d]]></MsgSignature>
    <TimeStamp>1480911337</TimeStamp>
    <Nonce><![CDATA[953484830]]></Nonce>
</xml>
```

上述 XML 字段解释如下。

1）msg_encrypt 为经过加密的密文。

2）MsgSignature 为签名。

3）TimeStamp 为时间戳，Nonce 为随机数，由企业号生成。

使用回调模式的完整代码如下。

```
1 require_once("WXBizMsgCrypt.php");
2 $encodingAesKey = "abcdefghijklmnopqrstuvwxyz0123456789ABCDEFG";
3 $token = "FangBei";
4 $corpId = "wx82e2c31215d9a5a7";
5
6 class wechatCallbackapiTest extends WXBizMsgCrypt
7 {
8     //验证URL有效
9     public function valid()
10     {
11         $sVerifyMsgSig = $_GET["msg_signature"];
12         $sVerifyTimeStamp = $_GET["timestamp"];
13         $sVerifyNonce = $_GET["nonce"];
14         $sVerifyEchoStr = $_GET["echostr"];
15
16         $sEchoStr = "";
17         $errCode = $this->VerifyURL($sVerifyMsgSig, $sVerifyTimeStamp, $sVerifyNonce,
           $sVerifyEchoStr, $sEchoStr);
18         if ($errCode == 0) {
19             //验证URL成功，将sEchoStr返回
20             echo $sEchoStr;
21         }
22     }
23
24     //响应消息
25     public function responseMsg()
26     {
27         $sReqMsgSig = $_GET['msg_signature'];
28         $sReqTimeStamp = $_GET['timestamp'];
29         $sReqNonce = $_GET['nonce'];
30         $sReqData = $GLOBALS["HTTP_RAW_POST_DATA"];
31         $sMsg = "";            //解析之后的明文
32         $this->logger(" DE \r\n".$sReqData);
33
34         $errCode = $this->DecryptMsg($sReqMsgSig, $sReqTimeStamp, $sReqNonce,
           $sReqData, $sMsg);
35         $this->logger(" RR \r\n".$sMsg);
36         $postObj = simplexml_load_string($sMsg, 'SimpleXMLElement', LIBXML_NOCDATA);
37         $RX_TYPE = trim($postObj->MsgType);
38
39         //消息类型分离
40         switch ($RX_TYPE)
41         {
42             case "event":
43                 $sRespData = $this->receiveEvent($postObj);
44                 break;
45             case "text":
46                 $sRespData = $this->receiveText($postObj);
47                 break;
48             default:
49                 $sRespData = "unknown msg type: ".$RX_TYPE;
50                 break;
51         }
52         $this->logger(" RT \r\n".$sRespData);
53         //加密
54         $sEncryptMsg = "";    //XML格式的密文
```

```
55          $errCode = $this->EncryptMsg($sRespData, $sReqTimeStamp, $sReqNonce, $sEncryptMsg);
56          $this->logger(" EC \r\n".$sEncryptMsg);
57          echo $sEncryptMsg;
58      }
59
60      //接收事件消息
61      private function receiveEvent($object)
62      {
63          $content = "";
64          switch ($object->Event)
65          {
66              case "subscribe":
67                  $content = "欢迎关注企业号";
68                  break;
69              case "enter_agent":
70                  $content = "欢迎进入企业号应用";
71                  break;
72              default:
73                  $content = "receive a new event: ".$object->Event;
74                  break;
75          }
76
77          $result = $this->transmitText($object, $content);
78          return $result;
79      }
80
81      //接收文本消息
82      private function receiveText($object)
83      {
84          $keyword = trim($object->Content);
85          $content = time();
86          $result = $this->transmitText($object, $content);
87          return $result;
88      }
89
90      //回复文本消息
91      private function transmitText($object, $content)
92      {
93          if (!isset($content) || empty($content)){
94              return "";
95          }
96
97          $xmlTpl = "<xml>
98                      <ToUserName><![CDATA[%s]]></ToUserName>
99                      <FromUserName><![CDATA[%s]]></FromUserName>
100                     <CreateTime>%s</CreateTime>
101                     <MsgType><![CDATA[text]]></MsgType>
102                     <Content><![CDATA[%s]]></Content>
103                     </xml>";
104         $result = sprintf($xmlTpl, $object->FromUserName, $object->ToUserName, time(),
            $content);
105
106         return $result;
107     }
108
109     //日志记录
```

```
110     public function logger($log_content)
111     {
112         $max_size = 500000;
113         $log_filename = "log.xml";
114         if(file_exists($log_filename) and (abs(filesize($log_filename)) > $max_size)){unlink
            ($log_filename);}
115         file_put_contents($log_filename, date('Y-m-d H:i:s').$log_content."\r\n",
        FILE_APPEND);
116     }
117 }
118
119 $wechatObj = new wechatCallbackapiTest($token, $encodingAesKey, $corpId);
120 $wechatObj->logger(' http://'.$_SERVER['HTTP_HOST'].$_SERVER['PHP_SELF'].(empty
    ($_SERVER['QUERY_STRING'])?"":("?".$_SERVER['QUERY_STRING'])));
121 if (!isset($_GET['echostr'])) {
122     $wechatObj->responseMsg();
123 }else{
124     $wechatObj->valid();
125 }
```

可以看到，企业号的回调模式和其他公众号的加解密方法基本上是一致的。

上述代码中，加解密消息部分在响应消息的函数 responseMsg() 中，该部分解读如下。

第 27 ~ 30 行：解析出获取到的 GET 参数及微信 POST 过来的原始 XML。

第 31 ~ 35 行：将取到密文写日志，然后进行解密。解密后将明文也写日志。

第 36 ~ 52 行：解析出 XML 类型为对象，然后根据事件类型分类处理，并得到要回复的 XML 明文。

第 53 ~ 57 行：将要回复的内容进行加密，并返回给接口。

20.1.3 管理组

对应用的控制需要使用管理组来完成。登录企业号后台，依次进入“设置”|“权限管理”，在“普通管理组”中新建一个管理组，填写好管理组的名称，设置好级别、通讯录权限及应用权限之后，就可以看到应用的详情了，其中包括 CorpID 和 Secret，如图 20-3 所示。

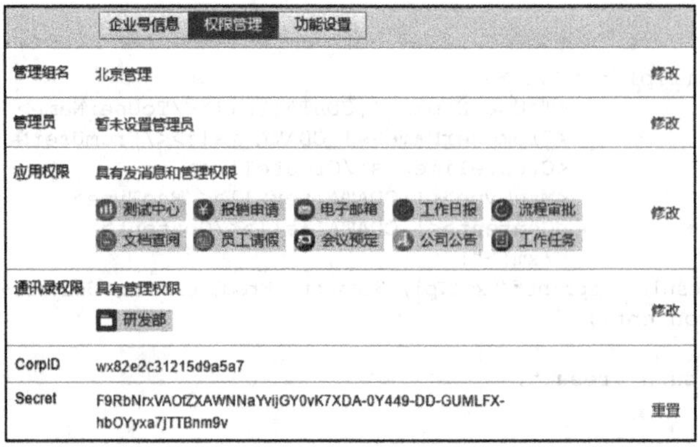

企业号信息 权限管理 功能设置

管理组名	北京管理	修改
管理员	暂未设置管理员	修改
应用权限	具有发消息和管理权限 测试中心 报销申请 电子邮箱 工作日报 流程审批 文档查阅 员工请假 会议预定 公司公告 工作任务	修改
通讯录权限	具有管理权限 研发部	修改
CorpID	wx82e2c31215d9a5a7	
Secret	F9RbNrxVAOfZXAWNNaYvijGY0vK7XDA-0Y449-DD-GUMLFX-hbOYyxa7jTTBnm9v	重置

图 20-3 管理组

20.1.4 Access Token

Access Token 是企业号的全局唯一票据，调用接口时需携带 Access Token。Access Token 需要用 CorpID 和 Secret 来换取，不同的 Secret 会返回不同的 Access Token。正常情况下，Access Token 的有效期为 7200s，有效期内重复获取将返回相同结果。

获取 Access Token 的接口如下。

```
https://qyapi.weixin.qq.com/cgi-bin/gettoken?corpid=id&corpsecret=secrect
```

上述接口的参数说明如表 20-2 所示。

表 20-2 获取 Access Token 接口的参数说明

参　数	是否必需	说　明
corpid	是	企业 ID
corpsecret	是	管理组的凭证密钥

正确提交时，返回的数据示例如下。

```
{
    "access_token":"8kVW_z_qB_cg4zVBYM8K3lkW7mX_jbZy2J9d-OZssRDALr4Togl kp0eOhBORnnEuNm5M-
    IeTntLaEmKHiCkmGJ_HU2i7I6LzKszixxZmkvwGX3hRoCCghQq5fsdGpqkRQXLfAIAELZ",
    "expires_in":7200
}
```

上述数据的参数说明如表 20-3 所示。

表 20-3 获取 Access Token 接口的返回参数说明

参　数	说　明
access_token	获取到的凭证，长度为 64 ~ 512 个字节
expires_in	凭证的有效时间（秒）

20.2 部门管理

20.2.1 创建部门

创建部门的接口如下。

```
https://qyapi.weixin.qq.com/cgi-bin/department/create?access_token=ACCESS_TOKEN
```

创建部门时，POST 数据示例如下。

```
{
    "name":"广州研发中心",
    "parentid":1,
    "order":1,
    "id":1
}
```

上述数据的参数说明如表 20-4 所示。

表 20-4 创建部门接口的参数说明

参数	是否必需	说明
access_token	是	调用接口凭证
name	是	部门名称，长度限制为32个字（汉字或英文字母），字符不能包括\:*?"<> |
parentid	是	父部门ID。根部门ID为1
order	否	在父部门中的次序值。order值小的排序靠前
id	否	部门ID，整型。指定时必须大于1，不指定时则自动生成

正确提交时，返回的数据示例如下。

```
{
    "errcode":0,
    "errmsg":"created",
    "id":2
}
```

上述数据的参数说明如表20-5所示。

表 20-5 建部门接口返回参数说明

参　数	说　明
errcode	返回码
errmsg	对返回码的文本描述内容
id	创建的部门ID

20.2.2 更新部门

更新部门的接口如下。

```
https:// qyapi.weixin.qq.com/cgi-bin/department/update?access_token=ACCESS_TOKEN
```

更新部门时，POST数据示例如下。

```
{
    "id":2,
    "name":"广州研发中心",
    "parentid":1,
    "order":1
}
```

上述数据的参数说明如表20-6所示。

表 20-6 更新部门接口的参数说明

参数	是否必需	说明
access_token	是	调用接口凭证
id	是	部门ID
name	否	更新的部门名称，长度限制为32个字（汉字或英文字母），字符不能包括\:*?"<> |。修改部门名称时指定该参数
parentid	否	父部门ID。根部门ID为1
order	否	在父部门中的次序值。order值小的排序靠前

正确提交时，返回的数据示例如下。

```
{
    "errcode":0,
    "errmsg":"updated"
}
```

20.2.3 删除部门

删除部门的接口如下。

```
https://qyapi.weixin.qq.com/cgi-bin/department/delete?access_token=ACCESS_TOKEN&id=ID
```

上述接口的参数说明如表 20-7 所示。

表 20-7 删除部门接口的参数说明

参　数	是否必需	说　明
access_token	是	调用接口凭证
id	是	部门 ID（注：不能删除根部门；不能删除含有子部门、成员的部门）

正确提交时，返回的数据示例如下。

```
{
    "errcode":0,
    "errmsg":"deleted"
}
```

20.2.4 获取部门列表

获取部门列表的接口如下。

```
https://qyapi.weixin.qq.com/cgi-bin/department/list?access_token=ACCESS_TOKEN&id=ID
```

上述接口的参数说明如表 20-8 所示。

表 20-8 获取部门列表接口的参数说明

参　数	是否必需	说　明
access_token	是	调用接口凭证
id	否	部门 ID。获取指定部门及其下的子部门

正确提交时，返回的数据示例如下。

```
{
    "errcode":0,
    "errmsg":"ok",
    "department":[
        {
            "id":2,
            "name":"广州研发中心",
            "parentid":1,
            "order":10
        },
        {
```

```
            "id":3,
            "name":" 邮箱产品部 ",
            "parentid":2,
            "order":40
        }
    ]
}
```

上述数据的参数说明如表20-9所示。

表20-9 获取部门列表接口返回参数说明

参 数	说 明
errcode	返回码
errmsg	对返回码的文本描述内容
department	部门列表数据。以部门的order字段从小到大排列
id	部门ID
name	部门名称
parentid	父部门ID。根部门为1
order	在父部门中的次序值。order值小的排序靠前

20.3 成员管理

20.3.1 创建成员

创建成员的接口如下。

```
https://qyapi.weixin.qq.com/cgi-bin/user/create?access_token=ACCESS_TOKEN
```

创建成员时，POST数据示例如下。

```
{
    "userid":"zhangsan",
    "name":" 张三 ",
    "department":[ 1, 2 ],
    "position":" 产品经理 ",
    "mobile":"15913215421",
    "gender":"1",
    "email":"zhangsan@gzdev.com",
    "weixinid":"zhangsan4dev",
    "avatar_mediaid":"2-G6nrLmr5EC3MNb_-zL1dDdzkd0p7cNliYu9V5w7o8K0",
    "extattr":{
        "attrs":[
            {
                "name":" 爱好 ",
                "value":" 旅游 "
            },
            {
                "name":" 卡号 ",
                "value":"1234567234"
            }
```

```
            ]
        }
}
```

上述数据的参数说明如表 20-10 所示。

表 20-10　创建成员接口的参数说明

参数	是否必需	说　　明
access_token	是	调用接口凭证
userid	是	成员 UserID。对应管理端的账号，企业内必须唯一。不区分大小写，长度为 1 ~ 64 个字节
name	是	成员名称，长度为 1 ~ 64 个字节
department	是	成员所属部门 ID 列表，不超过 20 个
position	否	职位信息，长度为 0 ~ 64 个字节
mobile	否	手机号码。企业内必须唯一，mobile/weixinid/email 三者不能同时为空
gender	否	性别。1 表示男性，2 表示女性
email	否	邮箱，长度为 0 ~ 64 个字节。企业内必须唯一
weixinid	否	微信号。企业内必须唯一（注意：是微信号，不是微信的名字）
avatar_mediaid	否	成员头像的 media_id，通过多媒体接口上传图片获得的 media_id
extattr	否	扩展属性。扩展属性需要在 Web 管理端创建后才生效，否则忽略未知属性的赋值

正确提交时，返回的数据示例如下。

```
{
    "errcode":0,
    "errmsg":"created"
}
```

20.3.2　更新成员

更新成员的接口如下。

```
https://qyapi.weixin.qq.com/cgi-bin/user/update?access_token=ACCESS_TOKEN
```

更新成员时，POST 数据示例如下。

```
{
    "userid":"zhangsan",
    "name":"李四",
    "department":[1],
    "position":"后台工程师",
    "mobile":"15913215421",
    "gender":"1",
    "email":"zhangsan@gzdev.com",
    "weixinid":"lisifordev",
    "enable":1,
    "avatar_mediaid":"2-G6nrLmr5EC3MNb_-zL1dDdzkd0p7cNliYu9V5w7o8K0",
    "extattr":{
        "attrs":[
            {
                "name":"爱好",
```

```
                    "value":"旅游"
                },
                {
                    "name":"卡号",
                    "value":"1234567234"
                }
            ]
        }
    }
```

上述数据的参数说明如表 20-11 所示。

表 20-11 更新成员接口的参数说明

参数	是否必需	说　明
access_token	是	调用接口凭证
userid	是	成员 UserID。对应管理端的账号，企业内必须唯一。长度为 1 ~ 64 个字节
name	否	成员名称，长度为 0 ~ 64 个字节
department	否	成员所属部门 ID 列表，不超过 20 个
position	否	职位信息，长度为 0 ~ 64 个字节
mobile	否	手机号码。企业内必须唯一，mobile/weixinid/email 三者不能同时为空
gender	否	性别。1 表示男性，2 表示女性
email	否	邮箱，长度为 0 ~ 64 个字节。企业内必须唯一
weixinid	否	微信号。企业内必须唯一（注意：是微信号，不是微信的名字）
enable	否	启用 / 禁用成员。1 表示启用成员，0 表示禁用成员
avatar_mediaid	否	成员头像的 media_id，通过多媒体接口上传图片获得的 media_id
extattr	否	扩展属性。扩展属性需要在 Web 管理端创建后才生效，否则忽略未知属性的赋值

正确提交时，返回的数据示例如下。

```
{
    "errcode":0,
    "errmsg":"updated"
}
```

20.3.3 删除成员

删除成员的接口如下。

```
https://qyapi.weixin.qq.com/cgi-bin/user/delete?access_token=ACCESS_TOKEN&userid=USERID
```

上述接口的参数说明如表 20-12 所示。

表 20-12 删除成员接口的参数说明

参　数	是否必需	说　明
access_token	是	调用接口凭证
userid	是	成员 UserID。对应管理端的账号

正确提交时，返回的数据示例如下。

```
{
    "errcode":0,
    "errmsg":"deleted"
}
```

20.3.4　获取成员

获取成员的接口如下。

```
https://qyapi.weixin.qq.com/cgi-bin/user/get?access_token=ACCESS_TOKEN&userid=USERID
```

上述接口的参数说明如表 20-13 所示。

表 20-13　获取成员接口的参数说明

参　数	是否必需	说　明
access_token	是	调用接口凭证
userid	是	成员 UserID。对应管理端的账号

正确提交时，返回的数据示例如下。

```
{
    "errcode":0,
    "errmsg":"ok",
    "userid":"zhangsan",
    "name":"李四",
    "department":[1,2],
    "position":"后台工程师",
    "mobile":"15913215421",
    "gender":"1",
    "email":"zhangsan@gzdev.com",
    "weixinid":"lisifordev",
    "avatar":"http://wx.qlogo.cn/mmopen/ajNVdqHZLLA3WJ6DSZUfiakYe37PKnQhBIeOQBO4czqrnZDS
    79FH5Wm5m4X69TBicnHFlhiafvDwklOpZeXYQQ2icg/0",
    "status":1,
    "extattr":{
        "attrs":[
            {
                "name":"爱好",
                "value":"旅游"
            },
            {
                "name":"卡号",
                "value":"1234567234"
            }
        ]
    }
}
```

上述数据的参数说明如表 20-14 所示。

表 20-14　获取成员接口返回参数说明

参　数	说　明
errcode	返回码

（续）

参　数	说　明
errmsg	对返回码的文本描述内容
userid	成员 UserID。对应管理端的账号
name	成员名称
department	成员所属部门 ID 列表
position	职位信息
mobile	手机号码
gender	性别。0 表示未定义，1 表示男性，2 表示女性
email	邮箱
weixinid	微信号
avatar	头像 URL。注：如果要获取小图，将 URL 最后的“/0”改成“/64”即可
status	关注状态：1= 已关注，2= 已禁用，4= 未关注
extattr	扩展属性

20.3.5　获取部门成员详情

获取部门成员详情的接口如下。

```
https:// qyapi.weixin.qq.com/cgi-bin/user/list?access_token=ACCESS_TOKEN&department_
id=DEPARTMENT_ID&fetch_child=FETCH_CHILD&status=STATUS
```

上述接口的参数说明如表 20-15 所示。

表 20-15　获取部门成员详情接口的参数说明

参数	是否必需	说　明
access_token	是	调用接口凭证
department_id	是	获取的部门 ID
fetch_child	否	1/0：是否递归获取子部门下面的成员
status	否	0：获取全部成员；1：获取已关注成员列表；2：获取禁用成员列表；4：获取未关注成员列表。status 可叠加，未填写则默认为 4

正确提交时，返回的数据示例如下。

```
{
    "errcode":0,
    "errmsg":"ok",
    "userlist":[
        {
            "userid":"zhangsan",
            "name":" 李四 ",
            "department":[1,2 ],
            "position":" 后台工程师 ",
            "mobile":"15913215421",
            "gender":"1",
            "email":"zhangsan@gzdev.com",
            "weixinid":"lisifordev",
```

```
            "avatar":"http://wx.qlogo.cn/mmopen/ajNVdqHZLLA3WJ6DSZUfiakYe37PKnQhBIe
            OQBO4czqrnZDS79FH5Wm5m4X69TBicnHFlhiafvDwklOpZeXYQQ2icg/0",
            "status":1,
            "extattr":{
                "attrs":[
                    {
                        "name":"爱好",
                        "value":"旅游"
                    },
                    {
                        "name":"卡号",
                        "value":"1234567234"
                    }
                ]
            }
        }
    ]
}
```

上述数据的参数说明如表 20-16 所示。

表 20-16 获取部门成员详情接口返回参数说明

参　数	说　明
errcode	返回码
errmsg	对返回码的文本描述内容
userlist	成员列表
userid	成员 UserID。对应管理端的账号
name	成员名称
department	成员所属部门 ID 列表
position	职位信息
mobile	手机号码
gender	性别。0 表示未定义，1 表示男性，2 表示女性
email	邮箱
weixinid	微信号
avatar	头像 URL。注：如果要获取小图，将 URL 最后的“/0”改成“/64”即可
status	关注状态：1= 已关注，2= 已冻结，4= 未关注
extattr	扩展属性

20.4 应用管理

20.4.1 获取应用

该 API 用于获取企业号某个应用的基本信息，包括头像、昵称、账号类型、认证类型、可见范围等信息。

获取应用的接口如下。

```
https://qyapi.weixin.qq.com/cgi-bin/agent/get?access_token=ACCESS_TOKEN&agentid=AGENTID
```

上述接口的参数说明如表 20-17 所示。

表 20-17 获取应用接口的参数说明

参　　数	是否必需	说　　明
access_token	是	调用接口凭证
agentid	是	企业应用的 ID

正确提交时，返回的数据示例如下。


```
{
    "errcode":"0",
    "errmsg":"ok",
    "agentid":"1",
    "name":"NAME",
    "square_logo_url":"xxxxxxxx",
    "round_logo_url":"yyyyyyyy",
    "description":"desc",
    "allow_userinfos":{
        "user":[
            {
                "userid":"id1",
                "status":"1"
            },
            {
                "userid":"id2",
                "status":"1"
            },
            {
                "userid":"id3",
                "status":"1"
            }
        ]
    },
    "allow_partys":{
        "partyid":[1]
    },
    "allow_tags":{
        "tagid":[1,2,3]
    },
    "close":0,
    "redirect_domain":"www.qq.com",
    "report_location_flag":0,
    "isreportuser":0,
    "isreportenter":0,
    "chat_extension_url":"http:// www.qq.com",
    "type":1
}
```


上述数据的参数说明如表 20-18 所示。

表 20-18 获取应用接口返回参数说明

参　　数	说　　明
agentid	企业应用 ID

（续）

参　数	说　明
name	企业应用名称
square_logo_url	企业应用方形头像
round_logo_url	企业应用圆形头像
description	企业应用详情
allow_userinfos	企业应用可见范围（人员），包括 userid 和关注状态 state
allow_partys	企业应用可见范围（部门）
allow_tags	企业应用可见范围（标签）
close	企业应用是否被禁用
redirect_domain	企业应用可信域名
report_location_flag	企业应用是否打开地理位置上报。0：不上报；1：进入会话上报；2：持续上报
isreportuser	是否接收用户变更通知。0：不接收；1：接收
isreportenter	是否上报用户进入应用事件。0：不接收；1：接收
type	应用类型。1：消息型；2：主页型
chat_extension_url	关联会话 URL

20.4.2 设置应用

该 API 用于设置企业应用的选项设置信息，如地理位置上报等。第三方服务商不能调用该接口设置授权的主页型应用。

设置应用的接口如下。

```
https://qyapi.weixin.qq.com/cgi-bin/agent/set?access_token=ACCESS_TOKEN
```

设置应用时，POST 数据示例如下。

```
{
    "agentid":"5",
    "report_location_flag":"0",
    "logo_mediaid":"xxxxx",
    "name":"NAME",
    "description":"DESC",
    "redirect_domain":"xxxxxx",
    "isreportuser":0,
    "isreportenter":0,
    "home_url":"http://www.qq.com",
    "chat_extension_url":"http://www.qq.com"
}
```

上述数据的参数说明如表 20-19 所示。

表 20-19　设置应用接口的参数说明

参数	是否必需	说　明
access_token	是	调用接口凭证
agentid	是	企业应用的 ID

（续）

参数	是否必需	说　明
report_location_flag	是	企业应用是否打开地理位置上报。0：不上报；1：进入会话上报；2：持续上报
logo_mediaid	是	企业应用头像的 media_id，通过多媒体接口上传图片获得的 media_id，上传后会自动裁剪成方形和圆形两个头像
name	是	企业应用名称
description	是	企业应用详情
redirect_domain	是	企业应用可信域名
isreportuser	是	是否接收用户变更通知。0：不接收；1：接收
isreportenter	是	是否上报用户进入应用事件。0：不接收；1：接收
home_url	是	主页型应用 URL。URL 必须以 HTTP 或者 HTTPS 开头。消息型应用无须该参数
chat_extension_url	是	关联会话 URL。设置该字段后，企业会话“+”号将出现该应用，点击应用可直接跳转到此 URL，支持 JS API 向当前会话发送消息

正确提交时，返回的数据示例如下。

```
{"errcode":0,"errmsg":"ok"}
```

20.5 自定义菜单

20.5.1 创建菜单

目前自定义菜单最多包含 3 个一级菜单，每个一级菜单最多包含 5 个二级菜单。一级菜单最多设置 4 个汉字，二级菜单最多设置 7 个汉字，多出来的部分将会以“...”代替。

自定义菜单接口可实现多种类型的按钮，如表 20-20 所示。

表 20-20　菜单按钮类型参数说明

字段值	功能名称	说　明
click	点击推事件	成员点击 click 类型按钮后，微信服务器会通过消息接口推送消息类型为 event 的结构给开发者，并且带上按钮中开发者填写的 key 值，开发者可以通过自定义的 key 值与成员交互
view	跳转 URL	成员点击 view 类型按钮后，微信客户端将会打开开发者在按钮中填写的网页 URL，可与网页授权获取成员基本信息接口结合，获得成员基本信息
scancode_push	扫码推事件	成员点击按钮后，微信客户端将调起扫一扫工具，完成扫码操作后显示扫码结果（如果是 URL，将进入），且会将扫码结果传给开发者，开发者可以下发消息
scancode_waitmsg	扫码推事件且弹出“消息接收中”提示框	成员点击按钮后，微信客户端将调起扫一扫工具，完成扫码操作后，将扫码结果传给开发者，同时收起扫一扫工具，然后弹出“消息接收中”提示框，随后可能会收到开发者下发的消息
pic_sysphoto	弹出系统拍照发图	成员点击按钮后，微信客户端将调起系统相机，完成拍照操作后，会将拍摄的照片发送给开发者，并推送事件给开发者，同时收起系统相机，随后可能会收到开发者下发的消息

（续）

字段值	功能名称	说　明
pic_photo_or_album	弹出拍照或者相册发图	成员点击按钮后，微信客户端将弹出选择器供成员选择"拍照"或者"从手机相册选择"。成员选择后即执行其他两种流程
pic_weixin	弹出微信相册发图器	成员点击按钮后，微信客户端将调起微信相册，完成选择操作后，将选择的照片发送给开发者的服务器，并推送事件给开发者，同时收起相册，随后可能会收到开发者下发的消息
location_select	弹出地理位置选择器	成员点击按钮后，微信客户端将调起地理位置选择工具，完成选择操作后，将选择的地理位置发送给开发者的服务器，同时收起位置选择工具，随后可能会收到开发者下发的消息

创建菜单的接口如下。

```
https://qyapi.weixin.qq.com/cgi-bin/menu/create?access_token=ACCESS_TOKEN&agentid=AGENTID
```

创建菜单时，POST 数据示例如下。

```
{
    "button":[
        {
            "type":"click",
            "name":"今日歌曲",
            "key":"V1001_TODAY_MUSIC"
        },
        {
            "name":"菜单",
            "sub_button":[
                {
                    "type":"view",
                    "name":"搜索",
                    "url":"http://www.soso.com/"
                },
                {
                    "type":"click",
                    "name":"赞一下我们",
                    "key":"V1001_GOOD"
                }
            ]
        }
    ]
}
```

上述数据的参数说明如表 20-21 所示。

表 20-21　创建菜单接口的参数说明

参　数	是否必需	说　明
access_token	是	调用接口凭证
agentid	是	企业应用的 ID，整型。可在应用的设置页面查看
button	是	一级菜单数组，个数应为 1 ~ 3 个
sub_button	否	二级菜单数组，个数应为 1 ~ 5 个

（续）

参　数	是否必需	说　明
type	是	菜单的响应动作类型
name	是	菜单标题，不超过 16 个字节，子菜单不超过 40 个字节
key	click 等点击类型必须	菜单 key 值，用于消息接口推送，不超过 128 个字节
url	view 类型必须	网页链接，成员点击菜单可打开链接，不超过 256 个字节

正确提交时，返回的数据示例如下。

```
{"errcode":0,"errmsg":"ok"}
```

20.5.2 获取菜单列表

获取菜单列表的接口如下。

```
https://qyapi.weixin.qq.com/cgi-bin/menu/get?access_token=ACCESS_TOKEN&agentid=AGENTID
```

上述接口的参数说明如表 20-22 所示。

表 20-22 获取菜单列表接口的参数说明

参　数	是否必需	说　明
access_token	是	调用接口凭证
agentid	是	企业应用的 ID，整型。可在应用的设置页面查看

接口数据返回结果与菜单创建的参数一致。

20.6 素材管理

20.6.1 上传临时素材

用于上传图片、语音、视频等媒体资源文件以及普通文件（如 DOC、PPT），接口返回媒体资源标识 ID：media_id。

上传临时素材的接口如下。

```
https://qyapi.weixin.qq.com/cgi-bin/media/upload?access_token=ACCESS_TOKEN&type=TYPE
```

上传临时素材时，POST 数据示例如下。

```
$data = array("media"  => "@E:\saesvn\customer\1\c000_token\_images\head.jpg");
```

上述数据的参数说明如表 20-23 所示。

表 20-23 上传临时素材接口的参数说明

参数	是否必需	说　明
access_token	是	调用接口凭证
type	是	媒体文件类型，分别有图片（image）、语音（voice）、视频（video）、普通文件（file）
media	是	form-data 中媒体文件标识，有 filename、filelength、content-type 等信息

正确提交时，返回的数据示例如下。

```
{
    "type":"image",
    "media_id":"1G6nrLmr5EC3MMb_-zK1dDdzmd0p7cNliYu9V5w7o8K0",
    "created_at":"1380000000"
}
```

上述数据的参数说明如表 20-24 所示。

表 20-24　上传临时素材接口返回参数说明

参　数	说　明
type	媒体文件类型，分别有图片（image）、语音（voice）、视频（video）、普通文件（file）
media_id	媒体文件上传后获取的唯一标识，最大长度为 256 个字节
created_at	媒体文件上传时间戳

20.6.2　获取临时素材

获取临时素材的接口如下。

```
https://qyapi.weixin.qq.com/cgi-bin/media/get?access_token=ACCESS_TOKEN&media_id=MEDIA_ID
```

上述接口的参数说明如表 20-25 所示。

表 20-25　获取临时素材接口的参数说明

参　数	是否必需	说　明
access_token	是	调用接口凭证
media_id	是	媒体文件 ID，最大长度为 256 个字节

正确提交时，返回的数据示例如下。

```
{
    HTTP/1.1 200 OK
    Connection: close
    Content-Type: image/jpeg
    Content-disposition: attachment; filename="MEDIA_ID.jpg"
   Date: Sun, 06 Jan 2013 10:20:18 GMT
    Cache-Control: no-cache, must-revalidate
    Content-Length: 339721

    Xxxx
}
```

20.6.3　上传永久素材

上传永久素材的接口如下。

```
https://qyapi.weixin.qq.com/cgi-bin/material/add_mpnews?access_token=ACCESS_TOKEN
```

上传永久素材时，POST 数据示例如下。

```
{
    "mpnews":{
```

```
            "articles":[
                {
                    "title":"Title01",
                    "thumb_media_id":"2-G6nrLmr5EC3MMb_-zK1dDdzmd0p7cNliYu9V5w7o8K0",
                    "author":"zs",
                    "content_source_url":"",
                    "content":"Content001",
                    "digest":"airticle01",
                    "show_cover_pic":"0"
                },
                {
                    "title":"Title02",
                    "thumb_media_id":"2-G6nrLmr5EC3MMb_-zK1dDdzmd0p7",
                    "author":"Author001",
                    "content_source_url":"",
                    "content":"Content002",
                    "digest":"article02",
                    "show_cover_pic":"0"
                }
            ]
        }
    }
```

上述数据的参数说明如表 20-26 所示。

表 20-26　上传永久素材接口的参数说明

参　数	是否必需	说　明
access_token	是	调用接口凭证
articles	是	图文消息，一个图文消息支持 1 ~ 10 条图文
title	是	图文消息的标题
thumb_media_id	是	图文消息缩略图的 media_id，可以在上传永久素材接口中获得
author	否	图文消息的作者
content_source_url	否	图文消息点击“阅读原文”之后的页面链接
content	是	图文消息的内容，支持 HTML 标签
digest	否	图文消息的描述
show_cover_pic	否	是否显示封面，1 为显示，0 为不显示，默认为 0

正确提交时，返回的数据示例如下。

```
{
    "errcode":"0",
    "errmsg":"ok",
    "media_id":"2-G6nrLmr5EC3MMfasdfb_-zK1dDdzmd0p7"
}
```

上述数据的参数说明如表 20-27 所示。

表 20-27　上传永久素材接口的返回参数说明

参　数	说　明
media_id	素材资源标识 ID，最大长度为 256 个字节

20.6.4 获取永久素材

获取永久素材的接口如下。

```
https://qyapi.weixin.qq.com/cgi-bin/material/get?access_token=ACCESS_TOKEN&media_id=MEDIA_ID
```

上述接口的参数说明如表 20-28 所示。

表 20-28 获取永久素材接口的参数说明

参 数	说 明
media_id	素材资源标识 ID，最大长度为 256 个字节

正确提交时，返回的数据示例如下。

```
{
    "type":"mpnews",
    "mpnews":{
        "articles":[
            {
                "thumb_media_id":"2-G6nrLmr5EC3MMb_-zK1dDdzmd0p7cNliYu9V5w7o8K0Huu
                cGBZCzw4HmLa5C",
                "title":"Title01",
                "author":"zs",
                "digest":"airticle01",
                "content_source_url":"",
                "show_cover_pic":0
            },
            {
                "thumb_media_id":"2-G6nrLmr5EC3MMb_-zK1dDdzmd0p7cNliYu9V5w7oovsUPf
                3wG4t9N3tE",
                "title":"Title02",
                "author":"Author001",
                "digest":"article02",
                "content":"Content001",
                "content_source_url":"",
                "show_cover_pic":0
            }
        ]
    }
}
```

20.6.5 删除永久素材

删除永久素材的接口如下。

```
https://qyapi.weixin.qq.com/cgi-bin/material/del?access_token=ACCESS_TOKEN&media_id=MEDIA_ID
```

上述接口的参数说明如表 20-29 所示。

表 20-29 删除永久素材接口的参数说明

参 数	是否必需	说 明
access_token	是	调用接口凭证
media_id	是	素材资源标识 ID

正确提交时，返回的数据示例如下。

```
{
    "errcode":0,
    "errmsg":"deleted"
}
```

20.6.6 修改永久图文素材

修改永久图文素材的接口如下。

```
https://qyapi.weixin.qq.com/cgi-bin/material/update_mpnews?access_token=ACCESS_TOKEN
```

修改永久图文素材时，POST数据示例如下。

```
{
    "media_id":"2MKloSBkGMNTs_kXxuBIzjZA_a9GdD66rdelZYAZVYhaMeBMImiDzlv84HOwy5wqsYZTXZcy_
    HVwJ3iZzPgIYNw",
    "mpnews":{
        "articles":[
            {
                "title":"Title01",
                "thumb_media_id":"2CQQkmXPbHWxZnyLG3Y3ZgSnafR040HI45myZ6dTGvAhchyAEg5
                dHKYfnLXn5-2ngCrYUggL32vt_tfCUjHlsLA",
                "author":"zs",
                "content_source_url":"",
                "content":"Content001",
                "digest":"airticle01",
                "show_cover_pic":"0"
            },
            {
                "title":"Title02",
                "thumb_media_id":"2CQQkmXPbHWxZnyLG3Y3ZgSnafR040HI45myZ6dTGvAhchyAEg
                5dHKYfnLXn5-2ngCrYUggL32vt_tfCUjHlsLA",
                "author":"Author001",
                "content_source_url":"",
                "content":"UpdateContent002",
                "digest":"Updatearticle02",
                "show_cover_pic":"0"
            }
        ]
    }
}
```

上述数据的参数说明如表20-30所示。

表20-30 修改永久图文素材接口参数说明

参 数	是否必需	说 明
access_token	是	调用接口凭证
articles	是	图文消息，一个图文消息支持1～10条图文
title	是	图文消息的标题
thumb_media_id	是	图文消息缩略图的media_id，可以在上传永久素材接口中获得
author	否	图文消息的作者

（续）

参　　数	是否必需	说　　明
content_source_url	否	图文消息点击“阅读原文”之后的页面链接
content	是	图文消息的内容，支持 HTML 标签
digest	否	图文消息的描述
show_cover_pic	否	是否显示封面，1 为显示，0 为不显示，默认为 0

正确提交时，返回的数据示例如下。

```
{"errcode":0,"errmsg":"ok"}
```

20.6.7 获取素材列表

本接口可以获取当前管理组指定类型的素材列表。

获取素材列表的接口如下。

```
https://qyapi.weixin.qq.com/cgi-bin/material/batchget?access_token=ACCESS_TOKEN
```

获取素材列表时，POST 数据示例如下。

```
{
    "type":"image",
    "offset":0,
    "count":10
}
```

上述数据的参数说明如表 20-31 所示。

表 20-31　获取素材列表接口的参数说明

参数	是否必需	说　　明
access_token	是	调用接口凭证
type	是	素材类型，可以为图文（mpnews）、图片（image）、音频（voice）、视频（video）、文件（file）
offset	是	从该类型素材的该偏移位置开始返回，0 表示从第一个素材开始返回
count	是	返回素材的数量，取值为 1 ~ 50 之间

正确提交时，返回的数据分为以下两种情况。

1）为图片、文件、视频、音频时，返回 JSON 格式数据，示例如下。

```
{
    "errcode":0,
    "errmsg":"ok",
    "type":"image",
    "itemlist":[
        {
            "media_id":"2qN9QW-6HI3-AXuvAMi0vYQTyAm7k0Vgiuf7t5Kl4hjOwhYGwY",
            "filename":"test01.png",
            "update_time":1434686658
        }
    ]
}
```

2）为永久图文消息素材时，返回的数据示例如下。

```
{
    "errcode":0,
    "errmsg":"ok",
    "type":"mpnews",
    "itemlist":[
        {
            "media_id":"2WETijvMxqfmtLwZMP6hpAvHsiYfhtIHIVU2a-n1nGH92Zizv4aHI8dSP8vZxYtt2",
            "content":{
                "articles":[
                    {
                        "thumb_media_id":"20bTJJhtCbGebP9AtYa0eJ35cyU5CcyVobyx8iffQha
                        pTBm5dSc3MbN6E15HaAG8u",
                        "title":"test",
                        "author":"fdasfas",
                        "digest":"fdsafas",
                        "content_source_url":"http:// fasdf",
                        "show_cover_pic":1
                    }
                ]
            },
            "update_time":1459844320
        }
    ]
}
```

上述数据的参数说明如表 20-32 所示。

表 20-32　获取素材列表接口返回参数说明

参数	说　明
type	素材类型，可以为图文（mpnews）、图片（image）、音频（voice）、视频（video）、文件（file）
itemlist	返回该类型素材列表
media_id	图文素材的媒体 ID
articles	图文消息，一个图文消息支持 1 ~ 10 条图文
title	图文消息的标题
thumb_media_id	图文消息缩略图的 media_id，可以在上传多媒体文件接口中获得。此处 thumb_media_id 即为上传接口返回的 media_id
author	图文消息的作者
content_source_url	图文消息点击“阅读原文”之后的页面链接
digest	图文消息的描述
show_cover_pic	是否显示封面，1 为显示，0 为不显示

20.7　收发消息

20.7.1　接收普通消息

普通消息是指成员向企业号应用发送的消息，包括文本、图片、语音、视频、地理位置等类型。普通消息会推送到每个应用在管理端设置的 URL。

文本消息的示例如下。

```
<xml>
    <ToUserName><![CDATA[toUser]]></ToUserName>
    <FromUserName><![CDATA[fromUser]]></FromUserName>
    <CreateTime>1348831860</CreateTime>
    <MsgType><![CDATA[text]]></MsgType>
    <Content><![CDATA[this is a test]]></Content>
    <MsgId>1234567890123456</MsgId>
    <AgentID>1</AgentID>
</xml>
```

图片消息的示例如下。

```
<xml>
    <ToUserName><![CDATA[toUser]]></ToUserName>
    <FromUserName><![CDATA[fromUser]]></FromUserName>
    <CreateTime>1348831860</CreateTime>
    <MsgType><![CDATA[image]]></MsgType>
    <PicUrl><![CDATA[this is a url]]></PicUrl>
    <MediaId><![CDATA[media_id]]></MediaId>
    <MsgId>1234567890123456</MsgId>
    <AgentID>1</AgentID>
</xml>
```

语音消息的示例如下。

```
<xml>
    <ToUserName><![CDATA[toUser]]></ToUserName>
    <FromUserName><![CDATA[fromUser]]></FromUserName>
    <CreateTime>1357290913</CreateTime>
    <MsgType><![CDATA[voice]]></MsgType>
    <MediaId><![CDATA[media_id]]></MediaId>
    <Format><![CDATA[Format]]></Format>
    <MsgId>1234567890123456</MsgId>
   <AgentID>1</AgentID>
</xml>
```

视频消息的示例如下。

```
<xml>
    <ToUserName><![CDATA[toUser]]></ToUserName>
    <FromUserName><![CDATA[fromUser]]></FromUserName>
    <CreateTime>1357290913</CreateTime>
    <MsgType><![CDATA[video]]></MsgType>
    <MediaId><![CDATA[media_id]]></MediaId>
    <ThumbMediaId><![CDATA[thumb_media_id]]></ThumbMediaId>
    <MsgId>1234567890123456</MsgId>
    <AgentID>1</AgentID>
</xml>
```

小视频消息的样例如下。

```
<xml>
    <ToUserName><![CDATA[toUser]]></ToUserName>
```

```
    <FromUserName><![CDATA[fromUser]]></FromUserName>
    <CreateTime>1357290913</CreateTime>
    <MsgType><![CDATA[shortvideo]]></MsgType>
    <MediaId><![CDATA[media_id]]></MediaId>
    <ThumbMediaId><![CDATA[thumb_media_id]]></ThumbMediaId>
    <MsgId>1234567890123456</MsgId>
    <AgentID>1</AgentID>
</xml>
```

地理位置消息的示例如下。

```
<xml>
    <ToUserName><![CDATA[toUser]]></ToUserName>
    <FromUserName><![CDATA[fromUser]]></FromUserName>
    <CreateTime>1351776360</CreateTime>
    <MsgType><![CDATA[location]]></MsgType>
    <Location_X>23.134521</Location_X>
    <Location_Y>113.358803</Location_Y>
    <Scale>20</Scale>
    <Label><![CDATA[位置信息]]></Label>
    <MsgId>1234567890123456</MsgId>
    <AgentID>1</AgentID>
</xml>
```

链接消息的示例如下。

```
<xml>
    <ToUserName><![CDATA[toUser]]></ToUserName>
    <FromUserName><![CDATA[fromUser]]></FromUserName>
    <CreateTime>1348831860</CreateTime>
    <MsgType><![CDATA[link]]></MsgType>
    <Title><![CDATA[this is a title! ]]></Title>
    <Description><![CDATA[this is a description! ]]></Description>
    <PicUrl><![CDATA[this is a url]]></PicUrl>
    <MsgId>1234567890123456</MsgId>
    <AgentID>1</AgentID>
</xml>
```

上述消息的参数说明如表20-33所示。

表20-33　普通消息参数说明

参　数	说　明
ToUserName	企业号CorpID
FromUserName	成员UserID
CreateTime	消息创建时间（整型）
MsgType	消息类型
Content	文本消息内容
PicUrl	图片链接
MediaId	媒体文件ID，可以调用获取媒体文件接口拉取数据
Format	语音格式，如AMR、SPEEX等
ThumbMediaId	消息缩略图的媒体ID，可以调用获取媒体文件接口拉取数据
Location_X	地理位置纬度

（续）

参　　数	说　　明
Location_Y	地理位置经度
Scale	地图缩放大小
Label	地理位置信息
Title	标题
Description	描述
MsgId	消息 ID，64 位整型
AgentID	企业应用的 ID，整型。可在应用的设置页面查看

20.7.2　接收事件

事件是指成员在企业号上的某些操作行为，如关注、取消关注、上报地理位置、点击菜单、进入应用等，以及当系统完成某些任务需要通知企业时。

成员关注 / 取消关注事件推送的示例如下。

```
<xml>
    <ToUserName><![CDATA[toUser]]></ToUserName>
    <FromUserName><![CDATA[UserID]]></FromUserName>
    <CreateTime>1348831860</CreateTime>
    <MsgType><![CDATA[event]]></MsgType>
    <Event><![CDATA[subscribe]]></Event>
    <AgentID>1</AgentID>
</xml>
```

上报地理位置事件推送的示例如下。

```
<xml>
    <ToUserName><![CDATA[toUser]]></ToUserName>
    <FromUserName><![CDATA[FromUser]]></FromUserName>
    <CreateTime>123456789</CreateTime>
    <MsgType><![CDATA[event]]></MsgType>
    <Event><![CDATA[LOCATION]]></Event>
    <Latitude>23.104105</Latitude>
    <Longitude>113.320107</Longitude>
    <Precision>65.000000</Precision>
    <AgentID>1</AgentID>
</xml>
```

上报菜单事件推送的示例如下。

```
<xml>
    <ToUserName><![CDATA[toUser]]></ToUserName>
    <FromUserName><![CDATA[FromUser]]></FromUserName>
    <CreateTime>123456789</CreateTime>
    <MsgType><![CDATA[event]]></MsgType>
    <Event><![CDATA[click]]></Event>
    <EventKey><![CDATA[EVENTKEY]]></EventKey>
    <AgentID>1</AgentID>
</xml>
```

成员进入应用事件推送的示例如下。

```
<xml>
    <ToUserName><![CDATA[toUser]]></ToUserName>
    <FromUserName><![CDATA[FromUser]]></FromUserName>
    <CreateTime>1408091189</CreateTime>
    <MsgType><![CDATA[event]]></MsgType>
    <Event><![CDATA[enter_agent]]></Event>
    <EventKey><![CDATA[]]></EventKey>
    <AgentID>1</AgentID>
</xml>
```

异步任务完成事件推送的示例如下。

```
<xml>
    <ToUserName><![CDATA[wx28dbb14e37208abe]]></ToUserName>
    <FromUserName><![CDATA[FromUser]]></FromUserName>
    <CreateTime>1425284517</CreateTime>
    <MsgType><![CDATA[event]]></MsgType>
    <Event><![CDATA[batch_job_result]]></Event>
    <BatchJob>
        <JobId><![CDATA[S0MrnndvRG5fadSlLwiBqiDDbM143UqTmKP3152FZk4]]></JobId>
        <JobType><![CDATA[sync_user]]></JobType>
        <ErrCode>0</ErrCode>
        <ErrMsg><![CDATA[ok]]></ErrMsg>
    </BatchJob>
</xml>
```

上述消息的参数说明如表 20-34 所示。

表 20-34　事件消息参数说明

参数	说　明
ToUserName	企业号 CorpID
FromUserName	成员 UserID
CreateTime	消息创建时间（整型）
MsgType	消息类型
Event	事件类型
EventKey	事件 key 值，与自定义菜单接口中的 key 值对应
Latitude	地理位置纬度
Longitude	地理位置经度
Precision	地理位置精度
JobId	异步任务 ID，最大长度为 64 个字符
JobType	操作类型，字符串，目前分别有 1：sync_user（增量更新成员） 2：replace_user（全量覆盖成员） 3：invite_user（邀请成员关注） 4：replace_party（全量覆盖部门）
ErrCode	返回码
ErrMsg	对返回码的文本描述内容
AgentID	企业应用的 ID，整型。可在应用的设置页面获取

20.7.3　被动回复消息

当企业后台收到推送过来的普通消息、菜单 click 事件、成员进入应用等事件后，可以进行被动响应，被动回复消息类型有文本消息、图片消息、语音消息、视频消息、图文消息。

文本消息的示例如下。

```
<xml>
    <ToUserName><![CDATA[toUser]]></ToUserName>
    <FromUserName><![CDATA[fromUser]]></FromUserName>
    <CreateTime>1348831860</CreateTime>
    <MsgType><![CDATA[text]]></MsgType>
    <Content><![CDATA[this is a test]]></Content>
</xml>
```

图片消息的示例如下。

```
<xml>
    <ToUserName><![CDATA[toUser]]></ToUserName>
    <FromUserName><![CDATA[fromUser]]></FromUserName>
    <CreateTime>1348831860</CreateTime>
    <MsgType><![CDATA[image]]></MsgType>
    <Image>
        <MediaId><![CDATA[media_id]]></MediaId>
    </Image>
</xml>
```

语音消息的示例如下。

```
<xml>
    <ToUserName><![CDATA[toUser]]></ToUserName>
    <FromUserName><![CDATA[fromUser]]></FromUserName>
    <CreateTime>1357290913</CreateTime>
    <MsgType><![CDATA[voice]]></MsgType>
    <Voice>
        <MediaId><![CDATA[media_id]]></MediaId>
    </Voice>
</xml>
```

视频消息的示例如下。

```
<xml>
    <ToUserName><![CDATA[toUser]]></ToUserName>
    <FromUserName><![CDATA[fromUser]]></FromUserName>
    <CreateTime>1357290913</CreateTime>
    <MsgType><![CDATA[video]]></MsgType>
    <Video>
        <MediaId><![CDATA[media_id]]></MediaId>
        <Title><![CDATA[title]]></Title>
        <Description><![CDATA[description]]></Description>
    </Video>
</xml>
```

图文消息的示例如下。

```
<xml>
```

```
    <ToUserName><![CDATA[toUser]]></ToUserName>
    <FromUserName><![CDATA[fromUser]]></FromUserName>
    <CreateTime>12345678</CreateTime>
    <MsgType><![CDATA[news]]></MsgType>
    <ArticleCount>2</ArticleCount>
    <Articles>
        <item>
            <Title><![CDATA[title1]]></Title>
            <Description><![CDATA[description1]]></Description>
            <PicUrl><![CDATA[picurl]]></PicUrl>
            <Url><![CDATA[url]]></Url>
        </item>
        <item>
            <Title><![CDATA[title]]></Title>
            <Description><![CDATA[description]]></Description>
            <PicUrl><![CDATA[picurl]]></PicUrl>
            <Url><![CDATA[url]]></Url>
        </item>
    </Articles>
</xml>
```

上述消息的参数说明如表 20-35 所示。

表 20-35 被动回复消息参数说明

参数	说　明
ToUserName	成员 UserID
FromUserName	企业号 CorpID
CreateTime	消息创建时间（整型）
MsgType	消息类型
Content	文本消息内容
MediaId	图片文件 ID，可以调用上传媒体文件接口获取
ArticleCount	图文条数，默认第一条为大图。图文数不能超过 10，否则将会无响应
Title	消息标题
Description	消息描述
PicUrl	图片链接，支持 JPG、PNG 格式，较好的效果为大图 360 × 200 像素，小图 200 × 200 像素
Url	点击消息跳转链接

20.7.4 主动发送消息

对于消息型应用，支持文本、图片、语音、视频、文件、图文、素材图文等消息类型。主页型应用只支持文本消息类型，且文本长度不超过 20 个字。企业微信还支持文本卡片消息。

主动发送消息的接口如下。

```
https://qyapi.weixin.qq.com/cgi-bin/message/send?access_token=ACCESS_TOKEN
```

主动发送消息时，POST 数据示例如下。

1）文本消息类型的数据为：

```
{
    "touser":"UserID1|UserID2|UserID3",
```

```
    "toparty":" PartyID1 | PartyID2 ",
    "totag":" TagID1 | TagID2 ",
    "msgtype":"text",
    "agentid":1,
    "text":{
        "content":"Holiday Request For Pony(http://xxxxx)"
    },
    "safe":0
}
```

2）图片消息类型的数据为：

```
{
    "touser":"UserID1|UserID2|UserID3",
    "toparty":" PartyID1 | PartyID2 ",
    "totag":" TagID1 | TagID2 ",
    "msgtype":"image",
    "agentid":1,
    "image":{
        "media_id":"MEDIA_ID"
    },
    "safe":0
}
```

3）语音消息类型的数据为：

```
{
    "touser":"UserID1|UserID2|UserID3",
    "toparty":" PartyID1 | PartyID2 ",
    "totag":" TagID1 | TagID2 ",
    "msgtype":"voice",
    "agentid":1,
    "voice":{
        "media_id":"MEDIA_ID"
    },
    "safe":0
}
```

4）视频消息类型的数据为：

```
{
    "touser":"UserID1|UserID2|UserID3",
    "toparty":" PartyID1 | PartyID2 ",
    "totag":" TagID1 | TagID2 ",
    "msgtype":"video",
    "agentid":1,
    "video":{
        "media_id":"MEDIA_ID",
        "title":"Title",
        "description":"Description"
    },
    "safe":0
}
```

5）文件消息类型的数据为：

```
{
    "touser":"UserID1|UserID2|UserID3",
```

```
    "toparty":" PartyID1 | PartyID2 ",
    "totag":" TagID1 | TagID2 ",
    "msgtype":"file",
    "agentid":1,
    "file":{
        "media_id":"MEDIA_ID"
    },
    "safe":"0"
}
```

6）图文消息类型的数据为：

```
{
    "touser":"UserID1|UserID2|UserID3",
    "toparty":" PartyID1 | PartyID2 ",
    "totag":" TagID1 | TagID2 ",
    "msgtype":"news",
    "agentid":1,
    "news":{
        "articles":[
            {
                "title":"Title",
                "description":"Description",
                "url":"URL",
                "picurl":"PIC_URL"
            },
            {
                "title":"Title",
                "description":"Description",
                "url":"URL",
                "picurl":"PIC_URL"
            }
        ]
    }
}
```

7）素材图文消息类型的数据为：

```
{
    "touser":"UserID1|UserID2|UserID3",
    "toparty":" PartyID1 | PartyID2 ",
    "totag":" TagID1 | TagID2 ",
    "msgtype":"mpnews",
    "agentid":1,
    "mpnews":{
        "articles":[
            {
                "title":"Title",
                "thumb_media_id":"id",
                "author":"Author",
                "content_source_url":"URL",
                "content":"Content",
                "digest":"Digest description",
                "show_cover_pic":"0"
            },
            {
                "title":"Title",
```

```
                "thumb_media_id":"id",
                "author":"Author",
                "content_source_url":"URL",
                "content":"Content",
                "digest":"Digest description",
                "show_cover_pic":"0"
            }
        ]
    }
}
```

8）文本卡片消息类型的数据为：

```
{
    "touser":"UserID1|UserID2|UserID3",
    "toparty":" PartyID1 | PartyID2 ",
    "msgtype":"textcard",
    "agentid":1,
    "textcard":{
        "title":"领奖通知",
        "description":"<div class="gray">2016年9月26日</div> <div class="normal">
        恭喜你抽中iPhone 7一台，领奖码：xxxx</div><div class="highlight">请于2016年10月
        10日前联系行政同事领取</div>",
        "url":"URL"
    }
}
```

上述数据的参数说明如表 20-36 所示。

表 20-36 主动发送消息接口的参数说明

参数	是否必需	说　明
touser	否	成员 ID 列表（消息接收者，多个接收者用“|”分隔，最多支持 1000 个）。特殊情况：指定为 @all，则向关注该企业应用的全部成员发送
toparty	否	部门 ID 列表，多个接收者用“|”分隔，最多支持 100 个。当 touser 为 @all 时忽略本参数
totag	否	标签 ID 列表，多个接收者用“|”分隔，最多支持 100 个。当 touser 为 @all 时忽略本参数
msgtype	是	消息类型
agentid	是	企业应用的 ID，整型。可在应用的设置页面查看
content	是	消息内容
safe	否	表示是否是保密消息，0 表示否，1 表示是，默认为 0
media_id	是	媒体文件 ID，可以调用上传临时素材或者永久素材接口获取，永久素材 media_id 必须由发消息的应用创建
articles	是	图文消息，一个图文消息支持 1 ~ 8 条图文
title	否	标题，不超过 128 个字节，超过会自动截断
description	否	描述，不超过 512 个字节，超过会自动截断
url	否	点击后跳转的链接
picurl	否	图文消息的图片链接，支持 JPG、PNG 格式，较好的效果为大图 640×320 像素，小图 80×80 像素。如不填，在客户端不显示图片
thumb_media_id	是	图文消息缩略图的 media_id，可以在上传多媒体文件接口中获得。
author	否	图文消息的作者，不超过 64 个字节

（续）

参数	是否必需	说　明
content_source_url	否	图文消息点击“阅读原文”之后的页面链接
digest	否	图文消息的描述，不超过 512 个字节，超过会自动截断
show_cover_pic	否	是否显示封面，1 为显示，0 为不显示
btntxt	否	按钮文字默认为“详情”，不超过 4 个汉字，超过自动截断

正确提交时，返回的数据示例如下。

```
{"errcode":0,"errmsg":"ok"}
```

20.8 企业号客服服务

企业号客服服务可以为企业号内部成员或企业订阅号、服务号等公众号或企业门户等外部客户提供问题咨询服务。

20.8.1 设置客服类型

登录微信公众平台企业号后台，依次进入“服务中心”|“企业客服”，如图 20-4 所示。

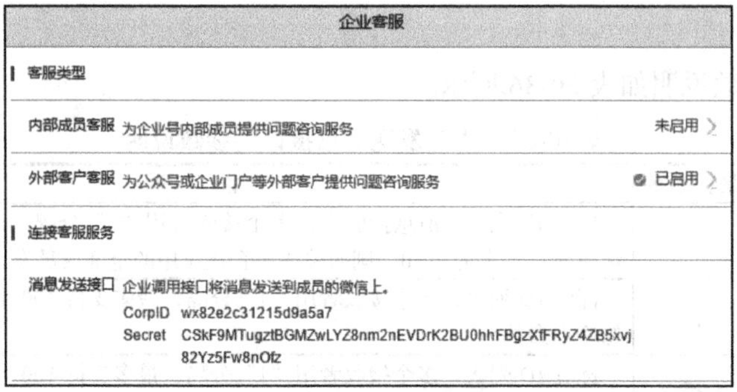

图 20-4　企业客服

选择“外部客户服务”，点击右侧启用链接进入配置页面，如图 20-5 所示。

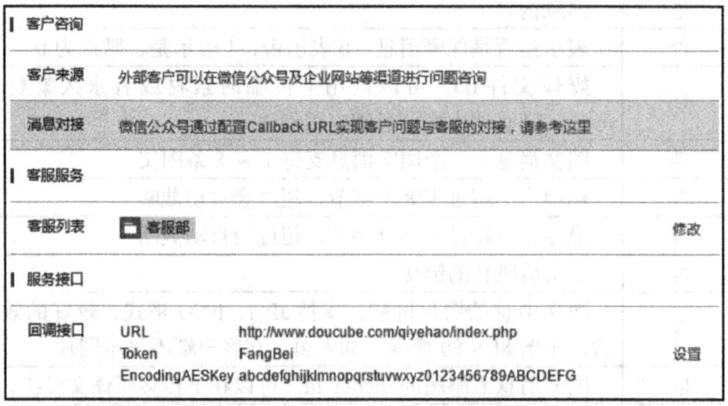

图 20-5　设置客服列表和回调接口

在配置页面中，选择企业号通讯录中的部门或成员作为客服列表，然后设置服务回调接口。回调接口代码如下。

```
 1 require_once("WXBizMsgCrypt.php");
 2 $encodingAesKey = "abcdefghijklmnopqrstuvwxyz0123456789ABCDEFG";
 3 $token = "FangBei";
 4 $corpId = "wx82e2c31215d9a5a7";
 5
 6 class wechatCallbackapiTest extends WXBizMsgCrypt
 7 {
 8     //验证 URL 有效
 9     public function valid()
10     {
11         $sVerifyMsgSig = $_GET["msg_signature"];
12         $sVerifyTimeStamp = $_GET["timestamp"];
13         $sVerifyNonce = $_GET["nonce"];
14         $sVerifyEchoStr = $_GET["echostr"];
15         $sEchoStr = "";
16         $errCode = $this->VerifyURL($sVerifyMsgSig, $sVerifyTimeStamp, $sVerifyNonce,
           $sVerifyEchoStr, $sEchoStr);
17         if ($errCode == 0) {
18             //验证 URL 成功，将 sEchoStr 返回
19             echo $sEchoStr;
20         }
21     }
22
23     //响应消息
24     public function responseMsg()
25     {
26         $sReqMsgSig = $_GET['msg_signature'];
27         $sReqTimeStamp = $_GET['timestamp'];
28         $sReqNonce = $_GET['nonce'];
29         $sReqData = $GLOBALS["HTTP_RAW_POST_DATA"];
30         $sMsg = "";  //解析之后的明文
31         $this->logger(" DE \r\n".$sReqData);
32         $errCode = $this->DecryptMsg($sReqMsgSig, $sReqTimeStamp, $sReqNonce, $sReqData,
           $sMsg);
33         $this->logger(" RR \r\n".$sMsg);
34         $postObj = simplexml_load_string($sMsg, 'SimpleXMLElement', LIBXML_NOCDATA);
35         //客服模式
36         if (isset($postObj->AgentType)){
37             $sRespData = trim($postObj->PackageId);
38             $this->logger(" RT \r\n".$sRespData);
39             //解析出 OpenID，调用服务号客服接口发送消息
40             echo $sRespData;
41         }
42     }
43
44     //日志记录
45     public function logger($log_content)
46     {
47         if($_SERVER['REMOTE_ADDR'] != "127.0.0.1"){ //LOCAL
48             $max_size = 500000;
49             $log_filename = "log.xml";
50             if(file_exists($log_filename) and (abs(filesize($log_filename)) > $max_size))
```

```
        {unlink($log_filename);}
51              file_put_contents($log_filename, date('Y-m-d H:i:s').$log_content.
        "\r\n", FILE_APPEND);
52          }
53      }
54 }
55
56 $wechatObj = new wechatCallbackapiTest($token, $encodingAesKey, $corpId);
57 $wechatObj->logger(' http://'.$_SERVER['HTTP_HOST'].$_SERVER['PHP_SELF'].(empty
       ($_SERVER['QUERY_STRING'])?"":("?".$_SERVER['QUERY_STRING'])));
58
59 if (!isset($_GET['echostr'])) {
60     $wechatObj->responseMsg();
61 }else{
62     $wechatObj->valid();
63 }
```

上述代码解读如下。

第 9 ~ 21 行：验证 URL 有效的函数。先取 GET 参数，然后计算出错误码。如果错误码为 0，则验证 URL 成功。

第 23 ~ 42 行：响应消息的函数。先取 GET 参数以及 POST 数据，对取得的 XML 数据进行解密，然后判断是否为客服模式，并提取其中的 PackageId 参数进行回显。

20.8.2 向客服发送消息

使用接口可以向客服人员发送消息，支持文本、图片、文件消息。sender 和 receiver 中有且仅有一个类型为 kf。当 receiver 为 kf 时，表示向客服发送用户咨询的问题消息。当 sender 为 kf 时，表示客服从其他 IM 工具回复客户，并同步消息到客服的微信上。

向企业号客服发送客服消息的接口如下。

```
https://qyapi.weixin.qq.com/cgi-bin/kf/send?access_token=ACCESS_TOKEN
```

向企业号客服发送客服消息时，POST 数据示例如下。

文本消息的示例如下。

```
{
    "sender":{
        "type":"openid",
        "id":"oc7tbuDnDQtL30rGSPP7eobr3ddg"
    },
    "receiver":{
        "type":"kf",
        "id":"fangbei"
    },
    "msgtype":"text",
    "text":{
        "content":"hello!"
    }
}
```

图片消息的示例如下。

```
{
    "sender":{
        "type":"userid",
        "id":"lisi"
    },
    "receiver":{
        "type":"kf",
        "id":"zhangsan"
    },
    "msgtype":"image",
    "image":{
        "media_id":"MEDIA_ID"
    }
}
```

文件消息的示例如下。

```
{
    "sender":{
        "type":"userid",
        "id":"lisi"
    },
    "receiver":{
        "type":"kf",
        "id":"zhangsan"
    },
    "msgtype":"file",
    "file":{
        "media_id":"MEDIA_ID"
    }
}
```

语音消息的示例如下。

```
{
    "sender":{
        "type":"userid",
        "id":"lisi"
    },
    "receiver":{
        "type":"kf",
        "id":"zhangsan"
    },
    "msgtype":"voice",
    "voice":{
        "media_id":"MEDIA_ID"
    }
}
```

上述数据的参数说明如表 20-37 所示。

表 20-37　向企业号客服发送客服消息接口的参数说明

参数	是否必需	说　明
sender	是	发送人
receiver	是	接收人

（续）

参数	是否必需	说　明
type	是	用户类型。kf：客服；userid：客户，企业员工 UserID；openid：客户，公众号 OpenID
id	是	用户 ID，ID 类型由 type 指定
msgtype	是	消息类型，固定为 file
content	是	消息内容
media_id	是	media_id，可以调用上传素材文件接口获取

正确提交时，返回的数据示例如下。

```
{
    "errcode":0,
    "errmsg":"ok"
}
```

20.8.3 客服回复消息回调

客服给用户回复的消息、客服人员新增或删除事件，会通过 HTTP 协议回调给开发者。企业号在用 HTTP 协议推送时，会打上 keep-alive 选项。如果企业支持，则保持长链接，此链接根据消息量可以有多个。

注意事项如下。

1）回调时，一个数据包可包含多个消息或事件（多个 Item 节点）。

2）当回调失败时（连接失败、请求超时等），最大重试间隔为 20 分钟，最大重试时长为 1 天。

3）企业在收到数据包时，须回复 XML 中的 PackageId 节点值，表示成功接收；否则企业号侧认为回调失败。PackageId 企业内唯一。

下述代码是一个客服回复消息示例。

```
<xml>
    <Encrypt><![CDATA[ft7qUWhR9K88yVl7eGlAvb/uy24dLaJhJH+6QPbREAfzKRMrkCrh8UdS1zHXF
    0RXKPdLHGGpM8LyDYlmouR9YT/g4OHHkww/pTmo3i7BRyoVnd6AOLREoUmViYG6OIuq8+pxt5Ccvy
    F8haiqGFi31m4CIzOeSWLnIxYNk0JIH2aTbpCtNklavQpPq1ZNxihs7aogGi0D2aqnbuxmOZH+/WT
    jaDcUUFOo4tAHuOIsgSyfZmQWvCoD/j/P1EEb69UZEiVczk13QHJIjEIFCJ3ogj+qHEQxZmhy9io
    MVo/kKQ0dakNSavrNrPwFBuyB24Sw5vpf5s/ZIt6xqSt6OrjUAOJYGfkbL3shrrSXQu059InS7Pv
    FqpUUOub99p45BH3znDpXyc7iFjM36a+WoSSxo8AVm/CjBuyIzpyN3rLI0t1PLrdvWPqjkg1ftelZ
    fPFUBNS3XJrT8vGY68ElEZ/63si4rJyl4b1OMncSKp57sbiu+c7pBTNCjLLpPhxpt4M5ILWHrSVI6
    g2yZgUbBePPOLnVYVnSX6SjUs29E7kHpmpZF0A3CCIsoEhL8AYu/8DNN3jTyZUIv4TcIZzgecZpTjp
    av4ARfniOmlRebbWGI2w/AGwE7t6TcZkwAPucSJMKSMDFWFHQKA3TZezyTb6iDNkKI9Rfq/bkY0E0
    p+TmicE=]]></Encrypt>
    <ToUserName>wx82e2c31215d9a5a7</ToUserName>
    <AgentID>32</AgentID>
    <AgentType>kf_external</AgentType>
</xml>
```

上述信息解密后的内容如下。其中包含了多个 Item 节点。

```
<xml>
    <AgentType><![CDATA[kf_external]]></AgentType>
```

```
<ToUserName><![CDATA[wx82e2c31215d9a5a7]]></ToUserName>
<ItemCount>1</ItemCount>
<PackageId>429496738357997841</PackageId>
    <Item>
    <FromUserName><![CDATA[fangbei]]></FromUserName>
    <CreateTime>1481034493</CreateTime>
    <MsgType><![CDATA[text]]></MsgType>
    <Content><![CDATA[67889]]></Content>
    <MsgId>6211908899915519244</MsgId>
    <Receiver>
        <Type>openid</Type>
        <Id>oiPuduGV7gJ_MOSfAWpVmhhgXh-U</Id>
    </Receiver>
</Item>
<Item>
    <FromUserName><![CDATA[fromUser]]></FromUserName>
    <CreateTime>1348831860</CreateTime>
    <MsgType><![CDATA[image]]></MsgType>
    <PicUrl><![CDATA[this is a url]]></PicUrl>
    <MediaId><![CDATA[media_id]]></MediaId>
    <MsgId>1234567890123456</MsgId>
    <Receiver>
        <Type>userid</Type>
        <Id>lisi</Id>
    </Receiver>
</Item>
<Item>
    <FromUserName><![CDATA[fromUser]]></FromUserName>
    <CreateTime>1348831860</CreateTime>
    <MsgType><![CDATA[file]]></MsgType>
    <MediaId><![CDATA[media_id]]></MediaId>
    <MsgId>1234567890123456</MsgId>
    <Receiver>
        <Type>userid</Type>
        <Id>lisi</Id>
    </Receiver>
</Item>
<Item>
    <FromUserName><![CDATA[fromUser]]></FromUserName>
    <CreateTime>1348831860</CreateTime>
    <MsgType><![CDATA[voice]]></MsgType>
    <MediaId><![CDATA[media_id]]></MediaId>
    <MsgId>1234567890123456</MsgId>
    <Receiver>
        <Type>userid</Type>
        <Id>lisi</Id>
    </Receiver>
</Item>
<Item>
    <FromUserName><![CDATA[fromUser]]></FromUserName>
    <CreateTime>1348831860</CreateTime>
    <MsgType><![CDATA[link]]></MsgType>
    <Title><![CDATA[TITLE]]></Title>
    <Description><![CDATA[DESCRIPTION]]></Description>
    <Url><![CDATA[URL]]></Url>
    <PicUrl><![CDATA[PIC_URL]]></PicUrl>
```

```
            <MsgId>1234567890123456</MsgId>
            <Receiver>
                <Type>userid</Type>
                <Id>lisi</Id>
            </Receiver>
        </Item>
        <Item>
            <FromUserName><![CDATA[fromUser]]></FromUserName>
            <CreateTime>1348831860</CreateTime>
            <MsgType><![CDATA[location]]></MsgType>
            <Location_X>23.134521</Location_X>
            <Location_Y>113.358803</Location_Y>
            <Scale>20</Scale>
            <Label><![CDATA[ 位置信息 ]]></Label>
            <MsgId>1234567890123456</MsgId>
            <Receiver>
                <Type>userid</Type>
                <Id>lisi</Id>
            </Receiver>
        </Item>
    </xml>
```

上述数据的参数说明如表 20-38 所示。

表 20-38　回调接口的参数说明

参　数	说　明
AgentType	应用类型，这里有两种类型：kf_internal 表示企业号内部客服，客户为企业号通讯录成员；kf_external 表示企业号外部客服，客户为服务号的 OpenID
ToUserName	企业号 CorpID
ItemCount	Item 数量
Item	Item，客服消息、事件的 XML 节点
PackageId	回调包 ID，UInt64 类型，企业内唯一
FromUserName	客服 UserID
CreateTime	消息创建时间（整型）
MsgType	消息类型
Content	消息内容
MsgId	消息 ID，64 位整型
Receiver	接收人。Type 是接收人类型，包括以下类型。 userid：企业号通讯录成员 ID； openid：服务号成员的 OpenID
Id	接收人的值，类型由 Type 指定
PicUrl	图片链接
MediaId	media_id，可以调用获取素材文件接口拉取数据
Title	标题
Description	描述

回调接口取得 OpenID 及类型、内容之后，再调用服务号客服接口发送给用户，这样就可以完成一个完整的客服闭环流程。服务号开发者向用户发送的客服消息转到企业号后，效

果如图 20-6 所示。

20.9　网页开发

20.9.1　企业号网页授权

企业号的网页授权和服务号类似，都是先获取 Code，再根据 Code 来取用户信息。不同的是，对于企业成员，获得的是 UserID，而非企业成员则是 OpenID。企业成员的 UserID 和 OpenID 可以互相转换。

以下是企业号网页授权代码示例。

```
 1 require_once("wxqiye.class.php");
 2 $weixin = new class_wxqiye();
 3
 4 if (isset($_COOKIE["openid"]) && !empty($_COOKIE
       ["openid"])){
 5     $openid = $_COOKIE["openid"];
 6 }else{
 7     if (!isset($_GET["code"])){
 8         $redirect_url = 'http://'.$_SERVER['HTTP_HOST'].$_SERVER['REQUEST_URI'];
 9         $jumpurl = $weixin->oauth2_authorize($redirect_url, "snsapi_base", "123");
10         Header("Location: $jumpurl");
11     }else{
12         $userinfo = $weixin->oauth2_get_userinfo($_GET["code"]);
13         if (isset($userinfo["OpenId"])){
14             $openid = $userinfo["OpenId"];
15         }else{
16             $openinfo = $weixin->convert_openid($userinfo["UserId"]);
17             $openid = $openinfo["openid"];
18         }
19         setcookie("openid", $openid, time()+86400); // 一天后过期
20     }
21 }
```

图 20-6　客服消息列表

在上述代码中，第 4 ～ 5 行判断当前浏览器中的 Cookie 信息是否存在并且有具体值。如果包含了用户的 OpenID，则是上一次网页授权时设置的，不需要浪费时间进行二次授权。如果 Cookie 中没有 OpenID，则进入网页授权流程。

第 7 ～ 10 行，企业号获得 Code。其接口如下。

```
https://open.weixin.qq.com/connect/oauth2/authorize?appid=CORPID&redirect_uri=REDIRECT_
URI&response_type=code&scope=SCOPE&state=STATE#wechat_redirect
```

上述数据的参数说明如表 20-39 所示。

表 20-39　企业号获取 Code 接口的参数说明

参数	是否必需	说　明
appid	是	企业的 CorpID

（续）

参数	是否必需	说　明
redirect_uri	是	授权后重定向的回调链接地址，请使用 urlencode 对链接进行处理
response_type	是	返回类型，固定为 code
scope	是	应用授权作用域，固定为 snsapi_base
state	否	重定向后会带上 state 参数，企业可以填写 a ~ z、A ~ Z、0 ~ 9 的参数值，长度不可超过 128 个字节
#wechat_redirect	是	微信终端使用此参数判断是否需要带上身份信息

点击后，页面将跳转至 redirect_uri?code=CODE&state=STATE，其中包含 Code 参数。

取得 Code 参数之后，企业号可根据 Code 参数获得员工的 UserID 或 OpenID，代码为第 12 行。其接口如下。

```
https://qyapi.weixin.qq.com/cgi-bin/user/getuserinfo?access_token=ACCESS_TOKEN&code=CODE
```

上述数据的参数说明如表 20-40 所示。

表 20-40　code 获取成员信息接口的参数说明

参数	是否必需	说　明
access_token	是	调用接口凭证
code	是	通过成员授权获取到的 Code，每次成员授权带上的 Code 将不一样，Code 只能使用一次，10 分钟未被使用将自动过期

正确创建时，返回的数据分为以下几种情况。

1）企业成员授权时，返回示例如下。

```
{
    "UserId":"USERID",
    "DeviceId":"DEVICEID"
}
```

2）非企业成员授权时，返回示例如下。

```
{
    "OpenId":"OPENID",
    "DeviceId":"DEVICEID"
}
```

上述数据的参数说明如表 20-41 所示。

表 20-41　Code 获取成员信息接口返回参数说明

参　数	说　明
UserId	成员 UserID
OpenId	非企业成员的标识，对当前企业号唯一
DeviceId	手机设备号（由微信在安装时随机生成，删除重装会改变，升级不受影响）

对于使用场景为微信支付、微信红包和企业转账，企业号用户在使用微信支付的功能

时，需要将企业号的 UserID 转成 OpenID。使用微信红包功能时，需要将应用 ID 和 UserID 转成 appid 和 OpenID 才能使用。

UserID 转换成 OpenID 的接口如下。

```
https://qyapi.weixin.qq.com/cgi-bin/user/convert_to_openid?access_token=ACCESS_TOKEN
```

UserID 转换成 OpenID 时，POST 数据示例如下。

```
{
    "userid":"zhangsan",
    "agentid":1
}
```

上述数据的参数说明如表 20-42 所示。

表 20-42　UserID 转换成 OpenID 接口的参数说明

参数	是否必需	说　明
access_token	是	调用接口凭证
userid	是	企业号内的成员 ID
agentid	否	整型，需要发送红包的应用 ID，若只是使用微信支付和企业转账，则无须该参数

正确创建时，返回的数据示例如下。

```
{
    "errcode":0,
    "errmsg":"ok",
    "openid":"oDOGms-6yCnGrRovBj2yHij5JL6E",
    "appid":"wxf874e15f78cc84a7"
}
```

上述数据的参数说明如表 20-43 所示。

表 20-43　UserID 转换成 OpenID 接口返回参数说明

参数	说　明
openid	企业号成员 UserID 对应的 OpenID，若有传参 agentid，则是针对该 agentid 的 OpenID。否则是针对企业号 CorpID 的 OpenID
appid	应用的 appid，若请求包中不包含 agentid，则不返回 appid。该 appid 在使用微信红包时会用到

如果需要知道某个结果事件的 OpenID 对应企业号内成员的信息时，可以通过调用 OpenID 转换成 UserID 接口进行转换查询。

OpenID 转换成 UserID 接口如下。

```
https://qyapi.weixin.qq.com/cgi-bin/user/convert_to_userid?access_token=ACCESS_TOKEN
```

OpenID 转换成 UserID 时，POST 数据示例如下。

```
{
    "openid":"oDOGms-6yCnGrRovBj2yHij5JL6E"
}
```

上述数据的参数说明如表 20-44 所示。

表 20-44 OpenID 转换成 UserID 接口的参数说明

参 数	是否必需	说 明
openid	是	在使用微信支付、微信红包和企业转账之后，返回结果的 OpenID

正确创建时，返回的数据示例如下。

```
{
    "errcode":0,
    "errmsg":"ok",
    "userid":"zhangsan"
}
```

上述数据的参数说明如表 20-45 所示。

表 20-45 OpenID 转换成 UserID 接口返回参数说明

参 数	说 明
userid	该 OpenID 在企业号中对应的成员 UserID

20.9.2 企业号 JS-SDK

企业号 JS-SDK 和服务号 JS-SDK 基本一致。流程也分为 4 个部分。

1）引入 JS 文件。

2）通过 config 接口注入权限验证配置。

3）通过 ready 接口处理成功验证。

4）通过 error 接口处理失败验证。

企业号使用 JS-SDK 的示例代码如下。

```
 1 <?php
 2 require_once('wxqiye.class.php');
 3 $weixin = new class_wxqiye();
 4 $signPackage = $weixin->GetSignPackage();
 5 ?>
 6 <!DOCTYPE html>
 7 <html>
 8     <head>
 9         <meta http-equiv="Content-Type" content="text/html; charset=utf-8" />
10         <meta name="viewport" content="width=device-width, initial-scale=1.0, maximum-
           scale=2.0, minimum-scale=1.0, user-scalable=no" />
11         <meta name="format-detection" content="telephone=no" />
12         <title>微信企业 JSSDK</title>
13         <meta name="viewport" content="width=device-width, initial-scale=1, user-
           scalable=0">
14         <link rel="stylesheet" href="http://demo.open.weixin.qq.com/jssdk/css/style.css">
15     </head>
16     <body ontouchstart="">
17     </body>
18     <script src="https://res.wx.qq.com/open/js/jweixin-1.1.0.js"></script>
19     <script>
20         wx.config({
21             debug: false,
```

```
22              appId: '<?php echo $signPackage["appId"];?>',
23              timestamp: <?php echo $signPackage["timestamp"];?>,
24              nonceStr: '<?php echo $signPackage["nonceStr"];?>',
25              signature: '<?php echo $signPackage["signature"];?>',
26              jsApiList: [
27                  'checkJsApi',
28                  'openLocation',
29                  'getLocation',
30                ]
31          });
32      </script>
33      <script>
34          wx.ready(function () {
35              wx.checkJsApi({
36                  jsApiList: [
37                      'getLocation',
38                  ],
39                  success: function (res) {
40                      alert(JSON.stringify(res));
41                  }
42              });
43
44              wx.getLocation({
45                  success: function (res) {
46                      alert(JSON.stringify(res));
47                  },
48                  cancel: function (res) {
49                      alert('用户拒绝授权获取地理位置');
50                  }
51              });
52          });
53
54          wx.error(function (res) {
55              alert(res.errMsg);
56          });
57      </script>
58 </html>
```

20.10 本章小结

本章介绍了微信企业号和企业微信的开发接口，它们的接口基本上是一致的。另外，企业号和服务号已有的接口功能也基本一致，但调用接口和参数略有差别。

第 21 章　微信小程序

微信小程序是一种不需要下载安装即可使用的应用。它实现了应用“触手可及”的梦想，用户扫一扫或搜一下即可打开应用，也体现了“用完即走”的理念，用户不用关心是否安装了太多应用的问题。应用将无处不在，随时可用，但又无须安装卸载。

小程序的框架提供了自己的视图层描述语言 WXML 和 WXSS，以及基于 JavaScript 的逻辑层框架，并在视图层与逻辑层之间提供了数据传输和事件系统，可以让开发者方便地聚焦于数据与逻辑。

21.1　开发入门

21.1.1　AppID

在微信公众平台官网（https://mp.weixin.qq.com）输入小程序的账号和密码登录以后，就可以在网站的“设置”|“开发设置”中查看微信小程序的 AppID 了，如图 21-1 所示。

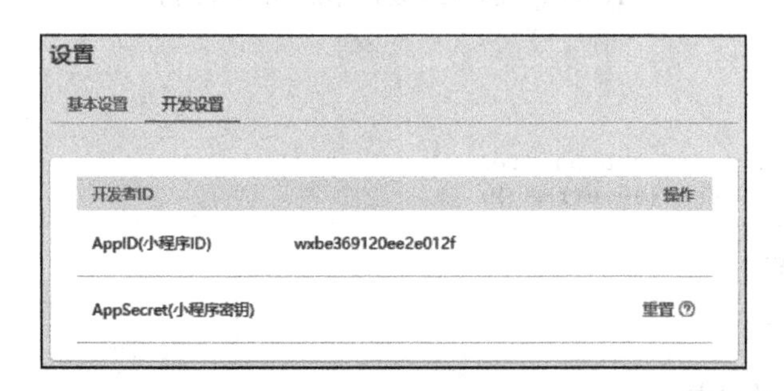

图 21-1　小程序 AppID

21.1.2　创建项目

首先下载微信开发者工具，下载页面地址为 https://mp.weixin.qq.com/debug/wxadoc/dev/devtools/download.html。

微信官方给出了当前最新版本的开发者工具，下载并安装后，可使用微信个人号扫码登录，如图 21-2 所示。

扫描后将列出项目列表，并可以添加新的项目，如图 21-3 所示。

点击“添加项目”，输入小程序 AppID 及项目名称，并选择项目目录，如图 21-4 所示。

创建成功之后，将进入项目编辑页面，并显示项目预览效果，如图 21-5 所示。

图 21-2　微信开发者工具

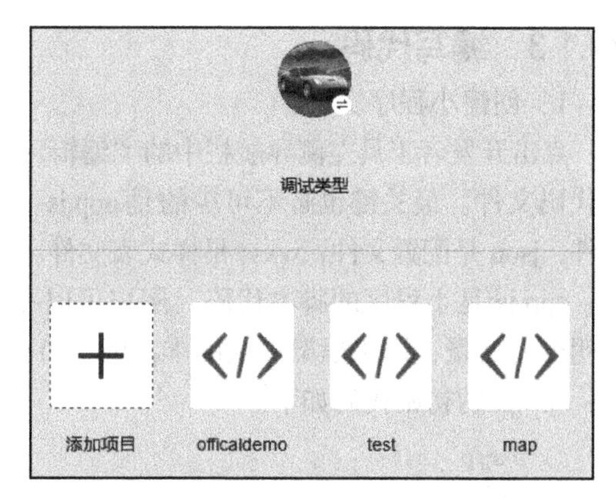

图 21-3　项目列表

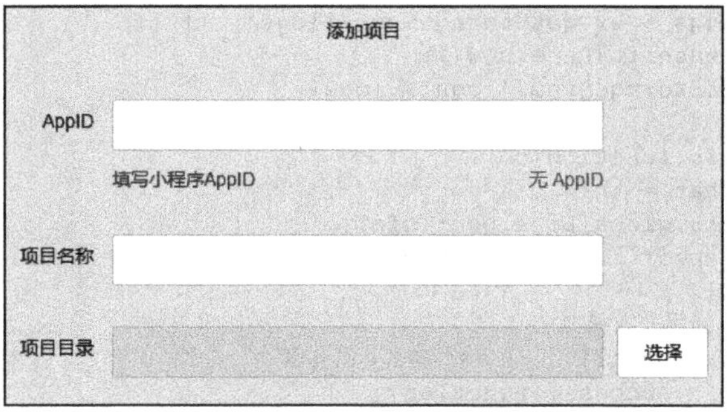

图 21-4　添加项目

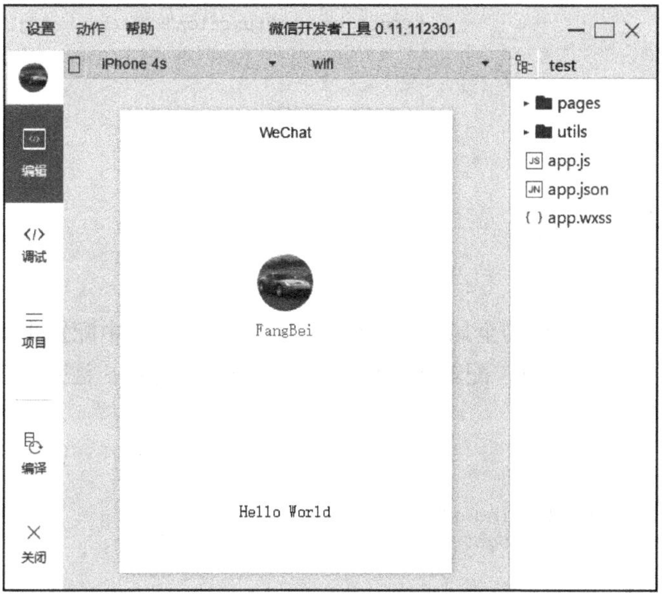

图 21-5　小程序开发预览

21.1.3 编写代码

1）创建小程序实例。

点击开发者工具左侧导航栏中的“编辑”，可以看到这个项目已经初始化并包含了一些简单的代码文件。最关键也必不可少的是 app.js、app.json、app.wxss 等 3 个文件。其中，.js 是脚本文件，.json 是配置文件，.wxss 是样式表文件。微信小程序会读取这些文件，并生成小程序实例。

app.js 是小程序的脚本代码。用户可以在这个文件中监听并处理小程序的生命周期函数，声明全局变量，调用框架提供的丰富的 API，如这里的同步存储及同步读取本地数据。

app.js 的初始代码如下。

```
1 //app.js
2 App({
3     onLaunch: function () {
4         //调用 API 从本地缓存中获取数据
5         var logs = wx.getStorageSync('logs') || []
6         logs.unshift(Date.now())
7         wx.setStorageSync('logs', logs)
8     },
9     getUserInfo:function(cb){
10        var that = this
11        if(this.globalData.userInfo){
12            typeof cb == "function" && cb(this.globalData.userInfo)
13        }else{
14            //调用登录接口
15            wx.login({
16                success: function () {
17                    wx.getUserInfo({
18                        success: function (res) {
19                            that.globalData.userInfo = res.userInfo
20                            typeof cb == "function" && cb(that.globalData.userInfo)
21                        }
22                    })
23                }
24            })
25        }
26    },
27     globalData:{
28        userInfo:null
29    }
30 })
```

app.json 是对整个小程序的全局配置。用户可以在这个文件中配置小程序由哪些页面组成，配置小程序的窗口背景色，配置导航栏样式，配置默认标题。注意，该文件不可添加任何注释。

```
1 {
2     "pages":[
3         "pages/index/index",
4         "pages/logs/logs"
5     ],
6     "window":{
7         "backgroundTextStyle":"light",
```

```
8           "navigationBarBackgroundColor": "#fff",
9           "navigationBarTitleText": "WeChat",
10          "navigationBarTextStyle":"black"
11      }
12 }
```

app.wxss 是整个小程序的公共样式表。用户可以在页面组件的 class 属性上直接使用 app.wxss 中声明的样式规则。

```
1 /**app.wxss**/
2 .container {
3     height: 100%;
4     display: flex;
5     flex-direction: column;
6     align-items: center;
7     justify-content: space-between;
8     padding: 200rpx 0;
9     box-sizing: border-box;
10 }
```

2）创建页面。

在官方的 Demo 中有两个页面，index 页面和 logs 页面，即欢迎页和小程序启动日志的展示页，它们都位于 pages 目录下。微信小程序中每一个页面的“路径 + 页面名”都需要写在 app.json 的 pages 中，且 pages 中的第一个页面是小程序的首页。

每一个小程序页面是由同路径下同名的 4 个不同扩展名的文件组成的，如 index.js、index.wxml、index.wxss、index.json。

index.wxml 是页面的结构文件，其代码如下。

```
1 <!--index.wxml-->
2 <view class="container">
3     <view  bindtap="bindViewTap" class="userinfo">
4         <image class="userinfo-avatar" src="{{userInfo.avatarUrl}}" background-
      size="cover"></ image>
5         <text class="userinfo-nickname">{{userInfo.nickName}}</text>
6     </view>
7     <view class="usermotto">
8         <text class="user-motto">{{motto}}</text>
9     </view>
10 </view>
```

这里使用了 <view/>、<image/>、<text/> 来搭建页面结构，绑定数据和交互处理函数。

index.js 是页面的脚本文件。在这个文件中，可以监听并处理页面的生命周期函数，获取小程序实例，声明并处理数据，响应页面交互事件等。index.js 的代码如下。

```
1 //index.js
2 //获取应用实例
3 var app = getApp()
4 Page({
5     data: {
6         motto: 'Hello World',
7         userInfo: {}
```

```
 8     },
 9     //事件处理函数
10     bindViewTap: function() {
11         wx.navigateTo({
12             url: '../logs/logs'
13         })
14     },
15     onLoad: function () {
16         console.log('onLoad')
17         var that = this
18         //调用应用实例的方法获取全局数据
19         app.getUserInfo(function(userInfo){
20             //更新数据
21             that.setData({
22                 userInfo:userInfo
23             })
24         })
25     }
26 })
```

index.wxss 是页面的样式表，其代码如下。页面的样式表是非必要的。当有页面样式表时，页面样式表中的样式规则会层叠覆盖 app.wxss 中的样式规则。如果不指定页面的样式表，也可以在页面的结构文件中直接使用 app.wxss 中指定的样式规则。它们之间类似于一种继承关系。

```
 1 /**index.wxss**/
 2 .userinfo {
 3     display: flex;
 4     flex-direction: column;
 5     align-items: center;
 6 }
 7
 8 .userinfo-avatar {
 9     width: 128rpx;
10     height: 128rpx;
11     margin: 20rpx;
12     border-radius: 50%;
13 }
14
15 .userinfo-nickname {
16     color: #aaa;
17 }
18
19 .usermotto {
20     margin-top: 200px;
21 }
```

index.json 是页面的配置文件。在官方的例子中，这个页面没有配置文件，不过日志页面有这个相应的页面配置文件。页面配置文件是非必要的。当有页面配置文件时，配置项在该页面会覆盖 app.json 的 window 中相同的配置项。如果没有指定的页面配置文件，则在该页面直接使用 app.json 中的默认配置。

logs 的页面配置文件代码如下。这里配置了导航栏的标题文本内容。

```
<!--log.json-->
{
```

```
    "navigationBarTitleText": "查看启动日志"
}
```

logs 的页面结构代码如下。

```
1 <!--logs.wxml-->
2 <view class="container log-list">
3     <block wx:for="{{logs}}" wx:for-item="log">
4         <text class="log-item">{{index + 1}}. {{log}}</text>
5     </block>
6 </view>
```

logs 页面使用 <block/> 标签来组织代码，在 <block/> 上使用 wx:for 绑定 logs 数据，并将 logs 数据循环展开节点。

logs 的页面脚本文件代码如下。

```
 1 //logs.js
 2 var util = require('../../utils/util.js')
 3 Page({
 4     data: {
 5         logs: []
 6     },
 7     onLoad: function () {
 8         this.setData({
 9             logs: (wx.getStorageSync('logs') || []).map(function (log) {
10                 return util.formatTime(new Date(log))
11             })
12         })
13     }
14 })
```

在这个文件中，程序读取存储的日志信息并在打开页面的时候将其加载出来，同时日期用格式化的形式展示出来。

21.1.4 手机预览

在开发者工具左侧的导航栏中点击“项目”，点击“预览”，扫码后即可在微信客户端中体验。上述项目的预览效果如图 21-6 所示。

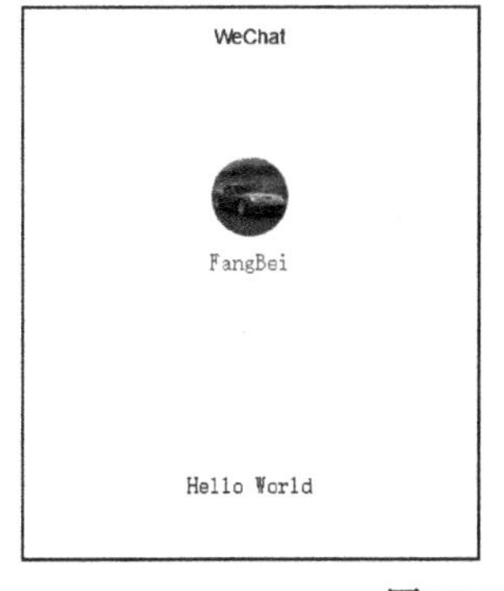

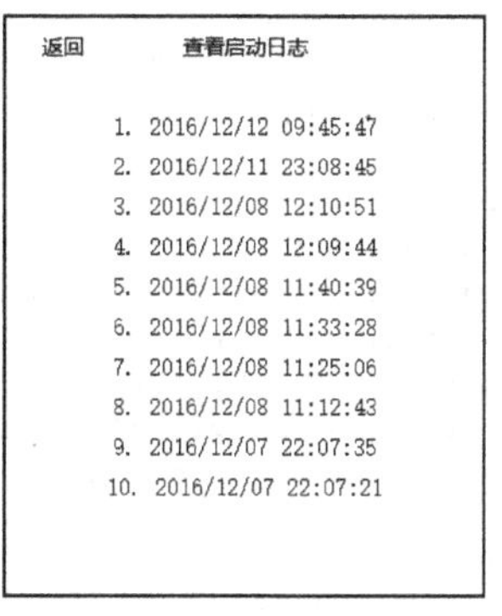

图 21-6　项目预览

21.2 框架

21.2.1 文件结构

小程序包含一个描述整体程序的 app 和多个描述各自页面的 page。

一个小程序主体部分由 3 个文件组成，必须放在项目的根目录下，文件列表如表 21-1 所示。

表 21-1 小程序文件列表

文 件	是否必填	作 用
app.js	是	小程序逻辑
app.json	是	小程序公共设置
app.wxss	否	小程序公共样式表

一个小程序页面由 4 个文件组成，文件列表如表 21-2 所示。

表 21-2 小程序页面文件列表

文件类型	是否必填	作 用
js	是	页面逻辑
wxml	是	页面结构
wxss	否	页面样式表
json	否	页面配置

21.2.2 配置

微信小程序使用 app.json 文件进行全局配置，决定页面文件的路径、窗口表现、设置网络超时时间、设置多 tab 等。

以下是一个包含所有配置选项的简单的 app.json 文件。

```
{
    "pages":[
        "pages/index/index",
        "pages/list/list",
        "pages/item/item",
        "pages/search/search",
        "pages/profile/profile"
    ],
    "window":{
        "navigationBarBackgroundColor":"#35495e",
        "navigationBarTextStyle":"white",
        "navigationBarTitleText":" 电影 ",
        "backgroundColor":"#000000",
        "backgroundTextStyle":"light",
        "enablePullDownRefresh":false
    },
    "tabBar":{
        "color":"#999999",
        "selectedColor":"#35495e",
```

```
        "backgroundColor":"#f5f5f5",
        "borderStyle":"white",
        "list":[
            {
                "text":" 首页 ",
                "pagePath":"pages/index/index",
                "iconPath":"images/index.png",
                "selectedIconPath":"images/index-actived.png"
            },
            {
                "text":" 搜索 ",
                "pagePath":"pages/search/search",
                "iconPath":"images/search.png",
                "selectedIconPath":"images/search-actived.png"
            },
            {
                "text":" 我的 ",
                "pagePath":"pages/profile/profile",
                "iconPath":"images/profile.png",
                "selectedIconPath":"images/profile-actived.png"
            }
        ],
        "position":"bottom"
    },
    "networkTimeout":{
        "request":10000,
        "connectSocket":10000,
        "uploadFile":10000,
        "downloadFile":10000
    },
    "debug":true
}
```

上述配置项的配置说明如表 21-3 所示。

表 21-3　小程序配置选项属性说明

属　性	是否必填	类　型	描　述
pages	是	String Array	设置页面路径
window	否	Object	设置默认页面的窗口表现
tabBar	否	Object	设置底部 tab 的表现
networkTimeout	否	Object	设置网络超时时间
debug	否	Boolean	设置是否开启 debug 模式

pages 配置项用于接收一个数组，每一项都是字符串，以指定小程序由哪些页面组成。每一项代表对应页面的“路径 + 文件名”信息，数组的第一项代表小程序的初始页面。小程序中新增 / 减少页面，都需要对 pages 数组进行修改。文件名不需要写扩展名，因为框架会自动寻找路径中的 .json、js、.wxml、.wxss 文件进行整合。

window 配置项用于设置小程序的状态栏、导航栏、标题、窗口背景色。可设置的属性说明如表 21-4 所示。

表 21-4　window 属性说明

属　性	类　型	默认值	描　述
navigationBarBackgroundColor	HexColor	#000000	导航栏背景颜色，如“#000000”
navigationBarTextStyle	String	white	导航栏标题颜色，仅支持 black/white
navigationBarTitleText	String		导航栏标题的文字内容
backgroundColor	HexColor	#ffffff	窗口的背景色
backgroundTextStyle	String	dark	下拉背景字体、loading 图的样式，仅支持 dark/light
enablePullDownRefresh	Boolean	FALSE	是否开启下拉刷新

如果开发的小程序是一个多 tab 应用（客户端窗口的底部有 tab 栏可以切换页面），那么可以通过 tabBar 配置项指定 tab 栏的表现，以及 tab 切换时显示的对应页面。tabBar 是一个数组，只能配置最少 2 个、最多 5 个 tab，tab 按数组的顺序排序。tabBar 的属性说明如表 21-5 所示。

表 21-5　tabBar 属性说明

属　性	类　型	是否必填	描　述
color	HexColor	是	tab 上的文字的默认颜色
selectedColor	HexColor	是	tab 上的文字选中时的颜色
backgroundColor	HexColor	是	tab 的背景色
borderStyle	String	否	tab 上边框的颜色，仅支持 black/white，默认为 black
position	String	否	可选值 bottom、top，默认为 bottom
list	Array	是	tab 的列表，最少 2 个、最多 5 个 tab
pagePath	String	是	页面路径，必须在 pages 中先定义
text	String	是	tab 上的按钮文字
iconPath	String	是	图片路径，icon 的大小限制为 40KB
selectedIconPath	String	是	选中时的图片路径，icon 的大小限制为 40KB

networkTimeout 配置项可以设置各种网络请求的超时时间，说明如表 21-6 所示。

表 21-6　networkTimeout 属性说明

属　性	类　型	是否必填	说　明
request	Number	否	wx.request 的超时时间，单位为 ms
connectSocket	Number	否	wx.connectSocket 的超时时间，单位为 ms
uploadFile	Number	否	wx.uploadFile 的超时时间，单位为 ms
downloadFile	Number	否	wx.downloadFile 的超时时间，单位为 ms

debug 配置项可以在开发者工具中开启 debug 模式，在开发者工具的控制台面板，调试信息以 info 的形式给出，其信息有 Page 的注册、页面路由、数据更新、事件触发等。它用于帮助开发者快速定位一些常见的问题。

21.2.3 逻辑层

小程序开发框架的逻辑层是由 JavaScript 编写的。逻辑层将数据进行处理后发送给视图层，同时接收视图层的事件反馈。

1. 注册程序

App() 函数用来注册一个小程序。它接收一个 object 参数，其指定小程序的生命周期函数等。App() 注册程序的定义及成员函数实现示例如下。

```
App({
    onLaunch: function() {
        //Do something initial when launch.
    },
    onShow: function() {
        //Do something when show.
    },
    onHide: function() {
        //Do something when hide.
    },
    globalData: 'I am global data'
})
```

成员函数属性描述如表 21-7 所示。

表 21-7 App() 成员函数属性说明

属性	类型	描 述	触发时机
onLaunch	Function	生命周期函数，监听小程序初始化	当小程序初始化完成时，会触发 onLaunch（全局只触发一次）
onShow	Function	生命周期函数，监听小程序显示	当小程序启动，或从后台进入前台显示时，会触发 onShow
onHide	Function	生命周期函数，监听小程序隐藏	当小程序从前台进入后台时，会触发 onHide
其他	Any	开发者可以添加任意的函数或数据到 Object 参数中，用 this 可以访问	

2. 注册页面

Page() 函数用来注册一个页面。它接收一个 object 参数，其指定页面的初始数据、生命周期函数、事件处理函数等。Page() 函数的定义及成员函数实现示例如下。

```
//index.js
Page({
    data: {
        text: "This is page data."
    },
    onLoad: function(options) {
        //Do some initialize when page load.
    },
    onReady: function() {
        //Do something when page ready.
    },
    onShow: function() {
        //Do something when page show.
    },
    onHide: function() {
        //Do something when page hide.
```

```
    },
    onUnload: function() {
        // Do something when page close.
    },
    onPullDownRefresh: function() {
        // Do something when pull down.
    },
    onReachBottom: function() {
        // Do something when page reach bottom.
    },
    // Event handler.
    viewTap: function() {
        this.setData({
            text: 'Set some data for updating view.'
        })
    },
    customData: {
        hi: 'MINA'
    }
})
```

成员函数属性描述如表 21-8 所示。

表 21-8 Page() 成员函数属性说明

属　性	类　型	描　述
data	Object	页面的初始数据
onLoad	Function	生命周期函数，监听页面加载
onReady	Function	生命周期函数，监听页面初次渲染完成
onShow	Function	生命周期函数，监听页面显示
onHide	Function	生命周期函数，监听页面隐藏
onUnload	Function	生命周期函数，监听页面卸载
onPullDownRefresh	Function	页面相关事件处理函数，监听用户下拉动作
onReachBottom	Function	页面上拉触底事件的处理函数
其他	Any	开发者可以添加任意的函数或数据到 object 参数中，在页面的函数中用 this 可以访问

3. 模块化

对于一些公共的代码，可以将其抽离成为一个单独的 JS 文件，作为一个模块。模块只有通过 module.exports 或者 exports 才能对外暴露接口。例如下述 JS 文件。

```
// common.js
function sayHello(name) {
    console.log('Hello ${name} !')
}
function sayGoodbye(name) {
    console.log('Goodbye ${name} !')
}

module.exports.sayHello = sayHello
exports.sayGoodbye = sayGoodbye
```

在需要使用这些模块的文件中，使用 require(path) 将公共代码引入，示例代码如下。

```
var common = require('common.js')
Page({
    helloMINA: function() {
        common.sayHello('MINA')
    },
    goodbyeMINA: function() {
        common.sayGoodbye('MINA')
    }
})
```

21.2.4 视图层

框架的视图层由 WXML 与 WXSS 编写，由组件进行展示。框架将逻辑层的数据反映成视图，同时将视图层的事件发送给逻辑层。各个部分的功能说明如下。

- WXML(WeiXin Markup Language)：用于描述页面的结构，类似于 HTML。
- WXSS(WeiXin Style Sheet)：用于描述页面的样式，类似于 CSS。
- 组件 (Component)：是视图的基本组成单元。

WXML 是框架设计的一套标签语言，结合基础组件、事件系统，可以构建出页面的结构。WXML 具有下述能力：数据绑定、列表渲染、条件渲染、模板、事件、引用。以下 WXML 代码展示了这些能力的使用方法。

```
<!--wxml-->
<view> {{message}} </view>

<view wx:for="{{array}}"> {{item}} </view>

<view wx:if="{{view == 'WEBVIEW'}}"> WEBVIEW </view>
<view wx:elif="{{view == 'APP'}}"> APP </view>
<view wx:else="{{view == 'MINA'}}"> MINA </view>

<template name="staffName">
    <view>
        FirstName: {{firstName}}, LastName: {{lastName}}
    </view>
</template>

<template is="staffName" data="{{...staffA}}"></template>
<template is="staffName" data="{{...staffB}}"></template>
<template is="staffName" data="{{...staffC}}"></template>

<view bindtap="add"> {{count}} </view>
```

相应的页面数据如下。

```
//page.js
Page({
    data: {
        message: 'Hello MINA!'
        array: [1, 2, 3, 4, 5]
        view: 'MINA'
```

```
            staffA: {firstName: 'Hulk', lastName: 'Hu'},
            staffB: {firstName: 'Shang', lastName: 'You'},
            staffC: {firstName: 'Gideon', lastName: 'Lin'}
            count: 1
        },
        add: function(e) {
            this.setData({
                count: this.data.count + 1
            })
        }
    })
```

WXSS 是一套样式语言，用于描述 WXML 的组件样式。

WXSS 用来决定 WXML 的组件应该怎么显示。WXSS 具有 CSS 的大部分特性，同时也进行了尺寸单位和样式导入的扩充及修改。

21.3 组件

21.3.1 视图容器

视图容器分为 3 种：view（普通视图容器）、scroll-view（滚动视图容器）、swiper（滑块视图容器）。

view 容器的伸缩方向分为行和列。其相应的代码如下。

```
<view class="section">
    <view class="section__title">flex-direction: row</view>
    <view class="flex-wrp" style="flex-direction:row;">
        <view class="flex-item bc_green">1</view>
        <view class="flex-item bc_red">2</view>
        <view class="flex-item bc_blue">3</view>
    </view>
</view>
<view class="section">
    <view class="section__title">flex-direction: column</view>
    <view class="flex-wrp" style="height: 300px;flex-direction:column;">
        <view class="flex-item bc_green">1</view>
        <view class="flex-item bc_red">2</view>
        <view class="flex-item bc_blue">3</view>
    </view>
</view>
```

scroll-view 可配置的属性如表 21-9 所示。

表 21-9 scroll-view 属性说明

属性名	类型	默认值	说明
scroll-x	Boolean	FALSE	允许横向滚动
scroll-y	Boolean	FALSE	允许纵向滚动
upper-threshold	Number	50	距顶部 / 左边多远时（单位为 px），触发 scrolltoupper 事件
lower-threshold	Number	50	距底部 / 右边多远时（单位为 px），触发 scrolltolower 事件

（续）

属性名	类型	默认值	说　明
scroll-top	Number		设置竖向滚动条位置
scroll-left	Number		设置横向滚动条位置
scroll-into-view	String		值应为某子元素 ID，则滚动到该元素，元素顶部对齐滚动区域顶部
bindscrolltoupper	EventHandle		滚动到顶部 / 左边，会触发 scrolltoupper 事件
bindscrolltolower	EventHandle		滚动到底部 / 右边，会触发 scrolltolower 事件
bindscroll	EventHandle		滚动时触发，event.detail = {scrollLeft, scrollTop, scrollHeight, scrollWidth, deltaX, deltaY}

scroll-view 的示例代码如下。

```
<view class="section">
    <view class="section__title">vertical scroll</view>
    <scroll-view scroll-y="true" style="height: 200px;" bindscrolltoupper="upper"
    bindscrolltolower="lower" bindscroll="scroll" scroll-into-view="{{toView}}" scroll-
    top="{{scrollTop}}">
        <view id="green" class="scroll-view-item bc_green"></view>
        <view id="red"  class="scroll-view-item bc_red"></view>
        <view id="yellow" class="scroll-view-item bc_yellow"></view>
        <view id="blue" class="scroll-view-item bc_blue"></view>
    </scroll-view>

    <view class="btn-area">
        <button size="mini" bindtap="tap">click me to scroll into view </button>
        <button size="mini" bindtap="tapMove">click me to scroll</button>
    </view>
</view>
<view class="section section_gap">
    <view class="section__title">horizontal scroll</view>
    <scroll-view class="scroll-view_H" scroll-x="true" style="width: 100%">
        <view id="green" class="scroll-view-item_H bc_green"></view>
        <view id="red"  class="scroll-view-item_H bc_red"></view>
        <view id="yellow" class="scroll-view-item_H bc_yellow"></view>
        <view id="blue" class="scroll-view-item_H bc_blue"></view>
    </scroll-view>
</view>
```

swiper 的属性如表 21-10 所示。

表 21-10　swiper 属性说明

属性名	类型	默认值	说　明
indicator-dots	Boolean	FALSE	是否显示面板指示点
autoplay	Boolean	FALSE	是否自动切换
current	Number	0	当前所在页面的 index
interval	Number	5000	自动切换时间间隔
duration	Number	1000	滑动动画时长
bindchange	EventHandle		current 改变时会触发 change 事件，event.detail = {current: current}

swiper 的示例代码如下。

```
<swiper indicator-dots="{{indicatorDots}}"
    autoplay="{{autoplay}}" interval="{{interval}}" duration="{{duration}}">
    <block wx:for="{{imgUrls}}">
        <swiper-item>
            <image src="{{item}}" class="slide-image" width="355" height="150"/>
        </swiper-item>
    </block>
</swiper>
<button bindtap="changeIndicatorDots"> indicator-dots </button>
<button bindtap="changeAutoplay"> autoplay </button>
<slider bindchange="intervalChange" show-value min="500" max="2000"/> interval
<slider bindchange="durationChange" show-value min="1000" max="10000"/> duration
```

21.3.2 基础内容

icon（图标）的属性如表 21-11 所示。

表 21-11　icon 属性说明

属性名	类型	默认值	说　明
type	String		icon 的类型，有效值：success、success_no_circle、info、warn、waiting、cancel、download、search、clear
size	Number	23	icon 的大小，单位为 px
color	Color		icon 的颜色，同 CSS 的 color

icon 的示例代码如下。

```
<view class="group">
    <block wx:for="{{iconSize}}">
        <icon type="success" size="{{item}}"/>
    </block>
</view>

<view class="group">
    <block wx:for="{{iconType}}">
        <icon type="{{item}}" size="45"/>
    </block>
</view>


<view class="group">
    <block wx:for="{{iconColor}}">
        <icon type="success" size="45" color="{{item}}"/>
    </block>
</view>
```

text（文本）的示例代码如下。

```
<view class="btn-area">
    <view class="body-view">
        <text>{{text}}</text>
        <button bindtap="add">add line</button>
        <button bindtap="remove">remove line</button>
```

```
    </view>
</view>
```

progress（进度条）的属性如表 21-12 所示。

表 21-12　progress 属性说明

属性名	类　型	默认值	说　明
percent	Float	无	百分比 0 ~ 100
show-info	Boolean	FALSE	在进度条右侧显示百分比
stroke-width	Number	6	进度条线的宽度，单位为 px
color	Color	#09BB07	进度条的颜色
active	Boolean	FALSE	进度条从左往右的动画

progress 的示例代码如下。

```
<progress percent="20" show-info />
<progress percent="40" stroke-width="12" />
<progress percent="60" color="pink" />
<progress percent="80" active />
```

21.3.3　表单组件

button（按钮）的属性如表 21-13 所示。

表 21-13　button 属性说明

属性名	类型	默认值	说　明
size	String	default	有效值：default，mini
type	String	default	按钮的样式类型，有效值：primary，default，warn
plain	Boolean	FALSE	按钮是否镂空，背景色透明
disabled	Boolean	FALSE	是否禁用
loading	Boolean	FALSE	名称前是否带 loading 图标
form-type	String	无	有效值：submit，reset，用于 <form/> 组件，点击分别会触发 submit 和 reset 事件
hover-class	String	button-hover	指定按钮按下后的样式类。当 hover-class= “none” 时，没有点击态效果

button 的示例代码如下。

```
<button type="default" size="{{defaultSize}}" loading="{{loading}}" plain="{{plain}}"
disabled="{{disabled}}" bindtap="default" hover-class="other-button-hover"> default </button>
<button type="primary" size="{{primarySize}}" loading="{{loading}}" plain="{{plain}}"
disabled="{{disabled}}" bindtap="primary"> primary </button>
<button type="warn" size="{{warnSize}}" loading="{{loading}}" plain="{{plain}}"
disabled="{{disabled}}" bindtap="warn"> warn </button>
<button bindtap="setDisabled">点击设置以上按钮 disabled 属性 </button>
<button bindtap="setPlain">点击设置以上按钮 plain 属性 </button>
<button bindtap="setLoading">点击设置以上按钮 loading 属性 </button>
```

checkbox-group（多项选择器）内部由多个 checkbox 组成。checkbox（多选项目）的属性如表 21-14 所示。

表 21-14 checkbox 属性说明

属性名	类型	默认值	说明
value	String		<checkbox/> 标识，选中时触发 <checkbox-group/> 的 change 事件，并携带 <checkbox/> 的 value
disabled	Boolean	FALSE	是否禁用
checked	Boolean	FALSE	当前是否选中，可用来设置默认选中

checkbox 的示例代码如下。

```
<checkbox-group bindchange="checkboxChange">
    <label class="checkbox" wx:for="{{items}}">
        <checkbox value="{{item.name}}" checked="{{item.checked}}"/>{{item.value}}
    </label>
</checkbox-group>
```

form(表单）用于将组件内的用户输入的 <switch/> <input/> <checkbox/> <slider/> <radio/> <picker/> 提交。当点击 <form/> 中 formType 为 submit 的 <button/> 组件时，会将表单组件中的 value 值提交，需要在表单组件中加上 name 作为 key。from 的属性如表 21-15 所示。

表 21-15 from 属性说明

属性名	类型	说明
report-submit	Boolean	是否返回 formId 用于发送模板消息
bindsubmit	EventHandle	携带表单中的数据触发 submit 事件，event.detail = {value : {'name': 'value'} , formId: ''}
bindreset	EventHandle	表单重置时会触发 reset 事件

from 的示例代码如下。

```
<form bindsubmit="formSubmit" bindreset="formReset">
    <view class="section section_gap">
        <view class="section__title">switch</view>
        <switch name="switch"/>
    </view>
    <view class="section section_gap">
        <view class="section__title">slider</view>
        <slider name="slider" show-value ></slider>
    </view>

    <view class="section">
        <view class="section__title">input</view>
        <input name="input" placeholder="please input here" />
    </view>
    <view class="section section_gap">
        <view class="section__title">radio</view>
        <radio-group name="radio-group">
            <label><radio value="radio1"/>radio1</label>
            <label><radio value="radio2"/>radio2</label>
        </radio-group>
    </view>
    <view class="section section_gap">
        <view class="section__title">checkbox</view>
```

```
        <checkbox-group name="checkbox">
            <label><checkbox value="checkbox1"/>checkbox1</label>
            <label><checkbox value="checkbox2"/>checkbox2</label>
        </checkbox-group>
    </view>
    <view class="btn-area">
        <button formType="submit">Submit</button>
        <button formType="reset">Reset</button>
    </view>
</form>
```

input（输入框）的属性如表 21-16 所示。

表 21-16　input 属性说明

属性名	类型	默认值	说　明
value	String		输入框的初始内容
type	String	text	input 的类型，有效值：text，number，idcard，digit
password	Boolean	FALSE	是否是密码类型
placeholder	String		输入框为空时占位符
placeholder-style	String		指定 placeholder 的样式
placeholder-class	String	input-placeholder	指定 placeholder 的样式类
disabled	Boolean	FALSE	是否禁用
maxlength	Number	140	最大输入长度，设置为 -1 时不限制最大长度
auto-focus	Boolean	FALSE	自动聚焦，拉起键盘。页面中只能有一个 <input/> 或 <textarea/> 设置 auto-focus 属性
focus	Boolean	FALSE	获取焦点（开发工具暂不支持）
bindinput	EventHandle		除了 date/time 类型外的输入框，当键盘输入时，触发 input 事件，event.detail = {value: value}，处理函数可以直接返回一个字符串，替换输入框的内容
bindfocus	EventHandle		输入框聚焦时触发，event.detail = {value: value}
bindblur	EventHandle		输入框失去焦点时触发，event.detail = {value: value}

input 的示例代码如下。

```
<!--input.wxml-->
<view class="section">
    <input placeholder="这是一个可以自动聚焦的 input" auto-focus/>
</view>
<view class="section">
    <input placeholder="这个只有在按钮点击的时候才聚焦" focus="{{focus}}" />
    <view class="btn-area">
        <button bindtap="bindButtonTap">使得输入框获取焦点</button>
    </view>
</view>
<view class="section">
    <input  maxlength="10" placeholder="最大输入长度 10" />
</view>
<view class="section">
    <view class="section__title">你输入的是：{{inputValue}}</view>
    <input  bindinput="bindKeyInput" placeholder="输入同步到 view 中"/>
```

```
</view>
<view class="section">
    <input  bindinput="bindReplaceInput" placeholder="连续的两个 1 会变成 2" />
</view>
<view class="section">
    <input  bindinput="bindHideKeyboard" placeholder="输入 123 自动收起键盘 " />
</view>
<view class="section">
    <input password type="number" />
</view>
<view class="section">
    <input password type="text" />
</view>
<view class="section">
    <input type="digit" placeholder="带小数点的数字键盘 "/>
</view>
<view class="section">
    <input type="idcard" placeholder="身份证输入键盘 " />
</view>
<view class="section">
    <input placeholder-style="color:red" placeholder="占位符字体是红色的 " />
</view>
```

label 用来改进表单组件的可用性，使用 for 属性找到对应的 ID，或者将控件放在该标签下，当点击时，就会触发对应的控件。for 的优先级高于内部控件，内部有多个控件时默认触发第一个控件。

label 的示例代码如下。

```
<view class="section section_gap">
<view class="section__title">表单组件在 label 内 </view>
<checkbox-group class="group" bindchange="checkboxChange">
    <view class="label-1" wx:for="{{checkboxItems}}">
        <label>
            <checkbox hidden value="{{item.name}}" checked="{{item.checked}}"></checkbox>
            <view class="label-1__icon">
                <view class="label-1__icon-checked" style="opacity:{{item.checked ?
                 1: 0}}"></view>
            </view>
            <text class="label-1__text">{{item.value}}</text>
        </label>
    </view>
</checkbox-group>
</view>

<view class="section section_gap">
<view class="section__title">label 用 for 标识表单组件 </view>
<radio-group class="group" bindchange="radioChange">
    <view class="label-2" wx:for="{{radioItems}}">
        <radio id="{{item.name}}" hidden value="{{item.name}}" checked="{{item.checked}}"></
        radio>
        <view class="label-2__icon">
            <view class="label-2__icon-checked" style="opacity:{{item.checked ? 1:
            0}}"></view>
        </view>
```

```
        <label class="label-2__text" for="{{item.name}}"><text>{{item.name}}</text></
        label>
    </view>
</radio-group>
</view>
```

picker（滚动选择器）支持 3 种选择器，通过 mode 来区分，分别是普通选择器、时间选择器、日期选择器，默认是普通选择器。

普通选择器（mode = selector）的属性如表 21-17 所示。

表 21-17 普通选择器属性说明

属性名	类型	默认值	说 明
range	Array	[]	mode 为 selector 时，range 有效
value	Number	0	mode 为 selector 时，是数字，表示选择了 range 中的第几个，从 0 开始
bindchange	EventHandle		value 改变时触发 change 事件，event.detail = {value: value}

时间选择器（mode = time）的属性如表 21-18 所示。

表 21-18 时间选择器属性说明

属性名	类型	默认值	说 明
value	String		表示选中的时间，格式为“hh:mm”
start	String		表示有效时间范围的开始，字符串格式为“hh:mm”
end	String		表示有效时间范围的结束，字符串格式为“hh:mm”
bindchange	EventHandle		value 改变时触发 change 事件，event.detail = {value: value}

日期选择器（mode = date）的属性如表 21-19 所示。

表 21-19 日期选择器属性说明

属性名	类型	默认值	说 明
value	String	0	表示选中的日期，格式为“YYYY-MM-DD”
start	String		表示有效日期范围的开始，字符串格式为“YYYY-MM-DD”
end	String		表示有效日期范围的结束，字符串格式为“YYYY-MM-DD”
fields	String	day	有效值 year,month,day，表示选择器的粒度
bindchange	EventHandle		value 改变时触发 change 事件，event.detail = {value: value}

picker 的示例代码如下。

```
<view class="section">
    <view class="section__title">普通选择器</view>
    <picker bindchange="bindPickerChange" value="{{index}}" range="{{array}}">
        <view class="picker">
            当前选择：{{array[index]}}
        </view>
    </picker>
</view>
<view class="section">
    <view class="section__title">时间选择器</view>
    <picker mode="time" value="{{time}}" start="09:01" end="21:01" bindchange="bind-
```

```
        TimeChange">
            <view class="picker">
                当前选择：{{time}}
            </view>
        </picker>
    </view>
    <view class="section">
        <view class="section__title">日期选择器</view>
        <picker mode="date" value="{{date}}" start="2015-09-01" end="2017-09-01" bindchange=
        "bindDateChange">
            <view class="picker">
                当前选择：{{date}}
            </view>
        </picker>
    </view>
```

radio-group（单项选择器）内部由多个 <radio/> 组成。radio（单选项目）的属性如表 21-20 所示。

表 21-20 radio 属性说明

属性名	类型	默认值	说　明
value	String		<radio/> 标识。当该 <radio/> 选中时，<radio-group/> 的 change 事件会携带 <radio/> 的 value
checked	Boolean	FALSE	当前是否选中
disabled	Boolean	FALSE	是否禁用

radio 的示例代码如下。

```
<radio-group class="radio-group" bindchange="radioChange">
    <label class="radio" wx:for="{{items}}">
        <radio value="{{item.name}}" checked="{{item.checked}}"/>{{item.value}}
    </label>
</radio-group>
```

slider（滑动选择器）的属性如表 21-21 所示。

表 21-21 slider 属性说明

属性名	类型	默认值	说　明
min	Number	0	最小值
max	Number	100	最大值
step	Number	1	步长，取值必须大于 0，并且可被（max - min）整除
disabled	Boolean	FALSE	是否禁用
value	Number	0	当前取值
show-value	Boolean	FALSE	是否显示当前 value
bindchange	EventHandle		完成一次拖动后触发的事件，event.detail = {value: value}

slider 的示例代码如下。

```
<view class="section section_gap">
```

```
    <text class="section__title">设置 left/right icon</text>
    <view class="body-view">
        <slider bindchange="slider1change" left-icon="cancel" right-icon="success_
        no_circle"/>
    </view>
</view>

<view class="section section_gap">
    <text class="section__title">设置 step</text>
    <view class="body-view">
        <slider bindchange="slider2change" step="5"/>
    </view>
</view>

<view class="section section_gap">
    <text class="section__title">显示当前 value</text>
    <view class="body-view">
        <slider bindchange="slider3change" show-value/>
    </view>
</view>

<view class="section section_gap">
    <text class="section__title">设置最小 / 最大值 </text>
    <view class="body-view">
        <slider bindchange="slider4change" min="50" max="200" show-value/>
    </view>
</view>
```

switch（开关选择器）的属性如表 21-22 所示。

表 21-22 switch 属性说明

属性名	类型	默认值	说　明
checked	Boolean	FALSE	是否选中
type	String	switch	样式，有效值：switch，checkbox
bindchange	EventHandle		checked 改变时触发 change 事件，event.detail={ value:checked }

switch 的示例代码如下。

```
<view class="body-view">
    <switch checked bindchange="switch1Change"/>
    <switch bindchange="switch2Change"/>
</view>
```

textarea（多行输入框）的属性如表 21-23 所示。

表 21-23 textarea 属性说明

属性名	类型	默认值	说　明
value	String		输入框的内容
placeholder	String		输入框为空时占位符
placeholder-style	String		指定 placeholder 的样式
placeholder-class	String	textarea-placeholder	指定 placeholder 的样式类
disabled	Boolean	FALSE	是否禁用

（续）

属性名	类型	默认值	说　明
maxlength	Number	140	最大输入长度，设置为 0 时不限制最大长度
auto-focus	Boolean	FALSE	自动聚焦，拉起键盘。页面中只能有一个 <textarea/> 或 <input/> 设置 auto-focus 属性
focus	Boolean	FALSE	获取焦点（开发工具暂不支持）
auto-height	Boolean	FALSE	是否自动增高，设置 auto-height 时，style.height 不生效
bindfocus	EventHandle		输入框聚焦时触发，event.detail = {value: value}
bindblur	EventHandle		输入框失去焦点时触发，event.detail = {value: value}
bindlinechange	EventHandle		输入框行数变化时调用，event.detail = {height: 0, heightRpx: 0, lineCount: 0}

textarea 的示例代码如下。

```
<!--textarea.wxml-->
<view class="section">
    <textarea bindblur="bindTextAreaBlur" auto-height placeholder="自动变高" />
</view>
<view class="section">
    <textarea placeholder="placeholder颜色是红色的" placeholder-style="color:red;"  />
</view>
<view class="section">
    <textarea placeholder="这是一个可以自动聚焦的textarea" auto-focus />
</view>
<view class="section">
    <textarea placeholder="这个只有在按钮点击的时候才聚焦" focus="{{focus}}" />
    <view class="btn-area">
        <button bindtap="bindButtonTap">使得输入框获取焦点</button>
    </view>
</view>
```

21.3.4 导航

navigator（页面链接）的属性如表 21-24 所示。

表 21-24　navigator 属性说明

属性名	类型	默认值	说　明
url	String		应用内的跳转链接
redirect	Boolean	FALSE	是否关闭当前页面
hover-class	String	navigator-hover	指定点击时的样式类，当 hover-class= "none" 时，没有点击态效果

navigator 的示例代码如下。

```
<!-- sample.wxml -->
<view class="btn-area">
    <navigator url="navigate?title=navigate" hover-class="navigator-hover">跳转到新
    页面</navigator>
    <navigator url="redirect?title=redirect" redirect hover-class="other-navigator-
    hover">在当前页打开</navigator>
</view>
```

21.3.5 媒体组件

audio（音频）的属性如表 21-25 所示。

表 21-25 audio 属性说明

属性名	类型	默认值	说 明
id	String		video 组件的唯一标识符
src	String		要播放音频的资源地址
loop	Boolean	FALSE	是否循环播放
controls	Boolean	TRUE	是否显示默认控件
poster	String		默认控件上的音频封面的图片资源地址，如果 controls 属性值为 false，则设置 poster 无效
name	String	未知音频	默认控件上的音频名字，如果 controls 属性值为 false，则设置 name 无效
author	String	未知作者	默认控件上的作者名字，如果 controls 属性值为 false，则设置 author 无效
binderror	EventHandle		当发生错误时触发 error 事件，detail = {errMsg: MediaError.code}
bindplay	EventHandle		当开始 / 继续播放时触发 play 事件
bindpause	EventHandle		当暂停播放时触发 pause 事件
bindtimeupdate	EventHandle		当播放进度改变时触发 timeupdate 事件，detail = {currentTime, duration}
bindended	EventHandle		当播放到末尾时触发 ended 事件

audio 的示例代码如下。

```
<!-- audio.wxml -->
<audio poster="{{poster}}" name="{{name}}" author="{{author}}" src="{{src}}" id="myAudio"
controls loop></audio>

<button type="primary" bindtap="audioPlay"> 播放 </button>
<button type="primary" bindtap="audioPause"> 暂停 </button>
<button type="primary" bindtap="audio14"> 设置当前播放时间为 14 秒 </button>
<button type="primary" bindtap="audioStart"> 回到开头 </button>
```

image（图片）的属性如表 21-26 所示。

表 21-26 image 属性说明

属性名	类型	默认值	说 明
src	String		图片资源地址
mode	String	scaleToFill	图片裁剪、缩放的模式
binderror	HandleEvent		当错误发生时，发布到 AppService 的事件名，事件对象 event.detail = {errMsg: 'something wrong'}
bindload	HandleEvent		当图片载入完毕时，发布到 AppService 的事件名，事件对象 event.detail = {height:' 图片高度 px', width:' 图片宽度 px'}

image 的示例代码如下。

```
<view class="page">
    <view class="page__hd">
        <text class="page__title">image</text>
        <text class="page__desc">图片</text>
    </view>
    <view class="page__bd">
        <view class="section section_gap" wx:for="{{array}}" wx:for-item="item">
            <view class="section__title">{{item.text}}</view>
            <view class="section__ctn">
                <image style="width: 200px; height: 200px; background-color: #eeeeee;"
                mode="{{item.mode}}" src="{{src}}"></image>
            </view>
        </view>
    </view>
</view>
```

video（视频）标签默认宽度为 300px，高度为 225px，设置宽高需要通过 WXSS 设置 width 和 height。video 的属性如表 21-27 所示。

表 21-27　video 属性说明

属性名	类型	默认值	说　明
src	String		要播放视频的资源地址
controls	Boolean	TRUE	是否显示默认播放控件（播放 / 暂停按钮、播放进度、时间）
danmu-list	Object Array		弹幕列表
danmu-btn	Boolean	FALSE	是否显示弹幕按钮，只在初始化时有效，不能动态变更
enable-danmu	Boolean	FALSE	是否展示弹幕，只在初始化时有效，不能动态变更
autoplay	Boolean	FALSE	是否自动播放
bindplay	EventHandle		当开始 / 继续播放时触发 play 事件
bindpause	EventHandle		当暂停播放时触发 pause 事件
bindended	EventHandle		当播放到末尾时触发 ended 事件
binderror	EventHandle		当发生错误时触发 error 事件，event.detail = {errMsg: 'something wrong'}

video 的示例代码如下。

```
<view class="section tc">
    <video src="{{src}}"   controls ></video>
    <view class="btn-area">
        <button bindtap="bindButtonTap">获取视频</button>
    </view>
</view>

<view class="section tc">
    <video id="myVideo" src="http://wxsnsdy.tc.qq.com/105/20210/snsdyvideodownload?fil
    ekey=30280201010421301f0201690402534804102ca905ce620b1241b726bc41dcff44e0020401288
    2540400&bizid=1023&hy=SH&fileparam=302c020101042530230204136ffd93020457e3c4ff02024e
    f202031e8d7f02030f42400204045a320a0201000400" binderror="videoErrorCallback" danmu-
    list="{{danmuList}}" enable-danmu danmu-btn controls></video>
    <view class="btn-area">
        <button bindtap="bindButtonTap">获取视频</button>
        <input bindblur="bindInputBlur"/>
        <button bindtap="bindSendDanmu">发送弹幕</button>
    </view>
</view>
```

21.3.6 地图

map（地图）的属性如表 21-28 所示。

表 21-28 map 属性说明

属性名	类 型	默认值	说 明
longitude	Number		中心经度
latitude	Number		中心纬度
scale	Number	16	缩放级别
markers	Array		标记点
covers	Array		覆盖物

标记点用于在地图上显示标记的位置，不能自定义图标和样式。标记点的属性如表 21-29 所示。

表 21-29 标记点属性说明

属 性	说 明	类 型	必 填	备 注
latitude	纬度	Number	是	浮点数，范围为 -90 ~ 90
longitude	经度	Number	是	浮点数，范围为 -180 ~ 180
name	标注点名	String	是	
desc	标注点详细描述	String	否	

覆盖物用于在地图上显示自定义图标，可自定义图标和样式。覆盖物的属性如表 21-30 所示。

表 21-30 覆盖物属性说明

属 性	说 明	类 型	必 填	备 注
latitude	纬度	Number	是	浮点数，范围为 -90 ~ 90
longitude	经度	Number	是	浮点数，范围为 -180 ~ 180
iconPath	显示的图标	String	是	项目目录下的图片路径，支持相对路径
rotate	旋转角度	Number	否	顺时针旋转的角度，范围为 0 ~ 360°，默认为 0

map 的示例代码如下。

```
<!-- map.wxml -->
<map longitude="113.324520" latitude="23.099994" markers="{{markers}}" covers=
"{{covers}}" style="width: 375px; height: 200px;"></map>
```

21.3.7 画布

canvas（画布）的属性如表 21-31 所示。

表 21-31 canvas 属性说明

属性名	类型	默认值	说 明
canvas-id	String		canvas 组件的唯一标识符
disable-scroll	Boolean	FALSE	当在 canvas 中移动时，禁止屏幕滚动以及下拉刷新
bindtouchstart	EventHandle		手指触摸动作开始

（续）

属性名	类型	默认值	说　明
bindtouchmove	EventHandle		手指触摸后移动
bindtouchend	EventHandle		手指触摸动作结束
bindtouchcancel	EventHandle		手指触摸动作被打断，如来电提醒、弹窗
binderror	EventHandle		当发生错误时触发 error 事件，detail = {errMsg: 'something wrong'}

canvas 的示例代码如下。

```
<!-- canvas.wxml -->
<canvas style="width: 300px; height: 200px;" canvas-id="firstCanvas"></canvas>
<!-- 当使用绝对定位时，文档流后边的 canvas 的显示层级高于前边的 canvas -->
<canvas style="width: 400px; height: 500px;" canvas-id="secondCanvas"></canvas>
<!-- 因为 canvas-id 与前一个 canvas 重复，该 canvas 不会显示，并会发送一个错误事件到 AppService -->
<canvas style="width: 400px; height: 500px;" canvas-id="secondCanvas" binderror="canvas
IdErrorCallback"></canvas>
```

21.4 接口

21.4.1 网络

1. 发起请求

wx.request 接口用于发起 HTTPS 请求。一个微信小程序同时只能有 5 个网络请求连接。

2. 上传下载

wx.uploadFile 接口用于将本地资源上传到开发者服务器。例如，页面通过 wx.chooseImage 等接口获取到一个本地资源的临时文件路径后，可通过此接口将本地资源上传到指定服务器。客户端发起一个 HTTPS POST 请求，其中 content-type 为 multipart/form-data。

wx.downloadFile 接口用于下载文件资源到本地。客户端直接发起一个 HTTP GET 请求，将返回文件的本地临时路径。

3. WebSocket

wx.connectSocket 接口用于创建一个 WebSocket 连接；一个微信小程序同时只能有一个 WebSocket 连接，如果当前已存在一个 WebSocket 连接，会自动关闭该连接，并重新创建一个 WebSocket 连接。

wx.onSocketOpen(CALLBACK) 接口用于监听 WebSocket 连接打开事件。

wx.onSocketError(CALLBACK) 接口用于监听 WebSocket 错误。

wx.sendSocketMessage(OBJECT) 接口用于通过 WebSocket 连接发送数据，需要先调用 wx.connectSocket，并在 wx.onSocketOpen 回调之后才能发送。

wx.onSocketMessage(CALLBACK) 接口用于监听 WebSocket 接收到服务器的消息事件。

wx.closeSocket 接口用于关闭 WebSocket 连接。

wx.onSocketClose(CALLBACK) 接口用于监听 WebSocket 关闭。

21.4.2 媒体

1. 图片

wx.chooseImage 接口用于从本地相册选择图片或使用相机拍照。

wx.previewImage 接口用于预览图片。

wx.getImageInfo 接口用于获取图片信息。

2. 音频

wx.startRecord 接口用于开始录音。当主动调用 wx.stopRecord 或者录音超过 1 分钟时，将自动结束录音，返回录音文件的临时文件路径。

wx.stopRecord 接口用于主动停止录音。

3. 音频播放控制

wx.playVoice 接口用于开始播放语音，同时只允许一个语音文件正在播放，如果前一个语音文件还未播放完，将中断前一个语音的播放。

wx.pauseVoice 接口用于暂停正在播放的语音。再次调用 wx.playVoice 播放同一个文件时，会从暂停处开始播放。如果想从头开始播放，需要先调用 wx.stopVoice。

wx.stopVoice 接口用于结束播放语音。

wx.createAudioContext(audioId) 接口用于创建并返回 audio 上下文 audioContext 对象。

4. 音乐播放控制

wx.getBackgroundAudioPlayerState 接口用于获取音乐播放状态。

wx.playBackgroundAudio 接口用于播放音乐，同时只能有一首音乐正在播放。

wx.pauseBackgroundAudio 接口用于暂停播放音乐。

wx.seekBackgroundAudio 接口用于控制音乐播放进度。

wx.stopBackgroundAudio 接口用于停止播放音乐。

wx.onBackgroundAudioPlay 接口用于监听音乐播放。

wx.onBackgroundAudioPause 接口用于监听音乐暂停。

wx.onBackgroundAudioStop 接口用于监听音乐停止。

5. 文件

wx.getSavedFileList 接口用于获取本地已保存的文件列表。

wx.getSavedFileInfo 接口用于获取本地文件的文件信息。

wx.removeSavedFile 接口用于删除本地存储的文件。

6. 视频

wx.chooseVideo 接口用于拍摄视频或从手机相册中选择视频，返回视频的临时文件路径。

wx.createVideoContext 接口用于创建并返回 video 上下文 videoContext 对象。

21.4.3 数据

每个微信小程序都可以有自己的本地缓存，可以通过 wx.setStorage（wx.setStorageSync）、wx.getStorage（wx.getStorageSync）、wx.clearStorage（wx.clearStorageSync）对本地缓存进行

设置、获取和清理。本地缓存最大为 10MB。需要注意的是，localStorage 是永久存储的，但是不建议将关键信息全部存在 localStorage 中，以防用户换设备的情况。

wx.setStorage 接口用于将数据存储在本地缓存中指定的 key 中，会覆盖原来该 key 对应的内容，这是一个异步接口。

wx.setStorageSync(KEY,DATA) 接口用于将 data 存储在本地缓存中指定的 key 中，会覆盖原来该 key 对应的内容，这是一个同步接口。

wx.getStorage 接口用于从本地缓存中异步获取指定 key 对应的内容。

wx.getStorageSync(KEY) 接口用于从本地缓存中同步获取指定 key 对应的内容。

wx.getStorageInfo(OBJECT) 接口用于异步获取当前 storage 的相关信息。

wx.getStorageInfoSync 接口用于同步获取当前 storage 的相关信息。

wx.removeStorage(OBJECT) 接口用于从本地缓存中异步移除指定 key。

wx.removeStorageSync(KEY) 接口用于从本地缓存中同步移除指定 key。

wx.clearStorage 接口用于清理本地数据缓存。

wx.clearStorageSync 接口用于同步清理本地数据缓存。

21.4.4 位置

wx.getLocation(OBJECT) 接口用于获取当前的地理位置、速度。

wx.chooseLocation(OBJECT) 接口用于打开地图，选择位置。

wx.openLocation(OBJECT) 接口用于使用微信内置地图查看位置。

21.4.5 设备

wx.getNetworkType(OBJECT) 接口用于获取网络类型。

wx.getSystemInfo(OBJECT) 接口用于获取系统信息。

wx.getSystemInfoSync 接口用于同步获取系统信息。

wx.onAccelerometerChange(CALLBACK) 接口用于监听重力感应数据，频率为 5 次 /s。

wx.onCompassChange(CALLBACK) 接口用于监听罗盘数据，频率为 5 次 /s。

wx.makePhoneCall(OBJECT) 接口用于拨打电话。

21.4.6 界面

1. 交互反馈

wx.showToast(OBJECT) 接口用于显示消息提示框。

wx.hideToast 接口用于隐藏消息提示框。

wx.showModal(OBJECT) 接口用于显示模态弹窗。

wx.showActionSheet(OBJECT) 接口用于显示操作菜单。

2. 设置导航条

wx.setNavigationBarTitle(OBJECT) 接口用于动态设置当前页面的标题。

wx.showNavigationBarLoading 接口用于在当前页面显示导航条加载动画。

wx.hideNavigationBarLoading 接口用于隐藏导航条加载动画。

wx.navigateTo(OBJECT) 接口用于保留当前页面，跳转到应用内的某个页面，使用 wx.navigateBack 可以返回到原页面。

wx.redirectTo(OBJECT) 接口用于关闭当前页面，跳转到应用内的某个页面。

wx.navigateBack(OBJECT) 接口用于关闭当前页面，返回上一页面或多级页面。它可通过 getCurrentPages() 获取当前的页面栈，决定需要返回几层。

3. 动画

wx.createAnimation(OBJECT) 接口用于创建一个动画实例 animation。调用实例的方法可以描述动画。最后通过动画实例的 export 方法导出动画数据，传递给组件的 animation 属性。

4. 绘画

wx.createContext 接口用于创建并返回绘图上下文 context 对象。

wx.drawCanvas(OBJECT) 接口用于描述画布。

wx.canvasToTempFilePath(OBJECT) 接口用于把当前画布的内容导出生成图片，并返回文件路径

5. 其他

wx.hideKeyboard 接口用于收起键盘。

21.4.7 开放接口

1. 登录

wx.login(OBJECT) 接口用于调用接口获取登录凭证（Code），进而换取用户登录态信息，包括用户的唯一标识（OpenID）及本次登录的会话密钥（session_key）。用户数据的加解密通信需要依赖会话密钥完成。登录部分代码如下。

```
//app.js
App({
    onLaunch: function() {
        wx.login({
            success: function(res) {
                if (res.code) {
                    //发起网络请求
                    wx.request({
                        url: 'https://test.com/onLogin',
                        data: {
                            code: res.code
                        }
                    })
                } else {
                    console.log('获取用户登录态失败！' + res.errMsg)
                }
            }
        });
    }
})
```

用户允许登录后，回调内容会带上 Code（有效期为 5 分钟），返回内容如下。

```
{errMsg: "login:ok", code: "013IwEe106FprD1A3Wd10HCGe10IwEeb"}
```

开发者需要将 Code 发送到开发者服务器后台，使用 Code 换取 session_key 接口，将 Code 换成 OpenID 和 session_key。其中，session_key 是对用户数据进行加密签名的密钥。为了自身应用安全，session_key 不应该在网络上传输。Code 换取 session_key 接口如下。

```
https://api.weixin.qq.com/sns/jscode2session?appid=APPID&secret=SECRET&js_code=JSCODE&
grant_type=authorization_code
```

上述接口的参数说明如表 21-32 所示。

表 21-32　Code 换取 session_key 接口的参数说明

参　　数	是否必填	说　　明
appid	是	小程序唯一标识
secret	是	小程序的 App Secret
js_code	是	登录时获取的 Code
grant_type	是	填写为 authorization_code

正确创建时，返回的数据示例如下。

```
{
    "openid":"OPENID",
    "session_key":"SESSIONKEY",
    "expires_in":2592000
}
```

上述数据的参数说明如表 21-33 所示。

表 21-33　code 换取 session_key 接口返回参数说明

参　　数	说　　明
openid	用户唯一标识
session_key	会话密钥
expires_in	会话有效期，以 s 为单位。例如，2 592 000 代表会话有效期为 30 天

通过 wx.login 获取到用户登录态之后，需要维护登录态。要注意，不应该直接把 session_key、openid 等字段作为用户的标识或者 session 的标识，而应该自己派发一个 session 登录态。对于开发者自己生成的 session，应该保证其安全性且不应该设置较长的过期时间。session 派发到小程序客户端之后，可将其存储在 storage 中，用于后续通信。

2. 获取用户信息

wx.getUserInfo(OBJECT) 接口用于获取用户信息。获取成功后，返回内容的参数说明如表 21-34 所示。

表 21-34　获取用户信息接口返回参数说明

参　　数	类　　型	说　　明
userInfo	OBJECT	用户信息对象，不包含 OpenID 等敏感信息

（续）

参　数	类　型	说　明
rawData	String	不包括敏感信息的原始数据字符串，用于计算签名
signature	String	使用 sha1(rawData + sessionkey) 得到字符串，用于校验用户信息
encryptedData	String	包括敏感数据在内的完整用户信息的加密数据
iv	String	加密算法的初始向量

获取用户信息的代码如下。

```
wx.getUserInfo({
    success: function(res) {
        var userInfo = res.userInfo
        var nickName = userInfo.nickName
        var avatarUrl = userInfo.avatarUrl
        var gender = userInfo.gender //性别。0：未知；1：男；2：女
        var province = userInfo.province
        var city = userInfo.city
        var country = userInfo.country
    }
})
```

3. 微信支付

wx.requestPayment(OBJECT) 接口用于发起微信支付。其参数如表 21-35 所示。

表 21-35　微信支付接口的参数说明

参数	类型	是否必填	说　明
timeStamp	String	是	时间戳从 1970 年 1 月 1 日 00:00:00 至今的秒数，即当前的时间
nonceStr	String	是	随机字符串，长度为 32 个字符以下
package	String	是	统一下单接口返回的 prepay_id 参数值，提交格式为 prepay_id=*
signType	String	是	签名算法，暂时仅支持 MD5
paySign	String	是	签名
success	Function	否	接口调用成功的回调函数
fail	Function	否	接口调用失败的回调函数
complete	Function	否	接口调用结束的回调函数（调用成功、失败都会执行）

发起微信支付的代码如下。

```
wx.requestPayment({
    'timeStamp': '',
    'nonceStr': '',
    'package': '',
    'signType': 'MD5',
    'paySign': '',
    'success':function(res){
    },
    'fail':function(res){
    }
})
```

4. 模板消息

使用模板消息需要预先获取 access_token，获取方法可参考第 5 章。

发送模板消息的接口如下。

```
https://api.weixin.qq.com/cgi-bin/message/wxopen/template/send?access_token=ACCESS_TOKEN
```

POST 数据时，提交的数据示例如下。

```
{
    "touser": "OPENID",
    "template_id": "TEMPLATE_ID",
    "page": "index",
    "form_id": "FORMID",
    "data": {
        "keyword1": {
            "value": "339208499",
            "color": "#173177"
        },
        "keyword2": {
            "value": "2015年01月05日 12:30",
            "color": "#173177"
        },
        "keyword3": {
            "value": "粤海喜来登酒店",
            "color": "#173177"
        } ,
        "keyword4": {
            "value": "广州市天河区天河路208号",
            "color": "#173177"
        }
    },
    "emphasis_keyword": "keyword1.DATA"
}
```

上述接口的参数说明如表 21-36 所示。

表 21-36　模板消息接口的参数说明

参　数	是否必填	说　明
touser	是	接收者（用户）的 OpenID
template_id	是	所需下发的模板消息的 ID
page	否	点击模板查看详情跳转页面，不填则模板无跳转
form_id	是	表单提交场景下，为 submit 事件带上的 formId；支付场景下，为本次支付的 prepay_id
value	是	模板内容，不填则下发空模板
color	否	模板内容字体的颜色，不填则默认为黑色
emphasis_keyword	否	模板需要放大的关键词，不填则默认无放大

正确创建时，返回的数据示例如下。

```
{"errcode":0,"errmsg":"ok"}
```

21.5　案例实践：天气预报

在本节中，将开发一个天气预报的小程序，使用的数据接口为百度天气预报的接口，该接口可以根据经纬度坐标查询所在地天气。

1. 准备工作

使用百度接口需要预先申请。第 4 章介绍了百度 ak 的申请方法以及百度天气预报接口。所不同的是，第 4 章中使用城市名称查询天气，而本节中使用坐标查询。

在小程序中，将会向该地址发起请求，需要预先将百度接口所在域名设置到小程序的 request 合法域名中，如图 21-7 所示。

需要注意的是，小程序目前只支持 HTTPS 协议，使用前需要确定域名接口是否支持。如果是自己的服务器，需要配置安全证书等操作。

在微信 Web 开发者工具中，点击左侧导航，在"项目"中将域名信息进行刷新同步，如图 21-8 所示。

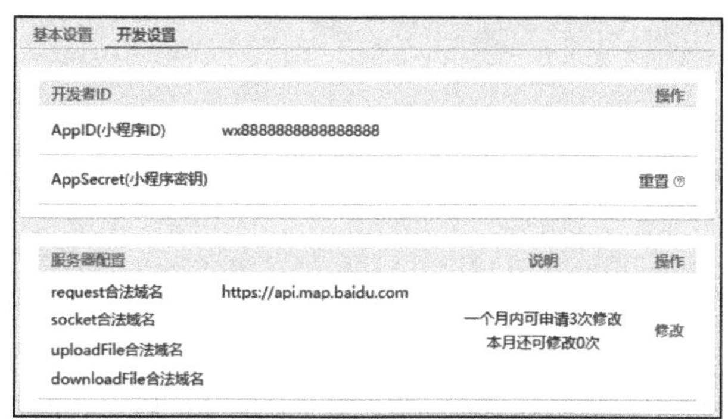

图 21-7　小程序服务器配置

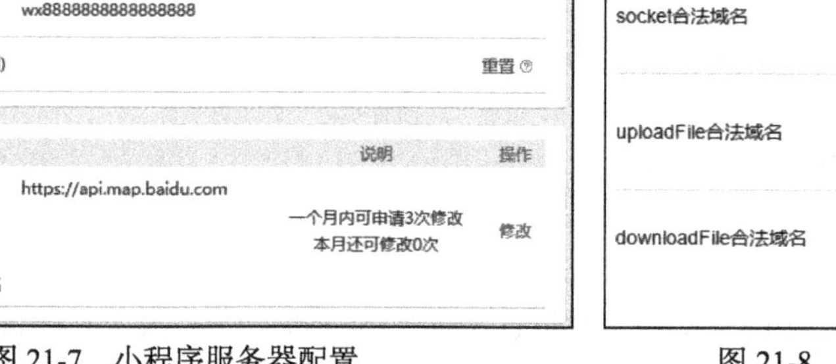

图 21-8　域名配置同步

2. 选项配置

项目文件列表如图 21-9 所示，程序只有一个页面 index，该页面有相应的 .js、.wxml、.wxss 文件。另外，它还有一个公共模块 common.js，用于获取外部数据。

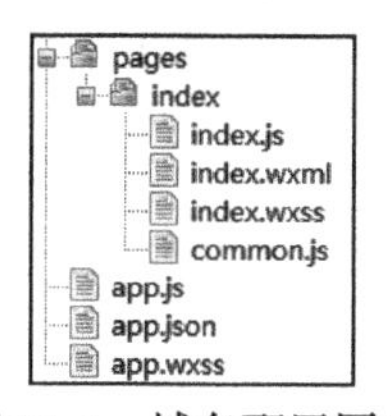

图 21-9　域名配置同步

小程序配置文件 app.json 的配置如下。

```
{
    "pages":[
        "pages/index/index"
    ],
    "window":{
        "backgroundTextStyle":"light",
        "navigationBarBackgroundColor": "#fff",
        "navigationBarTitleText": " 天气预报 ",
        "navigationBarTextStyle":"black"
    },
```

```
    "networkTimeout": {
        "request": 10000
    },
    "debug": true
}
```

由于项目只有一个页面，所以不需要底部 tab。另外，设置网络请求时间为 10s，并且启用调试模式。

3. 逻辑层实现

首先在 common.js 中使用获取用户当前地理位置接口获取用户的坐标地址，坐标类型选择 gcj02。

```
//获取当前位置坐标
function getLocation(callback) {
    wx.getLocation({
        type: 'gcj02',
        success: function(res) {
            callback(true, res.latitude, res.longitude);
        },
        fail: function() {
            callback(false);
        }
    })
}
```

wx.getlocation 调用成功之后，将坐标信息返回给 callback 函数；失败时将 false 传给 callback 函数。

获取到坐标之后，再使用百度接口查询天气。相应的查询代码如下。

```
function getWeather(latitude, longitude, callback) {
    var ak = "ECe3698802b9bf4457f0e01b544eb6bb";
    var url = "https://api.map.baidu.com/telematics/v3/weather?location=" + longitude +
    "," + latitude + "&output=json&ak=" + ak;
    wx.request({
        url: url,
        success: function(res){
            console.log(res);
            callback(res.data);
        }
    });
}
```

在上述代码中，先定义百度接口的 ak，再通过拼接参数构造 URL 的其他部分，然后调用 wx.request 请求天气预报数据。

接下来把上述接口组合起来，组成给应用层的接口，相应代码如下。

```
function loadWeatherData(callback) {
    getLocation(function(success, latitude, longitude){
        getWeather(latitude, longitude, function(weatherData){
            callback(weatherData);
        });
    });
}
```

最后通过 module.exports 对外暴露该接口，代码如下。

```
module.exports = {
    loadWeatherData: loadWeatherData
}
```

4. 页面与视图层处理

在页面文件中，使用 require 将公共代码引入，代码如下。

```
//index.js
var common = require('common.js')

Page({
    data: {
        weather: {}
    },
    onLoad: function () {
        var that = this;
        common.loadWeatherData(function(data){
            that.setData({
                weather: data
            });
        });
    }
})
```

在页面的 Page 函数中，data 定义为天气的初始化数据，该数据将会以 JSON 的形式由逻辑层传至渲染层。在 onLoad 方法中，使用 common 中的 loadWeatherData 方法获取天气数据并设置到 UI 上，再将取到的数据使用 setData 方法设置到数据层中。

在页面的界面实现中，相应的代码如下。

```
<!--index.wxml-->
<view class="container">
    <view class="header">
        <view class="title">{{weather.results[0].currentCity}}</view>
        <view class="desc">{{weather.date}}</view>
    </view>

    <view class="menu-list">
        <view class="menu-item" wx:for="{{weather.results[0].weather_data}}" wx:key="
        *this">
            <view class="menu-item-main">
                <text class="menu-item-name">{{item.date}} {{item.weather}} {{item.wind}}
                {{item.temperature}}</text>
                <image class="menu-item-arrow" src="{{item.dayPictureUrl}}"></image>
            </view>
        </view>
    </view>
</view>
```

最外层是一个 class 为 container 的 view，其中放了两个子 view，分别用于存放页面头和页面列表。页面头中存放城市名称和时间。页面列表用于存放最近几天的天气情况。

页面的样式表实现如下。

```
.header {
    padding: 30rpx;
    line-height: 1;
}
.title {
    font-size: 52rpx;
}
.desc {
    margin-top: 10rpx;
    color: #888888;
    font-size: 28rpx;
}
.menu-list {
    display: flex;
    flex-direction: column;
    background-color: #fbf9fe;
    margin-top: 10rpx;
}
.menu-item {
    color: #000000;
    display: flex;
    background-color: #fff;
    margin: 10rpx 30rpx;
    flex-direction: column;
}
.menu-item-main {
    display: flex;
    padding: 40rpx;
    border-radius: 10rpx;
    align-items: center;
    font-size: 32rpx;
    justify-content: space-between;
}
.menu-item-arrow {
    width: 96rpx;
    height: 96rpx;
    transition: 400ms;
}
```

上述页面文件和样式表都是从微信官方 Demo 中移植而来的。

最终实现的天气预报小程序效果如图 21-10 所示。

图 21-10　天气预报小程序效果图

21.6　本章小结

本章介绍了微信小程序的开发接口及使用方法。微信小程序的视图层和 WeUI 一致，逻辑层 JS 接口体系与微信 JS-SDK 有相通之处。最后本章提供了一个根据地理位置自动查询当前位置的天气预报案例，可帮助读者快速上手一个小程序的开发。

第 22 章　微信开放平台

微信开放平台是为移动应用、网站应用、公众号及公众号第三方平台提供服务的平台。
微信开放平台目前主要提供以下能力。

- 移动应用实现微信分享、微信收藏和微信支付功能。
- 网站应用支持使用微信账号登录。
- 不同公众账号打通账户体系，统一用户身份。
- 为第三方平台提供运营平台，为广大公众号提供运营服务和行业解决方案。

22.1　移动应用

移动应用使用微信的功能主要有微信登录、微信支付及微信卡券。在操作这些功能之前，需要登录微信开放平台（http://open.weixin.qq.com)，创建移动应用，等待官方审核通过后，将获得一个移动应用，如图 22-1 所示。

方倍钱包
AppID : wx3f05f4b79761d86d
AppSecret： 重置
已通过
删除应用

接口信息

接口名称	接口介绍	接口状态	操作
分享到朋友圈	将内容分享到微信朋友圈	已获得	--
发送给朋友	将内容发送给朋友或者群聊	已获得	--
微信支付	获得微信支付能力 详情	已获得	查看详情
微信登录	使用微信帐号登录App或者网站 详情	已获得	--
微信卡券	移动应用内领取卡券收入微信卡包 详情	未获得	申请开通

基本信息　修改

应用名称	方倍钱包
英文名称	fangbeiqianbao
应用描述	方倍工作室一站式支付解决方案

图 22-1　移动应用

22.1.1　微信登录

移动应用微信登录是基于 OAuth2.0 协议标准构建的微信 OAuth2.0 授权登录系统。

进行微信 OAuth2.0 授权登录接入之前，先在微信开放平台注册开发者账号，并拥有一个已审核通过的移动应用，获得相应的 AppID 和 AppSecret，申请微信登录且通过审核后，可开始接入流程。

目前移动应用上微信登录只提供原生的登录方式，需要用户安装微信客户端才能配合使用。

微信登录的流程如下。

开发者需要配合使用微信开放平台提供的 SDK 进行授权登录请求接入。正确接入 SDK 并拥有相关授权域权限后，开发者移动应用会在终端本地拉起微信应用进行授权登录，微信用户确认后，微信将拉起开发者移动应用，并带上授权临时票据（Code）。

iOS 平台应用授权登录接入代码示例如下。

```
-(void)sendAuthRequest
{
    //构造 SendAuthReq 结构体
    SendAuthReq* req =[[[SendAuthReq alloc ] init ] autorelease ];
    req.scope = @"snsapi_userinfo" ;
    req.state = @"123" ;
    //第三方向微信终端发送一个 SendAuthReq 消息结构
    [WXApi sendReq:req];
}
```

Android 平台应用授权登录接入代码示例如下。

```
{
    //send OAuth request
    Final SendAuth.Req req = new SendAuth.Req();
    req.scope = "snsapi_userinfo";
    req.state = "wechat_sdk_demo_test";
    api.sendReq(req);
}
```

上述数据的参数说明如表 22-1 所示。

表 22-1　移动应用微信登录参数说明

参数	是否必需	说　明
appid	是	应用唯一标识，在微信开放平台提交应用审核通过后获得
scope	是	应用授权域，如获取用户个人信息，则填写 snsapi_userinfo
state	否	用于保持请求和回调的状态，授权请求后原样带回给第三方。该参数可用于防止 CSRF(跨站请求伪造）攻击，建议第三方带上该参数，可设置为简单的随机数加 session 进行校验

微信客户端会被拉起，跳转至微信登录授权界面，如图 22-2 所示。

图 22-2　移动应用微信登录

当用户点击“确认登录”按钮时，SDK 通过 SendAuth 的 Resp 返回 ErrCode 和 code 等参数给调用方。相关参数的说明如表 22-2 所示。

表 22-2 微信登录返回参数

返回值	说明
ErrCode	ERR_OK = 0（用户同意） ERR_AUTH_DENIED = –4（用户拒绝授权） ERR_USER_CANCEL = –2（用户取消）
code	用户换取 access_token 的 code，仅在 ErrCode 为 0 时有效
state	第三方程序发送时用来标识其请求的唯一性的标志，由第三方程序调用 sendReq 时传入，由微信终端回传，state 字符串长度不能超过 1KB
lang	微信客户端当前语言
country	微信用户当前国家信息

获取第一步的 code 后，请求接口获取 access_token，接口地址如下。

```
https://api.weixin.qq.com/sns/oauth2/access_token?appid=APPID&secret=SECRET&code=CODE&
grant_type=authorization_code
```

上述数据的参数说明如表 22-3 所示。

表 22-3 获取 access_token 接口的参数说明

参数	是否必需	说明
appid	是	应用唯一标识，在微信开放平台提交应用审核通过后获得
secret	是	应用密钥 AppSecret，在微信开放平台提交应用审核通过后获得
code	是	填写第一步获取的 code 参数
grant_type	是	填 authorization_code

正确创建时，返回的数据示例如下。

```
{
    "access_token": "OezXcEiiBSKSxW0eoylIeOZ0dfxvb93UyrFdwznvwUv3JkVNVV1yFvQQa3IfuyMi4i
    ZGDsAfe81sCaUXxyKrI-5XgCvhAS02eAC4MF2fJF180Y9s-0h1EsuBmIVKgu0GnKhxCQ0M8G-gkQAJpzLzmQ",
    "expires_in": 7200,
    "refresh_token": "OezXcEiiBSKSxW0eoylIeOZ0dfxvb93UyrFdwznvwUv3JkVNVV1yFvQQa3IfuyMiH
    7dCabGFyMRtZHnHPHuEK78cf1eISYJ4y453T8pDa2tFAIJu8bFeLMBpeFSv9dgnGrK-ZfRxHzhq7IW4qevEMQ",
    "openid": "oH9d2v7NmDhsFzICG63UPSIOgUcY",
    "scope": "snsapi_userinfo",
    "unionid": "o4wcnwx0BVC4F_hSl5qCd5rC4Jps"
}
```

上述数据的参数说明如表 22-4 所示。

表 22-4 获取 access_token 接口返回参数说明

参数	说明
access_token	接口调用凭证
expires_in	access_token 接口调用凭证超时时间，单位为 s
refresh_token	用户刷新 access_token
openid	授权用户唯一标识

（续）

参　数	说　明
scope	用户授权的作用域，使用逗号（,）分隔
unionid	当且仅当该移动应用已获得该用户的 userinfo 授权时，才会出现该字段

最后可以通过 Access Token 和 OpenID 获取用户的基本信息。接口地址如下。

```
https://api.weixin.qq.com/sns/userinfo?access_token=ACCESS_TOKEN&openid=OPENID
```

上述数据的参数说明如表 22-5 所示。

表 22-5　获取用户基本信息接口的参数说明

参　数	是否必需	说　明
access_token	是	调用凭证
openid	是	普通用户的标识，对当前开发者账号唯一
lang	否	国家地区语言版本。zh_CN：简体；zh_TW：繁体；en：英语。默认为 zh-CN

正确创建时，返回的数据示例如下。

```
{
    "openid": "oH9d2v7NmDhsFzICG63UPSIOgUcY",
    "nickname": "方倍",
    "sex": 0,
    "language": "zh_CN",
    "city": "",
    "province": "",
    "country": "CN",
    "headimgurl": "http://wx.qlogo.cn/mmopen/pburdzLK7PUTcFw3ozK52Gravkznno51DSjnq
    nzsG6WzJLUOtadGBYYSVqh5YDicdawxrD6hHoR96OcyyDWAEgA/0",
    "privilege": [],
    "unionid": "o4wcnwx0BVC4F_hSl5qCd5rC4Jps"
}
```

上述数据的参数说明如表 22-6 所示。

表 22-6　获取用户基本信息接口返回参数说明

参　数	说　明
openid	普通用户标识，对当前开发者账号唯一
nickname	普通用户昵称
sex	普通用户性别，1 为男性，2 为女性
province	普通用户个人资料填写的省份
city	普通用户个人资料填写的城市
country	国家，如中国为 CN
headimgurl	用户头像，最后一个数值代表正方形头像大小（有 0、46、64、96、132 等可选，0 代表 640 × 640 像素正方形头像），用户没有头像时该项为空
privilege	用户特权信息，JSON 数组，如微信沃卡用户为 chinaunicom
unionid	用户统一标识。针对一个微信开放平台账号下的应用，同一用户的 unionid 是唯一的

至此，移动应用就完成了微信用户的登录过程，并获得了用户的个人基本信息。

22.1.2 APP 支付

APP 支付是商户 APP 通过微信提供的 SDK 调用微信支付模块，商户 APP 会跳转到微信中完成支付，支付完后跳回到商户 APP，最后展示支付结果。

APP 支付统一下单接口的地址如下。

```
https://api.mch.weixin.qq.com/pay/unifiedorder
```

向统一下单接口时，POST 数据示例如下。

```
<xml>
    <appid>wx2421b1c4370ec43b</appid>
    <attach>支付测试</attach>
    <body>JSAPI 支付测试</body>
    <mch_id>10000100</mch_id>
    <detail><![CDATA[{ "goods_detail":[ { "goods_id":"iphone6s_16G", "wxpay_goods_
    id":"1001", "goods_name":"iPhone6s 16G", "quantity":1, "price":528800, "goods_
    category":"123456", "body":"苹果手机" }, { "goods_id":"iphone6s_32G", "wxpay_
    goods_id":"1002", "goods_name":"iPhone6s 32G", "quantity":1, "price":608800,
    "goods_category":"123789", "body":"苹果手机" } ] }]]></detail>
    <nonce_str>1add1a30ac87aa2db72f57a2375d8fec</nonce_str>
    <notify_url>http://wxpay.weixin.qq.com/pub_v2/pay/notify.v2.php</notify_url>
    <openid>oUpF8uMuAJO_M2pxb1Q9zNjWeS6o</openid>
    <out_trade_no>1415659990</out_trade_no>
    <spbill_create_ip>14.23.150.211</spbill_create_ip>
    <total_fee>1</total_fee>
    <trade_type>APP</trade_type>
    <sign>0CB01533B8C1EF103065174F50BCA001</sign>
</xml>
```

上述数据的参数说明如表 22-7 所示。

表 22-7 统一下单接口的参数说明

字段名	变量名	是否必填	描　述
公众账号 ID	appid	是	微信分配的公众账号 ID（企业号 corpid 即为此 appid）
商户号	mch_id	是	微信支付分配的商户号
设备号	device_info	否	终端设备号（门店号或收银设备 ID）
随机字符串	nonce_str	是	随机字符串，不长于 32 位
签名	sign	是	签名
签名类型	sign_type	否	签名类型，目前支持 HMAC-SHA256 和 MD5，默认为 MD5
商品描述	body	是	商品简单描述，该字段须严格按照规范传递
商品详情	detail	否	商品详细列表，使用 JSON 格式
附加数据	attach	否	附加数据，在查询 API 和支付通知中原样返回，该字段主要用于商户携带订单的自定义数据
商户订单号	out_trade_no	是	商户系统内部的订单号，32 个字符内，可包含字母
货币类型	fee_type	否	符合 ISO 4217 标准的 3 位字母代码，默认为 CNY（人民币）
总金额	total_fee	是	订单总金额，单位为分
终端 IP	spbill_create_ip	是	APP 和网页支付提交用户端 IP，Native 支付填调用微信支付 API 的机器 IP

（续）

字段名	变量名	是否必填	描述
交易起始时间	time_start	否	订单生成时间，格式为 yyyyMMddHHmmss，如 2009 年 12 月 25 日 9 点 10 分 10 秒表示为 20091225091010
交易结束时间	time_expire	否	订单失效时间，格式为 yyyyMMddHHmmss，如 2009 年 12 月 27 日 9 点 10 分 10 秒表示为 20091227091010
商品标记	goods_tag	否	商品标记，代金券或立减优惠功能的参数
通知地址	notify_url	是	接收微信支付异步通知回调地址，通知 URL 必须为直接可访问的 URL，不能携带参数
交易类型	trade_type	是	取值如下：APP
商品 ID	product_id	否	trade_type=NATIVE，此参数必传。此 ID 为二维码中包含的商品 ID，商户自行定义
指定支付方式	limit_pay	否	no_credit 指定不能使用信用卡支付
用户标识	openid	否	trade_type=JSAPI，此参数必传，用户在商户 appid 下的唯一标识

正确创建时，返回的数据示例如下。

```
<xml>
    <return_code><![CDATA[SUCCESS]]></return_code>
    <return_msg><![CDATA[OK]]></return_msg>
    <appid><![CDATA[wx2421b1c4370ec43b]]></appid>
    <mch_id><![CDATA[10000100]]></mch_id>
    <nonce_str><![CDATA[IITRi8Iabbblz1Jc]]></nonce_str>
    <sign><![CDATA[7921E432F65EB8ED0CE9755F0E86D72F]]></sign>
    <result_code><![CDATA[SUCCESS]]></result_code>
    <prepay_id><![CDATA[wx201411101639507cbf6ffd8b0779950874]]></prepay_id>
    <trade_type><![CDATA[APP]]></trade_type>
</xml>
```

上述数据的参数说明如表 22-8 所示。

表 22-8　统一下单接口返回参数说明

字段名	变量名	是否必填	描述
返回状态码	return_code	是	SUCCESS/FAIL
返回信息	return_msg	否	返回信息，如非空，为错误原因
公众账号 ID	appid	是	调用接口提交的公众账号 ID
商户号	mch_id	是	调用接口提交的商户号
设备号	device_info	否	调用接口提交的终端设备号
随机字符串	nonce_str	是	微信返回的随机字符串
签名	sign	是	微信返回的签名
业务结果	result_code	是	SUCCESS/FAIL
错误代码	err_code	否	错误代码
错误代码描述	err_code_des	否	错误返回的信息描述
交易类型	trade_type	是	调用接口提交的交易类型，取值如下：APP
预支付交易会话标识	prepay_id	是	微信生成的预支付交易会话标识，用于后续接口调用，该值的有效期为 2 小时

22.2　网站应用

网站应用使用微信的功能主要有微信登录和语义理解。在操作这些功能之前，需要登录微信开放平台，创建网站应用，等待官方审核通过后，将获得一个网站应用，如图 22-3 所示。

图 22-3　网站应用

网站应用微信登录是基于 OAuth2.0 协议标准构建的微信 OAuth2.0 授权登录系统。

微信 OAuth2.0 授权登录让微信用户使用微信身份安全登录第三方应用或网站，在微信用户授权登录已接入微信 OAuth2.0 的第三方应用后，第三方应用可以获取到用户的接口调用凭证（access_token），通过 access_token 可以进行微信开放平台授权关系接口调用，从而可实现获取微信用户基本开放信息和帮助用户实现基础开放功能等。

网站应用微信登录的流程如下。

用户点击方倍工作室微信登录网站应用地址 http:// weixin.fangbei.org/login.php。

打开后，应用会生成 state 参数，并跳转到以下链接。

```
https:// open.weixin.qq.com/connect/qrconnect?appid=wxed782be999f86e0e&redirect_uri=
http%3A%2F%2Fweixin.fangbei.org%2Flogin.php&response_type=code&scope=snsapi_login
&state=123#wechat_redirect
```

上述数据的参数说明如表 22-9 所示。

表 22-9　网站应用微信登录参数说明

参数	是否必需	说　明
appid	是	应用唯一标识
redirect_uri	是	重定向地址，需要进行 UrlEncode
response_type	是	填 code
scope	是	应用授权域，拥有多个授权域时，用逗号（,）分隔，网站应用目前仅填写 snsapi_login

（续）

参数	是否必需	说　明
state	否	用于保持请求和回调的状态，授权请求后原样带回给第三方。该参数可用于防止 CSRF（跨站请求伪造）攻击，建议第三方带上该参数，可设置为简单的随机数加 session 进行校验

PC 网页上将会显示二维码，提示用户进行扫码登录，如图 22-4 所示。

用户扫描该二维码后，微信将弹出确认页面，询问是否允许登录，如图 22-5 所示。

图 22-4　网站应用微信登录二维码

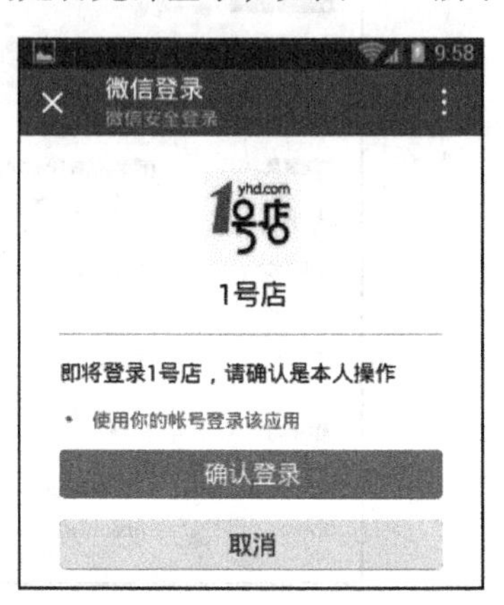

图 22-5　网站应用二维码确认登录

允许授权后，将会重定向到 redirect_uri 的网址上，并且带上 code 和 state 参数。

```
http://weixin.fangbei.org/login.php?code=0317a2c31ccd5eadf1a7a8fffd4a7dbf&state=123
```

获取第一步的 code 后，请求接口获取 access_token，接口地址如下。

```
https://api.weixin.qq.com/sns/oauth2/access_token?appid=APPID&secret=SECRET&code=
CODE&grant_type=authorization_code
```

上述数据的参数说明如表 22-10 所示。

表 22-10　获取 access_token 接口的参数说明

参　数	是否必需	说　明
appid	是	应用唯一标识，在微信开放平台提交应用审核通过后获得
secret	是	应用密钥 AppSecret，在微信开放平台提交应用审核通过后获得
code	是	填写第一步获取的 code 参数
grant_type	是	填 authorization_code

正确创建时，返回的数据示例如下。

```
{
    "access_token": "OezXcEiiBSKSxW0eoylIeOZ0dfxvb93UyrFdwznvwUv3JkVNVV1yFvQQa3IfuyMi
    4iZGDsAfe81sCaUXxyKrI-5XgCvhAS02eAC4MF2fJF180Y9s-0h1EsuBmIVKgu0GnKhxCQ0M8G-gkQAJpzLzmQ",
    "expires_in": 7200,
    "refresh_token": "OezXcEiiBSKSxW0eoylIeOZ0dfxvb93UyrFdwznvwUv3JkVNVV1yFvQQa3Ifuy
```

```
    MiH7dCabGFyMRtZHnHPHuEK78cf1eISYJ4y453T8pDa2tFAIJu8bFeLMBpeFSv9dgnGrK-ZfRxHzhq7IW4qevEMQ",
    "openid": "oH9d2v7NmDhsFzICG63UPSIOgUcY",
    "scope": "snsapi_userinfo",
    "unionid": "o4wcnwx0BVC4F_hSl5qCd5rC4Jps"
}
```

上述数据的参数说明如表 22-11 所示。

表 22-11　获取 access_token 接口返回参数说明

参　数	说　明
access_token	接口调用凭证
expires_in	access_token 接口调用凭证超时时间，单位为 s
refresh_token	用户刷新 access_token
openid	授权用户唯一标识
scope	用户授权的作用域，使用逗号（,）分隔
unionid	当且仅当该网站应用已获得该用户的 userinfo 授权时，才会出现该字段

最后可以通过 Access Token 和 OpenID 获取用户的基本信息。接口地址如下。

```
https://api.weixin.qq.com/sns/userinfo?access_token=ACCESS_TOKEN&openid=OPENID
```

上述接口的参数说明如表 22-12 所示。

表 22-12　获取用户基本信息接口的参数说明

参数	是否必需	说明
access_token	是	调用凭证
openid	是	普通用户的标识，对当前开发者账号唯一
lang	否	国家地区语言版本：zh_CN（简体），zh_TW（繁体），en（英语），默认为 zh-CN

正确提交时，返回的数据示例如下。

```
{
    "openid": "oH9d2v7NmDhsFzICG63UPSIOgUcY",
    "nickname": "方倍",
    "sex": 0,
    "language": "zh_CN",
    "city": "",
    "province": "",
    "country": "CN",
    "headimgurl": "http://wx.qlogo.cn/mmopen/pburdzLK7PUTcFw3ozK52Gravkznno51DSjnq
    nzsG6WzJLUOtadGBYYSVqh5YDicdawxrD6hHoR96OcyyDWAEgA/0",
    "privilege": [],
    "unionid": "o4wcnwx0BVC4F_hSl5qCd5rC4Jps"
}
```

上述数据的参数说明如表 22-13 所示。

表 22-13　获取用户基本信息接口返回参数说明

参数	说　明
openid	普通用户标识，对当前开发者账号唯一

（续）

参数	说 明
nickname	普通用户昵称
sex	普通用户性别，1 为男性，2 为女性
province	普通用户个人资料填写的省份
city	普通用户个人资料填写的城市
country	国家，如中国为 CN
headimgurl	用户头像，最后一个数值代表正方形头像大小（有 0、46、64、96、132 数值可选，0 代表 640 × 640 像素正方形头像），用户没有头像时该项为空
privilege	用户特权信息，JSON 数组，如微信沃卡用户为 chinaunicom
unionid	用户统一标识。针对一个微信开放平台账号下的应用，同一用户的 unionid 是唯一的。

至此，移动应用就完成了微信用户的登录过程，并获得了用户的个人基本信息。

为了满足网站更定制化的需求，微信开放平台提供了第二种获取 code 的方法，支持网站将微信登录二维码内嵌到自己的页面中，用户使用微信扫码授权后通过 JS 将 code 返回给网站。网站内嵌二维码微信登录使网站用户在网站内就能完成登录，无须跳转到微信下登录后再返回，提升了微信登录的流畅性与成功率。网站内嵌二维码微信登录只需要在页面内引入 JS 文件，然后在需要微信登录的地方实例化 JS 对象即可。其实现代码如下。

```
1 <!DOCTYPE html>
2 <html>
3     <head>
4         <meta http-equiv="content-type" content="text/html;charset=utf-8">
5     </head>
6     <body>
7         <span id="login_container"></span>
8         <script src="http:// res.wx.qq.com/connect/zh_CN/htmledition/js/wxLogin.
          js"></script>
9         <script>
10            var obj = new WxLogin({
11              id: "login_container",
12              appid: "wxed782be999f86e0e",
13              scope: "snsapi_login",
14              redirect_uri: encodeURIComponent("http://" + window.location.host +
                "/login.php"),
15              state: Math.ceil(Math.random()*1000),
16              style: "black",
17              href: ""});
18        </script>
19    </body>
20 </html>
```

上述代码中，第 8 行为引入 JS 库文件，第 10 ~ 17 行为 JS 对象参数的定义。

JS 对象参数的定义如表 22-14 所示。

表 22-14　JS 对象参数定义

参数	是否必需	说 明
id	是	第三方页面显示二维码的容器 ID

（续）

参数	是否必需	说　明
appid	是	应用唯一标识，在微信开放平台提交应用审核通过后获得
scope	是	应用授权域，拥有多个授权域用逗号（,）分隔。网站应用目前填写 snsapi_login 即可
redirect_uri	是	重定向地址，需要进行 UrlEncode
state	否	用于保持请求和回调的状态，授权请求后原样带回给第三方。该参数可用于防止 CSRF（跨站请求伪造）攻击，建议第三方带上该参数，可设置为简单的随机数加 session 进行校验
style	否	提供 "black"、"white" 可选，默认为黑色文字描述
href	否	自定义样式链接，第三方可根据实际需求覆盖默认样式

22.3　公众号

对于不同的公众号，同一用户的 OpenID 不同。如果开发者有在多个公众号，或在公众号、移动应用之间统一用户账号的需求，可以在微信开放平台绑定公众号后，利用 UnionID 机制来满足上述需求。同一个微信开放平台账号下的移动应用、网站应用和公众号，用户的 UnionID 是唯一的。换句话说，同一用户对同一个微信开放平台下的不同应用，UnionID 是相同的。

在微信开放平台绑定公众号后，界面如图 22-6 所示。

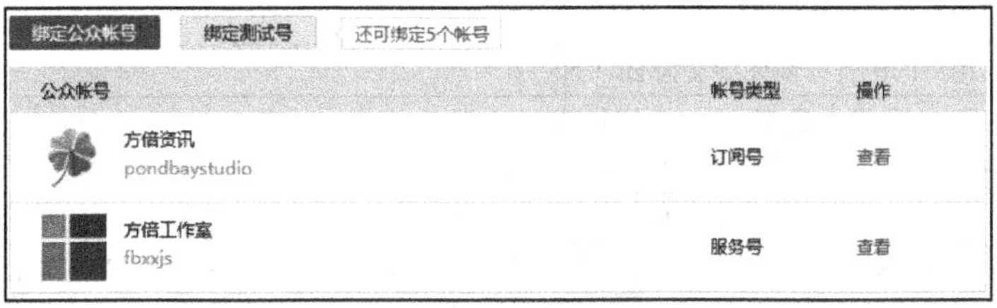

图 22-6　已绑定的公众号

绑定了微信开放平台上的公众号获取用户基本信息时，将出现 UnionID 字段。

获取用户基本信息的接口如下。

```
https://api.weixin.qq.com/cgi-bin/user/info?access_token=ACCESS_TOKEN&openid=OPENID&lang=zh_CN
```

该接口的参数说明如表 22-15 所示。

表 22-15　获取用户基本信息接口的参数说明

参　数	是否必需	说　明
access_token	是	调用接口凭证
openid	是	普通用户标识，对当前微信公众号唯一
lang	否	返回国家地区语言版本。zh_CN：简体；zh_TW：繁体；en：英语

上述接口获取用户信息时，返回结果如下。

```
{
    "subscribe": 1,
    "openid": "oLVPpjqs9BhvzwPj5A-vTYAX3GLc",
    "nickname": "方倍",
    "sex": 1,
    "language": "zh_CN",
    "city": "广东",
    "province": "深圳",
    "country": "中国",
    "headimgurl": "http://wx.qlogo.cn/mmopen/utpKYf69VAbCRDRlbUsPsdQN38DoibCkrU6SAMC
    SNx558eTaLVM8PyM6jlEGzOrH67hyZibIZPXu4BK1XNWzSXB3Cs4qpBBg18/0",
    "subscribe_time": 1375706487,
    "unionid": "oTBn-jt2RQSHdBoJQYFSdnZo8BBQ"
}
```


上述数据的参数说明如表 22-16 所示。

表 22-16　获取用户信息结果参数说明

参　数	说　明
subscribe	用户是否订阅该公众号标识，值为 0 时，代表此用户没有关注该公众号，拉取不到其余信息
openid	用户的标识，对当前公众号唯一
nickname	用户的昵称
sex	用户的性别，值为 1 时是男性，值为 2 时是女性，值为 0 时是未知
city	用户所在城市
country	用户所在国家
province	用户所在省份
language	用户的语言，简体中文为 zh_CN
headimgurl	用户头像，最后一个数值代表正方形头像大小（有 0、46、64、96、132 等可选，0 代表 640 × 640 像素正方形头像），用户没有头像时该项为空。若用户更换头像，原有头像 URL 将失效
subscribe_time	用户关注时间，为时间戳。如果用户曾多次关注，则取最后的关注时间
remark	公众号运营者对粉丝的备注，公众号运营者可在微信公众平台用户管理界面对粉丝添加备注
groupid	用户所在的分组 ID（兼容旧的用户分组接口）
tagid_list	用户被打上的标签 ID 列表
unionid	用户的统一标识，对当前开放平台唯一

22.4　UnionID

开发者可通过 OpenID 来获取用户基本信息。如果开发者拥有多个移动应用、网站应用和公众号，可通过获取用户基本信息中的 UnionID 来区分用户的唯一性。

表 22-17 所示是同一微信开放平台账户上不同应用类型下同一用户的 OpenID 和 UnionID 列表。

表 22-17　用户的 OpenID 和 UnionID 列表

类型	昵称	OpenID	UnionID
订阅号	方倍	oLVPpjqs9BhvzwPj5A-vTYAX3GLc	oTBn-jt2RQSHdBoJQYFSdnZo8BBQ

（续）

类型	昵称	OpenID	UnionID
服务号	方倍	ouBMEj6WFnUFBIUKe83VD7s7dft9	oTBn-jt2RQSHdBoJQYFSdnZo8BBQ
小程序	方倍	o0Bvpjs1xFK8GS2NjbH93s6LpVVU	oTBn-jt2RQSHdBoJQYFSdnZo8BBQ
测试号	方倍	oc7tbuFSB9FasruajuIaNMYf8K8I	oTBn-jt2RQSHdBoJQYFSdnZo8BBQ
网站	方倍	oiPuduKY90HeQ--DxataC5e1oaRs	oTBn-jt2RQSHdBoJQYFSdnZo8BBQ
iOS APP	方倍	ojpX_jig-gyi3_Q9fHXQ4rdHniQs	oTBn-jt2RQSHdBoJQYFSdnZo8BBQ
安卓 APP	方倍	o28asqNDavWGZlKgsmIBoap_U6dY	oTBn-jt2RQSHdBoJQYFSdnZo8BBQ

22.5　公众号第三方平台

公众号第三方平台是为了让公众号运营者，在面向垂直行业需求时，可以一键授权给公众号第三方平台（并且可以同时授权给多家第三方），通过第三方平台来完成业务，开放给所有通过开发者资质认证后的开发者使用。第三方平台申请通过后的界面如图 22-7 所示。

图 22-7　第三方平台

开发者在申请创建公众号第三方平台时，需要填写很多开发参数。下面针对这些开发参数进行如下说明。

授权流程相关的参数说明如下。

授权发起页域名：指公众号在登录授权给第三方平台时的授权回调域名，在公众号进行登录授权流程中，必须从本域名内网页跳转到登录授权页，才可完成登录授权。授权成功后会回调授权时提供的 URI，公众平台会检查 URI，必须保证 URI 所属域名与服务申请时提供的授权域名一致。请注意，域名不需要带有“http://”等协议内容，也不能在域名末尾附加详细目录，应严格按照类似 www.qq.com 的写法。

发起授权页的体验 URL：用于审核人员前往授权页体验，确认流程可用性。在提交全网发布时，务必保证该 URL 可直接体验。全网发布之前，该项可先填为发起页域名。

授权测试公众号列表：在全网发布之前，仅该列表内的公众号才可进行授权，以便测试。需要填写公众号的原始 ID，个数最多为 10 个，以英文“;”隔开。

授权事件接收 URL：用于接收取消授权通知、授权成功通知、授权更新通知，也用于接收 ticket。ticket 是验证平台方的重要凭据，服务方在获取 component_access_token 时需要提供最新推送的 ticket，以供验证身份合法性。此 ticket 作为验证服务方的重要凭据，请妥善保存。

授权后代替公众号实现业务的说明如下。

公众号消息校验 Token：开发者在代替公众号接收到消息时，用此 Token 来校验消息。其用法与普通公众号的 token 一致。

公众号消息加解密 key：在代替公众号收发消息的过程中使用。它必须是长度为 43 位的字符串，只能是字母和数字。其用法与普通公众号的 symmetric_key 一致。

公众号消息与事件接收 URL：该 URL 用于接收已授权公众号的消息和事件，消息内容、消息格式、签名方式、加密方式与普通公众号接收的一致，唯一区别在于签名 Token 和加密 symmetric_key 使用的是服务方申请时所填写的信息。由于消息的具体内容不会变更，因此根据消息内容中的 ToUserName，服务方可以区分出具体消息所属的公众号。需要注意的是：

1）考虑到服务需要接收大量的授权公众号的消息，为了便于做业务分流和业务隔离，必须提供如下形式的 URL。www.abc.com/aaa/$APPID$/bbb/cgi。

其中，$APPID$ 在实际推送时会替换成所属的已授权公众号的 AppID。

2）第三方平台只需获得某个业务模块的授权（而不需要获得客服与菜单权限的授权），然后在收到该业务模块事件推送后，如果该事件是允许进行 5s 内被动回复消息给粉丝的，那么第三方就可以被动回复（业务模块的哪些事件推送允许被动回复用户，哪些不允许，需咨询具体业务模块）。

3）如果第三方希望实现实时获知公众号有新粉丝关注，只需要收到关注事件后回复 success 即可，不必另行回复，以免公众号出现多个第三方同时进行粉丝关注后的自动回复。

网页开发域名：最多可以填写 3 个，每个都以英文“;”符号隔开。每个网页开发域名会产生两个效果（请注意，域名无须带有“http://”等协议内容，也不能在域名末尾附加详细目录）。需要注意的是：

1）在该域名和符合要求的下级域名内，可以代替旗下授权后的公众号发起网页授权。下级域名必须是 $APPID$.wx.abc.com 的形式（$APPID$ 为公众号的 AppID 的替换符，建议第三方用这种方式，若需做域名映射），如果不按这种形式来做，旗下公众号违规将可能导致整个网站被封。

2）在该域名（一级域名）内可以代替旗下授权后公众号调用 JS SDK（需要配合公众号的 AppID）

其他参数的说明如下。

白名单 IP 地址列表：仅当开发者 IP 地址在该列表中时，才被允许调用相关接口。它最多填写 20 个 IP 地址，以英文“;”隔开。后续有出口 IP 变更时，一定要先在申请资料中填写并覆盖现网，否则会被拦截。

注：对于申请资料中填写的所有完整有效的 URL，都需要做一次 echo 校验，以确定该 URL 是有效可连通的。这个与普通公众号开发模式下的 URL 校验方式一致，只是使用的 Token 为服务方的 Token。

第三方平台开发参数配置如图 22-8 所示。

授权登录相关

登录授权的发起页域名	open.fangbei.org
授权测试公众号列表	gh_e38e12147928;gh_fcc4da210ff0;gh_3c884a361561 修改
授权事件接收URL	http://open.fangbei.org/wxopen/auth.php

授权后代替公众号实现业务

公众号消息校验Token	weixin
公众号消息加解密Key	abcdefghijklmnopqrstuvwxyz0123456789ABCDEFG
公众号消息与事件接收URL	http://open.fangbei.org/wxopen/msg.php?appid=/$APPID$
网页开发域名	open.fangbei.org

其他

白名单IP地址列表	59.40.112.186;113.90.17.78;112.74.132.26 修改

图 22-8 第三方平台开发参数

22.5.1 消息加解密

开发者在代替授权公众号接收和处理消息时，出于安全考虑，必须对消息收发的过程进行加解密。

消息加解密的实现流程如下。

接口程序中需要配置以下参数。

```
define("AppID",             "wx2ae3853dda623211");
define("AppSecret",         "df8a05425d4ba95405fb1b048704373e");

define("Token",              "weixin");
define("EncodingAESKey",    "abcdefghijklmnopqrstuvwxyz0123456789ABCDEFG");
```

当用户向公众号发送消息时，微信开放平台应用将会在 URL 中带上 appid、signature（签名）、timestamp（时间戳）、nonce（随机数）、openid、encrypt_type（加密类型）、msg_signature（消息签名）等参数，具体如下。

```
http://open.fangbei.org/wxopen/msg.php?appid=/wx570bc396a51b8ff8&signature=e4195d494e304
fbdc19fb4d58e18b967cb5b4b02&timestamp=1465799535&nonce=734775080&openid=ozy4qtleDxSxzCr
0aNT0mXCWfrDE&encrypt_type=aes&msg_signature=e5574ec67f7f429b8c7793ebc0b493fd977c682d
```

同时向该接口推送如下 XML 消息，即一个已加密的消息。

```
<xml>
    <ToUserName><![CDATA[gh_3c884a361561]]></ToUserName>
    <Encrypt><![CDATA[yCaK/BzoYXNNB8IkHauQqH5ozAmUjm8SLfg29ZMmkavy92e4txPGl5NsKCfGlW
```

```
    yMyWzYRRvlND3rDfXJXr0ddmJ34yolWHgFpLmKDpVlox+3atfzRwPPdqukSqA2XVtVwIKFiSKLdvaagj6
    wMWXIsqyvmZXZWfEg9QwR1TSgLH46ZnQS1EyEd7qhYpCMGicYgjEeWw6KKQD9/604QlW3zh8oIKy51Oy9
    MaGLiDrZrHC8C5x8iqFH48rhGMDk4f8uDMl3IdA/f+4vdERp0/fGWLSi8ZKWb9P5Z3E8OUBAiEcCQ2nmc
    PRheJQBIZKH0g1YLNdpr0t08i2LvZniNfPJ/uS+IuPcMjP9RjEz9n4kAnFgiuyB6cocIZfYE8M6I/nrwv
    VZepQP6vAZaaetrCZn+PdEAhHoWTl/KOHbJ7Vv+F8L2D1pbajgc3IWHBnyNF2dKtp/ctr9ZzQGtyszhAs
    gTq9W1bbdySFM5ra5k3IUY13EFWX3hFYYubV9SiUhj7r9soVBFwUeMIqJYnWU63M+BYR33rFTBui1kwQS
    x5LOHlYbWMY+6xjhKEqB5qcKmPhr9x7XHtXCJ4i4bqFPqjvnog==]]></Encrypt>
</xml>
```


这时程序需要从 URL 中获得以下参数，以及接收微信传送的 POST 内容。

```
$signature  = $_GET['signature'];
$timestamp  = $_GET['timestamp'];
$nonce = $_GET['nonce'];
$encrypt_type = $_GET['encrypt_type'];
$msg_signature  = $_GET['msg_signature'];
$postStr = $GLOBALS["HTTP_RAW_POST_DATA"];
```

这些参数将用于加解密过程。

接口程序收到消息后，先进行解密，解密部分代码如下。

```
//解密
if ($encrypt_type == 'aes'){
    $pc = new WXBizMsgCrypt(Token, EncodingAESKey, AppID);
    $this->logger(" D \r\n".$postStr);
    $decryptMsg = "";  //解密后的明文
    $errCode = $pc->DecryptMsg($msg_signature, $timestamp, $nonce, $postStr, $decryptMsg);
    $postStr = $decryptMsg;
}
```

解密后的 XML 如下。


```
<xml>
    <ToUserName><![CDATA[gh_3c884a361561]]></ToUserName>
    <FromUserName><![CDATA[ozy4qt1eDxSxzCr0aNT0mXCWfrDE]]></FromUserName>
    <CreateTime>1465799534</CreateTime>
    <MsgType><![CDATA[text]]></MsgType>
    <Content><![CDATA[QUERY_AUTH_CODE:queryauthcode@@@cdGgIgvWgYbXn3iqXM2NHkrMF09p
    sBBScXQoEdLFSnGxmtZlmXknhcImp7jFFDKRx2RBTac2GbLycTnJ1Yo0qQ]]></Content>
    <MsgId>6295561061426473714</MsgId>
</xml>
```


对消息在自己原有的代码流程中处理，完成之后，一个要回复的文本消息如下。


```
<xml>
    <ToUserName><![CDATA[ozy4qt1eDxSxzCr0aNT0mXCWfrDE]]></ToUserName>
    <FromUserName><![CDATA[gh_3c884a361561]]></FromUserName>
    <CreateTime>1465799535</CreateTime>
    <MsgType><![CDATA[text]]></MsgType>
    <Content><![CDATA[]]></Content>
</xml>
```


对上述消息进行加密，返回给微信公众号，加密过程如下。

```
//加密
if ($encrypt_type == 'aes'){
```

```
    $encryptMsg = ''; //加密后的密文
    $errCode = $pc->encryptMsg($result, $timeStamp, $nonce, $encryptMsg);
    $result = $encryptMsg;
    $this->logger(" E \r\n".$result);
}
```

加密后的内容如下。

```
<xml>
    <Encrypt><![CDATA[h/umYlxmksaCoeNwPIlm65KbTucdBAUFxn10ke/kPmtngKzfQ5J04jgEdZekLeuyy
    tVJLz1z9jsrPA41n8z7vg==]]></Encrypt>
    <MsgSignature><![CDATA[e3f0922ff7649f338c49c595d5c39aaa08184bcd]]></MsgSignature>
    <TimeStamp>1465799531</TimeStamp>
    <Nonce><![CDATA[734775080]]></Nonce>
</xml>
```

这样一个安全模式下的加解密消息就完成了。

22.5.2 公众号授权第三方平台

公众号授权给第三方平台的技术实现流程比较复杂。具体步骤讲解如下。

步骤 1：微信服务器向第三方平台消息接收地址推送 component_verify_ticket。

出于安全考虑，在第三方平台创建审核通过后，微信服务器每隔 10 分钟会向第三方的消息接收地址推送一次 component_verify_ticket，用于获取第三方平台接口调用凭据。

微信服务器发送给服务自身的事件推送（如取消授权通知、Ticket 推送等）中，XML 消息体中没有 ToUserName 字段，而是 AppID 字段，即公众号服务的 AppID。这种系统事件推送通知（现在包括推送 component_verify_ticket 协议和推送取消授权通知），服务开发者收到后也需进行解密，接收到后只需直接返回字符串“success”。

```
 1 require_once('config.php');
 2 require_once('crypt/wxBizMsgCrypt.php');
 3
 4 $signature  = $_GET['signature'];
 5 $timestamp  = $_GET['timestamp'];
 6 $nonce = $_GET['nonce'];
 7 $encrypt_type = $_GET['encrypt_type'];
 8 $msg_signature = $_GET['msg_signature'];
 9 $postStr = $GLOBALS["HTTP_RAW_POST_DATA"];
10
11 //解密
12 $pc = new WXBizMsgCrypt(Token, EncodingAESKey, AppID);
13 $decryptMsg = "";  //解密后的明文
14 $errCode = $pc->DecryptMsg($msg_signature, $timestamp, $nonce, $postStr, $decryptMsg);
15 $postStr = $decryptMsg;
16
17 $postObj = simplexml_load_string($postStr, 'SimpleXMLElement', LIBXML_NOCDATA);
18 $INFO_TYPE = trim($postObj->InfoType);
19
20 //消息类型分离
21 switch ($INFO_TYPE)
```

```
22 {
23     case "component_verify_ticket":
24         $component_verify_ticket = $postObj->ComponentVerifyTicket;
25         //更新 component_verify_ticket 到系统中
26         file_put_contents('component_verify_ticket.json', '{"component_verify_ticket":
           "'.$postObj->ComponentVerifyTicket.'", "component_expires_time": '.time().'}');
27         $result = "success";
28         break;
29     default:
30         $result = "unknown msg type: ".$INFO_TYPE;
31         break;
32 }
33 echo $result;
```

上述代码解读如下。

第 4 ~ 9 行：接收 URL 中 GET 参数的值，以及 POST 传过来的数据。

第 11 ~ 15 行：将发送过来的加密消息进行解密。

第 17 ~ 18 行：将解密后的 XML 字符串转换成对象。

第 21 ~ 32 行：检查消息类型，如果类型是 component_verify_ticket，则获取对象中的 ComponentVerifyTicket 值，并存入本地文件中，同时设置返回内容为“success”。

第 33 行：回显返回内容给服务器。

在微信开放平台后台中，授权事件接收地址接收到的链接如下。

```
http://open.fangbei.org/wxopen/auth.php?signature=745e6b4b2fee9e59810e120888d22e9
27965e1fd&timestamp=1465800084&nonce=469026211&encrypt_type=aes&msg_signature=b7
22cd5cab3110f4c78d3e49973fba0f402f986e
```

POST 传过来的数据如下。

```
<xml>
    <AppId><![CDATA[wx2ae3853dda623211]]></AppId>
    <Encrypt><![CDATA[JUdOMf32n9KarWBx6o4bTHmY5lzuksWJfvomNVKKeyDxWM/1Nz0jysradXmD/
    FReeylakkLivi//gsk0YOTY7smreY+sdmNsLDF3TIezdwqh3a2M8Qk3jcxAbWogBpp4b7apbVoiEa
    HSnpuFSVL84KabVqoS+Y33Z3sD8YYHDWlx1Edr/D3VWzocbmcUuDvoDcDJbVf6NN8ENPO4vRqaIj
    KWli0JyJYQGHU5y9YfjOr72nTYk5p7/NvXCHVxr6mfBQ0z/eytz1RxUT9rHh9QwfbthzWccmUbyk
    y2ILm1cSQJsH3l19nzViUZIVF5I53da/qXXK9q4YbvtIuFEMBPB5VjgRRqW4kudT2UNuy8qwnL9n
    IW1cE+eOoh4AUYpyuMelrNMaTAhRLDicsfphOoENiigVGoeChlm0kgzE6NMWyGIS1XQ1rjElbJ1h
    xuM8d4qlHL6EA6ppPPJreysPLP9Q==]]></Encrypt>
</xml>
```

解密后的内容如下。

```
<xml>
    <AppId><![CDATA[wx2ae3853dda623211]]></AppId>
    <CreateTime>1465800084</CreateTime>
    <InfoType><![CDATA[component_verify_ticket]]></InfoType>
    <ComponentVerifyTicket><![CDATA[ticket@@@rPTvFYrZWLRgV-3iKj5VNBSWadDJGJh0YhzJ-
    oteCpLz0lX83e9npHXFy3WsM31H-UyzYhdUMcW20QyNyuyYmQ]]></ComponentVerifyTicket>
</xml>
```

上述数据的参数说明如表 22-18 所示。

表 22-18　ComponentVerifyTicket 协议参数说明

字段名称	字段描述
AppId	第三方平台 AppID
CreateTime	时间戳
InfoType	component_verify_ticket
ComponentVerifyTicket	Ticket 内容

可以看到，这次接收到的 component_verify_ticket 的值为“ticket@@@rPTvFYrZWLRgV-3iKj5VNBSWadDJGJh0YhzJ-oteCpLz0lX83e9npHXFy3WsM31H-UyzYhdUMcW20QyNyuyYmQ”。

步骤 2：第三方平台获取 component_access_token。

compoment_access_token 是第三方平台的接口调用凭据，也称为令牌。每个令牌是存在有效期（2 小时）的，且令牌的调用不是无限制的。开发人员需要对第三方平台做好令牌管理，在令牌快过期时（如 1 小时 50 分）进行刷新。

compoment_access_token 需要通过 component_appid 和 component_appsecret（即微信开放平台管理中心的第三方平台详情页中的 AppID 和 AppSecret），以及 component_verify_ticket（每 10 分钟推送一次的安全 ticket）来获取自己的接口调用凭据（component_access_token）。

获取第三方平台 component_access_token 的接口如下。

```
https:// api.weixin.qq.com/cgi-bin/component/api_component_token
```

获取第三方平台 component_access_token 时，POST 数据示例如下。

```
{
    "component_appid":"appid_value",
    "component_appsecret":"appsecret_value",
    "component_verify_ticket":"ticket_value"
}
```

上述数据的参数说明如表 22-19 所示。

表 22-19　获取第三方平台 component_access_token 接口的参数说明

参　数	说　明
component_appid	第三方平台的 AppID
component_appsecret	第三方平台的 AppSecret
component_verify_ticket	微信后台推送的 ticket，此 ticket 会定时推送

正确创建时，返回的数据示例如下。

```
{
    "component_access_token":"61W3mEpU66027wgNZ_MhGHNQDHnFATkDa9-2llqrMBjUwxRSNPbVsMmyD-
    yq8wZETSoE5NQgecigDrSHkPtIYA",
    "expires_in":7200
}
```

上述数据的参数说明如表 22-20 所示。

表 22-20　获取第三方平台 component_access_token 接口返回参数说明

参　数	说　明
component_access_token	第三方平台的 access_token
expires_in	有效期

获取第三方平台 component_access_token 的代码如下。

```
 1 class class_wxthird
 2 {
 3     //构造函数 2、获取第三方平台 component_access_token
 4     public function __construct()
 5     {
 6         $this->component_appid = AppID;
 7         $this->component_appsecret = AppSecret;
 8
 9         //文件缓存 component_verify_ticket
10         $res = file_get_contents('component_verify_ticket.json');
11         $result = json_decode($res, true);
12         $this->component_verify_ticket = $result["component_verify_ticket"];
13
14         //文件缓存 component_access_token
15         $res = file_get_contents('component_access_token.json');
16         $result = json_decode($res, true);
17         $this->component_access_token = $result["component_access_token"];
18         $this->component_expires_time = $result["component_expires_time"];
19         if ((time() > ($this->component_expires_time + 3600)) || (empty($this-
           >component_access_token))){
20             $component = array('component_appid' => $this->component_appid,'component_
               appsecret' => $this->component_appsecret,'component_verify_ticket'
               => $this->component_verify_ticket);
21             $data = urldecode(json_encode($component));
22             $url = "https://api.weixin.qq.com/cgi-bin/component/api_component_token";
23             $res = $this->http_request($url, $data);
24             $result = json_decode($res, true);
25             $this->component_access_token = $result["component_access_token"];
26             $this->component_expires_time = time();
27             file_put_contents('component_access_token.json', '{"component_access_token":
               "'.$this->component_access_token.'", "component_expires_time": '.
               $this->component_expires_time.'}');
28         }
29     }
30 }
```

步骤 3：获取预授权码 pre_auth_code 和授权码 auth_code。

预授权码用于公众号授权时的第三方平台安全验证。

获取预授权码 pre_auth_code 的接口如下。

```
https://api.weixin.qq.com/cgi-bin/component/api_create_preauthcode?component_access_token=xxx
```

获取预授权码 pre_auth_code 时，POST 数据示例如下。

```
{
    "component_appid":"appid_value"
}
```

上述数据的参数说明如表 22-21 所示。

表 22-21　获取预授权码 pre_auth_code 接口的参数说明

参　　数	说　　明
component_appid	第三方平台的 AppID

正确创建时，返回的数据示例如下。

```
{
    "pre_auth_code":"Cx_Dk6qiBE0Dmx4EmlT3oRfArPvwSQ-oa3NL_fwHM7VI08r52wazoZX2Rhpz1dEw",
    "expires_in":600
}
```

上述数据的参数说明如表 22-22 所示。

表 22-22　获取预授权码 pre_auth_code 接口返回参数说明

参　　数	说　　明
pre_auth_code	预授权码
expires_in	有效期为 20 分钟

上述接口已获得预授权码，接下来通过预授权码获得授权码。

第三方平台可以在自己的网站中放置“微信公众号授权”的入口，引导公众号运营者进入授权页。授权页网址如下。

```
https://mp.weixin.qq.com/cgi-bin/componentloginpage?component_appid=xxxx&pre_auth_code=
xxxxx&redirect_uri=xxxx
```

该网址中第三方平台需要提供第三方平台 AppID、预授权码和回调 URI。

用户进入第三方平台授权页后，需要确认并同意将自己的公众号登录授权给第三方平台，完成授权流程。公众号授权页面如图 22-9 所示。

图 22-9　公众号授权

授权流程完成后，授权页会自动跳转进入回调 URI，并在 URL 参数中返回授权码（authorization_code）和过期时间。其链接如下。

```
http://open.fangbei.org/wxopen/login.php?auth_code=
queryauthcode@@@781GTHj_A0GOQ2v7vidjMLhGlKNEhFlJHt
9G6cqYxIXGS0ECe433gLGGusd-Q5OURs9Mgg7ukaWbY59htR-
shw&expires_in=3600
```

URL 中的 auth_code 即为授权码参数。

步骤 4：获取接口调用凭据和授权信息。

开发者需要使用授权码换取授权公众号的授权信息，并换取 authorizer_access_token 和 authorizer_refresh_token 授权码的获取，需要用户在第三方平台授权页中完成授权流程后，在回调 URI 中通过 URL 参数提供给第三方平台。

调用凭据和授权信息的接口如下。

```
https://api.weixin.qq.com/cgi-bin/component/api_query_auth?component_access_token=xxxx
```

调用凭据和授权信息时，POST 数据示例如下。

```
{
    "component_appid":"appid_value",
    "authorization_code":"auth_code_value"
}
```

上述数据的参数说明如表 22-23 所示。

表 22-23 调用凭据和授权信息接口的参数说明

参 数	说 明
component_appid	第三方平台的 AppID
authorization_code	授权 Code，会在授权成功时返回给第三方平台

正确创建时，返回的数据示例如下。

```
{
    "authorization_info": {
        "authorizer_appid": "wx1b7559b818e3c23e",
        "authorizer_access_token": "W8dOXLQikO51MtMGIeMchqCnAMhS_ZyZpnIK_3YtReGJm37EF6
        rjNKRD3GoRpMcT3KcVBtE68xTxGb7z3b8ba4i7zNkhfEQL9hCJD6pdQIJhcv6j8cFlHZnvQWrvA34
        hUKMcAMDYOQ",
        "expires_in": 7200,
        "authorizer_refresh_token": "refreshtoken@@@kIi8GNH-Pjrha0bdgGBSYvcwedz0e6xhO
       157YkXKrk8",
        "func_info": [
            {"funcscope_category": {"id": 1  }},
            {"funcscope_category": {"id": 15 }},
            {"funcscope_category": {"id": 7  }},
            {"funcscope_category": {"id": 2  }},
            {"funcscope_category": {"id": 3  }},
            {"funcscope_category": {"id": 6  }},
            {"funcscope_category": {"id": 8  }},
            {"funcscope_category": {"id": 13 }},
            {"funcscope_category": {"id": 9  }},
            {"funcscope_category": {"id": 12 }}
        ]
    }
}
```

上述数据的参数说明如表 22-24 所示。

表 22-24 调用凭据和授权信息接口返回参数说明

参 数	说 明
authorization_info	授权信息
authorizer_appid	授权方 AppID
authorizer_access_token	授权方接口调用凭据（当授权的公众号具备 API 权限时，才有此返回值），简称为令牌
expires_in	有效期（授权的公众号具备 API 权限时，才有此返回值）

（续）

参　数	说　明
authorizer_refresh_token	接口调用凭据刷新令牌，刷新令牌主要用于公众号第三方平台获取和刷新已授权用户的 access_token，只会在授权时提供，请妥善保存一旦丢失，只能让用户重新授权，才能再次拿到新的刷新令牌
func_info	公众号授权给开发者的权限集列表，ID 为 1 ~ 15 时分别代表： 消息管理权限 用户管理权限 账号服务权限 网页服务权限 微信小店权限 微信多客服权限 群发与通知权限 微信卡券权限 微信扫一扫权限 微信连 WiFi 权限 素材管理权限 微信摇周边权限 微信门店权限 微信支付权限 自定义菜单权限

步骤 5：获取授权方公众号的基本信息。

授权方公众号的基本信息包括头像、昵称、账号类型、认证类型、微信号、原始 ID 和二维码图片的 URL。

获取授权公众号基本信息的接口如下。

```
https://api.weixin.qq.com/cgi-bin/component/api_get_authorizer_info?component_access_token=xxxx
```

获取授权公众号的基本信息时，POST 数据示例如下。

```
{
    "component_appid":"appid_value",
    "authorizer_appid":"auth_appid_value"
}
```

上述数据的参数说明如表 22-25 所示。

表 22-25　获取授权公众号基本信息接口的参数说明

参　数	说　明
component_appid	服务 AppID
authorizer_appid	授权方 AppID

正确创建时，返回的数据示例如下。

```
{
    "authorizer_info":{
        "nick_name":"方倍工作室",
        "head_img":"http://wx.qlogo.cn/mmopen/JThERPIYjcWWaHpwW7YQlkZfl1UL9dIu0to4kFY
```

```
            2V3Inyzc4cQRa87b0xJWUg5axn30r1kNlu4ueK5Bf8tapT3vVfNjvFcoib/0",
            "service_type_info":{"id":2},
            "verify_type_info":{"id":0},
            "user_name":"gh_fcc4da210ff0",
            "alias":"fbxxjs",
            "qrcode_url":"http://mmbiz.qpic.cn/mmbiz/BIvw3ibibwAYMdZIyVZHeia0mt12LT5x
            nXUdhvP9AeA2uQAlka5Y2ibbBFPwicSib2TxQTSd2NjVtANkBTTp2sGibTOcw/0",
            "business_info":{
                "open_pay":1,
                "open_shake":1,
                "open_scan":0,
                "open_card":1,
                "open_store":1
            },
            "idc":1
        },
        "authorization_info":{
            "authorizer_appid":"wx1b7559b818e3c23e",
            "func_info":[
                {"funcscope_category":{"id":1 }},
                {"funcscope_category":{"id":15}},
                {"funcscope_category":{"id":7 }},
                {"funcscope_category":{"id":2 }},
                {"funcscope_category":{"id":3 }},
                {"funcscope_category":{"id":6 }},
                {"funcscope_category":{"id":8 }},
                {"funcscope_category":{"id":13}},
                {"funcscope_category":{"id":9 }},
                {"funcscope_category":{"id":12}}
            ]
        }
    }
```

上述数据的参数说明如表 22-26 所示。

表 22-26　获取授权公众号基本信息接口返回参数说明

参　数	说　明
nick_name	授权方昵称
head_img	授权方头像
service_type_info	授权方公众号类型，0 代表订阅号，1 代表由历史老账号升级后的订阅号，2 代表服务号
verify_type_info	授权方认证类型，-1 代表未认证，0 代表微信认证，1 代表新浪微博认证，2 代表腾讯微博认证，3 代表已资质认证通过但还未通过名称认证，4 代表已资质认证通过、还未通过名称认证，但通过了新浪微博认证，5 代表已资质认证通过、还未通过名称认证，但通过了腾讯微博认证
user_name	授权方公众号的原始 ID
alias	授权方公众号所设置的微信号，可能为空
business_info	用于了解以下功能的开通状况（0 代表未开通，1 代表已开通）。 open_store：是否开通微信门店功能 open_scan：是否开通微信扫商品功能 open_pay：是否开通微信支付功能 open_card：是否开通微信卡券功能 open_shake：是否开通微信摇一摇功能
qrcode_url	二维码图片的 URL，开发者最好自行保存

（续）

参　数	说　明
authorization_info	授权信息
appid	授权方 AppID
func_info	公众号授权给开发者的权限集列表，ID 为 1 ~ 15 时分别代表： 消息管理权限 用户管理权限 账号服务权限 网页服务权限 微信小店权限 微信多客服权限 群发与通知权限 微信卡券权限 微信扫一扫权限 微信连 WiFi 权限 素材管理权限 微信摇周边权限 微信门店权限 微信支付权限 自定义菜单权限

公众号授权第三方平台的代码如下。

```
$weixin = new class_wxthird();

if (!isset($_GET["auth_code"])){
    $result = $weixin->get_pre_auth_code();
    $pre_auth_code = $result["pre_auth_code"];
    $redirect_uri = 'http://'.$_SERVER['HTTP_HOST'].$_SERVER['REQUEST_URI'];
    $jumpurl = $weixin->component_login_page($pre_auth_code, $redirect_uri);
    Header("Location: $jumpurl");
}else{
    $authorization = $weixin->query_authorization($_GET["auth_code"]);
    $authorizer_appid = $authorization["authorization_info"]["authorizer_appid"];
    $authorizer_info = $weixin->get_authorizer_info($authorizer_appid);
    var_dump($authorizer_info);
}
```

步骤 6：代公众号发起业务。

得到接口调用凭据后，第三方平台可以按照公众号开发者文档（mp.weixin.qq.com/wiki）的说明，调用公众号相关 API（能调用哪些 API，取决于用户将哪些权限集授权给了第三方平台，也取决于公众号自身拥有哪些接口权限），使用 JS SDK 等能力。

下面是代公众号调用客服接口的 SDK 函数的代码。

```
1 //代发客服接口消息
2 public function send_custom_message($openid, $type, $data, $authorizer_access_token)
3 {
4     $msg = array('touser' =>$openid);
5     $msg['msgtype'] = $type;
```

```
 6      switch($type)
 7      {
 8          case 'text':
 9              $msg[$type] = array('content'=>urlencode($data));
10              break;
11          case 'news':
12              $data2 = array();
13              foreach ($data as &$item) {
14                  $item2 = array();
15                  foreach ($item as $k => $v) {
16                      $item2[strtolower($k)] = urlencode($v);
17                  }
18                  $data2[] = $item2;
19              }
20              $msg[$type] = array('articles'=>$data2);
21              break;
22          case 'music':
23          case 'image':
24          case 'voice':
25          case 'video':
26              $msg[$type] = $data;
27              break;
28          default:
29              $msg['text'] = array('content'=>urlencode("不支持的消息类型 ".$type));
30              break;
31      }
32      $url = "https://api.weixin.qq.com/cgi-bin/message/custom/send?access_token=".
        $authorizer_access_token;
33      return $this->http_request($url, urldecode(json_encode($msg)));
34  }
```

可以看到，其接口及参数定义和公众号本身的发送客服消息接口是一致的，唯一不同的是把公众号的 access_token 换成了第三方平台的 authorizer_access_token。

该接口的调用示例代码如下。

```
1 require_once('wxthird.class.php');
2 $weixin = new class_wxthird();
3 $openid = "ozy4qt1eDxSxzCr0aNT0mXCWfrDE";
4 $authorizer_access_token = "W8dOXLQikO51MtMGIeMchqCnAMhS_ZyZpnIK_3YtReGJm37EF6
    rjNKRD3GoRpMcT3KcVBtE68xTxGb7z3b8ba4i7zNkhfEQL9hCJD6pdQIJhcv6j8cFlHZnvQWrvA
    34hUKMcAMDYOQ";
5 $result = $weixin->send_custom_message($openid, "text", "这是第三方平台通过客服接口
    发送的文本消息", $authorizer_access_token);
```

22.5.3 全网发布接入检测

当第三方平台创建成功并最终开发测试完毕，提交全网发布申请时，微信服务器会通过自动化测试的方式，检测服务的基础逻辑是否可用，在确保基础可用的情况下，才会允许公众号第三方平台提交全网发布。

微信后台会自动将下述公众号配置为第三方平台的一个额外的测试公众号，并通过该账号，执行如下测试步骤。第三方平台需要根据各步骤描述的自动化测试规则实现相关逻辑，才能通过接入检测，达到全网发布的前提条件。

检测点 1：模拟粉丝触发专用测试公众号的事件，并推送事件消息到专用测试公众号，第三方平台开发者需要提取推送 XML 信息中的 event 值，并在 5s 内立即返回按照下述要求组装的文本消息给粉丝。详细步骤如下。

1）微信推送给第三方平台：事件 XML 内容。

2）服务方开发者在 5s 内回应文本消息并最终送达到粉丝：文本消息的 XML 中，Content 字段的内容必须组装为 event + “ from_callback”。假定 event 为 LOCATION，则 Content 为 LOCATIONfrom_callback。

上述检测实现的代码如下。

```
 1 //接收事件消息
 2 private function receiveEvent($object)
 3 {
 4     $content = "";
 5     switch ($object->Event)
 6     {
 7         case "subscribe":
 8             $content = "欢迎关注方倍工作室 ";
 9             break;
10         case "CLICK":
11             switch ($object->EventKey)
12             {
13                 default:
14                     $content = "点击菜单：".$object->EventKey;
15                     break;
16             }
17             break;
18         case "LOCATION":
19             $content = $object->Event."from_callback";
20             break;
21         default:
22             $content = "receive a new event: ".$object->Event;
23             break;
24     }
25 
26     if(is_array($content)){
27         $result = $this->transmitNews($object, $content);
28     }else{
29         $result = $this->transmitText($object, $content);
30     }
31     return $result;
32 }
```

检测点 2：模拟粉丝发送文本消息给专用测试公众号，第三方平台需根据文本消息的内容进行相应的响应，其步骤为如下。

1）微信推送给第三方平台：文本消息，其中 Content 字段的内容固定为 TESTCOMPONENT_MSG_TYPE_TEXT。

2）第三方平台立刻回应文本消息并最终触达粉丝：Content 必须固定为 TESTCOMPONENT_MSG_TYPE_TEXT_callback。

```
1 //接收文本消息
```

```
 2 private function receiveText($object)
 3 {
 4     $keyword = trim($object->Content);
 5     if (strstr($keyword, "TESTCOMPONENT_MSG_TYPE_TEXT")){
 6         $content = $keyword."_callback";
 7     }
 8 
 9     if(is_array($content)){
10         $result = $this->transmitNews($object, $content);
11     }else{
12         $result = $this->transmitText($object, $content);
13     }
14     return $result;
15 }
```

检测点 3：模拟粉丝发送文本消息给专用测试公众号，第三方平台需在 5s 内返回空串，表明暂时不回复，然后立即使用客服消息接口发送消息回复粉丝，其步骤如下。

1）微信推送给第三方平台：文本消息，其中 Content 字段的内容固定为 QUERY_AUTH_CODE:$query_auth_code$。query_auth_code 会在专用测试公众号自动授权给第三方平台时，由微信后台推送给开发者。

2）第三方平台拿到 $query_auth_code$ 的值后，通过接口文档页中的“使用授权码换取公众号的授权信息”API，将 $query_auth_code$ 的值赋值给 API 所需的参数 authorization_code。然后调用发送客服消息 API 回复文本消息给粉丝，其中文本消息的 Content 字段设为 $query_auth_code$_from_api。其中，$query_auth_code$ 需要替换成推送过来的 query_auth_code。

```
 1 //接收文本消息
 2 private function receiveText($object)
 3 {
 4     $keyword = trim($object->Content);
 5     $content = "";
 6     if(strstr($keyword, "QUERY_AUTH_CODE")){
 7         $authorization_code = str_replace("QUERY_AUTH_CODE:","",$keyword);
 8         require_once('wxthird.class.php');
 9         $weixin = new class_wxthird();
10         $authorization = $weixin->query_authorization($authorization_code);
11         $openid = $_GET['openid'];
12         $authorizer_access_token = $authorization["authorization_info"]["authorizer_
           access_token"];
13         $result = $weixin->send_custom_message($openid, "text", $authorization_
           code."_from_api", $authorizer_access_token);
14     }
15 
16     if(is_array($content)){
17         $result = $this->transmitNews($object, $content);
18     }else{
19         $result = $this->transmitText($object, $content);
20     }
21     return $result;
22 }
```

检测点 4：模拟推送 component_verify_ticket 给开发者，开发者需按要求回复（接收到后必须直接返回字符串 success)。

```
1 $signature  = $_GET['signature'];
2 $timestamp  = $_GET['timestamp'];
3 $nonce = $_GET['nonce'];
4 $encrypt_type = $_GET['encrypt_type'];
5 $msg_signature = $_GET['msg_signature'];
6 $postStr = $GLOBALS["HTTP_RAW_POST_DATA"];
7
8 //解密
9 $pc = new WXBizMsgCrypt(Token, EncodingAESKey, AppID);
10 $decryptMsg = "";  //解密后的明文
11 $errCode = $pc->DecryptMsg($msg_signature, $timestamp, $nonce, $postStr, $decryptMsg);
12 $postStr = $decryptMsg;
13 $postObj = simplexml_load_string($postStr, 'SimpleXMLElement', LIBXML_NOCDATA);
14 $INFO_TYPE = trim($postObj->InfoType);
15
16 //消息类型分离
17 switch ($INFO_TYPE)
18 {
19     case "component_verify_ticket":
20         $component_verify_ticket = $postObj->ComponentVerifyTicket;
21         file_put_contents('component_verify_ticket.json', '{"component_verify_ticket": "'.
           $postObj->ComponentVerifyTicket.'", "component_expires_time": '.time().'}');
22         $result = "success";
23         break;
24     default:
25         $result = "unknown msg type: ".$INFO_TYPE;
26         break;
27 }
28 echo $result;
```

全网发布接入检测成功后，效果如图 22-10 所示。

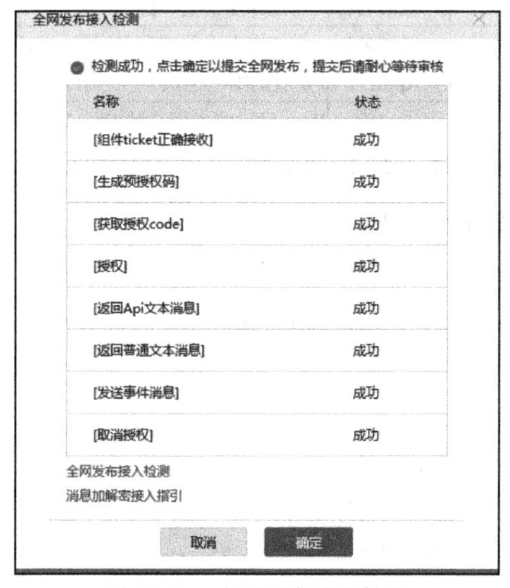

图 22-10　全网发布检测结果

22.6 智能接口

微信开放平台对其下的移动应用和网站应用开放了智能接口，包括语义理解接口。另外，对移动应用还开放了语音识别及图像识别接口。

语义理解是指对用户发送的文字内容进行词语及词性分析。

语义理解的接口如下。

```
https://api.weixin.qq.com/semantic/semproxy/search?access_token=YOUR_ACCESS_TOKEN
```

进行语义理解时，POST 数据示例如下。

```
{
    "query":"查一下明天从北京到上海的南航机票",
    "city":"北京",
    "category":"flight,hotel",
    "appid":"wxaaaaaaaaaaaaaaaa",
    "uid":"123456"
}
```

上述数据的参数说明如表 22-27 所示。

表 22-27 语义理解接口的参数说明

参　数	是否必需	说　明
access_token	是	根据 AppID 和 AppSecret 获取到的 Token
query	是	输入文本串
category	是	需要使用的服务类型，多个用“,”隔开，不能为空
latitude		纬度坐标，与经度同时传入；与城市二选一传入
longitude		经度坐标，与纬度同时传入；与城市二选一传入
city		城市名称，与经纬度二选一传入
region		区域名称，在城市存在的情况下可省；与经纬度二选一传入
appid	是	AppID，开发者的唯一标识
uid	否	用户唯一 ID，建议填入用户的 OpenID。如果为空，则无法使用上下文理解功能。appid 和 uid 同时存在的情况下，才可以使用上下文理解功能

正确创建时，返回的数据示例如下。

```
{
    "errcode":0,
    "query":"查一下明天从北京到上海的南航机票",
    "type":"flight",
    "semantic":{
        "details":{
            "start_loc":{
                "type":"LOC_CITY",
                "city":"北京市",
                "city_simple":"北京",
                "loc_ori":"北京"
            },
            "end_loc":{
```

```
                "type":"LOC_CITY",
                "city":"上海市",
                "city_simple":"上海",
                "loc_ori":"上海"
            },
            "start_date":{
                "type":"DT_ORI",
                "date":"2014-03-05",
                "date_ori":"明天"
            },
            "airline":"中国南方航空公司"
        },
        "intent":"SEARCH"
    }
}
```

上述数据的参数说明如表 22-28 所示。

根据语义理解，可以识别出用户内容中的一些关键信息，如时间、地点、状态等，然后根据这些关键信息查询相关数据，让程序更加智能地和人对话。图 22-11 所示是根据微信语音识别及语义理解接口实现的语音查询天气预报功能。

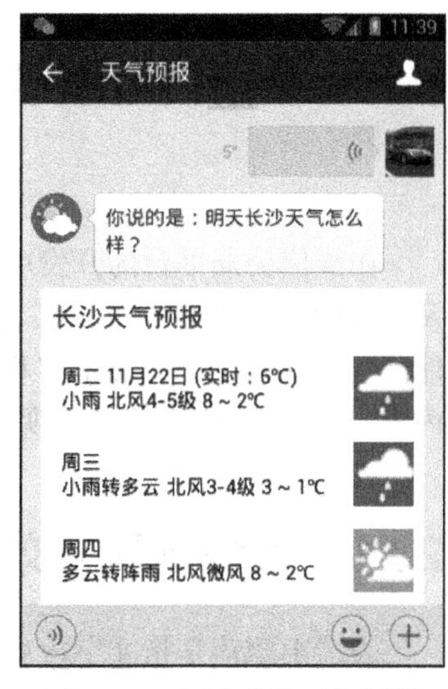

图 22-11　语音查询天气预报

表 22-28　语义理解接口返回参数说明

参　数	是否必需	说　明
errcode	是	表示请求后的状态
query	是	用户的输入字符串
type	是	服务的全局类型 ID
semantic	是	语义理解后的结构化标识，各服务不同
result	否	部分类别的结果
answer	否	部分类别结果的 HTML5 展示，目前不支持
text	否	特殊回复说明

22.7　本章小结

本章介绍了微信开放平台下各应用的使用场景及使用方法，包括移动应用、网站应用、公众号及公众号第三方平台。这些场景主要是提供非微信应用接入微信功能使用的。

第 23 章　微信开发实用技巧

在微信公众平台的开发中，除了基于微信公众平台接口及常规的 Web 开发之外，还有一些并未公开的功能。这些功能能在某些特定的方面丰富程序的功能，或者可定制想要的内容。本章将介绍这些不常见但比较实用的小技巧。

23.1　表情雨飘落效果

表情雨飘落是指文字内容中出现某些词语的时候，微信窗口中将从上至下飘落许多跟词语内容相关的表情。图 23-1 所示是当内容中包含“生日快乐”时，飘落很多生日蛋糕的场景。这一功能无论是用户发送，还是公众号回复，都能产生该效果。

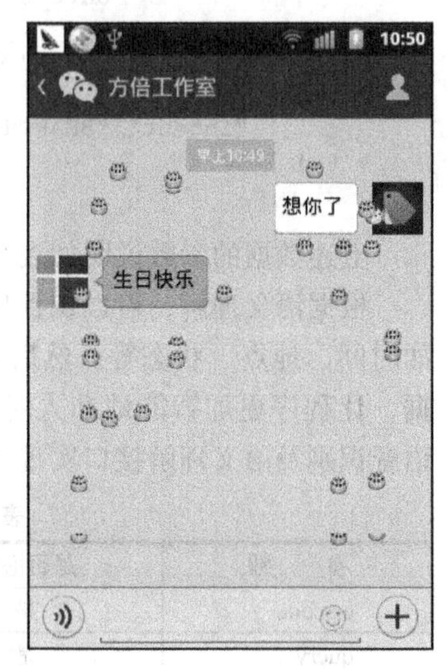

图 23-1　表情雨飘落效果

这些表情中，有的还需要在特定节日期间才出现。目前已知的可用的触发词及其飘落的表情如表 23-1 所示。

表 23-1　表情飘落触发词列表

表　情	期　限	触发词
蛋糕	长期	birthday，生日快乐
吻	长期	xoxo，么么哒，cium，baci，besos
星星	长期	miss u，想你了
心	长期	点个赞
火苗	春节	红红火火
爆竹	春节	新年快乐
黄色的星星	春节	吉星高照，福星高照
橘子	春节	大吉大利，吉祥如意，万事如意，万事大吉
鱼	春节	年年有余，年年有鱼
苹果	春节	一路平安，平平安安
钱袋	春节	恭喜发财，招财进宝马年快乐，马到成功，马到功成，馬年進步，馬年快樂
圣诞树	圣诞节期间	圣诞快乐
雪花	《来自星星的你》播出后	炸鸡和啤酒

使用这一功能，可以在某些自动回复中，添加相应的触发词，增加互动气氛。

需要说明的是，这些触发词并不是一直有效，也不是在所有微信版本中都有效，而是会一直不停地变动。由于这些也不是官方公布的信息，所以获取触发词列表需要自己多尝试以及关注相关方面的资讯。

23.2　QQ 表情和 Emoji 表情

在微信的文字内容发送框中有一个笑脸符号☺，点击该笑脸后，可以看到下面有很多表情图标，如图 23-2 所示。使用微信发送信息时，可以发送表情。这些表情包括 QQ 表情和 Emoji 表情。

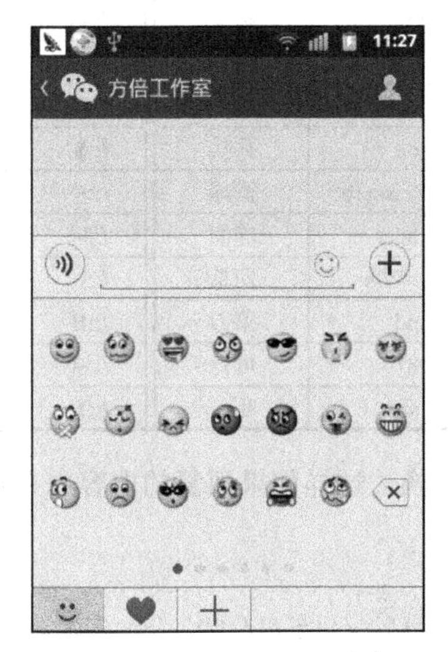

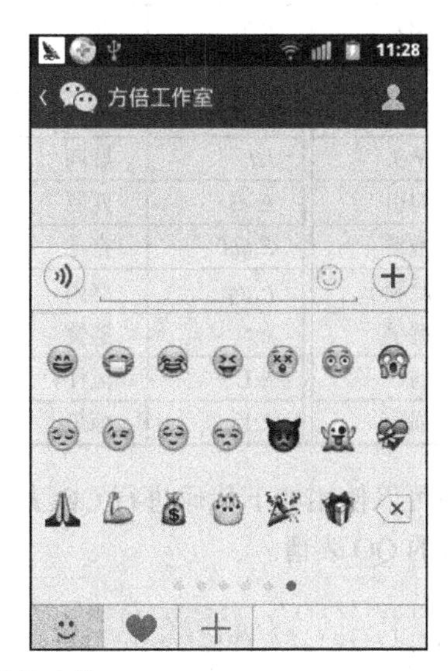

图 23-2　微信表情

用户和公众号都能直接发送或回复相应的 QQ 表情给对方。微信公众号回复 QQ 表情时，需要回复相应的表情代码，就能发送出相应的表情。这些表情代码被当作文本消息在微信中转义成图标。QQ 表情的相应代码如表 23-2 所示。

表 23-2　QQ 表情代码列表

代　码	表　情	代　码	表　情	代　码	表　情	代　码	表　情
/:&>	右太极	/::*	亲亲	/:hug	拥抱	/:|-)	困
/:<&	左太极	/:X-)	阴险	/:gift	礼物	/::g	饥饿
/:kiss	献吻	/:P-(	快哭了	/:sun	太阳	/:,@o	傲慢
/:hiphot	乱舞	/:>-|	委屈	/:moon	月亮	/::d	白眼
/:#-0	激动	/::-O	鄙视	/:shit	便便	/:,@-D	愉快
/:oY	头像	/:@>	右哼哼	/:ladybug	瓢虫	/:,@P	偷笑
/:skip	跳绳	/:<@	左哼哼	/:footb	足球	/::T	吐
/:turn	回头	/:B-)	坏笑	/:kn	刀	/::Q	抓狂

（续）

代码	表情	代码	表情	代码	表情	代码	表情
/:kotow	磕头	/:&-(	糗大了	/:bome	炸弹	/:--b	冷汗
/:circle	转圈	/:handclap	鼓掌	/:li	闪电	/::+	酷
/:<O>	怄火	/:dig	抠鼻	/:cake	蛋糕	/::(	难过
/:shake	发抖	/:wipe	擦汗	/:break	心碎	/::O	惊讶
/:jump	跳跳	/:bye	再见	/:showlove	爱心	/::D	龇牙
/:<L>	飞吻	/:xx	敲打	/:heart	嘴唇	/::P	调皮
/:love	爱情	/:!!!	骷髅	/:fade	凋谢	/::@	发怒
/:ok	OK	/:,@!	衰	/:rose	玫瑰	/::-|	尴尬
/:no	NO	/::8	疯了	/:pig	猪头	/::-'(	大哭
/:lvu	爱你	/:,@@	晕	/:eat	饭	/::Z	睡
/:bad	差劲	/:,@x	嘘	/:coffee	咖啡	/::X	闭嘴
/:@@	拳头	/:?	疑问	/:oo	乒乓	/::$	害羞
/:jj	勾引	/::-S	咒骂	/:basketb	篮球	/::<	流泪
/:@)	抱拳	/:,@f	奋斗	/:beer	啤酒	/:8-)	得意
/:v	胜利	/::,@	悠闲	/:<W>	西瓜	/::|	发呆
/:share	握手	/::>	憨笑	/:pd	菜刀	/::B	色
/:weak	弱	/::L	流汗	/:8*	可怜	/::~	撇嘴
/:strong	强	/::!	惊恐	/:@x	吓	/::)	微笑

另外，还可以使用如下代码进行 QQ 表情替换，这样如果回复的内容中有相应的词语，就能换成相应的 QQ 表情。

```
$face = array('/::)','/::~','/::B','/::|','/:8-)','/::<','/::$','/::X','/::Z','/::\'
(','/::-|','/::@','/::P','/::D','/::O','/::(','/::+','/:Cb','/::Q','/::T','/:,@P',
'/:,@-D','/::d','/:,@o','/::g','/:|-)','/::!','/::L','/::>','/::,@','/:,@f','/::-S',
'/:?','/:,@x','/:,@@','/::8','/:,@!','/:!!!','/:xx','/:bye','/:wipe','/:dig','/:
handclap','/:&-(','/:B-)','/:<@','/:@>','/::-O','/:>-|','/:P-(','/::\'|','/:X-)',
'/::*','/:@x','/:8*','/:pd','/:<W>','/:beer','/:basketb','/:oo','/:coffee','/:eat
','/:pig','/:rose','/:fade','/:showlove','/:heart','/:break','/:cake','/:li','/:
bome','/:kn','/:footb','/:ladybug','/:shit','/:moon','/:sun','/:gift','/:hug','/
:strong','/:weak','/:share','/:v','/:@)','/:jj','/:@@','/:bad','/:lvu','/:no','/
:ok','/:love','/:<L>','/:jump','/:shake','/:<O>','/:circle','/:kotow','/:turn','
/:skip','/[]','/:#-0','/[]','/:kiss','/:<&','/:&>');
$word = array('微笑','伤心','美女','发呆','墨镜','哭','羞','哑','睡','哭','
囧','怒','调皮','笑','惊讶','难过','酷','汗','抓狂','吐','笑','快乐','奇','
傲','饿','累','吓','汗','高兴','闲','努力','骂','疑问','秘密','乱','疯','
哀','鬼','打击','bye','汗','抠','鼓掌','糟糕','恶搞','什么','什么','累','
看','难过','难过','坏','亲','吓','可怜','刀','水果','酒','篮球','乒乓','咖
啡','美食','动物','鲜花','枯','唇','爱','分手','生日','电','炸弹','刀','足
球','虫','臭','月亮','太阳','礼物','伙伴','赞','差','握手','优','恭','勾','
顶','坏','爱','不','好 的','爱','吻','跳','怕','尖 叫','圈','拜','回 头','
跳','天使','激动','舞','吻','瑜伽','太极');
$content = str_replace($face, $word, $message);
```

Emoji 即表情符号，词义来自日语（えもじ，e-moji，moji 在日语中的含义是字符），是

由栗田穰崇（Shigetaka Kurit）创建的，目前已普遍应用于网络聊天软件中。Emoji 表情的一部分如图 23-3 所示。

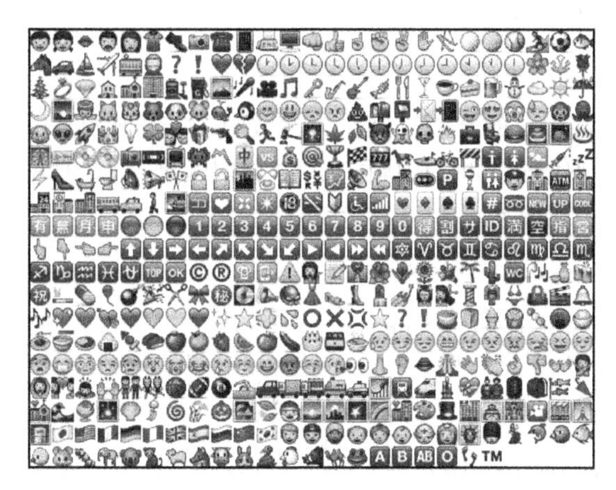

图 23-3 Emoji 表情

Emoji 表情包含多种版本，包括 Unified、DoCoMo、KDDI、Softbank 及 Google。其中，Unified 是最官方的版本，也是微信中使用的版本。Emoji 表情使用十六进制代码标记，其符号达 700 多个。各符号名称、含义及其在各种版本下的十六进制代码可以参考官方网站。官网地址为 http://www.unicode.org/~scherer/emoji4unicode/。

各图标详细的说明可以从以下地址下载文档。

```
http:// www.unicode.org/~scherer/emoji4unicode/snapshot/emojidata.pdf
```

另外，也可以在下列网站查询。

```
http:// emoji.fangbei.org/
```

在微信公众平台中，公众号回复 Emoji 表情，不能直接回复代码，需要进行 ASCII 转码，然后将编码以文本消息回复。十六进制转码代码如下。

```
function utf8_bytes($cp)
{
    if ($cp > 0x10000){
        # 4 bytes
        return    chr(0xF0 | (($cp & 0x1C0000) >> 18)).
            chr(0x80 | (($cp & 0x3F000) >> 12)).
            chr(0x80 | (($cp & 0xFC0) >> 6)).
            chr(0x80 | ($cp & 0x3F));
    }else if ($cp > 0x800){
        # 3 bytes
        return    chr(0xE0 | (($cp & 0xF000) >> 12)).
            chr(0x80 | (($cp & 0xFC0) >> 6)).
            chr(0x80 | ($cp & 0x3F));
    }else if ($cp > 0x80){
        # 2 bytes
        return    chr(0xC0 | (($cp & 0x7C0) >> 6)).
```

```
                chr(0x80 | ($cp & 0x3F));
        }else{
            # 1 byte
            return chr($cp);
        }
    }
```

构造文本消息时，将相应的十六进制作为参数填入转码函数中即可。特别要注意的是，部分表情有两组十六进制代码，如“中国国旗”“美国国旗”。此时需要将两组十六进制代码进行转码后拼接，代码实现如下。

```
private function receiveText($object)
{
    $keyword = trim($object->Content);
    $content = " 中国国旗: ".utf8_bytes(0x1F1E8).utf8_bytes(0x1F1F3)."\n".
            " 美国国旗: ".utf8_bytes(0x1F1FA).utf8_bytes(0x1F1F8)."\n".
            " 男女牵手: ".utf8_bytes(0x1F46B)."\n".
            " 仙人掌: ".utf8_bytes(0x1F335)."\n".
            " 电话机: ".utf8_bytes(0x260E)."\n".
            " 药丸: ".utf8_bytes(0x1F48A);
    $result = $this->transmitText($object, $content);
    return $result;
}
```

上述代码运行后，效果如图 23-4 所示。

同样的，也可以在自定义菜单中设置一个 Emoji 表情，增强公众号界面的美观性。其代码实现如下。

```
require_once('weixin.class.php');
$weixin = new class_weixin();
$button[] = array('name' => $weixin->bytes_to_emoji(0x1F4D8)." 微信图书 ",
                  'sub_button' => array(
                                        array('type' => "view",
                                              'name' => " 微信开发最佳实践 ",
                                              'url'  => "http://union.click.jd.com/
                                              jdc?d=DoDG82"
                                              )
                                        )
                  );
$button[] = array('name' => $weixin->bytes_to_emoji(0x1F3E0)." 购买代码 ",
                  'sub_button' => array(
                                        array('type' => 'view',
                                              'name' => $weixin->bytes_to_emoji(0x-
                                              1F389)." 进入购物 ",
                                              'url'  => "http://mp.weixin.qq.com/
                                              bizmall/mallshelf?id=&t=mall/list&biz=
                                              MzA5NzM2MTI4OA==&shelf_id=3&showwx
                                              paytitle=1#wechat_redirect"
                                             ),
                                        array('type' => 'view',
                                              'name' => $weixin->bytes_to_emoji(0x-
                                              1F3AF)." 我的订单 ",
                                              'url'  => "http://info.doucube.com/_
                                              fbxxjs/order.php"
```

```
                                        ),
                                    )
                    );
var_dump($weixin->create_menu($button));
```

上述代码运行后，菜单效果如图 23-5 所示。

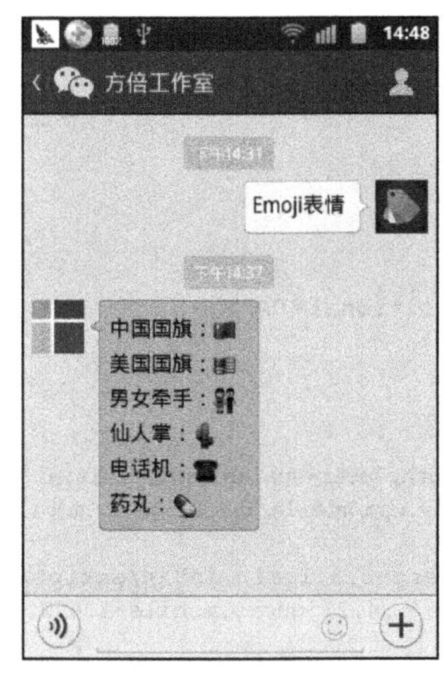

图 23-4　微信公众号回复 Emoji 表情

图 23-5　带 Emoji 表情的自定义菜单

23.3　获取微信版本及手机系统

HTTP_USER_AGENT 是用来检查浏览页面的访问者在用什么操作系统（包括版本号）、浏览器（包括版本号）和用户个人偏好的代码。

通过获取微信内置浏览器的 User Agent，可以得到用户手机情况及微信版本信息。

经过测试，在 iPhone 手机下，User Agent 类似如下。

```
Mozilla/5.0 (iPhone; CPU iPhone OS 5_1 like Mac OS X) AppleWebKit/534.46 (KHTML,
like Gecko) Mobile/9B176 MicroMessenger/5.0.1
```

在 Android 手机下，User Agent 返回类似如下。

```
Mozilla/5.0 (Linux; U; Android 2.3.6; zh-cn; GT-S5660 Build/GINGERBREAD) AppleWebKit/533.1
(KHTML, like Gecko) Version/4.0 Mobile Safari/533.1 MicroMessenger/4.5.255
```

从上可知，微信浏览器的关键字为 MicroMessenger，其后面的数字代表当前的微信版本号。通过识别是否有 iPhone、Android 字段，以及 MicroMessenger 及其后面的数字可以获取微信版本及手机型号。

其实现代码如下。

```
<?php
$ua = $_SERVER['HTTP_USER_AGENT'];
```

```
if(!strpos($ua, 'MicroMessenger')){
    $weixin = " 不是微信浏览器 ";
}else{
    $preg = "/MicroMessenger\/(.+)/";
    preg_match_all($preg, $ua, $new_cnt);
    $weixin = "".$new_cnt[1][0]."\n";
}
if(strpos($ua, 'Android')){
    $phone = "Android";
}else if(strpos($ua, 'iPhone OS')){
    $phone = "iOS";
}else{
    $phone = " 其他 ";
}
?>
<!DOCTYPE HTML PUBLIC "-//W3C//DTD HTML 4.0 Transitional//EN">
<HTML>
    <HEAD>
        <TITLE> 方倍工作室 </TITLE>
        <META charset=utf-8>
        <META name=viewport content="width=device-width, user-scalable=no, initial-scale=1">
        <link rel="stylesheet" href="http://code.jquery.com/mobile/1.4.2/jquery.mobile-1.4.2.
        min.css" />
        <script src="http://code.jquery.com/jquery-1.9.1.min.js"></script>
        <script src="http://code.jquery.com/mobile/1.4.2/jquery.mobile-1.4.2.min.js">
        </script>
    </HEAD>
    <BODY>
        <div data-role="page" id="page1">
            <div data-role="content">
                <UL data-role="listview" data-inset="true">
                    <LI>
                        <P>
                            <div class="fieldcontain">
                                <label for="userid"> 微信版本 </label>
                                <input name="userid" id="userid" value="<?php echo
                                $weixin;?>" type="text" >
                            </div>
                            <div class="fieldcontain">
                                <label for="openid"> 手机系统 </label>
                                <input name="openid" id="openid" value="<?php echo
                                $phone;?>" type="text" >
                          </div>
                       </P>
                    </LI>
                </UL>
            </div>
            <div data-theme="b" data-role="footer" data-position="fixed">
                <h3> 方倍工作室 </h3>
            </div>
        </div>
    </BODY>
</HTML>
```

上述代码的运行效果如图 23-6 所示。

23.4　兴趣部落

兴趣部落原名微社区，是指腾讯公司所有、运营及管理的供具有各种共同兴趣爱好的用户在已经建立的相应各种群组之内进行交流、沟通的平台。其官方网站是https://buluo.qq.com。

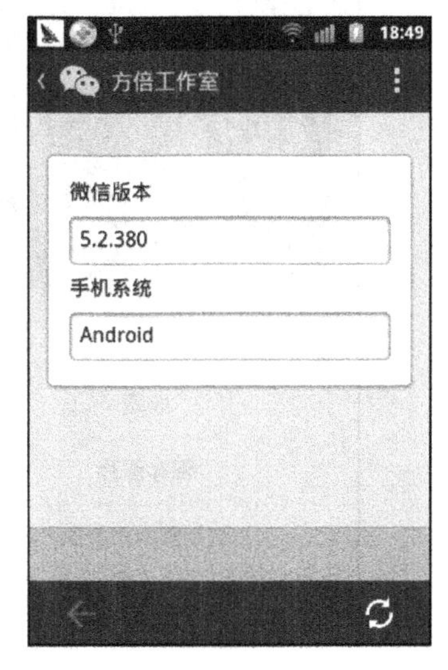

图 23-6　获得微信版本与手机系统

兴趣部落是基于 QQ 和微信的互动社区，它可以广泛应用于微信服务号与订阅号，是微信公众号运营者打造人气移动社区、增强用户黏性的有力工具。

兴趣部落解决了同一微信公众号下用户无法直接交流、互动的难题，把公众号“一对多”的单向推送信息方式变成用户与用户、用户与平台之间的“多对多”沟通模式，双向交流给用户带来了更好的互动体验，让互动更便捷、更畅快。

申请兴趣部落时，打开 https://buluo.qq.com，在首页点击“申请创建部落”，按要求填写相关资料后，等待审核。

审核成功后，将获得一个兴趣部落的唯一地址，如方倍工作室的方倍社区地址为 https://buluo.qq.com/mobile/barindex.html?_bid=128&_wv=1027&bid=35447， 将该地址填写到自定义菜单按钮或者通过自动回复带入链接中，用户即可跳转到兴趣部落中。

方倍工作室的兴趣部落如图 23-7 所示。

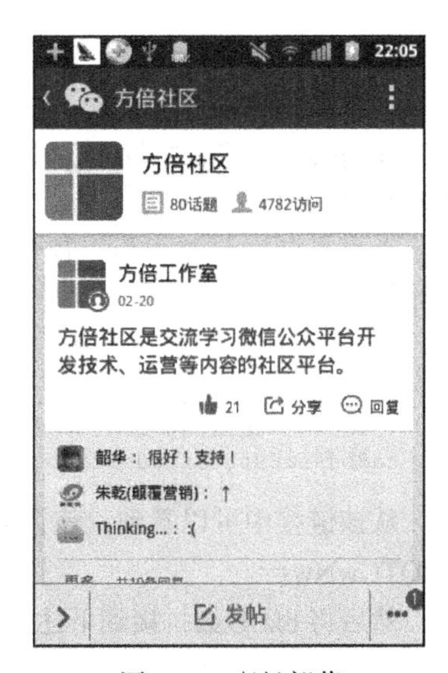

图 23-7　兴趣部落

23.5　公众号一键关注

快捷的微信公众号的关注形式，除了扫描二维码之外，还有以下方法。

1. 长按识别二维码

在页面中放置了微信公众号二维码，当用户长按图片时，会自动弹出“识别图片二维码”选项，如图 23-8 所示。点击该选项，将进入关注页面。

2. 图文素材的蓝字

微信发布图文素材消息后，会生成一个链接，地址如下。

```
http://mp.weixin.qq.com/s/M3zA5qQ74i-vgaMTxgrcyA
```

在微信中打开后，效果如图 23-9 所示。

图 23-8　长按识别图片二维码

图 23-9　图文素材页面

页面中的公众号名称会变成蓝色的 a 链接，点击该链接可以实现一键关注的功能。

3. 广告主关注链接

微信公众号广告主发布关注公众号的广告之后，也可以做到一键关注，该方法需要预先取得公众号的 biz 参数。

在微信的素材管理中，预览某一个图文消息时，会在浏览器中打开该页面，链接地址如下。

```
http://mp.weixin.qq.com/s?__biz=MzA5MzAxOTUwNw==&mid
=2655203954&idx=1&sn=ae6255b0bf575593cf69bad85ca7c1
43&chksm=8bd3de6ebca457789fe0acdc9fb26728e323f93b36
ca8b44fa89f663fd80c1c5457a85d169f2#rd
```

从该链接中可以看到，该公众号的 biz 参数为 MzA5MzAxOTUwNw==。

然后将 biz 参数拼接到下述链接中。

```
https://mp.weixin.qq.com/mp/profile_ext?action=home&__
biz=MzA5MzAxOTUwNw==#wechat_redirect
```

当用户点击该链接时，将跳转到带公众号简介的历史消息页面，其中有关注按钮，如图 23-10 所示。

4. 摇一摇关注

微信摇一摇接口中有专门用于微信关注的接口，详细开发方法可以参考第 19 章，配置后的效果如图 23-11 所示。

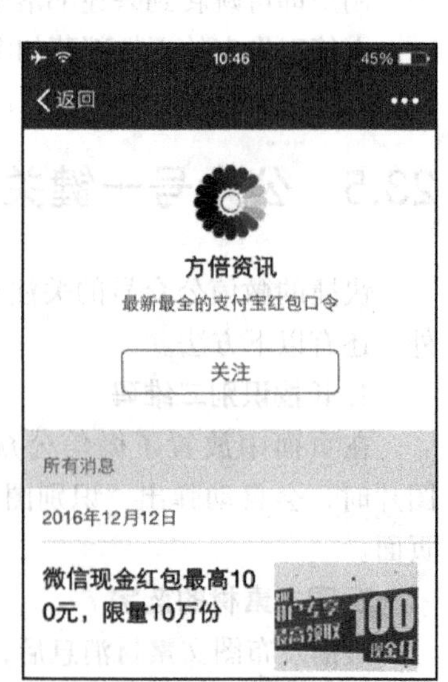

图 23-10　广告主微信简介页面

图 23-11　摇一摇关注

5. 微信支付推荐关注

微信服务号的刷卡支付默认有推荐关注，另外公众号的 JS API 支付和扫码支付当支付金额大于 5 元时也有推荐关注。图 23-12 所示展示了 JS API 支付中大于 5 元时出现推荐关注的情景。

图 23-12　微信支付推荐关注

6. 图文消息一键关注

用户点击图文消息的方式也可以实现一键关注，需要取得微信公众号的原始 ID。进入微信公众平台后台，在“设置”|“公众号设置”|“注册信息”中可以找到公众号的原始 ID，然后拼接如下链接。

```
weixin://contacts/profile/gh_204936aea56d
```

将其放入图文消息的 URL 参数中。

```
$content[] = array("Title" =>"【腾讯微信】\n微信账号：pondbaystudio", "Description"
=>"", "PicUrl" =>"http://f.hiphotos.bdimg.com/wisegame/pic/item/e1025aafa40f4bfb36
39699f024f78f0f6361814.jpg", "Url" =>"weixin://contacts/profile/gh_204936aea56d");
```

当用户点击菜单或者回复关键字时，回复上述图文消息，用户点击该图文消息，将进入公众号的关注页面，如图 23-13 所示。

该方法用于满足运营多个公众号时有互相关注的需求。目前它仅对 Android 手机有效，并且不排除以后失效的可能性。

7. 微信连 WiFi 关注

微信连 WiFi 成功页面中，提供了一键关注公众号的功能，详细开发方法可以参考第 18 章，配置后的效果如图 23-14 所示。

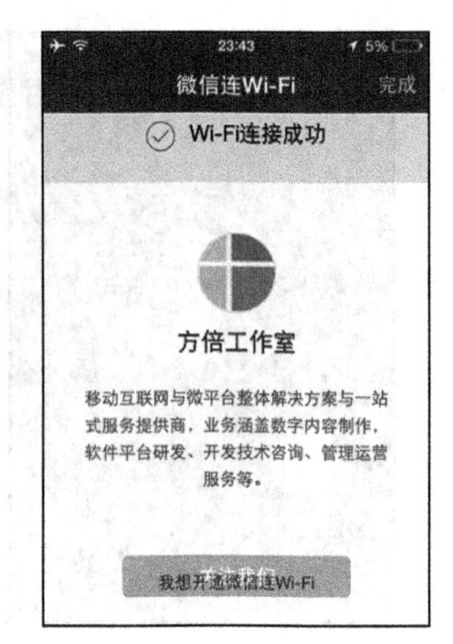

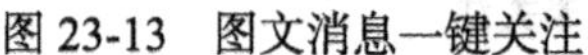
图 23-13　图文消息一键关注

图 23-14　微信连 WiFi 关注

23.6　本章小结

本章介绍了一些实用的开发实现技巧，包括表情雨飘落效果、回复 QQ 表情和 Emoji 表情、自定义菜单中设置 Emoji 表情、获得微信版本和手机操作系统、接入微信兴趣部落，以及多种公众号的一键关注方法。这些技巧有助于开发者实现更加丰富的界面效果及提高运营转化率等。

第 24 章　微信常用功能开发实现

很多开发者学习完微信接口开发后，下一步不知道应该学习什么。本章将介绍一些微信公众平台上常用的功能开发，这些功能包括自动回复消息功能中文本消息、图片消息、位置消息的使用，以及 Web 中常用的表单提交、Ajax 交互及 HTML 5 开发。

24.1　基本文本消息的聊天机器人

24.1.1　API 接口

目前主流的聊天机器人主要有国内的小 i 机器人和国外的小黄鸡机器人。

开发者可以利用小 i 机器人提供的在线服务，定义机器人属性，编辑机器人的智能问答，打造个性化的智能交互机器人；并支持多种渠道（微信、腾讯微博、新浪微博、iPhone SDK、Android SDK）的快速接入。

小 i 机器人的官方网站如下。

```
http://cloud.xiaoi.com/index.jsp
```

用户通过注册即可获得智能问答、自定义知识模块的基础权限；通过提交个人/企业真实信息可以向平台申请认证，审核通过后即可拥有智能问答、自定义知识、语音识别、语言合成板块的高级权限。获得高级权限后，每月有 10 000 次智能问答的授权调用。图 24-1 所示是问答交互次数列表图。

图 24-1　问答交互数

同时，iBotCloud 会为开发者提供 API 接口（Key 和 Secret），开发者可以通过访问 API 接口与 iBotCloud 进行快速对接，从而为自己的应用程序增加丰富的智能语音交互体验。

iBotCloud 智能问答接口地址如下。

```
http://nlp.xiaoi.com/robot/ask.do
```

该接口的相关参数如表 24-1 所示。

表 24-1　智能问答接口的参数说明

字　段	示　例	说　明
userId	user0001	用户 ID
question	您好	问题内容
type	1	响应格式。0：基础；1：高级
platform	weixin	平台。weixin：微信；yixin：易信；tqq：腾讯微博，custom：自定义）

响应格式为普通时的响应说明如表 24-2 所示。

表 24-2 普通响应格式参数说明

字 段	说 明	示 例
无	直接纯文本响应	为纯文本类型，如“你好，我的名字叫小 i”

该接口请求时的原始数据如下。

```
1 POST http://nlp.xiaoi.com/ask.do?platform=weixin HTTP/1.1
2 Host: nlp.xiaoi.com
3 Connection: keep-alive
4 Content-Length: 70
5 Origin: http://nlp.xiaoi.com
6 X-Requested-With: XMLHttpRequest
7 User-Agent: Mozilla/24.0 (Windows NT 24.1) AppleWebKit/537.1 (KHTML, like Gecko)
    Chrome/21.0.1180.89 Safari/537.1
8 Content-Type: application/x-www-form-urlencoded
9 Accept: text/plain, */*; q=0.01
10 X-Auth: app_key="zIp6ye1eNdHp", nonce="a2a303c2963ea105823b5d798ab2d96302f3", sign
    ature="a7a9617d8401557776e99539bc608fa85bf377bd"
11 Referer: http://nlp.xiaoi.com/invoke.html?ts=1393684911322
12 Accept-Encoding: gzip,deflate,sdch
13 Accept-Language: en-US,en;q=0.8
14 Accept-Charset: ISO-8859-1,utf-8;q=0.7,*;q=0.3
15 Cookie: _ga=GA1.2.563236203.1393475725
16
17 question=%E4%BD%A0%E5%A5%BD&userId=o7Lp5t6n59DeX3U0C7Kric9qEx-Q&type=0
```

请求后得到的响应数据如下。

```
1 HTTP/1.1 200 OK
2 Expires: Thu, 01 Jan 1970 00:00:00 GMT
3 Cache-Control: no-cache
4 Pragma: no-cache
5 Content-Type: text/plain; charset=utf-8
6 Content-Length: 49
7
8 你好，我是小方，很高兴认识你。
```

24.1.2 自动聊天开发实现

微信公众号在收到文本消息之后，即调用小 i 机器人自动回复，需要将用户 ID 及用户的内容都传给小 i 机器人。其相关代码如下。

```
1 private function receiveText($object)
2 {
3     $keyword = trim($object->Content);
4     include("xiaoi.php");
5     $content = getXiaoiInfo($object->FromUserName, $keyword);
6     $result = $this->transmitText($object, $content);
7     return $result;
8 }
```

小 i 机器人的逻辑实现比较复杂，其智能问答的实现代码如下。

```
 1 function getXiaoiInfo($openid, $content)
 2 {
 3     //定义 APP
 4     $app_key="************";
 5     $app_secret="********************";
 6 
 7     //签名算法
 8     $realm = "xiaoi.com";
 9     $method = "POST";
10     $uri = "/robot/ask.do";
11     $nonce = "";
12     $chars = "abcdefghijklmnopqrstuvwxyz0123456789";
13     for ($i = 0; $i < 40; $i++) {
14         $nonce .= $chars[ mt_rand(0, strlen($chars) - 1) ];
15     }
16     $HA1 = sha1($app_key.":".$realm.":".$app_secret);
17     $HA2 = sha1($method.":".$uri);
18     $sign = sha1($HA1.":".$nonce.":".$HA2);
19 
20     //接口调用
21     $url = "http://nlp.xiaoi.com/robot/ask.do";
22     $ch = curl_init();
23     curl_setopt($ch, CURLOPT_URL, $url);
24     curl_setopt($ch, CURLOPT_HTTPHEADER, array('X-Auth:    app_key="'.$app_key.'",
       nonce="'.$nonce.'", signature="'.$sign.'"'));
25     curl_setopt($ch, CURLOPT_RETURNTRANSFER, 1);
26     curl_setopt($ch, CURLOPT_POST, 1);
27     curl_setopt($ch, CURLOPT_POSTFIELDS, "question=".urlencode($content)."&userId=".
       $openid."&platform=custom&type=0");
28     $output = curl_exec($ch);
29     if ($output === FALSE){
30         return "cURL Error: ". curl_error($ch);
31     }
32     return trim($output);
33 }
```

上述代码解读如下。

第 3 ~ 5 行：定义 API 接口，即申请到的接口。

第 7 ~ 18 行：这一段为签名算法的实现。小 i 机器人 API 需要通过签名来访问，签名的过程是将 APP 的 Key 和 Secret 以及随机数等参数根据一定签名算法生成的签名值，作为新的请求头中的一部分，以此提高访问过程中的防篡改性。

签名算法如下。

1）sha1 加密（app_key:realm:app_secret），其中 realm 为 "xiaoi.com"。

2）sha1 加密（method:uri），其中 method 为请求方法，如 "POST"，uri 为 "/robot/ask.do"。

3）sha1 加密（HA1:nonce:HA2），其中 HA1 为步骤 1 的值，HA2 为步骤 2 的值，nonce 为 40 位随机数。

第 20 ~ 31 行：使用 curl 获取调用智能问答的结果。

小 i 机器人 API 的有效访问都必须包含签名请求头，在第 24 行中定义了一个签名请求头字符串。其中，app_key 为 API 接口的 key，nonce 为上面过程中生成的 40 位随机数，

signature 为签名算法步骤 3 的值。最后为该字符串添加请求头："X-Auth"。

第 27 行中将请求参数连接成字符串，通过 POST 提交给接口。

第 32 行：返回接口的内容。

小 i 机器人的运行效果如图 24-2 所示。

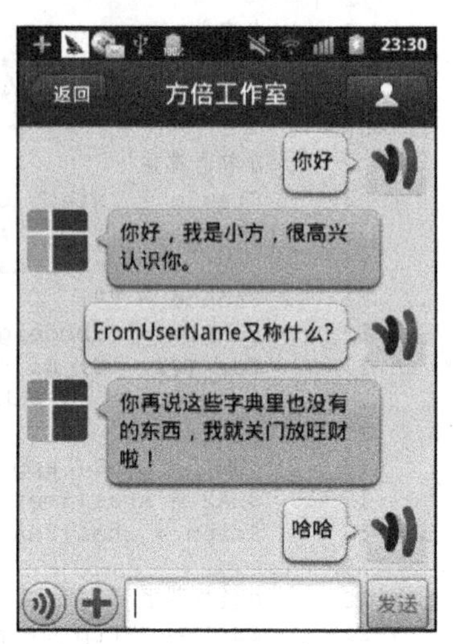

图 24-2　小 i 机器人智能聊天

24.2　基于图片消息的人脸识别

在一起生活多年的夫妻中，有很多人在外貌、表情、形体，甚至爱好上都有非常相像的地方。有的单从面相上来看，竟有着惊人的相似，如同一家人，有人将此称为“夫妻相”。本节介绍了如何在微信公众平台上实现夫妻相功能。

24.2.1　人脸识别接口

Face++ 是北京旷视科技（Megvii）有限公司旗下的新型视觉服务平台，旨在提供简单易用、功能强大、平台兼容的新一代视觉服务。

Face++ 团队专注于研发世界最好的人脸检测、识别、分析和重建技术，通过融合机器视觉、机器学习、大数据挖掘及 3D 图形学技术，致力于将最新、性能最好、使用最方便的人脸技术提供给广大开发者和用户。通过提供云端 API、离线 SDK，以及面向用户的自主研发产品形式，将人脸识别技术广泛应用到互联网及移动应用场景中。

下面使用 Face++ 的接口来完成这一功能。使用其接口需要先注册一个 Face++ 账号，账号登录后需要先创建一个应用，如图 24-3 所示。

选择 API 服务器时需要注意，国内用户一般选择“阿里云（中国）”，其他选项可以自由填写或选择。提交后，用户将得到 API Key 和 API Secret，如图 24-4 所示。

创建应用
应用名称
夫妻相
应用描述
看看照片中的他和她有几分夫妻相
API服务器
■ 阿里云(中国) □ 亚马逊(美国)
应用类型
■ 娱乐 □ 相册 □ 社交 □ 监控 □ 游戏 □ 教育 □ 其他
应用平台
□ IOS □ Android □ Web □ PC ☑ 其他
提交

图 24-3　创建 Face++ 应用

应用名称	夫妻相
API Key	6efbacb73e7d1bbc424f41fa656c328f
API Secret	eD5ie8tydoBVMwgNlbe7XKUYvTCVs27e 重置API_SECRET
API Url	apicn.faceplusplus.com
创建时间	2014-02-22 11:59:07
应用描述	看看照片中的他和她有几分夫妻相
应用状态	开发版 【升级】
API服务器	阿里云(中国)
应用类型	娱乐
应用平台	其他
离线SDK	IOS 离线检测器下载　ANDROID 离线检测器下载

图 24-4　夫妻相应用

Face++ 接口的功能包括：人脸检测与分析、训练模型、人脸识别、人脸聚类与分组、Person 管理、FaceSet 管理、Group 管理、信息查询。开发者可以使用这些接口开发出更多有趣的人脸相关的应用。接口列表如表 24-3 所示。

表 24-3　Face++ API 列表

接口分类	接口名称	功能说明
detect	/detection/detect	检测一张照片中的人脸信息（脸部位置、年龄、种族、性别等）
	/detection/landmark	检测给定人脸相应的面部轮廓、五官等关键点的位置
train	/train/verify	调用 /recognition/verify 之前需要运行的训练
	/train/search	调用 /recognition/search 之前需要运行的训练
	/train/identify	调用 /recognition/identify 之前需要运行的训练
recognition	/recognition/compare	对比两张人脸的相似程度
	/recognition/verify	给定人脸和人，判断人脸是否是给定的人的
	/recognition/search	给定人脸和人脸集合，在集合中查找最相似的人脸
	/recognition/identify	给定人脸和人群，找到人群中最像这张脸的人
grouping	/grouping/grouping	给定人脸集合，将集合中的人脸分成几类，每一类为同一个人
person	/person/create	创建一个人
	/person/delete	删除一个人
	/person/add_face	向一个人添加一张人脸
	/person/remove_face	从一个人中删除一张人脸
	/person/set_info	为一个人设定备注等信息
	/person/get_info	获得一个人的备注等信息
faceset	/faceset/create	创建一个人脸集合
	/faceset/delete	删除一个人脸集合
	/faceset/add_face	向一个人脸集合添加人脸
	/faceset/remove_face	从一个人脸集合中删除人脸
	/faceset/set_info	为一个人集合设定备注等信息
	/faceset/get_info	获得一个人集合的备注等信息
group	/group/create	创建一个人群
	/group/delete	删除一个人群
	/group/add_person	向人群中添加一个人
	/group/remove_person	从人群中删除一个人
	/group/get_info	获得人群的备注等信息
info	/info/get_image	获取一张图片的信息，包括其中的人脸信息
	/info/get_face	获取一组人脸的信息
	/info/get_person_list	获取该应用中所有的人
	/info/get_faceset_list	获取该应用中所有的人脸集合
	/info/get_group_list	获取该应用中所有的人群
	/info/get_session	获取 session 的状态与结果
	/info/get_app	获取应用的相关信息

24.2.2 夫妻相实现方案

下面将使用上述接口列表中的两个接口来实现夫妻相功能。第一步，检测照片中的人脸信息，获得两个人的人脸；第二步，将两个人的人脸进行对比，获得他们的相似度。

1. 检测人脸信息

检测给定图片中所有人脸的位置和相应的面部属性的接口地址如下。

```
http://apicn.faceplusplus.com/v2/detection/detect
```

该接口的相关参数如表 24-4 所示。

表 24-4 检测人脸信息接口的参数说明

参　数	是否必需	含　义
api_key	是	APP 的 Face++ API Key
api_secret	是	APP 的 Face++ API Secret
url 或 img[POST]	是	待检测图片的 URL 或者通过 POST 方法上传的二进制数据，原始图片大小需小于 3MB
mode	否	检测模式可以是 normal（默认）或 oneface。在 oneface 模式中，检测器仅找出图片中最大的一张脸
attribute	否	可以是 none 或由逗号分隔的属性列表。默认为 gender、age、race、smiling。目前支持的属性包括 gender、age、race、smiling、glass、pose
tag	否	可以为图片中检测出的每一张脸指定一个不包含 ^@,&=*'" 等非法字符且不超过 255 个字节的字符串作为 tag，tag 的信息可以通过 /info/get_face 查询
async	否	如果置为 true，该 API 将会以异步方式被调用；也就是立即返回一个 session_id，稍后可通过 /info/get_session 查询结果。默认值为 false

该接口调用举例如下。

```
http://apicn.faceplusplus.com/v2/detection/detect?api_key=6efbacb73e7d1bbc424f41fa656c
328f&api_secret=eD5ie8tydoBVMwgNlbe7XKUYvTCVs27e&url=http://img3.yxlady.com/yl/UploadF
iles_5361/20110513/20110513130615793.jpg&attribute=glass,pose,gender,age,race,smiling
```

上述接口的返回结果如下。

```
{
    "face":[
        {
            "attribute":{
                "age":{
                    "range":5,
                    "value":30
                },
                "gender":{
                    "confidence":99.5937,
                    "value":"Male"
                },
                "glass":{
                    "confidence":99.9969,
                    "value":"None"
                },
```

```
        "pose":{
            "pitch_angle":{
                "value":0.000011100340000000002
            },
            "roll_angle":{
                "value":-2.79166
            },
            "yaw_angle":{
                "value":0
            }
        },
        "race":{
            "confidence":924.5664,
            "value":"Asian"
        },
        "smiling":{
            "value":97.5054
        }
    },
    "face_id":"7f24d567a5e557b5853be72c3e5c2134",
    "position":{
        "center":{
            "x":60.681818,
            "y":424.293515
        },
        "eye_left":{
            "x":524.736591,
            "y":41.227645
        },
        "eye_right":{
            "x":624.533636,
            "y":40.510239
        },
        "height":27.645051,
        "mouth_left":{
            "x":524.925909,
            "y":54.977133
        },
        "mouth_right":{
            "x":624.680909,
            "y":54.565529
        },
        "nose":{
            "x":60.736364,
            "y":50.108532
        },
        "width":124.181818
    },
    "tag":""
},
{
    "attribute":{
        "age":{
            "range":5,
            "value":17
        },
```

```
        "gender":{
            "confidence":99.9781,
            "value":"Female"
        },
        "glass":{
            "confidence":99.9815,
            "value":"None"
        },
        "pose":{
            "pitch_angle":{
                "value":0.000019753399999999996
            },
            "roll_angle":{
                "value":1.75177
            },
            "yaw_angle":{
                "value":4
            }
        },
        "race":{
            "confidence":99.471,
            "value":"Asian"
        },
        "smiling":{
            "value":87.1365
        }
    },
    "face_id":"c772b4b66c00d46b15344eff74b56e48",
    "position":{
        "center":{
            "x":324.568182,
            "y":62.286689
        },
        "eye_left":{
            "x":31.1675,
            "y":524.166553
        },
        "eye_right":{
            "x":40.813182,
            "y":524.609556
        },
        "height":224.279863,
        "mouth_left":{
            "x":31.192045,
            "y":624.601706
        },
        "mouth_right":{
            "x":39.490455,
            "y":69.341638
        },
        "nose":{
            "x":324.8725,
            "y":64.405802
        },
        "width":17.5
    },
```

```
            "tag":""
        }
    ],
    "img_height":293,
    "img_id":"3005132383841edd08c9b500fb1fe2c4",
    "img_width":440,
    "session_id":"4e64c73fec19442cbefde3cf9bd6b53d",
    "url":"http://img3.yxlady.com/yl/UploadFiles_5361/20110513/20110513130615793.jpg"
}
```

上述返回结果的字段说明如表 24-5 所示。

表 24-5　检测人脸信息接口结果参数说明

字　段	类　型	说　明
session_id	string	相应请求的 session 标识符，可用于结果查询
url	string	请求中图片的 URL
img_id	string	Face++ 系统中的图片标识符，用于标识用户请求中的图片
face_id	string	被检测出的每一张人脸在 Face++ 系统中的标识符
img_width	integer	请求图片的宽度
img_height	integer	请求图片的高度
face	array	被检测出的人脸的列表
width	float	0 ~ 100 之间的实数，表示检出的脸的宽度在图片中的百分比
height	float	0 ~ 100 之间的实数，表示检出的脸的高度在图片中的百分比
center	object	检出的人脸框的中心点坐标，x、y 坐标分别表示在图片中的宽度和高度的百分比（0 ~ 100 之间的实数）
eye_left	object	相应人脸的左眼坐标，x、y 坐标分别表示在图片中的宽度和高度的百分比（0 ~ 100 之间的实数）
eye_right	object	相应人脸的右眼坐标，x、y 坐标分别表示在图片中的宽度和高度的百分比（0 ~ 100 之间的实数）
mouth_left	object	相应人脸的左侧嘴角坐标，x、y 坐标分别表示在图片中的宽度和高度的百分比（0 ~ 100 之间的实数）
mouth_right	object	相应人脸的右侧嘴角坐标，x、y 坐标分别表示在图片中的宽度和高度的百分比（0 ~ 100 之间的实数）
nose	object	相应人脸的鼻尖坐标，x、y 坐标分别表示在图片中的宽度和高度的百分比（0 ~ 100 之间的实数）
attribute	object	包含一系列人脸的属性分析结果
gender	object	包含性别分析结果，value 的值为 Male/Female、confidence 表示置信度
age	object	包含年龄分析结果，value 的值为一个非负整数，表示估计的年龄，range 表示估计年龄的正负区间
race	object	包含人种分析结果，value 的值为 Asian/White/Black，confidence 表示置信度
smiling	object	包含微笑程度分析结果，value 的值为 0 ~ 100 之间的实数，越大表示微笑程度越高
glass	object	包含眼镜佩戴分析结果，value 的值为 None/Dark/Normal，confidence 表示置信度
pose	object	包含脸部姿势分析结果，包括 pitch_angle、roll_angle、yaw_angle，分别对应抬头、旋转（平面旋转）和摇头。其单位为角度

2. 比较人脸相似度

计算两张人脸相似性以及五官相似度的接口地址如下。

```
https:// apicn.faceplusplus.com/v2/recognition/compare
```

该接口的相关参数如表 24-6 所示。

表 24-6　计算相似度接口的参数说明

参数名	是否必需	参数说明
api_key	是	APP 的 Face++ API Key
api_secret	是	APP 的 Face++ API Secret
face_id1	是	第一张人脸的 face_id
face_id2	是	第二张人脸的 face_id
async	否	如果置为 true，该 API 将会以异步方式被调用；也就是立即返回一个 session_id，稍后可通过 /info/get_session 查询结果。默认值为 false

该接口调用举例如下。

```
https:// apicn.faceplusplus.com/v2/recognition/compare?api_key=6efbacb73e7d1bbc424
f41fa656c328f&api_secret=eD5ie8tydoBVMwgNlbe7XKUYvTCVs27e&face_id2=7f24d567a5e55
7b5853be72c3e5c2134&face_id1=c772b4b66c00d46b15344eff74b56e48
```

返回结果列表如下。

```
{
    "component_similarity":{
        "eye":824.802307,
        "eyebrow":72.329025,
        "mouth":89.68277,
        "nose":524.381519
    },
    "session_id":"2cc4e8d04e28466396bde8b83132205b",
    "similarity":51.831638
}
```

上述返回结果的字段说明如表 24-7 所示。

表 24-7　计算相似度接口结果参数说明

字　段	类　型	说　明
component_similarity	object	包含人脸中各部位的相似性，目前包含 eyebrow（眉毛）、eye（眼睛）、nose（鼻子）与 mouth（嘴）的相似性。每一项的值为一个 0 ~ 100 之间的实数，表示相应部位的相似性
similarity	float	一个 0 ~ 100 之间的实数，表示两张人脸的相似性

有了上述两个接口，就能实现检测照片中男女夫妻相的功能了。

24.2.3　代码实现

在介绍基础接口时，我们曾讲到，当用户发送图片给公众号时，微信公众号将收到一个图片消息，该消息中包含 PicUrl 和 MediaId 两项参数，分别表示图片链接和图片消息媒体 ID。

这里将直接把图片链接地址提交给 Face++ 来处理。

Face++ 的类定义如下。

```
1 class FacePlusPlus
2 {
3     private $api_server_url;
4     private $auth_params;
5 
6     public function __construct()
7     {
8         $this->api_server_url = "http:// apicn.faceplusplus.com/";
9         $this->auth_params = array();
10            $this->auth_params['api_key'] = "";
11            $this->auth_params['api_secret'] = "";
12    }
13
14    // 人脸检测
15    public function face_detect($urls = null)
16    {
17        return $this->call("detection/detect", array("url"=>$urls));
18    }
19
20    // 人脸比较
21    public function recognition_compare($face_id1, $face_id2)
22    {
23        return $this->call("recognition/compare", array("face_id1"=>$face_id1, "face_
          id2"=>$face_id2));
24    }
25
26    protected function call($method, $params = array())
27    {
28        $url = $this->api_server_url."$method?".http_build_query(array_merge($this->
          auth_params, $params));
29        $ch = curl_init();
30        curl_setopt($ch, CURLOPT_URL, $url);
31        curl_setopt($ch, CURLOPT_RETURNTRANSFER, true);
32         $data = curl_exec($ch);
33        curl_close($ch);
34        $result = json_decode($data);
35        return $result;
36    }
37 }
```

上述代码定义了 FacePlusPlus 类，在类中定义了两个成员变量 $api_server_url 和 $auth_params，以及 3 个方法 face_detect()、recognition_compare()、call()，前两个方法分别定义了人脸检测接口和人脸比较接口的实现。

第 3 ~ 4 行：定义了两个成员变量 $api_server_url 和 $auth_params。

第 6 ~ 12 行：类的构造函数，在构造函数中给成员变量定义了值，包括接口服务器的 URL、API Key 和 API Secret。

第 14 ~ 18 行：定义人脸检测接口的方法。

第 20 ~ 24 行：定义人脸比较接口的方法。

第26～36行：定义接口调用函数，内部使用curl实现。

获取图片识别结果的代码如下。

```
 1 function getImageInfo($url)
 2 {
 3     $faceObj = new FacePlusPlus();
 4     $detect = $faceObj->face_detect($url);
 5     $numbers = isset($detect->face)? count($detect->face):0;
 6     if (($detect->face[0]->attribute->gender->value != $detect->face[1]->attribute->
       gender->value) && $numbers == 2){
 7         $compare = $faceObj->recognition_compare($detect->face[0]->face_id,$detect->
           face[1]->face_id);
 8         $result = getCoupleComment($compare->component_similarity->eye, $compare->
           component_similarity->mouth, $compare->component_similarity->nose, $compare
           ->component_similarity->eyebrow, $compare->similarity);
 9         return $result;
10     }else{
11         return "似乎不是一男一女，无法测试夫妻相";
12     }
13 }
```

在上述代码中，先使用人脸检测接口获得图片的识别结果，再判断结果中是否得到两个性别不同的人。如果返回结果不是两张人脸且性别不同，则提示无法测试夫妻相；否则比较结果中的face_id，获得相似度的结果。

获得结果后，需要对结果进行加工，让该功能更贴近实际情况，相应的代码如下。

```
 1 function getCoupleComment($eye, $mouth, $nose, $eyebrow, $similarity)
 2 {
 3     $index = round(($eye + $mouth + $nose + $eyebrow) / 4);
 4     if ($index < 40){
 5         $comment = "花好月圆";
 6     }else if ($index < 50){
 7         $comment = "相濡以沫";
 8     }else if ($index < 60){
 9         $comment = "情真意切";
10     }else if ($index < 70){
11         $comment = "郎才女貌";
12     }else if ($index < 80){
13         $comment  = "心心相印";
14     }else if ($index < 90){
15         $comment  = "浓情蜜意";
16     }else{
17         $comment = "山盟海誓";
18     }
19     return "【夫妻相指数】\n得分: ".$index."\n评语: ".$comment;
20 }
```

在上述代码中，将获取眼睛、嘴巴、眉毛、鼻子4个部分相似值的平均值作为最终相似指数，并且根据指数大小添加表现夫妻关系的评语。

至此，借助强大的Face++人脸识别接口，夫妻相功能就实现了。其运行效果如图24-5所示。需要注意的是，图中的人脸经过了处理。

24.3　基于位置消息的地图导航

随着交通及经济的发展，人们的活动区域越来越大，不认识道路，找不到目的地的情况屡有发生。使用地图导航功能，可以帮助用户导航到目的地。本节介绍如何在微信中使用地理位置消息来实现导航。

24.3.1　地图线路规划接口

高德公司是中国领先的数字地图内容、导航和位置服务解决方案提供商。高德公司拥有中国领先的电子地图数据库，并拥有多个“甲级资质”。在汽车导航、政府和企业应用、互联网及移动互联网位置服务应用三大业务领域，高德公司均处于市场领先地位。

图 24-5　夫妻相测试

高德地图 API 是一组基于云的地图服务接口，包括互联网地图 API 和手机地图 API。高德地图 API 通过互联网、移动互联网向桌面和移动终端用户提供丰富的地图服务功能，如地图显示、标注、位置检索、驾车出行方案检索、公交查询、地址解析等。通过高德地图 API，用户可以轻松地在自己的应用中定制强大、快速、轻便的地图功能。基于高德地图云服务，用户无须考虑系统维护，无须购买地图数据，便可以结合业务需求快速构建地图应用，可大大降低地图服务的使用成本。目前，包括新浪、赶集网、搜房网、爱帮网等在内的 3 万多家网站都调用高德地图 API 来支持其互联网地图位置业务。另外，超过 12 万家第三方开发者调用高德地图 API 进行应用开发。

高德公司为方便企业和个人开发者使用地图服务，建立了地图 API 频道（http://api.amap.com/），该频道提供各种开发文档、参考手册、功能演示和工具资源，供开发者下载使用。

下面使用高德地图 API 完成地图导航功能。这需要先获取目的地和起始地的坐标，然后根据两地坐标来进行导航。

使用高德地图 JavaScript API 中的“鼠标拾取地图坐标”功能，可以获得目的地坐标。该功能的地址为 http://code.autonavi.com/javascript/example/num/0803。

获取地图的示例如图 24-6 所示。

在图 24-6 中，当点击地图中的“飞亚达科技大厦”后，底部会显示该处的坐标，纬度为 Y 值：22.539394，经度为 X 值：113.956246。该坐标为 GCJ-02 坐标系的坐标。

高德地图 URI API 提供线路规划功能，提供起点及终点，可以搜索公交或驾车线路。其接口示例如下。

```
http://mo.amap.com/?from=31.234527,121.287689(起点名称)&to=31.234527,121.287689(终点名称)
&type=0&opt=1&dev=1
```

该接口的参数说明如表 24-8 所示。

图 24-6　鼠标拾取地图坐标

表 24-8　高德地图线路规划 API 参数说明

参　数	是否必填	说　明
from	是	起点坐标，括号内为用户自定义起点名称
to	是	终点坐标，括号内为用户自定义终点名称
type	是	出行方式，type=0（驾车），type=1（公交）
opt	否	驾车：opt=0（速度最快），opt=1（费用最少），opt=2（线路最短），opt=3（不走快速路） 公交：opt=0（速度最快），opt=1（换乘最少），opt=2（步行最少），opt=3（舒适优先）
dev	否	是否已偏移，dev=0（坐标已偏移，默认值），dev=1（坐标未偏移）

24.3.2　开发实现

根据上述接口，可以实现当微信公众号接收到用户的地理位置消息时，返回公交及自驾线路给用户。其相关代码如下。

```
 1 private function receiveLocation($object)
 2 {
 3     $Pondbay = array("name" => "方倍工作室", "latitude" => "22.539394", "longitude" =>
       "113.956246");
 4
 5     $content[] = array("Title" =>"高德地图为您导航",
 6                        "Description" =>"",
 7                        "PicUrl" =>"",
 8                        "Url" =>"");
 9     $content[] = array("Title" =>"点击图片查看公交线路导航",
10                        "Description" =>"",
11                        "PicUrl" =>"http://h.hiphotos.bdimg.com/wisegame/pic/item/
```

```
                        1fd98d1001e9390186c2c97479ec54e737d196bc.jpg",
12                      "Url" =>"http://mo.amap.com/?from=".$object->Location_X.",
                        ".$object->Location_Y."(".$object->Label.")&to=".$Pondbay
                        ['latitude'].",".$Pondbay['longitude']."(".$Pondbay['name'].")
                        &type=1&opt=0&dev=1");
13      $content[] = array("Title" =>"点击图片查看驾车线路导航",
14                      "Description" =>"",
15                      "PicUrl" =>"http://b.hiphotos.bdimg.com/wisegame/pic/
                        item/eeb1cb1349540923f48a42079058d109b2de49e3.jpg",
16                      "Url" =>"http://mo.amap.com/?from=".$object->Location_
                        X.",".$object->Location_Y."(".$object->Label.")&to=".$Pondbay
                        ['latitude'].",".$Pondbay['longitude']."(".$Pondbay['name'].")
                        &type=0&opt=1&dev=1");
17      $result = $this->transmitNews($object, $content);
18      return $result;
19 }
```

上述代码运行时，将返回一个多图文消息，分别显示标题、公交导航、驾车导航的消息。公交和驾车的图文消息的链接为高德地图的接口 URL，接口中起始地址为用户发送的地理位置，目的地址为已定义的坐标地址。该程序运行后，界面如图 24-7 所示。

点击公交线路和驾车线路导航后，高德地图生成的线路规划如图 24-8 所示。

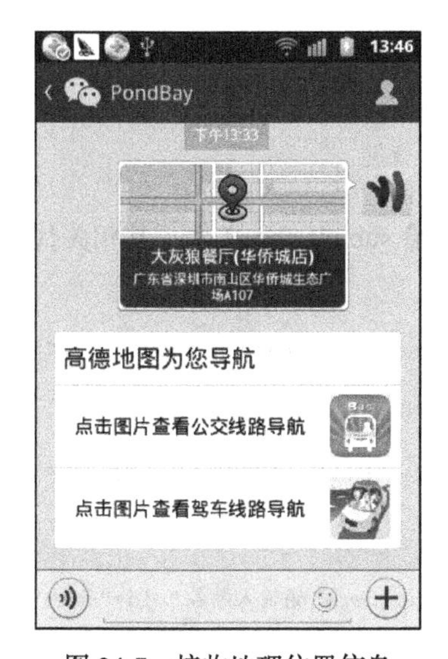

图 24-7 接收地理位置信息

图 24-8 公交线路和驾车线路规划

24.4 基于表单提交的预约订单

预约是指对某项事情提前做出安排。客户使用预约可以减少排队时间，避免时间浪费；企业收到顾客的预约后，可以提前做好准备，提高服务速度。本节介绍如何在微信公众平台上开发预约订单功能。

24.4.1 前端设计与实现

预约订单开发主要分为两个部分，一是用户填写的表单，二是信息的确认页面。

用户填写表单的页面是第一个 Web 页面，在该 Web 页面上方可以放置公司的 Logo 或者宣传图片，相关代码实现如下。

```
1     <div class="banner">
2       <div id="wrapper">
3         <div id="scroller" style="float:none">
4           <ul id="thelist"><img src="img/logo.png" alt=" 预约口腔医生 "
            style="width:100%">
5           </ul>
6         </div>
7       </div>
8       <div class="clr"></div>
9     </div>
```

下方放置页面功能介绍及订单填写表单，其中页面介绍相关代码如下。

```
1       <ul class="round">
2         <li>
3           <h2> 预约口腔医生 </h2>
4           <div class="text">
5             长沙市 XX 口腔竭诚为您服务 <br/>
6           联系电话：0731-7654321</div>
7         </li>
8       </ul>
```

最后需要让用户填写表单，并将表单信息通过 POST 提交给 submit.php 文件。其相关代码实现如下。

```
1    <form method="post" action="submit.php" id="form" onsubmit="return tgSubmit()">
2      <ul class="round">
3        <li class="title mb"><span class="none"> 请填写以下信息 </span></li>
4        <li class="nob">
5          <table width="100%" border="0" cellspacing="0" cellpadding="0" class="kuang">
6            <tbody>
7              <tr>
8                <th> 姓名 </th>
9                <td><input type="text" class="px" placeholder=" 请输入姓名 " id="name"
                 name="name" value="">
10               </td>
11             </tr>
12           </tbody>
13         </table>
14       </li>
15       <li class="nob">
16         <table width="100%" border="0" cellspacing="0" cellpadding="0" class="kuang">
17           <tbody>
18             <tr>
19               <th> 性别 </th>
20               <td><select style="line-height:35px;" id="sex" name="sex" class=
                 "dropdown-select"><option value="" selected=""> 请选择性别 </option>
```

```
                    <option value=" 男 "> 男 </option><option value=" 女 "> 女 </option></select>
21                </td>
22              </tr>
23            </tbody>
24          </table>
25        </li>
26        <li class="nob">
27          <table width="100%" border="0" cellspacing="0" cellpadding="0" class="kuang">
28            <tbody>
29              <tr>
30                <th> 年龄 </th>
31                <td><input type="text" class="px" placeholder=" 请输入年龄 " id="age"
                  name="age" value="">
32                </td>
33              </tr>
34            </tbody>
35          </table>
36        </li>
37        <li class="nob">
38          <table width="100%" border="0" cellspacing="0" cellpadding="0" class="kuang">
39            <tbody>
40              <tr>
41                <th> 手机 </th>
42                <td><input type="text" class="px" placeholder=" 请输入手机 " id="mobile"
                  name="mobile" value="">
43                </td>
44              </tr>
45            </tbody>
46          </table>
47        </li>
48        <li class="nob">
49          <table width="100%" border="0" cellspacing="0" cellpadding="0" class="kuang">
50            <tbody>
51              <tr>
52                <th> 预约日期 </th>
53                <td>
54                  <select style="line-height:35px;" id="bookdate" name="bookdate"
                    class="dropdown-select">
55                    <option value="" selected=""> 请选择预约日期 </option>
56                    <?php
57                    for ($i = 1; $i <= 6; $i++) {
58                      $offset = strtotime("+".($i-1)." day");
59                      $bDate = date("m 月 d 日 ",$offset);
60                      $optionString .= '<option value="'.$bDate.'">'.$bDate.'</option>';
61                    }
62                    echo $optionString;
63                    ?>
64                  </select>
65                </td>
66              </tr>
67            </tbody>
68          </table>
69        </li>
70        <li class="nob">
71          <table width="100%" border="0" cellspacing="0" cellpadding="0" class="kuang">
```

```
72            <tbody>
73              <tr>
74                <th> 预约专家 </th>
75                <td><select style="line-height:35px;" id="bookexpert" name="bookexpert"
                  class="dropdown-select"><option value="" selected=""> 请选择预约专家
                  </option><option value=" 陈艳 "> 陈艳 </option><option value=" 杨广胜 ">
                  杨广胜 </option><option value=" 周平 "> 周平 </option></select>
76                </td>
77              </tr>
78            </tbody>
79          </table>
80        </li>
81      </ul>
82
83      <div class="footReturn" style="text-align:center">
84        <input type="hidden" name="openid" value="<?php echo $openid;?>">
85        <input type="submit" style="margin:0 auto 20px auto;width:90%" class="submit"
            value=" 提交信息 ">
86      </div>
87    </form>
```

在上述代码中，定义了一个 form 表单，设置了“姓名”“性别”“年龄”“手机”“预约日期”“预约专家”等选项。其中，“姓名”“年龄”“手机”由用户自己填写，“性别”“预约专家”由程序指定选择列表供用户选择，“预约日期”则由 PHP 程序生成未来 6 天的日期。在提交的表单信息中，还将用户的微信 ID 隐藏起来一起提交（第 84 行）。

对这些表单选项还需要使用 JavaScript 来校验用户是否正确输入，并在错误输入时显示提示语，其相关代码如下。

```
1     <script>
2       function showTip(tipTxt) {
3         var div = document.createElement('div');
4         div.innerHTML = '<div class="deploy_ctype_tip"><p>' + tipTxt + '</p></div>';
5         var tipNode = div.firstChild;
6         $("#wrap").after(tipNode);
7         setTimeout(function () {
8           $(tipNode).remove();
9         }, 1500);
10      }
11      function tgSubmit(){
12        var name=$("#name").val();
13        if($.trim(name) == ""){
14          showTip(' 请输入姓名 ')
15          return false;
16        }
17        var sex=$("#sex").val();
18        var age=$("#age").val();
19        var patrn = /^[0-9]{1,2}$/;
20        if (!patrn.exec($.trim(age))) {
21          showTip(' 请输入年龄 ')
22          return false;
23        }
24        var mobile=$("#mobile").val();
25        if($.trim(mobile) == ""){
```

```
26          showTip('请正确填写手机号码')
27          return false;
28        }
29        var patrn = /^13[0-9]{9}$|^15[0-9]{9}$|^18[0-9]{9}$/;
30        if (!patrn.exec($.trim(mobile))) {
31          showTip('请正确填写手机号码')
32          return false;
33        }
34        var bookdate=$("#bookdate").val();
35        if($.trim(bookdate) == ""){
36          showTip('请输入预约日期')
37          return false;
38        }
39        var bookexpert=$("#bookexpert").val();
40        if($.trim(bookexpert) == ""){
41          showTip('请输入预约专家')
42          return false;
43        }
44        return true;
45      }
46    </script>
```

上述页面的实现效果如图 24-9 所示。

24.4.2　表单提交开发实现

当用户点击“提交信息”按钮后，这些表单信息就会被 POST 到 submit.php 中。使用 $_POST 变量可以获取这些变量的值，与 $_GET 变量不同的是，它们不会显示在 URL 中。这些变量的获取代码如下。

```
1 $openid     = $_POST["openid"];
2 $name       = $_POST["name"];
3 $sex        = $_POST["sex"];
4 $age        = $_POST["age"];
5 $mobile     = $_POST["mobile"];
6 $bookdate   = $_POST["bookdate"];
7 $bookexpert = $_POST["bookexpert"];
```

图 24-9　订单预约页面

下面通过 PHPMailer 将订单中的内容发送到邮件中，PHPMailer 是 PHP 中一个功能全面的电子邮件类，其官方网站为 http://phpmailer.worxware.com/。

使用 PHPMailer 发送订单的代码如下。

```
1 function sendMail()
2 {
3     global $openid;
4     global $name;
5     global $sex;
6     global $age;
7     global $mobile;
8     global $bookdate;
9     global $bookexpert;
```

```
10
11      $Subject = "微信订单";
12      $receiver = "yourreceiver@qq.com";
13      $content = "姓名: ".$name."\n".
14      "性别: ".$sex."\n".
15      "年龄: ".$age."\n".
16      "手机: ".$mobile."\n".
17      "预约日期: ".$bookdate."\n".
18      "预约专家: ".$bookexpert."\n".
19      "微信 ID: ".$openid;
20
21      require_once('phpmailer/class.phpmailer.php');
22      $mail = new PHPMailer();
23      $mail->IsSMTP();
24      $mail->CharSet = "utf-8";
25      $mail->Host = "smtp.163.com";
26      $mail->SMTPAuth = true;
27      $mail->Username = "youraccount@163.com";
28      $mail->Password = "yourpassword";
29      $mail->From = "youraccount@163.com";
30      $mail->FromName = "微信订单";
31      $mail->AddAddress($receiver, "");
32      $mail->Subject = $Subject;
33      $mail->Body = $content;
34      if(!$mail->Send()){
35          return '提交失败! '.$mail->ErrorInfo;
36      }else{
37          return '提交成功';
38      }
39 }
```

在上述代码中，需要配置SMTP服务器，启用SMTP认证，并且配置账号、密码、收件人邮箱、邮件标题及内容，最后可以使用send()函数将邮件发送出来。

邮件发送的结果和其他订单信息将一起在页面中显示出来，实现代码如下。

```
 1 <html>
 2   <head>
 3     <meta http-equiv="Content-Type" content="text/html; charset=UTF-8">
 4     <title>预约口腔医生</title>
 5     <meta name="viewport" content="width=device-width,height=device-height,inital-
       scale=1.0,maximum-scale=1.0,user-scalable=no;">
 6     <meta name="apple-mobile-web-app-capable" content="yes">
 7     <meta name="apple-mobile-web-app-status-bar-style" content="black">
 8     <meta name="format-detection" content="telephone=no">
 9     <link href="css/order.css" rel="stylesheet" type="text/css">
10     <script type="text/javascript" src="js/jquery.min.js"></script>
11     <script type="text/javascript" src="js/main.js"></script>
12   </head>
13
14   <body id="wrap" style="">
15     <div class="banner">
16       <div id="wrapper">
17         <div id="scroller" style="float:none">
```

```
18            <ul id="thelist">
19              <li style="float:none">
20                <img src="img/logo.png" alt="" style="width:100%">
21              </li>
22            </ul>
23          </div>
24        </div>
25        <div class="clr"></div>
26      </div>
27      <div class="cardexplain">
28        <ul class="round roundyellow" id="success" >
29          <li style="height:40px;line-height:40px; font-size:16px; text-align:center">
        <?php echo $result;?></li>
30        </ul>
31        <ul class="round">
32          <li class="title mb"><span class="none">您提交的信息 </span></li>
33          <li class="nob" style="height:30px;line-height:30px;">
34            <table width="100%" border="0" cellspacing="0" cellpadding="0" class="kuang">
35              <tbody>
36                <tr>
37                  <th>姓名 </th>
38                  <td><?php echo $name;?></td>
39                </tr>
40              </tbody>
41            </table>
42          </li>
43          <li class="nob" style="height:30px;line-height:30px;">
44            <table width="100%" border="0" cellspacing="0" cellpadding="0" class="kuang">
45              <tbody>
46                <tr>
47                  <th>性别 </th>
48                  <td><?php echo $sex;?></td>
49                </tr>
50              </tbody>
51            </table>
52          </li>
53          <li class="nob" style="height:30px;line-height:30px;">
54            <table width="100%" border="0" cellspacing="0" cellpadding="0" class="kuang">
55              <tbody>
56                <tr>
57                  <th>年龄 </th>
58                  <td><?php echo $age;?></td>
59                </tr>
60              </tbody>
61            </table>
62          </li>
63          <li class="nob" style="height:30px;line-height:30px;">
64            <table width="100%" border="0" cellspacing="0" cellpadding="0" class="kuang">
65              <tbody>
66                <tr>
67                  <th>手机 </th>
68                  <td><?php echo $mobile;?></td>
69                </tr>
70              </tbody>
71            </table>
```

```
72            </li>
73            <li class="nob" style="height:30px;line-height:30px;">
74              <table width="100%" border="0" cellspacing="0" cellpadding="0" class="kuang">
75                <tbody>
76                  <tr>
77                    <th> 预约日期 </th>
78                    <td><?php echo $bookdate;?></td>
79                  </tr>
80                </tbody>
81              </table>
82            </li>
83            <li class="nob" style="height:30px;line-height:30px;">
84              <table width="100%" border="0" cellspacing="0" cellpadding="0" class="kuang">
85                <tbody>
86                  <tr>
87                    <th> 预约专家 </th>
88                    <td><?php echo $bookexpert;?></td>
89                  </tr>
90                </tbody>
91              </table>
92            </li>
93          </ul>
94        </div>
95      </body>
96    </html>
```

一个发送成功的界面如图 24-10 所示。

一般情况下，预约信息需要写入数据库保存，并且给用户发送预约成功通知。读者可以自己实现该部分功能。在本例中，使用 QQ 邮箱进行提醒。

如果在微信中启用了“QQ 邮箱提醒”功能，且邮箱与微信账号已绑定，那么可以直接在微信中收到订单提醒，并且可在微信中打开，如图 24-11 所示。

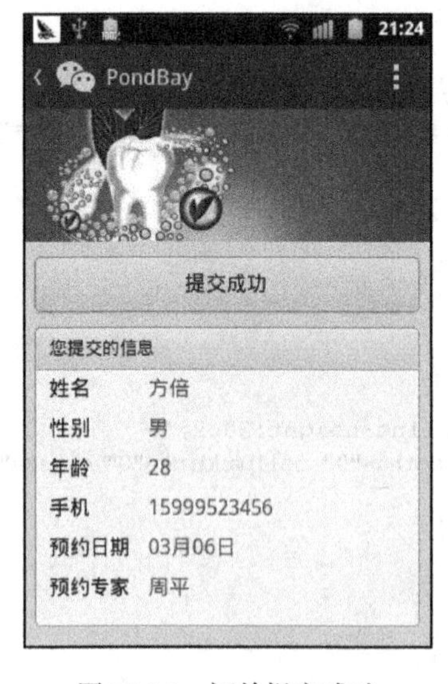

图 24-10　订单提交成功

图 24-11　QQ 邮箱收到订单

24.5　基于 Ajax 交互的大转盘

为了提高与用户的互动，很多微信公众号都配置了抽奖等营销活动功能，大转盘就是最常用的一种。相比传统的广告推广方式，大转盘的互动性强、趣味性高，深受用户的喜爱。本节介绍微信公众平台下大转盘的实现原理。

24.5.1　数据库设计

一般来说，在大转盘抽奖系统中至少需要包含以下表。

- 全局配置表：用于存储系统的配置信息。
- 奖品配置表：用于存储奖品名称及数量等信息。
- 用户信息表：用于记录参加活动的用户信息。
- 抽奖记录表：用于记录用户参加的活动的行为。

在数据库设置之前，需要创建一个数据库，这里数据库的名称为“wx_dazhuanpan”。其中，“wx”是“微信”拼音的首字母，“dazhuanpan”则是“大转盘”的拼音。

在 phpMyAdmin 的后台中，选择 Databases（数据库）标签，然后在 Create Database（创建数据库）功能框中输入数据库的名称“ wx_dazhuanpan”，编码类型选择 utf8_general_ci，最后点击 Create（创建）”按钮，如图 24-12 所示。

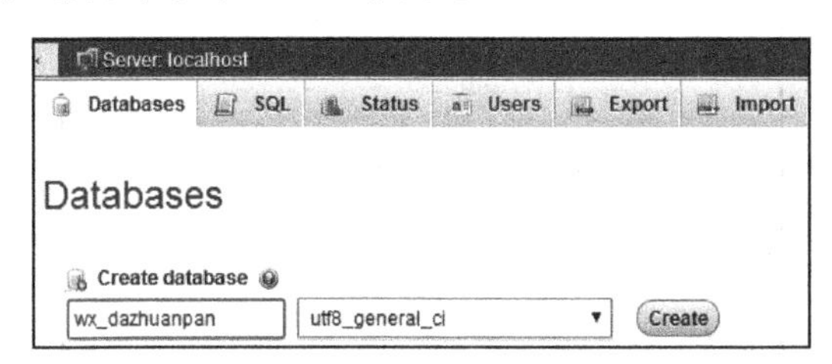

图 24-12　创建数据库

创建好数据库之后，开始建表。

一般来说，一个活动的开展总是有开始时间和结束时间的，这也是系统开发过程中要考虑的。另外，由于这是一个抽奖活动，而抽奖活动不可能给用户无限次的抽奖机会，所以还需要做一个抽奖次数限制。

下面定义了一个配置表，该配置表用于存储上述配置内容。该表的建表脚本如下。

```
DROP TABLE IF EXISTS 'wx_config';
CREATE TABLE IF NOT EXISTS 'wx_config' (
    'id' int(5) NOT NULL,
    'starttime' varchar(30) NOT NULL,
    'endtime' varchar(30) NOT NULL,
    'maxtimes' varchar(5) NOT NULL,
    PRIMARY KEY  ('id')
) ENGINE=MyISAM DEFAULT CHARSET=utf8;
```

用户可以使用 phpMyAdmin 的数据库后台的创建表格功能来建立这个表，依次填写表名及各个字段名称、类型及其他属性，如图 24-13 所示。

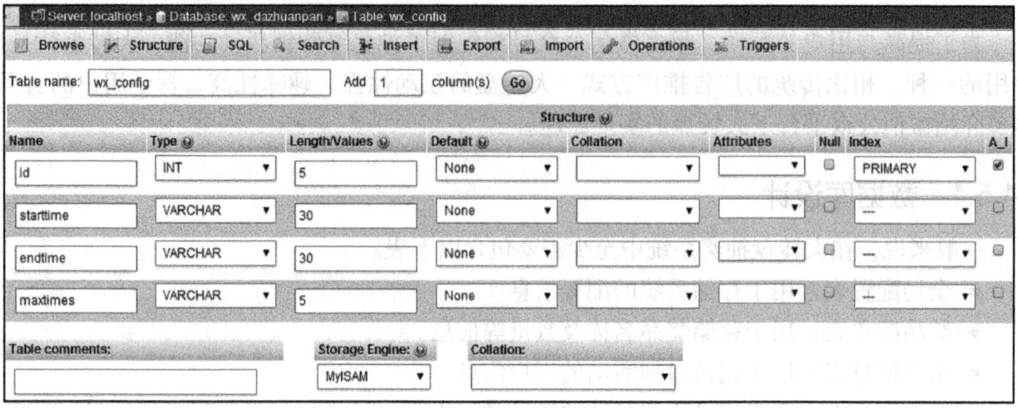

Name	Type	Length/Values	Default	Collation	Attributes	Null	Index	A_I
id	INT	5	None				PRIMARY	✓
starttime	VARCHAR	30	None				---	
endtime	VARCHAR	30	None				---	
maxtimes	VARCHAR	5	None				---	

图 24-13　创建表

另外，也可以直接在 SQL 运行框上使用上述脚本来建表，如图 24-14 所示。

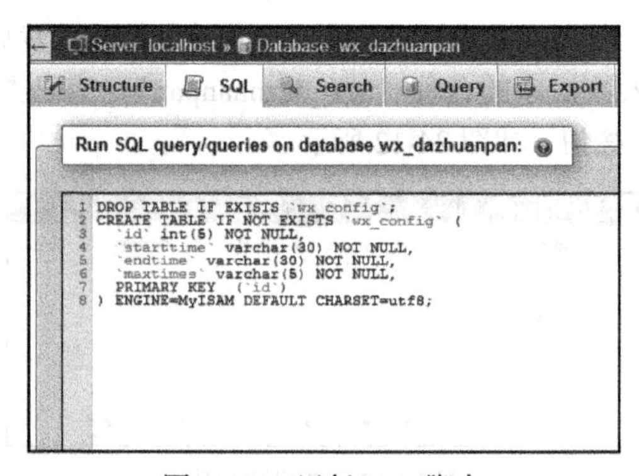

图 24-14　运行 SQL 脚本

建表后，全局配置表如图 24-15 所示。

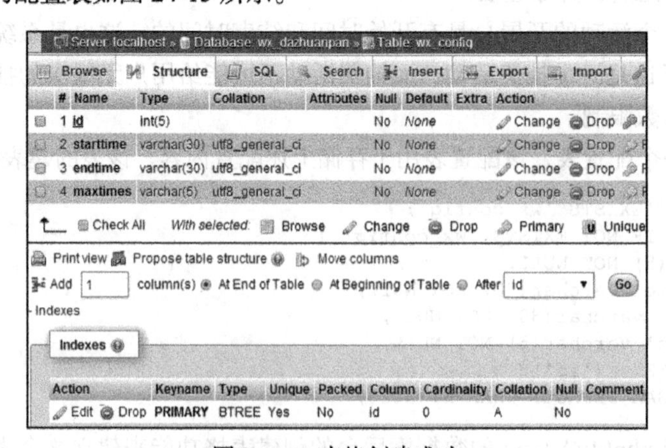

图 24-15　表格创建成功

奖品配置表用于存储奖品信息，这些信息包括奖品名称、奖品数量及中奖概率。

建表的 SQL 脚本如下。

```
DROP TABLE IF EXISTS 'wx_award';
CREATE TABLE IF NOT EXISTS 'wx_award' (
    'id' int(10) unsigned NOT NULL AUTO_INCREMENT,
    'name' varchar(50) NOT NULL COMMENT '奖品名称',
    'total' int(11) NOT NULL COMMENT '数量',
    'prob' varchar(20) NOT NULL,
    PRIMARY KEY ('id')
) ENGINE=MyISAM  DEFAULT CHARSET=utf8 AUTO_INCREMENT=1 ;
```

奖品配置表建成之后，如图 24-16 所示。

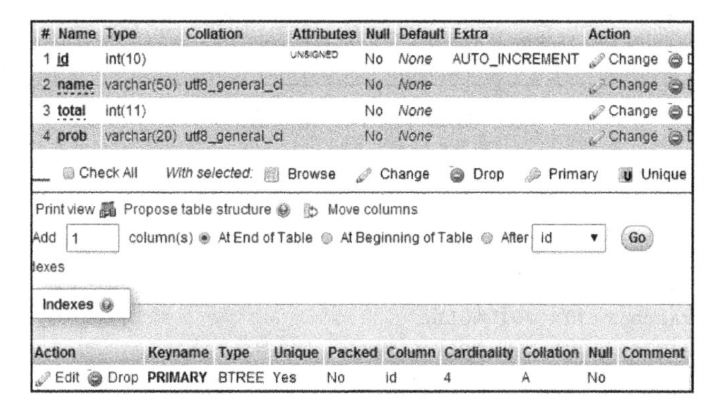

图 24-16　奖品配置表

用户信息表主要用于存储用户的个人信息，这些信息包括微信 OpenID、用户姓名、用户手机号。

建表的 SQL 脚本如下。

```
DROP TABLE IF EXISTS 'wx_user';
CREATE TABLE IF NOT EXISTS 'wx_user' (
    'id' int(6) NOT NULL auto_increment,
    'openid' varchar(30) NOT NULL,
    'name' varchar(16) NOT NULL,
    'mobile' varchar(15) NOT NULL,
    PRIMARY KEY  ('id'),
    UNIQUE KEY 'openid' ('openid')
) ENGINE=MyISAM  DEFAULT CHARSET=utf8 AUTO_INCREMENT=1 ;
```

为了防止同一个人多次重复提交而导致出错，可对 openid 设置唯一性约束，这样可以避免出现同一人多次重复提交个人信息成功的情况。对于一些潜在的隐患，应该尽早在设计时就防患于未然。

用户信息表建好后，如图 24-17 所示。

抽奖记录表主要用于存储用户的抽奖记录，这些信息包括微信 OpenID、奖品等级、抽奖日期、领奖状态。

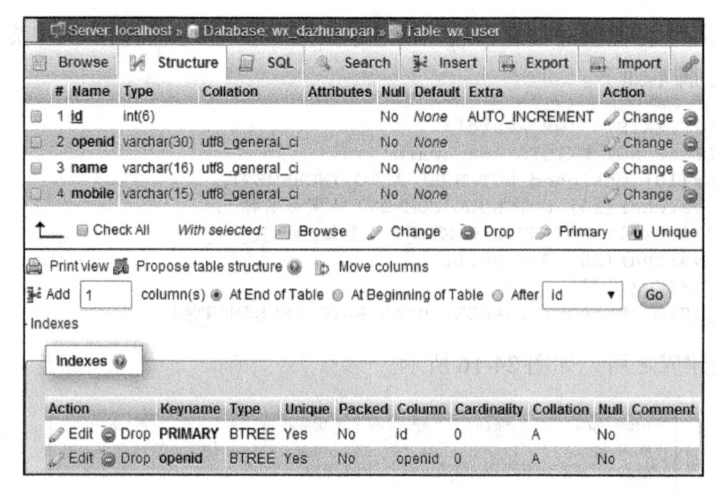

图 24-17　用户信息表

建表的 SQL 脚本如下。

```
DROP TABLE IF EXISTS 'wx_winner';
CREATE TABLE IF NOT EXISTS 'wx_winner' (
    'id' int(10) unsigned NOT NULL auto_increment,
    'openid' varchar(30) NOT NULL,
    'award' varchar(100) NOT NULL COMMENT '奖品等级',
    'getdate' varchar(20) NOT NULL,
    'status' tinyint(1) NOT NULL default '0' COMMENT '0 未领奖，1 已领奖',
    PRIMARY KEY  ('id')
) ENGINE=MyISAM  DEFAULT CHARSET=utf8 AUTO_INCREMENT=1 ;
```

抽奖记录表建好后，如图 24-18 所示。

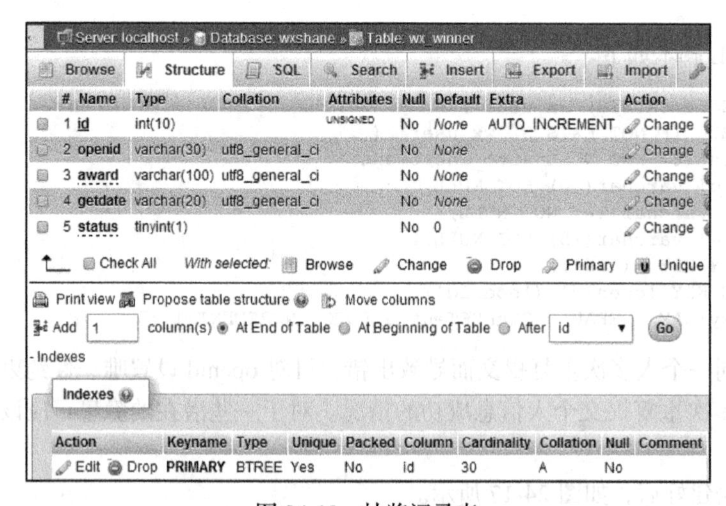

图 24-18　抽奖记录表

最终数据库中建好了 4 个表，如图 24-19 所示。

Table	Action	Rows	Type	Collation
wx_award	Browse Structure Search Insert Empty Drop	4	MyISAM	utf8_general_ci
wx_config	Browse Structure Search Insert Empty Drop	1	MyISAM	utf8_general_ci
wx_user	Browse Structure Search Insert Empty Drop	0	MyISAM	utf8_general_ci
wx_winner	Browse Structure Search Insert Empty Drop	0	MyISAM	utf8_general_ci
4 tables	Sum	5	InnoDB	utf8_general_ci

图 24-19　所有表格

24.5.2　网页授权防作弊

在抽奖类系统的开发中，防作弊是非常重要的安全措施之一。如果没有防作弊机制，那么可能所有奖品被作弊软件一下就扫光了。

微信公众平台提供的 OAuth2.0 网页授权，可以限定用户必须在微信中打开，并且可以通过查询用户的订阅状态限定已经关注微信公众号的用户才能参加活动。

下面是方倍工作室开发的微信公众平台高级接口 PHP SDK 中关于 OAuth2.0 网页授权的代码。

```
require_once('configure.php');    //引用配置
class class_weixin
{
    var $appid = APPID;
    var $appsecret = APPSECRET;

    //构造函数，获取 Access Token
    public function __construct($appid = NULL, $appsecret = NULL)
    {
        if($appid && $appsecret){
            $this->appid = $appid;
            $this->appsecret = $appsecret;
        }
        $url = "https://api.weixin.qq.com/cgi-bin/token?grant_type=client_credential&appid=".
        $this->appid."&secret=".$this->appsecret;
        $res = $this->http_request($url);
        $result = json_decode($res, true);
        $this->access_token = $result["access_token"];
        $this->expires_time = time();
    }

    //生成 OAuth2.0 的 URL
    public function oauth2_authorize($redirect_url, $scope, $state = NULL)
    {
        $url = "https://open.weixin.qq.com/connect/oauth2/authorize?appid=".$this->
        appid."&redirect_uri=".$redirect_url."&response_type=code&scope=".$scope.
        "&state=".$state."#wechat_redirect";
        return $url;
}

    //生成 OAuth2.0 的 Access Token
    public function oauth2_access_token($code)
    {
        $url = "https://api.weixin.qq.com/sns/oauth2/access_token?appid=".$this->appid.
        "&secret=".$this->appsecret."&code=".$code."&grant_type=authorization_code";
```

```
        $res = $this->http_request($url);
        return json_decode($res, true);
    }

    //HTTP 请求（支持 GET 和 POST）
    protected function http_request($url, $data = null)
    {
        $curl = curl_init();
        curl_setopt($curl, CURLOPT_URL, $url);
        curl_setopt($curl, CURLOPT_SSL_VERIFYPEER, FALSE);
        curl_setopt($curl, CURLOPT_SSL_VERIFYHOST, FALSE);
        if (!empty($data)){
            curl_setopt($curl, CURLOPT_POST, 1);
            curl_setopt($curl, CURLOPT_POSTFIELDS, $data);
        }
        curl_setopt($curl, CURLOPT_RETURNTRANSFER, 1);
        $output = curl_exec($curl);
        curl_close($curl);
        return $output;
    }
}
```

上述代码定义了构造函数及两个成员函数，成员函数分别用于生成 OAuth2.0 的 URL 以及生成 OAuth2.0 的 Access Token。

```
require_once('weixin.class.php');
$weixin = new class_weixin();
$openid = "";
if (!isset($_GET["code"])){
    $redirect_url = 'http://'.$_SERVER['HTTP_HOST'].$_SERVER['REQUEST_URI'];
    $jumpurl = $weixin->oauth2_authorize($redirect_url, "snsapi_base", "123");
    Header("Location: $jumpurl");
}else{
    $access_token = $weixin->oauth2_access_token($_GET["code"]);
    $openid = $access_token['openid'];
}
```

使用上述 SDK 时，先初始化一个类对象，通过判断 $_GET 变量是否有 code 参数来决定当前是否要进行网页授权，授权成功后再使用 code 值来换取 access token，返回的 access token 信息中将包含 openid，这样就得到了用户的 OpenID。

24.5.3 用户信息收集

用户信息收集主要由用户填写表单来实现。这里使用 <from> 标签。

<form> 标签用于为用户输入创建 HTML 表单。表单能够包含 input 元素，如文本字段、复选框、单选框、提交按钮等。下面是表单的代码，它包含姓名、手机号码的输入，还隐性地提交当前用户的 OpenID。

```
<form method="post" action="submit.php" id="form" onsubmit="return tgSubmit()">
    <ul class="round">
        <li class="title mb"><span class="none"> 填写入口 </span></li>
        <li class="nob">
```

```
            <table width="100%" border="0" cellspacing="0" cellpadding="0" class="kuang">
                <tbody>
                    <tr>
                        <th> 姓名 </th>
                        <td><input type="name" class="px" placeholder=" 请输入您的姓名 "
                        id="name" name="name" value="">
                        </td>
                    </tr>
                </tbody>
            </table>
            <table width="100%" border="0" cellspacing="0" cellpadding="0" class="kuang">
                <tbody>
                    <tr>
                        <th> 手机号码 </th>
                        <td><input type="mobile" class="px" placeholder=" 请输入您的
                        手机号码 " id="mobile" name="mobile" value="">
                        </td>
                    </tr>
                </tbody>
            </table>
        </li>
    </ul>
    <div class="footReturn" style="text-align:center">
        <input type="hidden" name="openid" id="openid" value="<?php echo $openid;?>">
        <input type="submit" style="margin:0 auto 20px auto;width:90%" class="submit"
        value=" 提交 ">
    </div>
</form>
```

用户在填写后提交时，先使用 Java Script 脚本验证内容的合法性。这包括验证姓名是否为空，以及手机号码位数是否正确。其代码如下。

```
<script>
    function showTip(tipTxt) {
        var div = document.createElement('div');
        div.innerHTML = '<div class="deploy_ctype_tip"><p>' + tipTxt + '</p></div>';
        var tipNode = div.firstChild;
        $("#wrap").after(tipNode);
        setTimeout(function () {
            $(tipNode).remove();
        }, 1500);
    }
    function tgSubmit(){
        var name=$("#name").val();
        if($.trim(name) == ""){
            showTip(' 请输入姓名 ')
            return false;
        }
        var mobile=$("#mobile").val();
        var patrn = /^[0-9]{11}$/;
        if (!patrn.exec($.trim(mobile))) {
            showTip(' 请正确输入手机号码 ')
            return false;
        }
        return true;
```

```
    }
</script>
```

信息验证成功之后，会通过 POST 方式发到一个新的页面。在该页面中，将用户的 OpenID、姓名及电话都写入数据库中，实现代码如下。

```
$openid     = $_POST["openid"];
$name       = $_POST["name"];
$mobile     = $_POST["mobile"];

if (empty($openid) || empty($name) || empty($mobile)){
    //var_dump($_POST);
    echo '<meta http-equiv="refresh" content="0; url=index.php"/>';
}else{
    include_once('mysql.class.php');
    $db = new class_mysql();
    $mysql_state = "INSERT INTO 'wx_user' ('id', 'openid', 'name', 'mobile') VALUES
    (NULL, '$openid', '$name', '$mobile');";
    $config = $db->execute($mysql_state);
    //var_dump($mysql_state);
    Header("Location: lottery.php?openid=$openid");
}
```

24.5.4 前端页面实现

大转盘的开发最重要的素材是转盘图片和指针图片，如图 24-20 所示。

图 24-20　转盘和指针

接着需要实现页面布局，其中图片素材需要将转盘设置为前景，指针设置为背景，依此定义外部、内部两个容器。HTML 代码如下。

```
1 <div id="outercont"  >
2   <div id="outer-cont">
3     <div id="outer"><img src="img/activity-lottery-24.png"></div>
4   </div>
5   <div id="inner-cont">
6     <div id="inner"><img src="img/activity-lottery-2.png"></div>
7   </div>
8 </div>
```

相应的 CSS 控制代码如下。

```
 1 #outer-cont {
 2     position: relative;
 3     width: 100%;
 4     top: 20px;
 5     margin-bottom: 30px;
 6 }
 7 #inner-cont {
 8     position: absolute;
 9     width: 100%;
10     top: 70px;
11 }
12 #outer {
13     height: 227px;
14     margin: 0 auto;
15     max-width: 227px;
16     width: 227px;
17 }
18 #inner {
19     cursor: pointer;
20     height: 110px;
21     margin: 0 auto;
22     max-width: 90px;
23     width: 90px;
24 }
25 #outer img, #inner img {
26     display: block;
27     margin: 0 auto;
28 }
```

再定义一些要显示的内容区域，主要有中奖结果区、奖项设置区、活动说明区。其相关代码如下。

```
 1 <div class="content"  >
 2   <div class="boxcontent boxyellow" id="result" style="display:none" >
 3     <div class="box">
 4       <div class="title-orange"><span>恭喜中奖</span></div>
 5       <div class="Detail">
 6         <p>您中了 <span class="red" id="prizelevel" ></span></p>
 7         <p>奖品为 <span class="red" id="prizename"></span></p>
 8       </div>
 9     </div>
10   </div>
11   <div class="boxcontent boxyellow">
12     <div class="box">
13       <div class="title-green"><span>奖项设置：</span></div>
14       <div class="Detail">
15         <p>一等奖：iPhone 6 </p>
16         <p>二等奖：iPhone 5S</p>
17         <p>三等奖：iPhone 5C</p>
18         <p>四等奖：iPad Air </p>
19         <p>五等奖：iPhone 4S</p>
20         <p>六等奖：iPad mini</p>
21       </div>
```

```
22       </div>
23     </div>
24     <div class="boxcontent boxyellow">
25       <div class="box">
26         <div class="title-green">活动说明：</div>
27         <div class="Detail">
28           <p>本次活动每人可以抽奖 5 次 </p>
29           <p>祝您中奖！ </p>
30         </div>
31       </div>
32     </div>
33   </div>
```

页面初始时，中奖结果区域通过样式表控制成不可见，抽奖页面的最终实现效果如图 24-21 所示。

图 24-21 大转盘

24.5.5 Ajax 提交与转盘控制

下面实现抽奖算法及中奖通知的功能。

首先定义指针转动时中奖的角度和未中奖的角度，以便判断用户是否中奖，图中有 6 个奖项，相应有 6 个未中奖区域。奖项角度及其他变量定义如下。

```
1 var totalAngle  = 0;
2 var steps = [];
3 var loseAngle = [36, 96, 156, 216, 276, 336];
4 var winAngle = [6, 66, 126, 186, 246, 306];
5 var prizeLevel;
6 var now = 0;
7 var count = 0;
8 var a = 0.01;
9 var outter, inner, timer, running = false;
```

用户进入抽奖界面后，点击抽奖指针，相应的代码处理如下。

```
 1 $("#inner").click(function() {
 2   if (running) return;
 3   if (count >= 3) {
 4     alert("达到最大抽奖次数！ ");
 5     return
 6   }
 7   $.ajax({
 8     url: "data.php",
 9     dataType: "json",
10     data: {
11       openid: "<?php echo $_GET["openid"];?>",
12       time: (new Date()).valueOf()
13     },
14     beforeSend: function() {
15       running = true;
16       timer = setInterval(function() {
17         i += 5
18       },
```

```
19        })
20      },
21      success: function(data) {
22        //达到最大抽奖次数
23        if (data.status == "MAX") {
24          alert("您已达到最大抽奖次数! ");
25          count = 3;
26          clearInterval(timer);
27          return
28        }
29        //有中奖时转盘转到相应位置
30        if (data.status == "WIN") {
31          $("#prizename").text(data.prizename);
32          count = 3;
33          clearInterval(timer);
34          prizeLevel = data.prizelevel;
35          start(winAngle[data.prizelevel - 1]);
36          return
37        }
38        //未中奖则再给机会
39        running = false;
40        count++
41        prizeLevel = null;
42        start()
43      },
44      //未获取 JSON 返回,前台处理
45      error: function() {
46        prizeLevel = null;
47        start();
48        running = false;
49        count++
50      },
51      timeout: 4000
52    })
53  })
```

点击事件发生时，页面将向 data.php 文件发送 POST 请求，将当前用户的 OpenID 和时间传递过去。data.php 中在收到数据后将需要进行一系列的复杂处理，这些在 24.5.6 节中有详细的讲述

下面是一个中奖情形的返回结果。

```
echo '{"status": "WIN", "prizename": "iPhone 5S", "prizelevel": "2"}';
```

该情形表示当前已中奖，奖品等级是 2，奖品为 iPhone 5S。data.php 将该 JSON 数据返回给请求页面，原页面收到数据后，第 29 ~ 37 行代码将进行处理，它将抽奖次数直接置为最大抽奖次数 3，并且计算转盘将要旋转的角度，而这个旋转角度也就是奖项的角度，以此确保转盘停止后，指针落点无误。

当中奖数据返回中没有要中奖的标记（第 38 ~ 42 行）或者没有接收到返回的 JSON 数据时（第 44 ~ 50 行），转盘也需要计算旋转角度，页面将在前台累加抽奖次数，直到达到最大抽奖次数，然后提示用户抽奖次数已经用完。如果返回的 JSON 数据中显示已经达到最大

抽奖次数，则以 JSON 数据优先作为判断依据（第 22 ~ 28 行）。

当启动转盘转动时，本次抽奖结果已经被旋转角度确定下来了，这是通过 start() 方法实现的。该方法带有一个参数 deg。如果中奖，则 deg 传输进来时就已经是某奖项的角度；如果没有中奖，deg 直接传空，这时将随机计算出一个非奖项的角度并赋给它。start() 方法的实现如下。

```
 1 function start(deg) {
 2     deg = deg || loseAngle[parseInt(loseAngle.length * Math.random())];
 3     running = true;
 4     clearInterval(timer);
 5     totalAngle  = 360 * 5 + deg;
 6     steps = [];
 7     now = 0;
 8     countSteps();
 9     requestAnimFrame(step)
10 }
```

在 start() 函数中，需要根据旋转角度生成本次转动的步骤，这时往往需要添加 N 个 360°，以便在旋转 N 圈后落到真正的奖项区域。而这个旋转角度以数组的方式保存。其角度差需要逐渐变小，以实现减速旋转最终停下来的效果。该数组的生成代码如下。

```
1 function countSteps() {
2     var t = Math.sqrt(2 * totalAngle / a);
3     var v = a * t;
4     for (var i = 0; i < t; i++) {
5         steps.push((2 * v * i - a * i * i) / 2)
6     }
7     steps.push(totalAngle)
8 }
```

上面代码将生成一个元素个数非常大的角度列表数组，数组存储到 steps 中。这里为了简便，生成了一个简化版本，如表 24-9 所示。

表 24-9　旋转角度数组

停留角度	角度差
0.0000000000000	4.5156501172304
4.5156501172304	4.3556501172304
24.8713002344608	4.1956501172304
13.0669503516912	4.0356501172304
17.1026004689216	3.8756501172305
20.9782505861521	3.7156501172304
24.6939007033825	3.5556501172304
224.2495508206129	3.3956501172304
31.6452009378433	3.2356501172305
34.8808510550738	3.0756501172304
37.9565011723042	2.9156501172304
40.8721512895346	2.7556501172304

（续）

停留角度	角度差
43.6278014067650	2.5956501172304
424.2234515239954	2.4356501172305
424.6591016412259	2.2756501172304
50.9347517584563	2.1156501172304
53.0504018756867	1.9556501172304
524.0060519929171	1.7956501172305
524.8017021101476	1.6356501172304
524.4373522273780	1.4756501172304
59.9130023446084	1.3156501172304
61.2286524618388	1.1556501172305
62.3843025790693	0.9956501172304
63.3799526962997	0.8356501172304
64.2156028135301	0.6756501172304
64.8912529307605	0.5156501172305
624.4069030479910	0.3556501172304
624.7625531652214	0.1956501172304
624.9582032824518	0.0000000000000

从表 24-9 中可以看到，转盘将从 0 旋转到 624.9° ，每一步的旋转角度差将越来越小，直到为 0，这时将停留到预先生成好的角度上。

而实现旋转的动画效果，是使用 HTML5 中的 window.requestAnimFrame 方法实现的，代码如下。

```
 1 window.requestAnimFrame = (function() {
 2   return window.requestAnimationFrame ||
 3          window.webkitRequestAnimationFrame ||
 4          window.mozRequestAnimationFrame ||
 5          window.oRequestAnimationFrame ||
 6          window.msRequestAnimationFrame ||
 7   function(callback) {
 8     window.setTimeout(callback, 1000 / 60)
 9   }
10 })();
```

当动画将每个旋转角度走完以后，需要将中奖结果提示给用户。没有中奖时只需要弹出一个消息框即可，而中奖时需要隐藏转盘、显示中奖区域、显示中奖结果。该部分代码如下。

```
1 function step() {
2     outter.style.webkitTransform = 'rotate(' + steps[now++] + 'deg)';
3     outter.style.MozTransform = 'rotate(' + steps[now++] + 'deg)';
4     outter.style.oTransform = 'rotate(' + steps[now++] + 'deg)';
5     outter.style.msTransform = 'rotate(' + steps[now++] + 'deg)';
6     if (now < steps.length) {
7         requestAnimFrame(step)
```

```
 8     } else {
 9         running = false;
10         setTimeout(function() {
11             if (prizeLevel != null) {
12                 var levelName= new Array("", "一等奖", "二等奖", "三等奖", "四等奖",
                   "五等奖", "六等奖")
13                 $("#prizelevel").text(levelName[prizeLevel]);
14                 $("#result").slideToggle(500);  //显示中奖区域
15                 $("#outercont").slideUp(500)    //隐藏转盘
16             } else {
17                 alert("亲，继续努力哦！")
18             }
19         },
20         200)
21     }
22 }
```

最终的中奖结果页面如图 24-22 所示。

图 24-22　大转盘中奖页面

24.5.6　中奖算法实现

中奖算法实现是程序中的一个核心功能，它决定着整个抽奖是否能正常运作。下面将这一过程分解后进行讲解。

1）身份合法性判断。

首先获取用户微信的 OpenID，如果没有传输过来，或者传输了但值为空，则返回空。其实现代码如下。

```
include_once('mysql.class.php');
$db = new class_mysql();

if (!isset($_GET['openid']) || ($_GET['openid'] == "")){
    echo "非法调用";
    return ;
}

$openid = $_GET['openid'];

//1.判断该用户是否已注册，未注册不返回
$mysql_state = "SELECT * FROM 'wx_user' WHERE 'openid' = '".$openid."' ";
$userInfo = $db->query_array_one($mysql_state);
//var_dump($userInfo);
if (count($userInfo) == 0){
    echo "未注册或非法用户";
    return;
}
```

2）抽奖资格判断。

首先获取系统配置表中每个用户每天最大的抽奖次数，然后查询当前用户当天已抽奖的次数。如果用户当前的抽奖次数已达到每天最大次数，则返回“max_times”的错误类型。

```
//2.判断该用户是否还有抽奖资格
$mysql_state = "SELECT * FROM 'wx_config' WHERE 'id' = 1 LIMIT 0 , 1";
```

```
$config = $db->query_array_one($mysql_state);
//var_dump($config);
$mysql_state = "SELECT * FROM 'wx_winner' WHERE 'openid' =  '".$openid."' AND
'getdate' = '".date("Y-m-d",time())."'";
$qualification = $db->query_array($mysql_state);
//var_dump($qualification);
if (count($qualification) >= $config['maxtimes']){
    //echo "已抽奖";
    echo '{
        "error": "max_times",
        "message": "",
        "prizelevel": "",
        "success": ""
    }';
    return;
}
```

3）奖品余留判断。

即使用户还有抽奖资格，也要对当前奖品剩余量进行判断。如果奖品已经都抽完了，那么所有用户都不应该再抽到奖品。

```
//3. 判断奖项是否仍有剩余
$mysql_state = "SELECT * FROM 'wx_award' WHERE LENGTH('name') > 0";
$award = $db->query_array($mysql_state);
if (count($award) == 0){
    echo "没有配置奖项???";
    return;
}
```

4）生成中奖概率。

用户能不能中奖，是以所有概率相加之后为基数，以当前的随机数为分子来进行匹配的如果能匹配到某个奖品等级的区间，则认为他中了该等级的奖。其代码如下。

```
//4. 生成中奖概率
//统计总的中奖概率
$allprob = 0;
for ($i = 0; $i < count($award); $i++) {
    $allprob += $award[$i]['prob'];
}

//总和不足100，补齐100
if ($allprob <= 100){
    $allprob =100;
}
//var_dump('allprob:'.$allprob);

//4. 随机生成本次中奖概率
//使用区间分布方法，保证各概率上的倍率一致
$random = rand(1, $allprob); //21/100 = 20% 最终中奖概率
$min = 0;
$max = 0;
$level = -1;
//var_dump('random:'.$random);
for ($i = 0; $i < count($award); $i++) {
```

```
        $min += ($i < 1)?0:$award[$i-1]['prob'];
        $max += $award[$i]['prob'];
        //var_dump('min:'.$min);
        //var_dump('max:'.$max);
        if ($random >= $min  && $random < $max ){
            $level = $i + 1;
            break;
        }
    }
```

5）奖品分配及返回。

如果在上一步计算出用户应该中奖，那么在中奖奖品仍有剩余的情况下，给他分配当前奖品，并且将中奖记录写入数据库，同时返回中奖信息。如果没有中奖，则消耗一次中奖机会。其代码如下。

```
//24.分配奖品
$lucky = false;
$finally = "";
for ($i = 0; $i < count($award); $i++) {

    if ($award[$i]['id'] ==  $level && $award[$i]['total'] >= 1){
        //奖项减1
        $mysql_state1 = "UPDATE 'wx_award' SET 'total' = 'total' -1 WHERE 'id' = ".$level;
        $result = $db->execute($mysql_state1);
        //写入抽奖并且中奖
        $mysql_state1 = "INSERT INTO 'wx_winner' ('id' ,'openid' ,'award' ,'getdate' ,
        'status') VALUES (NULL ,  '".$openid."', '".$award[$i]['name']."',  '".date
        ("Y-m-d",time())."',  '0');";
        $result = $db->execute($mysql_state1);
        //要返回的结果
        $finally = '{
            "error": "ok",
            "message": "'.$award[$i]['name'].'",
            "prizelevel": "'.$award[$i]['id'].'",
            "success": "y"
        }';
        $lucky = true;
        break;
    }
}
if (!$lucky){
    //写入已抽奖，但不中奖
    $mysql_state1 = "INSERT INTO 'wx_winner' ('id' ,'openid' ,'award' ,'getdate' ,
    'status') VALUES (NULL ,  '".$openid."', '',  '".date("Y-m-d",time())."',  '0');";
    //var_dump($mysql_state1);
    $result = $db->execute($mysql_state1);
    $finally = '{
        "error": "noprize",
        "message": "",
        "prizelevel": "",
        "success": ""
    }';
}
echo $finally;
```

经过上述 5 个烦琐的步骤，中奖的实现过程就实现了。

24.5.7　中奖记录查询

对于中奖的用户，还需要提供中奖记录查询功能，以便他们方便兑奖。中奖记录查询很简单，直接在抽奖记录表中检索数据即可。其实现代码如下。

```
function getLotteryItem($openid)
{
    include_once('mysql.class.php');
    $db = new class_mysql();
    $mysql_state = "SELECT * FROM  'wx_winner' WHERE LENGTH('award') > 0 AND 'openid'
    = '$openid'";
    $result = $db->query_array($mysql_state);
    //var_dump($result);
    if (count($result) == 0){
        return '
            <tr>
                <td>你还没有中过奖</td>
            </tr>
        ';
    }else{
        $content = "";
        foreach ($result as $index => $item){
            $title = "奖品: ".$item["award"]."<br>时间: ".$item["getdate"]."<br>状态:
            ".(($item["status"] == 0)?"未领取":"已领取");
            $content .= '
                <tr>
                    <td>'.$title.'</td>
                </tr>
            ';
        }
        return $content;
    }
}
```

24.6　基于 HTML5 的微网站开发

本节讲解如何开发实现微网站。该微网站的需求主要是相关新闻动态及活动的发布、政策法规知识的宣传以及常用生活知识技巧的介绍。我们先期使用静态网页来实现，要求读者具备一定的 HTML、CSS、JavaScript 基础知识。

24.6.1　首页布局与设计

手机站点和 PC 站点上的查看有区别。PC 站点屏幕大，可容纳信息多，访问速度快；而手机站点屏幕小，可容纳信息少，一般还使用手指进行点击。这就决定了手机网站中的文字图片不能做得太细，内容也不宜过多。

根据手机屏幕高大于宽的特点，网站首页采用“吕”形布局设计，上部分为横幅部分，下部分为导航栏目区，导航栏目又分为3栏，每栏并排两个图标，如图24-23所示。这样页面简洁，给人以层次清晰感，并能更好地突出主要内容。

图24-23　首页布局

横幅部分使用幻灯轮播的方式，宣传口号，这样可以吸引访问者的注意，加强宣传效果。

导航栏目中主要有以下功能。

1）关于我们：用于介绍单位内部的组织架构等信息。

2）最新动态：提供最新的新闻、活动等信息内容的发布。

3）政策法规：公布最新的政策法规资料等信息。

4）安全常识：提供生产、生活常用的安全知识。

5）官方微博：链接到腾讯微博，查看最新发布的动态信息。

6）社区留言：链接到兴趣部落，提供和网友的互动功能。

下面把横幅内容放到一个盒子中，其中定义一个宽度为3倍图片宽度的列表，用来存放3张用于展示横幅的图片，并将3张图片设置为表格单元格元素，用于特效中的滑动。其代码如下。

```
<div style="-webkit-transform:translate3d(0,0,0);">
    <div id="banner_box" class="box_swipe" style="visibility: visible; ">
    <ul style="list-style-type: none; list-style-position: initial; list-style-
    image: initial; width: 1920px; -webkit-transition-duration: 500ms; -webkit
    -transform: translate3d(0px, 0px, 0px); ">
            <li style="width: 640px; display: table-cell; vertical-align: top; ">
                <a onclick="return false;">
                    <img src="img/banner3.jpg" alt="" style="width:100%;">
                </a>
            </li>
            <li style="width: 640px; display: table-cell; vertical-align: top; ">
                <a onclick="return false;">
```

```
                <img src="img/banner2.jpg" alt="" style="width:100%;">
            </a>
        </li>
        <li style="width: 640px; display: table-cell; vertical-align: top; ">
            <a onclick="return false;">
                <img src="img/banner1.jpg" alt="" style="width:100%;">
            </a>
        </li>
    </ul>
    <ol>
        <li class="on"></li>
        <li class=""></li>
        <li class=""></li>
    </ol>
  </div>
</div>
```

为了同一时刻只显示一张图片，需要将其他部分的单元格图片隐藏起来，同时对所有的元素都做相应的处理。横幅盒子的样式控制代码如下。

```
.box_swipe{
    overflow:hidden;
    position:relative;
}
.box_swipe ul{
    -webkit-padding-start: 0px;
}

.box_swipe>ol{
    height:20px;
    position: relative;
    z-index:10;
    margin-top:-25px;
    text-align:right;
    padding-right:15px;
    background-color:rgba(0,0,0,0.3);
}
.box_swipe>ol>li{
    display:inline-block;
    margin:5px 0;
    width:8px;
    height:8px;
    background-color:#757575;
    border-radius: 8px;
}
.box_swipe>ol>li.on{
    background-color:#ffffff;
}
```

导航栏目列表则存放 6 个内容项，每个内容项都包括链接、图片及文字说明，相应代码如下。

```
<ul class="list_ul">
    <li>
        <a href="aboutus.html">
```

```
        <figure>
            <div>
            <img src="img/11f296bbc0f83cbde8c02784bc3c73fa.gif">
            </div>
            <figcaption> 关于我们 </figcaption>
        </figure>
        </a>
    </li>
    <li>
        <a href="latest.html">
        <figure>
            <div>
            <img src="img/908746f5f33374115b975b7a515781bd.png">
            </div>
            <figcaption> 最新动态 </figcaption>
        </figure>
        </a>
    </li>
    <li>
        <a href="laws.html">
        <figure>
            <div>
            <img src="img/34c38e577f5e7787337fea161a0d761a.jpg">
            </div>
            <figcaption> 政策法规 </figcaption>
        </figure>
        </a>
    </li>
    <li>
        <a href="safe.html">
        <figure>
            <div>
            <img src="img/f47eabd4255e84ab792d5fe5f8e86698.jpg">
            </div>
            <figcaption> 安全常识 </figcaption>
        </figure>
        </a>
    </li>
    <li>
        <a href="http:// t.qq.com/doucube">
        <figure>
            <div>
            <img src="img/f93306140828edaa5f825d7cd2f09f0f.jpg">
            </div>
            <figcaption> 官方微博 </figcaption>
        </figure>
        </a>
    </li>
    <li>
        <a href="http:// wx.wsq.qq.com/182998484">
        <figure>
            <div>
            <img src="img/991df18911fce16072ac94e206b89bea.jpg">
            </div>
            <figcaption> 社区留言 </figcaption>
```

```
            </figure>
            </a>
        </li>
    </ul>
```

每个元素占用 50% 的宽度，这样就形成了一排两列的效果，最终所有项共组成 3 排。相应的样式控制代码如下。

```
.list_ul{
    margin:10px 5px;
    overflow:hidden;
}

.list_ul a{
    color:#666;
    display:block;
    background:#fff;
    border:1px solid #efefef;
    border-radius:8px;
    -webkit-box-shadow:1px 2px 1px rgba(0,0,0,0.3);
    padding:10px 0;
    margin:5px;
}
.list_ul figcaption{
    line-height: 30px;
}

.list_ul figure>div{
    height:60px;
    overflow:hidden;
}
.list_ul li{
    display:inline-block;
    width:50%;
    float:left;
    text-align:center;
    -webkit-box-sizing:border-box;
}
.list_ul li img{
    max-width:52px;
    max-height:63px;
}
```

上述代码的最终实现效果就是一个首页，如图 24-23 所示。

24.6.2　图片滑动特效实现

为了让横幅中的图片以滑动的形式展示出来，需要用到 Swipe JS 组件。

Swipe JS 是一个轻量级的移动滑动组件，支持 1:1 的触摸移动，可以让移动 Web 应用展现更多的内容，能满足很多移动 Web 对滑动的需求。其官方网站为 http://swipejs.com/。

为了让图片能够滑动，需要将横幅容器传递到 Swipe 函数中，同时设置相应的参数以控制滑动效果。Swipe 提供如下参数设置。

- startSlide：滑动的索引值，即从 * 值开始滑动，默认值为 0。
- speed：滑动的速度，默认值为 300ms。
- auto：自动滑动，单位为 ms
- continuous：是否循环滑动，默认值为 true。
- disableScroll：是否允许触摸时滚动屏幕，默认值为 false。
- stopPropagation：停止事件传播，默认值为 false。
- callback：回调函数。
- transitionEnd：滑动过渡时调用的函数。

对于横幅中的图片列表，其滑动控制代码如下。

```
<script>
    $(function(){
        new Swipe(document.getElementById('banner_box'), {
            speed:500,
            auto:3000,
            callback: function(){
                var lis = $(this.element).next("ol").children();
                lis.removeClass("on").eq(this.index).addClass("on");
            }
        });
    });
</script>
```

在上述代码中，将 ID 为 banner_box 的元素所包含的图片作为滑动对象，并且定义滑动速度为 500ms，滑动间隔时间为 3000ms，即每 3s 换一张图片，每次换图时间为 0.5s，这样就相当于一个幻灯的效果了。

横幅中的图片滑动效果如图 24-24 所示，其中右图是第一张滑动切换到第二张时的效果。

图 24-24 图片滑动效果

24.6.3　栏目页设计与实现

栏目相当于一个目录，集中了所有详细内容的名称，便于访问者能一眼看出每个详细内容的概要。同时，对于上下相邻的两个栏目，可通过其编号的奇偶性来定义不同的背景色。

对于每个内容，都使用二级标题的形式来展示，大标题是文章的标题，使用粗体显示，小标题是副标题，不使用粗体。

栏目页使用列表的方式将法律法规、新闻活动信息等相同的内容列出，同时每个内容元素带上 a 链接，以便用户点击时可以访问详细内容。其实现代码如下。

```
<ul class="list_ul">
    <li>
      <a href="news02.html" class="tbox">
        <dt>
          <hgroup>
            <h1> 落实群教实践活动，积极开展打非行动 </h1>
            <h2> 区安监局直管科坚持群众路线教育实践活动，创新安全监管模式 </h2>
          </hgroup>
        </dt>
      </a>
    </li>
    <li>
      <a href="news124.html" class="tbox">
        <dd>
          <div><img src="img/15image002.jpg"></div>
        </dd>
        <dt>
          <hgroup>
            <h1> 省安全生产示范县命名授牌暨市最佳安监人员命名仪式举行 </h1>
            <h2> 正值全国安全生产月活动如火如荼开展的重要时刻，6 月 16 日上午，在 </h2>
          </hgroup>
        </dt>
      </a>
    </li>
</ul>
```

相应的样式控制代码如下。

```
.list_ul li{
    overflow:hidden;
    background:#f2f3f7;
}
.list_ul li:nth-of-type(2n){
    background:#e5e8ef;
}
.list_ul li:nth-of-type(2n) dd>div:before{
    background:#e5e8ef;
}
.list_ul li a{display:block;}
.list_ul li a>*{
    color:#707070;
    height:60px;
    vertical-align: middle;
}
```

```
.list_ul li dd div{
    position:relative;
    width:100px;
    height:60px;
    overflow:hidden;
    text-align:center;

}
.list_ul li dd img{
    width:100%;
    min-height:100%;
}
.list_ul li hgroup>*{
    text-indent:10px;
    line-height:20px;
    font-size:14px;
    font-weight:100;
    overflow: hidden;
    height: 20px;
    padding-right: 10px;
}
.list_ul li hgroup>h2{
    font-size:12px;
    color:#909090;
}
```

法律法规及最新动态两个栏目的最终实现效果如图 24-25 所示。

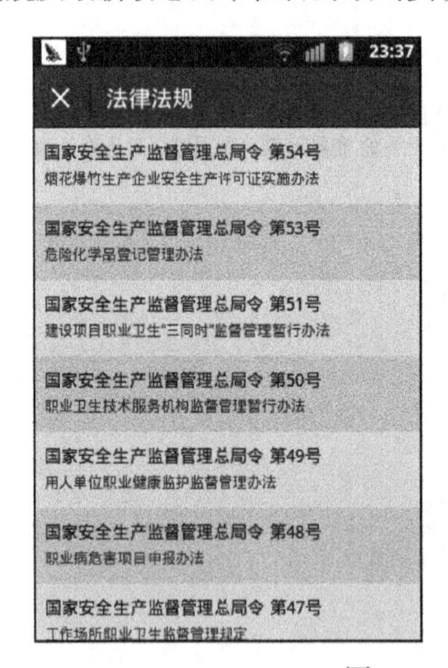

图 24-25　栏目页效果

24.6.4　内容页设计与实现

内容页面的设计主要包括两种形式，一种是生活类的内容介绍页面，一种是新闻类的内容介绍页面。两种介绍均以图文并茂的形式展示。生活类页面配上相应场景的图片，而新闻类的搭配新闻现场的图片。

内容页最终是一个图文形式的展示页，生成一个这样的页面内容即可。

生活类页面的核心实现代码如下。

```
<div class="banner">
    <img src="img/anquanchangshi.jpg">
</div>
<div class="cardexplain">
    <ul class="round">
    <li>
    <h2>防地震须知</h2>
    <div class="text">
(1)保持镇定，切勿离开处身地方。<br>
(2)躲在桌子或坚固结构物下寻求掩护。<br>
(3)远离窗户、玻璃隔板、架或有悬挂物件处。<br>
(4)地震时不要躲在楼梯底下。<br>
(5)准备应付更多次余震。<br>
(6)如您的房屋受到损坏，请立即通知管理处。<br>
(7)切勿散播谣言或夸大的报告
</div>
    </li>
    </ul>
</div>
```

新闻类页面的核心实现代码如下。

```
<section class="news_article">
    <header>
        <h3 style="font-size:18px;">区安监局开展以“防治职业病，职业要健康”为主题的《职业
        病防治法》宣传活动</h3>
        <small class="gray">2014.04.28</small>
    </header>
    <article>
        <p>       区安全监管局在《职业病防治法》宣传周活动期间，以推进
        职业卫生基础建设和职业卫生管理示范企业创建为契机，突出以“防治职业病，职业要健康”为主题，
        开展了形式多样宣传活动。针对辖区粉尘职业危害较严重的情况，把尘肺病防治作为宣传重点，工作
        人员深入粉尘、有机溶剂危害较严重的机械加工、家具制作等企业，开展有针对性的宣传，切实维护
        劳动者的健康权益。活动期间，区安全监管局联合经开区安监局安排工作人员 48 人次，深入园区企
        业进行宣传。共印制了宣传横幅 15 条、宣传展板 40 块、职业卫生告知牌 3000 块、宣传单 10000
        余份、答疑解惑 120 余人次。<br></p>
<p style="text-align:center;">
            <img src="img/5image008.jpg" alt="">
        </p>
         <p>        本次宣传活动得到了湖南省职业病防治院的大力
         支持，红网和湖南安全与防灾杂志社的记者也到现场进行了宣传采访
        </p>
    </article>
</section>
```

从以上代码可以看出，这些页面的实现方式其实比较简单。内容介绍页面的实现效果如图 24-26 所示。

如果要实现内容在后台的发布，则一般需要用到框架，如 ThinkPHP，用于文章的保存及管理，同时还需要一个编辑器，如百度 UEditor，用于编辑文章。

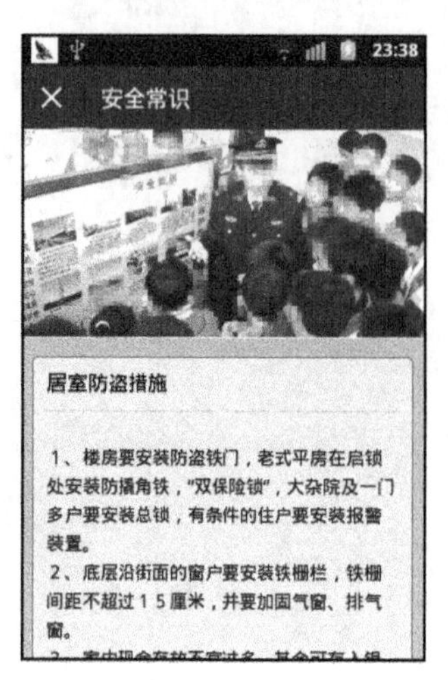

图 24-26　内容页实现效果

24.7　本章小结

本章介绍了聊天机器人、人脸识别、地图导航、预约订单、大转盘、微网站开发等常用的微信功能。这些功能覆盖了最普及、最常用的微信开发技术，读者可以在此基础上实现更有创新、更有价值的功能。

第 25章　基于 ThinkPHP 5 的微信用户管理系统

ThinkPHP 是国内使用最广泛、最流行的基于 MVC 的 PHP 开发框架，其 V5.0 版本是新一代的高性能开发框架，是企业快速、高效开发新项目的首选。

本章介绍如何基于 ThinkPHP 5 开发一个微信用户管理系统，以及实现常用的统计分析、数据同步、群发管理等功能。

25.1　ThinkPHP 5

25.1.1　ThinkPHP 5 介绍与下载

ThinkPHP 是由上海顶想公司开发维护的一个免费开源的，快速、简单的，基于 MVC 和面向对象的轻量级 PHP 开发框架，是为了敏捷 Web 应用开发和简化企业应用开发而诞生的。ThinkPHP 自诞生以来一直秉承简洁、实用的设计原则，在保持出色的性能和至简的代码的同时，也注重易用性，并且拥有众多原创功能和特性，在社区团队的积极参与下，在易用性、扩展性和性能方面不断优化和改进。ThinkPHP 遵循 Apache2 开源许可协议发布，意味着用户可以免费使用 ThinkPHP，甚至允许把你基于 ThinkPHP 开发的应用开源或商业产品发布 / 销售。

ThinkPHP 5 是一个为 API 开发而设计的高性能框架——是一个颠覆和重构版本，采用全新的架构思想，引入了很多 PHP 新特性，优化了核心，减少了依赖，实现了真正的惰性加载，支持 Composer，并针对 API 开发做了大量优化。

ThinkPHP 的官方网站为 http://www.thinkphp.cn/。ThinkPHP 5 的官方开发文档地址为 http://www.kancloud.cn/manual/thinkphp5。

ThinkPHP 5 对环境的要求如下。

- PHP 在 5.4.0 版本以上（但不支持 PHP 5.4 dev 和 PHP 6）。
- PDO PHP Extension。
- MBstring PHP Extension。
- CURL PHP Extension。

ThinkPHP 提供多种安装方式，包括官网下载安装、Composer 安装以及 Git 下载安装。

ThinkPHP 官方网站提供了稳定版本或者带扩展完整版本的下载，但版本不一定是最新版。

使用 Composer 安装方式安装可以在 Linux 和 Mac OS X 中运行如下命令。

```
curl -sS https://getcomposer.org/installer | php
mv composer.phar /usr/local/bin/composer
```

Git 下载安装可以获得最新版本。ThinkPHP 5 主要的仓库地址如下。

- 应用项目：https://github.com/top-think/think。
- 核心框架：https://github.com/top-think/framework。

ThinkPHP 5 成功配置之后，默认首页如图 25-1 所示。

www.test.com

:)

ThinkPHP V5

十年磨一剑 - 为API开发设计的高性能框架

[V5.0 版本由 七牛云 独家赞助发布]

图 25-1　ThinkPHP 配置成功

25.1.2　目录结构

ThinkPHP 5 框架下载后，可以看到初始的目录结构如下。

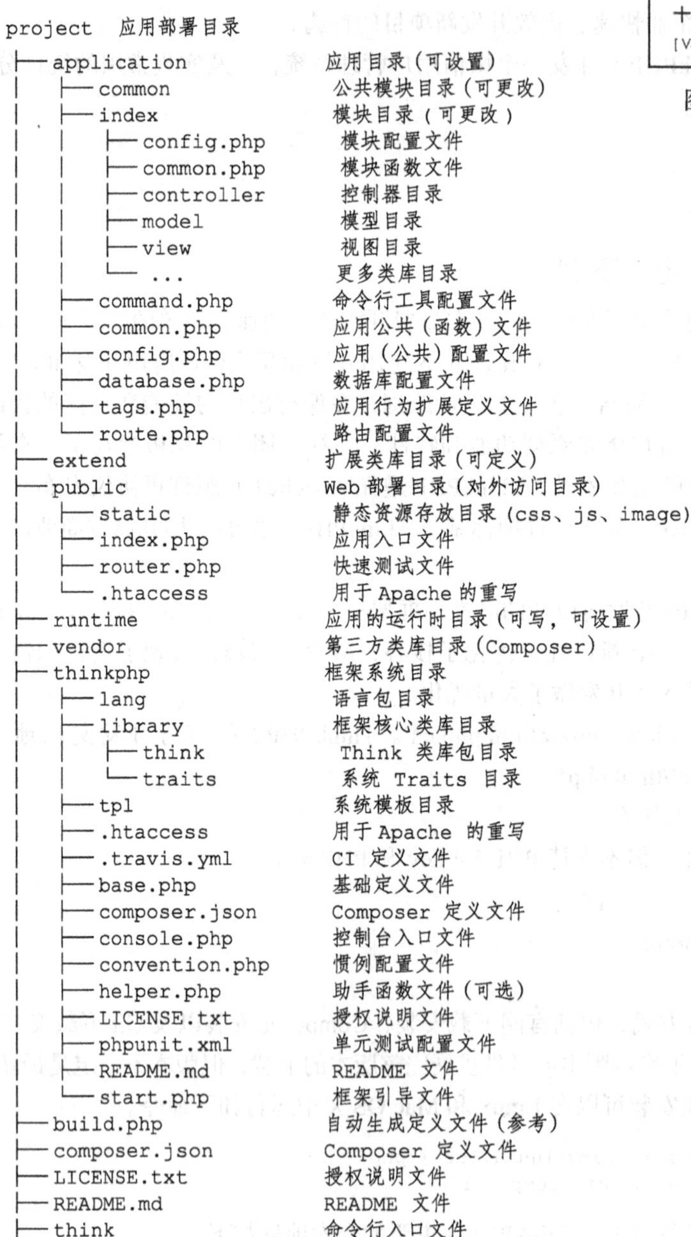

```
project  应用部署目录
├─application           应用目录（可设置）
│  ├─common             公共模块目录（可更改）
│  ├─index              模块目录（可更改）
│  │  ├─config.php      模块配置文件
│  │  ├─common.php      模块函数文件
│  │  ├─controller      控制器目录
│  │  ├─model           模型目录
│  │  ├─view            视图目录
│  │  └─ ...            更多类库目录
│  ├─command.php        命令行工具配置文件
│  ├─common.php         应用公共（函数）文件
│  ├─config.php         应用（公共）配置文件
│  ├─database.php       数据库配置文件
│  ├─tags.php           应用行为扩展定义文件
│  └─route.php          路由配置文件
├─extend                扩展类库目录（可定义）
├─public                Web 部署目录（对外访问目录）
│  ├─static             静态资源存放目录（css、js、image）
│  ├─index.php          应用入口文件
│  ├─router.php         快速测试文件
│  └─.htaccess          用于 Apache 的重写
├─runtime               应用的运行时目录（可写，可设置）
├─vendor                第三方类库目录（Composer）
├─thinkphp              框架系统目录
│  ├─lang               语言包目录
│  ├─library            框架核心类库目录
│  │  ├─think           Think 类库包目录
│  │  └─traits          系统 Traits 目录
│  ├─tpl                系统模板目录
│  ├─.htaccess          用于 Apache 的重写
│  ├─.travis.yml        CI 定义文件
│  ├─base.php           基础定义文件
│  ├─composer.json      Composer 定义文件
│  ├─console.php        控制台入口文件
│  ├─convention.php     惯例配置文件
│  ├─helper.php         助手函数文件（可选）
│  ├─LICENSE.txt        授权说明文件
│  ├─phpunit.xml        单元测试配置文件
│  ├─README.md          README 文件
│  └─start.php          框架引导文件
├─build.php             自动生成定义文件（参考）
├─composer.json         Composer 定义文件
├─LICENSE.txt           授权说明文件
├─README.md             README 文件
├─think                 命令行入口文件
```

其中主要的目录说明如下。

- thinkphp：框架系统核心目录，一般不用修改。
- public/static：用于存放静态资源，如 css、js、image 等。本项目的前端资源放在该目录中。
- vendor：用于存放第三方类库目录。本项目中的验证码类库和微信接口类库就放在该目录中。
- application：应用目录，下面分为各个模块，如 application\index 和 application\common 等，而模块下又有控制器、模型、视图等目录。

25.1.3　常用概念

使用 ThinkPHP 时，需要对以下概念有比较深的认识。

1. MVC

ThinkPHP 5 应用基于 MVC（模型 - 视图 - 控制器）的方式来组织。MVC 是一个设计模式，它强制性地使应用程序的输入、处理和输出分开。使用 MVC 的应用程序被分为 3 个核心部件：模型（M）、视图（V）、控制器（C），它们各自处理自己的任务。

2. 入口文件

用户请求的 PHP 文件，负责处理一个请求的生命周期，最常见的入口文件就是 index.php，有时会为了某些特殊的需求而增加新的入口文件。例如，给后台模块单独设置的一个入口文件 admin.php 或者一个控制器程序入口 think 都属于入口文件。

3. 应用

应用在 ThinkPHP 中是一个管理系统架构及生命周期的对象，由系统的 \think\App 类完成。应用通常在入口文件中被调用和执行，具有相同的应用目录（APP_PATH）的应用被认为是同一个应用，但一个应用可能存在多个入口文件。

应用具有自己独立的配置文件、公共（函数）文件。

4. 模块

一个典型的应用是由多个模块组成的，这些模块通常都是应用目录下的一个子目录，每个模块都有自己独立的配置文件、公共文件和类库文件。ThinkPHP 5 支持单一模块架构设计，如果你的应用下只有一个模块，那么这个模块的子目录可以省略。

5. 控制器

每个模块拥有独立的 MVC 类库及配置文件，一个模块下有多个控制器负责响应请求，而每个控制器其实就是一个独立的控制器类。控制器主要负责请求的接收，并调用相关的模型处理，并最终通过视图输出。严格来说，控制器不应该过多地介入业务逻辑处理。

一个典型的 Index 控制器类如下。

```
namespace app\index\controller;

class Index
{
```

```
    public function index()
    {
        return 'index';
    }

    public function hello($name)
    {
        return 'Hello,'.$name;
    }
}
```

6. 操作

一个控制器包含多个操作（方法），操作方法是一个 URL 访问的最小单元。操作方法可以不使用任何参数，如果定义了一个非可选参数，则该参数必须通过用户请求传入。如果是 URL 请求，则通常使用 $_GET 或者 $_POST 方式传入。

上述 Index 控制器类包含两个操作方法：index 和 hello。

7. 模型

模型类通常完成实际的业务逻辑和数据封装，并返回和格式无关的数据。模型类并不一定要访问数据库，而且在 ThinkPHP 5 的架构设计中，只有进行实际的数据库查询操作时，才会进行数据库的连接，是真正的惰性连接。

ThinkPHP 的模型层支持多层设计，因此可以对模型层进行更细化的设计和分工。例如，把模型层分为逻辑层、服务层、事件层等。

8. 视图

控制器调用模型类后返回的数据通过视图组装成不同格式输出。视图根据不同的需求，决定调用模板引擎进行内容解析后输出还是直接输出。视图通常会有一系列的模板文件对应不同的控制器和操作方法，并且支持动态设置模板目录。

9. 驱动

系统很多的组件都采用驱动式设计，从而可以更灵活的扩展，驱动类的位置默认是放入核心类库目录下，也可以重新定义驱动类库的命名空间，从而改变驱动的文件位置。

10. 行为

行为（Behavior）是在预先定义好的一个应用位置执行的一些操作。它类似于 AOP 编程中的“切面”概念，给某一个切面绑定相关行为就成了一种类 AOP 编程的思想。所以，行为通常是和某个位置相关，行为的执行时间依赖于绑定到了哪个位置上。

要执行行为，首先要在应用程序中进行行为侦听。

```
// 在 app_init 位置侦听行为
\think\Hook::listen('app_init');
```

然后对某个位置进行行为绑定。

```
// 绑定行为到 app_init 位置
\think\Hook::add('app_init','\app\index\behavior\Test');
```

一个位置上如果绑定了多个行为，则按照绑定的顺序依次执行，除非遇到中断。

11. 命名空间

ThinkPHP 5 采用 PHP 的命名空间进行类库文件的设计和规划，并且符合 PSR-4 的自动加载规范。

25.2　系统设计

25.2.1　模块设计

软件的模块划分是指在软件设计过程中，为了能够对系统开发流程进行管理，保证系统的稳定性以及后期的可维护性，从而对软件开发按照一定的准则进行模块的划分。根据模块进行系统开发，可提高系统的开发进度，明确系统的需求，保证系统的稳定性。

软件设计中，模块划分应遵循的准则是高内聚低耦合。内聚是从功能的角度来度量模块内的联系，一个好的内聚模块应当恰好做一件事。它描述的是模块内的功能联系。耦合是软件结构中各模块之间相互连接的一种度量，耦合强弱取决于模块间接口的复杂程度、进入或访问一个模块的点以及通过接口的数据。

本系统的模块结构如图 25-2 所示。

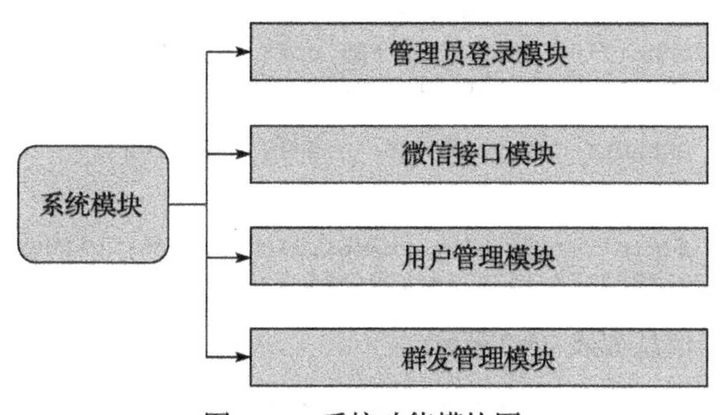

图 25-2　系统功能模块图

各主要模块的功能实现如下。

1. 管理员登录模块

管理员登录模块主要验证管理员身份，防止非法入侵。它主要采用的方式是账号 + 密码 + 验证码。

2. 微信接口模块

微信接口模块包括微信消息接口模块和微信 API 接口模块。微信消息接口模块主要用于处理用户和公众号之间的 XML 收发消息，以及和 API 协作维护用户状态。微信 API 接口模块主要用于管理 Access Token 及调用其他高级接口。

3. 用户管理模块

用户管理模块的主要功能是查看用户基本信息、同步旧用户基本信息，以及基本的用户数据分析功能。

4. 群发管理模块

群发管理模块的主要功能是配置及实现群发功能。

25.2.2 数据库设计

本系统中使用了两个数据表，分别是 101_admin 和 101_user，前者用于管理员登录，后者用于存储微信用户信息。

101_admin 表的详细信息如表 25-1 所示。

表 25-1 管理员表说明

字段名	数据类型	允许为空	字符集	唯一性	默认值	说明
id	int(6)	否		是	1	是
username	varchar(10)	否	utf8_general_ci	是	admin	账号
password	varchar(32)	否	utf8_general_ci	否	21232f297a57a5a743894a0e4a801fc3	密码，MD5 加密

建表及初始化数据的 SQL 语句如下。

```
DROP TABLE IF EXISTS '101_admin';
CREATE TABLE IF NOT EXISTS '101_admin' (
    'id' int(6) NOT NULL AUTO_INCREMENT,
    'username' varchar(10) CHARACTER SET utf8 NOT NULL,
    'password' varchar (32) CHARACTER SET utf8 NOT NULL,
    PRIMARY KEY ('id')
) ENGINE=MyISAM  DEFAULT CHARSET=utf8 AUTO_INCREMENT=2 ;


INSERT INTO '101_admin' ('id', 'username', 'password') VALUES
(1, 'admin', '21232f297a57a5a743894a0e4a801fc3');
```

101_user 表的详细信息如表 25-2 所示。

表 25-2 微信用户表说明

字段名	数据类型	允许为空	字符集	唯一性	说明
id	int(7)	否		是	索引
openid	varchar(30)	否	utf8_general_ci	是	微信 OpenID
nickname	varchar(20)	是	utf8mb4_general_ci	否	昵称
remark	varchar(20)	是	utf8_general_ci	否	备注
sex	varchar(4)	是	utf8_general_ci	否	性别
country	varchar(10)	是	utf8_general_ci	否	国家
province	varchar(16)	是	utf8_general_ci	否	省份
city	varchar(16)	是	utf8_general_ci	否	城市
district	varchar(16)	是	utf8_general_ci	否	区
latitude	decimal(10,7)	是		否	纬度
longitude	decimal(10,7)	是		否	经度
address	varchar(100)	是	utf8_general_ci	否	位置

（续）

字段名	数据类型	允许为空	字符集	唯一性	说明
headimgurl	varchar(200)	是	utf8_general_ci	否	头像
heartbeat	bigint(16)	是		否	最后活跃
scene	varchar(7)	是	utf8_general_ci	否	场景
score	int(9)	是		否	积分
subscribe	bigint(16)	是		否	关注时间
tagid	varchar(20)	是	utf8_general_ci	否	标签 ID

建表及初始化数据的 SQL 语句如下。

```
DROP TABLE IF EXISTS '101_user';
CREATE TABLE IF NOT EXISTS '101_user' (
    'id' int(7) NOT NULL AUTO_INCREMENT COMMENT '序号',
    'openid' varchar(30) NOT NULL COMMENT '微信 id',
    'nickname' varchar(20) CHARACTER SET utf8mb4 NOT NULL COMMENT '昵称',
    'remark' varchar(20) NOT NULL COMMENT '备注',
    'sex' varchar(4) NOT NULL COMMENT '性别',
    'country' varchar(10) NOT NULL COMMENT '国家',
    'province' varchar(16) NOT NULL COMMENT '省份',
    'city' varchar(16) NOT NULL COMMENT '城市',
    'district' varchar(16) NOT NULL COMMENT '区',
    'latitude' decimal(10,7) NOT NULL COMMENT '纬度',
    'longitude' decimal(10,7) NOT NULL COMMENT '经度',
    'address' varchar(100) NOT NULL COMMENT '位置',
    'headimgurl' varchar(200) NOT NULL COMMENT '头像',
    'heartbeat' bitint(16) NOT NULL COMMENT '最后心跳',
    'scene' varchar(7) NOT NULL DEFAULT '0' COMMENT '场景',
    'score' int(9) NOT NULL DEFAULT '0' COMMENT '积分',
    'subscribe' bitint(16) NOT NULL COMMENT '关注时间',
    'tagid' varchar(10) NOT NULL COMMENT '标签 ID',
    PRIMARY KEY ('id'),
    UNIQUE KEY 'openid' ('openid')
) ENGINE=MyISAM  DEFAULT CHARSET=utf8 AUTO_INCREMENT=33036 ;
```

25.2.3 系统配置

系统配置和使用的程序运行环境有紧密的关联。不同的系统环境相关配置不尽相同。

作者开发本系统时，使用的主机为阿里云的共享云虚拟主机，其操作系统为 CentOS 5.4 64 位，PHP 版本为 PHP V5.5，数据库类型为 MySQL 5.1，Web 服务为 Apache 2.2。根据官方开发手册及项目实际情况，需要对程序进行配置及相应的修改。

1. 入口文件位置

ThinkPHP 5 默认的应用入口文件位于 public\index.php，程序打开需要引入 public 目录。在虚拟主机上，public 目录没有存在的必要。将 index.php 迁移到根目录，并修改如下。

```
1 //[ 应用入口文件 ]
2
3 //定义应用目录
4 define('APP_PATH', __DIR__ . '/application/');
```

```
5 //加载框架引导文件
6 require __DIR__ . '/thinkphp/start.php';
```

2. 隐藏 index.php

在 ThinkPHP 5 中，出于优化的 URL 访问原则，支持通过 URL 重写隐藏入口文件。在 Apache 环境中，可以通过在应用入口文件同级目录中添加 .htaccess 文件来实现这一功能。.htaccess 文件的内容如下。

```
<IfModule mod_rewrite.c>
    Options +FollowSymlinks -Multiviews
    RewriteEngine On

    RewriteCond %{REQUEST_FILENAME} !-d
    RewriteCond %{REQUEST_FILENAME} !-f
    RewriteRule ^(.*)$ index.php/$1 [QSA,PT,L]
</IfModule>
```

其他的 IIS 或 Nginx 服务器环境，可以参考开发文档实现该功能。

隐藏 index.php 后，原来的访问 URL：

```
http:// www.doucube.com/index.php/admin/index/index
```

可以采用下面的方式访问。

```
http:// www.doucube.com/admin/index/index
```

3. 配置默认模块

在本项目中访问网址时，要求自动跳转到管理模块的登录界面进行登录，而不是框架自带的 index 模块。需要在 application\config.php 中配置默认模块是管理模块，修改如下。

```
1 //默认模块名
2 'default_module'          => 'admin',
```

4. 配置数据库

在 application\database.php 中进行应用的数据库的配置，主要包括数据库类型、服务器地址、数据库名称、数据库用户名、数据库密码，以及数据库表前缀。其他值使用默认值。配置修改如下。

```
 1 return [
 2     //数据库类型
 3     'type'            => 'mysql',
 4     //服务器地址
 5     'hostname'        => 'qdm.my3w.com',
 6     //数据库名
 7     'database'        => 'qdm_db',
 8     //用户名
 9     'username'        => 'root',
10     //密码
11     'password'        => 'root123',
12     //端口
13     'hostport'        => '',
```

```
14     //数据库编码默认采用 UTF-8
15     'charset'          => 'UTF-8',
16     //数据库表前缀
17     'prefix'           => '101_',
18     //数据库调试模式
19     'debug'            => true,
20 ];
```

25.3　登录模块

在一个管理系统中，登录模块往往是使用人员接触到的第一个界面。一般的登录模块都涉及管理员身份验证及验证码实现两个功能。

25.3.1　身份验证

登录功能一般是指用户输入用户名、密码以及验证码后，后台检测用户身份并放行进入主界面。在本项目的登录功能中，有 3 个输入框，分别是用户名、密码、验证码，以及一个登录按钮。页面代码如下。

```
1 <div class="login_right">
2     <div class="msg"><div id="result" class="result none"></div></div>
3     <div class="login_form">
4         <ul>
5         <li><label>用户名: </label><input type="text" id="username" class="input-text"
          name="username" size="16"></li>
6         <li><label>密码: </label><input type="password"  class="input-text" name=
          "password" size="16"></li>
7         <li><label>验证码 :</label><input name="verifycode" class="input-text"
          class="inputbox" id="verifycode"  size="4" value="" maxlength="4" /><img src="
          {:url('checkVerify')}" onclick="javascript:this.src='{:url('checkVerify')}?
          tm='+Math.random();" class="checkcode" align="absmiddle"  title=" 重设 " id=
          "verifyImage"/></li>
8         <li><label></label><input type="submit"  class="button" value=" 登录 " /></li>
9         </ul>
10    </div>
11 </div>
```

上述页面代码的效果如图 25-3 所示。

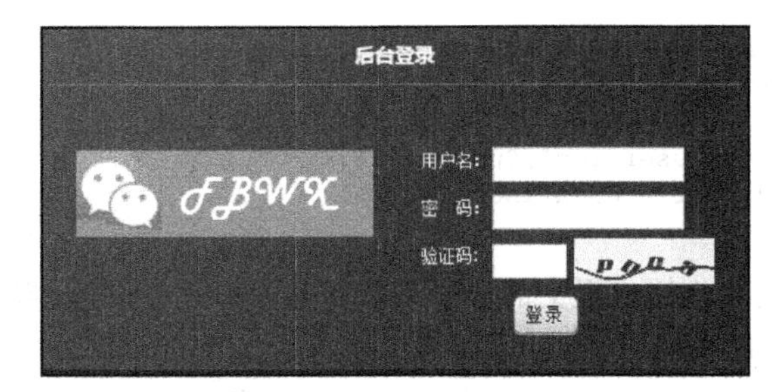

图 25-3　登录界面

下面定义一个 application\admin\validate\AdminValidate 验证器类，用于管理员登录时的验证。其代码如下。

```
1 namespace app\admin\validate;
2 use think\Validate;
3
4 class AdminValidate extends Validate
5 {
6     protected $rule = [
7         ['username', 'require', '用户名不能为空'],
8         ['password', 'require', '密码不能为空'],
9         ['verifycode', 'require', '验证码不能为空']
10    ];
11
12 }
```

上述验证器中，要求用户名、密码、验证码都不能为空。

执行登录函数为 doLogin，实现代码如下。

```
1 public function doLogin(){
2     $username = Request::instance()->param('username');
3     $password = Request::instance()->param('password');
4     $verifycode = Request::instance()->param('verifycode');
5
6     //验证规则验证
7     $result = $this->validate(compact('username', 'password', "verifycode"), 'Admin-
      Validate');
8     if(true !== $result){
9         $this->error($result);
10    }
11
12    //检查验证码
13    $verify = new Verify();
14    if (!$verify->check($verifycode)) {
15        $this->error('验证码错误');
16    }
17
18    //检查用户名
19    $hasUser = db('admin')->where('username', $username)->find();
20    if(empty($hasUser)){
21        $this->error('用户名或密码错误');
22    }
23
24    //检查密码
25    if(md5($password) != $hasUser['password']){
26        $this->error('用户名或密码错误! ');
27    }
28    Session::set('username',$username);
29    $this->redirect('index/index');
30 }
```

执行登录时，首先接收用户提交的 3 个参数，然后调用 validate 类先进行非空验证，接下来依次检测验证码、用户名、密码是否正确。其中，密码使用 MD5 算法加密。3 个参数都输入正确后，使用 Session 类将用户名写入 session 中，作为登录状态判断依据，并跳转到主界面。

25.3.2　验证码

验证码不属于 ThinkPHP 5 自带的部分，需要安装。官方提供的源码地址为 https://github.com/top-think/thinkphp-extend。用户可以使用 Composer 的方式进行安装。第三方类库安装在 extend 目录下。

本项目的验证码库的安装地址为 extend\org\Verify.php。

安装之后，在 Login 模块中引入类库。

```
use org\Verify;
```

然后在方法中创建验证码对象并进行配置，实现验证码功能，代码如下。

```
1 //验证码
2 public function checkVerify()
3 {
4     $verify = new Verify();
5     $verify->imageH = 32;
6     $verify->imageW = 100;
7     $verify->length = 4;
8     $verify->useNoise = false;
9     $verify->fontSize = 14;
10    return $verify->entry();
11 }
```

最后在页面中引用该方法，而在页面中点击验证码图片可以刷新验证码，最终效果如图 25-3 所示。

25.3.3　系统信息查看

登录成功后的主界面中，可以设置一些系统的基本配置信息，以供查看。例如，当前操作系统、PHP 版本、ThinkPHP 版本等，以便管理者对环境有一个基本的了解。

获取系统信息的代码如下。

```
1 //后台首页 查看系统信息
2 public function main() {
3     $info = array(
4         '操作系统'=>PHP_OS,
5         '运行环境'=>$_SERVER["SERVER_SOFTWARE"],
6         'PHP运行方式'=>php_sapi_name(),
7         'PHP版本'=>PHP_VERSION,
8         'ThinkPHP版本'=>THINK_VERSION,
9         '上传附件限制'=>ini_get('upload_max_filesize'),
10        '执行时间限制'=>ini_get('max_execution_time').'秒',
11        '服务器时间'=>date("Y年n月j日 H:i:s"),
12        '服务器域名'=>$_SERVER['SERVER_NAME'],
13        '服务器IP'=>gethostbyname($_SERVER['SERVER_NAME']),
14        '剩余空间'=>round((@disk_free_space(".")/(1024*1024)),2).'M',
15        );
16    $this->assign('info',$info);
```

```
17      return $this->fetch();
18 }
```

在页面中，通过 volist 标签将数据集进行循环输出。其相关代码如下。

```
1 <div id="system" class="list">
2     <h1><b>系统信息</b><span>System  Info</span></h1>
3     <ul>
4     {volist name="info" id="vo" key="k" }
5     <li><span>{$key}:</span>{$vo}</li>
6     {/volist}
7     </ul>
8 </div>
```

最终显示的系统环境信息如图 25-4 所示。

操作系统:	Linux
运行环境:	Apache
PHP运行方式:	cgi-fcgi
PHP版本:	5.5.30
ThinkPHP版本:	5.0.2
上传附件限制:	10M
执行时间限制:	30秒
服务器时间:	2016年12月18日 15:02:08
服务器域名:	www.doucube.com
服务器IP:	121.42.86.248

图 25-4　系统环境信息

25.4　接口模块

本项目中的接口模块主要有微信消息接口模块和微信 API 接口模块。

25.4.1　微信消息接口实现

微信消息接口的目录为 application\weixin\controller\Index.php。它是微信的开发者接口，用于收发用户发送给公众号的消息并自动回复。

微信消息接口的实现代码如下。

```
 1 <?php
 2 namespace app\weixin\controller;
 3 use think\Controller;
 4 use think\Db;
 5
 6 define("TOKEN", "fangbei");
 7 class Index extends Controller
 8 {
 9     public function index(){
10         if (!isset($_GET['echostr'])) {
11             $this->responseMsg();
12         }else{
13             $this->valid();
14         }
15     }
16
17     //验证签名
18     public function valid()
19     {
20         $echoStr = $_GET["echostr"];
21         $signature = $_GET["signature"];
22         $timestamp = $_GET["timestamp"];
23         $nonce = $_GET["nonce"];
24         $token = TOKEN;
```

```
25          $tmpArr = array($token, $timestamp, $nonce);
26          sort($tmpArr);
27          $tmpStr = implode($tmpArr);
28          $tmpStr = sha1($tmpStr);
29          if($tmpStr == $signature){
30              echo $echoStr;
31              exit;
32          }
33      }
34
35      //响应
36      public function responseMsg()
37      {
38          $postStr = $GLOBALS["HTTP_RAW_POST_DATA"];
39          if (!empty($postStr)){
40              $this->logger("R ".$postStr);
41              $postObj = simplexml_load_string($postStr, 'SimpleXMLElement', LIBXML_
                NOCDATA);
42              $RX_TYPE = trim($postObj->MsgType);
43
44              if (($postObj->MsgType == "event") && ($postObj->Event == "subscribe" ||
                $postObj->Event == "unsubscribe" || $postObj->Event == "TEMPLATE-
                SENDJOBFINISH")){
45                  //过滤关注和取消关注事件
46              }else{
47                  //更新互动记录
48                  Db::name('user')->where('openid',strval($postObj->FromUserName))->
                        setField('heartbeat', time());
49              }
50              //消息类型分离
51              switch ($RX_TYPE)
52              {
53                  case "event":
54                      $result = $this->receiveEvent($postObj);
55                      break;
56                  case "text":
57                      $result = $this->receiveText($postObj);
58                      break;
59                  default:
60                      $result = "unknown msg type: ".$RX_TYPE;
61                      break;
62              }
63              $this->logger("T ".$result);
64              echo $result;
65          }else {
66              echo "";
67              exit;
68          }
69      }
70
71
72      //接收事件消息
73      private function receiveEvent($object)
74      {
75          $weixin = new \weixin\Wxapi();
76          $openid = strval($object->FromUserName);
```

```
77          $content = "";
78
79          switch ($object->Event)
80          {
81              case "subscribe":
82                  $info = $weixin->get_user_info($openid);
83                  $municipalities = array("北京", "上海", "天津", "重庆", "香港",
                    "澳门");
84                  $sexes = array("", "男", "女");
85                  $data = array();
86                  $data['openid'] = $openid;
87                  $data['nickname'] = str_replace("'", "", $info['nickname']);
88                  $data['sex'] = $sexes[$info['sex']];
89                  $data['country'] = $info['country'];
90                  $data['province'] = $info['province'];
91                  $data['city'] = (in_array($info['province'], $municipalities))
                    ?$info['province'] : $info['city'];
92                  $data['scene'] = (isset($object->EventKey) && (stripos(strval
                    ($object->EventKey),"qrscene_")))?str_replace("qrscene_","",$object
                    ->EventKey):"0";
93
94                  $data['headimgurl'] = $info['headimgurl'];
95                  $data['subscribe'] = $info['subscribe_time'];
96                  $data['heartbeat'] = time();
97                  $data['remark'] = $info['remark'];
98                  $data['score'] = 1;
99                  $data['tagid'] = $info['tagid_list'];
100                 Db::name('user')->insert($data);
101                 $content = "欢迎关注，".$info['nickname'];
102                 break;
103             case "unsubscribe":
104                 db('user')->where('openid',$openid)->delete();
105                 break;
106             case "CLICK":
107                 switch ($object->EventKey)
108                 {
109                     default:
110                         $content = "点击菜单：".$object->EventKey;
111                         break;
112                 }
113                 break;
114             default:
115                 $content = "";
116                 break;
117         }
118         if(is_array($content)){
119             $result = $this->transmitNews($object, $content);
120         }else{
121             $result = $this->transmitText($object, $content);
122         }
123
124         return $result;
125     }
126
127     //接收文本消息
```

```
128     private function receiveText($object)
129     {
130         $keyword = trim($object->Content);
131         $openid = strval($object->FromUserName);
132         $content = "";
133
134         if (strstr($keyword, " 文本 ")){
135             $content = " 这是个文本消息 \n".$openid;
136         }else{
137             $content = date("Y-m-d H:i:s",time())."\n".$openid." 技术支持 方倍工作室 ";
138         }
139
140         if(is_array($content)){
141             $result = $this->transmitNews($object, $content);
142         }else{
143             $result = $this->transmitText($object, $content);
144         }
145         return $result;
146     }
147
148     // 回复文本消息
149     private function transmitText($object, $content)
150     {
151         if (!isset($content) || empty($content)){
152             return "";
153         }
154         $xmlTpl = "<xml>
155 <ToUserName><![CDATA[%s]]></ToUserName>
156 <FromUserName><![CDATA[%s]]></FromUserName>
157 <CreateTime>%s</CreateTime>
158 <MsgType><![CDATA[text]]></MsgType>
159 <Content><![CDATA[%s]]></Content>
160 </xml>";
161         $result = sprintf($xmlTpl, $object->FromUserName, $object->ToUserName, time(),
            $content);
162         return $result;
163     }
164
165     // 回复图文消息
166     private function transmitNews($object, $newsArray)
167     {
168         if(!is_array($newsArray)){
169             return "";
170         }
171         $itemTpl = "    <item>
172                 <Title><![CDATA[%s]]></Title>
173                 <Description><![CDATA[%s]]></Description>
174                 <PicUrl><![CDATA[%s]]></PicUrl>
175                 <Url><![CDATA[%s]]></Url>
176                 </item>
177                 ";
178         $item_str = "";
179         foreach ($newsArray as $item){
180             $item_str .= sprintf($itemTpl, $item['Title'], $item['Description'],
                        $item['PicUrl'], $item['Url']);
```

```
181             }
182             $xmlTpl = "<xml>
183                         <ToUserName><![CDATA[%s]]></ToUserName>
184                         <FromUserName><![CDATA[%s]]></FromUserName>
185                         <CreateTime>%s</CreateTime>
186                         <MsgType><![CDATA[news]]></MsgType>
187                         <ArticleCount>%s</ArticleCount>
188                         <Articles>
189                         $item_str</Articles>
190                         </xml>";
191
192             $result = sprintf($xmlTpl, $object->FromUserName, $object->ToUserName,
                        time(), count($newsArray));
193             return $result;
194         }
195
196         //日志记录
197         private function logger($log_content)
198         {
199             if(isset($_SERVER['HTTP_APPNAME'])){                    //SAE
200                 sae_set_display_errors(false);
201                 sae_debug($log_content);
202                 sae_set_display_errors(true);
203             }else if($_SERVER['REMOTE_ADDR'] != "127.0.0.2"){   //LOCAL
204                 $max_size = 1000000;
205                 $log_filename = "log.xml";
206                 if(file_exists($log_filename) and (abs(filesize($log_filename)) > $max_size))
                    {unlink($log_filename);}
207                 file_put_contents($log_filename, date('H:i:s')." ".$log_content."\
        r\n", FILE_APPEND);
208             }
209         }
210 }
```

上述接口方法中，实现了微信的 Token 验证，事件、菜单和文本消息的接收，以及文本、图文消息的回复。

根据上述接口，配置微信开发者接口时，其接口为 http://www.doucube.com/weixin/index/index，可以简化为 http://www.doucube.com/weixin，Token 则为 fangbei。设置成功后的效果如图 25-5 所示。

接口配置信息修改	
URL	http://www.doucube.com/weixin
Token	fangbei

图 25-5　开发者接口配置成功

25.4.2　微信 API 接口实现

在本项目中，微信 API 接口也是作为一个第三方类库存在的，其目录为 extend\weixin\Wxapi.php。其实现代码如下。

```
1 <?php
2
3 /*
4     方倍工作室 http://www.fangbei.org/
5     CopyRight 2014 All Rights Reserved
6 */
```

```
 7 namespace weixin;
 8 require_once('config.php');
 9
10 class Wxapi
11 {
12     var $appid = APPID;
13     var $appsecret = APPSECRET;
14
15     //构造函数，获取 Access Token
16     public function __construct($appid = NULL, $appsecret = NULL)
17     {
18         if($appid && $appsecret){
19             $this->appid = $appid;
20             $this->appsecret = $appsecret;
21         }
22         //3. 本地写入
23         $res = file_get_contents('access_token.json');
24         $result = json_decode($res, true);
25         $this->expires_time = $result["expires_time"];
26         $this->access_token = $result["access_token"];
27
28         if (time() > ($this->expires_time + 3600)){
29             $url = "https://api.weixin.qq.com/cgi-bin/token?grant_type=client_
               credential&appid=".$this->appid."&secret=".$this->appsecret;
30             $res = $this->http_request($url);
31             $result = json_decode($res, true);
32             $this->access_token = $result["access_token"];
33             $this->expires_time = time();
34             file_put_contents('access_token.json', '{"access_token": "'.$this->
               access_token.'", "expires_time": '.$this->expires_time.'}');
35         }
36     }
37
38     //获取用户信息
39     public function get_user_info($openid)
40     {
41         $url = "https://api.weixin.qq.com/cgi-bin/user/info?access_token=".$this->
       access_token."&openid=".$openid."&lang=zh_CN";
42         $res = $this->http_request($url);
43         return json_decode($res, true);
44     }
45
46     //获取用户列表
47     public function get_user_list($next_openid = NULL)
48     {
49         $url = "https://api.weixin.qq.com/cgi-bin/user/get?access_token=".$this->
           access_token."&next_openid=".$next_openid;
50         $res = $this->http_request($url);
51         $list = json_decode($res, true);
52         if ($list["count"] == 10000){
53             $new = $this->get_user_list($next_openid = $list["next_openid"]);
54             $list["data"]["openid"] = array_merge_recursive($list["data"]["openid"],
               $new["data"]["openid"]); //合并 OpenID 列表
55         }
56         return $list;
```

```
57      }
58
59      //发送客服消息
60      public function send_custom_message($touser, $type, $data)
61      {
62          $msg = array('touser' =>$touser);
63          $msg['msgtype'] = $type;
64          switch($type)
65          {
66              case 'text':
67                  $msg[$type] = array('content'=>urlencode($data));
68                  break;
69              case 'news':
70                  $data2 = array();
71                  foreach ($data as &$item) {
72                      $item2 = array();
73                      foreach ($item as $k => $v) {
74                          $item2[strtolower($k)] = urlencode($v);
75                      }
76                      $data2[] = $item2;
77                  }
78                  $msg[$type] = array('articles'=>$data2);
79                  break;
80              case 'music':
81              case 'image':
82              case 'voice':
83              case 'video':
84                  $msg[$type] = $data;
85                  break;
86              default:
87                  $msg['text'] = array('content'=>urlencode("不支持的消息类型 ".$type));
88                  break;
89          }
90          $url = "https://api.weixin.qq.com/cgi-bin/message/custom/send?access_
            token=".$this->access_token;
91          return $this->http_request($url, urldecode(json_encode($msg)));
92      }
93
94      //HTTP请求（支持HTTP/HTTPS，支持GET/POST）
95      protected function http_request($url, $data = null)
96      {
97          $curl = curl_init();
98          curl_setopt($curl, CURLOPT_URL, $url);
99          curl_setopt($curl, CURLOPT_SSL_VERIFYPEER, FALSE);
100         curl_setopt($curl, CURLOPT_SSL_VERIFYHOST, FALSE);
101         if (!empty($data)){
102             curl_setopt($curl, CURLOPT_POST, 1);
103             curl_setopt($curl, CURLOPT_POSTFIELDS, $data);
104         }
105         curl_setopt($curl, CURLOPT_RETURNTRANSFER, TRUE);
106         $output = curl_exec($curl);
107         curl_close($curl);
108         return $output;
109     }
110 }
```

上述接口方法中，实现了微信 Access Token 的获取、存储及自动更新，获取用户列表及获取用户基本信息两个用户管理接口，以及客服消息的发送接口。

25.5 用户管理

25.5.1 同步用户关注列表

对于之前关注的用户，在系统开发完成之后，需要将其同步到系统中。同步用户列表的代码如下。

```
1 public function updateList(){
2     //获取微信用户列表
3     $weixin = new \weixin\Wxapi();
4     $result = $weixin->get_user_list();
5
6     //获取本地用户列表
7     $openidlist = Db::name('user')->column('openid');
8     //dump($openidlist);
9
10    //计算未更新用户列表
11    $intersection = array_diff($result["data"]["openid"], $openidlist);
12
13    //同步入库
14    $data = array();
15    foreach ($intersection as &$openid) {
16        $data[] = array('openid'=>$openid);
17    }
18    $insertresult = Db::name('user')->insertAll($data);
19
20    $this->success('更新了'.count($intersection).'个用户','index');
21 }
```

在上述代码中，先获取微信用户列表，该接口中使用了递归方式，当用户数超过 1 万个时，再次调用下一组 1 万个用户的 OpenID 列表，以此类推。

接下来获取当前系统中存储的用户 OpenID 列表，并使用 array_diff() 函数计算出系统中未存储的用户 OpenID 列表。

最后使用 Db 类的 insertAll 方法将新用户记录一次性插入数据库表。

25.5.2 同步用户基本信息

同步新用户的 OpenID 之后，需要将该用户的基本信息也同步到数据库中。同步用户基本信息的代码如下。

```
1 public function updateInfo(){
2     $weixin = new \weixin\Wxapi();
3
4      //获取本地用户列表
```

```
 5      $updateUser = Db::name('user')->where('subscribe','')->limit(100)->select();
 6
 7      if (count($updateUser) > 0){
 8          $municipalities = array("北京", "上海", "天津", "重庆", "香港", "澳门");
 9          $sexes = array("", "男", "女");
10
11          $new = 0;
12          foreach ($updateUser as &$user) {
13              $new ++;
14              $info = $weixin->get_user_info($user['openid']);
15              //var_dump($info);
16              $data = array();
17              $data['nickname'] = str_replace("'", "", $info['nickname']);
18              $data['sex'] = $sexes[$info['sex']];
19              $data['country'] = $info['country'];
20              $data['province'] = $info['province'];
21              $data['city'] = (in_array($info['province'], $municipalities))?$info
                ['province'] : $info['city'];
22              $data['headimgurl'] = $info['headimgurl'];
23              $data['subscribe'] = $info['subscribe_time'];
24              $data['heartbeat'] = $info['subscribe_time'];
25              $data['remark'] = $info['remark'];
26              $data['tagid'] = $info['tagid_list'];
27
28              Db::name('user')->where('openid', $user['openid'])->update($data);
        //根据条件更新记录
29          }
30
31          $this->success('更新了'.$new.'个用户','updateInfo');
32      }else{
33          $this->success('更新完成','index');
34      }
35 }
```

在上述代码中，先获取没有 subscribe 记录的 100 条微信用户记录，通过循环遍历的方式，将获取每个用户的基本信息，并写入数据库。在这个过程中，对于省份字段为“北京”“上海”“天津”“重庆”“香港”或“澳门”的用户，设置其城市字段和省份字段为同一值。

获取完 100 条记录之后，再次跳转到当前方法中更新下一组 100 条用户的信息。依此循环，直到找不到 subscribe 记录为空的用户就跳转到用户首页。

25.5.3 关注时更新用户

对于新关注的用户，在其关注时直接将其用户信息插入数据库表，方法与同步信息时类似。对于取消关注的用户，使用 db 助手函数将其从表中删除。其相应代码如下。

```
1 //接收事件消息
2 private function receiveEvent($object)
3 {
4     $weixin = new \weixin\Wxapi();
5     $openid = strval($object->FromUserName);
6     $content = "";
7     switch ($object->Event)
```

```
 8      {
 9          case "subscribe":
10              $info = $weixin->get_user_info($openid);
11              $municipalities = array("北京", "上海", "天津", "重庆", "香港", "澳门");
12              $sexes = array("", "男", "女");
13              $data = array();
14              $data['openid'] = $openid;
15              $data['nickname'] = str_replace("'", "", $info['nickname']);
16              $data['sex'] = $sexes[$info['sex']];
17              $data['country'] = $info['country'];
18              $data['province'] = $info['province'];
19              $data['city'] = (in_array($info['province'], $municipalities))?$info
                ['province'] : $info['city'];
20              $data['scene'] = (isset($object->EventKey) && (stripos(strval($object->
                EventKey),"qrscene_")))?str_replace("qrscene_","",$object->EventKey):"0";
21              $data['headimgurl'] = $info['headimgurl'];
22              $data['subscribe'] = $info['subscribe_time'];
23              $data['heartbeat'] = time();
24              $data['remark'] = $info['remark'];
25              $data['score'] = 1;
26              $data['tagid'] = $info['tagid_list'];
27              Db::name('user')->insert($data);
28              $content = "欢迎关注，".$info['nickname'];
29              break;
30          case "unsubscribe":
31              db('user')->where('openid',$openid)->delete();
32              break;
33          default:
34              $content = "";
35              break;
36      }
37      if(is_array($content)){
38          $result = $this->transmitNews($object, $content);
39      }else{
40          $result = $this->transmitText($object, $content);
41      }
42      return $result;
43 }
```

25.5.4 用户信息列表展示

对于用户信息列表，将其作为表单在页面中按页显示出来。在本项目中，将用户按每页 15 条记录展示出来，并且按最后互动时间降序排列，相关代码如下。

```
 1 public function _initialize()
 2 {
 3     //初始化时检查用户登录状态
 4     if(!Session::has('username')){
 5         $this->redirect('login/index');
 6     }
 7 }
 8
 9 public function index()
10 {
11     //查询用户数据，并且每页显示 15 条数据
```

```
12      $list = Db::name('user')->order('heartbeat desc')->paginate(15);
13
14      //把分页数据赋值给模板变量 list
15      $this->assign('list', $list);
16      //渲染模板输出
17      return $this->fetch();
18  }
```

模板文件中显示用户信息及分页的代码如下。

```
 1 <div id="nav" class="mainnav_title">
 2     <ul>
 3         <a href="{:url('User/accesstoken')}">Access Token</a>
 4         <a href="{:url('User/updateList')}">更新列表</a>
 5         <a href="{:url('User/updateInfo')}">更新数据</a>
 6     </ul>
 7
 8 </div>
 9 <div class="table-list">
10     <table width="100%" cellspacing="0">
11         <thead>
12             <tr>
13             <th width="20">ID</th>
14             <th width="left">微信 OpenID</th>
15             <th align="center">昵称</th>
16             <th width="30">性别</th>
17             <th align="center">地区</th>
18             <th align="center">来源</th>
19             <th align="center">标签</th>
20             <th align="center">头像</th>
21             <th align="center">关注时间</th>
22             <th align="center">积分</th>
23             <th align="center">最后互动</th>
24             <th align="center">操作</th>
25             </tr>
26         </thead>
27         <tbody>
28             {volist name="list" id="user" key="k"}
29             <tr>
30             <td align="center">{$user.id}</td>
31             <td align="center">{$user['openid']}</td>
32             <td align="left">{$user['nickname']}</td>
33             <td align="center">{$user['sex']}</td>
34             <td align="left">{$user['country']}{$user['province']}{$user['city']}
               {$user['district']}</td>
35             <td align="center">{$user['scene']}</td>
36             <td align="center">{$user['tagid']}</td>
37             <td align="center"><img src="{$user.headimgurl}" width="25px" height=
               "25px"></td>
38             <td align="center">{if condition="$user['subscribe']==''"}{else/}
               {$user['subscribe']|date="Y-m-d H:i:s",###}{/if}</td>
39             <td align="center">{$user['score']}</td>
40             <td align="center">{if condition="$user['heartbeat']==''"}{else/}
               {$user['heartbeat']|date="Y-m-d H:i:s",###}{/if}</td>
41             <td align="center">
42                 <a href="javascript:confirm_delete('{:url('User/delete',array('id'=>
```

```
                $user['id']))}')">删除</a>
43              </td>
44              </tr>
45              {/volist}
46          </tbody>
47      </table>
48      <div class="btn">{$list->render()}</div>
49 </div>
```

本项目对 ThinkPHP 框架的分页功能进行了改造，增加了分页功能中的参数显示，最终的用户列表分页显示页面如图 25-6 所示。

微信OpenID	昵称	性别	地区	头像	关注时间	最后互动
ojpX_jn7G5OEU_cNgwH3dOwvv3ws	如意	女	中国福建泉州		2016-12-13 04:28:07	2016-12-18 16:05:21
ojpX_jql9DoGG0qcCaBhNcOENsrM	女神	女	中国河北石家庄		2016-07-19 14:38:43	2016-12-17 23:14:37
ojpX_jm1KmgUUtS_-h5QlRo0xYmg		男	中国山东济宁		2016-08-17 17:26:26	2016-12-17 20:23:24
ojpX_jmlGSfVqG4_mwhJNtMXm2nA	薇薇哒	女	中国上海上海		2016-06-12 15:47:11	2016-12-17 20:17:32
ojpX_jig-gyi3_Q9fHXQ4rdHniQs	FangBei	男	中国广东深圳		2016-12-15 23:44:45	2016-12-17 19:57:41
ojpX_jnDN-dEpR1NYUKz9u1IHXa4	浪淘沙	男	中国辽宁大连		2016-07-03 20:58:05	2016-12-17 19:30:57
ojpX_jvhWNNYOFtMxaCTBAMONonc	hxxxx	男	中国广东深圳		2016-09-19 14:05:51	2016-12-17 19:21:09
ojpX_jn_ypljEL2mP2kDawXsdWn0	Alice	女	冰岛		2016-12-17 14:21:53	2016-12-17 14:21:53
ojpX_jlvBDzjmdY3Ake9GVp9rldE	cct	男	中国广东深圳		2016-12-16 14:54:04	2016-12-16 14:54:04
ojpX_jtr6XJZ8z_hmmkqDlMwHHgU	刘哈哈	男	中国北京北京		2016-12-16 12:13:30	2016-12-16 12:13:30
ojpX_jgPOSAmK03xPdcsPruFZaU8	方倍工作室	男	中国广东深圳		2016-12-15 09:28:36	2016-12-15 09:28:36
ojpX_jjMdHfrxhF619z55Up_7KGk	熊大	男	中国上海上海		2016-11-25 17:56:20	2016-11-25 17:56:20
ojpX_jgH3v4nhNzCDwxUKood617M	猴吉	男	冰岛		2016-11-10 14:16:53	2016-11-10 14:16:53
ojpX_jjTxpobj7J8HeJYBP94IT60	白白	男	中国江苏无锡		2016-11-09 11:22:09	2016-11-09 11:22:09
ojpX_jpcENAKxFKF7XVYdLo2oNO8	强哥	男	中国河南洛阳		2016-11-08 14:26:57	2016-11-08 14:26:57

上一页 1 2 3 4 5 6 下一页>

图 25-6　用户信息列表

25.5.5　用户信息统计分析

本项目中实现了一个简单的用户数据分析功能——统计用户城市数据及排名。其相应的代码如下。

```
1 public function rank()
2 {
3     $arr = Db::name('user')->field('city,COUNT('city') total')->where('city','<>','')->
      group('city')->order('total desc')->limit(15)->select();
4     $this->assign('list', $arr);
5     return $this->fetch();
6 }
```

模板页面的代码如下。

```
1 <div class="table-list">
2     <table width="100%" cellspacing="0">
3         <thead>
4             <tr>
5             <th width="200">数量</th>
6             <th width="left">城市</th>
7             </tr>
8         </thead>
```

```
 9         <tbody>
10             {volist name="list" id="rank" key="k"}
11             <tr>
12             <td align="center">{$rank.total}</td>
13             <td align="center">{$rank.city}</td>
14             </tr>
15             {/volist}
16         </tbody>
17     </table>
18 </div>
```

城市信息统计页面如图 25-7 所示。

数量	城市
9	上海
5	深圳
5	北京
3	长沙
2	哈尔滨
2	石家庄
2	武汉
2	渭南
2	昆明
2	大连
2	广州
2	天津
1	淮安
1	郑州
1	佛山

图 25-7　城市统计列表

25.6 群发实现

25.6.1 更新互动记录

项目的群发功能是使用客服接口实现的，而客服接口发送消息有 48 小时互动限制，上次互动超过 48 小时后，则无法再向该用户发送消息。因此在程序中需要记录用户最后一次互动的时间。其相应的代码如下。

```
 1 //响应
 2 public function responseMsg()
 3 {
 4     $postStr = $GLOBALS["HTTP_RAW_POST_DATA"];
 5     if (!empty($postStr)){
 6         $this->logger("R ".$postStr);
 7         $postObj = simplexml_load_string($postStr, 'SimpleXMLElement', LIBXML_NOCDATA);
 8         $RX_TYPE = trim($postObj->MsgType);
 9
10         if (($postObj->MsgType == "event") && ($postObj->Event == "subscribe" ||
           $postObj->Event == "unsubscribe" || $postObj->Event == "TEMPLATESENDJ-
           OBFINISH")){
11             //过滤关注、取消关注、模板消息等事件
12         }else{
13             //更新互动记录
14             Db::name('user')->where('openid',strval($postObj->FromUserName))->
               setField('heartbeat', time());
15         }
16         //消息类型分离
17         switch ($RX_TYPE)
18         {
19             case "event":
20                 $result = $this->receiveEvent($postObj);
21                 break;
22             case "text":
23                 $result = $this->receiveText($postObj);
24                 break;
25             default:
26                 $result = "unknown msg type: ".$RX_TYPE;
```

```
27                  break;
28          }
29          $this->logger("T ".$result);
30          echo $result;
31      }else {
32          echo "";
33          exit;
34      }
35 }
```

对于一些特别的事件，需要进行过滤处理，如关注、取消关注以及发送模板消息后的上报。其他的正常用户互动接收到以后，则更新该用户的 hearbeat 的时间戳。

25.6.2　群发通知实现

本项目中群发通知时，先获取 48 小时内有交互用户的数量，并获取上次已经保存的群发消息，其相应代码如下。

```
1 public function index()
2 {
3     //48 小时内有交互的用户
4     $condition['heartbeat']  = array('gt',(time() - 172800));
5     $list = Db::name('user')->where($condition)->select();
6
7     //获取用户数
8     $this->assign('total', count($list));
9
10    //获取已有消息
11    $message = MessageModel::get(1);
12    $this->assign('message', $message->toArray());
13
14    //渲染模板输出
15    return $this->fetch();
16 }
```

模板页面的代码如下。

```
1 <form id="myform" action="{:Url('message/send')}" method="post">
2     <table cellpadding=0 cellspacing=0 class="table_form" width="100%">
3         <tr>
4             <td> 覆盖人数 </td>
5             <td><font color="blue">{$total}</font></td>
6         </tr>
7         <tr>
8             <td> 消息类型 </td>
9             <td><input type="text" class="input-text"  name="type" value="{$message.
              type}" size="50"></td>
10        </tr>
11        <tr>
12            <td> 图文标题 </td>
13            <td><input type="text" class="input-text"  name="title" value="{$message.
              title}" size="50"></td>
14        </tr>
15        <tr>
```

```
16              <td> 图文详情 </td>
17              <td><textarea id="first" name="description" rows="3" cols="60" size=
                "50">{$message.description}</textarea></td>
18          </tr>
19          <tr>
20              <td> 图片地址 </td>
21              <td><input type="text" class="input-text"  name="picurl" value="{$message.
                picurl}" size="50"></td>
22          </tr>
23          <tr>
24              <td> 跳转地址 </td>
25              <td><input type="text" class="input-text"  name="url" value="{$message.
                url}" size="100"></td>
26          </tr>
27          <tr>
28              <td><font color="red"><strong>* 注意: </strong></font></td>
29              <td><font color="red"> 务必确认信息正确一致，点击发送后将马上启动发送程序并且
                无法撤销。</font></td>
30          </tr>
31      </table>
32      <div class="btn">
33          <input type="hidden" name="id" value="{$message['id']}" />
34          <INPUT TYPE="submit"  value=" 发送 " class="button" >
35      </div>
36 </form>
```

群发配置页面效果如图 25-8 所示。

图 25-8　群发配置界面

当点击“发送”按钮后，send() 函数将接收到通过 POST 传输过来的参数。将这些参数拼装成一个图文消息，然后获取 48 小时内有互动的用户列表，接着使用客服接口对用户列表进行遍历发送，就实现了群发图文通知的功能。其相应代码如下。

```
1 public function send()
2 {
3     //更新并存储当前消息
4     $message = new MessageModel;
5     $message->save(['title' => $_POST['title'],
6                     'description' => $_POST['description'],
```

```
7                         'picurl' => $_POST['picurl'],
8                         'url' => $_POST['url'],
9                         'date' => date("Ymd",time())
10                    ],['id' => $_POST['id']]);
11
12      //获取 48 小时内有互动的用户列表
13      $condition['heartbeat']  = array('gt',(time() - 172800));
14      $userlist = Db::name('user')->where($condition)->select();
15
16      //准备微信类及群发图文
17      $weixin = new \weixin\Wxapi();
18      $data = array();
19      $data[] = array("title"=>$_POST['title'], "description"=>$_POST['description'],
        "picurl"=>$_POST['picurl'], "url" =>$_POST['url']);
20
21      //遍历发送
22      $array = array();
23      foreach ($userlist as &$user) {
24          $openid = $user['openid'];
25          $result = $weixin->send_custom_message($openid, "news", $data);
26          var_dump($openid);
27          var_dump($result);
28      }
29 }
```

用户收到的图文消息如图 25-9 所示。

如果群发的用户很多，使用轮询一对一发送的方式将出现极大的延迟，这时需要考虑使用其他方式异步执行，如使用队列的方式。

图 25-9　群发通知效果

25.7　本章小结

本章介绍了 ThinkPHP 5 框架的下载和配置，以及基于 ThinkPHP 5 的用户管理系统的开发，其功能包括管理员登录、微信接口实现、用户管理、群发管理等。

读者使用本书案例实际操作的时候，切记不要违反微信公众平台的运营规则。

推荐阅读

本书通过六个专题方向介绍腾讯公司在移动应用方面的实战经验，涉及内存、电量、流畅度、导航、网络优化和应用安装包瘦身。

每个专题都有案例说明，重点在讲述问题解决的思路，以及过程中碰到的问题。读者可以通过本书快速了解提升应用的思路与方法，打造更加优秀的移动应用。

腾讯移动品质中心近10年多款亿级用户产品测试经验总结，首次对外分享iOS测试实践，多位测试专家联袂推荐。

阐述腾讯的测试观；深度讲解兼容性测试、性能测试、自动化测试、测试框架二次开发、精准测试、探索式测试、标准化测试、缺陷分析等核心技术；剖析QQ浏览器在内的大量测试案例。

本书是Android自动化测试领域的里程碑著作，由腾讯最早专注App测试的腾讯移动品质中心（TMQ）官方出品，系统总结了该团队7年多来在QQ浏览器、应用宝等多款亿级App的自动化测试中总结出来的方法与经验。

旨在帮助测试人员借助本书内容和开源工具，结合项目实际需求，轻松开展自动化测试工作，搭建实用的自动化测试体系。

本书旨在用腾讯的亿级用户App的开发经验帮助读者打造高质量的Android 应用。

作者从事移动应用开发10余年，现担任腾讯音乐Android平台的开发总监，主导并参于过多个用户规模上亿的Android应用开发工作，对Android应用开发有深刻的认识，特别在架构设计、性能优化等方面有丰富的实战经验。

推荐阅读

微信系列图书：从营销、运营到二次开发，我们为企业提供系统性解决方案

推荐阅读

小程序，巧应用：微信小程序开发实战

书号：978-7-111-55682-4 作者：熊普江 谢宇华 定价：59.00元

腾讯微信架构师撰写，小程序巧应用，实现创业大梦想
内容系统全面，包括流程、技巧、案例，
可帮助你简单高效地搭建具有原生App体验的小程序

微信小程序：开发入门及案例详解

书号：978-7-111-56210-8 作者：李骏 边思 定价：59.00元

零基础学习微信小程序开发，精选5个案例详细讲解，
手把手带领读者快速入门小程序开发
从开发思路、技术，到使用工具与案例，涉及小程序开发的方方面面